2016—2017

ZHONGGUO JIANZHU YISHU NIANJIAN

中国建筑艺术年鉴

中国艺术研究院建筑艺术研究所　编

GUANGXI NORMAL UNIVERSITY PRESS

广西师范大学出版社

·桂林·

项目策划：孙江宁　程　霏　黄　续　张　欣　赵　迪
出版统筹：张　明
责任编辑：周　华
助理编辑：张维维
书籍设计：北京三恒文化
责任技编：王增元　伍先林

图书在版编目（CIP）数据

2016-2017 中国建筑艺术年鉴 / 中国艺术研究院建筑
艺术研究所编．—桂林：广西师范大学出版社，2018.12
　ISBN 978-7-5598-1518-7

Ⅰ．①2… Ⅱ．①中… Ⅲ．①建筑艺术－中国－
2016-2017－年鉴　Ⅳ．①TU-862

中国版本图书馆 CIP 数据核字(2018)第 284588 号

广西师范大学出版社出版发行

（广西桂林市五里店路 9 号　邮政编码：541004 ）
　网址：http://www.bbtpress.com

出版人：张艺兵

全国新华书店经销

北京世纪恒宇印刷有限公司印刷

（北京市大兴区亦庄镇亦庄东工业区经海三路 15 号　邮政编码：100176）

开本：880 mm × 1 230 mm　1/16

印张：29.5　　字数：878 千字

2018 年 12 月第 1 版　　2018 年 12 月第 1 次印刷

定价：498.00 元

目　录

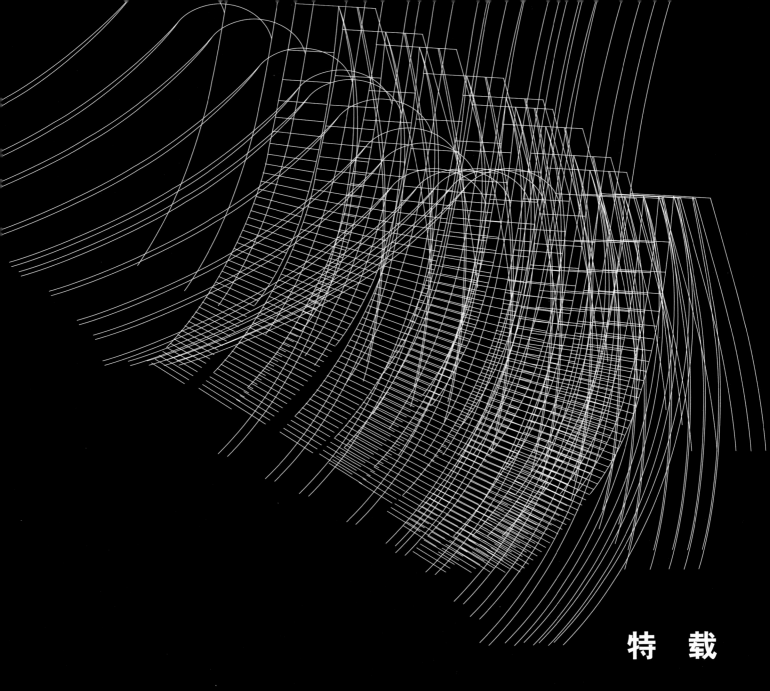

特载

2016 建筑艺术年度发展报告

刘托　王明贤　辛塞波　孙江宁　赵迪

"十三五"期间，建筑领域以创新、协调、绿色、开放、共享五大发展理念为指导，如何把中央精神落实到实处，如何将理论与创作实践紧密联系起来、如何将传统文化与时代创新有机结合等问题成为业界关注的核心，2016 年城市建设与建筑创作在"一带一路""建筑本体"以及"日常生活"等主题的引领下进行了卓有成效的探索。本文选取 2016 年中国建筑界具有代表性的成就与事件，总结 2016 年我国建筑领域的建设实践工作，反思缺失，判断和分析年度建筑艺术创作的发展脉络与趋向，以期对今后的学术研究与创作实践提供借鉴。

一、综述

目前，我国建筑业正从"野蛮增长"向"理性繁荣"转变，从"增量社会"型向"存量社会"型转型，产业结构全面调整、利益格局深刻变化，城市建设出现了专注局部关系和节点要素的特征。2016 年，城市建设在"一带一路"的框架下深入探讨中国城乡规划将会出现的一系列变化，城市发展的文化性、生态性特征得到凸显和加强。建筑创作转向关注建筑本体、建筑的文脉和场所，建筑理论更加关注建筑传统文化的传承和转译。今年的展览、学术活动、论坛此起彼伏，论坛规模大小不同，但关注的主题集中为"传承经典，艺术融入，关注日常"。

2016 年威尼斯建筑双年展总策展人亚力杭德罗·阿拉维纳（Alejandro Araven），为展览主题取名为"前线报告"。这一主题的确立也让中国的建筑师开始思考如何在现有的社会环境下进行"零度""日常"的探索，启发了张轲、王辉、董功等新锐建筑师更多关注建筑与普通人民生活的联系，例如他们对北京的胡同住房进行了颇有趣味的改造，使得老房子再现新活力。

今年，中国进一步大力推进"生态人居"工程。设计师面对城镇与村落的改建，悉心贴近当地居民的生活现状，展示了浓浓的人文关怀，同时关注当地的文化传承、环境保护、经济发展以及未来可持续发展等方面的现实需求。

在新型城镇化建设背景下，保护和传承好城乡文化遗产，对弘扬优秀中华传统文化和实现城乡可持续发展具有重要意义。随着文化遗产保护实践的空前活跃，中国的文化遗产保护理论在价值认识、保护原则、合理利用等多个方面都有了新的提升。2016 年，中国在传统建筑营造技艺的保护与传承方面向前迈进，成立了许多相关组织机构，并展开了一系列探讨。

建筑历史与理论，包括设计理论的认识论和方法论诸方面都有新的探索，庄惟敏、李虎、马岩松、李兴钢、董豫赣、华黎、葛明等建筑师在建筑创作的同时，也在进行着建筑设计理论的耕耘。赖德霖、伍江、徐苏斌等建筑理论学人合作出版了《中国近代建筑史》研究著作引起学界重视，这一时期的创作理论和基础理论成果表明，理论研究对建筑创作具有助益和促进的作用。

二、城市建设

2.1 "一带一路"的城市建筑发展战略

"一带一路"倡议的提出，要求中国需要改变既有的经济发展思路，构建完整的、能形成国际共识的文化和价值观体系。因此，走可持续的城镇化发展道路就成为应有之义，中国将以新的价值观体系来确立之后几十年的城镇化目标和路径，城镇化方向也将随"一带一路"倡议的发展形成空间转移。在此背景下，中国的城乡规划将会出现一系列深刻变化：从单一空间研究向更多样、更兼容的科学方向发展；从管制型规划走向管理型规划；从单一管理模式走向多元管理模式。同时，规划师的角色和作用也将逐渐发生转化。

2016 "一带一路"建筑发展论坛在中国西安建筑科技大学举行，论坛围绕"'古丝路'建筑文化遗产保护""'新丝路'城市和建筑发展"两个主题展开，并由王建国院士、孟建民院士主持，庄惟敏、刘克成教授分别做了主题报告。论坛一方面回顾历史留给我们的丰富的建筑文化遗产及宝贵建设经验；另一方面展望了在新时代下，"一带一路"城市与建筑的发展战略，分享和交流今日的建筑创作经验与创新智慧，共同展望丝绸之路城市发展的前景与建筑艺术设计及理论创新的未来，对实施"一带一路"倡议具有积极的作用，对制定新时期城市与建筑的发展规划具有十分重要的意义。另一个与"一带一路"相关的活动，是今年 8 月举行的绿色天际线·碧桂园·森林城市地标建筑国际设计竞赛，该项目是在"一带一路"核心节点即新加坡与马来西亚交界处填海建造的一座海上城市的基础上进行的再设计。

2.2 新型城镇化建设

2016 年，新型城镇化建设呈现出新的特点。今天的城市发展迫切需要找到其自身超越既往因袭性城市化范式的思想蓝图、价值准则与操作工具。在这片富有想象力的领域里，广义的公共艺术的介入必将对中国未来的"城市创新"发展起到重要的启发及引领作用。公共艺术可以为中国的"城市创新"要素提供内部驱动力和外部牵引力，当下位于北京通州区的首都城市副中心的建设正成为令人瞩目的城市创新焦点，中国国家主席习近平提出要以"创造历史，追求艺术"的精神和标准，规划、设计、建设好北京城市副中心，相关机构将围绕副中心规划设计、城乡关系再造、共建艺术设计创新基地等方面深入参与北京城市副中心建设工作，并将文化与艺术理念融入北京城市副中心建设，有效收集和比较研究国内与国际上领先的城市规划设计经验与建设实践，以学术性强、信息量大、参与度高的特点，有效推动北京城市副中心规划建设达到国际最先进水平，探索一条"艺术引领城市创新"的城市发展道路。

2016 北京国际设计周大栅栏设计社区城市馆"更新城市"导展的主题为"共建、共享、共生——开放式街区的自信与未来"，以城市发展转型、经济发展新常态与文化在互联网时代的发展转型为背景，通过广安控股作为中国城市更新服务商的案例，结合其深耕大栅栏等历史文化街区保护发展及城市更新领域的多年实践，探讨如何融合、运用多元跨界思维，搭建联结政府、在地居民、商家、实施主体、社会专业机构及社会公众的平台，从而引领设计、艺术、建筑等专业领域介入并最终能够实践性地驱动城市更新，建设中国新城市，服务中国人的当代生活。

2016 年 5 月，"中国城市规划传统的继承与创新暨《中国城市人居环境历史图典》座谈会"在清华大学举行，西安建筑科技大学王树声教授和他的团队历时 12 年的耕耘，从十个方面系统梳理了中国城市人居环境规划的智慧，该成果对未来建立中国城市规划理论体系、争取中国城市规划的国际话语权具有重要意义。此外，2016 第二届城镇空间文化与科学论坛在上海召开。在论坛上，王建国、曹昌智、陆邵明等专家学者分别以"'在地性'场所营造——中国当代乡镇再生的重要基石""特色小镇变迁与历史文脉传承""设计结合记忆：小城镇记忆场所的活化探索"为题在论坛大会进行了主旨发言。王建国院士以苏州木渎藏书镇、上海新场古镇、南京市桠溪等的设计实践为例，探索了非典型性水乡城镇的规律性发展轨迹，提出了"以退为进，逶迤前行"的"在地性"场所营造思想及其适宜性技术策略。

2.3 绿色城市

应对气候变化，建设生态文明，发展绿色建筑事业日益得到中国乃至世界各国政府的高度重视。"第十二届国际绿色建筑与建筑节能大会暨新技术与产品博览会"于 2016 年 3 月在国家会议中心召开，大会围绕"绿色化发展背景下的绿色建筑再创新"的主题进行了广泛而深入的研讨。此外，由中国建筑学会与台湾绿领协会共同主办的"2016 吸碳建筑研讨会"在北京开幕，来自中国及海外多个国家的百余位学者、建筑师汇聚一堂，围绕"21世纪的森林建筑"这一主题展开研讨。中国建筑学会理事长修龙在致辞中表示，此次会议将绿色建筑作为交流主题，反映了中国建筑界及国际社会对民生问题的关注，也说明保护环境、降低建筑能耗是中国建筑师与国际建筑界的共识。

三、建筑创作

3.1 多元共存的建筑创作

近年，建筑创作突破了单一模式，多元共存的局面越来越凸显，这也是我国建筑创作水准提升的表现。2016 年建筑创作呈现出繁荣态势，建筑作品表现出关注环境、文脉，关注建筑本体及文化内涵的倾向，许多建筑创作深入到日常生活，面对更加具体、微观的现实问题，并取得了具有突破性的成绩。除此之外，建筑创作在延续去年成就的基础上，对乡村建设进行了深度探索。

关注环境、文脉

关注建筑基地环境和文脉是建筑创作的基本要求，中国当代建筑师通过对基地的判读来激发建筑设计的灵感，设计所面对的首要问题是新的空间建造以什么样的态度介入到原始地貌之中。由建筑师董功设计的重庆桃源居社区中心位于重庆市桃园公园半山腰上的一块洼地，四周被起伏的山形围合。新的空间形体依顺着山势而规划，它们的轮廓线和原来的山形相互融汇。整体建筑采用绿色植被屋顶和局部的垂直绿化墙体，进一步强化了建筑与自然山体共生的想法。由建筑师张鹏举设计的罕山生态馆和游客中心，其主要面对的问题是如何应对寒冷的气候和材料的远距离运输的问题，也自然成为形态生成的逻辑来源。应对寒冷气候首先诉诸选址，在可供选择的方案中，依坡而建是较为有效的解决策略：建筑形体自然地向上收缩的退台状，自然向阳，并随山体走向呈等高曲线布局。生态馆功能独立，面积相对较小，依靠在前面较小的山坡上，游客中心则隐藏在后面较大的山坡上。平实简单的关联性促成了直接、自然的形态生成，设计师希望建筑整体"自然而然"地生长于自然环境中，成为"此时此地"的有机建筑。

建筑师李兴刚为商丘西南城市新区设计了一座博物馆，建筑的整体布局和空间序列是对以商丘归德古城为代表的黄泛区古城池形制和特征的呼应和再现。博物馆如一座微缩的古城，其上下叠层的建筑主体喻示"城压城"的古城考古埋层结构，也体现自下而上、由古至今的陈列布局。由建筑师宋晔皓设计的清华大学南区学生食堂及就业指导中心项目，是对清华中心校园环境的一次修补更新，项目所处的位置是校园中心区的一处重要公共空间节点，整体设计利用了地形东西两侧场地高差，为公众设置了一条中式巷道，用以意味室内立体街道，为来自校园各方向的师生提供开放的公共活动场所。为保留东南角原有的悬铃木，建筑在体形上做了退让处理。建筑使用了红砖砌体建造，在百年清华校园里既延续了校园百年文脉，致敬美丽的清华园，同时也是一个在实践中重新认识、理解这一古老材料的绝佳机会。

关注建筑本体及文化属性的创作

2016 年，建筑活动呈现出关注建筑本体和文化属性的特点，由建筑师华黎设计的林会所的构思是受树木形状启发的，最初的想法是创造一个树下的空间，树枝的形态会相应带来一种被分支的结构模式所遮蔽的场所，在设计所在的公园里，人工的森林将与自然的树木共舞。建筑结构由基本单元组成的格网构成，每个单元伸出四条不同高的悬臂梁柱，类似自由生长的树干，其自由生长略有曲折，但也有相应的边界。由李兴刚设计的天津大学新体育馆以室内与室外、地面与屋面一体的"运动综合体"为理念展开设计，将各类运动场地依其平面尺寸、净高及使用功能，以线性公共空间加以串联，空间规整而灵活，一系列架设房顶的外墙使用了直纹曲面及圆弧形状的混凝土拱，创造了大跨度空间，也形成了沉静而多变的建筑轮廓。哈尔滨大剧院由马岩松建筑事务所设计，蜿蜒的歌剧院嵌在哈尔滨的湿地里，歌剧院的设计响应了北方城市的蛮荒和寒冷气候的精神和力量。建筑与大自然、地形无缝地融为一体，呼应了当地的特性、艺术和文化。歌剧院作为哈尔滨的一个文化中心和大型表演场地，以及一个引人注目的公共空间，体现了艺术与城市的融合。

▌哈尔滨大剧院

建筑师章明、张姿主持设计的南开大学新校区核心教学区围绕"新书院风格"进行了渐次铺开的规划架构，建筑师以院落关系的重构与叠加替代了对院落本身的颠覆性改变。院落原型并没有完全脱离传统的形制，而是经过融通勾连之后，呈现出不同以往的新的可能性。这种"交织院落"将一个完整的大体量化解为若干个更局部的小体量，这更方便人们理解书院风格。建筑师力图化解中轴的仪式性，建议以一个立体的、景式的学生活动空间取代中轴，形成一个杂糅了多个小活动场所的大场所，相当于在东西各三个较大的院落中再填充进较小的院落，这有些类似于在大树的间隙中生长着小树或灌木。"交织院落"有意识地扩大了局部的差异度，红砖的材质用于紧贴地面的四个院落，清水混凝土的材质用于略微凌空的两个院落，一方面提示院落形制的差别，另一方面为连续的院落提供辨识度。原本清晰的个体形成混合的整体的方式，这也就是"交织院落"希望达到的森林状态。

在由葛明教授设计的南京微园中，园林方法一直发挥着或隐或现的作用。不难发现，微园设计的起点是房子中特殊"空"的追求，并通过观法带来历史的想象，通过结构带来物体的想象，石头带来对自然的联想，但同时更为各个"空"的准确表达提供了机会。这推动着从房到园，同时又从园到房的融合与转换。中国美院副教授王欣设计的"红房子"是一组富有闽南特色的单体建筑，是用砖石书写的一段山海画意。在红房子的设计中，王欣团队提出了"以古为新"的理念，传统的建筑材料被赋予诗意的构造与现代的意象，并结合文化的引领与地域的具体生活，尝试泉州建筑与园林结合的新范式。"红房子"的外在造型从泉州传统大厝建筑优雅平缓的屋顶曲线蜕变而来，通过山形与水形，体现泉州特殊的山海文化。钢结构龙骨配以出砖入石的建筑，庭院地面用红瓦堆积，闽南味道十足。屋顶开有圆窗，可通过飞浮于房子之上的坡道进入，宛若梦境。

关注"日常"

2016 作为"白塔寺再生计划"组成部分的白塔寺院落更新国际方案征集活动启动，希望能以设计竞赛的形式让更多人关注分布在北京旧城中形成旧城肌理的普通小院子，从传统中发现新旧建筑相融的智慧，从现实限制条件之中寻找蹊径，并进行再诠释，以充满想象力和创造力的设计来探索此类区域与城市发展结合的无限可能，为传统小院注入新的活力，为白塔寺地区和中国众多城市中类似的旧城区发展提供可持续发展的解决方案。"微杂院"是建筑师张轲领导的标准营造事务所对大栅栏茶儿胡同 8 号院的改造项目，这是一个对典型的北京"大杂院"进行更新式再造的尝试，通过植入微型艺术馆和图书馆的空间和功能使"微杂院"成为北京旧城胡同与四合院有机更新的一种探索。在这个项目中，建筑师试图通过重新设计，改造和再利用这些非正式附加结构，而不是去单纯的拆除它们。在此过程中，建筑师将附加结构认同为重要的历史见证和在北京的现代公民生活中常常被忽视的胡同文化。

▌大栅栏茶儿胡同8号院的改造项目

在 2016 年威尼斯建筑双年展的现场，朱竞翔设计的"斗室"是现场鲜有的 1:1 的实体模型。朱竞翔早些年开始研发轻型房屋系统，并将其运用在中国偏远省份以及非洲灾后重建的项目中，"斗室"的创意即源于他开发的中国乡村学前教育房屋产品，这个有趣的方盒子原本是一个小孩子玩耍的空间。此外，中旭理想空间工作室的曲雷与何勍，自 2011 年开始在湖南常德进行"老西门综合片区"改造项目的设计工作，该片区位于老城中，现状残破，设施老旧，居住着大量低收入人群，设计不仅要考虑规划与建筑问题，还需要考虑民生、效益和历史等多方面的社会综合问题，这无疑是对当下建筑设计提出的新挑战。

3.2 乡村建设

乡村建设问题是中国近代以来广为人们关注的议题，且关乎民生主题。伴随着近年中国高速的城镇化，乡村建设再次回到人们视野。但是，今日的乡村不同于彼时的乡村，"城—乡"关系也不同于传统的"城—乡"关系，"乡土"也因此有了特别的含义，今天的乡村建设被赋予了"乡村重建"的含义。中国建筑学会系列科普活动之一"传统村落的保护与更新"学术沙龙年内在贵州省贵阳市举行，清华大学建筑设计研究院建筑师祁斌做了题为"向乡村学习——适地而生因时而变"的主题演讲。他表示，在建筑逻辑中引入时间和空间的概念才能更好地展现适当的姿态、生动的地域特征及蓬勃的生命力，才能遵循场地的生成逻辑。今年由湖南大学发起，昆明理工大学、日本早稻田大学联合参与的"村落活化"综合乡建国际联合工作营于 2016 年 3 月在日本岛根县云南市举行，这可视为对乡村重建探索的一个突出案例。

马岔村村民活动中心的规划设计也是一个值得探讨的案例，其策略的研讨与确定，都是基于现有的、可控的技术条件框架展开的，以此来深化关于生态建筑、可再生材料、抗震，以及本土工艺传承等问题的理解与思考。设计师也尝试着探索和应用一些适合生土材料的空间设计语言，并通过建造使方案取得较高的完成度，从而完成一个可持续的，并让村民觉得实用、舒适、简朴、有趣的建筑。另一个 2016 年的乡村建设项目是五龙庙环境整治设计，目的是使一个"死"文物变成"活"文物，但其操作方法也引发了一些争议。这是由 URBANUS 都市实践的主持建筑师王辉领衔的环境整治公益设计，目的是使五龙庙的文物本体在获得国家文保资金修葺之后，环境品质也能得到改善，并融入当下生活。多数观众基本上认同乃至赞赏环境整治的效果，但在文保专业圈内也出现了一些质疑的声音。在中国文物建筑保护和再利用手法相对保守的语境下，这个本质上并不激进的设计所带来的理论性争论，具有比设计本身更大的价值。有效的途径是重新编码，让其在新的语境下继续在日常生活中被使用，从而延伸文物的活力。在这个意义上，五龙庙重新回到了龙泉村的怀抱，龙泉村民也重新回到五龙庙的怀抱。

3.3 建筑遗产保护

"保护建筑遗产"成为 2016 年建筑界重要的命题。在新型城镇化建设背景下，保护和传承好城乡文化遗产，对弘扬优秀中华传统文化和实现城乡可持续发展具有重要意义。由建筑师章明设计的上海延安中路 816 号修缮及改建项目旨在通过对历史建筑的保护和解读，结合解放日报社回搬市区的日常办公诉求，通过对优秀历史建筑进行保护性修缮设计，同时对场地内的历史保留建筑基地环境进行整体改造、提升、更新，来激活城市的空间秩序，再现传统街区的当代社会价值及文化内涵。

随着文化遗产保护实践的空前活跃，中国的文化遗产保护理论在价值认识、保护原则、合理利用等多个方面都有了新的发展。刘抚英教授通过梳理浙江省近现代工业遗产形成的背景，界定了考察研究的时间范畴、空间范畴和类型范畴，并据此开展信息数据调研，整合图形信息与属性信息，杯中应用地理信息系统（GIS）构建了"浙江省近现代工业遗产综合信息数据库"，进而对工业遗产研究样本整体分布的类别分布、城乡分布、各文物保护等级分布的特征进行了全面分析，在此基础上提出了浙江省近现代工业遗产保护与再利用的对策建议。

年内，建筑历史专题系列研讨会的召开为我国历史遗产的保护提供了颇具价值的理论指导。2016 年 4 月 5 日，《梁思成与佛光寺》暨"建筑遗产与乡村研究"国际学术研讨会开幕式在清华大学举行，《梁思成与佛光寺》（英文版）是一部以中国古代建筑佛光寺为研究对象的英文文集汇编，以我国著名建筑学家梁思成先生《记五台山佛光寺的建筑》一文为主线，配有大量梁先生亲自测绘的图纸和拍摄的照片，在此基础上又收录了后人对五台山佛光寺及相关古代木构建筑进一步研究的成果，梁思成先生的

代表作《记五台山佛光寺建筑》借由该书首次被推广到西方学术界，这不仅可以向外国学者介绍中国建筑悠久的历史和系统的理论，同时也可以向世界说明研究中国古建筑的学者们所做的努力和取得的成果。

中国非物质文化遗产传承人群研培计划 2016 年首期传统建筑营造技艺（瓦石作砖雕）普及培训班开班暨"全国砖雕艺术创作与设计大赛"顺利启动，围绕传统建筑营造技艺、砖石雕刻、传统家具制作技艺开展相关研究工作和系列比赛与展览活动。此外，由中国艺术研究院建筑艺术研究所与上海市非物质文化遗产保护中心等发起主办的"传统文化保护高峰论坛"在上海宝山罗店镇举行，与会专家围绕传统营造技艺的发掘、研发、再造、保护等议题进行了深入研讨。

3.4 展览、论坛、评奖

评选

为奖励著名科学家的杰出成就，经中科院国家天文台提议和国际天文学联合会批准，近年国家最高科技奖获得者吴良镛获得永久性小行星命名。中国建筑学会在北京召开梁思成建筑奖评选会议，该奖项由中国建筑学会主办，国际建筑师协会鼎力支持，是面向世界、引领国际建筑方向的奖项，也是授予建筑师和建筑学者的最高荣誉。经过评审，马来西亚建筑师 Kenneth King Mun YEANG（杨经文）、中国建筑师周恺荣获 2016 梁思成建筑奖。阿卡汗建筑奖是今年重要的国际奖项，在阿布扎比阿莱茵贾希里城堡举行的颁奖典礼上，市政事务部主席兼阿布扎比执行委员 Awaidha Murshed Al Marar 宣布了 2016 年阿卡汗建筑奖获奖名单，中国建筑师张轲的"微杂院"项目获奖，张轲也成为继 2010 年李晓东之后第二位获得此奖项的中国建筑师。

2016 中国建筑学会建筑创作奖共收到 125 个设计企业申报的有效项目 584 项，其中：居住建筑类 66 项，公共建筑类 434 项，城市设计类 25 项，建筑保护与再利用类 41 项，景观设计类 18 项。2016 年，建筑评奖本着公平、公正的原则，评出年度极具社会价值和效益的建筑类奖项，这对建筑创作和社会审美起到了良好的引导作用。

除了优秀的"审美"建筑实例，建筑"审丑"即建筑批评也备受瞩目。作为对未来中国建筑发展的启示和中国建筑界的正能量与风向标，建筑畅言网推出的"中国十大丑陋建筑评选"活动中，秦皇岛金梦海湾海碧台、贵阳中天 201 大厦、西安金属制品贸易中心、河南郑州西亚斯国际学院、山东省滨州市惠民县图书馆等榜上有名。该项评选活动已进入了第七个年头，本届网络评选中，专家与社会各界积极地提交丑陋建筑候选名单，并踊跃地投票、发表评论。这些行动对于拒绝低俗、促进建筑艺术良性发展、维护当代建筑文明进步有着重要的意义。如今，"中国十大丑陋建筑评选"的活动已成为大家关注建筑文化的前沿阵地，每届评选都会促使某类丑陋建筑的蔓延得到遏制。今年网络投票选出的前 50 名丑陋建筑中，山寨模仿、简单粗暴的建筑形象已逐渐减少，但也不难看到一些盲目媚外而不顾建筑本体价值的夸张异形建筑，充斥着膨胀的权力欲望以及商业拜金心态，其负面影响和背后的成因需要我们加以警惕。这类活动通过"审丑"的视角来揭示当下的建筑文化现象，进

而促使丑陋建筑的设计者能够反思，重新认知中国优秀的建筑文化，一同维护建筑艺术创作的健康发展。

展览、活动

2016年，与建筑相关的展览活动精彩纷呈。秉承"鼓励中国设计创新，促进社会生活进步"的主旨，"第二届中国设计大展及公共艺术专题展"于2016年1月在深圳开幕。作为中国迄今为止规格最高、最具权威性的设计展，旨在通过构建专业性、权威性的国家级平台，引领和促进中国设计和公共艺术的创新。此次大展的主题为"设计·责任"，关注设计和公共艺术的社会责任和文化内涵，展示它们在关注国际民生、社会发展等重大领域和新型城镇化建设过程中的积极作用，体现它们在改善人民生活质量、构建和谐宜居的生活环境方面的重要价值。大展以"案例展"和"文献展"的形式向公众展示文化传承与创新，促进设计与社会之间的良性共生关系，确立中国式的生活价值，明确"设计为人民"的价值理念。中央美术学院主办的"首届公共艺术与城市设计国际高峰论坛"也于2016年10月如期开启，论坛通过主题演讲、学术讨论、专题研讨会等活动，围绕艺术如何介入和引领"城市创新"展开深入探讨，期望以高端学术交流产生的智慧成果，助力北京城市副中心规划建设，是一场兼顾艺术、设计与城市规划的国际型学术峰会。

上海当代艺术博物馆的全新创意延伸空间 psD（power station of DESIGN）于2016年6月至8月开启其第二个展览"纸间现实：拉什·穆勒最爱的书"。本次展览是世界著名设计师拉什·穆勒在中国的首个展览，展出了他的100本经典的出版著作，这些书籍皆可供观众在场翻阅与欣赏，让纸间的设计游走于指尖。psD特邀日本著名建筑设计师藤本壮介担任本次展览空间的设计，中国知名设计师广煜担任本次展览的海报设计。此外，2016年"格物"展在上海OCAT上海馆开幕，由冯路策展，工作营的发起人与参与者共11位学者一同参展，展示了设计领域的创作成果。

2016年，建筑界对张锦秋院士建筑创作思想和理念进行了梳理，总结张锦秋院士建筑历程研究的专著《天地之间——张锦秋建筑思想集成研究》隆重发布，并被列为丙申2016年清明公祭轩辕黄帝系列活动之一。张锦秋建筑作品展9月在陕西历史博物馆开展，展览展出了张锦秋院士50多年建筑创作生涯的绝大部分作品，集中体现了她在现代与传统结合方面的持续探索。作品包括实景图、手稿图、建筑实体模型、航拍专题视频及珍贵老照片等。

2016年8月5日，中国建筑设计研究院为席殊书屋举行了一个特别的纪念活动，席殊书屋曾建于设计院办公楼过街楼内，此次活动为已消失的席殊书屋在原址举行了挂牌仪式。建筑师张永和他设计的席殊书屋曾被作为中国当代最早的实验建筑，原址以一系列自行车轮与书架反映这个空间作为过道的历史。中国建筑设计研究院决定在席殊书屋原址设立纪念铜牌，标志其位置作为当代中国建筑进程的一个记载。

两位世界级建筑师的展览和演讲

上海当代艺术博物馆于2016年3月至6月期间举办了世界著名建筑师和理论家伯纳德·屈米回顾展。此次在中国首次展出近350件图纸、手稿、拼贴画、模型等珍贵资料，其中许多作品为首次公开。展览主题为"伯纳德·屈米——建筑：概念与记号"，探究了屈米作为理论家、教育家及建筑师的创作成果。屈米创作的核心是摒弃那些把建筑同化为搭建静态结构的传统，他将形体及其涉及的社会活动映射到建筑空间中，并从这一点出发为建筑提出了一种截然不同的定义。他强调建筑不能与在其内部发生的事件相互分离，而应作为一种结构性工程，建筑创作需要一种基于概念的方法，屈米因之探讨了表述建筑空间的新模式——"记号"，以此对空间、运动与行为之间的互动进行转译。

2016年11月10日，著名建筑师雷姆·库哈斯（Rem Koolhaas）在清华大学建筑学院做了题为"从癫狂的纽约到亚洲城市"（From Delirious New York to Asian Cities）的讲演，讲述了他从建筑求学伊始到执业生涯的历程，从《癫狂的纽约》《S，M，L，XL》等书籍的出版到哈佛的执教经历，其间还有对建筑与城市的观察和思考，他认为在城市从不存在到逐渐完整化的过程中，建筑师需要跟现实产生联系。话题继而转向亚洲城市，他介绍了在北京所进行的旧建筑改造研究，阐述了对比20世纪50年代中国的公共性建筑物，CBD地区的设计不仅关心地块环境，更需要以一种"能创造更多互动"的方式呈现。同时他还介绍了借用夜市文化作为台北超级大剧场的设计雏形进行设计构思的过程。演讲最后，库哈斯围绕"乡村"建设表达了他在这个领域的最新发现和思考。

四、理论研究

4.1 园林理论研究

近年来，王澍、董豫赣、童明等建筑师掀起的有关中国传统园林文化的当代传承研究与讨论不断扩大，影响了越来越多的学者、建筑师开始关注这一方向，并积累了重要成果。中国美院建筑艺术学院的教师王欣所著《乌有园》一书便是其中之一，本书是他在该领域研究成果的阶段性总结，此前王欣和金秋野共同举办过同名展览及研讨会"如画观法"，吸引了众多专业内和专业外人士；该书也同样引起建筑专业、园林景观、中国传统文化研究等领域读者的广泛兴趣，为关注中国传统园林文化的人文类读者及大众，带来了一些不同的视角和观点。

由鲁安东教授进行的苏州园林的研究，在形态学和叙事学的基础上提出了几种针对园林空间的、可能的分析方法，它们能够呈现空间元素的结构性意义以及形态对空间经验的影响；运用和测试这些方法对留园在20世纪的变迁进行空间分析，解读变迁背后的空间特征变化，进而理解中国现代建筑理论中的"园林"命题。由东南大学顾凯教授撰写的《中国园林中"如画欣赏"与营造的历史发展及形式关注》一文，在中国园林历史语境中分别对"如画"在园林欣赏与园林营造中的发展进行梳理，并就"如画"造园的形式关注问题进行专论，从而丰富对中国园林文化中的"如画"论题的认识，也为中英两种"如画"园林的比较提供新的坚实基础。

4.2 建筑历史与理论研究

2016年，建筑理论研究成果丰厚。建筑史年轻学者赖德霖、伍江、徐苏斌主编的《中国近代建筑史》由中国建筑工业出版社出版，是目前中国近代建筑史上较为权威的著作，表明中国近代建筑研究史研究步入了新的阶段，也因之获得国家出版基金资助。图书内容在表明外来影响是中国城市和建筑现代化的契机及动力的同时，也表明中国建筑早期的现代化是以西方为发展目标的自强运动。

为进一步推进宋代《营造法式》乃至中国古代建筑史的研究水平，中国建筑学会在福建福州举行了"2016 年宋代《营造法式》研究学术研讨会"，研讨会的主要议题包括："营造法式与古代木构体系""中国古代建筑尺度、材料与工具""中西建筑比较""建筑遗产保护"。论坛上就一些重要的学术问题进行了深入探讨，如"梁思成《中国建筑史》对伊东忠太的超越"，认为梁思成《中国建筑史》是建立在近代实证史学基础上的，他的木构本体缘于对中国营造演进过程中自身内在理论的观察，并非来自法国结构理性主义；其建筑史观在历史发展动力上受进化史观的影响，与温克尔曼的艺术发展观无内在关系。由《建筑学报》杂志社、东南大学建筑学院、东南大学建筑设计研究院有限公司共同主办的"大报恩寺遗址公园博物馆设计研讨会"在南京顺利召开，专家围绕建筑遗产保护工程的创作理念与设计方法展开了研讨。大报恩寺琉璃宝塔被视为代表中国文化的标志性建筑，国家文物局对该遗址的有效保护和展示遗址本体及其历史环境提出了相关要求，南京市委市政府决定规划建设大报恩寺遗址公园，批准全面保护大报恩寺遗址核心区。

4.3 建筑设计方法理论研究

建筑设计理论与方法呈现出多元发展的局面，有关专家在方法论、实践论等层面进行了深入的研究探索。庄惟敏教授撰写的《建筑策划与设计》结合其十六年前《建筑策划导论》中的建筑策划框架与理论核心，融入新的建筑策划方法与建筑设计及建筑策划实践，将视野扩大到整个人居科学的范畴。作者重新梳理和界定了建筑策划的概念和原理，并结合大数据、模糊决策等最新交叉学科的研究，对建筑策划的操作程序和方法进一步进行论述和引介，其意义在于力求改变当下中国建筑师的职业范围和职业习惯，顺应世界潮流，以符合当下新型城镇化的发展需要，使建筑师的知识结构更加健全，让建筑师的职责更加明确。此外，也使我们城市建设的决策者和开发商们能够了解和熟悉如何理性、合理和逻辑地推进我国城镇化建设，不犯错误或少犯错误，使我们的建筑具有更长久的生命力，使我们的城市更充满人文关怀。

2016 年 3 月，《建筑学报》杂志社在广州举行了以建筑体系为关注点的学术研讨会。此次研讨会希望在两个设计团队长期的设计研究工作的基础上，讨论"建筑体系"这一命题的内涵和可能性。朱竞翔团队的探索像是一种层叠系统 (Layered System)，该团队将一个建筑的原型进行了分层，通过这样一种方式来应对当前的创作条件，可以说是一个内向的建筑体系的逻辑，而 OPEN 团队则是一个外向的建筑体系的逻辑，他们的关键词可能不是"层叠性"，而像是一个延伸性的框架系统 (Framework)，这个框架使得他们能够应对当代社会和城市条件进而在今天探索建筑学新的可能性。讨论的过程使人们看到了建筑体系思想在建筑内部和外部进一步拓展的可能性，也让人将注意力重新回到形式之外的层级创新上。

建筑批评家王明贤先生主编的"建筑界丛书"第二辑问世，被认为是 2016 年一项重要的建筑理论研究工作，丛书收入了当下建筑界较为活跃的几名建筑师，包括马岩松、李兴钢、董豫赣、李虎、黄文菁、华黎等人的研究。谁能在未来重现甚至超越前辈们曾经的辉煌，答案或许已预埋在这五本书的字里行间。这五位建筑师代表了五条问题线索，每一条都折射出中国当代建筑界具有代表性的价值取向，交织成网，隐约折射出当今中国建筑的思想气象。

年内，北京建筑大学建筑与城规学院召开了"《建筑理论译丛》与 30 年来中国建筑理论发展研讨会"，以此纪念《建筑理论译丛》出版 30 年，以及主持翻译该丛书的汪坦先生百年诞辰。会议由汪坦先生的弟子、现为美国路易维尔大学助理教授的赖德霖博士主持；学者们就汪坦先生与《建筑理论译丛》的出版、30 年来中国主要建筑话语、中国建筑理论系统化建设及展望等议题进行了交流。此外，清华大学讲师青锋博士撰写的《评论与被评论——关于中国当代建筑的讨论》收录了近年来针对当代中国建筑或是建筑师总体实践的评论，此外还有一些与建筑评论的方法以及与历史理论有关的论述，书中特别收录了部分评论文章所涉及的建筑师的回应文章，从而将建筑论述变换为更平等的对话。

2016 年 10 月 12 日 –17 日，正值清华大学建筑设计研究院有限公司和清华大学建筑学院主办"2016 清华设计学术周"，本次学术周主题为"建筑之本原·哲匠之精神"，邀请了业界精英共同探寻建筑的本原，发扬思辨与技术接合的哲匠精神，审视当代建筑师的角色和建筑学的任务。嘉宾们就"建筑之本原·哲匠之精神"这一主题，针对如何开展一个设计项目、对本原和起点如何思考等问题展开了讨论。建筑的复杂性决定了其本原的多样性或者多发性，很多学者认为建筑是存在地域性的，但地域性不能简单泛化地解释，应该缩小对它的理解，缩小到一个项目的场地的理解。即便是在同一个地域，每一个项目所面临的场地条件也是不一样的，真正的地域性是对于场地有非常具体化的深入解读，对于地域性理解不能只是符号性的理解。

除了国内的建筑理论研究外，国外的建筑理论翻译也出现在建筑理论界的视野。由大卫·罗布森撰写的《巴瓦作品全集》就全面、公正地解读了杰弗里·巴瓦的作品，并联系他的生活、时代以及斯里兰卡国内形势的变化进行分析，旨在综合记录和鉴赏这位建筑师和他的作品。全书完整呈现了杰弗里·巴瓦最重要的作品，包括一些鲜少发表过的项目，从他早期职业生涯到最重要的建筑案例，其中包括两个持续多年的自宅项目。

五、热点与焦点

日常生活：作为一种设计视角的关注

近几十年来，全世界的城市化浪潮异常迅猛，在亚洲和中国的表现尤其突出。在实现国家现代化的宏伟目标之际，对具体的日常生活、物质格局、空间组合和自然生态也有巨大的冲击。第 15 届威尼斯双年展"前线报道"中，中国国家馆的主题为"平

2017 建筑艺术年度发展报告

刘托　杨莽华　辛塞波　黄续

　　2017 年是中国经济转型的"关键之年"，也是建筑业持续深化改革的重要一年。这一年，党的十九大胜利召开、国家主导的行业改革顶层设计落地…… 一系列关乎建筑业改革发展的大事、政策不断，令业内人士兴奋不已，全景式地回顾过去一年建筑业的改革足迹显得十分必要。首先，国家主导建筑业改革顶层设计落地。2 月，国务院办公厅印发《关于促进建筑业持续健康发展的意见》，从深化建筑业简政放权改革、完善工程建设组织模式、加强工程质量安全管理、优化建筑市场环境、提高从业人员素质、推进建筑产业现代化和加快建筑业企业"走出去"等方面提出了20 条措施，这对促进建筑业持续健康的发展具有重大意义。其次，建筑业发展步入"质量时代"。3 月，住房和城乡建设部发布《关于印发工程质量安全提升行动方案的通知》。9 月，中共中央、国务院印发《关于开展质量提升行动的指导意见》。从住房和城乡建设部持续推动行业工程质量安全提升的一系列行动中也可以看出，建筑业正全面步入"质量时代"。再次，打造核心竞争能力。

　　党的十九大报告首次提出了"建设现代化经济体系"，指出我国经济已由高速增长阶段转向高质量发展阶段。在新常态下，建筑业从高速增长转向中高速增长已成为全行业的共识，面对产业结构不断优化升级的压力，行业企业要想谋求长远发展，唯有积极应对、主动适应、创新发展，才能在激烈的市场竞争中站稳脚跟。

一、综述

　　当下，建筑领域以协调、绿色、开放、共享等发展理念为指导，落实"十九大"精神是新时代城市规划工作的使命和任务，如何将城市规划与新时代具体实践紧密结合起来，如何将传统文化与时代创新有机结合，是把中央精神落到实处的关键。目前，在从"增量社会"向"存量社会"迈进的过程中，产业结构持续调整、利益格局深刻变化。2017 年，城市建设在"城市双修""生态宜居""城市设计""京津冀协同发展""北京城市规划"等视角下持续探讨中国城乡规划出现的一系列变化，城市发展的宜居性、

民设计，日用即道"，策展人梁井宇联合场域建筑、马可、众建筑、润建筑、宋群、无界景观、王路、朱竞翔和左靖等九个不同领域的设计团队或艺术家展示了日常生活中的设计。参展人作品围绕展览主题，内容涵盖"衣""食""住"三个部分。建筑师刘家琨的"西村大院"项目入选了 2016 威尼斯建筑双年展主题馆，刘家琨的作品讨论了中国民众公共生活与城市文化空间相互拓展的关系，在重塑城市精神空间的同时，有别于当代城市文化的趋同性，彰显出该作品所在的城市——"成都"的文化基因。

　　同济大学建筑与城市规划学院王骏阳教授在《建筑学报》上连续两期发表了"日常"话题文章，他将其称为"建筑学的一个零度议题"。文章通过对 20 世纪下半叶以来的建筑学思想中的演变发展的回顾，以及对当代中国建筑在实践、研究和教学等方面相关案例的讨论，试图在城市、建筑和文化意义等不同层面阐述"日常"的含义，将"零度"议题作为建筑学的命题，进而对一种基于日常的建筑学观念进行理论上的思考。

五、小结

　　通过对 2016 年建筑界实践、理论、相关活动的梳理，可以看出整体社会环境的改变势必会给城市建设带来更加良性、可持续的发展。城镇建设不再贪大贪洋，而是更加注重区域的协调发展，注重城市死角的活化和艺术性，注重村镇建设和保护的双赢。建筑设计从建筑本体入手，兼顾其环境文脉场所精神以及文化性、生态多样的原则，呈现出回归本体、面向未来的发展态势。各类建筑艺术与文化活动、会议丰富多彩，不仅带动了设计者的学理提升，而且为今后的设计之路指明了方向。在理论建设领域，相关学者面对当下现实，理论联系实际，做出既具有国际视野又注重本土实际的学术探索，成果丰硕。

注释与参考文献：

[1]《建筑学报》(2016 1—11)
[2]《新建筑》(2016 1—11)
[3]《建筑师》(2016 1—11)
[4]《小城镇建设》(2016 1—11)
[5]《城市规划学刊》(2016 1—11)
[6]《城市规划》(2016 1—11)
[7]《世界建筑》(2016 1—11)
[8]《城市建筑》(2016 1—11)
[9]《时代建筑》(2016 1—11)

生态性、协同性特征得到凸显和加强。建筑发展在"中国文化""传承转化"以及"乡村建设""空间改造"等主题的引领下继续进行着富有成效的探索。建筑创作关注建筑文化与文脉、乡村空间提升等，建筑理论方面在建筑传统文化的再读与传承上进行了持续探讨。今年的展览、论坛、评选等活动此起彼伏，精彩纷呈，主题大多集中在传承经典、建筑批评、遗产保护等方面。本文选取了 2017 年中国建筑界具有代表性的主要成就与事件，总括了年度建筑艺术创作的发展脉络与趋向，总结了 2017 年我国建筑领域的建设实践工作，对于我们反思缺失、判析今后道路都有可以借鉴的作用。

二、城市建设

2017 年的城市建设工作如火如荼，成果丰硕。在城市规划主题上，2017 年相关论坛主要围绕"城市双修""生态宜居""绿色智慧"等议题展开。具体表现在：国际生态城市理论前沿与实践进展、生态宜居城市规划建设、中外城镇化发展进程比较、绿色交通与综合交通体系、智慧城市建设最新进展、城乡规划改革与城市转型发展、历史文化名城（镇）的保护与发展、城市双修理论与实践、城市综合管廊规划建设管理、海绵城市规划与建设、"多规合一"与空间规划体系变革、城市老旧小区改造实践与有机更新、城市设计与城市特色风貌塑造、特色小镇规划建设管理与产业创新、绿色生态社区评价与发展、雄安新区与京津冀协调发展、科学把控"城市设计"试点工作、美丽中国生态理论与实践、数据驱动的可持续城市、城市双修升级版的海口实践等相关议题。

在规划政策方面，住房和城乡建设部副部长黄艳作了《落实"十九大"新时代目标、方略和任务——转变城市规划的理念和方法》的报告。她提出，落实"十九大"精神是新时代城市规划工作的使命和任务。第一，以人民为中心，以市民最关心的问题为导向，共建共治共享，建设让人民满意的城市；第二，促进城市发展治理和效益的提升，解决发展不平衡不充分的问题，推动城市发展由外延扩张式向内涵提升式转变；第三，践行新发展理念，创新协调绿色开放共享；第四，实现人与自然和谐共生、美丽中国、宜居城市；第五，保护传承历史文化、延续城市特色、塑造城市精神；第六，参与城市治理全过程，提高城市治理能力和现代化水平。总之，要着力增强城市整体性、系统性、生长性，不断提高城市承载力、宜居性、包容性。

2.1 城市双修

2017 年 3 月，住房城乡建设部印发了《关于加强生态修复城市修补工作的指导意见》，安排部署在全国全面开展生态修复、城市修补工作，明确了指导思想、基本原则、主要任务目标，提出了具体工作要求。《指导意见》指出，生态修复、城市修补是治理"城市病"、改善人居环境的重要行动，是推动供给侧结构性改革、补足城市短板的客观需要，是城市转变发展方式的重要标志。《指导意见》要求各地将"城市双修"作为推动供给侧结构性改革的重要任务，以改善生态环境质量、补足城市基础设施短板、提高公共服务水平为重点，转变城市发展方式，治理"城

市病"，提升城市治理能力，打造和谐宜居、富有活力、各具特色的现代化城市，让群众在"城市双修"中有更多获得感。《指导意见》明确了开展"城市双修"的基本原则和目标，要求以政府为主导，协同推进；统筹规划，系统推进；因地制宜，分类推进；保护优先，科学推进。要求 2017 年各城市制定"城市双修"实施计划，完成一批有成效、有影响的"双修"示范项目。《指导意见》从完善基础工作，统筹谋划"城市双修"、修复城市生态，改善生态功能、修补城市功能，提升环境品质、健全保障制度，完善政策措施等五个方面对推动"城市双修"工作提出指导意见。

2.2 生态宜居

十九大报告指出，要"以城市群为主体构建大中小城市和小城镇协调发展的城镇格局"，在新时代的新城镇格局下，城市宜居方案发生了新变化，中小城市和小城镇为城市宜居提供了新的可能性。在"2017 未来城市峰会"上，住建部原副部长仇保兴认为 GDP、幸福指数和可持续性共同构成了"城市发展铁三角"，前两个是结果导向，后一个是标准导向，规划建设生态宜居城市要平衡好三者之间的关系。清华大学新型城镇化研究院执行副院长尹稚认为，"生态"追求的是一种自然生态与人生生态之间的共生关系，"宜居"是对人需求的认识，是对人最本性诉求的回应。中国城市和小城镇改革发展中心理事长李铁为建设生态宜居城市提出了三点建议：首先要增加包容，要细致耐心的服务，要欢迎与新经济模式相关的市场化主体和外来人口参与城市的发展和建设；其次，要转变执政理念，要深入了解城市居民的需求，不能以精英思维排斥任何城市需要的人口和产业；最后，要适应城市的物质生态和社会生态，体现出真正的生态宜居城市理念。

2.3 城市设计

随着城市建设发展日渐成熟，城市从外向型的拓展逐步转变为内向型的优化提升，城市设计作为规划管理的辅助手段日益受到重视。为探索推动城市设计工作，塑造城市特色风貌，经各地推荐并组织专家评审，2017 年 3 月 14 日，住房城乡建设部印发了《关于将北京等 20 个城市列为第一批城市设计试点城市的通知》，将北京市、黑龙江省哈尔滨市、吉林省长春市、山东省青岛市和东营市、江苏省南京市和苏州市、安徽省合肥市和马鞍山市、浙江省杭州市等列为第一批城市设计试点城市名单。

2017 年 3 月住建部正式发布《城市设计管理办法》，提出城市设计是落实城市规划、指导建筑设计、塑造城市特色风貌的有效手段，贯穿于城市规划建设管理全过程。建设标准化、精细化、品质化的人居环境，提升城市品质和国际竞争力，这既是"城市愿景"国际巡展的主题，也是城市设计的使命所在。城市设计学术委员会 2017（广州）年会暨"城市愿景"国际巡展活动为期一个月，该活动在广州城市规划展览中心进行。展览以项目和文献的方式呈现广州城一个多世纪以来的城市规划设计发展与变迁，展现广州在继承传统的基础上，伴随着现代化的脚步行进在锐意进取的道路上，以更加多元、开放的姿态向世界展现其独特的魅力。2017 深港城市＼建筑双城双年展（深圳）主题为"城市共生"，作为以"城市＼城市化"为固定主题的双年展，"深双"关注当下与每一个人休戚相关的城市议题。展览举办地南头古城

既是历史古城，又是在剧烈的城市化进程中形成的典型城中村，其中也包含旧厂房工业区，这三种形态的叠加是深圳旺盛活力的一个缩影，结合了历史、改革开放以来的工业化和经济发展，充分体现深圳作为新型全球城市飞速发展的面貌，而本届"深双"将以"城市策展"的方式为南头古城描绘全新的图景——一个面向世界和未来的"共生"范例。

2.4 京津冀协同发展新阶段

在京津冀协同发展的过程中，疏解北京的非首都功能无疑是重中之重，有序疏解北京非首都功能为核心的京津冀协同发展战略贯穿始终。规划要求把握住"舍与得"的关系，贯穿疏解非首都功能这个"牛鼻子"，以河北雄安新区和北京城市副中心为"两翼"，作为疏解非首都功能的集中承载地。在京津冀协同发展这个重大国家战略中，设立雄安新区则是党中央做出的一项重大的历史性战略选择。2017年4月1日，中央决定设立河北雄安新区，党的十九大报告也已经为雄安新区规划建设指明了发展方向。在编制雄安新区规划的过程中，坚持的一条大原则是生态优先、绿色发展。新区注重生态绿地和水域的蓝绿空间比例，目前设定的比例不低于70%，并划定了开放边界和生态红线。作为京津冀协同发展一个重要组成部分的雄安新区，规划建设有了较大的进展。年内发布的《京津冀能源协同发展行动计划（2017—2020年）》立足于京津冀能源特点，全面推动能源协同发展，强化区域协同保障。

2.5 北京城市规划

2017年2月下旬，习近平在北京市考察城市规划建设工作中指出，北京城市规划要深入思考"建设一个什么样的首都，怎样建设首都"这个问题。习近平要求把握好战略定位、空间格局、要素配置，坚持城乡统筹，落实"多规合一"形成一本规划、一张蓝图，着力提升首都核心功能，做到服务保障能力同城市战略定位相适应，人口资源环境同城市战略定位相协调，城市布局同城市战略定位相一致，不断朝着建设国际一流的和谐宜居之都的目标前进。9月，党中央、国务院批复了《北京城市总体规划（2016年—2035年）》，为北京市城市发展及规划、建设和管理工作指明了方向，对组织实施总体规划提出了明确的工作要求。当前，全国正在开展新一版城市总体规划的编制试点工作。在这个关键时刻，北京编制城市总体规划的生动实践和丰硕成果，起到了重要的示范、引领和表率作用，也是首都对全国的贡献。

建设北京城市副中心是千年大计、国家大事，是疏解非首都功能的标志性工作。为疏解北京非首都功能，北京城市副中心建设近年在加快推进，目前主要部分已经基本建成。副中心的建设凝聚了全球顶级设计师的智慧。年内，北京副中心总体城市设计和六个重点地区详细城市设计已通过专家评审，整个方案将突出亲水特征、人文特色、和谐宜居，着力打造鲜明的城市特色，目的就是要把北京城市副中心建成绿色城市、森林城市、海绵城市、智慧城市的示范区。副中心规划编制呈现出"新时代"特点：围绕城市副中心的功能定位，把服务北京中心城区、服务京津冀协同发展作为规划编制的出发点；突出新理念，如强调以绿色交通为先导的发展模式，强调城市功能的综合性，主张土地混合使

用，主张生态廊道、风道，强调构建疏密有致的城市肌理的重要性等；北京城市副中心体现着生态城市的理念，广泛应用世界最先进的绿色建筑技术、可再生能源技术。在这里，节能环保的标准、材料、技术、工艺均为全球领先水平。

三、建筑创作

2017年建筑创作作品呈现出关注中国本土文化、关注建筑本体及绿色建筑，以及深入到日常生活的空间改造，面对更加具体、微观的现实问题的层面，取得了具有突破性的成绩。更重要的是，今年的建筑创作理论呈现出丰富、多元、深入的特点，各式展览、论坛、会议、评选此起彼伏，对建筑理论的关注和重视呈现出前所未有的局面。

3.1 多元共存的建筑创作

中国文化的体现

对中国传统文化的体现是2017年建筑创作的一个主要特征，说明"文化自信"在建筑创作中已经深入人心。中国城市建筑在尊重自己的历史的基础上"讲述自己的故事"，从而展现出一个文明城市鲜明的个性和气质，这不仅是每一位市民都希望看到的，也是每一个建筑设计者应该努力追求的。巴黎国际大学城"中国之家"是一栋学生宿舍楼，主要功能包括独立寝室及文化活动厅。张永和非常建筑事务所的方案将宿舍间房间组织成围绕中心庭院的环形，让学生生活在良好的自然环境中。除了中心庭院，建筑师在建筑周围及屋顶上都设计了园林，中心庭院中的楼梯再串联一系列绿化了的平台，将一个垂直的景观体系融入建筑中去。中国的青砖作为主要外立面材料，并通过镂空、浮雕等不同的砖的砌筑方式，反映出建筑师对细部和匠艺是重要的建筑形式这一理念的认同。内立面采用木格栅，和外立面的黏土砖一起进一步表达了中国传统中以土木定义的建筑观。

2017年9月竣工的昭君博物馆为中国建筑设计院有限公司曹晓昕团队的作品。昭君博物馆新馆选址在神道南侧，守住神道两端与青冢遥相呼应，并且串联整个场地。由于坐落在这样一个特殊的位置上，新馆不单作为旧馆的升级，同时也起到了景区大门的作用。青冢是旅游区的主核心，新馆设计为一种谦逊的姿态，进行自我弱化，降低高度、调整虚实为了凸显青冢，形成青冢与新馆和谐的主次关系。同时新馆的外轮廓成为青冢的天然景框。同时追溯中国古老的土木建构方式，从材料和工艺上实现对"土木之像"的现代化再现与再造。作为兴村产业"基地"原有的红糖家庭作坊，建筑师徐甜甜相信即使建筑"硬件"不再崭新，人文"软件"上的丰富生机可以重新给村庄注入活力。新的红糖工坊传承了村庄内核的文化传统元素，体现了其内在的文化价值，也展示了兴村不同于其他古村落的独特特征。兼具红糖生产厂房、村民活动和文化展示等功能的兴村红糖工坊，成为一处衔接村庄和田园的重要场所——当地的村民田间劳作之余可以在此休憩，外来的游客也可在此体验田园诗意。工坊注重强调传统文化的价值，可谓是活态展示的博物馆。

日常空间改造

继去年对"日常"的理论和实践探索，年内相当数量的建

筑师将设计焦点聚集在对"日常生活空间"的改造和提升上。引人注目的"船长之家"的设计是从针对结构加固方式的思考开始的。经过一系列的对比，建筑师董功最终选择了在保留原有砖墙结构的基础上添加一层12cm混凝土墙的方法。这一策略不仅满足了加固和加建的基本需求，同时也提供了更多可以改善空间品质的可能性。新的结构介入使房屋的空间格局得以重新调整，原有的砖墙可以适当地被拆除或移位。建筑师选择拱作为三层的结构形态是两边承重墙向上汇聚自然生成的结果，也是船长一家信仰基督教进而对宗教空间的隐喻。改造后的船长之家于村落"既融入又跳出"：拱自身具备谦卑、内敛的形态，不给人以过分侵略或支配的感觉，其曲线形态又区别船长之家于周边任何一个建筑。船长之家的改造给一家人提供更多有质量的生活空间，赋予他们生活的尊严，同时也能成为他们家庭情感的载体。

七园居位于德清莫干山对河口水库以南被竹林覆盖的丘陵之中。自然村的房屋沿道路铺开，七园居所在的保留民房是其中为数不多有溪流环绕与腹地阻隔的，业主租下这里希望将其与周边场地一起改造为精品民宿。场地上原有一栋二层的民房和若干一层的单坡辅助用房。设计保留了场地上原有的木结构与夯土墙混合承重的主体民房。保留民房受木结构跨度的限制，开间只有3.6m²，考虑客房的舒适性，我们将六开间重新隔断成四开间，再通过室内功能的布置，化解落入室内的木结构柱子，使保留木结构成为客房的体验元素。同时，设计还保留了民房北侧单坡辅助用房与主体民房之间的高差，新建的咖啡厅便位于此处，与主体民房一层北侧的大堂由室内楼梯连接，外部由跨越场地自然高差的路径串联。

绿色生态建筑

2017年，"绿色生态建筑"的建设更具生态、文化指向，它们在建筑设计、建造和使用中充分考虑环境保护的要求，将建筑物与环保、高新技术、能源等结合起来，在有效满足各种使用功能的同时有益于使用者的身心健康，创造出了符合环境保护要求的工作和生活空间结构。作为北京世园会最重要的标志性建筑，世园会中国馆以"锦绣园艺情，如意中国梦"为主题，期望最终建设成为一个"生态文明的建筑典范"。中国馆在设计上秉承与园区山水格局相协调、使用最新的绿色技术、融入地域文化元素、表达园艺主题、兼顾会后利用等内涵和理念。设计团队期望以诗意的中国语言讲述美丽的园艺故事。建筑师崔愷把中国馆设计成半环形，它以圆满温润的轮廓融入场地，环山抱水，是整个园区景观脉络的延续。这个设计源于中华园艺脱胎农耕文明的历史，梯田之上大量种植白、黄、红、黑、紫等稃壳各色的谷物，运用雾喷、照明等技术，营造返璞归真的田园景色。师法自然，传递生态文明。效仿先人"巢居""穴居"的古老智慧，北京世园会将中国馆打造成一座会"呼吸"、有"生命"的绿色建筑。

北京世园会植物馆的创意灵感来源于红树林。升起的地坪、垂悬的根须，不仅仅对观众有着强烈的视觉吸引力，也为漫长夏季里在户外排队的观众提供了人性化的遮阳场所。在这里玩自拍、看人工智能喷雾表演，观众在排队时将不会感到乏味，反而充满了好奇和渴望。由URBANUS都市实践创建人之一王辉设计的植物馆建筑分为四层，有别于一般温室的开门见山，建筑的参观动

北京世园会植物馆

线是从展厅进入大温室然后再回到展厅，让观众在多种语境下充分享受和领悟"植物，不可思议的智慧"这个话题。建筑用全新的视角吸引观众探索不可思议的植物智慧，寓教于乐地唤醒人们重新思考人类文明与地球生态如何共赢。

建筑遗产保护

我国是世界文明古国、文化遗产大国，正处于城镇化快速发展的历史时期，遗产保护工作任重道远。年内，相关建筑遗产保护活动致力于积极传播国内外领先的建筑遗产保护修复与利用理念、充分展示先进的保护修复与利用技术、有效扩大建筑遗产保护在公众中的影响力、有力提升我国建筑遗产保护修复与利用整体水平。《建筑学报》2017年第一期以较大篇幅报道了金陵大报恩寺遗址公园规划设计。金陵大报恩寺遗址公园经历12年蹉跎规划和设计，建设的一期工程尘埃落定。落成的欣喜和遗址固有的苍凉并存，历史的流动和遗产保护的物化共生。这个项目凝聚老中青几代人的研究成果，汇合几十人合作的工作成效，印证对于遗产保护理解以及对于历史文化传承认知的不断深化历程。南京市政府因大报恩寺具有重要的历史、文化、艺术和科学价值，决定规划建设大报恩寺遗址公园。由东南大学组成的城市设计、建筑历史、遗产保护、建筑设计等多学科紧密合作的项目设计团队，承接了这一传承历史文化的重要项目。陈薇教授以侧记的方式，展现了历史研究作为重要的一环，始终贯穿在该项目的推进过程中，同时，对遗产保护与历史文化传承所涉及的诸多问题，在文中也作了相应的讨论，并由此提出了严格保护、叠合历史、衔接现状、科学发展的宽广思路。

年内，中冶建筑研究总院在文物保护领域成功完成了故宫乾隆花园掇山叠石假山安全性鉴定项目。该项目是国内首次对故宫皇家园林掇山叠石假山进行安全性鉴定，弥补了多项技术空白，成为文物保护领域的标杆性项目。该项目涉及测绘、物理、化学、水文、地质、气候、历史、考古、建筑、材料、文物保护等多方面的内容，技术难度大，工作要求高，是通过科学的检测、监测等手段及时发现隐患，通过系统安全评估等方法分析病害和损伤的原因、危害程度、结构和材料的损毁规律等，通过系统处理、科学管理、灾害预防、日常维护及时降低或消除各种风险，并以此为依据选择确定科学的系统性保护方法技术的具体实践。在文物建筑领域，中冶建筑研究总院将契合中冶集团"坚持走高科技建设之路、新兴产业的领跑者"的发展战略目标，为文物建筑保

护和弘扬中华传统文化做出应有的贡献。

3.2 论坛、展览、评选、校庆

《建筑学报》所展开的建筑理论探讨

2017 年早期，《建筑学报》编委会换届暨第七届编委会成立会议在紫禁城内建福宫敬胜斋召开。《建筑学报》主编崔恺回顾了近年来《建筑学报》的总体发展，强调杂志始终秉承"综合性、学术性、权威性"的办刊宗旨，恪守思想性、学术性、规范性三者并重的取稿标准，严把稿件的质量关，以严谨求实的态度做好每一期杂志。清华大学建筑学院院长庄惟敏宣读了《建筑学报》第七届编辑委员会章程的草案，并认为一本杂志质量的好坏可能取决于编辑部，但是杂志的品位和品格体现的则是编委们的水平，从这一独特的角度阐明了编委会以及各位编委的重大责任。编委们不仅就章程中编委会的性质与任务、组织原则、职责与工作方法等相关内容提出了不少有益的修改意见，而且就《建筑学报》今后的发展方向、发展目标，以及具体的方法、措施等各个层面建言献策，展开了热烈的讨论。

5 月 5 日 -7 日，《建筑学报》杂志社联合内蒙古工业大学建筑学院，召开了"青年学者论坛"暨 2017《建筑学报》组稿人会议，邀请来自海峡两岸十余位术业有成的学者、职业建筑师与会。学报作为中国建筑历史的记录者与见证者，有责任亦有义务构建中国建筑理论与实践的沟通平台；强化编辑意识，重新审视并拓展报道角度与关注方向，以期多元化地呈现中国当代建筑图景。与会学者和职业建筑师在参会前均作了充分的准备，他们分享了近年来各自所从事的学术研究和创作实践，介绍了所在领域的学术动向与发展趋势，经过一场头脑风暴式的交流撞击，不仅相互间加深了了解，收获颇丰，亦为学报的未来提供了中长期的诸多选题策划线索。

紧接着，为了推动建筑批评在中国文化土壤中的落地生根，实现建筑批评与建筑观念、建筑实践之间相互阐发的良性互动，《建筑学报》杂志社联合其他单位于 7 月 12 日 -15 日在北京举办第一期"2017 青年学者支持计划——建筑批评方向"，从各高校和多家设计机构分别遴选出多位具有较强写作意愿、并在建筑批评方向小有建树的年轻学人和多名来自《建筑学报》学术支持单位的优秀年轻教师及职业建筑师，共同入选该计划，参加为期 4 天的建筑批评写作培训课程。通过 4 天高强度的学习，活动期望学员们可以初步确立起建筑批评的价值判断，在今后不断的写作中，逐步建构起建筑批评的理论基础，掌握建筑批评所使用的解释工具，最终能够批判性地趋近当下的建筑观念或建成环境中的具体作品，并对之做出恰如其分的描绘、分析、阐释、评价和反思。

展览

2017 年内举办的较为重要的建筑展览呈现出国际性、开放性、实验性、艺术性等特点。5 月 18 日，建筑师朱锫在 Aedes 建筑师事务所主办的论坛上进行首次建筑个展。在本次展览上，其向观众展出的作品有石景山文化中心、大理美术馆、大理杨丽萍表演艺术中心和景德镇御窑博物馆等。批评家王明贤表达了对展览的看法："在朱锫看来，展览'会心处不在远'是一种态度，

揭示了今天当代建筑的另一种可能性，即对中国传统自然观'心境'的当代再现，揭示人与自然同源的建构法则。展览是建筑实验，也是新的起点，表明'自然建筑'建造的不是一个外在的世界，而是心在其中的栖居场所。"清华大学教授周榕认为："经历了数年之久的沉寂，朱锫终于在 2014 年前后完成了自身在建筑思想上的'中年变法'，并由此进入了持续至今的井喷式创作高峰期。在近两年世界各地的巡回演讲中，朱锫把自己的设计主旨总结为'自然的态度'。'心相时境'是朱锫建筑设计的一大鲜明特质。"

年内另一个较有影响的展览是朱小地个展，其为观众敞开了全新的艺术经验。本次展览展出了艺术家朱小地 2016—2017 年之间创作的水墨作品和一件极富精神性的大型空间装置"容迹"。朱小地最新水墨创作，从原初性出发，直达存在本身。这些"迹象"没有既成的图示，是他记录日常存在的印记，也是无限未知可能探索的结果。策展人柴中建表示，朱小地的水墨作品首先是一种当下决然的观念变革，他决然地朝向了一种未知的、可能的、而他已坚信为澄明之地的方向。在教堂空间，朱小地的大型空间装置"容迹"，更是让我们感受到一种迥然不同的神秘意味，它不同于多媒体技术带来的时尚感，而是由材料的极简构成、技术的美学、精神的超越与意义的凝重共同构筑的神秘。

评选

由中国建筑学会主办，住房和城乡建设部、中国科学技术协会及国际建筑师协会鼎力支持的梁思成建筑奖，被视为中国建筑界的最高奖项，以激励建筑师发挥创新精神，繁荣建筑创作，铸造"中国设计"品牌。2017 年 5 月 17 日，2016 梁思成建筑奖颁奖典礼在北京的清华大学举行。生态建筑的倡导者和生态建筑理论的创立者、绿色和生态建筑设计的旗帜性人物、马来西亚建筑师杨经文（Kenneth King Mun YEANG）及尊重环境、秉持"相融方式建造观"并推崇简约建造成本的中国建筑师周恺荣获 2016 梁思成建筑奖。

继去年，"中国丑陋建筑评选"引发了建筑界对丑陋建筑成因的反思与警醒，唤起了广大媒体及社会大众对弘扬优秀建筑文化的广泛关注和参与，成为具有价值和公共意义的事件。王明贤、顾孟潮、布正伟、周榕等业界权威专家参照事先制定好的评选标准，通过深入研究与反复讨论，评选出 2017 第八届"中国十大丑陋建筑"最终结果，它们分别是：广州圆大厦、郑州会展宾馆、

| 广州圆大厦

华东交通大学理工学院——靖安校区、河北白洋淀荷花大观园金鳌馆、厦门瑞华高科技研发中心大楼、柳州双渔汇、佛山图书馆新馆、云南农业大学科研综合楼、上海 LV 大厦、杭州白马湖建国饭店。

校庆

年内，东南大学建筑学院与天津大学建筑学院分别召开隆重的院庆活动。两所大学建筑教育是为中国建筑教育、科学研究和设计创作的一流重镇，其开中国大学建筑教育之先河，续传承创新之路径。2017 年，天津大学建筑学院已走过八十个春秋。"承前志，启后新"，正如天津大学建筑学院院长张颀所说："八十年间，天津大学建筑教育，从无到有、从有到优、从优到精、精益求精，步履不停，艰辛缔造，不逞空谈，成就了天大建筑。在"立足本土、放眼世界"的目标定位下，天大建筑教育思索基本功与创造力、技术与艺术、传统与创新等辩证关系，进一步巩固了师生素质高、学术声誉高、学科水平高的特点，国际化程度亦持续提高。学院的设计教学体系不断吸纳新鲜思维和先进经验，确保在积极自我完善的过程中始终占据世界前沿高地。2017 年也是东南大学建筑学院九十华诞之年，值此盛年锦时，为缅怀前辈建业之功，重温师生同窗之情，答谢各界鼎力之谊，更为汇集学者智慧，共创未来建筑教育发展之路，11 月下旬于南京举行了"2017建筑教育国际论坛暨东南大学建筑学院九十周年院庆活动"。

年内重要的建筑创作活动

2017 年的建筑创作相关活动非常活跃，进一步增强了中国建筑创作的活力和动力。以"遇见什刹海 2017——院落共生的城市家园"为主题的什刹海设计周活动与什刹海片区城市更新的现实结合，通过北京国际设计周所提供的契机，搭建基于什刹海城市区域现实发展所需要的真实平台，针对什刹海城市更新工作中的实际问题，进行活动的策划与组织。活动内容涉及城市更新和城市生活的各个方面：既有关于"民宿"的产业研讨，又有关于"历史保护与发展"的学术论坛；既有面向本地居民的有机生鲜配送服务，又有面向游客群体的文化景观"寻宝"游戏；灰水自循环的城市小农场、旧物的环保利用、公益图书阅读计划等新型生活方式实验将在设计周的什刹海院落中展开。

让人印象深刻的是，"2017 上海城市空间艺术季"以"连接this CONNECTION——共享未来的公共空间"为主题，主展览位于民生路 3 号的 8 万吨筒仓及周边开放空间，展览由四大主题展和 12 个特展共约 200 个展项组成。本届空间艺术季聚集全球的规划师、建筑师、艺术家、策展人，将国际智慧城市发展经验和重要的公共艺术作品引入上海，同时通过论坛等交流，探讨上海城市空间发展相关议题。展览作品中既有具有国际视野的展项如与水共生，同时又有紧密结合上海发展的展项如上海城事、两岸贯通、文化点亮城市等内容。除此之外，展览作品既有引入著名艺术家的展览作品，赋予了新的语境和观感体验，又有艺术家根据展场特质进行的创作。

在建筑创作与评论活动举办方面，不论是从组织层面还是个人层面，全国范围还是地方范围，都展开了深入的探讨。年内还有一个重要的学术活动——中国建筑学会建筑评论学术委员会在同济大学成立，这标志着我国建筑评论领域的第一个学术组织

诞生，成立大会在同济大学建筑与城市规划学院举行。会上中国建筑学会秘书长仲继寿宣读了成立决定。大会经投票选举，郑时龄院士任建筑评论学术委员会主任委员。建筑评论学术研讨会作为一场学术盛会，针对当代中国城市建筑评论以及建筑评论的理论与实践议题由各方学者展开了自由务实的交流讨论，体现了丰富的学术内容和浓郁的学术气氛。

由阿那亚和世界建筑杂志社联合主办的"2017 阿那亚论坛"在秦皇岛北戴河新区阿那亚国际青少年营地举行。论坛以"建筑：自每个人，为每个人"为主题，清华大学张利教授邀请到众多知名建筑师和学者，围绕"建筑与每个人互动"的话题，分享了他们的设计实践和研究成果。建筑师和学者展开了密集的思想交锋，演讲嘉宾与听众之间也不乏深入地交流和对话，阿那亚论坛在深秋的黄金海岸掀起了一场建筑界的头脑风暴。常青院士以"风土根与楚辞魂——汨罗屈子书院设计实验"为题介绍了汨罗屈子书院的设计及施工过程，通过屈子书院的案例，常青院士传递出他对待遗产地复原设计的态度：尊重历史和自然地貌，不能一味地仿古，而应从历史文献和本土建筑中寻找文化基因和设计线索。

此外，中国建筑学会岭南建筑学术委员会的成立标志着岭南建筑研究和实践又一新平台的诞生，是一代又一代岭南建筑人的心愿和成果。5 月 28 日，修龙在中国建筑学会岭南建筑学术委员会成立大会暨岭南建筑文化学术研讨会致辞中认为，岭南建筑得风气之先，又曾开风气之先，并对岭南建筑的成就和影响给予了充分的肯定，同时也对岭南建筑学术委员会寄予了殷切的厚望，希望委员会为树立岭南建筑界的文化自信、推动岭南乃至全国建筑事业的发展做出应有的贡献。

一个具有个人学术价值的研讨会——由同济大学建筑与城市规划学院与《世界建筑》杂志社联合主办的"造的现代性——张永和教授作品与思想研讨会"在上海举行。张永和教授带来了主题演讲《何为现代？》，演讲并未谈及非常建筑工作室的设计实践，而是围绕着 17 位现代艺术家与他们的作品展开，"技术""真实""大生产""敏感性""思考力""想象力""自由"……通过具备"现代"特征的一系列艺术作品，张永和教授向听众阐释了他对于现代与现代性的理解，乃至现代语境下建筑学所蕴藏着的可能性。

四、理论研究

4.1 建筑历史与理论研究

2017 年，建筑历史与理论研究方面的成果显得格外突出，主要表现在梁思成一行初访佛光寺 80 周年之际，《建筑学报》特别邀请来自国内外高校与研究机构的学者，围绕佛光寺及其相关的学术史为题，各撰专文汇集成册。这些汇集了海内外不同学术背景的佛光寺论述让读者对佛光寺研究的近况获得了略为完整的了解，同时也能对当今中国建筑史研究的面貌有所呈现，并以此作为对先贤的最好纪念。由纪念发现佛光寺 80 周年而汇集的各篇专文，首要的价值在于承载了每位作者求真的思考，而与此同时，就像梁思成先生所提示的，一线研究者的真实体会若能汇集到面向更大规模的中国建筑师的专业知识中，那么"他们的创造

力量自然会在不自觉中雄厚起来"。

部分建筑学者主张，中国建筑史研究与当代中国建筑创作实践之间有更多互动发生。由此，《建筑学报》组织了多位实践建筑师于11月6日聚集佛光寺举行座谈，对"传统与现代"的议题进行了深入的探讨。黄居正先生在发言时表示，建筑史研究不应局限在建筑史学家内部，而应该与设计实践结合起来。着眼当下实践建筑师和史学研究之间存在脱节、缺乏互动的现状，希望能通过佛光寺这一重要案例，推动更多从业建筑师从设计实践者的角度出发，探讨历史建筑在设计层面、空间层面的问题，也期待着建筑师们通过研究与发现，寻找传统向现代转译的语言，将史学研究与设计实践建立联系，使传统得到发扬并作用于当下。王骏阳教授在谈及中国建筑史研究与建筑设计实践之间长期存在的分野时表示，将前者与建筑学界的其他关注点更好地结合在一起值得尝试，也是对发现佛光寺80周年特别的纪念。

在2017年的建筑历史与理论研究工作中，持续展开了对《营造法式》的研究，专家学者以更广博的视野和更深刻的认知能力对之进行回顾和批判。常青院士以历史实证和逻辑推演相结合，着重讨论了《营造法式》颁行前后的历史关联性，特别是其来源及官式属性与民间风土建筑的互涵关系；还对用材等级制与礼乐制度的关系及其构成逻辑作了重点解析，对斗栱铺作退化所引致的殿堂（阁）进化现象作了有别于前人的阐释。清华大学贾珺教授研究了关于《营造法式》的六则札记，针对新旧两版《营造法式》的编撰过程与北宋末叶新旧党争的历史背景进行概述；比较《木经》与《营造法式》这两部营造专著的差异；推测要呆三种别名的由来；以实物印证《营造法式》中记载的"橡头盘子"这一特殊构件等方面做出分析。

此外，相关学者提出了对于"中国村落"理论研究的观点。学者张力智提出中国村落研究中存在一些习以为常的理论预设误区，通过中国东南地区的几个研究案例指出，中国明清时期的村落不仅内涵儒家精英的文化，甚至出现了诸多"现代"建筑和规划元素。这些"反桃花源"的特征，都是中国传统村落和乡土建筑的独特之处；作者意在为中国乡土建筑提供更开阔、更灵活的阐释框架，从学术角度突破今天保护利用的瓶颈。而学者张智敏通过对桑园围的水患及其治理的梳理，解析在这种治理中所形成的自治机制对传统水乡聚落的影响，从而得出以桑园围为代表的传统水乡聚落中，以宗族为基础的乡村自治是珠江三角洲地区形态形成与演变的内在机制，水患压力下的宗族生存与发展是促成乡村自治的首要因素，而乡村自治机制的完善进一步促进了水患的治理，同时也导致了具有岭南传统特色的水乡聚落形态的相似演变。

在对传统建筑的内生性、外生性研究方面，学者卢健松、吴志宏分别研究了传统住宅的自适应性以及参与式乡村营造的内生动力；戴俭和刘松茯分别对古建筑木构建内部缺陷无损检测方法以及气象参数对砖构文物建筑酥碱影响进行了探索和研究。在"遗产动力学"理论研究方面，学者王琼、季宏等以三个福建村落保护与活化的得失为例，分析其所采取的不同的保护与活化模式，以及不同主体下动力根源与作用力的关系，探寻适宜乡村保护与活化的主体与合理的动力根源关系、保护模式。青年学者徐好好以广州

泮塘五约微改造为案例，记录了前期历史和概念研究，中期公共传播和图景试验，及近期的施工设计，讨论设计中的历史地理方法、形态研究方法、传播方法、城市场景研究方法和设计细节调整的方法。曹劲从兰寨和下坝这类乡村改造的非典型案例和"三师下乡"志愿者活动的实践出发，探析乡村复兴的多种可能性；提出修正自上而下的视角；关怀作为乡村主体的村民的意愿；唤醒村民的文化自觉，重构乡村精神；以修补式、渐进式的最小干预，疏通遗产保护与展示利用的脉络，激发乡村自身活力。

"20世纪50年代以降的北京现代建筑历史研究"从不同方面讨论中华人民共和国建立后北京城市和建筑的发展。刘亦师的文章集中讨论由杨廷宝和杨宽麟合作设计、并曾屡次成为现代建筑史上热点话题的著名建筑——和平宾馆。该文基于大量原始档案和与当年设计人员的访谈，通过考证诸多历史细节还原了和平宾馆一波三折的设计过程，并探讨了旅馆建筑与社会主义国家建构间的联系。2017年是国家图书馆一期馆舍落成30周年。胡建平的文章以我国20世纪七八十年代的这一重要设计项目为研究对象，同样基于史料发掘和访谈口述，提供了从20世纪50年代关于其立项的争论到建筑方案的排选和修订等的大量新鲜史料，对读者全面了解其设计过程有所裨益。范思正的文章将中华人民共和国成立初模仿苏联的风潮与改革后延续至今的西化思潮加以对比，提出了一些颇有见解的观点。

年内，在对国外建筑历史与理论的研究方面也呈现出了丰富的成果。相关学者从建筑学批判性策略的角度，总结相关历史过程的当代意义——对传统的辩证解读，对西方价值体系的选择性认同，基于本土视角的文化再创造。由中国建筑工业出版社出版的"给建筑师的思想家读本"，包括了《建筑师解读海德格尔》《建筑师解读布迪厄》《建筑师解读本雅明》等国外建筑理论译本。学者杨涛、魏春雨以西方建筑师与桂离宫的关系为切入点，梳理桂离宫与现代建筑发展历程之间的历史关联，指出关于桂离宫的解读中现代主义的片面性、建筑师的主观性，并阐释桂离宫对于当代日本及西方建筑学的影响。还有不少学者展开对欧洲、非洲、亚洲等建筑历史和理论的相关研究，成果也相当显著。

4.2 建筑设计方法理论研究

结构与建筑

随着数字化模拟、优化与生成设计技术的发展，以及建筑数字建造技术带来的建筑产业变革的不断深入，建筑学与结构工程专业的学科边界和合作模式被重新定义。计算机强大的计算能力使结构设计能够应对不断提升的建筑复杂性与差异性需求。一系列全新的建筑结构性能化设计方法和工具的出现使建筑师与工程师能够在概念设计阶段密切合作，通过动态、交互的结构设计方式实现多目标的建筑结构性能化设计与生形。伴随着结构方式的变革，建筑机器人等数字建造技术的多样性与灵活性有效保证了结构性能化设计的自由度，为建筑带来了全新的建构表现和形态特征。

有建筑师呼吁建筑与结构应在建筑结构性能化设计中回归一体化的本源状态，探讨建筑结构性能化设计对建筑学本体的核心意义。袁烽教授与谢亿民院士通过梳理建筑结构性能化设计思

想、美学与建构方式，对数字时代的建筑结构性能化设计方法进行综合阐述；刘海洋通过上海世博会博物馆云厅的设计与建造阐释了建筑结构交互一体的实践原则；周健以虹桥机场 T1 航站楼改造工程为例探讨了结构工程师早期融入建筑设计过程的可能性；钱锋等通过上海崇明体育训练基地游泳馆的设计实践，展现工程师与建筑师在大跨度建筑设计中的合作模式。

随着各领域专业化趋势的日益加剧，正统的建筑学已深陷于艺术与技术非此即彼的纠结之中。"结构建筑学"的提出正是试图突破这一困境，重塑建筑空间所赖以存在的技术基础，探索建筑学所蕴含的新的可能性。《建筑学报》特集以学术研讨会上的相关讲演等为基础，围绕建筑与结构的关系，于教育和实践两方面，从结构形态的意义、结构形态的技术、结构形态的表现等不同视角来呈现它们之间或独立或综合的多样化观点。建筑师从结构超越力学概念来获取建筑学意义的论述，与结构师从"结构建筑学"层面论述建筑形态的生成，两者形成了极其鲜明的对比，也让我们从各自的论述中看出建筑师与结构师在以"结构建筑学"为思考平台，生发出的建筑与结构之间所产生的重叠、交集与差异。

数字技术

基于数字技术的设计方法为建筑设计提供了令人振奋的机遇，它们并非传统设计方法的替代品，而是其有益的延伸。大数据解析逐步形成统计分析和数据挖掘的数理同构，并为建筑学学科提供科学的动态演化机制。建筑学学科已经到了一个拐点，算法与制造技术的成熟意味着建筑学正在迎接一个前所未有的重大发展机遇，当理论和实践的两面镜子转向科学的方法，便将构成数字技术的递归出口，昔日的匪夷所思正在变成现实，并呈现目不暇接的视觉形态和模式矩阵。在此背景下，数字技术应回归建筑设计的学科本原，共同探讨算法技术对建筑学学科的核心意义。有关学者就数字技术与设计方法的结合、数字技术与建筑产业的链接、数字技术对人性环境的支撑和数字技术的应用与实践等展开讨论。

李飚教授提出用程序算法揭示并寻求设计方法的模式化解决策略，进而实现数字设计方法的连续性转化，促使建筑学科形成彼此促进、互为依存的学科共生关系。魏力恺等从 AI 三种主义出发，提出建筑智能设计 AID 模型，试图为理解建筑设计与人工智能的交叉融合建立一种思维体系。唐芃等则从实践角度出发，以三个案例介绍建筑师通过程序运算应对不同设计条件，完成设计到建造的工作流程，并总结数字技术支持下的建筑设计及其建造的潜能。而吕帅、徐卫国等结合参数化模型和音质模拟等数字设计方法，提出一种基于快速反馈的建筑方案设计流程；而后以音乐厅为例探讨了实现所提出设计流程的技术方法，并开发了工具雏形。

绿色建筑评价

学者戴靓华等认为目前《绿色建筑评价标准》中的室内噪声计算方法值得商榷，并提出新的计算方法供讨论。根据绿色建筑的基本原则，建筑外窗在开启时是正常使用状态，应以开窗状态判断室内噪声，在绿色建筑设计中可以通过技术手段降低建筑区域内噪声。刘斌等通过北京某住宅小区中 5 户的空调使用情况进行长期测试，对测试结果和大量调研数据进行分析，分别讨论了室内外温度、室内湿度、个人偏好、人员在室情况、室内冷量保留时间等因素对空调使用行为的影响，最终得到最节能和最耗能两种极端的空调使用模式，并与实测能耗进行比较，发现实际住户空调能耗比最节能模式空调能耗高很多，证明通过调整人员行为减少空调制冷能耗的空间很大，对减少建筑能耗具有重要意义。

技术与环境

建筑学中的技术变迁并非简单地累积和发展，而是不断地通过本地化的实践转化为一种与设计相关的知识。因此，环境维度作为技术原型与本地变体之间的诱因和限制条件，促使其与建筑学其他因素产生新的关联。相关学者以既有建筑案例为出发点，展开技术与环境之间的复杂关系，进而探讨设计在这二者之间的潜力。发表在《建筑学报》的《气候＋舒适》一文以昆士兰地区的分离式单坡屋顶为例，详述了现代主义建筑在适应亚热带气候过程中的形式演化，以及场地、文脉和话语转向在其中起到的复杂作用。《易建性》则以霍夫曼窑在中国的传播为对象，探讨一种以空间组成和焙烧工艺为核心的环境原型与实际建造模式之间的相互作用。《从"医学身体"到诉诸于结构的"环境"观念》通过分析一组现代主义经典案例，指出基于"医学身体"的环境观念使得功能、空间、环境得以在建筑本体层面被整合并创造出新的建筑形式。

适老化设计

近年来，在建筑学科领域，适老化居住建筑和养老设施的设计研究越来越受到学界的关注。2017 年，在"高龄化时代养老建设策略与设计研究"的主题下，刘东卫撰写了《探寻城市高龄人口照护体系与环境构建的新方式》，讨论我国高龄养老设施及居住环境建设可持续发展的方向；关注国内理论与实践的论文，讨论了北京、上海、西安、南京等地城市养老介护设施的实践，并对城市既有建筑更新改造的养老设施与环境构建提出整体解决方案和具体设计策略。姚栋、赵秀敏、林文洁分别对社区养老设施、户外老年人活动场地以及养老机构的功能空间进行了研究；陆邵明、郭昊栩、姜涌重点研究了既有建筑和住宅的改造以及保障性户型评价。

徐知秋、胡惠琴以社区养老作为切入点，基于对老旧社区的实地调研和户型分析，将国外相关住宅改造方法作为理念依据和借鉴，尝试性提出老旧社区中住宅适老化改造的方法和设计要点，并针对老旧住宅的实例进行改造方案的设计。慕竞仪、康健对中英两国养老设施的体系框架、总体空间模式和空间功能等方面进行比较研究，发现其存在的理念及方法上的差异，指出形成这些差异的原因在于两国不同的价值观念、生活习惯以及老龄化国情，而最终总结出养老设施类型合理化、增加小规模养老设施所占比例、空间模式去机构化等值得借鉴的经验。

五、热点与焦点

年内，以疏解北京非首都功能为核心的京津冀协同发展战略贯穿始终，将河北雄安新区和北京城市副中心作为疏解非首都功能的集中承载地，这是 2017 年城市发展的热点与焦点。然而，疏解过程中所产生的问题引起了人们与相关专家的思考：建设生态宜居城市首先要增加包容，要细致耐心的服务，要欢迎与新经济模式相关的市场化主体和外来人口参与城市的发展和建设；深入了解城市居民的需求；适应城市的物质生态和社会生态，体现出真正的生态宜居城市理念。

一个建筑方面的热点是 2017 年普利兹克奖的获奖者 RCR。这个全称又被叫作阿兰达、皮格姆和比拉尔塔的建筑事务所，从项目规模上讲，RCR 至今建成的所有项目里，就没有建筑面积超过 2 万平方米的；从年龄上讲，事务所的三位合伙人平均年龄为 56 岁，相对于建筑师漫长的职业生涯来说，这才是刚过青年。这个事务所既没有从事过太多社会活动，又不太刻意关注贫困或者低技；曾经普利兹克奖的几大原则——知名度高、明星项目、终身成就、政治正确等因素，在 RCR 身上都无法得到丝毫验证。从默默无闻到一鸣惊人吸引了众多媒体的关注，却也带来了诸多疑问——RCR 为什么会受到普利兹克奖评审们的青睐？相关专家展开了饶有兴趣的分析与探讨。

五、小结

从对 2017 年规划界、建筑界实践、理论、相关活动的梳理中，我们可以看出，城市建设注重区域的协调发展和新区健康发展，注重村镇建设和保护，建筑设计遵从环境文脉、场所精神以及文化性、生态多样等原则。各类相关活动和会议此起彼伏，不仅带动了设计者的学理提升，而且为今后的设计之路指明了方向。在理论建设领域，相关学者面对当下现实，理论联系实际，做出了既具有国际视野又注重本土实际的理想探索，这对我国建筑创作的内涵提升具有重要参考价值。

参考文献：

1　张力智.桃花源外的村落——中国乡土建筑的研究拓展及其意义[J].建筑学报，2017(1).

2　曹劲.关怀与唤醒——微观视角的乡村文化遗产传承与复兴[J].建筑学报，2017(1).

3　叶静贤，钱晨.理论·实践·教育：结构建筑学十人谈[J].建筑学报，2017(2).

4　郭屹民.结构形态的操作：从概念到意义[J].建筑学报，2017(4).

5　周健，汪大绥.结构师视角的"结构建筑学"[J].建筑学报，2017(4).

6　叶露，王亮.历史文化街区的"微更新"——南京老门东三条营地块设计研究[J].建筑学报，2017(4).

7　钟琳，张玉龙.100养老设施中公共浴室类型和设计研究[J].建筑学报，2017(6).

8　李飚.算法让数字设计回归本原[J].建筑学报，2017(6).

9　魏力恺，张备.建筑智能设计：从思维到建造[J].建筑学报，2017(7).

10　唐芃，郭梓峰.整合与协同——数字链系统驱动的设计与建造实践[J].建筑学员报，2017(5).

11　吕帅，徐卫国.基于快速反馈的建筑方案数字设计方法研究[J].建筑学报，2017(7).

12　张永和，尹舜.城市蔓延和中国[J].建筑学报，2017(8).

13　林岩，沈旸.长卷与立轴：两种城市"片段秩序"画法与城市历史空间更新方法[J].建筑学报，2017(9).

14　刘扬，徐苏宁.从控制到参与：现代城市空间设计模式的转换[J].建筑学报，2017(10).

15　刘可.批评的去向：记第一期"青年学者支持计划——建筑批评方向"[J].建筑学报，2017(10).

16　李振宇，朱怡晨.迈向共享建筑学[J].建筑学报，2017(12).

17　支文军.街道——一种城市公共空间的活力与复兴[J].建筑创作，2017(6).

18　张婷.松动与咬合——七园居的设计过程与启示[J].建筑创作，2017(4).

19　臧鑫宇.生态城绿色街区可持续发展指标系统构建[J].城市规划，2017(10).

20　汪光焘.关于供给侧结构性改革与新型城镇化[J].城市规划学刊，2017(1).

21　郑德高.区域空间格局再平衡与国家魅力景观区构建[J].城市规划，2017(2).

22　沈清基.城市生态修复的理论探讨：基于理念体系、机理认知、科学问题的视角[J].城市规划学刊，2017(4).

23　孙莹，张尚武.我国乡村规划研究评述与展望[J].城市规划学刊，2017(4).

24　杨坤矗，毕润成.京津冀地区城市化发展时空差异特征[J].生态学报，2017(12).

25　史靖塬.国际"真实性"概念、内涵演进过程及其对我国建筑遗产保护的启示[J].建筑师，2017(8).

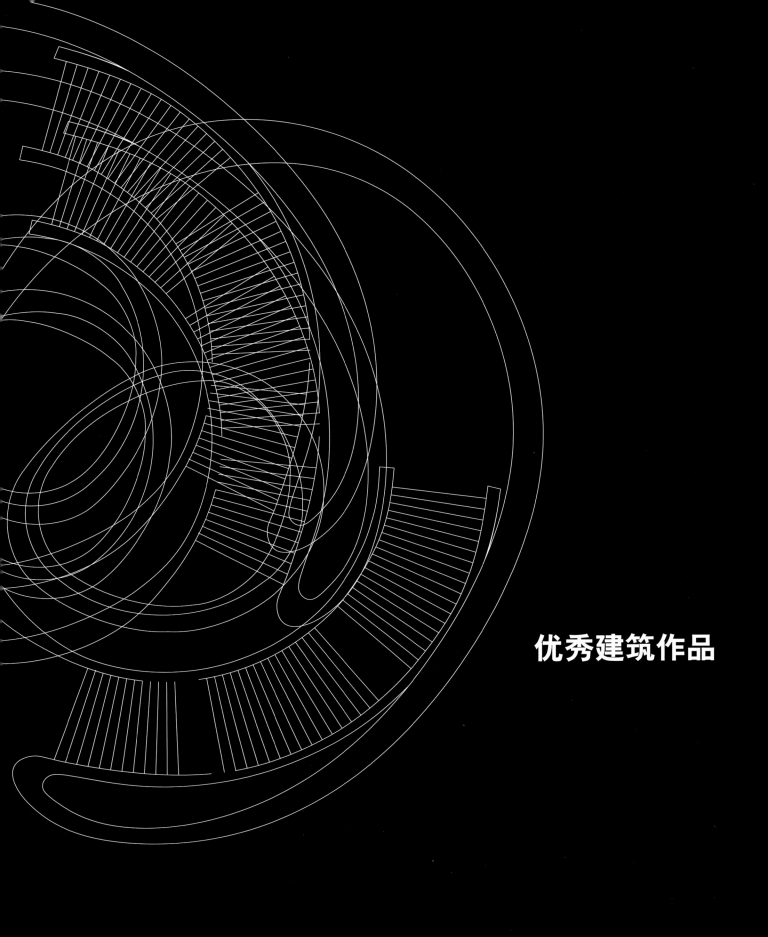

优秀建筑作品

优秀建筑作品目录

山西大同博物馆

项目设计师：崔愷 刘恒 邢野 时红 冯君

建筑用地面积：51556m²

总建筑面积：32821m²

建筑高度：28.45m

建筑层数：地上3层、地下1层

设计时间：2009年

竣工时间：2014年

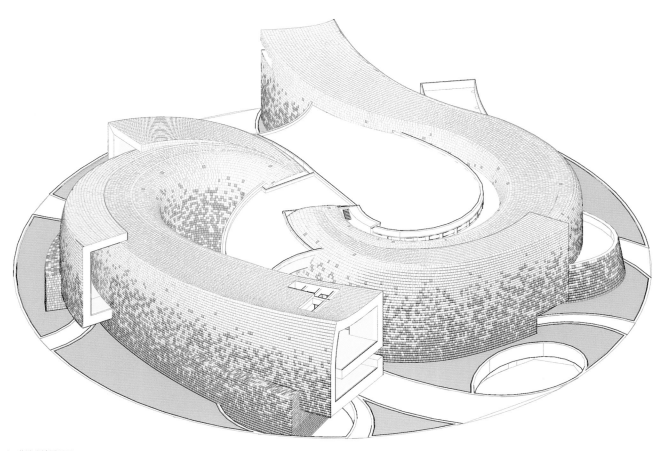

| 幕墙分缝原理图

　　大同博物馆选址于大同市御东新区，是御东新区建设的重要组成部分。御东新区作为大同新的行政文化中心位于大同老城区的东侧，与大同古城隔河相望，是东西向城市轴线的重要节点。博物馆位于新区的核心位置，与东侧的音乐厅沿新区南北向轴线对称布置，西侧紧邻规划中的大型居住区，北望行政中心，南侧为图书馆、美术馆，各具特色的文化建筑集聚一堂，共同构成了城市未来新的文化中心，而博物馆的建设作为新区的起步项目无疑具有里程碑式的意义。

　　建筑设计承袭大同深厚的历史文化底蕴，建筑形态从悠久的龙图腾文化中汲取灵感，并与大同地区火山群的典型地貌特征相暗合。两个拙朴的弧形体量围绕着虚空的中庭和庭院盘旋而起，在一个统一的回环结构内岔开数个断面出来，为内部的观展休息区引入光线和风景，而作为主体的内部展示空间则随着非线性的形体浑然变化，会使观者仿佛遁入幽深的石窟之中。遒劲有力的建筑形体在端部直接暴露功能性的断面，通过进一步结合符码化的表达而产生的方硬汉字形式使建筑更具力量感和文化深意。

　　建筑的三维表面上覆盖上下搭接的花岗石板，同样的石材也蔓延到近似圆璧的水池，有微妙色差的石板通过随机排布形成从下到上渐渐变淡的效果，上下一体的完整形式加强了建筑锚固在场地并与天地浑然一体的气魄。

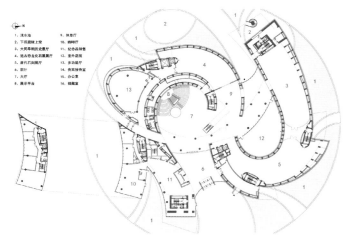

| 一层平面图

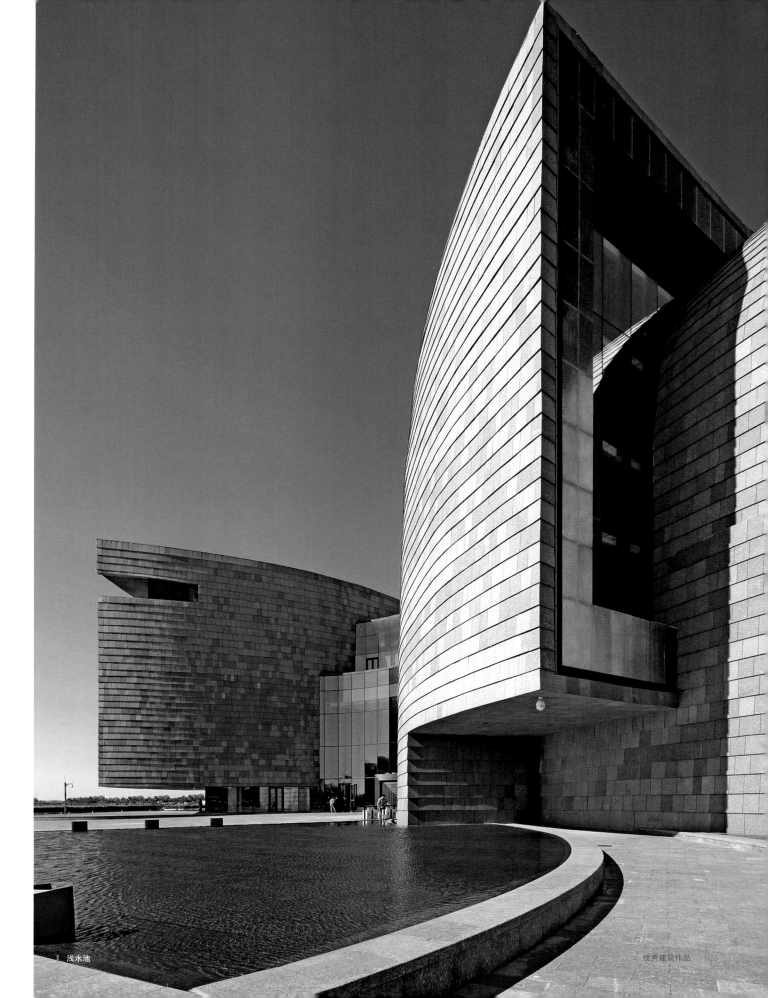

| 展厅

| 展厅

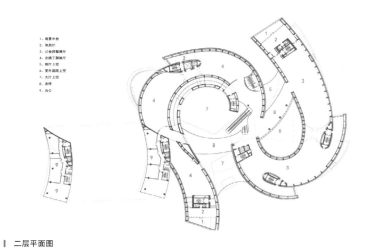

| 二层平面图

| 三层平面图

室外庭院

博物馆入口

北京三区美术馆

项目设计师：崔树 大周 吴巍 刘孝宇 马仕佳
设计公司：CUN寸DESIGN
项目地点：北京市朝阳区甲壹号创意园
项目面积：2300m^2
项目摄影：王厅 王瑾

静谧与光明 ｜ 北京三区美术馆

　　路易·康说过："如果你脑中装满了那些不属于你的东西，你会忘掉它们，它们永远不会留在你脑中，而且你会丧失对于自我价值的意识。"他的建筑精髓曾经被约翰·罗贝尔总结为《静谧与光明》。

　　在我看来，路易·康的世界，为自己找了一个很清晰的问题，所以他每份建筑的答卷都有着沉着冷静的答案。我想他更多的是对自己与对设计的思考，设计师最重要的是打破墙壁而去创造新的可能，而不是不断复制自己，更不能是复制别人。

　　一直以来，每个空间的意义对于我来说都是一次全新打破的开始。这种打破是指空间更像是创意者不断突破的一个状态和这个状态后面所呈现出来的故事。而使用在其中的设计对我们而言，就是传递情绪与故事的一个窗口。

　　那么该如何破壁？刚好，崔树的好朋友吴巍有一个集天时、地利、人和为一身的项目合作，而这个项目也是他们俩破壁的又一次开始。

　　项目位于北京一处创意产业园区内，当我们进入这座原本通透的建筑中，其实就明白了，这里应该属于简单而干净的。作为一处被要求成为聚会、发布会和艺术品展出的空间，它不该属于瞬间的艺术，而是需要在限定的范围内营造出让受众过目难忘、回味无穷的视觉效果。这里不该属于第一区面的界面空间，也不属于第二区面的精神与语言，这里更像是在不同时间、不同身份、不同故事交汇的第三区，而在"三区"打破的是：

NO.1 身份的突破
性格&职业&喜好

　　甲方是三名女孩，每一位的身份几乎都是多重职业，拥有各自的行为张性与人格特点，她们既是这个时代的PE（投资人），又是时尚行业的行走者。三区也是她们共同为彼此友谊而设定的领域。而空间只有一个，如何设计这个需要多性格的空间？

　　于是，我们来到这个空间，大开敞的建筑让原有的空间极安静与纯粹。就是这样的安静才可以把性格多变的活动氛围进行到淋漓尽致，更是不限风格，如同一张白纸可以随意写画。对于美，她必定是大众所去追求的。

　　三位不同的女孩，生活风格和审美趣味与她们所处的社会地位来决定她们对空间的喜好有着对应的关系。而空间设计在其中建立则是：某一阶层或同一群体成员共性的达成，来设计出她们都相互

▮ 一层展示区

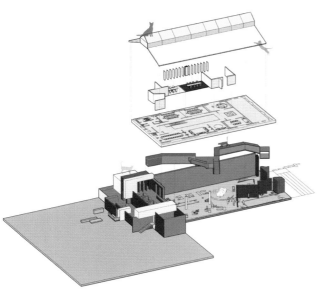
▮ 分析图

▮ 建筑外实景

认同的符号语言。往往最简单的即是最通俗
的，也应该是最高级的，抹去她们身份的多层
重叠，在一张干净的空间里突破彼此的身份，
这里只有参加聚会的人和与人沟通的人。

NO.2 设计师的突破
工装&家装

这个项目是崔树与他的好朋友吴巍的合
作。在中国，设计市场的设计师被强制冠以
一些领域的名词如"家装设计师／工装设计
师"，之前我也会有这样的认知，但在合作三
区项目的过程中，才发现我的判断是错误的。

家装设计师给空间带来的是，设计师对
"人"的服务体系，整个过程中给到甲方的是
设计服务舒适度与信任关系的处理；而工装设
计师更多是针对"空间"，其中的逻辑与关系
之间的处理。

如果设计师都是带着镣铐在跳舞的，做得
越来越深，越来越透彻的时候，自然就会带上
这样的镣铐。但是好的设计师，他不应该拒绝
镣铐，而是心甘情愿地带上它，以设计者的
身份面对空间，擦掉别人定义的边界，然后一
点一点地去突破它，这才是设计师该做的事。

NO.3 功能的突破
会所&餐厅&活动&美术馆

人会存在精神分裂，每一个具有多重性格
的人好像是完全不同的人，人格有他个别的姓
名、记忆、特质及行为方式，而空间也存在它
的精神分裂。在三区空间中，空间没有定义的
框架来约束它，这里就是空间，可以是会所、
餐厅，也可以是聚会的聚集地、是美术馆，所
有的场景只需在这个纯粹的空间无限转换替
代，故事不断地发生，三区还是三区。

整个空间中，黑与白也属于精神分裂之一，二
者的关系同世界上其他一切事物一样，既是矛盾
的又是统一的。世界正是在这种矛盾、统一中不断
变化发展，同时相应产生了各种美。

这两种色调的无穷延伸感与强烈感召力的
视觉表现形式明确而充分地向来到空间的每一
个人传达一种气氛，留下一种印象，把在空间
的"人""物"推向更安静的审美界面。这样
也更符合空间本身的商业运用价值，使这个极
简单且又带有时尚潮流的空间吸引着新贵成为
他们的聚集地。

NO.4 区域的突破
建筑&室内&视觉

其实我们对建筑空间的认识，不应局限于
长宽高的体系，而是透过"物""人""秩
序""特质""环境"和"时间"来理解，场所
不仅具有建筑／景观／室内／平面等视觉空间
的形式，而且还有精神上的意义。

入口

楼梯

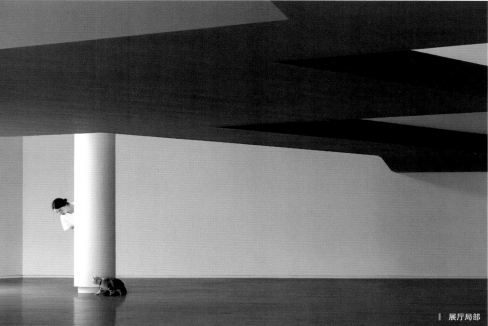

展厅局部

空中连廊

一个项目一定是具有整体性的，而整体性是不需要界限的，将视觉间的边界模糊化，用几何的建筑体块在整体空间中再次进行空间组合。经过组合的空间中留出一定的空白，营造一定的含蓄，让受众去体会，感受才有趣味，能够给受众一个足够广阔的思维空间，使受众能有感受、想象和喘息的余地。

三区靠一个白色走廊贯穿了整个空间的每一层出口、入口、坡道，与楼梯的体系来协助完成，就像一个神经中枢穿越时空；它时而进入通高的中庭，时而进入狭小半私密的开敞空间，同时又连接着楼层之间的流线转换。漫步式的体系不仅是交通的内核，更创造了一个丰富而富有身体节奏感的漫步秩序。融为一体的连廊则弱化了固化的空间感，形成活跃的交通聚集空间，诱导人们通过这些路径在不同的空间内交流与互动。

CUN寸DESIGN设置了两个主入口，也是空间中两条主要的行为动线的起点。因为一层的场域需要一个可以容纳设备与展示道具的出入口，活动前期进场与后期清场在这里进出都会很方便快捷；另一个入口则是连接着通往二层之上的玻璃廊道，同时两个入口也是互通的。中间的区域则是三区的主场地，环境高挑通透。

与展厅相连的则是服务于整个展会的餐饮吧，穿过狭长的过道，这里色调的差异就可区分功能区域的手法来进行设计。整个项目中，餐饮区域更像是垂直的轴，不断运转着制作美食与饮品，可以同时服务于会展区、二层之上的私密空间与后院的露台区域。顾客也可以与好友在此进行攀谈与小憩。

 服务台

■ 展示区

虽然在使用功能上过渡空间是配角，但在传递空间的情感上却是整个三区空间的主角。它既不割裂相邻区域，也不独立于相邻区域，更像是从封闭转向开放、由确定转向模糊、由单一转向综合，在一定程度上抹去了边界，使整个空间形成连贯。

通过餐吧到达的是三区展厅的后院，这里可以将室内的活动延伸至此，同一天空下可以分享各自的生活态度,分享美味佳肴,也可以分享喜怒哀乐。让越发空虚的精神世界，在这个空间中得到情感的交流，压力的释放。

对于餐厅，CUN寸DESIGN不再沿用主空间大面积的白色，而是将四周的墙壁压黑，当门闭合时，整个空间的墙体仿佛被无限延伸，在金属顶面与桌上蜡烛的漫反射光源下，置身于美术馆来享用美食，四个角落安置着各个雕塑，反而有些趣味儿。

甲方是三位个性十分鲜明的女孩，而她们的会议室也同样设计了两种性格，同一个大会议室中一分为二，一半纯白，一半纯黑，代表着她们本身的个性风格。

三层各个区域的入口，都设置成通顶的黑色旋转木门，空间序列感也赋予了建筑更多的情感，使之承载艺术性、通透性,影响体验者的视觉、知觉体验等。这是建筑设计中表达时间性的一种方式,是一种设计理念,同样也是一种非常重要的营造空间的设计手法。

同时，三层是这个空间可以进行接待会客的区域，设置有餐吧与会议功能，让到来的客人资源在这里达到一定概率的价值置换，

是属于整个空间最为核心的区域。

NO.5 关系的突破
服务者&使用者

在互联网代替现实交流的现代生活中，我们现在与三四十年前相比，孤独的现代人在现实生活中更加明显，我们在虚拟的世界里过得很欢畅，但是在现实的世界里却越来越隔阂。三区这样的空间则是可以让人与人在现实的场景中找到可以一起分享的伙伴。当你看到一个令人非常高兴的场景聚会或者活动时，当你的笑声融入空间时，在潜意识里你会获得另外一种感受，这种感受就是：我是一个人，我和我的同类有着共同的情感。这是当下的现代社会，极其需要的是一种渴望，也就是认知感。

同时三区也是服务者到使用者的关系，设计师在服务每个项目的同时，也是与甲方相识—相知—相熟的一个递增关系的过程，好项目需要好设计，更需要好处理。这种"关系"所构建的身份认同的一致性和差异性是需要不断沟通的，在设计进行的过程中，也引导了大家某种审美趣味的同一性。设计师在其中承载着创意象征及身份认同的关键符号。在三区结束后，我们与甲方时常聚在这个空间，成为使用者的一员来更深地体验这个结束的空间。

故步自封是让人的创造力死去的最快方式。

破壁之创——静谧地等待那一束突破自己的光明。

▎一层展示区

▎二层会议室

▎双子会议室

▎挑空天窗

昆山锦溪祝家甸
村砖窑改造工程
一期（砖博物馆）

项目设计师：崔愷 郭海鞍 张笛 沈一婷
项目地点：江苏昆山
设计时间：2014年
建筑面积：1650.92m²

▋ 砖博物馆外观

　　祝家甸村古称陈墓，是金砖的产地，村中多有烧制古砖的历史和传统，为了传承烧制古砖的传统，将村口废弃的大砖厂改造成古砖博物馆，设计了展厅、手工坊、咖啡吧等空间，让人们休闲于此，了解古砖。建筑采用安全核植入的方式，最大程度地保留原来的外貌，创造隐喻过去的新室内空间。

▋ 砖博物馆整体建筑

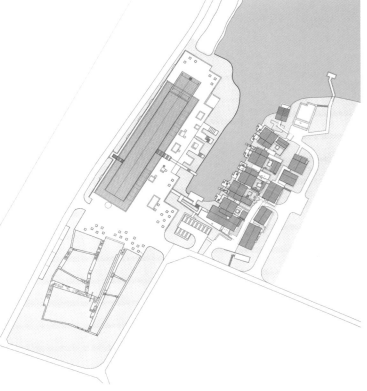

▋ 祝家甸总平面图

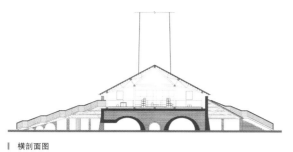

横剖面图

二层露台

展厅

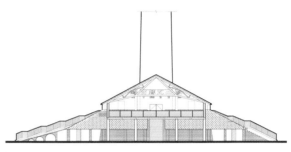

北立面图

咖啡厅

手工坊

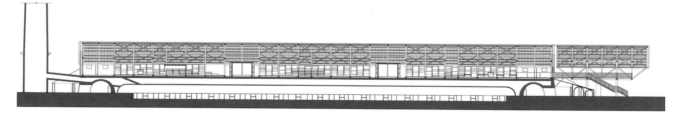

纵剖面图

| 展厅

殿西塼瓦二厰
DIAN XI ZHUAN WA ER CHANG

| 二层露台

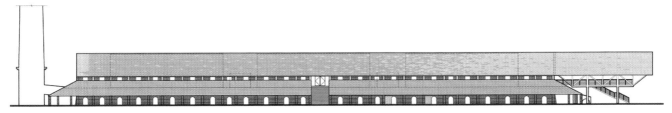

| 东立面图图

景德镇御窑
博物馆

主持建筑师：朱锫

项目设计师：韩默 由昌臣 刘伶 吴志刚 Shuhei Nakamura 张顺
　　　　　　何帆 柯军 卢霞 杨圣晨 杜扬 陈奕达 贺成龙
　　　　　　张海城 王立言 付之航 陈嘉禾 伍海英

设计单位：朱锫建筑事务所　清华大学建筑设计研究院有限公司

项目地点：江西景德镇

建筑面积：9420m²

设计时间：2016-2017年

竣工时间：2018年

▌自茶室观御窑遗址

▌总平面图

　　御窑博物馆位于景德镇历史街区的中心，毗邻明清御窑遗址，在地段周边散落着很多大小不一的历史瓷窑遗址。

　　景德镇"因窑而生，因瓷而盛"，砖窑不仅是景德镇城市的起源，更是人们赖以生存的生活与交往空间。景德镇的瓷窑，"保存着与这座城市的生命不可切割的记忆温度——旧时孩童在冬天上学途中，会从路过的瓷窑上捡一块滚热的压窑砖塞进书包抱在怀中，凭借这块砖带给他的温度，捱过半日寒冬"。（出自周榕《会心》）。夏季，歇窑期间，砖窑所散发的湿冷空气更是孩童玩耍、年轻人交往、老人纳凉的好去处。

　　这些断壁残垣的老窑遗址，这些薪火相传的不灭记忆，是御窑

博物馆自然而然的源泉。瓷窑独特的东方拱券原型，窑砖的时间与温度的记忆，塑造出窑、瓷、人的血缘同构关系。

　　"不仅窑炉作为建筑类型融入了城市的历史，修建窑炉的材料也是可知可感的……在达到一定生命周期蓄热性能衰减后窑砖被从窑炉上替换下来，又可以成为修建居住建筑的材料。窑炉早已成为景德镇文化记忆和城市生命的重要组成部分，也顺理成章成了御窑博物馆的单元类型。"（出自李翔宁《物我之境——朱锫建筑作品的向度》）

　　多个大小不一、体量各异的砖拱布局，它们若即若离，萧萧如落木，营造出轻松、偶然、手工、自然的氛围，游走于虚实相生的

自报告厅前厅观龙珠阁

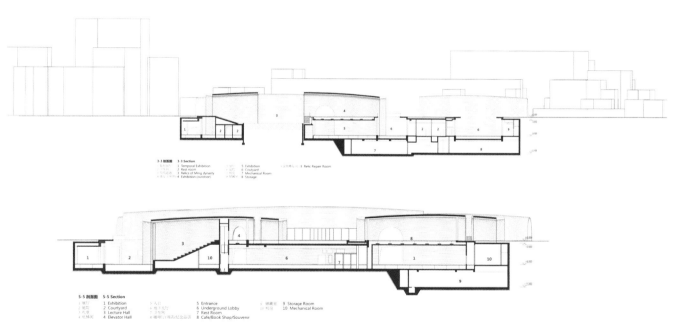

3-3 剖面图 3-3 Section
1 临时展厅 1 Temporal Exhibition　5 展厅 5 Exhibition　8 文物修复室 8 Relic Repair Room
2 卫生间 2 Rest room　6 庭院 6 Courtyard
3 明代陶瓷 3 Relics of Ming dynasty　7 设备间 7 Mechanical Room
4 室外展场 4 Exhibition (outdoor)　8 库房 8 Storage

5-5 剖面图 5-5 Section
1 展厅 1 Exhibition　5 入口 5 Entrance　9 库藏室 9 Storage Room
2 庭院 2 Courtyard　6 地下大厅 6 Underground Lobby　10 机房 10 Mechanical Room
3 礼堂 3 Lecture Hall　7 卫生间 7 Rest Room
4 电梯间 4 Elevator Hall　8 咖啡厅/书店/纪念品商店 8 Cafe/Book Shop/Souvenir

剖面图

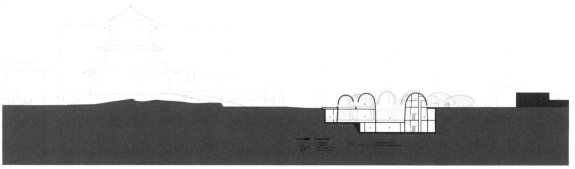

地段横向剖面图

砖拱与院落之间，人们可以感受到既熟悉又陌生的一种空间经验。

博物馆建筑分为地上、地下两层，门厅位于地上层。这样的布置不仅仅会让人们在走向它时感到体量的亲和感、感受到它的尺度和城市中现存的建筑保持的相似性，更重要的是人们进入它的空间经验与过去工匠在此劳作烧瓷的经验十分的类似。行走在平静的水面之上、缓步进入门厅，向左行，人们将穿越一系列尺度大小略有变化、时而室内时而室外的拱体展览空间，穿越历史的古迹和丰富的下沉院落，开启了窑、瓷、人同源的博物馆经验之旅。从门厅向右，经过书店、咖啡、茶室，最终来到半户外的拱体下，阳光下水体的波纹映射在粗糙的窑拱表面，低矮、水平的横缝诱使人们席地而坐，御窑遗址长长的水平地表扑面而来，意想不到的惊喜不期而遇。这与人们进入门厅之前走向报告厅空拱时，透过垂直切割的竖缝所看到御窑遗址中的玲珑阁的经历如此不同，惊喜又如此相似。

固定展览借助一个密闭的水平上下环路完成，两个临时展厅可以任意、同时或分别并入环路，融入整体展览，也可独立存在，因为它有自己独立的出入口。博物馆另外一个特点是将古瓷修复过程融入展览，成为展览重要的组成部分。

办公入口位于整体建筑的东南侧相对独立的拱的北端，安静、隐蔽。货车可以从该拱的南端倒入拱内，封闭、安全装卸货。

研究模型

自半户外空间望明瓷窑遗址

砖拱细节研究

自户外剧场观明瓷窑遗址

下沉庭院-禅园意向

学术报告厅-古瓷窑意向

博物馆内部空间

湖南永顺县老司城遗址博物馆及游客服务中心

项目设计师：崔愷　张男　朱巍　李喆
项目地址：湖南省永顺县
用地面积：87313.9m²+10000m²
建筑面积：5950m²+2999.6m²
建筑高度：15.3m
设计时间：2014年
竣工时间：2015年-2016年

庭院

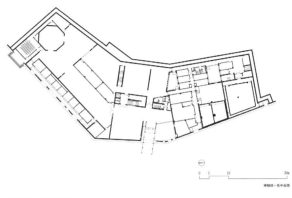
博物馆一层平面图

展厅

外部环境

建筑选址靠坡地的上部，屋面基本与道路标高相平，而距离谷地保留较大高差，避免了洪水侵蚀隐患。博物馆分为两层，上下重叠依靠在西侧坡上，面向东侧朝向老司城方向谷口；平面上沿路南北拉开成带状布局，并略带转折与地势契合。这种与山势相结合并沿路展开的格局既便于功能分区避免流线交叉，又能获得良好的景观视野，也为合理安排参观流线和消防疏散带来便利。

展厅出口处的休息厅半封闭庭院和办公区的两个下沉内天井提供了宝贵的自然采光通风条件，同时使建筑外墙面的自由开口成为可能，为厚实建筑的外观效果提供了技术支持，同时也达到了节能的目的。

建筑材料主要以外墙的河卵石垒石墙（钢筋混凝土组合墙体）为主，重点区域（如博物馆主入口、接待厅室内、观景厅等）用木构或仿木构作为提示性的装饰元素。除少量玻璃幕墙和门厅天窗外，外墙面基本以实墙为主，适当位置开洞口和小窗以增加通透性，打破沉闷感。

另外覆土植草屋面和木构架上的爬藤植被，将会与周边的植被树木一同，构成另一层更大范围的"景观立面"，与环境无界限地融为一体。场地地面铺砌也可采用较小的河卵石，就地取材，造价低廉，操作简便，同时更容易获得地方材料与环境的质感协调。

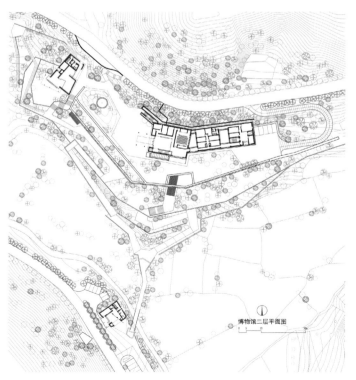
博物馆二层平面图

▌ 展厅

▌ 外墙

▌ 下沉内天井

▌ 立剖面图

▌ 观景厅

湖南永顺老司城遗址游客中心是老司城博物馆的后续项目，在遗址保护区周边的建设项目无疑是内敛的，处理游客中心与周边环境道路的关系，以及如何与即将建成的博物馆和现有村落建立起密切的联系，成为设计的基本出发点。

在游客中心的建造上，依旧延续了博物馆对于地域性材料与传统手工艺的思考，在卵石墙体的砌筑、竹格栅安装的基础上，拓展了屋面小青瓦做法和立面竹板的安装。游客中心在结构类型上选择了钢结构的做法，一方面满足甲方较短施工期限的要求，另外也更为清晰地隐喻了当地民居木框架结构的特征。

对于建筑地域性的延续问题，游客中心没有偏向传统的符号与形体，而是选择了在现代建筑施工下如何保留传统手工工艺的课题，当城市的施工队伍来到乡村，与当地传统工匠共同劳作的时候，现代与传统的对立变得暧昧，他们在孕育中各自找到了新的角色。

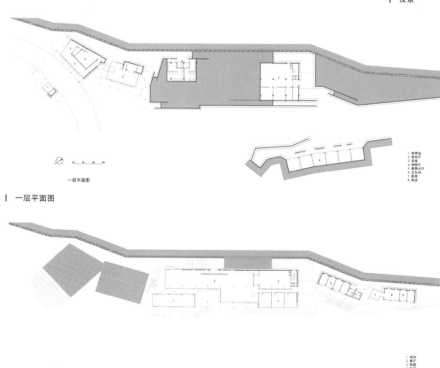

一层平面图

｜ 一层平面图

二层平面图

｜ 二层平面图

外部

采光走廊

外墙

候车厅

外墙

内部

候车厅

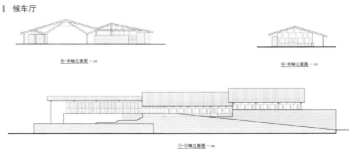

山东省淄博市
齐文化博物院
环境景观设计

项目设计师：谢晓英　张琦　张元　王欣　瞿志　雷旭华　张婷
　　　　　　颜冬冬　王翔　邹雪梅　杨灏　高博翰　孟庆诚　吴寅飞
　　　　　　欧阳煜　李萍
设计单位：中国城市建设研究院　无界景观工作室
项目地址：山东省淄博市
设计时间：2013年
竣工时间：2016年
项目面积：590000m²
项目摄影：耿毅军　张琦

▌鸟瞰图

博物馆和城市

我们了解一座城市，了解一段历史，往往是从这个城市的博物馆开始的。对于一个城市来说，博物馆可以是地域性的、传统的文化的凝练，是城市的名片。我们透过这张名片来了解这个城市是个怎样的城市，这个城市的人是怎样的人。同时，博物馆也是城市精神文明的核心，城市通过博物馆这座文化航母来培养公众意识，在潜移默化中挖掘出大家的集体共识和共同理想，从而找到未来的共同发展方向。临淄是齐文化的发源地，齐文化博物院（博物馆群）的建立无疑是一次对"齐文化"的再定义。博物院的选址在临淄新城区，政府希望通过齐文化博物院的建立唤起公众对地域文化的共识，并且希望以博物院的发展带动城市的更新，通过博物院提升城市与地区的文化形象，有如洛杉矶的盖蒂艺术中心，真正成为市民文化活动的中心。我们认同这样的比喻，一个基于城市层面的博物馆就像一台发动机，为城市的发展不论是精神层面还是物质层面都带来源源不断的动力。

消解博物馆的边界

传统意义上的博物馆是对于某种特定文化符号的展陈，人们抱着参观的心情恭敬地进入场所中，按照安排好的流线完成参观。整个过程如同参与了某场仪式，这种抱着参观心态完成的博物馆之旅很难一次性达到文化普及，在公众中产生共鸣的预期效果。一方面博物馆的展览信息量大，流线缺少灵活性，公众往往无法有效吸收；另一方面，参观这种行为本身同公众日常生活状态就是泾渭分明的，公众同展出信息之间缺少交流、互动，这就很难产生共鸣。日常生活中，我们往往是把场所和事件联系起来记忆的，因此把博物馆从一个被参观的空间，转变成一个日常生活事件所发生的场所，消解博物馆的边界。在公众与博物馆之间建立新的、更为日常的关联方式就成为促进公众产生共鸣，培养集体记忆的有效途径之一。

齐文化博物院是由齐文化博物馆、足球博物馆，其他八个民间博物馆以及文化市场等建筑群，与古河床遗迹保护区、滨江植物园等室外空间共同构成的。室外空间作为开放的齐文化大课堂，与室内展陈空间相辅相成，被赋予不同的文化主题，并通过地形、植物、铺装、景观元素的设计使得人们在场所之中可以自觉或不自觉地产生相关主题的体验。这样的设计手法消解了博物馆的建筑边界，使得齐文化的体验可以在不经意间融入公众的日常活动中，强化了公共空间对公众的教育意义，并潜移默化地使得齐文化成为公众意识的一部分。如稷下学林的设计通过空间分割和微地形塑造在林中提供了多个公共讨论空间，为公众交流、思想碰撞提供了场所，以此向稷下学宫的诸子百家致敬；结合足球博物馆，我们在室外提供了7人足球场，利用有限的空间通过地形塑造提供球场和观看空间，最大限度地利用场地让公众在玩耍中理解足球文化，产生共鸣；齐版图水膜广场通过控制水域的变化再现齐国版图的历史变迁，使得沉浸在水景中欢愉的人们也可以一窥齐文化历史长卷中的兵戈铁马，让历史与当下产生对话；设计引入新媒体技术，巧妙地将二维码、App技术、声景、光景技术与景观体验相结合，让现实和虚拟相结合，使得公众在经过某一特定设计时可以有选择的了解相关典故，聆听不同历史时期的声音，也可以通过网络与他人分享经验，扩大齐文化的影响。

博物馆是城市的客厅

如果博物馆只能提供展的功能，那将很难摆脱被人群一次性消费的命运。我们更希望齐文化博物馆是这样的，她不是殿堂级的学府，她是城市的客厅，具有开放性并被公众所深深喜爱。她是人们反复过来了解、学习的场所，她也是人们工作、消费、聊天聚会

水系

秋日景象

的场所。她是功能上的综合体，这里不仅有学科众多的博物馆群提供室内展陈；有广袤室外活动空间——齐文化大课堂；有餐厅、书店、礼品店、球场、市集，甚至配套酒店……来自城市各地的人们共同选择这里，享受着她提供的不同功能的服务。对于公众来说，逛博物院已成为公众所共同认可的一种生活方式，人们在这种日常性的交流和沟通中强化了有关于齐文化的集体记忆，弥补了城市中所存在的文化断层。对于城市来说，博物馆如同城市的客厅一般，是城市中有机的一部分。她的存在以及人们的使用方式会激活周边城市空间的发展，并在未来的数十年里逐渐重塑城市的文化形象。我们期待齐文化博物院如同城市发动机一般，为城市的自我更新和可持续发展带来源源不断的活力。

建成效果

　　建成后的齐文化博物馆既承担着对公众传播知识、历史文化教育和市民休闲的功能，同时也成为淄博乃至中国国际文化交流交往的窗口。习主席访英期间在英国首相卡梅伦的陪伴下，将代表齐文化与足球文化的四片仿古蹴鞠作为国礼分别赠送给英国国家博物馆、英国国家足球博物馆、英国曼城俱乐部与足球学校，齐文化博物院也与各馆建立了友好合作伙伴关系；此外，国际足联主席、亚足联秘书长、中国足协、国家体委负责人、各国球星等先后到访博物馆；中央电视台《传家宝》《古老蹴鞠与现代足球》《走遍中国》《探索发现》等节目也纷纷播出了关于齐文化、蹴鞠文化及博物馆环境的主题纪实；2017年中超联赛开幕式首次从世界足球起源地临淄足球博物馆迎取圣球。齐文化博物馆及景观环境获得国内外友人的高度评价，推动了文化传播与交流。这里也成为当地百姓乐于使用的户外休闲场所和公众教育基地，对传承文化、提升城市形象起到持续而积极的作用。

蹴鞠文化

夜景

东庄—西域建筑馆

项目设计师：刘谞 张海洋 刘尔东 张中 张青 张健
设计单位：新疆玉点建筑设计研究院有限公司
项目地点：中国新疆乌鲁木齐县托里乡白涧沟村
创作时间：2014年7月
建成时间：2016年7月
项目面积：7700m²
项目摄影：姚力

不东不西的建筑

东庄—西域建筑馆位于距乌鲁木齐市30多千米的南山托里乡，之前是60多年前盖的荒芜粮店。为了保护草木不受损害，建筑在原有基地上搭建，坐北望城、朝南近山，远远望去像是山上滚下来一块灰白石头，既不碍眼也不张狂，安妥而立于蓝天烈日、沙漠戈壁、亚欧腹地的旷瀚地域，全然没有城市建筑的炫丽与秩序、教化。山里下来的河沟两侧是哈萨克族牧民世代冬暖夏凉的"转场窝子"，建筑馆被动地亲贴着草地，牛羊时不时地"闯入"院内，转一圈纳会凉，老乡们走累了，孩子们放学了，都会在此休憩，嬉闹一会儿，村里的人叫它"洋毡房"。厚墙、小窗抵抗着烈日辐射和冬季严寒，水泥、沙子、不得不用的钢筋和尽可能少用的玻璃，构成了整个空间，既是对生态的保护，也是对资源的尊重。用传统技术空心墙、干打垒、土坯、石块砌筑的原理和方法来构筑牢靠、简单、实用的建筑。关注材料本身的肌理来展现表皮，非既定的空间，形成具有整体"自然信息"的完成度。尊重数据框架生态循环体系的设计，体现出当地生活的多样性、随意性、模糊性，并赋予其自由、自在、自生的动力。东庄是个"透明体"，内部含糊的楼层概念，具有不确定的多种与多重适用的可能性，空间组织上下左右互通互联，并与自然环境形成顺风雪、挡风雪的形体流线以及采光、通风的有机利用，与外部空间"凹凸"镶嵌的契合，按需凿琢挖出来原有的和"创造"的空间并被劳作者使用，一个"和"与"器"的理念成为环境的建筑。

设计信条的遵守：

1. 结实，足以防御暴风骤雨、抗沙尘、遮挡紫外线、耐久；

2. 建筑不是财富和技巧试验的场所，贫困地区更是如此，取用当地材料、民间工艺、适用技术；

3. 漂亮不是美，即便是美也与时尚常常擦肩而过，顺眼顺心、适应性强、一能多用就是好建筑，耐久性就是历史性，就是标志性，就是乡土；

4. 沙漠腹地的房子归顺自然，自生自灭便是安好；

5. 灯不是光，靠投入产出的东西依赖太多，太阳和月亮才是真正的灿烂和可靠；

6. 空间内外同质性，流动与凝滞互为因果，空间本来就存在着。

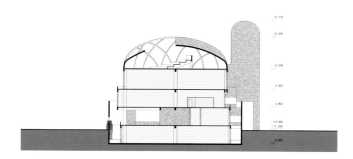

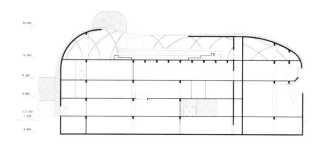

| 剖面

墙与地的砖花是23位阿图什乡下小伙子们和设计师一起砌筑完成的，并将自己的名字刻在屋顶与蓝天白云相接的那"五星"红砖上，劳动者不仅光荣，还伟大。北面风大墙身密实，东边小河、小寺、小山好似开了敞口露出蓝天白云，南向青山绿树、牧家炊烟、阳光灿烂、水壶灌满、惠风和畅，直梯露些格架，做一内院喝奶茶、晒太阳想来不错。西侧斜阳透果树、小溪静流淌、路人把家归，甚是温馨。打开屋顶穹壳但见星月洒落房中，细听燕儿呢喃，看天地一片。西北角先前有许多燕窝，故利用楼梯、水箱间之上，特意种下花草，为燕儿回归做了南向敞开的"鸟巢"。施工前将老粮店院内二三十棵苹果、沙枣、榆树腾挪到村小学广场的东南角，主体完成后"哪来哪去"算是落叶归根的乡愁。

非既定的思维与设计是几十年来西域建筑设计悟出来的道理，仅有执守工匠精神，还远远不够，应该加上灵魂深处的自觉和尊让自然空间的品质。非既定比喻建筑是土豆，种子是不规则地切了块埋在地下，没有人知道会长多大、成为什么样子，但一定是能够长大、成为自己。如此自我的充实，内在生长的需求和力量与土壤外在的压迫和束缚，土豆便有了自己的形象与天然的表皮。非既定试图给空间一个"空间"，让空间充满空气、阳光、气流、水分、冷热、雪雨以及衍生有关的无数因果，有了它们的存在便有了关乎生命和繁衍生息的话题。可靠性、连续性、非利用主义、天地的自然观、围护开放的环境观、空间多重使用的宽容，从材料、工艺、造价开始的简约，表达最原始、最本质、最朴实的"空白"，这些全部都是东庄-西域建筑馆设计的本质思想与行动准则。

在古代，中国大多数人把这里叫作"西域"，欧洲则将其称为"东方"，因而可以认为它是"不东不西的建筑"。

| 总平面图

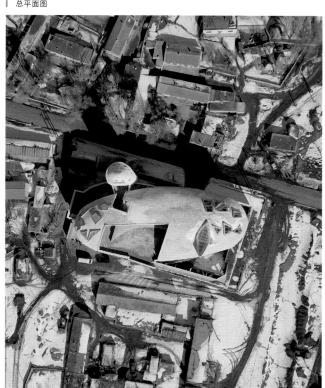

| 天台西望

院内一角

东立面

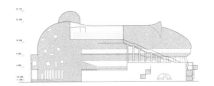
南立面

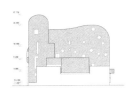
西立面

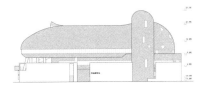
北立面

天台一角

院内的天

采光井

天梯

北望东庄

乌镇北栅丝厂
改造

项目设计师：陈强　付娜　陈剑如　郑英玉
设计机构：DCA上海道辰建筑师事务所
项目地址：浙江省桐乡市乌镇
业　　主：乌镇旅游股份有限公司
设计时间：2015年8月
竣工时间：2016年3月
建筑面积：8502m²
项目面积：16890m²
项目摄影：艾清&吴清山-CreateAR清筑影像

B栋礼品店夜景

A栋与2#楼之间形成的室外展场

老厂房改造立面

乌镇北栅丝厂改造
（2016年乌镇国际当代艺术邀请展主展场）

　　2016乌镇国际当代艺术邀请展主展场北栅丝厂建于1970年，20世纪90年代没落闲置，曾见证古镇工业发展的老厂房一度被遗忘在历史的角落。改造遵循场地原有格局和空间特征，统一对原有建筑进行加固结构、翻修屋顶、更换门窗。原厂房因工艺要求设有大量窗户保证自然通风，但不利于展陈的布置，我们对部分窗户予以封堵，同时维持凹口以暗示历史痕迹。去掉内部所有吊顶，完整显露坡顶屋架，纤细轻巧的结构透出江南建筑的质朴，高大的室内空间也保证了布展的灵活。保留原有建筑斑驳的外墙面，仅用拉伸铝网将入口处最高建筑整体包裹，深灰色拉伸铝网兼有瓦和水的意象，朦胧的外观传达出现代而传统的气质。

　　基地内茂盛的树木见证了厂区的历史和变迁，我们认为对树的

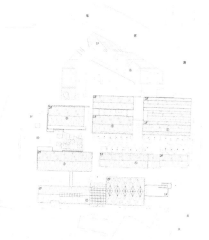

| 总平面图

| C栋西侧入口

尊重，是一种对待自然的哲学与态度。改造中保留了所有的现状树，并因地制宜衍生一系列与树木对话的独特处理，使建筑与环境呈现出一种更为紧密的新状态。新建的A、B、C三栋建筑以不同方式介入场地之中，与原有建筑形成有机的整体。

并置：A栋沿城市道路界面设置，并与老厂房围合形成开阔的入口区室外展场。建筑采用错动的小体量作为入口服务空间和序展展廊，悬浮于水面上的盒子呼应了乌镇的水乡意象。

楔入：B栋楔入两栋二层厂房之间，是沟通展区内外的媒介。一层为艺术品店和咖啡厅，既服务于展场，也向未来的街区开放；二层平台联系两侧建筑作为展区的休息和交流场所。树木穿插其中的阶梯式展台与法国梧桐树列共同构成艺术装置的室外展场。

连通：C栋通过天桥与原有建筑相连，加强了新、老建筑的整体感，也从流线上贯通了整个展区的二层空间。中部的通透大厅将东、西两个展区联系起来，其中东侧二层结合坡屋顶天窗采用折形大跨空间屋架，为艺术展提供了高大宽敞的室内展场。

| C栋入口

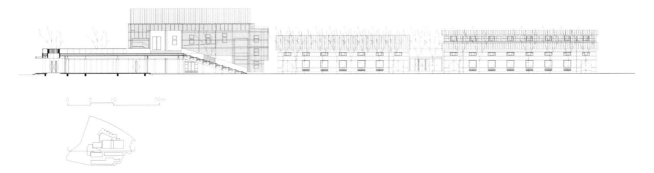

▍剖面一1

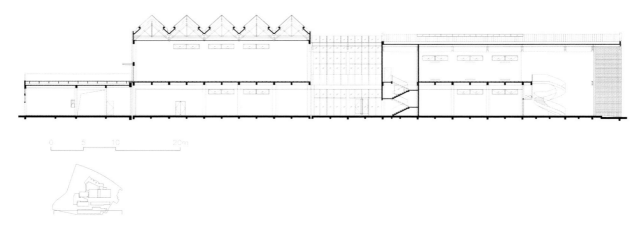

▍剖面一2

▍主入口，透过建筑可看到室外展场的艺术作品

▌主入口，漂浮于水面上的单坡盒子

阶梯展台夜景

4号楼与C栋之间的联系天桥

B栋咖啡厅夜景

水池边的序厅

从4#楼与5#楼之间看C栋入口

C栋大厅天桥

A栋与老厂房之间的连廊

B栋与3#楼-1

A栋与2#楼之间形成的室外展场

从梧桐树道看阶梯展台

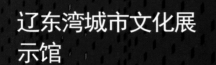

辽东湾城市文化展示馆

项目设计师：张伶伶 赵伟峰 刘万里 王靖 武威 王哲民 黄勇
　　　　　夏柏树 李红建 韩忠民 巴音布拉格
设计单位：天作建筑研究院 沈阳建筑大学建筑设计研究院
　　　　　中国中建设计集团有限公司
项目地址：辽宁省盘锦市辽东湾新区
设计时间：2012年
竣工时间：2016年
建筑面积：26000m²
用地面积：80000m²
项目摄影：王靖 陈石 刘洪斌

南向主广场透视

辽东湾新区城市文化展示馆位于辽宁省辽东湾新区文化中心区，用地面积8公顷，建筑面积26000平方米，以展示辽东湾地方文化、城市建设历史、未来发展规划为主要功能。作为区域核心建筑，展示馆在城市空间定位上承担着连接城市南北区域和城市空间转折点的重要作用。

城市之核

在总体规划中，展示馆被定位为"城市之核"。展示馆占据了区域空间的核心位置，北邻市民广场，成为创业大厦的良好对景，向南则延续了城市整体布局中面向大海的空间轴线，起到城市功能区块与城市开放空间的衔接、转换等枢纽联系的作用，也成了辽东湾新区标识性的建筑形态。

城市之窗

在功能定位上，展示馆是展现城市魅力的"窗口"。"天圆地方"的中轴对称形态在诠释中国传统文化精髓的同时，也将历史与当下的时空逻辑铺陈在虚实相生之中。辽东湾独特的自然地貌和文化传统，成为表皮设计的灵感。精心设置的穿孔铝板再现了"红海滩"这一地域盛景，彰显了城市的独特魅力。

城市之家

在空间组织上，展示馆也成了大众交往活动的"家"。方与圆的形态结合，形成了虚实的空间对比，塑造出开放包容的姿态。前区广场及红色圆筒围合的空间，容纳了人们多样的公共活动。建筑主体的下沉处理，构建出多层次的内部展示空间。观者在建筑内外的观展活动，无形中也成了展示内容的一部分。

红海滩景观

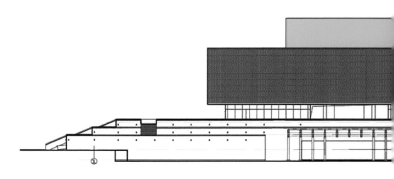

立面图

总平面图

▍望海鸟瞰

▍红筒内庭立面细部

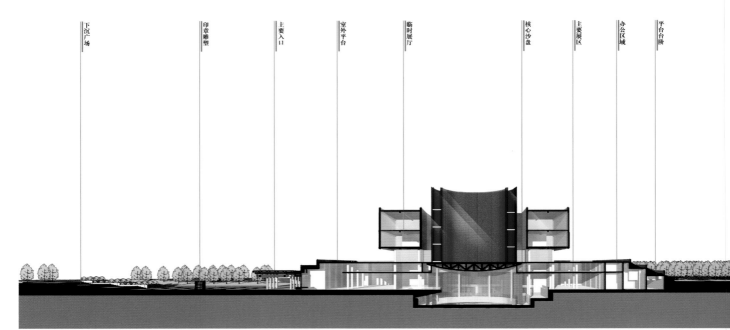

下沉广场　印章雕塑　主要入口　室外平台　临时展厅　核心沙盘　主要展区　办公区域　平台台阶

▍展馆剖透视

红筒内庭

城市沙盘主展厅外围空间

平台内景

城市沙盘主展厅外围空间

红筒与玻璃内墙

红筒内庭透视

城市沙盘主展厅

徐州万科未来城

项目设计师：范久江 翟文婷 余凯 沈逢佳 董润进（实习）
设计公司：久舍营造工作室
项目地点：江苏徐州
项目规模：约1200m²，其中展示中心600m²
设计时间：2016年9月-11月
建成时间：2017年3月
项目摄影：范翌 球爷（SHIROMIO工作室）

廊桥遗梦
——徐州万科未来城示范区规划与建筑单体设计

徐州万科未来城，是万科在徐州云龙湖畔已经启动的超百万方山水文化大城。而未来城的示范区，作为未来城地块上第一个亮相的建筑群，某种意义上将为整座"未来城"的性格定下基调。

鉴于未来城巨大的建设体量，我们认为，展示区的主体建筑——销售展示中心（未来的社区活动中心）必须回应大的城市山水地理结构关系。

在建筑功能布置上，我们将入口门厅、放映室、独立洽谈室及后勤室等所有需要小尺度空间的功能室压缩到主体建筑东侧的附楼中，从而在主体建筑内部形成单一的大尺度展示空间。这样的平面功能分布，不仅使主体建筑获得最大的平面自由度，以适应前期销售展示和未来业主社区中心的多功能要求；而且通过全立面玻璃幕墙的设置，使得主体建筑的体积感被消解，内部活动得以最大限度的向城市展现，建筑的公共属性得到强化。

而与这样纯粹的建筑外部形态相匹配的，是一个极其繁复的内部构造。

2009年，我曾经探访过温州泰顺及周边山水之间的几座木拱廊桥（北涧桥、溪东桥、薛宅桥和三条桥等），站在廊桥下，仰望桥底那由短木巧妙搭接构组而成的大跨，一种工匠智力与结构尺度产生的绝美令人惊叹。之后的七八年间，我专程或路过，又进行了多次重访。

2016年，其中的薛宅桥在我们最后一次到访不到一个月后不幸毁于洪水。

出于对廊桥这种中国传统工匠技艺与短构大跨木结构之美的敬意，工作室在接触徐州万科未来城项目之前，就已经将这种结构体系制作成手工模型学习，并且希望有机会能在合适的项目里再现这种木构之美。

因此，在这个既具备单一大空间的展示性，又需要通过建筑语言对万科的价值观和技术实力进行展示的项目中，廊桥下仰视的构件表现力就成了我们的首选。而大空间前设置的水院将会把仰视的图像在水中二次呈现。

我们以不同长度的600mm×200mm长方形截面的现代集成木材（胶合木）为基本构件，将原本廊桥体系中上下木构件之间的横向支点构件（大牛头/小牛头），用前后木构件重叠处横向贯穿木构件的小截面钢管代替。通过这个方式，突破了传统廊桥结构体系受压的单向起拱特性，使得正反连续三角体系得以成立，也获得与传统廊桥结构坡度相比较为平缓的起伏，以适应建筑形体舒缓的屋面线性，木构架整体单向涌动的动势也更为直接与流畅。

最终，当四面通透的玻璃幕墙将木构架作为这个殿堂的永久展品展示出来的时刻，一种隐匿的过去仿佛如幽灵般被呼唤召回。

结构真实与场所再现

在这个项目方案过程中，结构的真实性与场所再现的问题在工作室内部经过了反复的讨论。

木构架自身的刚度和屋面承载力经过计算是足够的，但是为了将木构架推向空中，四面临空，独立的单跨柱子难以形成有效的框架对抗侧向力。加上在初始方案中，幕墙中的上下两块玻璃是"上

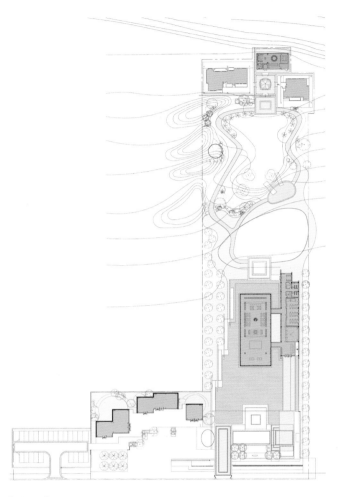

| 总平面布局

部受拉，下部受压"的玻璃肋体系（但最终因为结构变形和造价控制等原因加了型钢立柱，幕墙的重量完全落地），当屋面加上上部玻璃的重量都施加在悬挑木结构的端部时，木结构的截面尺寸和节点做法都会有较大改变，对形式的影响太大。

因此，木构架在本案中最终并没有作为主体结构体系的角色呈现，真实的结构是八根钢结构柱与屋面内暗藏的钢梁框架体系（有效抵抗了木构架缺失的抗侧向力的能力），木构架由柱子和顶部框架内的吊索固定在空中。廊桥木拱的受力体系在这个方案中并没有发挥原有的结构作用，这对于建筑师来说毕竟是无法忽视的遗憾。

但也正是因为这样的取舍，屋盖和木构架得以分离。在设计施工周期压缩在七个月的超短时间内，各专业才有可能实现最终的效果。在最终的呈现中，木构架和屋顶获得了某种"悬浮"的直观感受，屋面的"轻"与木构架的"重"形成了强烈的反差，一种廊桥下的场所氛围被神话般的再现。

整体

景观

商业

景观

展示中心单体

室内　　景观

展示中心单体

室内

室内

包头文化艺术中心

项目设计师：刘捷 涂靖 周璐 吕骥超
设计单位：东南大学建筑学院
建设单位：包头市规划局
项目地点：内蒙古包头市
项目功能：观演建筑
项目面积：51019m²
设计时间：2016年4月

项目概况

项目位于内蒙古包头市，紧邻包头市新区行政文化发展轴，城市规划展览馆、文化艺术中心及博物馆三大文化馆通过中心城市景观绿地相连接，是包头新区的重要行政文化中心。文化艺术中心西临世纪东路，与博物馆遥相对望，北侧紧邻纬九东路，是联系新都市区和老城区的主要道路。文化中心主要包含一个八百座大剧场、三大剧院、文化演艺公司及艺术创评中心等六个机构，在紧凑的布局中整合各项建筑功能，通过艺术通廊的设计将建筑分成三大区域，既确保每个单位都有独立的出入口，又使内部相连通，在方便使用的同时，又便于分别管理。

设计理念

"天地之间，万古阴山；草原钢城，艺术之源。"

阴山岩画，作为人类独有的历史记忆，历经石磨刀耕、风侵雨蚀，用一种简单而神秘的语言诉说着草原文明源头上的故事，她是无言的史诗，她是艺术的发源。正是这穿越时空的远古之音，为包头市文化艺术中心带来了设计的源泉。文化艺术中心如地平线般承接天与地，伫立于鹿园西侧，凹凸的体块如辽阔草原上的连绵群山，蕴含了广袤天地之意。

八百座大剧场与内蒙古话剧院、漫瀚艺术剧院、民族歌舞剧院及包头市文化演艺公司、艺术创评中心六家单位通过艺术通廊相连接，共同整合在一个方形大体量中，四个庭院把方形体量分割成多个起伏的体块，蕴含多元艺术融合之意。舒展的水平体块下嵌入斜面主入口以及曲面大剧场体量，既对中心城市文化广场形成凹入怀

抱之意，又丰富了建筑立面造型，寓意对艺术的接收和吸纳。艺术通廊作为连接六家艺术单位的交通廊道，还可兼做艺术作品展示、公众集会、群众广场型文化演出等多功能使用。艺术通廊两侧的阴山岩画图腾寓意艺术通廊为艺术之源，透过天窗隐约看到凹凸的体块，就如连绵远山映入眼帘。进入大剧院玲珑通透的曲面大厅，沿着弧形楼梯缓步迈进这座艺术殿堂。

功能布局

文化艺术中心总面积庞大，功能复杂。在整体布局上，八百座大剧场功能较为公共开放，阵发人流大，建筑形象重要，置于基地西北角两条城市干道交汇处。大剧院主入口设于西侧，直接面对中心城市文化广场，形成开放的中心城市文化组团。内蒙古话剧院、漫瀚艺术剧院、民族歌舞剧院、包头市文化演艺公司和艺术创评中心五个机构分属于不同的管理部门，有各自的行政办公管理用房，并排有序地设于基地南侧，设置独立的出入口，与基地南侧的创意产业中心相对，形成文化创意组团。在建筑中部设艺术通廊，最短距离内联系各大单位，同时高效联系了剧场与三大剧院的排练厅，兼具展览、休憩、疏散人流的作用。职工餐厅、多功能报告厅、会议室、演员宿舍、专家公寓等公共服务用房置于基地东北侧，临近次入口，便于后勤服务车辆的出入，宿舍和公寓面向基地东侧鹿园，拥有较好的景观朝向。

结语

"天地之间，万古阴山；草原钢城，艺术之源"，包头文化艺术中心是多元艺术的融合，是艺术发展的源泉。

室内1

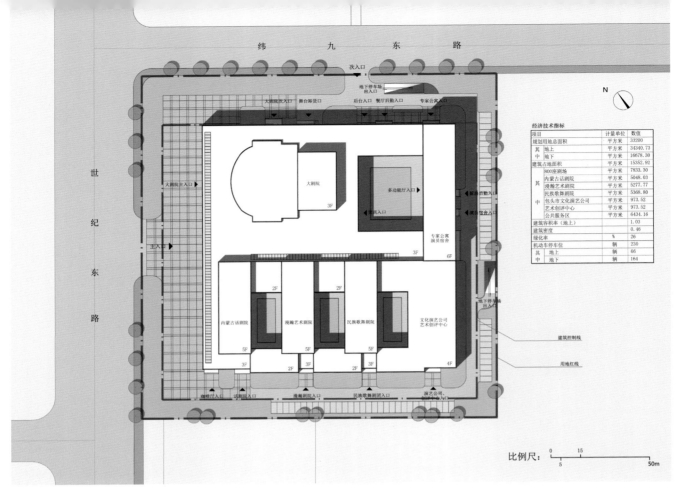

总平面图

经济技术指标		
项目	计量单位	数值
规划用地总面积	平方米	33200
其中 地上	平方米	34340.73
地下	平方米	16678.30
建筑占地面积	平方米	15352.92
其中 800座剧场	平方米	7833.30
内蒙古话剧院	平方米	5048.03
漫瀚艺术剧院	平方米	5277.77
民族歌舞剧院	平方米	5368.80
包头市文化演艺公司	平方米	973.52
艺术创评中心	平方米	973.52
公共服务区	平方米	6434.16
建筑容积率（地上）		1.03
建筑密度		0.46
绿化率	%	26
机动车停车位	辆	230
其中 地上	辆	66
地下	辆	164

纬 九 东 路

世 纪 东 路

N

大剧院

多功能厅入口

专家公寓演员宿舍

内蒙古话剧院 漫瀚艺术剧院 民族歌舞剧院 文化演艺公司 艺术创评中心

建筑控制线

用地红线

比例尺：

0 5 15 50m

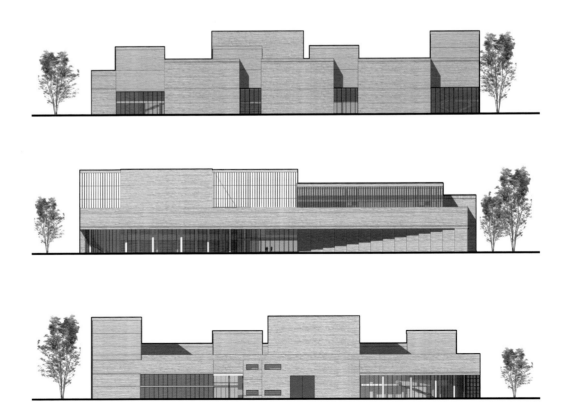

立面图

室内2

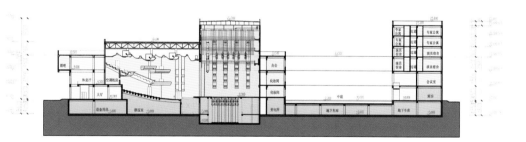

剖面图1

剖面图2

华侨城海口艺术
中心

项目设计师：罗隽 陈岭 高辉 崔建华 毛军 赵晓花 韩昊坤
设计机构：中国建筑科学研究院／中国建筑技术集团
合作设计：中外建工程设计与顾问有限公司
建设地点：海南海口
设计时间：2017年10月—12月
建设时间：正在施工中
建筑面积：3729m²
占地面积：5937.5m²

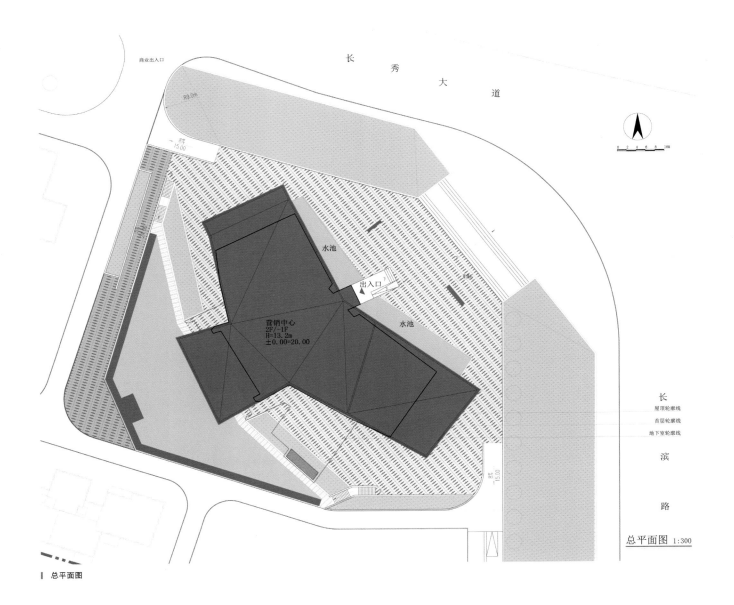

商业出入口

R9.0m

-8窒
15.00

长　秀　大　道

0 2 4 6 8 10M

水池

出入口

水池

营销中心
2F/-1F
H=13.2m
±0.00=20.00

长

滨

路

屋顶轮廓线
首层轮廓线
地下室轮廓线

-8窒
15.00

总平面图 1:300

| 总平面图

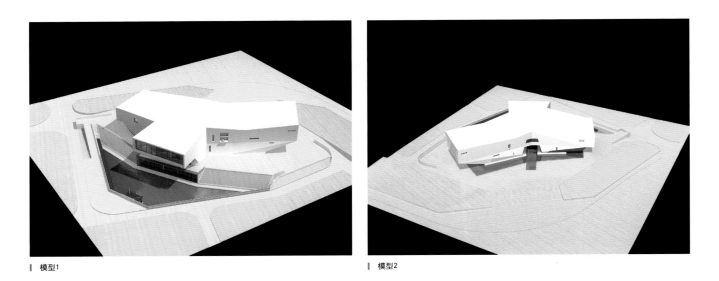

| 模型1

| 模型2

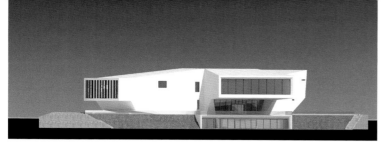

▌东立面

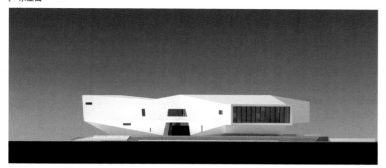

▌北立面

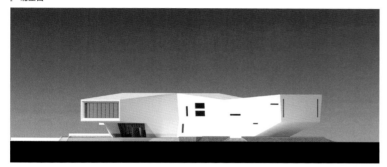

▌南立面

▌西立面

华侨城海口艺术中心

　　如何在一个热带风情的海滨城市十字街口市区，创造一个超具吸引力的、温馨的、市民热爱的高格调文化场所和社区中心，是一个令人激动的想法。这是设计者引导业主在其海口项目中希望实现的一个目标。与传统的高贵殿堂式美术馆模式不同，我们从一开始就想创造一座为市民的，既高雅又亲切的，融美术展览、社区会所、图书馆功能、社区教育、演讲报告、咖啡休闲和文娱活动等诸功能要素为一体的新型艺术中心。它将给作为文化和旅游地产界标杆的央企——华侨城创造一个全国性的样板，也将成为海口市一座优雅的地标。

　　"展现现代生活，传承中华文化！"是我们的核心设计理念。场地周边三面都设置了缓坡道，与周边街道自然过渡。入口正面，考虑到渲染整体室外环境气氛，借鉴中国传统建筑的手法和范式，形成缓坡台地，并在与十字街口衔接处设低缓台阶，以给这座小建筑创造些许高耸感和庄重感。建筑造型与功能和室内空间完美融合。一座既现代时尚又沉静典雅、极具雕塑感的建筑漂浮在市区十字街口的室外广场上，背面却是一个下沉中式庭院及水池。下沉庭院延墙一侧是回廊和水榭，营造出传统中式园林意蕴。建筑本身就是一件艺术品！

　　虽然是一栋小建筑，但建筑和结构设计都有不少难点，这些难点都是一般设计师一辈子都不会遇到的。特别是钢结构，为了满足海口8.5度的抗震设计要求，保证建筑造型的轻盈舒展，我们建筑和结构两个专业通力合作，将结构系统和构件尺寸优化到最简洁和最小的程度。这意味着成本降到最低，施工也最便利。此外，在构造设计上，建筑外墙系统和结构框架被设计成两个系统，以完满表达该建筑的异型表皮。

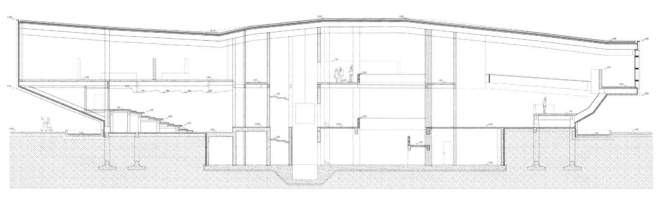

2-2剖面图

▌横剖面图

远安四馆一中心
项目建筑设计

项目设计师：徐金荣 严克宇 林炳新 陈智博 袁凯 黄夏楠
　　　　　罗欢 谢金凤
设计单位：中外建工程设计与顾问有限公司深圳分公司
项目地址：湖北省宜昌市远安县
设计时间：2017年4月
建筑面积：25245.96m²
占地面积：33096.64m²

| 远安四馆中心

"以古为新"的城市空间

远安，一个宁静闲适的城镇，承载着父辈们的故事与回忆，正因为没有快节奏的生活，所以远安人对城市的记忆与情怀愈显浓厚。

这是一个可以步行着去慢慢丈量的城市，沿着河岸漫步，沮河风光尽收眼底，而远处，就是山水如画的桃花岛。

河边有一处厂房旧址，而我们的项目就在此之上。走在这些早已废弃的建筑中，只觉得时光仿佛凝固在红砖石墙之间，记忆在此被永远封存。而我们，想将这些历史的印记留下，将远安人对这座城市的情愫留下。于是在设计中，我们延续了三栋旧厂房的立面风格，同时结合新建筑，打造集博物馆、图书馆、文化馆、规划馆和行政服务中心为一体的远安"四馆一中心"项目，保留原有城市文脉，把旧建筑作为历史背景，在此基础上，用现代风格与工业厂房形成对比，融合共存。

我们从三个方面入手，因地制宜、以古为新，将其打造为一个开放式、人性化的城市空间。

建筑形态

保留了原有厂房的主体结构，结合现代的语言，对其立面及内部功能和空间进行改造和再生，添加现代功能，新旧对比，形成强烈的视觉冲击。

城市界面

在远安城及工业历史的背景下，植入现代风格的新建筑；营造强烈的对比视觉冲击，打造有标识的远安城市形象。

材料运用

结合远安文化以及当地建筑元素，利用毛石墙、垒石等以及原工厂的红砖墙等建筑肌理，再将现代的建筑设计和构造语言演绎于建筑的立面中。使得其既有远安城市的历史记忆，又有现代建筑的形象与空间。

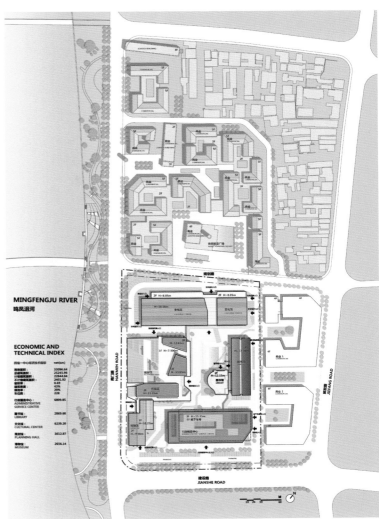

MINGFENGJU RIVER
鸣凤沮河

ECONOMIC AND
TECHNICAL INDEX

四街一中心经济技术指标   net(㎡)
用地面积   33096.64
总建筑面积   25245.96
计划建筑面积   22844.04
不计容建筑面积 2401.92
容积率   0.69
建筑密度   43%
绿地率   26%
车位数   228
行政服务中心   6809.85
ADMINISTRATIVE
SERVICE CENTER
图书馆   2069.60
LIBRARY
文化馆   6239.20
CULTURAL CENTER
规划馆   3612.87
PLANNING HALL
博物馆   2656.14
MUSEUM

▎ 总平面图

▎ 现代风格与工业厂房形成对比

▎ 室内空间

▎ 室内空间

荔波县智慧旅游集散中心

项目设计师：徐金荣 严克宇 姚建伟 严鹏飞 罗奇
设计单位：中外建工程设计与顾问有限公司深圳分公司
项目地址：贵州省黔南布依族苗族自治州荔波县
设计时间：2016年1月
建筑面积：56944.02m²
占地面积：114240.75m²

规划总建筑面积（㎡）	35800.39
计容建筑面积（㎡）	32510.87
旅游集散中心面积（㎡）	25082.87
其中	司乘公寓（㎡）	2160.00
	安检用房（㎡）	1200.00
	服务用房（㎡）	2160.00
	洗车（㎡）	604.00
	公交始末场调度（㎡）	1404.00
不计容建筑面积（㎡）（1层地下室）	3289.62

体育中心

N 总平面图

▌总平面

地球腰带上的绿宝石

"北冥有鱼，其名为鲲，鲲之大不知几千里也化而为鸟，其名为鹏，鹏之背不知几千里也。" 荔波县经几千年的演化，海岸线东移，地面上升，原溶洞和地下河等被抬出地表形成干谷和石林。

设计灵感源于"鲲鹏"，运用仿生设计抽象提炼"鲲鹏"一飞冲天的形态，象征宏伟的气势与蓬勃向上的进取精神。

游客集散中心由客运站、游客中心、展示中心和数据中心组成，特定功能有巨幕飞翔影院、四维展厅、办公管理、主题商业、一级客运站、旅游集散区。建成后将与各景区集散中心、机场、高铁站等交通枢纽形成全面的立体全域网，通过大数据和实时路况进行科学的引导，改善城市交通，让游客享受智能交通带来的全新旅游模式。

▌沿景区大巴停车区人视图

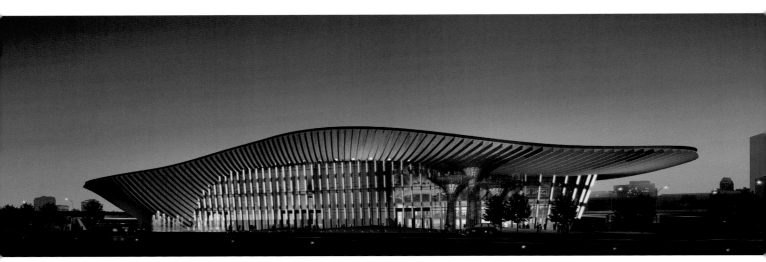

▌沿迎宾大道人视图

| 大堂

| 候车大堂

| 贵宾室

天津大学新建津
南校区综合实验
楼组团及津南校
区主楼

综合实验楼项目设计师：崔愷 任祖华 朱巍 梁丰 曹洋 李欣
主楼项目设计师：崔愷 任祖华 梁丰 叶水清 曹洋 彭彦 冯君
用地面积：综合实验楼32116m² 主楼139472.58m²
建筑面积：综合实验楼38761m² 主楼85928m²
建筑高度：综合实验楼24.45m 主楼30.95m
设计时间：综合实验楼2011年3月-2012年7月
　　　　　主楼2012年8月-2013年11月
竣工时间：综合实验楼2015年7月5日 主楼2015年8月15日

物理教学实验中心

结合建筑的功能和面积，将物理教学实验中心、电气电子教学实验中心和语音教室设置在轴线南北两侧的两块"L"形用地上，共同形成校园的主轴空间。计算机教学实验中心位于西南侧的方形用地，规整的用地便于安排室内较大的机房空间。

整组建筑位于校园主轴线上，是从主校门进入中心岛的第一组建筑，是主轴线序列空间的一个重要节点。因此，我们将轴线两侧的两个建筑入口作了特殊的处理，一圆一方，一高一矮，既有对称的意向，又有所差异，形成较有标志性的点睛之笔。

整组建筑遵循规划中的整体设计，将饰面页岩砖作为建筑的主体材料。饰面页岩砖作为建筑的主体材料，是对天大老校园特色的延续。结合砖建筑的特性，采用了建筑开窗与镂空砌筑相结合的方式，在统一中蕴含变化。

主轴线两侧的物理教学实验中心、电气电子教学实验中心与语音教室通过庭院的设置，尽量减小建筑的进深，采用单廊的布局方式，以求获得最好的自然通风效果。计算机教学实验中心五层通高的中庭空间，可形成拔风效应，对计算机房起到通风降温的作用。

电气电子教学实验中心

实验中心远眺

中庭空间

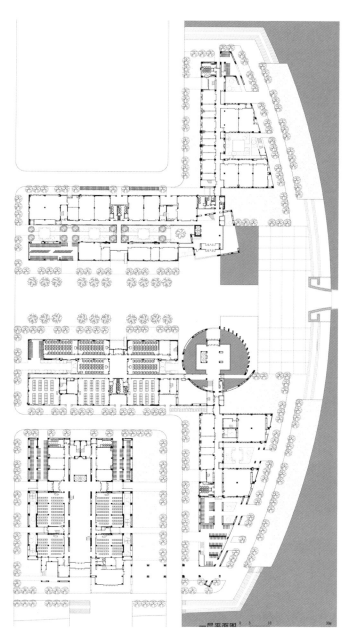
首层平面图

实验中心夜景

▌ 计算机教学实验中心

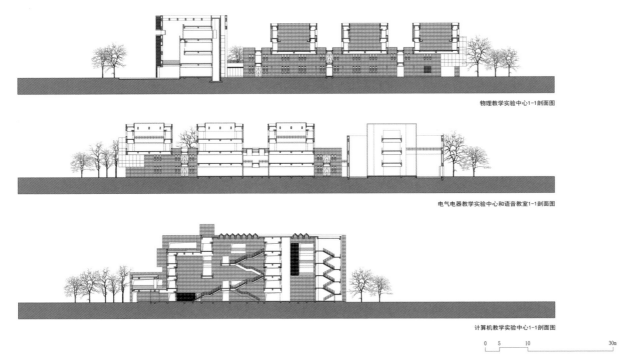

物理教学实验中心1-1剖面图

电气电器教学实验中心和语音教室1-1剖面图

计算机教学实验中心1-1剖面图

0 5 10   30m

▌ 剖面图

西立面图

东立面图

物理教学实验中心南立面图

计算机教学实验中心南立面图

0 5 10   30m

▌ 立面图

▌ 校园主入口

▌ 学校的第一组建筑

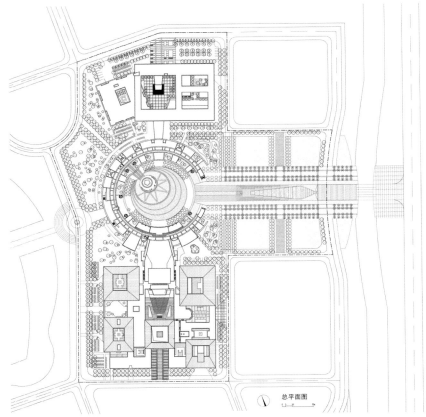

天大新校区主楼位于校前区内，在新校区东西主轴线的东端，是从校园主入口进入学校的第一组建筑，位置十分重要。主楼功能复杂，建筑与功能拥有一致的风格：北洋会堂庄重大气；文科组团自由浪漫，富有人文气息；理科与材料组团则严谨、实用，富有理性。

校园东西主轴线、入口广场轴线、行政办公轴线交错通过校前区，主楼圆形广场的圆心位于几条轴线交点处，实现了空间的转折，化解了多轴线的矛盾。轴线贯穿建筑，形成了对景和连续的开放空间，相邻空间收放有致，层次丰富。

主体建筑分为围绕中心广场的建筑体量、场地南侧建筑体量和场地北侧建筑体量三部分。结合建筑功能和面积，将北洋会堂和理学院围绕中心广场设置，其中会议中心位于广场南侧，理学院综合办公楼位于广场的北侧。材料学院办公教学楼面

总平面图

| 总平面图

主楼圆形广场1、2

圆形广场具有开放与公共性

鸟瞰图

积较大，单独设置于场地北侧建筑体量内。文法学院、马克思学院、职教学院和第四教学楼面积要求较小，统一设置于场地南侧建筑体量内。

　　建筑中心的圆形广场具有开放与公共性，表达出对教育开放和学术民主的追求。建筑设计提供了一些开放化的、具有多层次公共学生交流空间的校园空间，体现了校园建筑的自身特色，塑造了一个具有宜人尺度、富含文化氛围、建筑与环境紧密结合的校园建筑。

▍主体建筑灯光

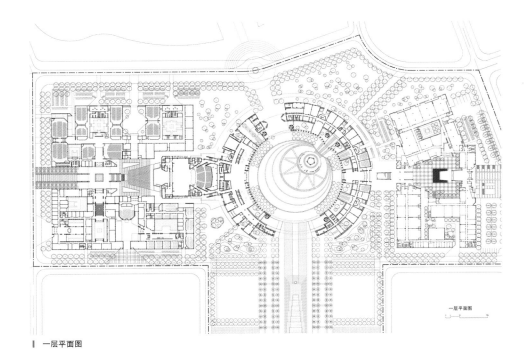

▍一层平面图

▍主楼圆形广场夜景

| 校园南北通道
| 新校区建筑一角

大连理工大学
辽东湾校区

项目设计师：张伶伶 赵伟峰 刘万里 黄勇 夏柏树 钟兆康 高雪松
　　　　　　袁敬诚 蔡新冬 焦洋 李辰琦 侯钰 陈雪松 刘曦 郝阿娜
　　　　　　巴音布拉格 王哲民 陈宇 严云波 马福生 朱士壮 陈力岩
设计单位：天作建筑研究院 沈阳建筑大学建筑设计研究院
　　　　　黑龙江省建筑设计研究院 辽宁省建筑设计研究院
项目地址：辽宁省盘锦市辽东湾新区
设计时间：2010年-2012年
竣工时间：2016年5月
建筑面积：383300m²
用地面积：563000m²
项目摄影：黄勇 王靖

▌项目区位

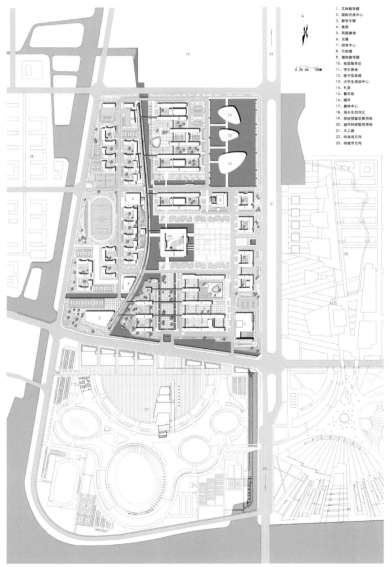

1、文科教学楼
2、国际交流中心
3、教学主楼
4、食堂
5、风雨操场
6、长廊
7、研发中心
8、行政楼
9、理科教学楼
10、校园服务区
11、学生宿舍
12、图书信息楼
13、大学生活动中心
14、礼堂
15、餐饮街
16、提升
17、媒体中心
18、滨水生态住区
19、学校预留发展用地
20、城市科研教育用地
21、大工路
22、向海海方方向
23、向城市方向

▌总平面图

▌教学主楼正面形象

▌教学区北向立面

▌校区中心水系

设计说明

　　大连理工大学辽东湾校区项目位于美丽的渤海之滨，辽宁沿海经济带辽东湾新区的东南部，占地56.3公顷，总建筑面积38.33万平方米。作为新区的引导性工程，方案构思从"关注城市，淡化建筑"的整体观念出发，通过指向性开放空间的塑造，构建校区空间与城市空间的衔接关系；以多层次的水体空间融入滨海水城的脉络肌理，以集聚式院落布局延承传统书院空间，着力打造契合寒地滨海气候特征的"水境书香"。

　　校园总体布局分为理科教学区、文科教学区、基础教学区、图书信息区、科技创新区、行政办公区、生活

图书信息中心内庭院

图书信息中心外景

区和后勤保障区八个区块；标志性建筑教学主楼、图书信息中心和国际交流中心分别构成校园中、北、南部的功能与景观核心，起到统领全局的作用。

1. 衔接

在校区空间与城市空间衔接关系的处理上，通过"体育中心—南入口广场—'三重门'院落—教学主楼"的轴线序列与对景关系，建立起由外及内的空间秩序，虚体建筑界面的分割处理强化了开放空间的延伸感。

2. 曲水

基地周边拥有丰富的内河水网，设计方案将城市水体引入，以"之"字形穿过校园，成为控制校园外部空间的主导性要素；核心区域放大的水体与教学主楼所处的镜水池融为一体，丰水期镜水池与主水系之间的落差形成天然的瀑布，描绘出辽东湾滨海水城独特的城市意象。

3. 围院

文理专业教学区采取了组群集聚式布局，单体建筑以均质的模块式组合为特征，被当作传统建筑空间中的"墙"来处理，形成空间界面，映衬曲水的灵动与活力。

组群中大型实验室等低重复性功能空间被独立布置于模块组合之间，成为行列式组合的纵向连接，它们与联系各院系之间的短廊一起，将外部空间分隔成规则而又富有变化的自然院落。

这些大小不同的院落在比例尺度上经过精心的推敲，院落之间利用围合界面的局部架空得以相互渗透，并通过景框作用形成对景和借景，传统书院空间的意蕴通过现代的建筑语言被重新解读。

图书信息中心中庭空间

图书信息外围共享空间

休息空间

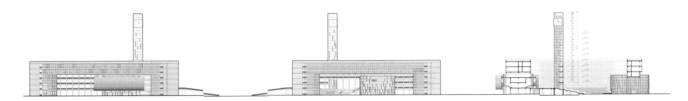

教学楼主立面图

4. 控制

坐落于校园南北轴线与东西轴线交汇处的教学主楼，囊括了普通教室、微机教室、语音室及大中小阶梯教室等通用型教学空间，既方便使用，又统领全局。建筑平面采用"口"字形布局，保证从两个轴线方向都能取得良好的对景效果。传统主入口的概念被消解，通过南、东、西三个方向的通透界面，师生可以直达内部的院落，这里才是建筑真正的主导空间，传统书院空间的设计概念也再一次被强化。

5. 溯源

辽东湾素有"湿地之都"的美誉，设计中把红海滩、芦苇荡、渔船等地域景观进行抽象提取，以符号化的形式在建筑上加以运用，突显地域特色，营造文化氛围。

图书信息中心建筑组团以三幢高低错落的曲面建筑单体置于镜湖之上，建筑漂浮于水中，水面倒映着建筑，破浪远行的知识航船——这一戏剧化场景的塑造，是对地域特色的回应，也是对建筑文化内涵的隐喻；在建筑内部空间处理上选择了"无边界空间"的设计理念，核心阅览空间的围护界面被消解，通过向腔体空间敞开来获得自然的采光、通风和各层空间之间的交融与变幻；外表面富有动感、不规则的窗是"芦苇荡"生长的意象，同时也带来了室内灵动的光影幻象，渲染出活跃而静谧的建筑氛围；在院落环境氛围的营造上，采用了室外空间室内化的处理手段，木材外墙饰面使外部空间获得一种室内空间的亲和力。

"红海滩"是辽东湾特有的湿地景观，设计方案将这一地域元素以片断化的形式在教学主楼和行政办公楼等主要建筑上予以呈现。这些嵌入的片断在功能上是独立的单元，形态上成为视觉显著点，使建筑以诙谐的方式表述特有的地域场景。

芦苇荡的隐喻也被反复呈现，使师生们在步移景异之中感受到特有的地域氛围。同时，考虑到寒地特有的气候特征，教学区和宿舍区的大量性建筑单体最终选择以陶土红砖为外墙饰面，厚重质朴的材料质感配合竖向落地长窗均匀排布的立面肌理，既契合高等学府的文化气质，同时也传递出温暖的外观感受。

教学区立面细部

▌宿舍区立面局部

▌休息区夹层透视

▌休息区夹层透视

吴家场幼儿园

项目设计师：王昀 王汝峰 赵冠男 季克平 李峥言 赵鑫
设计单位：方体空间工作室（Atelier Fronti）
项目地点：北京市海淀区莲花池西路莲熙嘉园内
用地面积：2900m²
建筑面积：2300m²
设计时间：2011年
建成时间：2016年12月
项目摄影：陈颢 夏至（按姓氏拼音首字母排列）

吴家场幼儿园项目介绍

　　吴家场幼儿园项目位于北京市海淀区莲花池西路南侧的莲熙嘉园小区内，是一所规模为9个班的幼儿园。这座幼儿园是作为所处的经济适用房小区的配套设施来进行建设的。

　　建筑面积2300平方米，整体共三层。根据场地的划分要求，幼儿园的用地空间与周边的住宅区场地通过一个高2米的围墙分隔开，形成了建筑主体与围墙间的内部庭院。在连续围墙的东南角设有庭院主入口，与建筑主体在东立面上的主入口临近。紧邻庭院主入口西侧的三角形空间是幼儿园的门卫室。围墙的西北角设有后勤服务用的庭院辅助入口，与建筑首层的厨房临近。建筑主体与围墙间在南侧的外部庭院是幼儿园的主要室外活动场地。

　　在建筑主体的平面关系中，一条东西向贯通的走廊将建筑分为南北两个功能特征有所区别的部分。每个班级所必需的活动室、休息室及卫生间空间组成了标准的功能单元。每层三个班级配合两个楼梯空间，在平面中央走廊的南侧沿东西向排开，建筑南侧相同的功能平面向上发展至三层。

　　在首层，东西贯通的走廊北侧，从主入口所在的东侧向西，功能空间依次为室外庭院、晨检室、音体活动室以及厨房。在二层，走廊北侧为室外的活动平台，平台的西侧上空是三层悬挑出的教师办公室、园长室和会议室。

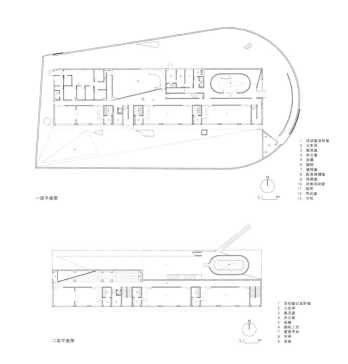

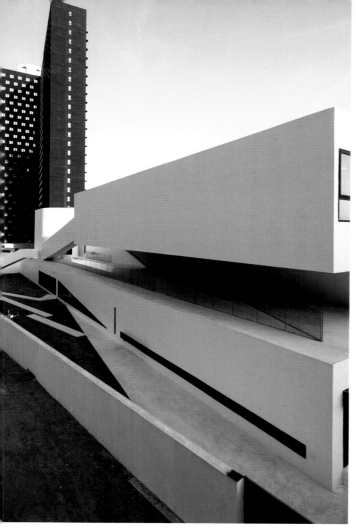

幼儿园西北侧的活动平台 王昀摄影

东侧鸟瞰 王昀摄影

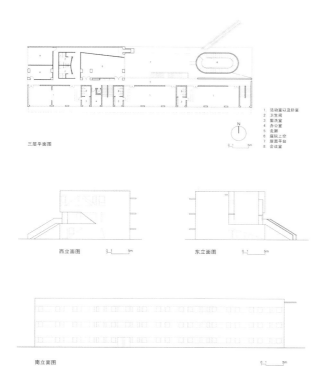

三层平面图

1 活动室以及卧室
2 卫生间
3 盥洗室
4 办公室
5 走廊
6 展厅上空
7 屋顶平台
8 会议室

西立面图   东立面图

南立面图

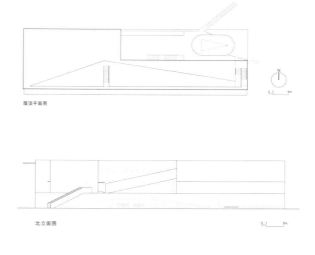

屋顶平面图

北立面图

▌从幼儿园西侧望向住宅区　王昀摄影

幼儿园除了上述的功能性空间布置外，最为重要的考虑就是将整体作为一个空间体验的装置，提供给未来使用的小朋友们。

为此，幼儿园在北侧体量通过沟通竖向的交通部件和空间装置，形成一个丰富的空间游玩系统。在平台之上的悬挑体量内的空间通过一个靠近建筑北立面的交通管道与平台相连。平台的东侧是一个由首层室外庭院的墙体向上伸出的曲面体量，这一空间中通过一个沿墙体上升的楼梯连接首层与二层平台空间，在平台东北角有一部室外楼梯与北侧的庭院连接。平台中间紧贴南侧走廊的位置设有一个室外楼梯间，可与一层的走廊连接。通过南侧两部主要的楼梯，可以上到位于建筑南侧屋面的屋顶活动平台。活动空间被玻璃围挡限定为一个三角形平面的区域。在这样一套系统中，提供了各个空间之间联系的多种可能性，让孩子的每次游走都可以具有丰富的选择和偶然性。整个建筑力图成为一个巨大的、可以供孩子在其中玩耍的"空间玩具"。

▌平台上的管廊　陈颢摄影

┃ 空间管廊 夏至摄影

┃ 悬挑下的活动平台 夏至摄影

┃ 北侧庭院的风景 陈颢摄影

┃ 搭接的楼梯 陈颢摄影

┃ 局部几何风景1 夏至摄影

┃ 局部几何风景2 夏至摄影

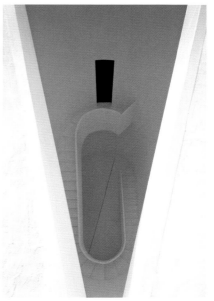

┃ 天窗窥见的光庭院 夏至摄影

优秀建筑作品　125 〉〉

壹基金援建
天全县新场乡
中心幼儿园

项目设计师：陈屹峰 柳亦春 高林 高德
设计单位：上海大舍建筑设计事务所（有限合伙）
项目地点：四川省天全县新场乡丁村
用地面积：3000㎡
建筑面积：1500㎡
设计时间：2014年12月
竣工时间：2017年1月
项目摄影：苏圣亮

西南方向鸟瞰

内广场向西远眺山口

外廊

家园的呈现

天全县新场乡中心幼儿园共设六个班，是2013年芦山地震后壹基金向灾区援建的十多所幼儿园中的一所。项目用地位于新场乡丁村西北侧一块不大的台地上，四周群山环抱。基地向西遥对着一个山口，让人在大山之中仍能感知到远方的存在。附近的村落与自然紧密依存，又和它微妙地对峙着，气氛安宁而静谧。为了保持乡村的知觉宁静，新建筑的介入应该契合这种家园氛围。

整个幼儿园被设想为一个"村"，面积约为1500平方米的建筑体量按功能组成被分解成九个彼此游离的"村舍"，布置在基地的东、南、北三边，围合出一个向着西侧山口完全打开的U形内广场。广场的铺装和建筑外墙都采用当地生产的页岩烧结砖，构筑了一个具有强烈人工意味的场所。这个场所一方面自立于周边的自然环境之外，另一方面又和天空、台地、近处的村落以及远方的山口组成一个密不可分的整体。

在这里，有着确定的空间尺度和时间尺度，自然的呈现是受控的，和场所的起承转合息息相关。内广场是整个幼儿园的核心，也是场所方位感和识别性的关键所在。孩子们每天在广场内嬉戏，他们对幼儿园的认同和记忆会从这里开始，内广场由此也将成为场所归属感的一个源头。

幼儿园场所经验的营造也充分考虑了孩子们的心理和生理特点，了尽量实现空间类型的多样化和可游戏性。雅安地区多雨，幼儿园各单体建筑以及主入口借助曲折的外廊系统连为一体。外廊顺应着场地标高的变化，结合坡道、台阶，在内广场与两侧建筑之间增添了一个富有亲和力的尺度层次和空间层次，也为孩子们的日常活动提供了更多的可能。

幼儿园面临着相对严苛的造价制约，设计亦须充分顾及当地的施工能力和工艺水平，周边村舍建造的真实和自主因此便成为一个很好的研究范本。当地年降水量多达2000毫米，防水构造对建筑外观产生了重要影响。幼儿园单体规模不大，单坡屋面能迅速排除雨水，也便于施工。建筑外墙面采用框架填充，墙外侧砌筑页岩烧结砖墙作为防水措施，页岩砖远比普通外墙涂料耐雨水侵蚀，在周边村舍的建造中被广泛使用。幼儿园的外廊采用便于手工搬运的轻钢材料，这也为具有浓重手工意味的砖砌场所增加了一抹工业化的色彩，让幼儿园的表达和村舍保持了一定的距离。

新场乡中心幼儿园的设计并不为了探究川西乡村的原真性，也无意去营造一个乡村乌托邦。在尊重项目投资限制，符合当下建设程序和适应当地建造能力的前提下，除了满足使用要求，建筑师想要尝试的是让新建筑进行自我调适，以契合川西乡村的家园氛围，同时又能实现某种程度的自主。

| 新场乡中心幼儿园总平面图

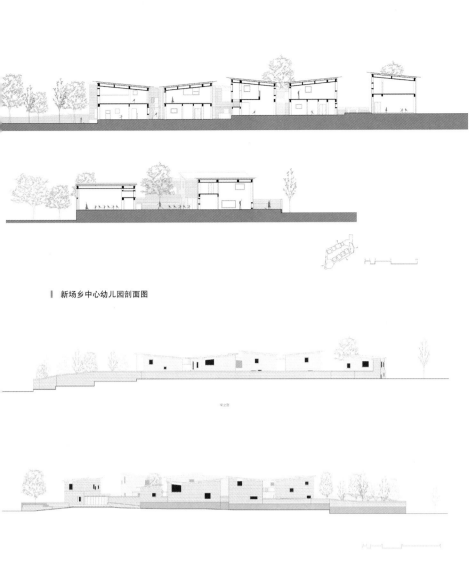

新场乡中心幼儿园剖面图

新场乡中心幼儿园立面图

新场乡中心幼儿园轴测图

内广场钢连廊下

外廊与轻钢连廊

主入口庭院坡道及钢外廊

葫芦岛市龙港区
中心幼儿园

项目设计师：罗隽　高辉　赵晓花　韩昊坤　王一平
设计机构：中国建筑科学研究院/中国建筑技术集团
项目地点：辽宁省葫芦岛市
设计时间：2016年3月-2017年1月
建设时间：正在施工中
建筑面积：9497m²
占地面积：24659.7m²

| 庭园和活动场地

葫芦岛市龙港区中心幼儿园

幼儿园建筑应该是与众不同的，设计幼儿园建筑需要哲学。

现代心理学家研究证明，3—6岁是幼儿天赋和潜能开发、培养的最佳时期，环境对儿童的感官刺激对他的发展至关重要，空间能对儿童的行为产生影响。理想的幼儿园应该流线清晰，具有强烈的场所认同感。空间影响着儿童潜能发展和他们与环境、人和物质的交流，接触建筑可以帮助幼儿体验他们与周围一切物体的关系。

人的创造力和创新能力是从儿童时代就开始培养的。他们在幼儿园的活动主要应该通过游戏开发思维，通过动手启蒙创造力、激发想象力。幼儿园建筑要富于趣味性和文化精神。

基于这些理念，设计概念源自最普通的两种游戏形式：折纸和积木魔方。建筑的体量和屋顶成为最具表现力的元素。积木魔方的形态通过搭接和扭转，折纸的形态通过建筑的屋顶和立面设计独具一格，平、坡、折屋面相互结合，浑然一体。室外活动场地成为建筑整体元素的一份子，空间充满了趣味性。富于创造力的造型新颖、现代、前卫，更能激发孩子的空间想象力和动手能力。庭院式布局，传统坡屋顶的建筑形式、室内空间序列流线的组织和节奏，还有月亮门，都传达着中国精神和强烈的可识别性。明快的红黄蓝彩色统一在梦幻般的、未来感的纯白色调之中。这是一个儿童向往的地方。

项目按中国绿色建筑两星标准设计。

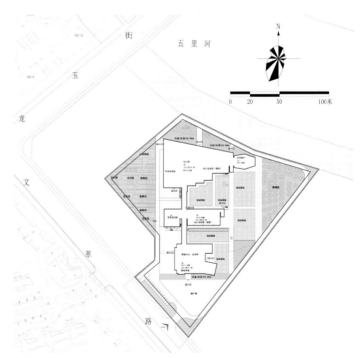

| 总平面图

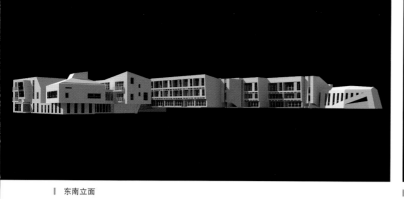

▌东南立面

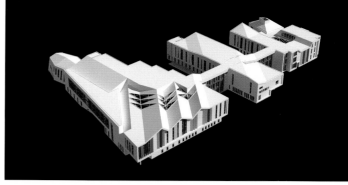

▌模型1

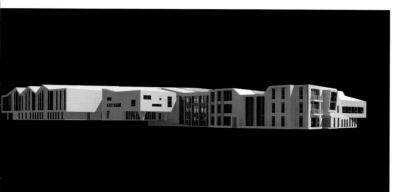

▌西南立面

▌模型2

▌二层平面图

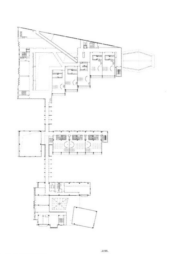

▌三层平面图

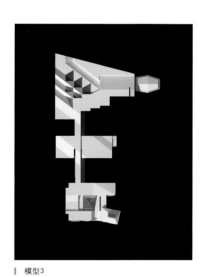

▌模型3

▌一层平面图

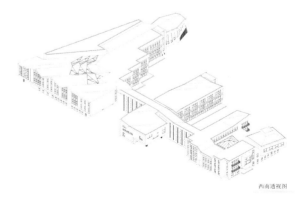

▌轴测图

西浜村农房改造
工程

项目设计师：崔愷 郭海鞍 冯君 沈一婷
项目地点：江苏昆山
设计时间：2014年
建筑面积：2868m²

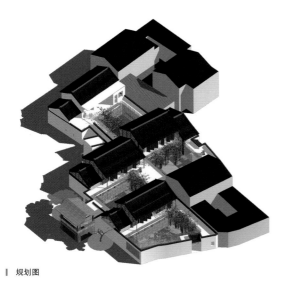

▎规划图

　　西浜村位于阳澄湖畔、绰墩山北，是昆曲文化的发祥地。如今村庄已经破落，为了恢复乡村中的昆曲文化，带动乡村复兴，将村中的四座老宅院修复改造，设计成昆曲学社。通过粉墙和竹墙形成梅、兰、竹、菊四院，结合水系设计了戏台，通过两层游廊的穿插，形成一个空间丰富、光影交错的昆曲研习之场所。

　　Nestled against the Chuodun Hill and facing the Yangcheng Lake, Xibang Village is the birthplace of Kun Opera, one of the oldest opera type in China. To restore energy of the village by reviving its cultural atmosphere, four courtyards enclosed by white walls and bamboo screens are renovated as a school of Kun Opera. With a small stage anchoring the surrounding river and two levels of corridors' connecting, it becomes a comfort space for opera studying.

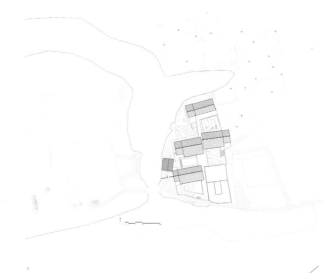

▎建筑平面图

▎戏台

▎戏台

▎院外水系

竹墙

粉墙

戏台

竹墙

粉墙和竹墙

北京方家胡同 12 号
野友趣

项目设计师：潘飞 王植

设计机构：Robot 3工作室

业主：野友趣俱乐部

项目地址：北京市东城区雍和宫大街方家胡同12号

建筑面积：316m²

施工单位：北京今日设计制作有限公司

开工时间：2017年2月

建成时间：2017年6月

项目摄影：Robot 3工作室

▌ 原建筑照片

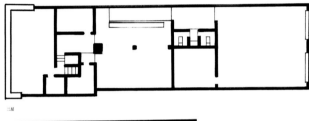
二层

一层

▌ 平面图

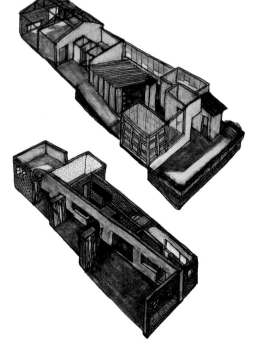
▌ 手绘透视图

"种"

北京方家胡同12号野友趣

　　朋友是个资深驴友，攀登雪山，穿越沙漠。平时在北京经营着一家业内知名的户外装备店。2016年底，他委托我们将方家胡同的一处老房改造成一个俱乐部。初衷很简单，就是希望这里有音乐、啤酒和远方。

　　老房子原来是个烧烤店，房东把整个院子拆建成了一个砖混结构的大屋，屋内比相邻的杂院更显出一股非同一般的力量。

　　我们只是访客，想做的是从当下胡同里生长出来的东西。春天动工，夏天完工。没有预设想法，每天和工匠们一起边想边干，在建造中做出本能的反应。经常前后矛盾，也只有这样才能避开过去的经验和思维的惯性，和房子慢慢调整到同一个频率，一种生长中的状态。

　　北京老城区包容混杂，是尚未被各种主义彻底颠覆的保留地，看似衰落，其实生机勃勃。人们在现实下闪转腾挪，在夹缝中创造。没有开发商的自以为是，没有建筑师的玄妙理念，只有人们朴实的欲望，不分新旧中西，只要喜欢，拿来就用。

　　万家灯火，庭院深深。北京的老城区充满活力，豆汁卤煮，绿树白鸽。这里并没有衰落，一片生机盎然。

　　春夏之交"拆墙打洞"席卷而来。封堵的红砖像爬虫一样从临近的胡同一间间房子啃过来。改造过的建筑二层被拆了重做，原有的露台棚顶被拆掉，门面被堵上。大家想办法在建筑侧墙上硬是开出个门，在封堵门面的砖墙上挂上一块大黑板，在红砖上涂抹七七八八的颜色，街坊邻居倒是喜欢。开业不久后，彩砖被抹上了灰色的水泥。

　　我们在这里埋下一颗种子，它破土而出，顽强地生长着。

砖混结构的室内布局

捷步儒商小镇

项目设计师：邱育章
项目地址：福建
设计时间：2017年10月
建筑面积：190000m²
占用地面积：3000km²

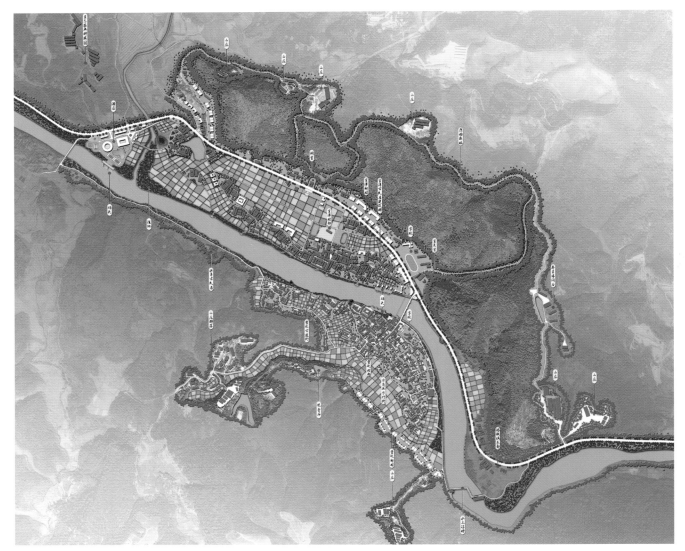

儒商小镇总体规划

怡怡楼

18厅

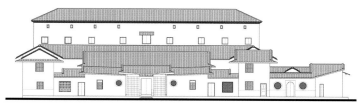

种蓝堂和怡怡楼正立面

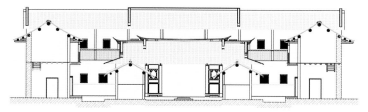

大观楼剖面图

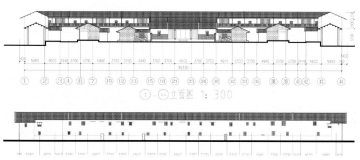

18厅立面

龙岩捷步儒商小镇

龙岩是福建三大江（九龙江、汀江、闽江）的源头。

捷步是九龙江的源头，九龙江的出海口是漳州和厦门鼓浪屿，所以龙岩是海上丝绸之路源头的源头。在清末民初年间，捷步曾经是龙岩的首富乡，早就诞生了勇于进取、爱拼会赢的一代闽商。

捷步营边和官洋两村至今还保存有百余座明清两代的古民居，构成罕见的古建筑群。它们穿插布局合理，节奏鲜明，构架完整而型制多样，其建筑营造工艺尤为精湛，极具传统特色。不仅有詹姓宗祠家庙、缙绅世家的官邸宅堂，还有商贾华楼、私塾店铺、碉楼作坊等。

这里是九龙江沿岸最美的福建土楼古村落，被专家学者称为"被遗漏申报的世界文化遗产"。

所以，在这里规划建设"儒商小镇"有着历史的渊源和时代的必然。

一、项目规划设计

1.游客服务中心；2.最美水岸土楼；3.一河两岸慢漂；4.商业步行街；5.摄影写生基地；6.水乡渔村项目；7.生态养生山庄。

二、主要经济技术指标

占用地面积：4500亩（3平方千米）；总建筑面积：60万平方米；人口数量：2万人；总投资：60亿元人民币。

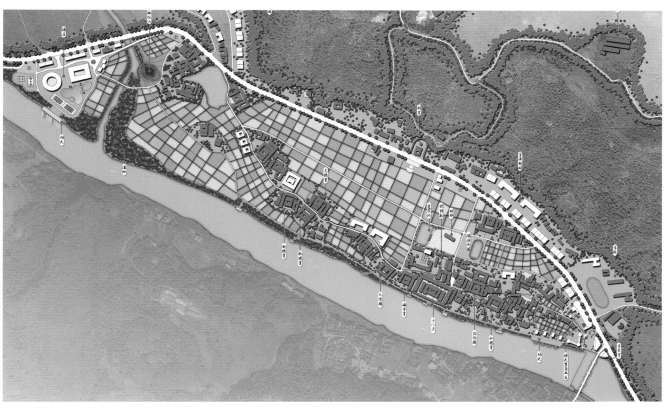

儒商小镇规划

禹王山抗日阻击战纪念园

项目设计师：祁斌　李鲲　徐晓颖　史伦　梅灏　杨木
项目地点：江苏省徐州市邳州市
用地面积：159530m²
建筑面积：1198.62m²
设计时间：2014年6月1日-2015年1月9日
竣工时间：2016年3月30日

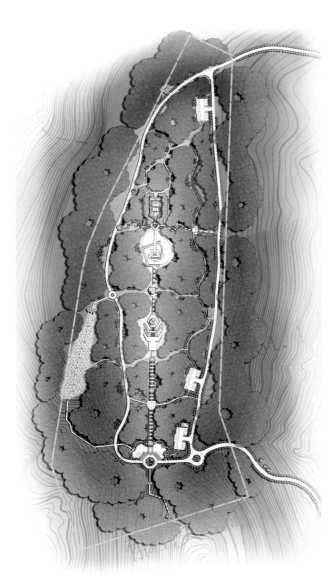

■ 总平面图

■ 纪念馆内部空间

禹王山抗日阻击战纪念园项目简介

　　禹王山抗日阻击战纪念园位于江苏邳州市戴庄镇西南，距市区30千米，距台儿庄3千米，远望京杭大运河。禹王山原生态景观资源丰富，植被茂密，奇石嶙峋，不乏历久古木独自成景，还有自然奇特的石丛、清澈凛冽的山泉以及禹王庙遗址、战壕遗址等人文景观。1937年，在禹王山，为抗击日军侵略，在此进行了艰苦卓绝的阻击战，战况惨烈，共有13654名爱国将士英勇战死。

　　在这里建设纪念园在于铭记历史、祈愿和平，让建筑、景观生长于自然山体原生景观之中。纪念性主题主轴线沿山脊展开，规划和建设保护既有环境，并充分利用现有景观资源，对原有禹王庙遗址、战壕遗址等人文景观进行保护性修建，强调建筑以及景观与大地之间的有机联系，进行局部的地形改造，将人的行为融入自然景观之中。

　　沿着山脊线形成的纪念轴线，恰指向禹王山战役初次交火地点陈瓦房村的方向。沿着轴线有节奏地布置纪念广场、纪念馆、战壕遗址以及禹王庙等主要纪念建筑和场所，并加以景观小品和植被衬

■ 纪念馆纪念平台

战壕内部数字纪念巷道

纪念馆中庭

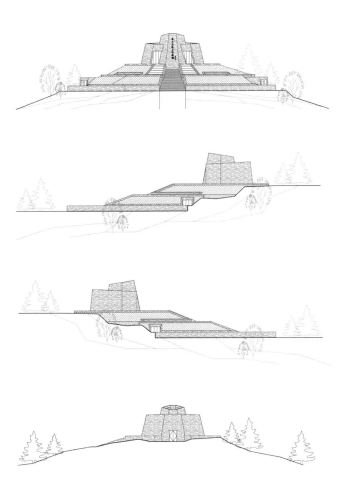

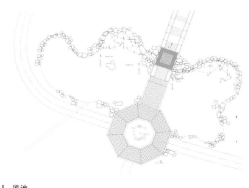

鉴池

托。参观者沿着这条轴线缓缓拾级而上，以鉴湖为起点，"以水寄意，以史为鉴"，使观览者感情沉淀。主轴线以栾树将视线聚拢，所见景观和构筑物呈现出对称性，具有强烈的纪念感，在纪念馆与战壕遗址将纪念情感推入高潮，最终在禹王园以传统建筑的现代表达手法，传达冥想空间的意义，冥思历史、祈愿和平。

主体交通体系规划为外部环路和内部支路两部分，外部环路供机动车及游客观光车使用，内部支路联系各登山游步道、重要景观及纪念场所。在主入口及东侧环路设停车场。所有步行道路顺应原有地形，采用天然材质，塑造人性化的景观步行空间。

环境设计的基调是利用宏大的自然景观对散落的历史遗迹进行展现。遗址的修建强调原真性，而禹王山具有得天独厚的原生景观资源。建设中尽可能少对原有的遗址和自然资源产生干扰破坏，战壕遗址会得到妥善保护，原生态的植被和地貌也会最大程度保留。纪念馆和战壕参观道的设计，打造淳朴、洗练的建筑空间和形象，是对战役期间的指挥所和战壕场景的再现，充分考虑了参观者的行为，使人在自然而然的行进与参观中完成对战役的体验与思考。采用色泽沉敛的天然石材，使建筑和景观镶嵌在场地中，呈现生长于大地的形态。主轴线设计中的踏步数量、节奏安排等，遵循纪念性场所的数字寓意原则，突出纪念园的纪念性主题，镌刻史实、铭记历史。

▌ 纪念馆立面图（自上而下为南立面、东立面、西立面、北立面图）

纪念馆鸟瞰

纪念馆外围廊道望向主体建筑

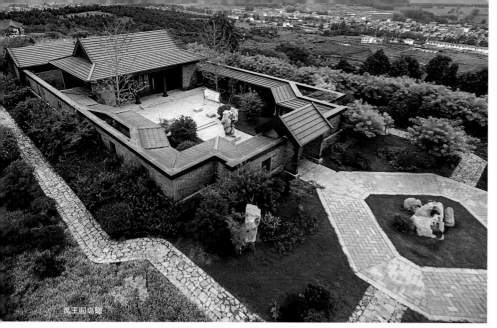
禹王园鸟瞰

纪念广场

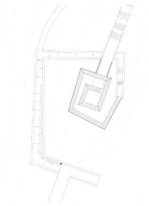
战壕位置

禹王园大殿东侧内院

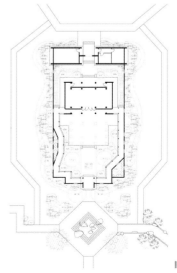
禹王园平面图

泗洪顺山集考古遗
址公园规划设计

项目设计师：马晓　周学鹰
项目地点：江苏省宿迁市泗洪县梅花镇
设计时间：2016年6月
建筑面积：4.3km²

1. "顺山集文化" 概述

顺山集遗址位于江苏省宿迁市泗洪县梅花镇大新庄西南、重岗山北麓，西临赵庄水库，东距宁徐公路2千米，为丘陵墩形遗址。

顺山集遗址距今约8100—8300年，是目前淮河流域在今江苏省境内已知最早、规模最大的新石器时代环壕聚落遗址，将江苏省的文明史至少推前了1600年。"顺山集文化"引人瞩目，或可为长江中下游的马家浜文化找到源头。顺山集聚落发现房址、规划整齐的墓葬区、丰富的水稻遗迹，尤其是壕沟的发现，对新石器时期人类居住环境研究有着重要的意义。顺山集遗址壕沟最深约4米，堆集早期遗物。遗址环壕内部中心区南北长约250米、东西宽约200米、面积约5万平方米。环壕内外遗址总面积达17.5万平方米。

2010年以来，经数次发掘，共清理墓葬92座，灰坑26座，房址5座，出土陶器、石器、玉器、骨器400多件。顺山集遗址的发现，填补了淮河中下游史前聚落考古和考古文化的空白。

2. 规划设计构思

采用集环壕聚落遗址本体保护、历史环境修复、复原展示、现场考古展示、原生态环境建设为一体的"考古遗址公园"方式，充分保护遗址本体及其原生态环境，实现遗址文化价值的可持续合理利用。

建设顺山集考古遗址公园，统筹遗产保护所涉及的土地资源、生态资源和文化资源的保护与利用，谋求改善民生与经济增长，自然生态和人文生态的良性互动、协同共进，文化民生、全民共享，实现经济效益、社会效益、生态效益和人文效益的统一。

通过顺山集考古遗址公园建设，赋予遗址利用五大功能：原住民生活生产改善功能、遗产保护功能、生态保护功能、旅游休闲功能和淮河流域民俗民风展示传承功能。

建设顺山集考古遗址公园及遗址博物馆，成为泗洪县旅游规划"三色"的重要项目，并可以古汴河为纽带，建立与洪泽湖湿地、森林公园建立地域相望的旅游片区。规划将开放展示范围划分为三个功能大区，遗址区、梅花山景区、生态景区。其中，顺山集遗址现场展示区包括赵庄遗址区、大新庄入口服务区；梅花山景区包括梅花山、大塘怀服务区；生态景区包括湿地生态展示区、生态农业区（包含四处生态农业、一处农家乐商贸区、一处休闲体验区）等。

大新庄入口服务区

a. 大门设计应粗犷、简洁、大气，并体现出独特的顺山集遗址群历史文化，足以代表"江苏文明之根、淮河文化之源"。

b. 大门建筑应以单层为主，造型为建筑物、构筑物或示意性表达也可（如可采用"天下第一灶"）。

c. 按100%的比例复原的环壕内，利于真实再现环壕聚落原貌。其内复原五座不同时期的原始建筑单体。规模不应太大，材料应选用土、石、木等自然质，不宜采用现代材料（但是，草屋顶可采用仿草的现代材料等），作为服务售卖、旅游接待、医务、陶艺展示、餐饮等用房。

遗址博物馆

a. 半地下博物馆方案紧邻顺山集遗址，不应对遗址造成新的干扰与破坏，应以少露出地面为宜，保持原始生态景观。

b. 博物馆方案地面一层为主，规模要小，不能对模拟的顺山集遗址造成不利影响，或喧宾夺主。

c. 建筑色彩、用材等应尽量与顺山集环壕聚落遗址的历史氛围相协调。

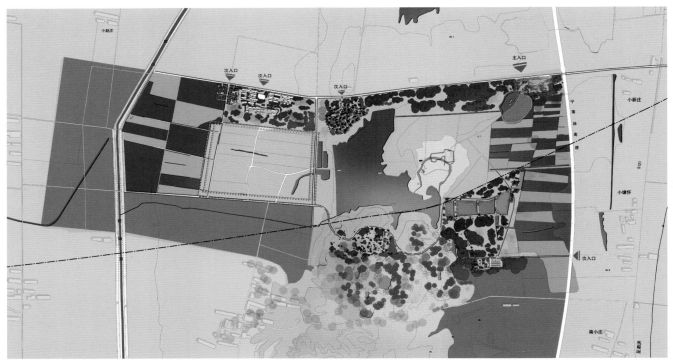

▍顺山集考古遗址公园总平面图

顺山集考古遗址公园入口及博物馆鸟瞰图

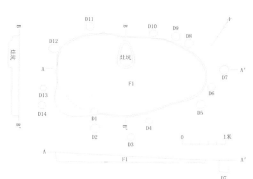

F1考古资料

F1清理后（东南-西北）

遗址现场展示

a.复原的五座原始建筑遗址，必须深入研究，符合当时的原始建筑技艺。

b.复原原始建筑遗址，必须符合当时的原始建筑情况，如墙体、地面等。

c.不应使用现代材料，如局部不得不采用现代材料，需加以详细说明。

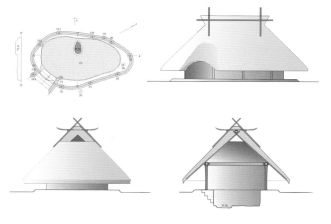

F1平立剖复原图

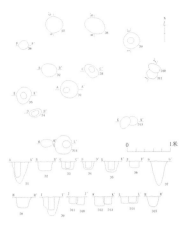

F2考古资料

F2清理后（西南–东北）

F1室内复原效果图

F2室内复原效果图

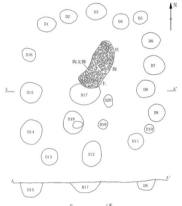

F3室内复原效果图

F5室内复原效果图

F4考古资料

F4清理后

F1外观复原效果图

F5考古资料

F5清理后（北—南）

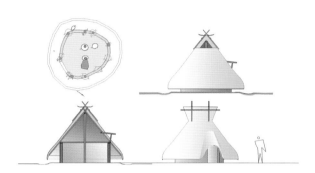

F2平立剖复原图

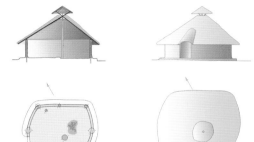

F4平立剖复原图

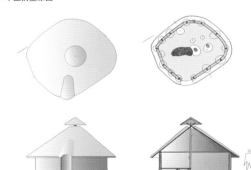

F3平立剖复原图

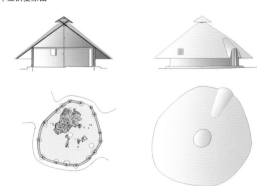

F5平立剖复原图

F2外观复原效果图

F3外观复原效果图

F4外观复原效果图

F5外观复原效果图

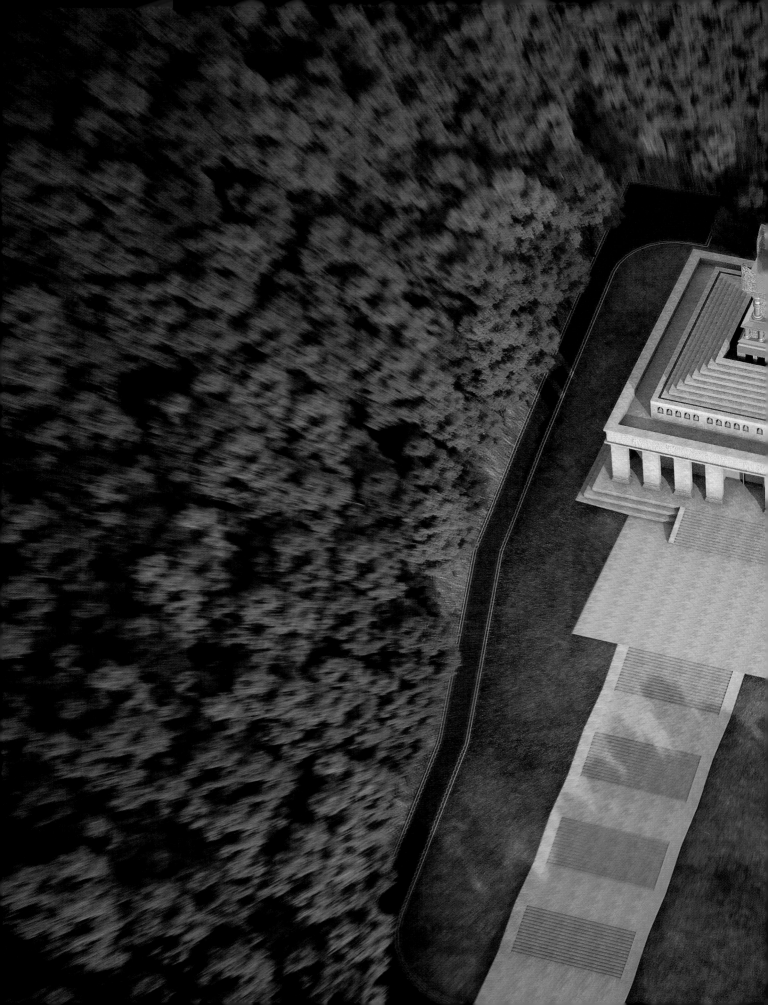

阿育王古寺
舍利宝塔

项目设计师：王志新　詹旭军　梁竞云　袁小山　刘宗蓓　裴磊

学术主持：罗世平

设计顾问：陈顺安　郭正善

设计机构：湖北美术学院环境艺术研究所
　　　　　湖北美术学院当代公共图像传播与研究中心
　　　　　武汉艾塔文化发展有限公司

设计时间：2016年12月

建筑面积：4180m²

环境景观面积：21000m²

项目地址：宁波市北仑区鄞山大碶镇嘉溪村

项目施工：中建三局集团有限公司

山门

舍利宝塔
建设用地

"涌现岩"遗址

北

阿育王古寺航拍实景

阿育王古寺舍利宝塔·建筑设计方案

阿育王古寺舍利宝塔设计源起

　　阿育王古寺坐落于中国宁波市北仑区鄞山大碶镇嘉溪村，这是一座西晋古刹，距今已一千七百余年历史。西晋太康三年在宁波鄞山今阿育王古寺，涌现"佛顶骨舍利塔"，史称"西晋会稽鄞县塔"。历经千年，这座"阿育王舍利塔"至今仍供奉并传承佛教舍利文化。2008年至2011年间，由古寺方丈界源大和尚、住持门一法师竭诚中兴，在这座西晋古刹原址，重新修缮整建一新的"阿育王古寺"，可谓"圣智之林"。自2011年至今阿育王古寺僧众，一直在努力实现天台宗祖师智者大师千年遗愿——"鄞县阿育王塔寺颓毁，愿更修治"。有鉴于此，阿育王古寺多年规划，于阿育王舍利塔"涌现岩"遗址故地，兴建舍利宝塔，以示纪念。

阿育王古寺舍利宝塔设计理念

　　阿育王古寺舍利宝塔建筑设计理念，首先遵循原始佛教文化义理规制，同时融合汉传佛教文化之精神；其次彰显阿育王古寺原"阿育王舍利塔"造型规制；最后它是兼具信众共修功能的综合性纪念建筑。

　　舍利宝塔主体建筑设计——首先提取了古寺原佛舍利塔特有的

造型元素，以彰显"阿育王舍利塔"其独特的原始佛教文化特质。舍利宝塔整体建筑设计呈"神殿"回廊式建筑风格与样式，这种略显"金刚宝座塔"，又兼有古希腊及波斯、中西亚建筑风格特征的设计理念，是吸收借鉴并融合创新了古印度犍陀罗庄严厚重的艺术风格与样式体系。在原始佛教兴盛的古印度地区，其建筑及佛造像艺术，以犍陀罗艺术风格为代表，融合了希腊建筑艺术的综合语汇，特别是以雕刻形式来展现佛教文化，成了原始佛教的重要艺术形式，并沿着古丝绸之路，随佛教经葱岭东传到中华大地。

阿育王古寺舍利宝塔设计方案

　　阿育王古寺地处宁波鄞山西北山麓，三面环山，山势渐趋平缓，古寺于乌石岙青山环抱，山门向西北侧通向山外。舍利宝塔建筑坐落于古寺后山"涌现岩"遗址山前，为坐东南朝西北向，舍利宝塔紧靠山麓，涓涓清泉萦绕左右，环古寺而出，世称"八吉祥六殊胜之地"。

　　阿育王古寺舍利宝塔，整体建筑设计通高49米，建筑基底49米见方（暗合释迦牟尼佛世间弘法49年），建筑整体呈"金字塔"式

▌阿育王古寺·舍利宝塔建筑设计，正视效果图

▌阿育王古寺·舍利宝塔建筑设计，侧视效果图

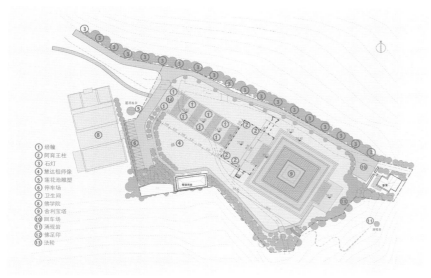

① 经幢
② 阿育王柱
③ 石灯
④ 慧达祖师像
⑤ 莲花池雕塑
⑥ 停车场
⑦ 卫生间
⑧ 佛学院
⑨ 舍利宝塔
⑩ 回车场
⑪ 涌现岩
⑫ 佛足印
⑬ 法轮

▌阿育王古寺·舍利宝塔景观设计总平面图

▌阿育王古寺·舍利宝塔奠基版画

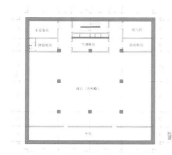

▌阿育王古寺舍利宝塔地下一层平面

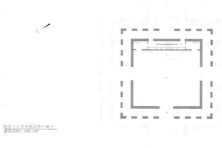

▌阿育王古寺舍利宝塔一层平面

▌阿育王古寺·舍利宝塔建筑设计方案，素描效果图

▌阿育王古寺舍利宝塔二层平面

▌阿育王古寺舍利宝塔顶层平面

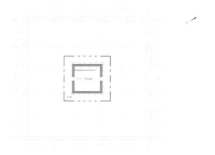

▌阿育王古寺舍利宝塔夹层平面

阿育王古寺舍利宝塔景观设计剖面1

等腰三角形的稳定形式，总建筑面积4205平方米，景观面积约15000平方米。在舍利宝塔建筑选材方面，建筑主体上半部"阿育王舍利塔"造型为内钢结构，建筑外立面为"金属锻造"；建筑下半部整体为混凝土结构，建筑外立面为石材砌筑与外挂相结合。舍利宝塔自下而上，分为四个相互联系而又彼此独立的空间体系，即：地下一层"地宫"舍利殿，是供奉及珍藏佛骨舍利的"安圣"之地，与顶部"天宫"舍利殿垂直轴线相应；一层"法堂"，殿内中空无立柱，是可同时容纳五百余僧众讲经、闻法的共修大殿，"法堂"30米见方。"法堂"顶部檐口四边，各设20尊坐佛造像，四边总80尊坐佛，坐佛佛龛透光可引光入殿，殿内四壁随阳光照射，可见佛影重重；二层兼清静而优乐圆融的"藏经阁"，外形取义"七级浮屠"式的莲花"须弥座"；三层为"天宫"舍利殿，取古寺原"阿育王舍利塔"造型，并创新设计，端坐于七级莲花须弥座之上，庄严持重。

阿育王古寺舍利宝塔建筑设计总体理念，遵循原始佛教文化精神，传承佛教舍利文化义理；融合汉传佛教精神特质；彰显原"阿育王舍利塔"造型规制。经深入考证、精心设计，历时两年余，最终由湖北美术学院王志新副教授、詹旭军副教授等领衔，特邀中央美术学院罗世平教授、武汉大学麻天祥教授等专家学者，组成联合设计团队，完成整体建筑设计方案。阿育王古寺于2017年4月22日，为这一千年鸿愿的舍利宝塔举行了庄严的奠基仪式。

文：王志新（湖北美术学院版画系副教授）

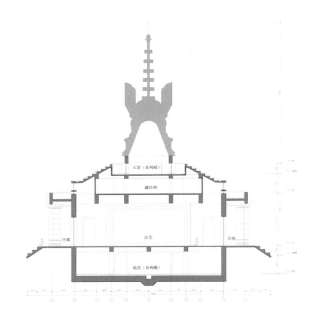

阿育王古寺舍利宝塔剖面图1

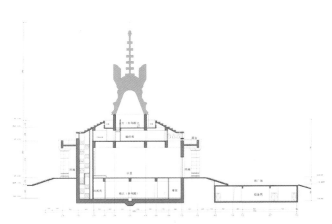

阿育王古寺舍利宝塔剖面图2

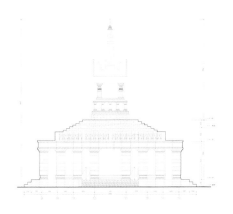

阿育王古寺舍利宝塔背立面

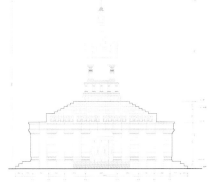

阿育王古寺舍利宝塔正立面

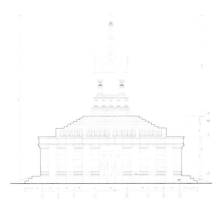

阿育王古寺舍利宝塔侧立面

阿育王古寺舍利宝塔建筑设计，平视效果图

阿育王古寺舍利宝塔景观设计模型

阿育王古寺舍利宝塔景观设计剖面2

水岸佛堂

项目设计师：韩文强 姜兆 李晓明 张富华 郑宝伟
设计公司：建筑营设计工作室
项目地址：河北唐山
用地面积：约500m²
建筑面积：169m²
设计时间：2015年4月-2015年8月
施工时间：2015年10月-2017年1月
项目摄影：王宁 金伟琦

茶室

水岸佛堂

　　这是一个供人参佛、静思、冥想的场所，同时也可以满足个人的生活起居。建筑选址在一条河畔的树林下。这里沿着河面有一块土丘，背后是广阔的田野和零星的蔬菜大棚。设计从建筑与自然的关联入手，利用覆土的方式让建筑隐于土丘之下并以流动的内部空间彰显出自然的神性气质，塑造树、水、佛、人共存的、具有感受力的场所。

　　为了将河畔树木完好地保留下来，建筑平面小心翼翼地避开了所有的树干位置，它的形状也像分叉的树枝一样伸展在原有树林之下。依靠南北与沿河面的两条轴线，建筑内部生出五个分隔而又连续一体的空间。五个"分叉"代表了出入、参佛、饮茶、起居、卫浴五种不同的空间，共同构成漫步式的行为体验。建筑始终与树和自然景观保持着亲密关系。出入口正对着两棵树，人从树下经由一条狭窄的通道缓缓地走入建筑之内；佛龛背墙面水，天光与树影通过佛龛顶部的天窗沿着弧形墙面柔和地洒入室内；茶室向遍植荷花的水面完全开敞，几棵树分居左右成为庭院的一部分，创造品茶与观景的乐趣；休息室与建筑其他部分由一个竹庭院分隔，让起居活动伴随着一天时光的变化。建筑物整体覆土成为土地的延伸，成为树荫之下一座可以被使用的"山丘"。

　　与自然的关系进一步延伸至材料层面。建筑墙面与屋顶采用混凝土整体浇筑，一次成型。混凝土模板由3cm宽的松木条拼合而成，自然的木纹与竖向的线性肌理被刻印在室内界面，让冰冷的混凝土材料产生柔和、温暖的感受。固定家具也是由木条板定制的，灰色的木质纹理与混凝土墙产生一些微差。室内地面采用光滑的水磨石材，表面有细细的石子纹路，将外界的自然景色映射进室内。室外地面则由白色鹅卵石浆砌筑而成，内与外产生触感的变化。所有门窗均为实木门窗，以体现自然的材料质感。禅宗讲究顺应自然，并成为自然的一部分。这同样也是这个空间设计的追求——利用空间、结构、材料激发身体的感知，人与建筑都能在一个平常的乡村风景之中重新发现自然的魅力，与自然共生。

庭院外景

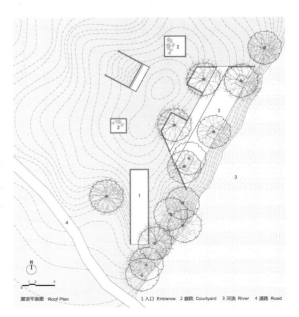

屋顶平面图 Roof Plan　　　1 入口 Entrance　2 庭院 Courtyard　3 河流 River　4 道路 Road

庭院外景

沿河轴线

细部

茶室

｜ 前厅

｜ 内景

｜ 佛堂

｜ 庭院内景

茶室

休息厅

郑玉茶事生活馆

项目设计师：陈小军　周进志　陈绍军
设计单位：广州市吉雅装饰设计工程有限公司
项目地址：广西南宁市江南区南建路5号金砖茶叶城1号门C2栋101号
设计时间：2016年2月
竣工时间：2016年6月
建筑面积：872m²
占地面积：426m²
项目摄影：陈小军

▌局部几何风景 夏至摄影

郑玉茶事生活馆

郑玉茶事生活馆位于广西南宁市江南区南建路5号金砖茶叶城1号门C2栋101号。整个园区是新建的，专业性很强的茶叶市场，建筑都为南方特有的骑楼格式的两层楼钢筋混凝土建筑。本案是一栋前为半圆的玻璃窗架结构幕墙的长方形两层楼建筑。

架构

这里说的架构不是建筑的框架结构，是空间对功能和空间形态的再分配。我们将原建筑的粉土红色改为白色，将山石和竹作为外空间的一个元素，有"问山见水"之意；竹影、光与茶三者的交互关系会随着时间和空间的不同呈现不同的表征。

茶室桥上俯视器皿区与集装箱茶室

▌一楼主茶区

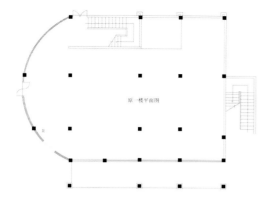

┃ 一楼原平面图

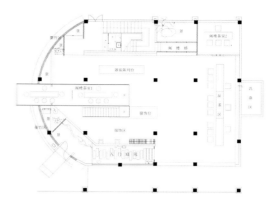

┃ 一楼平面图

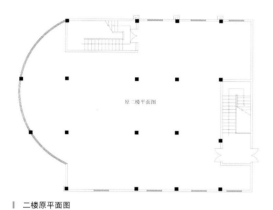

┃ 二楼原平面图

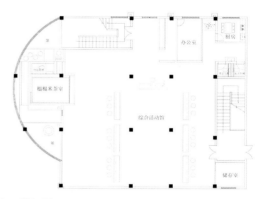

┃ 二楼平面图

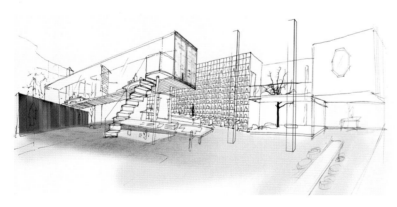

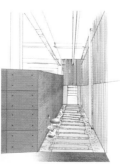

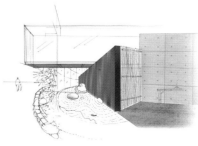

┃ 效果图

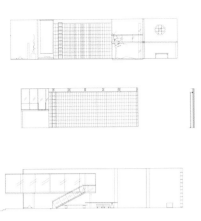

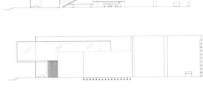

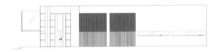

一楼分为品茗区、器皿区、服饰区、茶室；附属区域有储存间、清洗间和卫生间；二楼主区为综合馆、茶室；附属区域有办公间、储存间、卫生间、厨房。

景观

景观在空间中分两类：一类为真实性景观，一类为心像性景观。真实性景观的形态是实物载体，而心像性景观则为影响人情绪和心理的虚像性情景。"步移景异"是中国人对空间认识的一个很东方的、经典的、多维度直觉的美学认识，它将多视点通过运动的轨迹贯穿于景观的空间维度虚实论意识。在表征属性的交互融合间，预示一种可能和将要发生的事件或情景。入口处水体长廊就是"静心"和"洗礼"的心像意识：踩过每一块老石条就是一个心理再认知的过程，它离茶越来越近……

当代性与茶

在一楼的空间里，放置了一个12200mm×2100mm×2600mm的大体量的集装箱，从格局来说，它有3.1m是伸到建筑外面的。这样它就和外面的环境发生了关系，也使得刻板的半圆幕墙有了一种灵动感。集装箱两侧被改造为玻璃，这样集装箱的密闭感就没有了，它呈现的是一个开放的茶室概念；玻璃的通透性和影像的虚像的反复呈现，使得整个空间变得更丰富、更虚幻，与茶更近。

桥廊置于景观中，两个视觉点所呈现的视觉画面是多维度的。

材料

整个空间的主材料为：水泥、石头、原木；墙体：腻子中加木屑；茶台用锈蚀的钢板制作。

综合馆

二楼主要为综合馆，用于主办各种活动，如茶艺表演、插花、画展等。空间灵活多变。

一楼器皿区

一楼集装箱茶室1

入口处水道长廊

一楼集装箱茶室2

例园茶室全貌

例园茶室

项目设计师：柳亦春 沈雯 张准 王伟实
项目地点：上海市徐汇区
设计时间：2015年09月
竣工时间：2016年06月
建筑面积：19m²
占地面积：19m²
项目摄影：田方方(彩色) 柳亦春（黑白）

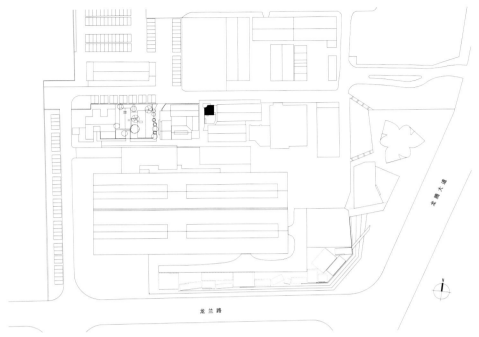

例园茶室总平面

大舍−例园茶室：结构与身体的对白

例外公司的办公楼入口边有一个大约110平方米的小院，院内有一棵高高的泡桐树，院子里打算修一座小茶室。院子北侧和西侧是围墙，东侧和南侧有一小段挑廊以及与旁边办公楼相连的楼梯。

院子不大，那么如何让茶室最小限度地侵占院子的空间，是设计首先要考虑的事情。

第一件事还是经营位置。

经过仔细推敲，决定把茶室尽量靠近院子西北角的泡桐树。树冠很高，借助逼近的后墙，茶室后侧的小院空间从感知上可以被归入茶室的室内，粗约90厘米直径的树干也同时化为茶室内的重要空间构件，这样就可以尽量压缩茶室本身的面积，又不会显得逼仄。在空间上另一个重要的处理是，先用一个浮于地面的混凝土基座来限定一个茶室的领域，再把茶室占地的部分尽量缩小，这样还可以更进一步延展院子的空间。而对于茶室内部，如果占地被缩小，而上部可以扩大出去，可能室内感知并没有变得更小，在室内"站立"和"端坐"的尺度感反而被强化了出来，甚至像"观看""专注""沉思"这样的身体活动与意识也能被暗示出来。

茶室空间与院子以及人的身体的关系是通过三层"悬挑"来刻画的。

第一层悬挑位于离地45厘米的位置，作为座凳的水平板上部归为室内，下部归为室外，这是一个向内坐着的人的身体暗示，考虑到茶室和庭园更为积极的关系，在面对庭园的南侧，座凳被调整置于了茶室外侧，座凳上方的空间让回给了庭园。

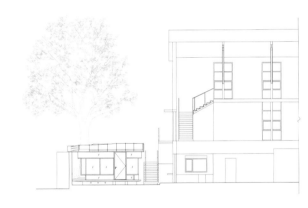

例园茶室正立面

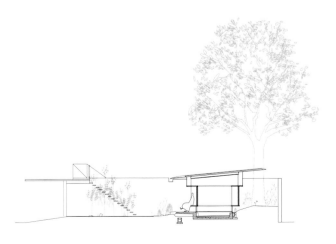

例园茶室剖面图

▌从北侧边院望向主庭院

▌例园茶室室内1

▌例园茶室室内2

第二层悬挑位于离地1.8米的位置，这样可以相对扩大茶室的内部空间感受，仿佛可以看到一个站立的人展开双臂，而这个高度也不会影响茶室的外部檐廊下人的活动，对于身高高于1.8米的人来说，在这里他会自然地低下头来去适应这个空间，而并不会感到不适。

第三层悬挑是屋面的覆盖，它在南侧、北侧和西侧都定义了不同的檐下外部空间，茶室占地19平方米，而屋面覆盖则达到40平方米，向不同方向延展的屋面加强了茶室和庭园的空间关系，混凝土的基座上和檐口下的空间既属于茶室，也属于庭园，向主庭园压低的檐口同时建立了茶室明确的方向性以及它的正面性。

设计着意选取了较细的结构杆件，无论竖向还是横向的结构构件，都采用了统一尺寸的60毫米方形断面的钢管。采用60毫米粗细的方钢是意图和茶室绝对尺寸的大小相适应，或者其意更在于削

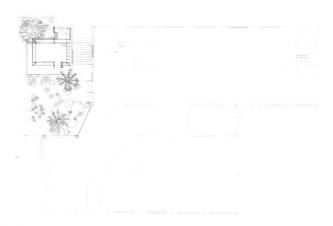

▌首层平面

例园茶室主庭院景观

例园茶室西北角

例园茶室屋檐与院墙

檐外闲坐

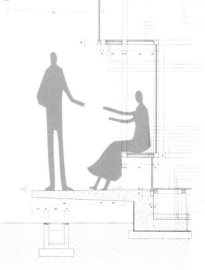

例园茶室详图

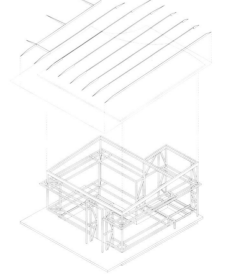

例园茶室结构轴测

减结构对于空间在惯常尺度上所产生的影响或印象。对于所有横竖支撑构件采用相同的尺寸，是希望在满足受力的同时，又能有机会归入形式构成的游戏里，它可能在空间中被视为抽象的线条构图，从而释放出它不仅仅作为结构构件的潜能。作为建筑的结构构件，这个尺寸也较好地适应了家具的尺度，从而与人的身体建立起更为亲密的关系。

屋顶是8毫米厚的钢板，屋顶保温板上翻并由为了保持屋面钢板平整的钢板反肋固定，这些上翻的肋板修正了屋面仅仅由黑色防水卷材覆盖表面所产生的简陋或临时感，极薄的屋面边缘让这间茶室显得更为轻盈和精确。

帐幕音乐敬拜中心

项目设计师：曾军 罗琦
设计单位：深圳市曾军企业形象设计顾问有限公司
　　　　　物言建筑事务所
建筑地点：广东省深圳市南山区
设计时间：2016年3月
竣工时间：2016年7月
建筑面积：300m²
占地面积：约400m²
项目摄影：张超 罗琦 曾军

帐幕敬拜中心——隐于蛇口老工业区内的静谧空间

项目总述

　　这是一个关于旧工业厂房空间改造成敬拜中心的特殊项目，地点位于深圳蛇口的一处旧工业园区内。改造完的空间将用于公益目的，以敬拜音乐为空间承载内容，面向所有公众开放。项目在设计上基本保持原厂房旧有的蓝色外墙，只对墙体做了必要的开窗与入口处理，而内部则创造出一个全新的、能够感受到自然光线、音乐和信仰的精神世界。

　　设计充分结合现场条件，抽象出纯净的空间载体，以"滴水见阳光"的间接方式来表达自然、自然与人、信仰与人的关系。节制与内敛的形式之下蕴藏着体验的复杂性。跟随空间序列的重重引导，公众从外部逐渐进入空间内部，体验随空间移动而产生的变化。

　　设计注重人的感知，对光线、视角、声音、触觉、心理都有精细的推敲。设计内容包含建筑改造、景观设计、室内设计、家具设计以及视觉设计，并将各部分之间微妙的平衡，展开于整体空间叙事之中。

基地概况

　　基地位于深圳市南山区蛇口，南山之南的海边半岛。低矮的旧工业建筑、老式住宅与新的高层建筑共存而生，阳光下树影斑驳的狭窄街区，充满市井的活力。帐幕敬拜中心就隐藏在南山脚下，这片由老工业厂房组成的新创意园区的中央靠北侧，一栋外墙为渐变蓝色的双层厂房内。

　　建筑室外地形北高南低，分为两个台地，高差约1.5米，由坡道衔接。厂房东南朝向，东南立面被一排大树遮挡，甲方租下了该厂房东北山墙面的首层约300平方米的一间，毗邻坡道与小片空地。山墙无窗洞，只有一个带有简易雨棚的门洞，靠近门洞有供首层与二层疏散共用的楼梯（二层为别的租户使用）。山墙东南边角有一棵大树贴墙而生。厂房南面隔着园区道路有一栋较高的多层厂房遮挡住大部分直射的阳光，道路上停靠着凌乱的车辆。西北端靠近楼梯是原有的卫生间，相应外立面破旧杂乱，并且直接临近停车带。场地内部开间约10米，两个柱跨；进深约30米，五个柱跨。梁柱结构并不规则精确，也谈不上具有结构美感。

▌帐幕外立面及入口

帐幕正面入口

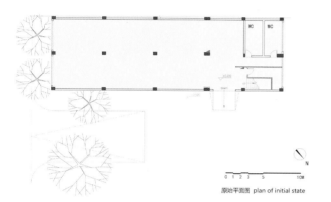

原始平面图　plan of initial state

帐幕空间原始平面图

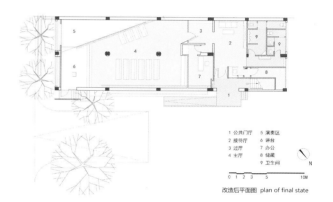

1 公共门厅　5 演奏区
2 接待厅　　6 讲台
3 过厅　　　7 办公
4 主厅　　　8 储藏
　　　　　　9 卫生间

改造后平面图　plan of final state

帐幕空间改造后平面图

2016年初，项目的甲方租下了该场地两年的使用权，委托我们设计这个空间改造项目。甲方希望这个建成后的空间，是一个非盈利性质的与音乐有关的空间，现场的乐队与听众保持相对独立，不鼓励观众之间的交流，而是让人更多地通过音乐这个媒介，与自己的内心沟通，并从中获得身心的平衡。另外，甲方需要有一个自用的办公室。这是一个限额设计，甲方给了造价上限。

关于"安定空间"的思考

到底是什么样的空间让人真正觉得内心安静呢？我们考虑并非是绝对的静止，而应该是人在静定的空间中感受时光变幻，是处在一种微妙的动静平衡之中。

设计策略

设计前期，我们先充分地分析了基地条件以及使用要求，期望找到因地制宜的答案，并且以人的感知为线索，将空间的体验和形式完整地组织起来，于是得到了空间的利用方式策略。我们要引入山墙外的自然光，同时确定人的进入方式，重重空间引导，拉长体验流线和空间序列，于是确定了舞台方向。随之空间的大致格局由此推导出来，采光的方位也由此基本确定。

外部与内部

设计有意将这个空间营造出内外反差的戏剧性体验。我们决定保留建筑外墙原始的渐变蓝色，不做刻意改变，采用新旧并置的方式。新加的长长的整片钢雨棚包裹住原有两块混凝土小雨棚，多根竖向钢方通既是支撑雨棚的结构，又形成了门廊灰空间。竖向钢方通之间的间距控制考虑到半遮挡性与透光率的微妙平衡（影响到室内部分采光的程度）。而建筑外墙新开的窗洞门洞（采光器）与门廊自然而然地形成立面构成。门廊结合长长的新建坡道，挤压出狭长的过渡灰空间，并与低矮修长的钢槽水景共同营造出空间序列的前奏。而东南角新加了一片挡墙，挡墙背后是新开的玻璃门洞，既是内部主厅的主光源，又作为疏散门之一。该片墙的高度刚好屏蔽掉内外视线干扰，并挡住外部杂乱环境而只留出天空与伸出的树枝，同时是把外部过强光线减弱并漫反射到内部舞台的过滤器。片墙低调地融合在树荫之下，仅仅在外侧设置锈钢板制成的Logo"帐幕"二字。片墙附近地面铺设灰白小石子，与原有凹凸不平的混凝土地面锯齿状边界自然交接，另一端延伸至舞台外部的后院。

这个后院原本并不存在，而是原有台地形成的覆土边界，长有单排大树。我们砌筑起矮种植槽，密集的种上一排2米多高的散尾

改造前

字玻璃门洞和外侧片墙将柔和的反射光与部分直射光引入至舞台及背景白墙，照亮出视觉中心。这个亮度与舞台背景墙高窗外的树叶明暗比例相宜。演奏区的窗洞框景出绿植后院，并补入光线。

主厅左侧外墙的下前方，有一片长长的矮墙，引入了一线自然光带，作为排椅区域的近处补光，这道光，其实是外墙引廊侧面的那道穿墙水槽所反射的自然光。随着天气和时间的变化，水面所反射的波光也呈现出不同明度以及动静的变化，使得居于主厅的公众，能够感受到因光线变化而产生的时间变化，从而在室内也能够感知室外的变化，并因此在内心产生更丰富的体验。

关于家具与门的原创设计，除了让形式和功能与空间匹配，也增加了细节与空间体验，并且与身体感知有关。长椅设计的高低尺寸与倾斜度，让人保持舒适又不至于闲散的坐姿。主厅正中的两根结构柱子是无法回避的问题，他影响坐着的人们对舞台的视线。我们用一面竖向竹钢百叶隔断，将演奏区与主厅斜切开来，使临近演奏区的观众席视线避开柱子引向舞台背景墙。

另一方面，斜向隔断也将主厅的透视进行了视觉夸张，造成了比实际尺度更大的空间假象，百叶的角度、尺寸、间距都经过仔细推敲，分割出了两个互不干扰又非封闭消极的"平行空间"。坐在主厅的听众顺着演奏区传来的音乐声，透过百叶之间的缝隙看到演奏者上半身朦胧的身影，对于百叶后的空间充满遐想。而声音经过成角度的竹钢百叶和粗糙拉毛质感的涂料墙面产生漫反射，在空间里均匀的回荡，这种空灵的混响声效让人不由自主地保持安静。位于舞台右侧、隔段后面的下沉区域，是留给现场乐队的演奏区，在这个区域，既可以观察整个主厅和舞台，同时又拥有良好的感受外部空间的视角，从而为乐队的日常演奏提供良好的物理环境和心理体验。

空间与自然

空间中关于光、水、植物等自然元素的表现，几乎都是间接的残像。而恰恰这些"残像"对于"世界"的表达反而更加完整强烈，使人调动起想象力去体会那无形之物。自然光无时无刻不在变化，让你感知时间、天气以及随之透露的情绪。设计精确细致地考虑了光的分布位置、角度方向、进光量、强弱比例、主次关系、直射光与漫射光的结合关系等，创造出和谐、细腻，并具有暗示性的光效。

简单与复杂

关于空间处理的技巧原则：一方面，在解决功能与技术问题的前提下，费尽心思屏蔽多余的视觉元素，并简化浓缩设计语言，抽象出空间的本质——载体，弱化"物"的属性，从而强化对自然元素精神性的表达；另一方面，营造出人对于复杂性空间的心理体验。于是，设计需要处理二者的微妙平衡，构建一个既单纯又复杂的小世界。

整体与细节

实体空间及其细节的处理方式就像设计者内心与世界相处态度的某种映射。所以，这就是为什么我们那么苛求施工中要做"对"，绝不是"大致、差不多、也无妨"，也并非刻意追求"精致的设计感"。每一个细节都有其代表的态度与内在逻辑，当它呈现出来时，整体与细节的紧密关系能够被清晰地感知到，空间就如同在说"它就应该是那样的"。

葵，一方面遮挡路对面杂乱的环境，另一方面界定出后院的层次。从演奏区的窗洞往外看，俨然形成了后院的绿墙。经由门廊的狭长坡道空间走到门口的放大公共区域，供一楼与二楼的租户共用。转弯便是"帐幕"的真正入口，由一扇特殊设计的竹钢转轴门与前台的窗墙构成。推开门扇，穿过两端放大中间收窄的门洞通道，便进入了相对宽敞的接待厅。第一眼就能看到正对面的白墙，投影灯在墙上投射的文字节选自《圣经》。接待厅左侧，是一个光线较弱的小过厅，过厅侧面有低调的门洞与玄关通向办公室，正面则是半遮挡的三角形竹钢材质门洞。推开门洞后的那扇门，才进入这个空间的主厅，此时，空间豁然开朗，一切的期待与疑惑才真正解开。主厅内，光与音乐在空间内交融，窄长条的高窗将光线反射到平整的天花板均匀地反射到整个空间，作为主基调的光源。远端侧面的十

帐幕礼拜堂演奏区窗台

半遮挡的三角形竹钢材质门洞

空间与城市

帐幕空间的设计,并非简单地从形式层面来回应城市的文脉,而是建立了另一种文脉关系——单个空间与基地大背景下的叙事关系。你要去到某个地点,体验从出发之时就已经开始了,而具体某个空间,只是这个连续体验过程的一个站点,那些站点与连续的时空线索共同构筑起人感知的世界。

回到文章最初对于蛇口片区的描述:"南山之南的海边半岛,低矮的旧工业建筑、老式住宅与新的高层建筑共存而生,阳光下树影斑驳的狭窄街区,充满市井的活力。"

在这个都市工业老街区中,有一座老旧的蓝色厂房,当你走进它,沿着长长的水槽,穿过狭窄的隔栅引廊,缓缓推开那扇略显沉重的门,你会发现,都市里,原来隐匿着这样一个静谧的精神空间,而它,就是"帐幕"。

帐幕室内入口过厅卫生间

净居寺西街
55

黑匣子运动馆——临时建筑的实践

项目设计师：周勇刚

设计机构：合什建筑（HAD）& 朴诗建筑（Epos Architects）

项目地址：中国成都·静居寺

项目面积：900m²

项目年份：2015年12月

项目摄影：存在摄影

Ⅰ 接待前区

黑匣子运动馆——临时建筑的实践

　　从街道看过去，黑匣子是白的！一组不同开放性的白色匣子巧妙地契合进城市老化社区一角的荒置空地，钢结构梁柱、波纹钢板和打孔钢板在昭示着其临时性，黑匣子内闪现的健身人影和篮球拍击的声响则清晰地叙述了它的功能。夜幕降临后，透过疏密变化着的玻璃和打孔钢板晕染后的灯光，骄傲地宣布在这稍显沉闷的街区，它非常醒目，俨然是活力的中心，同时又与周围环境相互协调。

　　黑匣子的室内部分被深色主宰，在业主低造价前提下，钢、木、混凝土板等基本材料完成室内光线和色彩变化的同时，也在叙述建筑多项功能的交替：运动健身、艺术展览、共享生活、PARTY……营造不同的场所体验。

　　建筑本身足够结实地盛满了整个场地边界，为了促进活动的多样性，同时避免混乱，平面布局把场地中央作为室外活动中心，同时几乎所有交通流线组织、空间内外转换都围绕场地中心展开，周边的建筑实体在迎合中心形虚的神实的召唤中，产生着不确定的扭动与流动，体量由此愈加有趣而丰富。

　　项目在市政管理意义上的不确定性和经营探索上的不确定性主宰了建筑功能的不确定性和空间上的流动性，由之展开了一个充分利用边界条件的低成本临时建筑。在此基础上，设计师对建筑的开放性和封闭性做出了最大化的关注，因此设计师面对建筑的现实问题，诸如社区激活与互动、功能变化与衔接、建筑的相对临时性思辨等诸多复杂挑战，产生了在哲学意味上暧昧而温和的不界定的结论，最终结合运动和娱乐的多方位需求，创造了一个积极而生气勃勃的空间，成为当地最受欢迎的场所。

Ⅰ 品饮区通向一楼楼梯

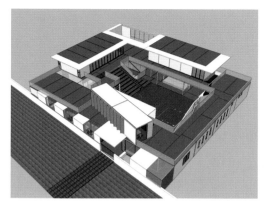

黑匣子运动馆模型

黑匣子运动馆一层平面

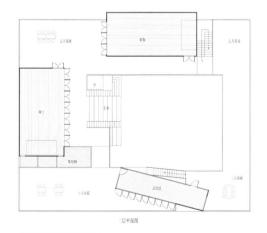

黑匣子运动馆二层平面

品饮区日景

品饮区室内朝向操厅方向（穿孔门关闭）

瑜伽厅看向操厅

| 二楼平台看咖啡厅

| 庭院夜景

| 一楼咖啡厅

| 办公区看二楼品饮区

| 操厅室内日景

入口夜景

二楼品饮区室内

咖啡厅看向庭院

有机农场

项目设计师：韩文强 李晓明 王汉 姜兆 黄涛
设计公司：建筑营设计工作室
项目地址：唐山市古冶区
占地面积：6000m²
建筑面积：1720m²
设计时间：2015年6月–2015年9月
施工时间：2015年9月–2016年4月
项目摄影：金伟琦

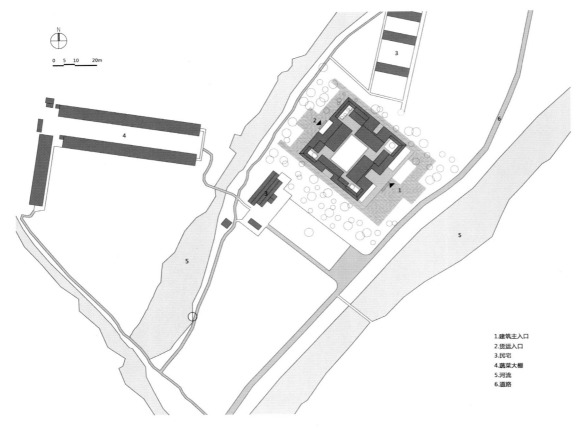

| 总平面图

有机农场项目位于唐山古冶城区边缘的一片农田之中，周边零散分布着村落和房屋。用地是一块长方形平地，占地面积约6000平方米。建筑的基本功能是有机粮食加工作坊——原料来自分散全国各地的有机粮食原产区，在这里完成粮食的收集、加工、包装流程，再将成品运送至外地。设计受到了传统合院建筑的启发，最初的想法就是创造一个放大的四合院，营造一个充满自然氛围和灵活性的工作场所，并自成一体的与周围广阔平坦的田野产生对应性关系。

整体建筑由四个相对独立的房屋围合而成，分别是原料库、磨坊、榨油坊、包装区。内庭院作为粮食的晒场，围绕内庭院形成便捷的工作循环流线。建筑的边界是联通四个分区的外部游廊，这是参观粮食作坊的流线。中心庭院向建筑四周错落延伸，拓扑组合成为多层次的庭院空间，满足厂房的自然通风、采光及景观需求，保持良好的室内外空间品质。院与房的有机联系使得建筑在一个完整的大屋顶下产生多种跨度的使用空间：小尺度的游廊、中等尺度的房间、大尺度的厂房，可以弹性地适应加工作坊的复合使用要求。

由于木材的轻质、快速加工安装的特点以及自然的材料属性，设计选择了胶合木作为主体结构。建筑仿佛"漂浮"于地面之上，坐落在60厘米高的水泥台基上，使得木结构与室内地面产生更好的防潮性能，同时可以隐藏一些固定设备管线。为了合理地控制造价，建筑采用轻木结构——跨度为2.1米的木框架墙体，上部为胶合木桁架梁，顶部铺设木板屋顶和油毡瓦。立面由半透明pc板外墙覆盖，同样具有轻质和快速安装的特点。空间、结构、材料以及层次性的室外庭院共同塑造出这个农场温暖、自然、内外连续的工作场景。

剖面图A

剖面图B

剖面图C

剖面图D

| 剖面图

外部游廊

庭院空间

厂房

厂房

楼顶竹林间

项目设计师：胡泉纯 张飞 向昱 王嵩良 李龙杰 阿拉腾昌
设计机构：V STUDIO ／ 未已空间
软装配饰：法泰软装设计机构
项目施工：北京洛奇装饰有限公司
用地面积：320m²
建筑面积：220m²
设计时间：2017年1月-3月
施工时间：2017年4月-9月
项目摄影：金伟琦

楼顶竹林间

　　该项目所处的位置非常特别，位于一座超大型购物中心的楼顶。委托方想要在这里建造一栋小型建筑，主要用来会客和休闲。这座购物中心位于城区的核心地段。由于体量庞大，消费业态极其丰富，购物、餐饮、娱乐无所不有，消费层级从大众到高端无所不包。这里最不缺的是热闹繁盛，多得是灯红酒绿。这一独特的场域条件，为设计策略的制定带来了启发——营造一处与周边喧哗环境截然不同的场所。设计希望营造的效果是，当来访者穿过嘈杂的闹市，经过繁华的购物中心，来到楼顶，可以进入一处纯净的空间，获得一种极具反差的空间体验。

　　项目位于购物中心楼顶最东侧。建设利用的是一块由其他功能用房围合而成的U形场地。项目规模不大，占地320平方米，建筑面积220平方米。空间构筑的手段极其简单。在U形场地中插入一个长方体，然后将U形开口端用墙体围合以保障私密性；长方体与围合体之间预留了不同尺度的空间，以形成庭院和天井。庭院和天井之内种满了翠竹，营造出建筑位于竹林间的意境。建筑内部功能极为明确，将私密性空间和服务性空间看成不同的"盒子"，"盒子"与"盒子"之间是公共活动区域。

　　清丽的光、纯净的白、青翠的竹是空间的主要元素。环绕建筑的庭院、天井和天窗，不仅最大限度地模糊了室内外的关系，还为建筑带来了全方位的自然采光，每天不同时刻的光影变化为空间带来了丰富的表情。纯净的白将室内所有元素和材料整合起来，营造出极度纯净而抽象的空间氛围。环绕在建筑周边的竹林，暗含对自然的隐喻，其意境使人仿若身处竹林间，尽享翠竹临风的轻松惬意。清丽的光、纯净的白，再加上青翠的竹，使得空间抽象而空灵，人的身心也因而得到舒缓和放空。

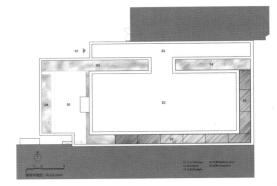

▍ 屋顶平面图

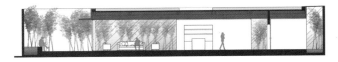

▍ 剖面图

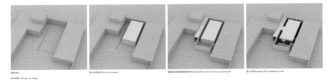

▍ 设计策略

▍ 餐厅

▍ 卫生间

▍ 洗手间

庭院和天井

环绕建筑的庭院

环绕建筑的庭院

▎服务性空间

▎庭院和天井

服务性空间

时代天荟会所

项目设计师：余霖 桉和韦森 黄嘉吉
设计机构：DOMANI东仓建设
项目地点：中国广东
项目业主：时代地产
完成时间：2017年6月
项目面积：1500m²
项目摄影：肖恩

会所外景

SKY CLUB HOUSE
时代天荟·外向性

该项目由DOMANI东仓为时代地产研发的会所产品化项目，建筑、室内、装置陈列均由创作总监余霖Ann Yu小姐执笔。该会所作为永久性建筑，目前已落成于时代柏林及时代天荟，并将陆续呈现于时代地产旗下之旗舰盘。

时间是一种生物，我们的建筑材料为此而研制，在约20度灰的人造水泥板材进行错落铺贴的整体空间里，时间的痕迹将与建筑材料产生更深刻的反应。由于建材的肌理细腻，时间将在此有稳定的表现。

光线是一种生物，在一个为光线设计的建筑里，它充满可能性与自由。无论是在材料上勾勒阴影，还是与装置发生交叠，光线将以丰富的形式在建筑内部留下痕迹。

人在一个场所内休息、运动、交流和活动。我们希望这个充满抽象出入口的建筑将人们的视线引向外部或上方。毕竟，天空与水面是比一切固态的构造更值得长久观察的事物。

休息室外景

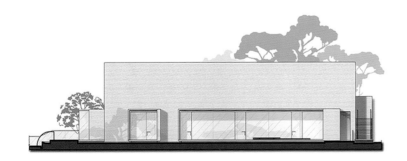

主体建筑正面

空间规划图

休息室内

线型灯饰的空间关系

健身房

休息区

线型灯饰的空间关系

桥头街 43 号院落式销售中心

项目设计师：王永刚 杨勇 罗欣 卢剑 张赫峰 殷其雷 宣璟
设计机构：中国国家画院·主题纬度公共艺术机构
建设地点：石家庄
设计时间：2017年
建筑面积：2050m²
图片提供：主题纬度

▌立面图

▌鸟瞰图

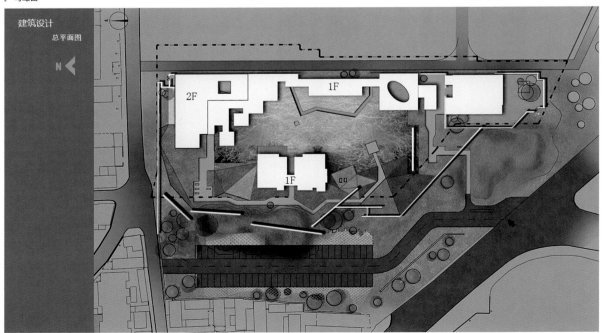

建筑设计

总平面图

N

2F   1F

1F

▌总平面图

这里试着设计一个围合的公共园林，
这是一个朋友们聚会的地方。

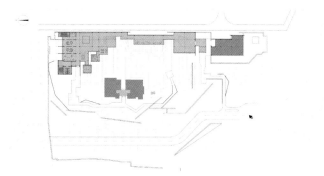

一层平面图

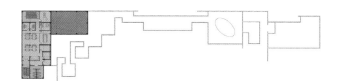

二层平面图

外墙

庭院

铁血山庄

项目设计师：王旋 张大为 刘粟 周红亮 王金成 唐斌锋
设计公司：左通右达建筑工作室
项目地址：北京
建筑面积：1200m²
设计周期：2012年-2015年
建设周期：2015年-2017年
项目摄影：陈颢 孙海霆

▌中庭

铁血山庄的设计历时三年，其间方案经过了无数次的推倒重来和细节调整，它倾注了建筑师大量的心血，这也是"铁血"二字的由来。铁血山庄从无到有的过程，也是建筑师自我成长和重生的过程。作为自宅，建筑师身兼业主和受委托方的双重角色，这就要求建筑师"真诚"地面对自己的居住需求，以及"真诚"地去解决问题。

铁血山庄在设计之初就需要解决两个客观现状：一是因为建筑背靠山坡，冬天温度极低，如何在寒冷的气候条件下满足室内生活的保温需求，同时又能有效节能；二是如何在满足严苛的保温技术要求下，让建筑继续拥有宜居的人文气质。通常的房屋会在平面的四周布置房间，于是屋子的中心区域会因很难获得采光，而变得昏暗、空洞、阴冷。当建筑平面体量越大，情况会越严重。给采暖通风带来诸多困难。

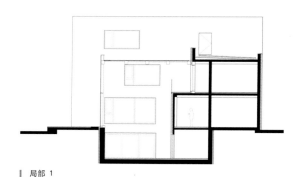

▌局部 1

建筑背靠山坡，造成冬季冷空气冲刷北外墙，因此建筑师因地制宜地利用场地空间，并且根据太阳方位和角度，确定了建筑总体布局，对窗户的位置和大小做了严密的计算，外墙使用了150毫米的保温板，在中庭设置了一座采用巨大玻璃盒子结构搭建的阳光房，在冬天源源不断地提供热量的来源。经过建成后第一个采暖季的采集数据实验证明，冬天室内在不开供暖设备的情况下能达到11度的均温。同时利用空气流动原理，在夏天把凉爽的空气从地下室引入，从屋面排出，从而降低室内温度。

铁血山庄在建成之后邀请清华大学建筑与技术研究所前来进行

▌局部 2

| 客厅

为期半年的专业测试，力求打造一座完全符合国际标准的被动住宅。

根据自己真实的生活习惯，建筑师对室内各个独立空间的大小都做了仔细的考量，以6米柱距限定所有的空间的适度体量，并不一味追求所谓的"大"。在视觉化信息泛滥的浮躁年代，建筑也日益变得图像化，更多的时候是建筑照片吸引了人们，而非建筑本身，但真正的建筑之美以及空间的抽象性和关联性的本质，是图像无法表达的，建筑是需要亲身体验的。

海德格尔曾说："诗意的栖居，不应该只是观看的诗意，而是居住的诗意。"居住的舒适度是建筑师不能回避的问题。奥地利建筑师阿道夫·卢斯在《装饰与罪恶》中反对那些把材料装扮成另一种东西的做法，因为那是造假。因此在这个项目上，建筑师摒弃了一切为视觉冲击而存在的装饰性设计，它最终是建筑师直面自己的居住需求而呈现的"真诚"设计。

客厅的挑空

| 楼梯

餐厅

┃ 庭院

┃ 厨房

┃ 卫生间

挑空空间

采光顶

扭院儿

项目设计师：韩文强 黄涛 宋国超
设计公司：建筑营设计工作室
项目地址：北京大栅栏排子胡同
用地面积：225.4m²
建筑面积：161.5m²
设计时间：2016年6月-2016年9月
施工时间：2016年10月-2017年5月
项目摄影：王宁 金伟琦

正房（卧室模式）

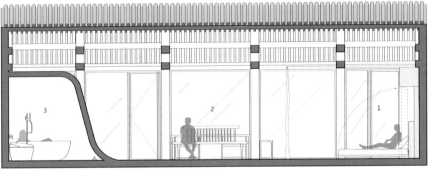

剖面图
SECTION

0 0.5 1.5

剖面图

餐厅

1 卧室　Bedroom
2 接待区　Reception Area
3 卫生间　Restroom

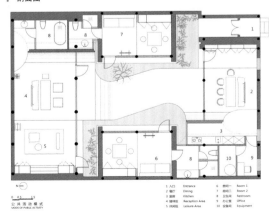

0 0.5 1.5
公共活动模式
MODE OF PUBLIC ACTIVITY

公共活动模式平面图

1 入口　Entrance
2 餐厅　Dining
3 厨房　Kitchen
4 接待区　Reception Area
5 休闲区　Leisure Area
6 房间一　Room 1
7 房间二　Room 2
8 卫生间　Restroom
9 办公室　Office
10 设备间　Equipment

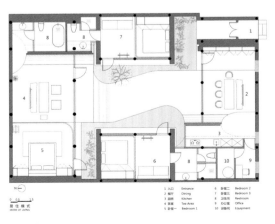

0 0.5 1.5
居住模式
MODE OF LIVING

居住模式平面图

1 入口　Entrance
2 餐厅　Dining
3 厨房　Kitchen
4 茶室　Tea Area
5 卧室一　Bedroom 1
6 卧室二　Bedroom 2
7 卧室三　Bedroom 3
8 卫生间　Restroom
9 办公室　Office
10 设备间　Equipment

扭院儿

　　项目位于北京大栅栏地区的排子胡同，原本是一座单进四合院。改造的目的是升级现代生活所需的必要基础设施，将这处曾经以居住功能为主的传统小院儿转变为北京内城一处有吸引力的公共活动场所。

1. 规整格局之下的扭动

　　改变原本四合院的庄重、刻板的印象，营造开放、活跃的院落生活氛围。基于已有院落格局，利用起伏的地面连接室内外高差并延伸至房屋内部扭曲成为墙和顶，让内外空间产生新的动态关联。隐于曲墙之内的是厨房、卫生间、库房等必要的服务性空间；显于曲墙之外的会客、餐饮空间与庭院连接成为一个整体。室内外地面均采用灰砖铺就，院中原有的一棵山楂树也被保留在扭动的景观之中。

2. 使用模式之间的扭转

　　小院儿的使用主要作为城市公共活动空间，同时也保留了居住的可能性。四间房屋可被随时租用，来进行休闲、会谈、聚会等公共活动；同时也可以作为带有三间卧室的家庭旅舍。整合式家具用来满足空间场景的这种弹性切换。东西厢房在原有木框架下嵌入了家具盒子。木质地台暗藏升降桌面，既可作为茶室空间，也可以作为卧室来使用。北侧正房也设有翻床家具墙体和分隔软帘，同样可以满足这种多用需求。

　　院子是四合院这种建筑类型生活乐趣的核心所在。而扭院儿就是在维持已有房屋结构不变的条件下，通过局部关系的微调改变院落空间的气质并满足多样的使用，让传统小院儿能够与时俱进地融入当代城市生活之中。

厢房（茶式模式）

厨房

餐厅

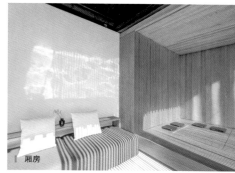

厢房

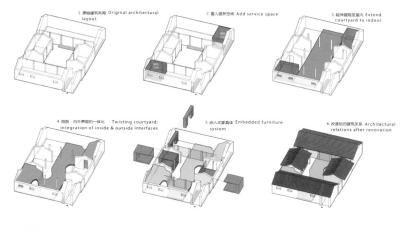

1. 原始建筑布局 Original architectural layout　　2. 置入服务空间 Add service space　　3. 延伸庭院至室内 Extend courtyard to indoor

4. 扭院：内外界面的一体化 Twisting courtyard: integration of inside & outside interfaces　　5. 嵌入式家具体 Embedded furniture system　　6. 改造后的建筑关系 Architectural relations after renovation

分析图

细节

庭院

细节

入口转折

厢房

卫生间

正房（休息区模式）

大理拾山房精品酒店

项目建筑师：李骏 何飙
建筑设计：重庆悦集建筑设计事务所
项目设计师：谢柯 支鸿鑫
室内设计：重庆尚壹扬装饰设计有限公司
项目地点：云南大理
项目面积：1550m²
设计时间：2017年3月
项目摄影：存在建筑、感光映画

拾山而上，拾四季时光

大理包容混搭的气质，近些年成了设计师们情怀落地的最好建筑实践场地，独特的地理环境为设计师提供了一种全新的思考方式。生于斯，是本地人的幸福；隐于此，是外乡人的愿望。

大理拾山房精品酒店位于苍山国际高尔夫社区半山，背靠苍山主峰西麓，面向洱海及旖旎的田园风光，视野开阔。项目用地南北和东西方向都有较大的地形高差。在这里，苍山是设计的主题，也是故事的主线。我们希望建筑能成为苍山的一部分。建筑师凭借在西南山地多年的设计经验，巧妙有效地解决了关于地形利用、景观营造、空间组织、视线屏蔽以及自然要素引入等问题。将建筑标高降低以适应坡地，形成了下层式的院落。两层挑空的大厅与前庭后院相互借景，通透明亮。环境影响空间，空间是景观的反馈，顺势而为地梳理各种矛盾，自然而然就形成了拾山房放松而又有温度的建筑形态。左右两侧院落的墙体连续而肯定，将建筑主体、庭院、侧院、长廊、露台的界限相互融合，努力去营造一种自然而然相连贯通的感觉，消除建筑和空间内外之间的视觉界限，建立起面向山野、海面、田园之间的视觉联系。墙内，是归隐；墙外，是尘世。

"拾山房"的"拾"这个动作有积极介入的意思，"山"就是指建筑所处的环境，"房"就是心灵回归质朴的一种表现。就如拾山房的英文名"Pure House"一般，整个酒店希望用最简约的设计方式提供给人们一种回归质朴的生活场景，体现了"放松"和"有温度"的设计理念。设计初始我们就本着"归心，归山"的意境进行创作。建筑以平和、宽容的设计态度融入场地之中，使之和自然融会贯通。经过十几轮的不断讨论和自我否定，房间数量从最早的20多间减少到13间，最后才达到目前的最佳状态。在这里，我们试图建立一个生动的空间序列：上山、入院、归堂、赏云、眺海。建筑以谦逊而温和的姿态表达了一个回归"家"的意象。设计者以一系列叙事性空间融入叙事性的场地，营造出独一无二的场所空间体验。

入口位于建筑角落，低调而谦逊，沿着台阶向下走，一棵数十载的花红果树迎面立在水池中央，瞬间吸引住人的视线。转向经过光影斑驳的入口门廊，进入接待厅，开始以一种日常而纯粹的方式进行空间体验。公共区域以中央火炉作为视觉中心，两层通高，形成整个首层的核心空间。其他的功能配套，如接待中心、书吧、餐厅和内、外庭院等功能空间皆围绕其展开。大厅前后下沉的庭院有效解决了前后坡地高差带来的困扰，同时也避免主干道的人流、车流所造成的干扰，营造了一个温

拾山房"所处的环境

核心空间

视线分析

流线分析

首层分析

庭院分析

顶层分析

■ 房间外小庭院

■ 公共空间

度与日常，直抒胸臆的趣味交流空间。大理明媚的阳光、朴拙的石、温暖的木、混搭的家具与质朴的白墙在一起形成空间次序上的对话，安静婉约，温暖而舒朗。

拾山房13间客房各具特色，均带有宽大的观景阳台或私家院落，宽阔的居住空间中，舒适的床品引人注目，敞亮的落地玻璃，精致、开敞的卫生间和宽阔的户外休闲阳台，配合周围开阔舒朗的风景，可以欣赏窗外苍山青翠、洱海碧蓝……处处显露出拾山房不俗的休闲气质，令人不忍离去。

顶层的半室内外空间作为第二公区将建筑空间推向另一个高潮。在这里，设计师将咖啡吧、交流和观景融为一体。经过精心计算高度的横向长窗，将苍山洱海的日出日落、风起云涌"裁剪"和"借景"，让我们静静地独享，顶楼阳光书吧和休闲露台与无边际的水池相依，成为真正意义上的360°观景平台。巨大的无边水池仿佛是一面镜子，成为洱海和流云的一种微妙延续，将视线送向远方，融化在变幻莫测的天光里。

拾山房的业主李骏、何飙是二十几年的好友，同时也是拾山房的设计师，两人拥有建筑师共同的情怀和梦想。对项目相同的认知和了解带来了非常高的契合度。从项目的多次选址、设计的不断自我否定、不遗余力的现场施工指导，到最后所呈现给这片土地的是谦卑的建筑、婉约的花草、古拙的石木、斑驳的光影，拾山房叙事性的空间以一种温和的方式回应自然，融入自然，使建筑生长于环境之中，让我们可以在真实的日常中聆听自己的心跳，寻找到生活的本真，为我们带来一个可触摸的、有温度的建筑。

▌外观及庭院　　　　　　　　　　　　　　　　　▌公共空间

| 外观及庭院

| 房间内景

卧室

▌公共空间

言·意

项目设计师：徐旭俊 常涛 张强龙 马后龙
设计公司：亿端国际设计（上海）有限公司
项目地点：云南香格里拉
项目面积：1200m²
设计时间：2015年12月
完工时间：2017年9月
项目摄影：朱恩龙

外立面

外立面

外立面

言·意

两年前一次偶然的机会，甲方找到了徐旭俊老师。初次见面，经过短短几个小时的交流，甲方希望徐老师能先出一个简单的方案。当晚，徐老师以手绘的形式勾勒出一个草图方案：叠级连体的建筑形态，加入了东方的禅意元素，然后以古城香格里拉的藏式风格自然过渡，初步呈现出一家散发着自然之美的简约民宿。甲方当场给予高度的评价与肯定，一个关于言·意的原创设计故事由此展开……

言·意位于云南香格里拉独克宗古城北门街措廊46号，距离四方街步行仅三分钟路程，拥有得天独厚的地理优势。言·意历时近两年时间建造而成，建筑群依坡而建。建造期间，徐老师带着助理配合驻场，进行了长达约一年的跟踪，现场亲自配合指导施工，才让设计无折扣地完美落地！

言·意的建筑由六栋小楼以及一栋老藏房组成，前厅大堂及餐厅所在的两栋建筑，视觉上犹如飘浮在空中，整个建筑群高低起伏、相互交错，楼与楼之间以走廊桥梁相连接。民宿共计15间客房，还设有大堂、餐厅和茶室；每间客房都设有入户的独特设计，展现出东方新禅意之美，同时也给客人带来了私密的体验。其中一栋建筑完整保留了原始藏式结构，徐老师提取了当地的藏式元素融进建筑及室内设计中，窗的设计也采用借景的手法，客人在房间透过窗户便能看到窗外美好的景致，蓝天白云、日出日落，大自然馈赠的美景犹如挂画一般，透过这些窗户展现在眼前，新代建筑与老藏房的改造自然和谐，宛如天成；整个民宿体量虽不大，但精美别致。空间功能分区布局巧妙，恰到好处。建筑与周边环境、民宿客栈完美融合，却又出类拔萃，被当地委员会称赞为香格里拉最美的民宿之一。

民宿的名字来自唐代诗人刘长卿的作品《寻南溪常山道人隐居》："过雨看松色，随山到水源。溪花与禅意，相对亦忘言。"寻隐者不遇，却得到别的情趣，领悟到"禅意"之妙处。言意由此而来，旨在能让人获得精神惬意和心理的满足。从幽溪深涧的陶冶中得到超悟，从摇曳的野花静静的观照中，领略到恬静的清趣，溶化于心灵深处的是一种体察宁静、荡涤心胸的内省喜悦，自在恬然的心境与清幽静谧的物象交融为一。希望所有人都能获得乘兴而来、兴尽而返的惬意自得的感受。

外立面

餐厅

客房

客房

客房

客房

客房

客房

客房

客房

客房

杭州径山精品酒店

项目设计师：范久江 翟文婷 吕爽尔 高琦 黄銮铎
设计单位：久舍营造工作室
项目地点：杭州·径山
项目面积：约1100m²
设计时间：2014年11月-2015年8月
建成时间：2016年7月
项目摄影：SHIROMIO工作室

交通院上二楼的直跑楼梯

交通院内景

二楼普通客房的阳台景观

内部水院的"禅寺"里面

入口斜对的门洞

早餐厅屋顶飘浮

这是一个从场地经营开始的设计。场地约一亩地大小，坐落于水库大坝一侧的山脊转折处。绿树环绕的基地内原有一幢两层高的20世纪80年代的三合院宿舍楼，围合的院中有一棵姿态优雅的高耸松树，树冠笼罩着部分建筑与半个院落，成了院子中最强烈的控制力。而项目所在地——禅茶道的发源地径山，又使这块场地天然具备了深厚的历史文化氛围。因此，保留院落结构与松树并塑造出潜在的场所精神，成了设计开始就确立的目标。

通过对周边景观资源的研判，西侧建筑的高度被降低为一层，西侧层层远山的轮廓成了院中及客房阳台的重要景观，金色的夕阳也可以以接近水平的角度照进院中，朝西主立面在夕阳和水面的多维度强化下显现出强烈的仪式感，塑造出"禅院"的意象。南侧以160厘米高的院墙把山林与院子隔开。沿着山风吹来的路径，U形建筑北侧两个角部被打开：西北角的主入口设置了对角交错的两个门洞，从门外便可恰好看到院内保留的松树；而东北角增加了交通院，通透的直跑钢楼梯以黑色金属格栅与绿林相隔，引入山风的同时一并接纳了清晨的阳光。这两处斜向的对角院落"门厅"设置，也拉长了视线的距离，使原本140平方米左右的院落被无限延伸。

▍三层的公共露台

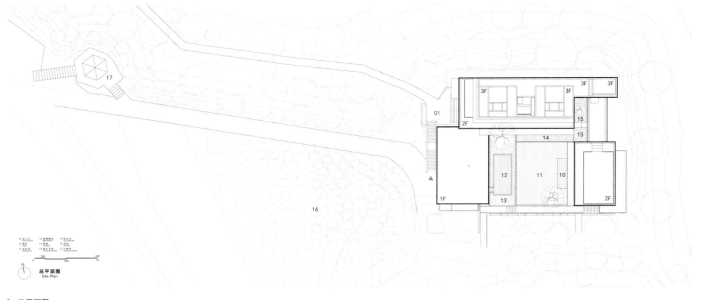

▍总平面图

▍交通院二层的铁格栅光影

为了强化"禅院"的体验，"山"的意象也在体验中被一再提示，不仅进入酒店前需要真实地爬山，一条"游山"的路径也被设计进了酒店内部：入口及院落被分解在多个标高，爬升行为被有意识地与场所光线的暧昧差别联系起来。光线被挑檐、水面、柱廊、格栅、天窗等要素仔细控制后，由下至上形成由暗"晦涩"及明"现代"的氛围转换，最终在只能看见天与树冠的屋顶露台达到明的极致，建筑"人工"从视线中消失。

在观景体验的营造上，设计着重表达了与自然"对坐"的观念。充满仪式感的框景角度与院落轴线，无不提醒使用者思考"人——天'自然'"这一组对象的对话关系。地面的材料使用：木、石、铁、白色涂料及玻璃，也暗示着一种自然建造的乡野现实。

▌禅茶室的门扇完全打开

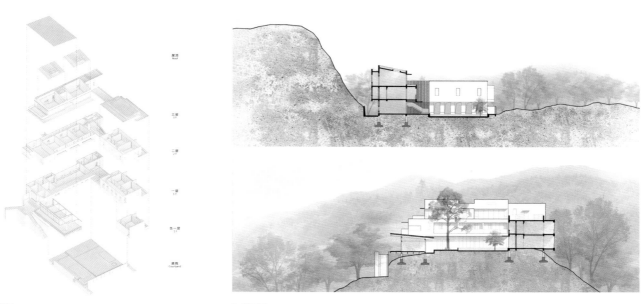

▌纬线图　　　　　　　　　　　　　　　▌剖面图　　　　　　　　　　　　　　　▌早餐厅的门扇全部打开

一个白色房子，
一个生长的家

项目设计师：刘恺 杨骏一
设计公司：RIGI睿集设计
项目地址：上海
设计时间：2016年5月
建成时间：2017年11月
项目面积：240m²
项目摄影：田方方

▌客厅

在上海一个普通旧里弄之中，RIGI睿集设计的刘恺设计了这个三层白色的住宅。

上海有很多类似的老房，这并不是一个拔地而起的新建筑，它位于一个自然的状态形成的街区，这些房子承载了上海的记忆。

原始建筑1947年竣工，由三层组成。面宽5.5米，深度约15.2米。南北朝向，南北各有入口，由于内部复杂隔间很多，深度也很深，整体室内的采光较差。由于建筑修建时间较早，建筑局部构造有修复结构需求的可能，因此我们为建筑整体做了加固设计，并统一了整个建筑的层高，将原来位于北侧的楼梯全部拆除，将天窗和楼梯设置为建筑的中心，重新塑造了整个三层的逻辑和形态。我们将钢板楼梯穿孔之后，可以起到透光的作用，楼梯围绕自然光天井自一楼起循序向上，让整个家都围绕着天光垂直地延展。

▌总规划图

▌庭院

采光阳台

采光天井

特制的衣橱

刘恺在一楼的设计中延展了半开放的区域，模糊了室内外的界限，原来孤立的院落和三层空间，在改造后有了新的对话关系，半户外阳光空间，为客厅空间增加了足够温暖的气息。阳光、植物、室内、室外，模糊的场景界限让空间和生活场景随意切换，我们在院子中预留了一个树洞，春天的时候种上的树木，随着这个家、孩子一起成长，时间也是设计的一部分。

阳光房、客厅、餐厅与厨房在一楼的设计中形成了一个完整的空间，这是一家人在一起分享最多的空间。不管是父母、孩子还是老人，我们希望这个空间是属于生活之中的每一个场景，而不是被功能所定义的。我们还设计了一整面模块化的家具墙面，我们叫它Life Board。这面墙搭配可随意装配组合的配件，随着主人的生活慢慢地变化，在这个角度上我们更希望这些设计未来的形式是通过每一天的生活形成的。

二楼设计中将门和储藏空间隐藏在墙面中，创造了一个干净且完整的区域，在阳光充足的时候，这是一个很温暖的、属于家的空间。

小朋友的床和书桌以及仓储，我们用设计连接在一起。主人的小孩很喜欢这个房子，在楼梯间爬上爬下，在院子里不停地玩耍。这也是我们设计的一个初衷，给这个孩子一个更大的世界，站在另一个维度去理解这个不停变化的世界。

卫生间

由钢板楼梯围绕自然光天井自一楼起循序向上，可以看到我们改造过的天窗和垂直采光窗以及一个纯户外空间，这是改动最大的区域。整个建筑的源发点就是从阳光和垂直空间开始。主卧我们保留了原始建筑的坡顶结构，将衣帽间和卫生间统一在一个盒子之中，最大限度地保留了原始建筑的形态，并在本来并不大的空间中创造了新的关系。

我们想设计一些装载美好东西的空间，生活之中并不常有大喜悦，那些浅尝辄止的小确幸填满了我们的生活。也许我们热爱的从来不是对好东西、奢侈家具的不断占有，我们需要的应该只是可以被创造、能完全自理的生活。看过这么多的家，唯一可以坚信的是人不能被固定的生活僵化，不论是房屋价值，还是所谓房屋风格。

房子并不代表家，家永远是属于自己的、家人的地方。家承载了我们每一天的生活，这应该是一个容器，承载着我们的成长、经历和希望。而设计，应该是给生活更多的宽容。

我们工作、生活着的这个城市并不完美，甚至现在门外还有乱停的车和很多垃圾，但这并不妨碍我们在这里设计一个温暖的家。这是一幢70年前建造的房子，很多年见证了很多的人，这一刻，它好像获得了新生。

这就是我们生活的意义，要更好。

餐厅

垂直采光窗

储藏空间

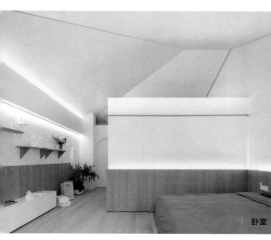

卧室

儿童卧室

白色住宅外立面

设计生态

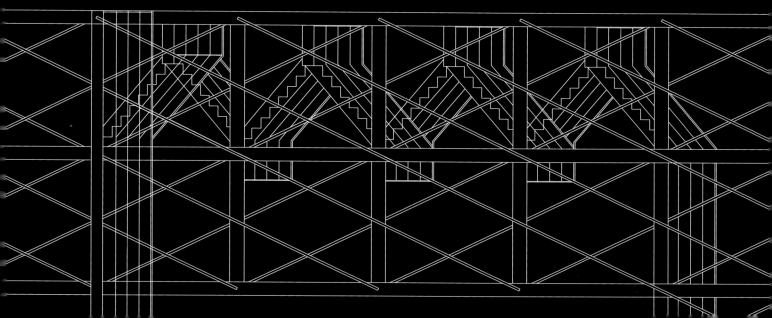

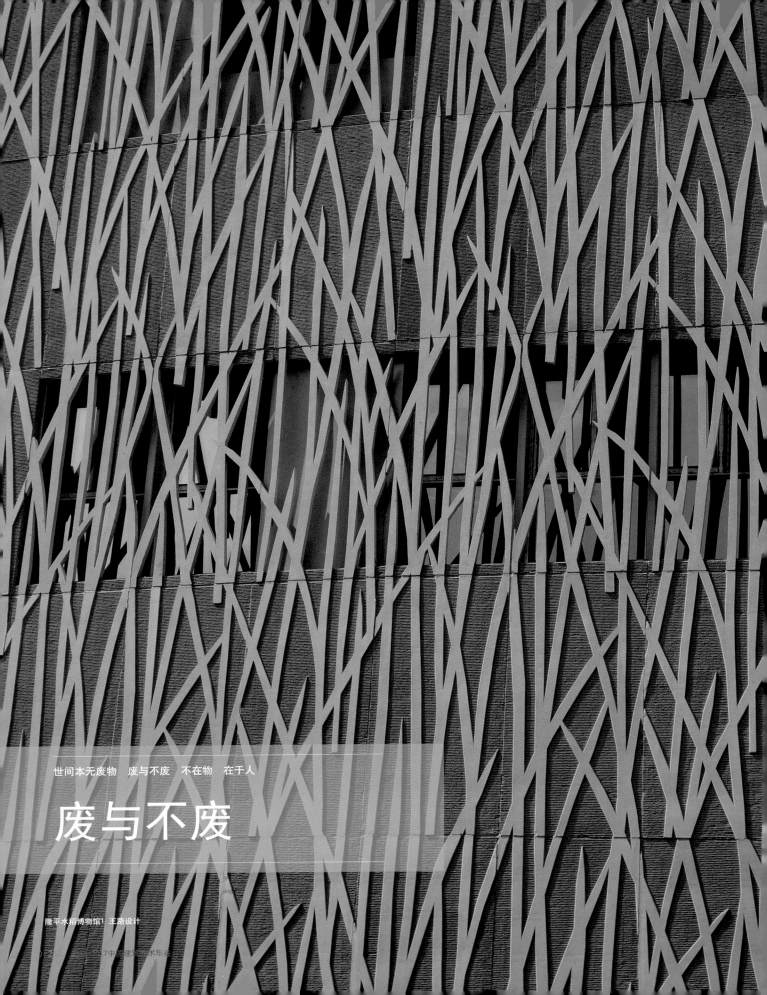

世间本无废物　废与不废　不在物　在于人

废与不废

隆平水稻博物馆｜王路设计

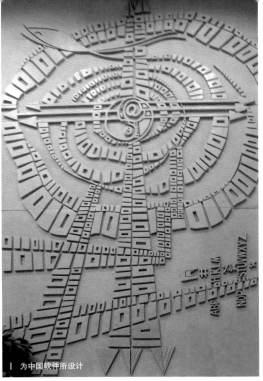

为中国软件所设计

轻型墙板

陕西师范大学教育博物馆

低碳高梦

姜奇平

对低碳设计来说，低碳经济这个说法太低级了，我改成"低碳高梦"，其中，低碳是质料因、形式因；高梦是动力因、目的因。

一位低碳设计说，我是一条狗，不按正确来叫，而按自然来叫。这是什么意思呢？这实际上是一个哲学存在论问题，即让什么优先在场的问题。

从理论上来说，低碳设计实际是一种符号艺术，符号背后是意义的存在。这里重要的事情是，谁"在场"。低碳本身说的是质料在场，也就是在场的主角是使用价值。从这个角度看建筑，问的是材料实在不实在。现在不打仗，又不修碉堡，为什么材料非要按修碉堡的坚固标准，而不能用轻型的低碳材料。

生产 1 吨水泥排放 1 吨二氧化碳。

传统的建筑外墙板大都是 pc 板和清水混凝土墙板，一般厚度在 15 厘米，每平方米重量 400 千克，每平方米需要 100 千克以上的水泥。

轻型墙板厚度可以在 3 厘米左右，每平方米重量 80 千克，每平方米需要 20 千克水泥。

从每平方米 100 千克的水泥变为每平方米 20 千克的水泥，减少了 80% 的碳排放。

用尾矿石渣做原料，用砖瓦灰砂石的废弃物做原料，产生了特殊的质感，粗犷、自然、古朴，为建筑师的设计提供了更多的选择空间，可以实现量身定做，建筑师的创意变得一切皆有可能。从三十年前开始，一种不安分影响了另外一种的不安分，这些过程体现了生命的活力。变废料为原料赶上了低碳的说法，建筑师不但关心建筑的样式、建筑的理论，也关心建筑材料的变化，关心旧物换新颜的方法。石渣加得越多，越能阻止墙板污染，越能有效地阻止墙板的开裂。

我的设计理念是，要从设计遵从于功能和质料，转向遵从于形式，比如社会流行趣味或者社会普遍价值，最终进入遵从意义表达。寓意通过符号而在场，因此必然更加注重的是符号，而不是质料。

"北京外国语大学图书馆"这个符号的设计，形式里面有六十国的文字，实际上一种符号的存在，符号的质料并不重要，但是意义非常重要。要让设计中的意义，透过这个实体的东西浮现出来，解决意义在场的问题。找到那种亲近自然的状态，其实就是我们未来的理想状态。找到这个东西，就是文化自信。

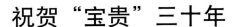
蔚县博物馆 竟昕设计

陕西师范大学教育博物馆 张锦秋院士设计

祝贺"宝贵"三十年

崔愷

　　"宝贵"对我来说是个老朋友。20世纪90年代初设计北京丰泽园饭店时就结识了"宝贵"大哥，一晃二十多年了，项目的合作、设计的切磋、样板的观摩、学术活动的支持，朋友间的小聚、无数次的交往使我们之间成了无拘无束的好朋友。

　　"宝贵"对我来说是个值得信赖的合作伙伴，每次项目合作他们不仅仅按我们的要求做样板，往往还提供多种选择，共同探讨设计和加工的可能性，不惜成本，甚至往往还不知道业主是否同意选用这种材料，在有很大风险的情况下，也仍然愿意无条件配合，真令我感动和钦佩！

　　"宝贵"对我来说是一种文化，显然这不是因为它常常用于文化建筑，而是因为它的生存状态、发展历程、外在气质和内在精神，所透射出来的那股特别接地气的精气神儿！而"宝贵"大哥每每道出的那套肺腑之言，在我看来就是传承文化的道德经，有着强烈的中国特色、乡土特色！

贾平凹文化艺术馆 屈培青设计

贾平凹文化艺术馆　庄培青设计

隆平水稻博物馆2　王路设计

条码的启示　国际雕塑公园南门

宝贵之于"宝贵"

王辉

　　在近三十年里，中国经历了这样一个时代，不仅仅创造了三十年前中国人民不可想象的未来，也在创造三十年后的今天世界人民不可想象的全球的未来。这样的时代，需要英雄，也产生了英雄。张宝贵就是这样的英雄。

　　英雄脱离不开集体主义的色彩。如果说张宝贵是个英雄，他给他所服务的建筑师这个大集体最宝贵的贡献是什么？表面上看自然是他的装饰混凝土产品，有点石为金的魔力，可以让平庸的设计变得有力，让建筑师们个个都成为英雄。但这种评价过于狭义。大凡与张宝贵有过交往的人都会感受到，他带来的最宝贵的东西是能够激励每一个人的宝贵的正能量。

　　在我们这个多变的时代，成功的人既要有与时俱进的灵活，又要有以不变应万变的沉着。张宝贵不是顽固，他能够适时地把那二十多年前就已成熟的工艺演绎成最新的技术理念，诸如循环经济、环保、绿色、再生等。这不是简单的包装，而是每每有新的技术理念产生，都能引起他主动的共鸣与拥抱，并融汇到自己的体系中，一遍遍地再雕琢既成的思想。所以我们在他经常重复、依然洪亮

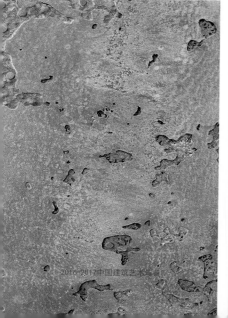

2016-2017中国建筑艺术年鉴

犀

北京宝贵低碳雕塑园

的语言中，总是能听到新鲜的内容，总是能看到永远的活力，总是能悟到新的启示。近期，张宝贵对"后土"命题的思考就是一个例子。

一个身份实为材料供应商的参与者，在每一个集体活动中，留给人印象最深的是他充满个性的个人主义。张宝贵的成功，把以往小写的个人主义颠倒成大写，让人们感受到一个这个大时代产生的有个人思想、个人意志、个人创造和个人魅力的人，是那么地可爱、可敬和可贵。我们需要把这种有人格魅力的为人处世，在精神上凝聚成一种可以推崇的主义。在一个创新的时代，没有创造出个人主义是种遗憾；没有崇尚这种个人主义，更是一种悲哀。未来的考古学在研究这个巨变的时代时，一定会挖掘出形形色色支撑这个时代的个人主义者，张宝贵就是其中之一。正是这种正能量，使张宝贵的混凝土升华成了宝贵的混凝土。

晋中博物馆 清华大学单军设计

延安大剧院 赵元超设计

▌延安大剧院　赵元超设计

自言自语

张宝贵

　　这三十年来，我打交道最多的是建筑师，和建筑师在一起，我喜欢说，常常跑题，跑得很远，那一会儿以为离开了柴米油盐，以为在唱卡拉 OK，以为上帝临时借用了我的嘴，虽属自恋，好在兴奋的不是一个人。齐欣说："宝贵身上的那股朝气犹如沼气，一点就着。其火势之旺，足以将几百个听众点燃。"

　　"宝贵的混凝土"让建筑师喜欢，"混"是混合的混，"凝"是凝固的凝，"土"是土地的土，人们喜欢土地带来的财物，可又怕被称为土，矛盾刺激了思考。

　　五十年来我生活在农村，和农民在一起，最早接触到土是黄土的土，最近接触的土是混凝土的土。为建筑师做墙板让我经常从未知进入未知，有如幽灵，漫无边际地游荡，也许是上帝安排我到人间来做混凝土的。用固体废弃物做，和农民一起做，一直很忙、很累、很苦、很迷茫，只有一个感觉最强烈，所有的都是在破解谜题，非我不可！

▌梁带村游客服务中心　彭勃设计

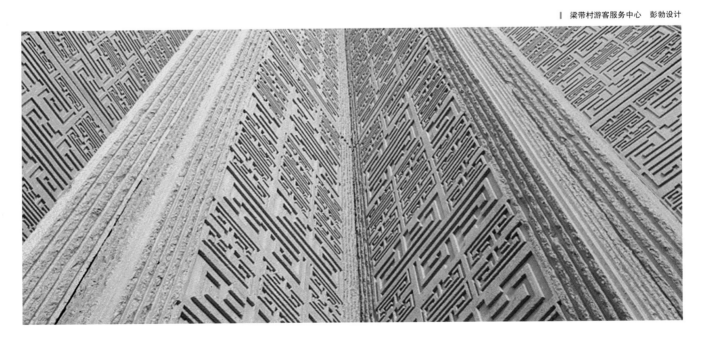

张家口三馆 法国AS设计

冀平凹文化艺术馆 屈培青设计

北外图书馆 崔愷设计

昭君博物院 吴晨新设计

广东河源博物馆　彭勃　设计

广东河源博物馆　彭勃　设计

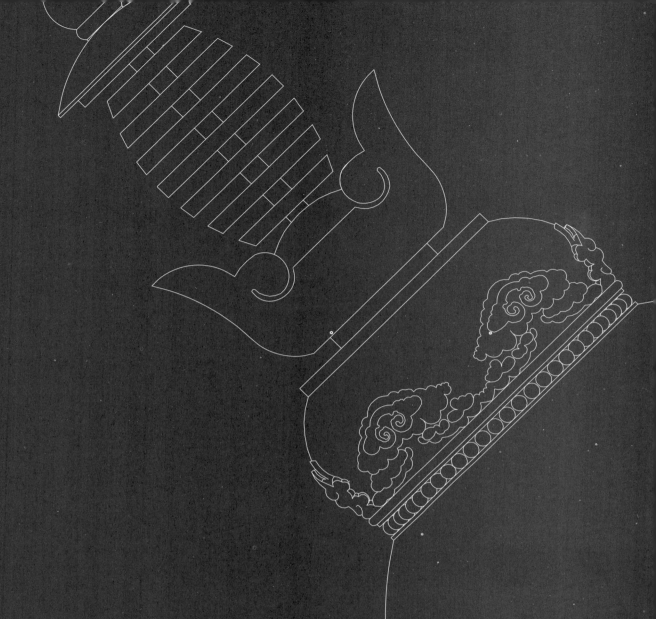

建筑焦点

论生态治水："海绵城市"与"海绵国土"

俞孔坚

摘　要：近来热议中的"海绵城市"不仅是一种城市形态的生动描述，更是一种雨洪管理和生态治水的哲学、理论和方法体系。"海绵城市"是建立在生态基础设施之上的生态型城市建设模式。这个生态基础设施有别于常规的、机械的、以单一目标为导向的"灰色"的工程性基础设施，而是以综合生态系统服务为导向，用生态学的原理，用国土和区域生态规划的方法以及景观设计学的途径与技术，来实现生态防洪、水质净化、地下水补给、生态修复、生物保护、气候调节和人居环境改善等综合目标。"海绵城市"是根据中国复杂的地理气候特征提出来的，以中国悠久的水文化遗产为基础，并融合了当代国际先进的雨洪管理技术和生态城市思想而形成的理论、方法和技术体系。"海绵城市"的理念必须放在综合解决中国面临的水资源、水环境和水生态问题，从区域到局地尺度上探索适应全球气候变化的解决方案，以及美丽中国建设的大背景下来理解，因此"海绵城市"的建设也就是"海绵国土"的建设。

关键词：生态治水；海绵城市；海绵国土；生态修复；景观设计学；洪涝防治

【中图分类号】TU992　【文献标识码】A
【DOI】10.16619/j.cnki.rmltxsqy.2016.21.001

2013 年 12 月，习近平总书记在中央城镇化工作会议上提出了"建设自然存积、自然渗透、自然净化的海绵城市"的思想，开启了全国性的海绵城市建设热潮。2014 年 2 月，《住房和城乡建设部城市建设司 2014 年工作要点》中明确提出，"督促各地加快雨污分流改造，提高城市排水防涝水平，大力推行低影响开发建设模式，加快研究建设海绵型城市的政策措施"，并于 11 月发布《海绵城市建设技术指南》，全面铺开海绵城市建设试点工作，遴选出第一批 16 个试点城市（2016 年 4 月，财政部、住建部、水利部三部门公布了第二批 14 个海绵城市试点，中央财政对试点城市给予可观的专项资金补助）。紧接着，住建部又以三亚为试点，结合"海绵城市"建设，在全国发起了"城市双修"（城市修补和生态修复），在短短两年的试点工作中，取得显著效果，许多经验和教训值得总结。与此同时，在水利方面，钱正英、汪恕诚等老一代水利专家较早就对过度水利工程有过反思，并提出"人水和谐"的思想（董哲仁，2004；钱正英，2006；汪恕诚，2012）。2013 年，水利部发布了《关于加快开展全国水生态文明城市建设试点工作的通知》，并选择了 105 个代表性、典型性较强的市，开展水生态文明城市建设试点工作，探索建设模式，在防洪安全和生态修复及改善人居环境方面都取得了可以验证的成果；2016 年 9 月，水利部办公厅再发布通知，要求开展全国水生态文明城市建设试点评估工作，并总结经验和教训。这些分别开展的理念创新和实践探索都在为全国范围内开展生态治水工作打下了基础。而与这些大面积开展的"海绵城市"和水生态文明建设实践探索相比，关于"海绵城市"和生态治水的理论和方法论的梳理和普及推广显得薄弱，由于旧知识体系的长期主导、各种技术规范得不到及时修正，技术界和基层管理部门暴露了对"海绵城市"及生态治水的不理解，甚至对这些新理念表现出抵触情绪。特别是今年作为海绵城市试点的武汉等城市遭受严重水灾，关于海绵城市及生态治水的有效性和价值的质疑也在坊间兴起，在某些地方甚至已经成为建设"海绵城市"的阻力。因此，有必要对"海绵城市"及生态治水的理念、概念和方法进行系统梳理和推广。

"海绵城市"和"海绵国土"理论的客观背景

当今中国正面临水资源短缺，水质污染，洪水、城市内涝，地下水位下降，水生栖息地丧失等各种水问题（王浩，2010）。这些水问题并不是局地的或者在某一部门管理下发生的，而是系统性的，我们亟须一个综合全面的解决途径。"海绵城市"正是立足于我国的水情和水问题提出的旨在综合、系统地解决水生态、水环境和水资源问题的可持续生态途径；其目标是修复以水为主导因子的生态系统，健全其综合的生态系统服务（Ecosystem Services，Daily，1997），包括供给服务（提供干净的水和食物）、调节服务（旱涝调节和气候环境的调节）、生命承载服务（为多样化的生命提供生存的条件）和文化精神服务（包括审美启智和生态休憩），这四类生态系统服务构成水系统的一个完整的功能体系。"海绵城市"并非指具体尺度上的城市（当然也包括城市尺度的海绵建设），其核心是一种生态治水的理念，必须放在中国整个国土的水生态、水环境及水资源的大背景下来理解，因此，"海绵城市"的建设也就是"海绵国土"的建设（俞孔坚，2016）。

水资源贫乏且降雨不均的国情，决定了建设滞蓄和调节系统的必要性。中国水资源总体缺乏，不到世界总淡水资源的 10%，却要满足 20% 世界人口的生存和发展需要，这决定了节约水资源、珍惜雨水应成为中国一切涉水工程的根本策略；大部分城市受东南季风和西南季风控制，有限的降水在时空分布上很不均匀，年际变化大，年内季节分布极不均，主要集中在 6~9 月，占到全年的 60%～80%，北方甚至占到 90% 以上；全球气候变化带来的不确定性增加，导致暴雨洪涝频发。这些特点决定了就地调节雨洪，解决旱涝不均水情，形成富有弹性的水量调节系统，应该成为普遍的治水策略。早在 2000 多年前的西汉，中国先民就总结"十顷之陂可以灌四十顷，而一顷之陂可以灌四顷"的经验（见《淮南子》卷一七《说林训》），通过陂塘建设实现农田的旱涝调节，构成了中国广大乡村田园上古老的"海绵"景观遗产；古代城镇建设中的坑塘蓄水系统也是因应季节性水情而孕育的水文化景观，是中国城镇中的弹性适应策略和"海绵"景观遗产。

中国主要城市的降雨特征，也决定了我们不能照搬欧美一些城市，如巴黎、伦敦、纽约等被国内媒体认为是"先进"的、靠城市地下管道排水、大型地下蓄水设施来解决内涝的途径。相对来讲，这些欧美大城市的降雨四季分布比较均匀，雨水管网建设和利用比较经济。而在季风性气候下，中国大部分城市为满足瞬时降雨而设计的高标准排水管道和泵站，造价和维护成本高昂，对水情的弹性适应能力低下，且将珍贵的雨水排掉。更何况，随着全球气候的剧烈变化，那些被认为有完善地下排水系统和洪涝防范工程的欧美城市，同样遭受惨重的洪涝灾害，同样在反思工业时代的灰色基础设施的弊端，寻求更富有弹性的生态治水途径。

水资源的过度开发和水环境、水生态的全面恶化，呼唤系统的生态修复。我国快速的工业化和城镇建设、农业生产活动带来对水资源的开发空前过度，特别是北方地区，河流断流、湿地和湖泊大面积消失，地下水严重超采；地表和地下水水质污染严重，官方数据表明，目前 75% 的地表水都出现不同程度污染，除了工业和城镇生活污水外，大量的污染来自于广大土地上的面源污染，特别是农药和化肥经地表径流污染河流湖泊。这一水情决定了水质净化必须同水量调节统一考虑，尤其必须利用自然系统和应用生态方法来治理大面积的面源水污染问题。同时，由于水是生态系统的主导和关键因子，水质和水量问题已经带来了中国水生态系统的全面恶化，导致生态系统服务的全面下降，包括生物栖息地的大量消失（中国东部 50% 的湿生栖息地在过去 30 年内消失），普遍性的黑臭水体导致城市生活质量严重下降，滨水文化和经济价值得不到利用，等等。所以，水生态系统的全面修复应成为治水的根本途径，生态治水得以孕育而生。

城镇化导致洪涝灾害风险增加，呼唤更科学的水系统设计。过去三十年的快速城镇化，导致人口向高风险的洪泛区集聚，特别是珠江三角洲、长江三角洲和环渤海平原，以及各种尺度的盆地及河谷平原集中。北京大学的一项研究表明，近年来，中国 70% 以上 GDP 和人口都集中分布在高风险洪泛区（俞孔坚等，2012）。宏观上，多山地、少平原的地形限制，农业时代形成的逐水而建的城镇历史格局，加上快速城镇化阶段盲目在原有老城基础上的摊大饼发展模式，导致中国城镇建设的选址和扩张必然与洪涝灾害相伴生；微观上，在城镇规划建设过程中，无视自然地形和现有水系统，大量河湖湿地被填埋和侵占，搞千篇一律的"三通一平"，加之道路广场等硬化面积大量增加，导致城市内涝风险急剧增高，这也正是今年武汉遭受大规模内涝的主要原因。这一形势决定了未来国土的洪涝治理必然以城镇安全为主要目标，必须以规避洪涝作为新城镇选址和建设的主要规划策略，以

微观的竖向改造及利用城镇内部的自然水系、绿地作为雨洪滞蓄的修补策略。

农业大国转向城市大国，生态治水迎来历史机遇。从大禹的"决江河而通四夷九州"到今天的垒大堤筑高坝以"严防死守"，虽方法不同，但防洪抗洪作为中华民族生存繁衍大戏中的一个主旋律，数千年来未尝变过。原因在于中国人多地少，良田美池往往在洪水泛滥的低地平原，利害皆因水而生。这样一种大国与水的关系今天有了根本的变化，我们必须认识到，中国一直到近代以前，国家和人民的生存都依赖于农业，农业占 GDP 的比重都在 90% 左右，30 多年前还占了 30%，而到了今天已经下降到了 10%，这是五千年未有的一个巨变。这意味着人民不再寄生存于一亩三分地的收成上了。试问，伴随中国农业文明千年不变的治水策略，是否也应该有一场前所未有的巨变？历史上发挥过重要作用的大禹"疏决江河"和当代"严防死守"的治水策略，在今天的生态文明建设和社会经济条件下，都需要转变了！

北京大学的一项研究表明：假设拆掉中国江河上的所有防洪堤坝（并不意味真要全部拆掉），中国被洪水淹没的国土面积每年是 0.8%，极端的百年一遇的洪水也只淹没约 6%，而中国的城镇居民只需要有 2% 国土面积作为居住空间。这意味着，与洪水为友并不是一个昂贵的策略。而进一步的城镇化和高铁的发展，给人地关系调整和人水矛盾的协调带来了无限的机遇。再造秀美山川，绝非痴人说梦！关键是我们能否抓住新型城镇化的机遇，将水生态文明建设与城镇化的空间布局及国家重大交通基础设施规划统一考虑。

"灰色"工程治水的反思

近几十年来，中国对大型防洪和水电工程、农田水利工程以及城市的防洪排涝工程投入巨大，成就了包括河道渠化硬化、钢筋水泥防洪堤坝、拦江水泥和橡胶大坝、水泥农田灌渠等大量工程，当然也成就了 GDP 的增长。这些工程项目构成的基础设施，由于其没有生命的钢筋水泥特性，被统称为"灰色基础设施"（Grey Infrastructure）。客观讲，在一个以生存为首要目的的发展中国家的建设初期，除了一些明显的失败工程外，许多这样的"灰色基础设施"在区域防洪、能源生产、农业灌溉和抗旱、城市的供水安全和排涝方面发挥过重要作用，其历史功绩不可抹杀。西方 200 多年的工业化和城镇化过程中，也有过崇拜灰色工程的文化，它们带来了对自然征服英雄行为的自豪感，也是人类对自然认识不够全面、系统的情况下最容易采取的途径，在特定历史时期不可避免。

今天，在生态文明和美丽中国建设的视角下，我们必须认识到中国水问题的系统性和复杂性，包括水资源短缺、季节分布不均、水质大面积污染、洪涝和缺水问题并发，同时伴随着生物栖息地丧失、城市滨水的文化和经济价值得不到开发等问题。而遗憾的是，面对这些综合性的水问题和一个富有生命的水系统，我们往往热衷于通过目标单一、利益局部、只求短期效益的大型"灰色"工程措施来解决问题，结果却导致系统性问题的发生和系统本身的恶化，有的恶化是不可逆的。人与水系统的关系进入一个恶性循环：

比如，一些防洪工程中，为了城市安全，不惜斥巨资用水泥堤坝将河流裁弯取直，变成了"三面光"的排水渠，目的是将河水快速排泄，没有了河漫滩，结果是下游洪涝压力加大、洪水的破坏力被加强、珍贵的雨水被排掉、地下水得不到补充、河流两岸的湿地得不到滋润、自然河床和两岸丰富的栖息地被破坏、生物灭绝、城市的亲水界面被毁坏，河流变成为人和其他生命的死亡陷阱。而不计后果的水电大坝工程带来的恶果尤甚。如此，河流及其两岸的自然"海绵"系统被破坏，丧失了原有的弹性和本来可以源源不断给人类以综合的生态系统服务的能力。

又比如，一些农田水利工程中，为了高效和节约土地，农田灌溉系统被修成了所谓的"现代"的笔直水泥灌渠，田间地头的陂塘被平整，河渠两侧的生物缓冲带被硬化，农药和化肥残留得不到截留和净化（研究表明，只要农田灌渠两侧有一定的生物缓冲区，50%以上的氮、磷等营养元素都可以被截留）。中国广大乡村田园上的陂塘景观，除了具有旱涝调节作用外，还具有截留和净化农业面源污染、保存乡土生物等各种生态功能（俞孔坚，2016）。而在今天被推广的所谓"现代化"的园田化建设中，这些珍贵的、千百年来形成的"海绵"遗产消失，与其相关的生态系统服务也全面丧失！

再比如，一些城镇排涝工程中，为解决内涝，片面依赖灰色的管道工程，为满足瞬时排水要求，工程浩大、维护成本高且可持续性差；同时，大量珍贵的雨水被排掉、地下水得不到补充、雨水资源得不到充分的利用。由于城镇对这种集中的、灰色排水系统的依赖，城市中的河流、湖泊、湿地和绿地等的调节功能逐渐丧失。中国古代城镇和村落中往往有许多分布均匀的坑塘，互为联通，调节旱涝，而在近几十年的城镇建设中，这些基于千百年经验积累和智慧的城镇"海绵"遗产迅速消失，随之而去的是其众多的生态服务及文化价值。

水本是地球上的一个连续的系统，是世界上最不应该被分离的元素。可是我们的常规工程建设与管理体制中，却把水系统分解得支离破碎：水和土分离、水和生物分离、水和城市分离；甚至连排水和给水两个过程都是分离的，分别由不同的部门管理或由不同的公司来运营；防洪和抗旱分离，各大城市一到雨天，所采取的措施之目标是在尽可能短的时间把水排掉，而干旱的季节又都要抽地下水来浇灌绿地。这些都是简单的工程思维和管理上的"小决策"带来的弊端。"小决策是一切问题的根源"（Odum，1982）。所以，解决诸多水问题的出路在于回归水生态系统的完整性，来综合解决问题。正是在这样的反思基础上，"海绵城市"的理念被提出了，并有必要将此理念扩大到"海绵国土"，来系统解决中国各地普遍面临的诸多水问题。

"海绵"的哲学

"海绵城市"是适应中国复杂的地理气候特征而提出来的、以中国悠久的水文化遗产为基础、融合了当代国际先进的雨洪管理技术和生态城市思想而形成的理论、方法和技术系统，具有鲜明的中国性和国际的先进性。

以"海绵"来比喻一个富有弹性、具有自然积存、自然渗透、自然净化为特征的生态型城市，是对工业化时代的机械的城市建设理念，及其对水资源和水系统认识片面的反思，包含着深刻的哲理，是一种完全的生态系统价值观，是对简单工程思维的纠正。这种完全的价值观体现在以下几个方面：

第一，系统包容而非孤立排斥。不难发现，人们对待雨水的态度实际上是非常功利、自私的。砖瓦场的窑工，天天祈祷明天是个大晴天；而久旱之后的农人，则天天到龙王庙里烧香，祈求天降甘霖；城里人却又把农夫期盼的甘霖当祸害。同类之间尚且如此，对诸如青蛙之类的其他物种，就更无关怀和体谅可言了。"海绵"的哲学是包容，对这种以人类部门与地方利益为中心的雨水价值观提出了挑战，它宣告：天赐雨水都是有其价值的，不仅对某个人或某个物种有价值，对整个生态系统而言都具有天然的价值。人作为这个系统的有机组成部分，是整个生态系统的必然产物和天然的受惠者，这种天然恩惠体现在以水为主导因子的生态系统给人类社会综合生态系统服务。所以，每一滴雨水都有它的含义和价值，"海绵"珍惜并尽可能留下雨水，处理和再利用灰水，保护湿地和水生态系统，维护人类与水的精神联系。就管理而言，海绵城市整合水资源管理、水利、给排水、环境保护、生态保护、城市园林与市政工程、环境教育与休闲娱乐等各个部门的工作，整合与协作是海绵城市建设的基本形式与要求。

第二，就地化解而非转嫁异地。把灾害转嫁给异地，是几乎一切现代水利工程的起点和终点，诸如防洪大堤和异地调水，都是把洪水排到下游或对岸，或把干旱和缺水的祸害转嫁给无辜的弱势地区和群体。"海绵"的哲学是就地调节旱涝，而非转嫁异地。中国古代的生存智慧是将水作为财富，所谓"四水归明堂，财水不外流"，就地蓄留无论是来自屋顶的雨水，还是来自山坡的径流，因此有了农家天井中的蓄水缸和遍布中国大地上的陂塘系统。这种"海绵"景观既是先民适应旱涝的智慧，更是地缘社会及邻里关系和谐共生的体现，是几千年来以生命为代价换来的经验和智慧在大地上的烙印。

第三，顺势分散而非逆势集中。常规大型水利工程往往是集国家或区域的集体意志办大事的体现，在某些情况下这是有必要的。但从当代的生态价值观来看，大坝蓄水、跨流域调水、大江大河的防洪大堤和蓄水发电、城市的集中式排涝管道、集中式污水处理厂等与自然过程相对抗的集中式工程并不明智，也往往不可持续。而民间的分散式或民主式的水利工程往往具有更好的可持续性。古老的民间微型水利工程，如陂塘和低堰，至今仍充满活力，受到乡民的悉心呵护。非常遗憾的是，这些千百年来滋养中国农业文明的民间水利遗产，在当代却遭到强势的国家水利工程的摧毁。"海绵"的哲学是顺势分散而非逆势集中，通过千万个细小的单元细胞构成一个完整的、强大的功能体，将外部力量分解吸纳，消化为无，构筑能满足人类生存与发展所需的伟大的国土生态海绵系统。

第四，慢速滞蓄而非加速快排。将洪水、雨水快速排掉，是当代排洪排涝工程的基本信条，所以，三面光的河道被认为是最高效的，裁弯取直被认为是最科学的，河床上的树木和灌草必须清除以减少水流阻力也被认为是天经地义的。这种以"快"为标准的水利工程罔顾水文过程的系统性和水文系统主导因子对生态系统的全面价值，以至于将洪水的破坏力加强、加速，将上游的灾害转嫁给下游；将水与土、生物、城市分离，将地表水与地下水分离，使地下水得不到补充，土地得不到滋养，生物栖息地消失。"海绵"的哲学是让水流慢下来，让它变得心平气和，而不再狂野可怕；让它有机会下渗，滋养生命万物；让它有时间自净，更让它有机会服务人类。

第五，弹性适应而非刚性对抗。当代工程治水忘掉了中国古典哲学的精髓——以柔克刚，却崇尚"严防死守"的对抗哲学。中国大地上已经几乎没有一条河流不被刚性的防洪堤坝所捆绑，原本蜿蜒柔和的河流，而今都变成刚硬直泄的排水渠。千百年来的防洪抗洪经验告诉我们，当人类用貌似坚不可摧的防线顽固抵御洪水之时，洪水的破堤反击便不远矣，那时的洪水便成为可摧毁一切的猛兽，势不可挡。"海绵"的哲学是弹性，化对抗为和谐共生，与洪水为友而非为敌。如果我们崇尚"智者乐水"的哲学，那么，理水的最高智慧便是以柔克刚。

海绵的哲学强调将有化为无，将大化为小，将排他化为包容，将集中化为分散，将快化为慢，将刚硬化为柔和。在海绵城市和海绵国土成为当今生态文明和美丽国土建设的重大行动面前，深刻理解其背后的哲学，才能使之不会被沦为某些城市和工程公司的新的形象工程、新的工程牟利机会的幌子，而避免由此带来新一轮的水生态系统的破坏和投资浪费。老子说得好："道恒无为，而无不为。"这正是"海绵"哲学的精髓。

"海绵城市"和"海绵国土"建设的内涵

水环境与水生态问题是跨尺度、跨地域的复杂的、系统性问题，也是互为关联的综合性问题。诸多水问题产生的本质是水生态系统整体功能的失调，因此解决水问题的出路不在于河道与水体本身，而在于水体之外的环境，必须把研究对象从水体本身扩展到水生态系统，通过生态途径，对水生态系统结构和功能进行调理，增强其整体生态服务能力。从生态系统服务出发，构建多尺度水生态基础设施，是"海绵城市"和"海绵国土"的核心（俞孔坚，2016）。

"海绵"即是以大地景观为载体的生态基础设施。完整的大地生命系统自身具备复杂而丰富的生态系统服务能力，每一寸土地都具备一定的雨洪调蓄、水源涵养、雨污净化等功能。对保障生态系统服务具有关键作用的元素及空间联系构成生态基础设施——"海绵系统"。有别于常规的工程性的、缺乏弹性的"灰色基础设施"，生态基础设施是一个生命的系统，它不以单一功能目标而设计，而是用来综合、系统、可持续地解决水问题，包括雨涝调蓄、水源保护和涵养、地下水回补、雨污净化、栖息地修复、土壤净化等。所以，"海绵"对应着的是实实在在的景观格局，构建"海绵城市"和"海绵国土"即是建立相应的生态基础设施。

"海绵城市"和"海绵国土"建设需要在多尺度上进行。"海绵城市"和"海绵国土"建设需要在不同尺度上进行，与现行的国土和区域规划及城市规划体系相衔接：

宏观尺度的国土和区域海绵系统。在这一尺度上，"海绵国土"的构建重点是研究水系统在国土尺度和流域中的空间格局，即进行水生态安全格局分析，并将水生态安全格局落实在国土空间规划和土地利用总体规划、城市及区域的总体规划中，通过生态红线的划定，成为国土和区域的生态基础设施，也是国土"反规划"的关键（俞孔坚、李迪华等，2005）。2013年十八届三中全会公告《中共中央关于全面深化改革若干重大问题的决定》提出"统一行使所有国土空间用途管制职责"，2015年9月通过的《生态文明体制改革总体方案》提出"以空间规划为基础、以用途管制为主要手段的国土空间开发保护制度"，为宏观的国土与区域海绵系统建设指明了道路；最近中央发布的《关于划定并严守生态保护红线的若干意见》（2016年11月）以及国土资源部、环境保护部等九部委联合印发的《关于加强资源环境生态红线管控的指导意见》（2016年6月）将为国土生态基础设施空间规划和国土海绵系统的构建提供潜在的法规保障，但在技术上尚有待进一步完善。鉴于水作为生态因子的核心地位，我们必须将水生态安全格局作为生态红线划定的最重要的依据。

中观的城镇和乡村海绵系统。主要指城区、乡镇、村域尺度，或者城市新区和功能区的旱涝调节系统和水生态净化系统的建设。重点是有效利用规划区域内的河道、坑塘和湿地，结合集水区、汇水节点分布，合理规划并形成实体的海绵系统，最终落实到土地利用控制性规划以及城市和乡村设计中（图1）。中国传统农业系统在每一个地方都有着历史悠久的乡土"海绵"遗产，包括陂塘、河渠和堰场等，它们在乡村及农田海绵系统的规划建设中，首先应该得到系统地保护和修复，避免粗暴的大型水利工程对致密的民间水利设施的破坏。

微观的"海绵体"。"海绵城市"和"海绵国土"最终必须

▮ 图1 中观海绵系统构建：生态基础设施取代"灰色基础设施"解决城市排涝——武汉五里界生态城，不用"灰色"排水管网，而是用多级生态廊道来进行雨洪管理并营造优美的宜居环境。在今年武汉内涝灾害中经受了检验。

图2 海绵技术之源头滞蓄：哈尔滨群力湿地公园，从中国三角洲农业的桑基鱼塘遗产中获得灵感，通过简单的填挖方技术，在城市中心营造绿色海绵，综合解决城市内涝、水质净化、地下水补充和生物栖息地修复，并为居民提供游憩服务。

图3 海绵技术之过程减速消能：六盘水明湖湿地，通过一系列陂塘，将地表径流减速消能，给水系统以自我净化的时间，并滋润多样化的生境，提供多种生态系统服务，包括游憩和审美。

图4 海绵技术之末端适应：与洪水为友的城市绿地浙江金华燕尾洲，20年一遇的洪水淹没的实景。即便如此，步行桥仍然维护两岸的有效通行。

要落实到具体的场地，包括广大乡村田园上的陂塘、自然的水渠，城市中的公园和局域的集水单元的建设（图2、图3、图4），这一尺度上的工作是对一系列生态基础设施建设技术进行集成应用，包括保护自然和文化遗产的最小干预技术、与洪水为友的生态防洪技术、加强型人工湿地净化技术、生态系统服务仿生修复技术等，这些技术重点研究如何通过具体的景观设计使"海绵体"的综合生态服务功能发挥出来（俞孔坚，2016）。

"海绵城市"和"海绵国土"是古今中外多种技术的集成。"海绵城市"和"海绵国土"的提出有其深厚的理论基础，又是一系列具体雨洪管理技术和生态技术的集成和发展，是大量实践经验的总结和归纳，主要包括以下三大类：

一是古代水适应智慧和技术遗产。先民在长期的水资源管理及旱涝适应过程中，积累了大量具有生态价值的经验和智慧，在城市和国土海绵建设中，值得我们异常珍惜。在农业水利方面的相关遗产非常丰富（郑连第，1985），如我国有着2500年久远的陂塘系统营造史（张芳，2004）；古代城乡聚落适应水环境方面的遗产也非常丰富（吴庆州，2009），如黄泛平原古代城市的主要洪涝适应性景观遗产中，就有"城包水""水包城"和"阴阳城"等水适应性城市形态，通过最少的工程，来获得较佳的人水和谐状态，饱含着古人应对洪涝灾害的生存经验和智慧（俞孔坚、张蕾，2008）。当代的生态治水需要向农民学习，学习其在造田、灌溉、施肥甚至作物轮作等方面的技术与艺术。正是农民的生存智慧，使本来不适宜耕种和居住的长江三角洲、珠江三角洲、黄河三角洲，通过简单的填挖技术，营造其桑基鱼塘、台田、圩田等各种与水相适应的景观，变成丰产而美丽的田园；也正是农民的智慧，通过陂塘和梯田，使旱涝不测的山谷和陡峻的山坡，变得旱涝保收，美丽无限；我们需要向为生存而创造城市和乡村建造智慧的古代建设者学习，通过地形设计和水系梳理，实现在水中造城，在城中蓄水，以适应洪涝灾害；我们也需要向古代的水利工程师学习，如何让渠、堰、塘、坝的建设趋利避害，在收获自然之馈赠的同时，又无害自然生态过程的完整性和连续性，如都江堰和灵渠便是这样的典范。

二是生态修复技术。城市建设和人类活动对水生态系统的破坏，加剧了众多与之相关环境的恶化。水是生态系统中最活跃的因子，因为有水，自然生态系统生生不息，水为维持人类生存和满足其需要创造了各种条件、提供了各种服务。健康的生态系统依赖于健康的水生态过程，健康的生态系统是"海绵城市"的基础。生态修复技术的核心是将"灰色"变绿，通过生态修复技术，开启自然过程，让自然能走向自我演替和健康运行，并为人类社会提供健全的生态系统服务。同时，必须强调的是，人居环境下的生态是设计的生态（Designed Ecologies），或者是人类纪的生态系统（Novel Ecosystems），而非自然的生态，它是为人服务的，它必须是科学和艺术的结合（Saunders，2012；Ahern，2016）。

三是当代雨洪管理技术。西方各国的雨洪管理技术，包括LID（城市的低影响开发）技术、水敏感城市设计等，都已经较为成熟。如，在LID中，包括透水铺装、绿色屋顶、下凹式绿地、调节塘、生态沟、植被缓冲带、初期雨水弃流设施、人工土壤渗滤，等等（住建部《海绵城市建设技术指南》，2015）。必须强调的是，这些技术不宜机械地搬用，更不宜盲目地套用，也没有必要斤斤计较地用各种复杂的数学公式来计算，把简单问题复杂化，更应该避免将绿色工程"灰色"化。因为LID只是"海绵国土"和"海绵城市"内容中很少的一部分，而且主要用来解决局地工程建设时的源头雨洪管理问题。

"海绵城市"和"海绵国土"的关键策略和低技术。万变不离其宗，总结上述各种技术和近年来的大量工程实践经验，笔者强调"海绵城市"和"海绵国土"建设的三大关键策略：源头消纳滞蓄、过程减速消能、末端弹性适应（图2、图3、图4）。它们需要被组合运用。与常规的水利和市政工程中的集中快排、严防死守等策略完全相反，它们将当代生态防洪理念与中国本土的生存智慧相结合，通过景观设计学（或景观学，Landscape Architecture，关于土地和土地上的所有物体构成的综合体的系统的规划和设计）途径，系统、综合地解决以防洪排涝为核心的一系列水生态和水环境问题。"海绵城市"和"海绵国土"并不需要什么昂贵的"高技术"，它可以通过低成本和"低技术"来实现，它们也不需要巨大的工程，而是通过分散式的无数小型工程来实现一个伟大的"海绵"体。

结语

我们尊重自然、利用自然水生态系统，是因为它给人类以各种生态系统的服务；我们珍惜农业时代的水文化、水文化景观和"海绵"遗产，因为它们是无数生命和无数失败的教训换来的成功经验和智慧的积累。工业革命给人类带来了巨大的福祉，深刻改变了农业、水利和人居建设的方法和技术，其核心是将基于农业时代技术与智慧的人与自然关系的平衡打破，以图获得对自然的更大程度的控制和掠夺。但当工业技术及其对自然的控制力和破坏力被无所顾忌地滥用时，被逼到墙角的自然便以无可抗拒的破坏力给人以报复。正如恩格斯所说："我们不要过分陶醉于我们人类对自然界的胜利。对于每一次这样的胜利，自然界都对我们进行报复。"（《马克思恩格斯选集》，人民出版社，1995年第2版，第4卷）。继欧美20世纪上半叶所经历的城市病和大规模的环境危机之后，快速发展起来的中国面临同样的城市病和环境危机，特别是水生态和水环境危机，而且愈加猛烈。我们没有必要讳疾忌医，也不能顽固不化。生态治水是对过度工业化的防洪工程、水电大坝工程、农田水利工程和城市建设中的唯技术论、过度的"灰色基础设施"的反思和纠正，是农业文明和工业文明基础上的螺旋式的进步。我们有五千年的农业文明留下的丰厚遗产和智慧，又有发达国家应对环境问题的经验积累，更重要的是有一个坚强和高效的政府及其协调机制，没有理由不能比先发展的西方工业化国家更高效地化解这场危机。而"海绵城市"和"海绵国土"将以其中国性和国际先进性的结合，成为实现生态文明和美丽中国建设的重要途径。

原载《人民论坛·学术前沿》，2016年21期

参考文献

[1] ［美］杰克·埃亨，《人类世城市生态系统：其概念、定义和支持城市可持续性和弹性的策略》，《景观设计学》，2016，第19期.

[2] Daily，G.，Nature'Services：Society Dependenceon Natural Ecosystems，Island Press，Washington D.C. 1997.

[3] Odum，W.E.，"Environmental degradation and the tyranny of small decisions，"BioScience，1982，32(9)，pp.728—729.

[4] Saunders，W. Designed Ecologies：The Landscape Architectrue of KongjianYu，Birkhauser，Basel. 2012.

[5] 董哲仁，《试论生态水利工程的基本设计原则》，《水利学报》，2004，第10期.

[6] 钱正英，《生态不是"建设"出来的》，《科技潮》，2006，第8期.

[7] 汪恕诚，《人水和谐科学发展》，2013，北京：中国水利水电出版社.

[8] 王浩，《中国水资源问题与可持续发展战略研究》，2010，北京：中国电力出版社.

[9] 吴庆洲，《中国古城防洪研究》，2009，北京：中国建筑工业出版社.

[10] 俞孔坚、李迪华、李海龙、乔青，《国土生态安全格局：再造秀美山川的空间战略》，2012，北京：中国建筑工业出版社.

[11] 俞孔坚、李迪华、刘海龙，《"反规划"途径》，2005，北京：中国建筑工业出版社.

[12] 俞孔坚、张蕾，《黄泛平原古城镇洪涝经验及其适应性景观》，《城市规划学刊》，2007，第5期.

[13] 俞孔坚、李迪华、袁弘等，《"海绵城市"理论与实践》，《城市规划》，2015，第6期.

[14] 张芳，《中国传统灌溉工程及技术的传承和发展》，《中国农史》，2004，第1期.

[15] 郑连第，《古代城市水利》，1985，北京：水利电力出版社.

作者简介

俞孔坚，美国艺术与科学院院士，北京大学建筑与景观学院院长，教育部长江学者特聘教授，国家千人计划专家。研究方向为城市与区域规划、城市和景观设计、生态规划方面的理论研究与实践。主要著作有《生存的艺术：定位当代景观设计学》《"反规划"途径》等

舒适物理论视角下莫干特色小镇建设解析
——一个消费社会学视角

李敢

摘　要：近年来，在旅游市场中文化旅游业逐渐成为一个新的发展领域。各地争相涌入该利基市场，比如各类"特色小镇"建设。但是，就其整体运营而言，依然是过于突出表象的经济产出而忽视内在的文化品质培育，对行业可持续性发展重视不够。有鉴于此，以"莫干民国风情小镇"为例，本文基于对舒适物理论与帕森斯功能模式的组合优化，提出了一个关于"特色小镇"发展的消费社会学分析框架，用于分析其间的利弊得失，可视为舒适物理论运用于新型城镇化建设的一个尝试。

关键词：舒适物；特色小镇；文化旅游业；莫干山

ABSTRACT：In recent years, the niche market of cultural tourism has been a focus in domestic tourism market. Therefore, more and more local governments are involved in this niche market by all means, for example, constructing various kinds of "featured towns". However, it is evident that this tide of "featured towns" construction is to chase economic profits rather than to breed their special cultural civilization, paying less attention to the sustainable development. Accordingly, based on a case study on the featured Minguo town at the foot of Mogan Mountain, as well as the combination of the theory of amenities and the theoretical model of AGIL in Talcott Parsons' works, this article develops an analytical framework of sociology of consumption, in order to analyze the gains and losses, which can be considered as a new attempt to apply the theory of amenities to new urbanization.

KEYWORDS：Amenities；Featured Towns；Cultural Tourism；Mogan Mountain

【文章编号】1002-1329 (2017)03-0061-06
【中图分类号】TU984.18 【文献标识码】A 【doi】10.11819/cpr20170310a

1. 问题的提出

近年来，在旅游产业大发展中，文化旅游得以快速开拓出自己的利基市场①，这是因为它可以寻觅到当下受众的文化消费诉求，并填补此方面旅游业服务供给的空白点。但正如国内其他行业的兴起发展一样，"一哄而起"也几乎成为文化旅游行业在发展初期的一大特色，而形式各异的"特色小镇"建设潮（如"文化小镇""风情小镇"等），或正是这股文化旅游热中一个典型的反映。

问题是，这类"特色小镇"建设如何把握其间各自独特内涵，从而有助于推动这类文化旅游消费长期维系发展，而不局限于满足受众"短期新奇性获得感"。比如，特定文化格调定位和对应服务供给如何相融合，其实正是这类"特色小镇"生命力的源头活水所在，而这些尚有待于在实践中继续摸索。

有鉴于此，本文以浙江"莫干民国风情小镇"建设为例，基于对帕森斯功能分析模式与舒适物理论的优化组合，尝试提出一个关于"特色小镇"发展的消费社会学分析框架，以作为舒适物理论运用的一个拓展。

2. AGIL功能论中的舒适物系统：一个分析框架

2.1 概念分析之一：舒适物理论及其消费社会学运用

舒适物（Amenities），顾名思义，指的是可以令行动主体开心愉悦的事物。作为学术术语，最早出自经济学文献，涉及区域经济学、环境经济学、城市经济学、经济地理学等分支学科，主要用于探讨舒适物对地方经济增长推动的研究[1-5]。在社会学领域，与舒适物有关的术语主要有三个，即"社会产权、集体消费品与消费型资本"。有鉴于"社会产权"②的集体消费属性，倘若进一步从消费社会学视角去观察，舒适物可被视为一种特定类型"消费型资本"，其可以在一定程度上实现资本与消费品之间的结合[6]。

这是因为，随着社会生产发展，消费单位以及消费者的消费层级也在不断扩展，而这也意味着消费对象范围也在逐渐扩大，例如，从对具体物品的消费上升到对一个地方舒适物的整体性消费，或可称此种消费模式为"地方消费主义"，而这种地方也因之成为一种集体消费品和消费型资本[7]。

进而言之，作为一种消费型资本，舒适物的集体消费品属性除了创造个体消费价值之外，还创造了额外的经济社会价值，也可以说，消费型资本是一种既可以促进地方经济增长，也能够促进地方社会系统升级的双重产出活动[8]。如此一来，一方面，消费不只是基于私人产权的个体消费，也可能是一种基于社会产权的集体消费。"消费活动不但具有满足个体需要的功能，而且也对社会系统具有某种产出功能"，消费和资本具有一定勾连与相互转换的可能性。另一方面，在一定程度上，基于社会产权观可以补充私人产权观的消费社会学认识，从舒适物理论与社会产权相关联的特质出发，对个体消费者而言，作为消费型资本的舒适物系统只是消费品，但对消费所在地而言，这种舒适物系统也是兼具经济价值和社会价值的资本。一个地方在集体消费上的投入，不仅带来了经济增值，也造就了相应的社会增益。因此，这种舒适物意义之上集体消费的财政支出，就不仅仅是一种福利支出，同时也成为一种投资活动。

综上，兼具"消费型资本"和"集体消费品"特质的舒适物，可以成长为推动一个地方经济增长和社会发展共同升级的双向引擎。

2.2 概念分析之二：帕森斯AGIL功能分析模型概述

依据帕森斯对其AGIL功能分析模型的阐释[3]，A(adaptation)，"适应"，指的是系统为了存续，必须要同外界环境联系，以获得必要资源。G(goal attainment)，"目标达致"，指的是系统目标导向的确定，这期间涉及目标次序与内部能量调动两个环节。I(integration)，"整合"，指的是作为整体的、系统的有效行动与功能发挥受制于各个组成部分之间的协调一致。L(latency pattern maintenance)，"潜在模式维持"，指的是为保障系统中断后功能运作的连续性，有必要采取一定措施以维系系统原运行模式。当然，从帕森斯全部理论系统去观察，AGIL模型的重心在于突出对单位行动组成的行动体系方式的强调，是一种整体论系统功能观的全面展现[9]。

2.3 分析框架建构

根据舒适物与AGIL功能分析理论，同时有鉴于地方政府通常将"特色小镇"经营作为文化旅游业一个分支加以扶植推进的操作实践，本文提出一个基于此二者理论嫁接组合之上，关于"特色小镇"可持续性发展的分析框架，如表1所示。

需要说明的是，当将此AGIL版本的舒适物分析框架运用于"特色小镇"分析时，有两个基本假定。第一，舒适物是一种系统，某个地域不同舒适物之间的配套性远甚于该地域单个类型舒适物的数量与质量；第二，作为文化旅游业的一个子类别，"特色小镇"为受众文化消费诉求和旅游业在利基市场的一个合成，"特色小

表1 内嵌于AGIL模型中的舒适物系统
Tab.1 An amenities system embedded in the AGIL model

所履行功能	对应舒适物形态	组织及其活动
适应（adaptation）	市场舒适物	（文化）企业／从事（文化）经济生产，创造经济价值
目标达致（goal attainment）	社会舒适物	政府和民间／公共品供给，如ppp公私合作模式
整合（integration）	制度舒适物	政府／提供政策和法律保障
潜在模式维持（latent pattern maintenance）	文化舒适物	文化、教育等NGO类组织／维持基本价值和行为准则

镇"的可持续性发展，直接关联于"环境"舒适度和文化舒适度之间的优化组合。无疑，这里的"环境"包括内外两个维度，既包含有地质、水文、生态等自然地理因素，也包含有社会经济和公共治理等人文社科因素。

3. 案例介绍与分析

从旅游规划而言，位于莫干山脚下庚村集镇的"莫干民国风情小镇"从属于"莫干山国际休闲旅游度假区"整体规划建设，同时依照德清县"一核两翼"旅游布局总体规划。其理想定位为，突出发掘潜在文化资源，提升既有主题特色。整合产业融合要素，执行开发与保护相结合的可持续发展战略，致力于打造浙北旅游新亮点，力争在促进产业发展的同时，促进经济、社会、文化、环境效益之间一致协调性，从而带动德清文化产业和休闲旅游经济的新发展。

从自然要素和经济动力源而言，"莫干民国风情小镇"建设直接受益于当地"洋家乐"的群落化发展。近年来，"洋家乐"开始成为长三角和浙北乡村休闲旅游中一支异军突起的力量，这与其位于莫干山山麓不无关系，而号称"清凉世界"的莫干山，素来享有国内四大避暑胜地之一的美誉。实际上，"洋家乐"从一开始就是精心设计的产物，主要是看中德清莫干山麓的优质自然景观和生态环境，是乡野情趣和国际化管理的融合产物，属于高端民宿经济。笔者认为，"洋家乐"最大特质在于"土洋一体"和"新旧一家"。

从文化动力源而言，"莫干民国风情小镇"建设直接受益于当地特有的双重"莫干情结"旅游资源影响。此处"莫干情结"具有双重意义指的是，从历史人文角度而言，莫干山远有凄怆悲切的干将莫邪传说；近有近现代史，尤其是民国史上与之相关联的诸多历史文化遗产，以及各色社会名流们的轶事趣闻。在人们的历史记忆中，莫干山及其发生的许多事件都印有清晰的"民国时代"痕迹，无论是民国的人、民国的事、民国的建筑，还是民国的生活风范。此外，除却民国名流及其生活风范的魅力以外，莫干山更是因其星罗棋布的老别墅群（万国别墅）而著称于世。莫干山别墅建造历史可以追溯到清末，距今有120多年历史，当时首先由外国传教士和商人相中莫干山景致而开始兴建别墅。直至20世纪二三十年代，数百套风格各异的欧式别墅已经建成。当年别墅建成时的主人来自各行各业，既有政界名流，也有商贾巨富，甚至还有江湖帮会大佬等人物，例如蒋介石与松月庐，张静江与静逸别墅，黄郛与白云山馆，等等，不一而足。中华人民共和国成立后至今，莫干山别墅尚保留有252幢，其中公产房为167幢，代管房为85幢，总建筑面积超过121560m²。

于是，这种"莫干情结"不只是指向莫干山野趣横生的自然景致和古老的干将莫邪传说所酿制的那份梦幻奇异，更是指向近代史上缤纷多彩的"民国情怀"。在一定程度上，这种情结是对国内当下"民国热"消费在休闲旅游领域的某种回应，其间或多或少地夹杂着对"民国情怀"所引领时尚生活的向往。尤其对于小镇最重要的上海客源而言，这一方面的印记特别明显。对他们而言，莫干山麓所创制的中西合璧、新旧同在的休闲文化，在某种程度上正是中华人民共和国成立前老上海生活风尚的一种化

身和折射（事实上，在那个时代，莫干山更像是上海的后花园，而不是今日杭州的后花园），无论是莫干山上的万国别墅群，还是与莫干山有关联的民国名流们的点点滴滴，抑或是别墅主人们留下的其他文物，都在一定程度上刺激着游客对民国时代生活风尚的想象力。

在一定程度上，也正是后者"莫干情结"夹杂的诸种民国元素，促使起初的"莫干风情小镇"建设目标逐渐向"莫干民国风情小镇"定位转变。

4.进一步讨论

下面将以前述"AGIL 功能论之舒适物系统"分析框架对"莫干民国风情小镇"建设与运营展开进一步剖析。

首先，从 AGIL 适应功能之"市场舒适物"角度而言，"莫干民国风情小镇"建设已经初显成效。在"洋家乐"群落化发展衍生效应推动之下，众多文化经济运营单位已经陆续展开运作，其他类型商业也正处于转型和提升之中。其间既有"莫干山地"一类骑行潮流，也有"窑烧"（面包坊）一类乡村文创，还有形式多样的乡村体验。尤其是在市场化包装方面，包括"老旧"的石板路面和铁制街灯等，从外观看看去，整个功能区一派民国色调和气息。例如，具有民国时代烙印的商铺鳞次栉比，无论是店铺的名字，还是店铺的装饰，足以使得游客产生一种时光倒流感，宛若置身于民国时代某地旧街景之中。

不过，若论"市场舒适物"在小镇建设中的功能发挥，最值得肯定的，是当地各色文创企业初步具备了"异业整合"的合作潜质，商业前景较为开阔。在"异业整合与加强产业融合"方面，结合莫干山和德清县既有资源，西部"莫干民国风情小镇"项目可以进一步与东部"钢琴之乡"④，以及当地生态农业观光旅游等类别旅游资源进行联袂开发。而且这种整合还可以体现于同传媒的合作，以及对节庆力量的借势等。以莫干山镇丰富的生态农业旅游资源开发为例，高端绿色农业产业链有助于促进农业。生态和旅游业结合，利用田园景观、农业生产活动、农村生态环境和农业生态经营模式，而达到集观赏、品尝、学习、参与体验、科学考察、环保教育等于一体的多方位旅游收益。

再譬如，在民国时代，莫干山山麓的蚕桑业非常发达，而由民国前外交部部长黄郛及其夫人沈景英创建运营的莫干农村改良活动更是名扬一时，与梁漱溟和晏阳初的乡村建设运动并驾齐驱。黄郛也因此与后两位并列为中国近代史上乡村建设三杰。黄郛当年开辟的规模性蚕种场，新近已经被改建为中国首个乡村文创园"清境·庚村 1932"，其中包括全国最大的自行车主题餐厅——"乡食"、乡村文化艺术展厅、莫干山艺术邮票馆、光合作用创意邮局、茧咖啡、茧舍、"蚕宝宝乐园"、萱草书屋，以及黄郛莫干农村改良展示馆等文创单元，其间还部分恢复了当年蚕种场若干劳动场景。这类"以旧立新"良性开发在当地还有不少（如"庚村文化市集"和陆续版画藏书票馆等），无疑，这类开发对于慕名而来的游客有着很大的吸引力。至于如何进一步丰富充实这些文创单元内涵并推动它们之间的组合优化，有待于在实践中进一步探索。

其次，从 AGIL 目标达致功能之"社会舒适物"角度而言，"莫干民国风情小镇"建设最值得肯定的是，在一些公共产品和公共服务供给方面，政府和民间合作共进，尤其是在山区生态补充机制与对应村庄整治方面，财政投入资金与社会资本投入的联袂已经初显成效。例如，为改善生态环境、发挥生态优势，德清地方政府一直积极开展莫干山农村环境连片整治，仅在 2013 年，德清县财政即安排了 2000 多万元生态补偿资金。实际上，以浙江首批百座特色小镇建设规划为契机，近年来，德清县在舒适物系统层面的集体消费品方面进行了较大投入，其中，社会舒适物投入尤为突出。承前所述，有别于传统型生产资本，这种舒适物系统层面。服务于城乡统筹发展需要的财政支出和投资活动已经转变为一种消费型资本，较好促进了当地经济收益与社会收益双丰收，例如，在一定程度上，"莫干·山居图"等多样化"洋家乐"的营运，小镇文创产业的异业整合与集聚式发展，以及整个莫干民国风情小镇规划发展，均受益于当地生态补偿投入类消费型资本的投入使用。

当然，基础设施类公共品完善需要很多投入，这一方面工作或可以适当借助德清县当下正在进行的美丽城镇。美丽乡村以及和美家园精品村创建机遇，以点带面，以面促点，扎实推进，从而有助于吸引更多民间资本和国外资本参与，以更好发挥市场配置与竞争作用，拉动和推进当地既有商业业态的提升与转型，共同树立地方化文化消费良性品牌。这是因为，莫干山不论是自然资源，还是人文资源都非常丰富，二者相结合后，更可散发无比魅力。在这其中，以政府权力清单制度制定落实为契机，围绕政府改革，做好公共产品和公共服务供给方面的社会系统升级工作，对于本地文化旅游业发展必将更加有益。

再次，从 AGIL 整合功能之"制度舒适物"角度而言，在小镇项目建设过程中，地方政府能够积极投入产业规划，及时提供政策和法律保障。举例说明，借助于莫干山国家级风景名胜区的辐射和渗透能力，为推进当地旅游业整体与"莫干民国风情小镇"发展建设，德清县相继通过了系列规划文件或技术规范，例如《莫干山国际休闲旅游度假区总体规划（2010—2020）》《德清县旅游产业发展"十二五"规划》《中国·德清莫干山国家山地户外运动基地总体规划》，以及其他相关休闲旅游产业发展准则。还设立了专门性协调管理机构，即"德清县西部涉外休闲度假项目服务小组"，主要职责为，在功能区行业运行过程中担负监管督责等职能。此外，为促进县旅游产业整体协调推进，原先的县旅游局也在 2015 年升级为县旅游委员会，其功能定位为"主管全县旅游工作和统筹协调旅游与休闲产业发展的县政府工作部门"。此番调整使得县旅委增加了不少职责，例如，"统筹旅游业与一二三产业的融合发展，指导、协调城乡特色产业整合转化为旅游产品"，既推进经济增值，也推进社会效益增益。不言而喻，这类法规规划的出台与对应职能机构的建立与调整，都可看作"制度舒适物"层面的自我丰富与完善。

最后，从 AGIL 潜在模式维持功能之"文化舒适物"角度而言，"莫干民国风情小镇"建设关于"民国情怀"的理解，尚有待进一步提升。正如前文所言，尽管在硬件上，小镇功能区已经颇具"民国格调"了，但同时也存在较为明显的生硬印记，即整个功能区也非常像某一处民国题材影视拍摄基地，真实度不高。如不改进，不仅难以吸引回头客，甚至还可能导致曾造访过的游客报以负面口碑。

因此，何谓"民国情怀"，此种"民国情怀"与"莫干情结"之间又有何关系，或最值得探讨。例如，"民国情怀"指的是陈丹青所言的"民国范儿"吗？陈氏"民国范儿"指的是民国人（无论是当权者还是寻常百姓）的精神、气节、面貌、习性、礼仪所透出的得体与雅量。但就"莫干民国风情小镇"建设而言，或可泛指民国时代社会生活的方方面面，尤其是民国时期中西合一、新旧合一的生活风格。在这一方面，"莫干民国风情小镇"休闲旅游应蕴含的价值理念与此处所概括的双合一特质有着异曲同工之妙。而倘若借用齐美尔关于时尚和消费的研究视角去审视，作为一种消费时尚的"民国热"，其魅力则在于既"新"（如民国时代西方的"洋气"）又"旧"（如民国时代东方的"土气"），以及融"新"于"旧"，而且，此种"新"与"旧"之间融合初步实现了高端品位与简约生活化为一身的消费效果。进而言之，再从经济社会学消费与社会文化情境关联性的角度去观察，韦伯[10]认为，消费和生活方式联系在一起，与此同时，就生活方式在消费中作用而言，特定生活方式又经由风格化消费而得以体现，生活方式也可以被视为对地位群体加以描述的具体体现，人们可以在方法上从生活方式认识其社会地位[11]。因此，在社会文化等因素影响之下，一方面，人们通过消费方式的选择去影响其对待生活的态度[12]；另一方面，由于生活方式可影响到消费行为的方方面面，通过风格化消费，人们也展示了自己的生活方式[13]。

以上关于"文化舒适物"构建的论点，还可以在布迪厄关于"品味"的论述中找到相应的理论支持[14]：例如，"品味发挥一种社会导向作用，引导社会空间中特定位置的占有者走向适合其特性的社会地位，走向适合位置占有者的实践或商品"[15]。而进入不同品味场域的社会成员能够通过选择不同的生活方式去表明自己的身份地位以及与他者之间的社会距离，这是因为，一种生活方式就是一个品味体系，当很多人消费同样消费品时，一种生活方式就出现了[16]。这也是因为，基于消费"浪漫伦理"（Romantic Ethic）对新奇事物的探寻，消费本身可以化身为一种富有想象力和创造力的活动[17]。而且，从文化消费角度而言，消费不再局限于是一种工具性活动，而且也是一种符号性活动[18]，消费涉及生活方式、社会关系等维度的构建，是根植于具体的社会关系和文化背景之中的社会行为[19]。就消费行为而言，除了利益驱动之外，还有社会维度的驱动因素在内，例如，社会阶层、社会结构及社会互动等，是利益和社会这二者因素共同型塑构造了某一特定类型消费的经济暨社会的意义和功用[20]。

因此，成功打造一个注重文化内涵的"莫干民国风情小镇"而不是一个仅驻留于外形外貌的"莫干民国商业小镇"，就不能局限于简单建筑（表层）复古，而要从上到下、从下到上、从决策者、设计者到村民群体都需参与和评量，究竟何为"民国情怀"，以及如何有效推进"莫干情结"与"民国情怀"之间的嫁接融合。

在过去，黄郛及其同时代人在所投身的乡村改良事业过程中那份执着和坚韧就是一种民国情怀与民国风情；而在今日，包括莫干小镇居民在内的全部利益相关者的文化修养和职业素养的档次水准，同样也可以代表一种民国情怀和民国风情。在这其中，

或可以当年莫干山乡村改造运动遗址复建为契机⑥，以莫干山计划展、百年庚村影像展、乡学礼展，"发芽的茶屋""设计师客栈与设计师格子铺"，乡村公益书屋，城乡互动论坛会场，以及多种多样青年下乡创意小店等文创单元为主线，有计划、有步骤地培植系列新型乡村建设活动以及培育与之对应的乡建精神，同样可以更好展现出一种新时代的民国情怀和民国风情。当然，这项工作需要长时间积淀，而不是急功近利乱作为。一定意义上，此种运作理念正所谓"以无化有"，即以无形的"文化"带动有形的"产业"。

于是，在后续建设和维护实践过程中，如何把握好莫干山"民国气质"的文化内涵与消费导向才是"莫干民国风情小镇"建设的最大挑战。而问题的解决，也将更加有利于地方政府、商家、村民三方长久获益，既有美名，也有实利，正所谓一箭双雕两不误。

5.结论

关于文化旅游业之"特色小镇"发展建设，本文提出一个分析框架，将 AGL 版本舒适物系统作为立论点，去观察和分析其间可持续性发展所必需的过程性要素。并通过对"莫干民国风情小镇"案例研究，尝试阐释这一分析框架所提出的理论思路与分析概念。在一定程度上，"莫干民国风情小镇"建设或许即是时下如火如荼、形式各异"特色小镇"建设的一个缩影，尽管其发展路径未必就一定适应国内其他地域。同时，因篇幅所限，本文未能对个案进行详尽展示，但论文目的主要在于借助于个案研究优势对"特色小镇"建设的研究思路予以拓展，以求在文化旅游业特定分支业态研究方面有一个较为深入的分析。

现对上述分析框架和案例研究加以总结，以更好阐释"AGIL 功能论之舒适物系统"分析框架所提供视角的理论分析意义。

第一，在旅游市场竞争日趋激烈，以及旅游消费者逐渐"见多识广"的情形下，旅游业难以继续依赖区位、价格等传统经济要素去维系其生命力，遑论促其增长了，而及时适当增加"文化消费"要素，向文化旅游业转向或不失为一种较好的选择。此情此景之下，舒适物所具备能够系统性满足旅游受众多方位需要的功能自然得以浮现，值得进一步发掘如何指标化操作等研究取向。例如，相较于传统旅游业，文化旅游业可谓是一种新经济的体现，而舒适物在新经济领域与经济增长的强相关关系已经得到相应证实。

第二，依据前述关于舒适物及其作为社会性资本体现物"消费型资本"价值功用的阐释，可以认为，"特色小镇"一类文化旅游消费者常常都是某类"地方消费主义"观念的携带者。于是，为了长久且合理地营生，文化旅游经营地不得不考虑其特定目标受众的舒适物偏好及其对应的"地方消费主义"观念。比如，在"莫干民国风情小镇"建设过程中，双重"莫干情结"之间如何优化组合，一重是干将莫邪之传统型"莫干情结"，另一重是"民国情怀（民国格调）"之现代型"莫干情结"。

第三，关于舒适物理论及其运用，除却既有文献对于经济增长和产业机构升级推动功用讨论之外，舒适物对于兼具生态、文化、产业与旅游等功能的"特色小镇"建设也有着相应的促进作用，尤其对于文化资源丰富的乡镇，可因地制宜地发展建设成

为具有既定特色的文化产业示范乡镇。只不过，在这期间，既要确定能够支持本地长远发展的主导产业及其转型升级路径，也要充分开发和培植塑造好可以突出自身乡镇特点的文化消费定位。

原载《城市规划》，2017 年 03 期

注释（notes）

① 利基市场，对应英文为"Niche Market"，源自市场营销学，指细分专门化的需求市场。国内对应的翻译五花八门：缝隙市场、小众市场、细分市场、璧龛市场、针尖市场等，而"利基市场"是目前较为流行的译名，融合了音译加意译，借鉴于哈佛大学商学院中文版案例分析教材。

② 关于舒适物与"社会产权和消费型资本"的更多阐释，请参阅参考文献7。

③ 有鉴于帕森斯AGIL功能分析模式传播的相对普遍性，此处仅作扼要简介，参考：塔尔科特·帕森斯，尼尔·斯梅尔瑟.经济与社会[M].刘进，等，译.北京：华夏出版社，1989。

④ 关于"钢琴之乡"的更多介绍，请参阅笔者文章"另辟蹊径的城镇化——基于浙江'钢琴之乡'双重产业集群化路径的案例研究"[J].北京社会科学，2015(9):20—27。

⑤ 政府和民间目前正在做一些复建工作，但复建不应局限于"黄郭莫干农村改良展示馆"。例如，黄郭墓的重新修葺值得重视，实际上，还可以包括"莫干农村改进会"、庾村经济合作社、"旱灾救济委员会"、"农民教育馆"、"公共阅报处"等组织机构复建或微缩版复建，并以此展开此类机构对于当年乡村活力维系与提升功用，以及在今日乡村建设中可能转化提升空间的探讨交流和实践摸索。概言之，旅游体验不应只是局限于吃喝玩乐，品味历史也是体验。

参考文献（References）

[1] ULLMANEL.Amenitiesasa Factorin Regional Growth[J].Geographical Review，1954，44(1)：18—23.

[2] GOTTLIEBPD.Amenitiesasan Economic Development Tool：Is There Enough Evidence?[J].Economic Development Quarterly，1994(3)：271，277.

[3] BLAIRJ.Quality of Lifeand Economic Development Policy[J].Economic Review，1998(1):50—54.

[4] CLARKTN.The City：Asan Entertainment Machine[M].New York：Elsevier，2004:167—171.

[5] GLAESEREL，etal.Consumerand Cities[M]//CLARKTN.The Cityasan Entertainment Machine.New York：Elsevier，2004:83—96.

[6] 王宁.城市舒适物与社会不平等[J].西北师范大学学报，2010(5):12—16.

[7] 王宁.城市舒适物与消费性资本——从消费社会学视角看城市产业升级[J].兰州大学学报(社科版)，2014(1):19—25.

[8] 王宁.地方消费主义、城市舒适物与产业结构优化——从消费社会学视角看产业转型升级[J].社会学研究，2014(4):11—19.

[9] 贾春增.外国社会学史(修订版)[M].北京：中国人民大学出版社，2010:52—72.

[10] 韦伯·马克思.经济与社会(第1版)[M].林荣远，译.北京：商务印书馆，1997:56—59.

[11] 高丙中.西方生活方式研究的理论发展叙略[J].社会学研究，1998(3)31—37.

[12] 朱国宏，桂勇.经济社会学导论[M].上海：复旦大学出版社，2005:63—65.

[13] 霍金斯德尔，等.消费者行为学[M].符国群，译.北京：机械工业出版社，2003:33—37.

[14] 理查德·斯威德伯格.经济社会学原理[M].周长城，等，译，北京：中国人民大学出版社，2005:62—66.

[15] 刘欣.阶级惯习与品味：布迪厄的阶级理论[J].社会学研究，2003(6):21—29.

[16] BOURDIEU P. Distinction：A Social Critique of the Judgment of Taste[M].Cambridge：Harvard University Press，1984:92—96.

[17] CAMPBELL C.The Romantic Ethic and the Spirit of Modern Consumerism[M].Oxford：Blackwell，1987:96—98.

[18] 王宁.消费社会学：一个分析的视角[M].北京：社会科学文献出版社，2001:71—73.

[19] 马克·格兰诺维特.镶嵌:社会网与经济行动[M].罗家德，译.北京：社会科学文献出版社，2007:66—69.

[20] 理查德·斯威德伯格.马克斯·韦伯与经济社会学思想[M].何蓉，译.北京：商务印书馆，2007:81—83.

作者简介

李敢（1975—），男，中山大学社会学博士，浙江工商大学中国土地与城市治理研究院副研究员

"蔓藤城市"
——一种有机生长的规划

演讲：崔愷　编辑：徐宝丹

我是一名建筑师，而我们今天讨论的是规划课题。其实，在现今新型城镇化的过程中，有很多新的课题都需要我们建筑界和规划界共同研讨，一些以往的模式在新的发展过程当中也需重新反思。我结合在贵州省黔西南州万峰林新区的工作给大家作相关介绍，"蔓藤城市"是形象化的表述，实则把当时的工作特点体现出来了。

简思——城市建设回顾

谈及城市，我们都很关注城市的形态。中国传统的城市形态多数来自于对外防御的需求，例如用来防御外敌、防灾以及内部管理的体制和通知等多重目的。当这些需求已经消失的时候，这种形态也随之瓦解，难以延续，至多作为遗产得以保存。所以，我们虽然赞美经典的历史城市，却不能用原来的方法再造城市。

而西方的历史城市中，由于很多古城、古镇采用砖石结构构筑，所以如今仍然可以在现实生活中发挥作用。不仅他们的历史和建筑艺术具有长久的价值，其与自然和谐相处的布局策略对今天的城市发展、规划更是有启发与参考价值。

在建筑和城市发展过程当中，有很多理论产生。其中，我想简单讲一下与我本人实践有关的"花园城市"的理论和图景。前人对城市的美好规划和设想，在过往的实践中得以实现的并不太多，城市建设还是极大的基于快速膨胀的发展需求，所以"花园城市"理论并没有在世界上广泛实行。

比如，澳大利亚的堪培拉是一座花园城市，但在亚洲的大部分城市当中，因为发展过快、资本压力以及人口密度等与各方面要求不同，并没有按照花园城市的模式来规划。而勒·柯布西耶的"光明城市"理论，以追求效率和理论计算的城市规划方法在二战之后的全球城市发展、复兴当中被大量应用，我认为这成了当今世界都市建设的主流方法。单调乏味、缺乏情感和特色也似乎成了必然的结局。

初见——万峰新区

和城市一样，处于较为落后状态的过往的"美丽乡村"，也在寻求变化。而在现代化的过程中，早已形成了一种"兵营"式的简单的、标准化的复制。在"美丽有特色"与"乡村现代化"之间找到一个平衡点似乎很难。危险的城市扩张也正在吞噬着乡村。

这张照片是几年前我第一次来到黔西南州时看到的图景，兴义市正在向万峰新区方向发展，很多高层都拔地而起，而这样的场景让我们非常担心。万峰新区作为黔西南州主要的新区，就

▌黔西南州建设状况

坐落在兴义机场旁边，距万峰林景区10km，规划面积38km²，是一片非常大的城市发展区。但我们在考察的时候，看到兴义市的城市景象跟环境多少有些格格不入，而乡村却是跟自然环境保持了非常和谐的状态。

起初，当地政府领导邀请我们对新区规划的竞赛提一些建议。筛选出的方案虽然很好地考虑了自然环境，但规划方法还是以界定路网为主，是城市规划的基本路径。州政府领导也对方案的可持续性及大规模的村落搬迁造成的成本预算都提出了疑问。因此我们开始探讨是否有新的规划策略。

规划——"蔓藤城市"

在万峰新区的规划中，是延续城市的规划方式去扩展，还是向乡村学习，把尽可能多的自然环境保留下来？我们进行了讨论，也做了现场调研。调研时发现，自然环境的山水、田园都是非常美的景象。大量的村落布置在田园当中，呈现出一种有机的状态，很多村间小路巧妙地跟田野结合在一起。

结合实地情况，我们通过思考，梳理了六点策略：

▌组团效果图

组团效果图

一是城景共融，塑造山水城市格局。

二是组团布局，传承聚落打造小镇。

三是功能混合，分组配套，激发活力。这点是很多大城市正在检讨的，因为有功能分区，所以造成了大量且不必要的交通负荷，非常不方便，耗能很高。

四是自由路网，路路有景，慢行交通。以往规划的路网多数是横平竖直的方格网，只不过有疏密之分。而在此项目中，这样的路网跟现有的自然环境是相冲突的，所以我们希望路网是自由的。

五是开发模式，小尺度高密度渐进。黔西南州属于经济后发展地区，外部投资的引入应该也是持续的。我们希望它逐渐发展，不要随意填空。一个组团一个组团地进行开发，以减少对环境的破坏和影响。

六是田园模式，延续生态农业景观。最大限度地保留原有自然状态。

我当时画出了草图，形成新的规划格局。中间几条串通的大路是原有的，因为担负着连接景区和城市的快速交通功能，不需修改。这六点策略，既希望整个组团在原来村落的基础上进行梳理，留出农田，延续生态农业的景观和现状中的小山包，也希望田园跟乡村和城镇能够形成有序的发展模式。

这种情况下，有一个比较直接的问题是按照预期的城市开发强度，应该如何进行设计。于此，我们经过了认真的计算。虽然规划让出了大量的农田，但是我们希望在组团中强调密度。这在国内外历史城市中都有很多好的经验，因此，就可以形成高密度的组团小镇格局和开放的田园景观。

在整体的建筑高度设置上，由于这边山的高度都在60~80m，我们希望将建筑高度控制在20~30m，以期高密度、高强度地利用建设用地，使周边环境能够被完全保留下来。

同时结合黔西南州的历史文化，每一个组团都可以有自己独特的文化定位。这里有20多个少数民族，当时在调研中也发现不同的村落里有不同的少数民族文化遗存，希望每个组团都能融入不同的文化特色。在村子的改建过程当中，不仅要重视有价值的老房子，村庄当中的老井、老屋、老树等也要得以保存和利用。新的建筑形态，尽量保持这里的传统，包括对气候的响应策

万峰林现代服务业聚集区在兴义市位置

慢行系统规划图

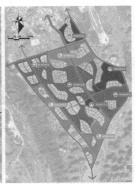

绿地系统规划图

略。在改造当中注意收集现状材料，使其成为新城镇当中有地方特色的元素。

最后，我们提供了规划图景，在原来村子的基础上进行梳理，用一些犹如叶脉的路网格局限定组团的空间形态，避让大片的农田和景观，有些组团结合公共配套设施和景观小镇来打造，面积则会大一些。建筑的设计既强调传统印记，又鼓励创新。但因为这里雨水丰富，所以多采用坡屋顶。

结语——有机生长

总体来讲，我认为"蔓藤城市"是一种以最大限度地保护自然和田园环境为目的的有机生长规划模式，重要的是保护环境的善意和自我约束式的节地策略，而绝非图形形式。它首先适用于大量的小城镇发展，也适合大中城市的边缘地区规划，甚至也可在超大城市的疏解和"双修"（城市修补与生态修复）规划中试用。当然在实施中也还有一系列的相关问题需要解决，但技术上并不困难，关键是态度和立场。历史上我们用城墙来防卫外敌和自然灾害的侵袭，今天我们应该用绿墙来限制自身利益和欲望的膨胀，这需要价值观的转变，这是一场自我的救赎。

原载《城市环境设计》，2017年。3期

作者简介

崔愷：中国工程院院士，国家勘察设计大师，中国建筑设计院有限公司名誉院长、总建筑师，本土设计研究中心主任

历史文化街区的更新策划研究
——以南宁市"三街两巷"历史文化街区为例

袁磊

摘　要：历史文化街区具有较高的历史文化价值，是城市文化的集中反映，对塑造城市形象有着重要的意义。历史文化街区的更新不仅要保护其物质层面的遗产，更重要的是要增强其造血功能，使其成为生机勃勃的活态城市遗产，而非"物质躯壳"。本文以南宁"三街两巷"历史文化街区为案例，在研究国内外历史街区更新理念的发展的基础上，以历史文化街区活化再生的视角，梳理南宁"三街两巷"历史文化街区历史变迁的特征、影响因素与历史街区空间重构等核心问题与困难，并通过实践研究从历史街区更新的价值认知和更新技术判定为技术手段，继而提出了"三街两巷"历史文化街区更新的策略和建议。

关键词：历史街区；更新；文化；创新

Abstract：The historical and cultural blocks with high historical and cultural value, is the concentrated reflection of city culture, plays a significant role in shaping the image of the city.Update is not only to protect its historical and cultural block material heritage, more important is to enhance its hematopoietic function, make it become a vibrant urban heritage living state, rather than "material form". Taking nanning "three street two lane" historical and cultural blocks as a case, the research at home and abroad on the basis of the development of the historic district renewal idea, in the perspective of historical and cultural blocks activation regeneration, combing nanning "three street two lane" historical and cultural blocks of historical change characteristics, influence factors and the historical block space reconstruction and so on core problems and difficulties, and through the practice research from the value of the historic district renewal cognitive judgement for the technical means and update technology, then puts forward the "three street two lane" historical and cultural blocks update strategy and suggestion.

Keywords：historic block；update；culture；innovation

中图分类号：TU984.191 文献标识码：B
文章编号：1008-0422(2017)11-0092-07

1.历史文化街区更新理念的发展

历史文化街区更新的概念源于城市更新，是一种试图解决城市问题的综合性和整体性的目标和行为，旨在为特定的城市区域带来经济、物质、社会和环境的长期提升（仇保兴，2010）。我国历史文化街区更新理念的发展经历了由简单的"大拆大建"的"推土机"式运动和单一式的博物馆保护模式向理念和目标上变得多元化，逐渐重视文化、社会因素、生活形态、生活模式和社会结构的多元素的街区复兴模式。该模式立足于使当地原住民成为最大的受益者，尽量保留当地原住民的生活样态、生计模式和社会网络。同时，在更新过程中，政府、企业和利益主体也都参与进来，有效地增加和提升了当地居民的切身利益。它的内涵包括四个方面，即街区经济的复兴、空间的复兴、文化的复兴和社会的复兴，它更关注社会、经济、环境和文化等方面的全面改善，经济活力和社会功能的恢复，生态平衡与环境质量的改善，并解决相应的社会问题，从而实现最终的街区要素全面复兴。

2.南宁市"三街两巷"历史文化街区概括

"三街两巷"是南宁历史的起源地，古属百越之地，自晋代建城已有1680年的历史，靠近邕江岸边，是最能体现南宁历史、建设时间最长、最古老和历史文化资源最集中的地区。街区内有众多的国家级、自治区级及市级文保单位，历史资源非常丰富，聚集了南宁现存80%以上的历史建筑，是南宁唯一保护得相对完好的历史文化街区，金狮巷民居群、邕州知州苏缄殉难遗址、新会书院、清真寺等古建筑、文物古迹，是南宁成长的历史见证，体现了南宁市历史文化底蕴和传统特色的历史街区。

本次"三街两巷"规划范围以兴宁路、民生路、解放路、金狮巷和银狮巷这几条南宁的老街老巷为核心，由新华街、朝阳路、民族大道、大同街、醒汉街、人民西路、新和平商场西侧路等道路围合街区组成，地理位置十分优越，交通十分便利，总用地面积约为25.92hm^2（图1、图2）。

作为老的街区，"三街两巷"现为脏乱差的集中区域，由于一直未被重视，历史上也没有经历过大的改造和保护。随着城市的发展和保护意识的增强，同时南宁市政府为落实建立国家文化战略、积极树立国家文化形象和保护文物、旧城复兴及改善民生，为广西壮族自治区成立60周年的献礼和展示南宁本土文化，该项目将作为南宁的窗口项目来共同打造。

▌图1 规划范围图　　　　　　　　　　　　　　▌图2 现状鸟瞰图

3.南宁市"三街两巷"历史文化街区更新的价值取向

3.1 街区更新的价值认知

在历史文化街区更新中，对于街区历史和文化特色究竟应该秉持什么样的文化、社会和价值取向，政府、开发商和当地居民各方都还没有取得一致的认知和共识。地方政府所期望的城市形象的塑造、开发商所追逐的经济利益根本、居民所希望的生活条件改善，这都反映了各方的基本诉求。如何在项目的推进中创造最大的共赢，使后续的保护不会出现偏离以及造成地方历史文化资源的牺牲和浪费，成为本次规划首先要考虑和解决的问题。

3.2 街区更新的技术判定

对于历史文化资源的认定在技术层面也存在着众多差异，不同的利益主体对历史资源的理解也不一样，如作为规划技术主体的城市规划师和规划技术官员趋向于以他们的专业知识和主观判断来认定，而且他们内部也存在着历史认知、价值取向、文化修养和市场意识的不同，这些都可能会影响某些地区的发展走向。

街区更新的技术评定（黄怡，2015）要求以辩证合理的历史发展观、多元包容的价值观、人文艺术的素养和城市设计理论为基础，通过综合的价值判断，并结合地方居民的认知反馈，用以保护地区的公共感知，但这种技术判定也仍是一种基于主观的分析结果。

3.3 南宁市"三街两巷"历史街区更新规划中的价值取向

在"三街两巷"历史文化街区更新规划中，我们根据现有建筑（图3、图4）的使用情况、年代情况、功能现状、房屋产权、建筑高度、风貌评价和对片区的历史沿革分析提出了保护与恢复、改造并恢复和局部改造与调整拆改留不同策略（表1）的两种方案。

第一个方案（图5），保留历史建筑和三处传统沿街骑楼，保留万国酒家、红星电影城、中华影院，其余全部拆除。该方案特点是有利于核心区的整体开发并易于操作，能够实现与地铁站点的联动效应，使土地价值最大化（建设地下综合交通枢纽），同时能够与朝阳商圈打通。约束点是整体拆迁量大，需要新华路以北地块参与平衡，增加了整个区域的开发压力。第二个方案（图6），在方案一的基础上，保留大体量的现状商业建筑，如民生商场、闽南春商场和南宁百货等，仅拆除鼎华商业地块。方案的特点是用小规模的更新理念避免大拆大建，仅拆除建筑质量和建筑风貌较差的地块，能够较好地延续基地现有的街道尺度和风貌。

在方案选择阶段，采用了各方利益群体参与讨论式的方法，最大化的使选择更具合理性。在此背景下，设计者积极引入与国

▌图3 现状建筑结构图

▌图4 现状建筑质量图

▌图5 方案一

▌图6 方案二

表1 南宁市"三街两巷"历史街区历史变迁

序列号	年代	主要特色建筑	空间变迁历史
1.	宋—清	位于宋皇祐末至清末的古城范围内，道路肌理大体与历史上相同，仅民族大道现与西侧道路打通。历史上主要的公共建筑有：苏忠勇公祠城隍庙、南宁府、清真寺、乌龙寺、仓西门、安徽会馆、两湖会馆、新会书院、兴宁寺、粤家会馆、白衣庵、华光庙等。	
2.	民国—中华人民共和国成立（1943—1950）	依右侧历史地图看出，民国时期，民生路、解放路、兴宁路三街及金狮巷、银狮巷两巷走向已与现在大体相同。	
3.	20世纪80年代	依历史地图看出，沿解放路、民生路、兴宁路部分骑楼仍存，且解放路西侧有成片的传统建筑；而当阳街西侧建筑形式已变，骑楼界面不存；金狮巷两侧民居大部仍存，银狮巷两侧建筑体量变大。	
4.	2002年	此时民族大道与西侧道路已连通，解放路西侧、兴宁路东侧骑楼建筑界面留存，且成片的传统建筑保存较为完整；民生路两侧、当阳街西侧、兴宁路西侧骑楼建筑界面均已不存；红星电影院位置仍在原城隍庙旧址处，现红星电影院建筑刚刚兴建；金狮巷民居大部留存，银狮巷拓宽，北侧留存少量民居建筑，南侧均已建大体量建筑。	
5.	2009年	此时民族大道与西侧道路已连通，仅解放路西侧骑楼建筑界面留存，民生路、当阳街、兴宁路骑楼界面均已不存，且解放路西侧、兴宁路东侧成片的传统建筑已被拆除；金狮巷民居大部留存，银狮巷与民族大道形成的三角地内以大体量建筑为主。	
6.	现状	仅解放路中段仍存部分较为连续的骑楼界面；民生路、兴宁路两侧界面均变为现代商业建筑，体量较大；当阳街东侧多为多层商住楼；金狮巷民居群保存较为完整，银狮巷两侧亦多为多层商住。	

际接轨的历史文化街区保护理念——社会、经济、文化和环境的整体复兴策略，结合"三街两巷"更多的是一种民生项目和展示南宁本土文化的窗口工程，所以决策者采用了与国际趋势更相近的态度。经过各方利益的平衡，最终确定了沿方案二的思路深化发展，目前规划已进入了更新复兴实施阶段。

4. 南宁市"三街两巷"历史文化街区更新策略

规划首先对历史文化街区做了明确的定位和发展目标，"三街两巷"未来将成为南宁保护骑楼文化以及传承历史文明的文化高地，不仅要服务于南宁，还应该服务于全中国乃至世界，因此规划将"三街两巷"打造成南宁的城市名片和文化地标，以重现真实骑楼，再现邕州深厚文化和繁华圩市的街区景观环境。

4.1 重塑街区结构，再现历史空间格局

通过对老城区变迁历史的梳理，规划选取空间相对完整的20世纪60年代的建筑肌理（图7）作为本次主要的重塑对象，该空间格局呈"井字形"结构（图8、图9），除现存的金狮巷、银狮巷两条主要街巷外，规划范围内另有金狮巷北侧横向街巷一条，当阳街西侧纵向街巷三条次要街巷。

规划首先通过恢复"沿街商业骑楼和内部巷道民居"的传统建筑组织形式，以再现传统历史街区风貌。同时，对民生商场、闽南春购物广场沿街立面进行整治改造，沿街恢复成骑楼界面；对红星电影院、中华电影院及金银大厦等大体量建筑，采取保留体量、整治改造，并进行适度的业态调整。依据20世纪60年代

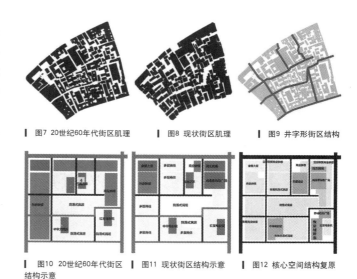

▌图7 20世纪60年代街区肌理　▌图8 现状街区肌理　▌图9 井字形街区结构

▌图10 20世纪60年代街区　▌图11 现状街区结构示意　▌图12 核心空间结构复原结构示意

建筑肌理分布图，梳理街巷空间环境，在街巷节点位置或大体量建筑附近增加开放空间，以塑造适度宜人的街区环境（图10、图11、图12）。

4.2 营造多元复合体验场所，打造有温度、有故事的街区

历史上的"三街两巷"主要的功能业态为会馆、综合商业和文化居住等，其绝大部分分布在解放路、民生路、兴宁路以及新华街、当阳街和金狮巷、银狮巷等区域。今天主要业态还是以餐饮、购物、生活服务等为主，但是布局特点发生了重大的变化。

规划将结合历史、现状及未来发展视角对"三街两巷"的业态进行重新整理和布局。对于有利于街区文化发展和展示的业态进行保留；对于具有历史记忆的业态，如亨德利眼镜店、南百、万国等进行传承；对已消失的历史业态进行恢复发扬，唤起老南宁记忆（图13）。同时规划根据不同的文化主题和文化展示重点，策划五个主题分区，包括老南宁历史文化展示区，重点展示办诚事迹、明清格局、民国文化先锋等南宁历史；"三街两巷"记忆体验区，以展览－体验等形式，展示"三街两巷"曾经的市井生活；金狮巷民居群，展示明清岭南民居及"老南宁"故事传说等文化；"三街两巷"老字号商业区，对老字号传承发扬；多民族文化体

验区，通过引入壮锦、东南亚美食手工艺等业态，彰显包容性及团结性等城市特性。

在五个主题分区内结合现有资源和历史资料记载，恢复和修复一些重要节点，如城隍庙、三联生活书店、西江报社、民众阅报社、经典讲演厅等来宣扬南宁近代历史；同时打造三街两巷记忆馆，利用实物展示、老照片、情景展示、声光互动体验，向游客及南宁市民展现"三街两巷"的历史以及老南宁的市井生活；打造金狮巷民居群，在对建筑保护修缮的基础上，业态上最大限度保留居住功能，增设私房餐饮、客栈、民居展示功能，沿街设置手工打金展示及手工艺生活馆，保留金狮巷原有的"慢生活"；恢复万国酒家，打造成为邕菜第一家，结合餐饮、邕菜展示于一体，成为酒店里的博物馆，同时考虑扩大万国酒店规模，将东侧新建院落式建筑纳入万国，扩大万国的影响力。推动"老字号回归工程"着力恢复民生路"定时真钟表""两我斋"等代表性老字号。

4.3 打造真实骑楼景观，再现可以阅读的建筑

突出南宁传统骑楼特色，规划依据20世纪60年代建筑肌理分布，恢复"沿街商业骑楼、内部巷道民居"的传统建筑组织形式。金狮巷民居群整体为市级文保单位，采取保护修缮的对策，保留建筑原平面布局及结构，仅对建筑立面进行整修，遵循修旧如旧的原则，不做大的改动（图14）；民生路两侧保留现状建筑，采取对其立面进行整治改造的措施，保持建筑原有柱距、层高、

▎**图13 重要节点示意图**

表2－历史建筑及文化基本判断

	解放路	民生路	兴宁路
旧名	德邻路	仓西门大街	城隍街、考棚街和新西街
修建时间	1933 年	1928 年	1929－1936 年
路长	222.5 m	299.31 m	510 m
路宽	21.33 m	18.29 m	15 m
路面材料	水泥路面	南宁第一条沥青路面	三合土路面
道路风貌	较为整齐，大体量公共建筑多		尺度较小
功能	会馆街	南宁近代商业的起源	与中国传统公共功能有关
代表性建筑	均留存： 新会书院、两湖会馆、安徽会馆、董达庭商务楼	均不存： 南宁第一间照相馆"两我斋"、南宁第一间钟表店"定时真"、南宁第一条开设夜市的街道 金铺：东盛、裕一 洋杂百货：先施公司、宝星、战必胜；银钱庄：永纶、金佛郎、广西银行 中西药店：五州药房 茶楼旅馆：万国饭店、林有记茶楼、羡雅酒楼、金龙酒楼、邕南旅馆	均不存：城隍庙； 南宁西药房、华强书局、文海楼书店、达时印务局、唯一甜品店
类似名街	淮海路	南京路	福州路、福佑路
现状风貌	传统骑楼风貌基本完好，但质量较差	外观已全面改建为现代骑楼，建筑大多为新建，仅万国广场东侧约50m保留有原始骑楼结构	外观已全面改建为现代骑楼，建筑大多为新建，红星影院南北联测约100m保留有原始骑楼结构
现状功能	公馆建筑仍有文化、办公功能大部分沿街功能为日用杂货、劳防用品		
对于保护和利用的基本判断	1. 是三街中唯一传统骑楼风貌基本完好的路段，应全面保护风貌存的骑楼建筑，其中质量过差无法使用的，采用拆落地的方式重建。 2. 新建建筑应按照传统骑楼建筑的平面结构，以体现南宁骑楼建筑的精华 3. 建议改建为步行街 4. 业态方面加强码头文化、展示和商务功能	1. 有多个"南宁第一"，但无论从风貌还是业态均已无法体验，应恢复具有影响力的老字号商家 2. 业态方面需要全面调整，恢复代表"南宁第一"的传统商号，恢复夜市，打造南宁的"南京路" 3. 根据业态调整的需要进行建筑整体改建，全面改造建筑立面	1. 目前街道尺度较为宜人，整体风貌优于民生路，建议对立面进行局部改造 2. 业态方面进行局部调整，保留一部分日用品商家 3. 增加传统的文化用品商家，恢复城隍庙
改造力度	大力保护和恢复	大力改造并恢复	局部改造和调整

图14 重要节点-金狮巷

图15 重要节点-民生路兴宁路口的历史及现状照片

图16 重要节点-兴宁路的历史及现状照片

图17 重要节点-中华电影院的历史及现状照片

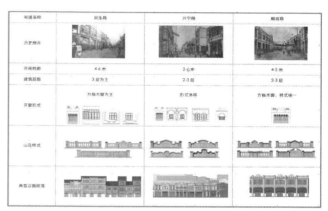

图18 "三街"骑楼风貌特色示意图

图19 规划交通体系图

开间不变,并根据历史照片反映的建筑特征还原沿街骑楼,建筑风格为元素相对简洁、开间较大的样式(图15);兴宁路两侧保留现状建筑,根据历史照片反映的建筑特征还原沿街骑楼,采用较为丰富的装饰元素(图16);解放路历史上街道两侧建筑非常整齐,因集中了大量的会馆建筑,丰富了道路的景观,首先对现存历史建筑进行保护修缮,并以之为依托,参考历史照片还原沿街骑楼。对于大体量建筑,如中华电影院(图17)、民生商场、闽南春购物广场采取保留体量、沿街立面进行整治改造恢复成骑

楼界面,并对其街巷空间适度调整,增加开放空间。最终使得"三街"形成不同风格的骑楼风貌特色街区(图18、图19)。

4.4 优化道路交通体系,塑造可以漫步的街区

通过对现状交通的调研和大数据的分析发现,街区中当阳街-民生路的三角地交通压力最大,尤其是早高峰和晚高峰时刻,其次为朝阳路及解放路。规划将从城市整体角度来考虑疏解道路交通,构建方便快捷的交通系统联系(图20)。车行道方面,新华街打通及将主要车行移入地下,解决了现状道路的错位带来的

生态水文学视角下的山地海绵城市规划方法研究
——以重庆都市区为例

赵万民　朱猛　束方勇

摘　要：海绵城市是我国新型城镇化和生态文明建设的重要内容，在城市内涝灾害频发的背景下，具有缓解雨洪灾害和水资源短缺问题、构建城市水文安全体系的重要意义。山地作为海绵城市建设的主体区域之其海绵城市建设受到自然地形、气象水文和城市建设等多方面因素的制约。本文以重庆都市区为研究对象，在系统梳理山地水文过程特征的基础上，将生态水文体系与海绵城市规划两者间的理论性和技术性耦合，提出重庆都市区海绵城市规划建设的一般途径，从建设目标、生态空间、雨水单元、场地规划等角度制定规划管控措施，落实海绵城市建设要点，实现山地海绵城市规划的理论创新和实践指导价值。

关键词：海绵城市；规划方法；山地水文；重庆都市区

中图分类号：TU984.11　　　　文献标志码：A
文章编号：1108-2786-(2017)1-68-10
DOI：10.16089/j.cnki.1008-2786.000197

海绵城市是我国新型城镇化和生态文明建设的重要组成部分，可以有效缓解城市内涝灾害，控制水体污染，实现雨水资源的循环利用，从而推动城市发展方式的生态化转型。作为海绵城市建设的主体区域之一，西南山地地区自然地质条件复杂，气象水文特征明显，城市建设问题突出[1]，海绵城市建设对构建山地城市水安全格局具有显著的现实意义。

当前海绵城市理论与实践研究主要集中在欧美等发达国家，国内尚未形成完整的理论体系，但是在部分城市，如嘉兴、镇江等已经展开了许多富有成效的低影响实践。

国际上与"海绵城市"相关的雨洪管理理念主要有：美国的最佳管理措施（BMPs）、低影响开发（LID）、英国的可持续排水系统（SUDS）以及澳大利亚的水敏性城市设计（WSUD）等[2]（表1）。各国在雨洪灾害管理、雨水污染防治、雨水回收利用等方面都编制有相对完善的技术规范，并展开了大量案例实践。国

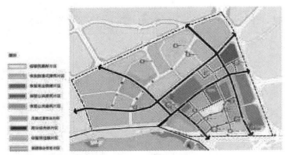

图20 建筑风貌分区图

交通阻塞问题，也使得基地内的南北交通压力得到缓解。步行道方面，依托现状的民生路、银师巷、兴宁路构建步行网络，形成以民生路、兴宁路、解放路、民族大道、金狮巷、银狮巷及金狮巷民居群外围环线的主要步行线路和以金狮巷地块及解放路两侧地块梳理巷道形成的次要步行线路，同时结合街区内的广场节点形成驻足空间，既减少了机动车对街区的干扰，也可以为游人和居民形成便捷的步行空间，增加街区的人气。

5.结语

历史文化街区不仅是历史传承的载体，更是现实生活的场所，街区更新作为历史文化街区发展中的一个重要过程，对历史文化街区活化的复苏具有重要的作用，因此有效的更新手法成为

历史文化街区得以存在并获得发展的动力，既能促进街区的活力和发展，又要能守护、延续地域文化特色，构建和强化街区认同感。

原载《中外建筑》，2017 年 11 期

参考文献：

[1] 仇保兴.中国名城保护六十年.中国城市评论：第五辑，南京：南京大学出版社，2010.

[2] 钟行明.历史文化街区的活力复兴——以济南芙蓉街历史文化街区为例.现代城市研究，2011.1.15.

[3] 黄怡.城市更新中地方文化资本的激活——以接官巷历史街区更新改造规划为例.城市规划学刊，2015(2)：110-118.

[4] 王肇磊.城市更新下历史街区的文化传承与保护——以武汉市汉正街改造为例.江汉大学学报，2015(4)：78-82.

[5] 徐琴.城市更新中的文化传承与文化再生.城市文化资本，2009(7)：01-27.

[6] 彭颖.激活城市——城市建筑文化资本与城市历史街区复兴.城市建筑，2009：14-16.

[7] 李宝芳.英国城市复兴及其对我国的启示.未来与发展，2009：09-15.

作者简介：

袁磊（1983——），男，山东禹城人，上海柏创智诚建筑设计有限公司工程师、国家注册城市规划师，从事规划设计工作，研究方向：城市风貌与特色规划、城市更新与改造和特色小城镇规划等领域

表1 国外雨洪管理技术体系

国家	雨洪管理技术
美国	低影响开发 (Low Impact Development，LID)
	雨洪最优管理系统 (Best Management Practices，BMPs)
英国	可持续排水系统 (Sustainable Urban Drainage System，SUDS)
澳大利亚	水敏感性城市设计 (Water Sensitive Urban Design，WSUD)
德国	雨水利用 (Storm Water Harvesting，SWH)
	雨水管理 (Storm Water Management，SWM)
新西兰	低影响城市设计与开发 (Low Impact Urban Design and Development，LIUDD)

内海绵城市理论研究主要从城市规划学、水文学、景观学等角度出发，探讨海绵城市的基本内涵[3]和规划方法[4、5]，以及下沉式绿地、透水路面、市政道路等雨水设施建设技术[6-8]。实践层面，嘉兴、武汉、北京、深圳等城市在低影响设施建设、雨洪管理技术标准等方面已经取得了一定成果[9-11]。

但是与国外先进的雨洪管理技术体系相比，我国海绵城市建设仍很不完善：首先，规划建设侧重于具体工程技术措施，缺乏对城市整体水文体系的深度思考。其次，建设活动停留在项目地块层面，对海绵城市的专业规划部署和实施管理缺乏系统性的研究。最后，实践地域集中在平原城市，山地城市的雨洪管理规划尚处于起步阶段，对山地海绵城市的特殊性和复杂性缺少应有的认识[12]。因此，本文从水文过程的角度，探索山地海绵城市的一般规划方法，具有理论上的创新价值。

重庆市作为国家中心城市、成渝城镇群双极核、典型的生态山水城市，在西部地区的经济发展和生态文明建设布局中占有重要的战略地位。"巴山夜雨涨秋池""片叶浮沉巴子国"，山城雾都一直是重庆最为典型的水生态、水文化景观，但是在近年的城市发展过程中，大量生态柔性地面被建设用地取代，导致城市内涝灾害频繁发生，人员财产损失严重。2015年1月，两江新区悦来新城入围全国第一批海绵城市建设试点，为重庆市生态水文体系优化提供了重要的契机。

本文以山地生态水文过程的视角，结合山地人视居环境科学、城乡规划学、城市水文学等科学理论，在系统梳理山地水文过程特征的基础上，将生态水文体系优化与海绵城市规划两者间的理论性与技术性耦合，提出重庆市都市区海绵城市规划建设的一般途径①。论文提出以流域治理统筹海绵城市建设，从建设目标、生态空间、雨水单元、场地规划等角度制定规划管控措施，优化重庆市海绵城市规划方法，实现理论创新和实践指导价值（图1）。

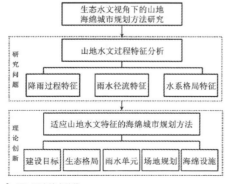

图1 研究技术路线

1.山地水文过程特征及现实问题分析

自然水文循环过程包括雨水从产生到传输、汇集的各个阶段，从水蒸气在大气层中遇冷凝结成雨开始，雨水以各种形态在不同的空间中完成渗透、径流、滞蓄等过程[13]。在山地城市，由于地形条件的丰富性和地域气候的独特性，这种传输过程表现得更为明显，即降雨过程更加集中、雨水产汇流过程改变、地表水文格局也与地形特征高度吻合，呈现出明显的树枝状格局（图2）。

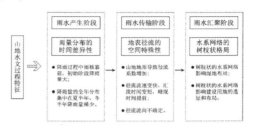

图2 山地水文过程特征

1.1 雨量分布的时间差异性

降雨是影响水文过程的关键因素，起到补充河流水量、增强土壤下渗能力、增加空气湿度等作用。一般而言，山地降雨过程的时间分布极不均匀，大多数集中在雨头、雨核阶段，降雨量可以占到整场降雨的80%-90%[14]（图3）。雨峰提前，短时间内形成较大强度的汇流水量，对城市的防洪排涝设施造成了巨大的压力。

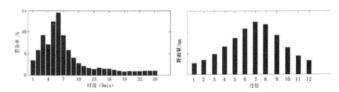

图3 山地降雨过程的时间分布差异和全年差异

西南山地城市多位于亚热带湿润气候区，降水丰沛，重庆市多年平均降雨量为1100mm左右，但是全年雨量分布极不均衡。夏半年受湿热的海洋气团影响，空气暖湿，降水较多，4—9月降雨量占全年总降雨量的75%左右。冬半年（10—3月）在极地干冷气团控制和影响下，降雨稀少，其降雨量占全年的25%左右[15]（图3）。这种冬夏差异极大的降雨条件造成雨水设施在两季不能充分发挥调蓄能力，应对夏季强降雨等极端天气时调蓄容量不足，而在冬季又会因为无雨导致设施不能物尽其用，造成浪费。

1.2 地表径流的空间特殊性

在一场降雨过程中，雨水径流产生于植物截留和土壤下渗两个阶段之后，当降雨区土壤吸收雨水达到饱和后，便开始进入产流阶段。径流经过一段时间的四散流动，逐渐受坡度作用定向汇聚，进入汇水口后，汇流阶段开始。

山地雨水地表径流在地形影响下所产生的特殊性主要表现在径流系数、流速与汇流时间、流向三个方面。在产流阶段，坡度较大的地表使雨水落到地面后受重力在坡面方向上的分力影

图4 山地城市雨水径流示意图

响，向低处流动，不能就地下渗，更容易形成径流，地块径流系数也相应增加（图4）。在汇流阶段，坡地导致雨水流速加快，汇流时间缩短，洪峰到来时间相应提前，极易诱发内涝灾害。在雨水流向上，受地形影响，径流方向不定，不总是沿着既定通道排入自然水体，地势低洼处更易遭受水淹，部分雨水径流会沿着岩层中的缝隙流动，难以控制，需要采取特殊的工程措施。

1.3 水系网络的树枝状格局

雨水经过降雨生成和径流传输，最终汇聚于水系网络。水系的地景格局受地形的影响极为深刻，例如平原地区地形平坦，水系发育完整，多呈现网状形态；而在山地地区，雨水对山体的冲刷作用形成冲沟，并多源汇聚形成次级河流，次级河流相互交织形成大型干流，呈现出干流、支流、冲沟等级分明的树枝状形态。

这种树枝状的水文格局对城市空间的影响十分广泛。一般而言，建设用地和城市道路布局应符合水系分布特征，以避免大规模的挖填方工程，保留天然水系网络的排水作用。在河流汇集处，如果汇入河流宽度狭窄，而汇流量较大，则容易发生内涝灾害。而在长期水流泛滥的过程中，汇集处可以形成湿地地貌，湿地的分布等级与交汇河流的等级有关，交汇河流的等级越高，湿地的规模就越大[16]，雨水蓄存能力也越强。城市建设应当避开这一类洪泛区域，保留原始地貌，而选择地势较高、排水通畅的上游地区。

2.重庆市都市区海绵城市规划方法优化

重庆市都市区位于渝西都市发展地带，包括五大功能区中的都市功能核心区及拓展区，城市功能发育完善，是重庆市域及三峡库区重要的中心城市。在长期的发展过程中，建设工程对地形反复扰动，导致地表硬化、河道填埋，城市水文效应显著。根据重庆市气象局资料，重庆的降雨特征较直辖前已经发生了较大的变化，小雨、中雨日数呈减少趋势，大雨、暴雨日数呈增加趋势[17]。地表硬化导致雨水产汇流过程畸变，径流系数增加，在山地地形影响下进一步增强了径流流速和冲刷强度，峰现时间提前，造成城市内涝灾害时有发生。

本文以山地水文特征为基础，以都市区水文效应的实际问题为导向，将城市规划中的管控要点与山地水文特征相耦合，从建设目标、生态安全格局、雨水单元、建筑场地规划、低影响设施五个方面融入山地水文过程的特殊要求，制定海绵城市规划措施（表2）。

表2 重庆市都市区海绵城市规划方法的主要内容

	规划要点	海绵城市规划方法
适应山地水文特征的重庆市都市区海绵城市规划方法	建设目标	制定都市区海绵城市目标与指标体系，提出年径流总量控制率应设定为60%
	生态格局	划定都市区生态空间格局，形成"四山纵贯、两江合抱、组团布局"的城市山水格局
	雨水单元	划分都市区河流流域并作为海绵城市建设的基本单元
	场地规划	构建建筑、道路、绿地水系和雨水管网相结合的低影响体系
	设施建设	提出山地型低影响设施建设的相关要点

2.1 海绵城市建设目标体系

结合雨水管理的水量和水质控制双重要求，论文制定了"2+4"的海绵城市建设目标体系，分为总体规划层面的年径流总量控制率、年悬浮物总量去除率和详细规划层面的控制指标体系（图5）。

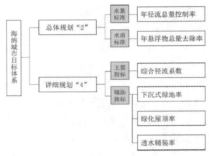

图5 海绵城市建设目标体系

年径流总量控制率反映了场地表面对雨水径流的截留能力，控制率越高，雨水形成的径流越少。结合各类型用地的径流系数经验值和都市区2020年土地利用结构[18]，测算得其年径流总量控制率约为54%[②]，低于《海绵城市建设技术指南》规定的75%-85%范围。但是考虑到山地城市雨水产汇流过程的特殊性，即山地地形对雨水径流的控制能力较弱，以及建成区海绵化改造的经济成本，研究将重庆市都市区年径流总量控制率目标设定为60%，并根据重庆市生态环境质量评价结果[19][③]，将海绵城市建设总体目标分解到各行政区（表3）。

表3 重庆市都市区各行政区海绵城市建设目标

行政区域中	沙坪坝	江北	渝北	北碚	九龙坡	南岸	大渡口	巴南
生态环境质量评价值 39.3	54.91	49.73	58.53	59.83	36.79	53.51	45.84	56.85
年径流总量控制率 43%	60%	54%	64%	65%	40%	58%	50%	62%
年悬浮物总量去除率 36%	50%	45%	53%	54%	33%	48%	41%	51%

径流污染控制是海绵城市建设的目标之一。城市径流污染物中，悬浮物往往与其他污染物指标（如化学需氧量、总氮、总磷）具有一定的相关性，因此，一般可采用悬浮物作为径流污染物控制指标。重庆市都市区年悬浮物总量去除率目标取50%，根据片区现状条件一般可以在40%-60%之间浮动（表3）。

在控制性详细规划层面，论文基于"维持开发前后水文特征的基本不变"的总体目标，构建了控制指标体系，即以综合径流系数为主要指标，以下沉式绿地率、透水铺装率、绿化屋顶率为辅助指标。综合径流系数可通过各种地表类型径流系数的经验值，按照各类地表面积比重加权计算而得。辅助指标下沉式绿地率、透水铺装率、绿化屋顶率也是控制海绵设施建设效果的重要指标。研究根据重庆山地特色，制定了海绵城市控制指标表（表4），对各类型用地的径流系数、下沉式绿地率、绿化屋顶率和透水铺装率作出了刚性规定，在规划设计中可以参照执行。

表4 海绵城市控制指标表

用地类型		径流系数	建筑密度	绿化屋顶率	绿地率	透水铺装率
居住用地	新建	0.4	40%	60%	30%	75%
	改建	0.5	50%	40%	20%	50%
公共管理与公共服务设施用地	新建	0.4	40%	30%	25%	75%
	改建	0.5	50%	20%	15%	50%
商业服务业用地	新建	0.4	55%	60%	10%	75%
	改建	0.45	65%	40%	10%	50%
工业用地	新建	0.55	40%	30%	25%	75%
	改建	0.6	55%	20%	15%	50%
物流仓储用地	新建	0.55	50%	30%	20%	75%
	改建	0.6	55%	20%	15%	50%
道路与交通设施用地	新建	0.5	—	—	20%	75%
	改建	0.55	—	—	15%	50%
公用设施用地	新建	0.55	40%	30%	25%	75%
	改建	0.6	55%	20%	15%	50%
绿地与广场用地		0.15	3%	80%	80%	90%

2.2 区域生态安全格局保护

区域水环境的保护与生态安全格局关系密切，保护对水文过程具有重要意义的河流、山体和绿地，避免城市扩张对生态空间的侵蚀，可以有效维持区域自然水文循环的完整性，涵养水源，控制地表径流，调节城市气候，改善热岛效应。因此，保护区域生态安全格局是海绵城市建设的重要途径之一。

重庆市都市区位于川东平行岭谷地带，缙云山、中梁山、铜锣山、明月山由北至南平行穿越城区，长江、嘉陵江两江蜿蜒交汇于渝中半岛，形成了独特的生态格局风貌。结合 GIS 信息图谱技术，识别都市区生态安全格局的主体构成，包括以缙云山、中梁山、铜锣山、明月山四山为主体，桃子荡山、东温泉山、樵坪山等次要山体为补充的山系网络；以长江、嘉陵江为主体，以璧北河、梁滩河、后河等重要支流为补充的树枝状自然水系网络；以郊野公园、风景名胜区、自然保护区、生态农业区、组团隔离带和城市绿地等各类生态绿地为主要内容的绿地网络，形成山体、水系、绿地相互交织的生态安全格局。

都市区内河网纵横，湖泊星罗棋布，呈现典型的山地格局特征。依托三峡水库175m蓄水位的建设，长江和嘉陵江江面拓宽，水量十分丰富，水位涨落差异变小，具有更加明显的防洪和滞洪功能。次级支流是水系统的主要组成部分，空间布局上深入城市建设用地，接纳雨水作用明显，是城市泄洪滞蓄网络的主体构成。水库湿地多位于河流交汇处，常年雨水泛滥形成水面，通常作为雨水出口，应当保留原始地貌和植被，建设为湿地公园，主要承担水量调蓄和水质净化的生态服务功能。

水系与湿地网络体系保护应当注重水系结构的完整性、河流岸线的生态性、滨水绿地的协调性三个方面[20]。首先，依据水系保护名录，划定水系保护范围和周边协调范围，优化城市河道（自然排放通道）、湿地（自然净化区域）、湖泊（调蓄空间）的布局与衔接，构建完整有效的自然雨水调蓄系统。其次，保护并修复受损河道，恢复生态型、海绵型岸线，增强河流的持水能力。最后，优化滨水区绿地布局，构建滨水缓冲带，作为城市雨水进入河道前的调蓄设施，合理衔接建设区低影响系统与河流滞蓄系统，可以减轻雨水对河道的冲击作用，削减雨水洪峰流量。

2.3 雨水管理单元划分

流域是一个将径流汇到一个共同点的、完整的、相对独立和封闭的自然集雨面或集流区域，既是降雨径流汇集的最小单元，具有独立的生态系统功能；又可以作为一个资源管理和规划的综合单元，具备经济社会属性[16]。由于山地地形的阻隔，水文地景格局和雨水循环过程可以在某条河流的流域内保持相对完整和独立性，将流域作为海绵城市管理的基本单元，符合地域水文的基本特点。

研究根据都市区水系的汇水方式、地形条件以及城市建设用地的布局，将其划分为58个流域单元。海绵城市规划应以流域为中心，展开土地利用规划、道路交通建设、水系网络规划和排水系统规划，制定符合城市水文特征的规划措施。首先，保护和修复流域内的主要河道、冲沟、湿地，梳理水系网络，形成泄洪通道与蓄滞洪区相结合的雨洪排放体系。其次，城市建设用地布局符合流域的山水关系，重要的行洪通道和滨水地区应当优先布局为非建设用地，避免城市建设占据重要的生态环境节点。再次，地表水文格局应当成为道路网形态规划的依据，城市路网规划形成平行或垂直于河道的道路形态，有利于流域内雨水向河道的汇集。最后，排水规划应充分利用流域内原有的水系网络和排水工程，形成自然泄洪通道，同时进行雨水污染治理和回收利用，将低影响设施系统、雨水管渠系统和超标雨水排放系统结合起来。

2.4 建筑场地的"海绵化"规划方法

《海绵城市建设技术指南》提出海绵城市的建设途径，包括生态安全格局保护、水系网络修复和低影响设计三个主要方面[20]。在保护城市总体生态格局的基础上，在城市建筑、道路、绿地水系和市政雨水管网等多个系统中落实海绵城市的建设要求，体现"渗、滞、蓄、净、用、排"六字方针，是重庆山地海绵城市建设的主体内容。

城市建筑的海绵化规划注重雨水的源头接收，以小流域或集水区为基本单元，控制雨水的外排量，利用屋顶绿化、雨水花园、透水铺装等设施就地消纳雨水，降低下游地块的蓄水压力。道路网既是产生雨水污染的主要场所，也是超标雨水排放的基础性通道，低影响建设以传输功能为主，通过植草沟、生物滞留带接收并净化路面雨水，将超标雨水输送到区域雨水处理枢纽。绿地和水系是海绵城市中的雨水处理枢纽设施，具有区域服务能力，即吸纳周边地块的超标雨水、改善区域小气候等多种复合型功能，应当与周边地块有良好的竖向衔接关系，并保持完整的自然生态景观。市政雨水管网属于灰色基础设施，也是海绵城市的重要组成部分,六字方针中的"非"即指充分发挥雨水管网的调节能力,通过适度超前的建设和良好的运营管理机制,形成体系完整、管网与处理枢纽相结合的雨水工程网络,与绿地、水网等绿色基础设施有机结合,降低城市雨水内涝的风险。

2.5 山地低影响设施设计

山地城市的低影响设施建设应当充分考虑山地地形和水文特色,都市区是典型的山地地貌,水文过程与地形契合度较高,在选择低影响设施技术时,应当充分评估设施对山地地形的适应性,选用在一定坡度下仍能保持良好的雨水调蓄、净化功能的设施(表5)。

山地城市高密度的建设特征使得在场地中无法建设大量的生物滞留设施,因此应当着重建设绿化屋顶,充分利用建筑屋面将雨水截留在初始阶段。在中、小强度的降雨中,屋顶绿化的截留雨水能力较为可观,并通过落水管引入地下蓄水罐或其他雨水调蓄设施,实现雨水资源的循环利用。

在用地条件宽裕的地区,从雨水调蓄容量、径流污染控制角度,应优先选择雨水花园、下沉式绿地等生物滞留设施来调控雨水。雨水花园可根据坡地地形设计成梯级跌落式,使雨水分层流动,有利于水质净化。

在道路、广场等大面积硬化场地中,利用可渗透铺装减少雨水径流,将雨水吸收并渗透到底层土壤和地下水中。但在建筑基础周边铺设可渗透铺装时应做好防渗处理,避免过量雨水渗透引起建筑基础受损和不均匀沉降。

此外,山地地形坡度较大,雨水汇流速度快,流向四散不定,应当采用植草沟、生物滞留带等设施引导雨水径流进入调蓄池。在坡度较大的地区,生物滞留带应在径流下游或汇集点采用耐冲刷的铺装材料。

3.总结

重庆市作为国家海绵城市建设的首批试点城市,在建设过程中面临着山地、水文、城市建设等多层次、地域化的特殊问题。本文以生态水文的视角,梳理出山地水文过程在降雨过程的时间分布、雨水径流的空间特性以及水系网络格局方面的特征,并据此提出重庆市都市区海绵城市规划应当重点解决的问题,即建设目标、生态格局、雨水单元、场地规划和海绵设施五个方面。主要创新点包括:

(1)确定海绵城市建设目标。制定重庆都市区海绵城市目标与指标体系,提出年径流总量控制率应设定为60%,并构建了海绵城市建设的控制指标体系。

(2)划定海绵城市空间红线。划定都市区生态空间格局,形成"四山纵贯、两江合抱、组团布局"的城市山水格局;梳理水系与湿地相结合的雨水调蓄网络,并划分都市区河流流域,并作为海绵城市建设的基本单元。

(3)制定海绵城市规划措施。提出建筑场地就地消纳、城市道路净化传输、绿地水系终端调节、雨水管网补充调蓄四者相结合的海绵城市规划方法,并就山地特征梳理低影响设施建设的相关要点。

论文将山地生态水文体系与海绵城市规划进行理论耦合研究,提出了海绵城市规划的一般途径,为山地海绵城市建设提供借鉴和参考。

原载《山地学报》,2017年01期

表5 山地低影响设施选型(部分图片来源于网络)

名称	示例	作用	适用场所
屋顶绿化		接收并过滤初始阶段降雨,改善建筑环境,利用落水管将超标雨水排放到地表绿地中	位于低影响设施网络的起始处,一般应用于住宅建筑和小型商业建筑
垂直绿化		截留初始阶段降雨,增强坡面固土作用,防止水土流失,并形成生态化风貌	位于低影响设施网络的起始处,用于墙体、立柱或挖方形成的高切坡
雨水花园		蓄存、渗透一定汇水范围内的降雨,植被种类较为丰富	依据规模大小处于低影响设施网络的中间位置或终端,多用于街头花园
下沉式绿地		调节集蓄一定范围内的降雨,并与超标雨水排放系统衔接	位于小型低影响设施系统的终端,在绿地、居住区、工商业区中有广泛应用
可渗透铺装		渗透初始阶段的降雨,与土壤、地下水相连,可将雨水渗透到地下,改善大面积硬化场地的蓄水能力	用于人行道、广场以及其他硬化铺地,适用范围较广
植草沟		带型低影响设施,将雨水从接收设施传输到终端调蓄设施,同时具有渗透、调蓄的作用	属于低影响设施网络的连接设施,多位于绿地、道路等场地
生物滞留带		带型低影响设施,与植草沟相比,独立的蓄水调节性能更加完善,植物种类也更加丰富	一般应用于道路绿化带中,在地形较陡的地区,还可设计为梯级跌落的形式

注释:

① 论文以重庆市都市区为研究对象,范围包括渝中区、大渡口区、江北区、南岸区、沙坪坝区、九龙坡区、北碚区、渝北区、巴南区行政区域,面积约5 473km²。

② 对重庆市1994年、2005年、2013年城市建设用地现状的分析表明,在未进行低影响开发时,都市区年径流总量控制率仅为26.43%(1994年)、29.60%(2005年)和31.80%(2013年)。进行低影响开发后,2020年都市区年径流总量控制率为54%,低于国家规范的要求。

③ 由于场地径流控制能力与其生态环境质量密切相关,较高的植被覆盖率和水网密度都能增强雨水控制能力,因此利用生态质量评价结果确定年径流总量控制率目标的分配关系具有一定的合理性。

建筑史学的危机与争辩

王贵祥

摘　要：本文是对 2017 年两次小型建筑史会议上出现的有关建筑史学思想的一些争论，以及大家共同意识到的当下建筑史学所面临的危机进行的辨析。论文讨论了建筑史学研究方法论上的通史与案例研究问题，分析了建筑史学思想的现代性与后现代性问题，关注了建筑史应当关注历史还是关注当下的问题，也讨论了建筑史学作为一门学问，究竟是有用还是无用的问题。论文希望对当前社会对建筑史学科存在的一些不同的看法，或建筑史界本身对于自己学科的一些不同观点，加以讨论与厘清。

关键词：建筑史学；危机；方法论；宏大叙事；兰克史学；后现代

Abstract：The paper is focused on some controversy about architectural history thought which appeared in the two small meeting of architectural history in 2017 and some analysis have been done on the crisis faced by the academic area of architectural history. We have discussed the methodology problem of a general history of architecture or a typical research on some historical building cases and have analyzed the problems of modernity or post—modern in the area of architectural history. Some attentions have been paid on the problem like that as a subject the discipline of architectural history is useful or useless? The author hopes to discuss and clarify some different views on the subject of architectural history in the current society or some different viewpoints on the subject of the discipline itself.

Key words：Architectural History; Crisis; Methodology; Grand Narrative; Historiography of Ranke; Post Modernity

引言：两次小型学术会议引发的讨论

2017 年 3 月下旬与 4 月中旬，先后在清华大学建筑学院召开了两个由从事建筑史学研究的中国与日本学者参加的学术研讨会。第一次会议的主题，是如何由中日学者合作，共同撰写一部东亚建筑史的问题。参加的人，除了日方院校的一位代表外，主

参考文献 （References）

[1] 赵万民，李泽新，黄勇，等.山地人居环境科学七论[M].北京：中国建筑工业出版社，2015：2-3.

[2] 闫车伍，闫攀，赵杨，等.国际现代雨洪管理体系的发展及剖析[J].中国给水排水，2014,30(18):45-51.

[3] 仇保兴.海绵城市(LID)的内涵、途径与展望[J].建设科技，2015,41(3): 11-18.

[4] 彭艳，张晨，顾朝林.面向"海绵城市"建设的特大城市总体规划编制内容响应[J].南方建筑，2015,1(3):48-53.

[5] 李岩.城市规划层面落实海绵城市建设的措施研究[J].中国科技信息，2015,27(5):26-27.

[6] 苏义敬，王思思，车伍，等.基于"海绵城市"理念的下沉式绿地优化设计[J].南方建筑，2014,1(3):39-43.

[7] 车生泉，谢长坤，陈丹，等.海绵城市理论与技术发展沿革及构建途径[J].中国园林，2015,31(6):11-15.

[8] 王雯.市政道路设计中应用雨水利用措施探析[J].价值工程，2015,34(9).

[9] 董玉良，王贤萍.建设海绵城市——低影响开发在嘉兴的研究与应用[J].建设科技，2015,14(7):56-57.

[10] 王洪，张勇.北京经济技术开发区雨水规划与实践[J].建设科技，2015,14(7):46-48.

[11] 叶晓东.海绵城市实施途径及规划应对策略研究——以宁波市为例[J].上海城市规划，2016,1(1).

[12] 束方勇，李云燕，张恒坤.海绵城市：国际雨洪管理体系与国内建设实践的总结与反思[J].建筑与文化，2016,1(1):94-95.

[13] 王君.城市水文效应的规划对策研究[D].湖南大学，2012:5.

[14] 任伯帜.城市设计暴雨及雨水径流计算模型研究[D].重庆大学，2004:31-32.

[15] 重庆市规划设计研究院.重庆都市区美丽山水城市规划[Z].2015.

[16] 赵珂，夏清清.以小流域为单元的城市水空间体系生态规划方法——以州河小流域内的达州市经开区为例[J].中国园林，2015,31(1):41-45.

[17] 杨治洪，靳俊伟，张科.海绵城市的重庆探索[N/OL].(2015-09-20)[2016-03-12].http://www.calid.cn/2015/09/302.

[18] 重庆市规划设计研究院.重庆市城乡总体规划（2007-2020年）[Z].2014.

[19] 重庆市环保局.重庆市2012年度生态环境质量评价报告[EB/OL].(2013-05-20).[2016-03-15]Http://www.cepb.gov.cn/uploadfiles/201305/20/20130520000000043460870.doc.

[20] 住房城乡建设部.海绵城市建设技术指南——低影响开发雨水系统构建[EB/OL].(2014-10-22) [2016-03-15].Http://www.mohurd.gov.cn/zcfg/jsbwj_0/jsbwjcsjs/201411/t20141102_219465.html.

作者简介：

赵万民（1955——），男（汉），重庆大学建筑城规学院，博士，教授，主要从事山地城市规划与设计研究

要还包括了清华大学、天津大学、华南理工大学等几所中国院校建筑系从事中国建筑史研究的学者。第二次会议的规格比较高。会议的主旨，是深化清华大学与日本东京大学两校的战略合作伙伴关系。两个学校的校方组织了多学科学术研讨会，参加的学科有十个之多。其中的一个分会场，是由东京大学生产技术研究所建筑史学科的几位教授和博士生与清华大学建筑学院建筑历史与文物保护研究所的教授与研究生们共同参加的有关建筑史学研究新趋势方面的学术研讨会。这个分会场设在清华大学建筑学院内。

两次会议的规模都不是很大，每次参加的人数，大约不过二三十人，主要发言的学者不超过10人。笔者很喜欢这样的小型学术会议，规模不大，参加者都是素有研究的高水平学者。旁听者，除了清华建筑历史与理论及历史建筑保护方向的研究生之外，也会有邻近院校的年轻教师与研究生前来捧场，会议气氛活泼愉快。每位演讲者的发言时间都很充裕，问题可以讲得比较透，内容也相当深入与广泛，而且还可以有一个十分活跃且具深度的讨论与争辩过程。这就像是一个学术沙龙一样，有一个大略的主题。发言者与讨论者，围绕会议的主题，各有发挥，显得无拘无束，也没有繁琐的仪式性程序。比较起来，一些名头大的学术会议，动辄数百人，发言者数十位，每人的发言不过十余分钟，讨论的题目也是五花八门，结果却有点像赶庙会似得，熙熙攘攘，热热闹闹，彼此的收获却几乎微不足道。这或许也是近几年，笔者没有太多兴趣参加这种大型学术会议的原因所在吧。

有趣的是，两次会议除了围绕主题的讨论之外，还在如何研究建筑史方面，提出了一些尖锐的问题，产生了一些不同意见。有些意见甚至引起了十分激烈的争辩。围绕这些争辩，笔者也在会场上即兴发表了一些见解，主要是想针对会议中引起争论的话题，阐明一下自己的观点，并对中国建筑史学的未来发展及其研究思路，提出一些个人的想法与建议。会议结束的时候，有参会的学者建议，若将这些讨论与意见写一写，介绍给国内建筑史学界，引起大家的思考与讨论，岂不更好。于是才有了撰写这篇文字的想法。

第一次会议上的激烈争辩，引出的话题是：建筑史研究的着力之点，究竟应该是宏观或中观的建筑历史规律或趋势探究，还是微观的历史建筑案例或细节研究？除了具体而微的建筑案例性与建筑做法的细部性研究之外，系统性、通史性的建筑史研究，究竟还有没有继续的必要？也就是说，建筑研究主要应该关注涉及建筑发展中的具有历史转折性或关键性，以及具有历史时序性意义的大话题，还是主要关注建筑史上某一位建筑师，或某一个具体时代，或具体建造团队的具体建造技术与建造方法。甚或某一座具体地点、时间、建筑物的具体的比例、造型、尺度与构造做法等问题。前者，更像是一种整体建筑史的建构性研究；后者，

更倾向于一事一例的建筑案例性研究。换言之，前者的研究方式，多少都有一点接近温克尔曼的古典艺术史或弗莱彻的世界建筑史的思路；后者的研究方式多多少少有一点像是肇始于19世纪德国人兰克（Leopoldvon Ranke，1795–1886年，图1）的史学研究方法。

在第一次清华会议上，因为涉及要通过国际合作，研究东亚建筑史的话题，必然要有一个如何研究与建构东亚建筑史的问题。在谈到按照时代或地域划分研究章节的时候，有一位资深学者尖锐地提出："几十年来，我只研究具体问题。从来不搞通史研究。我不主张那种'宏大叙事'的研究方式。"争论到激烈的时候，这位学者甚至含蓄地暗示，"我主张要少制造一些垃圾"。话语中多少含有批评那些从事系统建筑史或建筑通史研究的学者们，是在"制造垃圾"的意思。

这里显然提出了一个问题，建筑史研究中，是否还需要具有通史性架构的研究思路与方法？历史学研究中的兰克史学研究方法，是否普遍且充分适用于一切建筑史学的研究方法？这种以兰克史学方法论为依据的一事一例的建筑案例式研究思路与方法，是否能够从完全意义上取代建筑史学，特别是起步尚不足百年的中国建筑史的通史性或系统性研究。换言之，中国建筑史学领域的通史性研究，还有没有继续存在的必要。

还有一个需要讨论的问题，即通史性研究与一般历史学中那种所谓"历史决定论式"的"宏大叙事"式的研究方式，是否可以画等号？也就是说，对于一个国家与一个地区建筑的发展历史，如果做了任何具体而深入的系统性整体观察、讨论与研究，就一定会陷入"宏大叙事"的窠臼之中吗？

第二次会议，引起的争论更大。这次会议的主题是由日方提出来的，主题是："关于建筑史研究新方法的思考（Thinking New Methods of Research on Architectural History），主旨就是建议一种"新建筑史"的视角。这显然是一个颇具新意的讨论话题。会议一开始，先是由日方的一位资深教授，提出了几个有关建筑史研究的问题，随后提出了"新建筑史"这一概念。这位教授的发言题目也很有趣："开辟建筑史研究的新纪元：适应定常型社会的建筑史研究。"在这个题目下，他提出了两个十分直白的问题：1.什么是建筑？ 2.什么是历史？

回答这样两个问题，当然不是这次会议的主旨。这位教授真正希望讨论的议题是：建筑史学的研究对象、研究目的、研究方法是什么？教授先是自问自答地回答了这三个问题。他认为，在人们的惯常意识中，所谓建筑史学的研究对象是与现在不同的时空中的人工建成环境；研究目的是为了使人类社会的未来更加多彩、充实；研究方法是探索适宜的研究方法进行考察。

围绕这三个问题。他还具体地提出了建筑史研究，实际存在有四种可能的方法：

1. 发现智慧；
2. 归类起因相同的现象；
3. 继承建筑物和城市；
4. 丰富人们的内心和智慧。

接着，教授话锋一转，向在座的各位同行与学生们提出了一个十分现实的问题：选择做建筑史研究后，是否觉得在社会上

少有容身之处？教授至少提出了几种令在座的各位同行都能够感觉得到的现实危机与困境："从事建筑史研究的人，看不到明朗的未来，赚不了钱，不清楚建筑史研究的意义，改行去做建筑设计又不具备竞争力。"短短几句话，一时间令在座的各位立志从事中国建筑史研究的梁、刘二公的徒子徒孙们，陡然有一种冷水浇头的感觉，茫然不知所措。

尽管对于这位教授提出的"定常型社会"很难给出一个恰当的定义。但是，从题目本身就可以了解到，这位教授是有备而来。其发言的主题就是要颠覆既有的建筑史学研究方法论，以期创造一种全新的适应当下或未来社会（定常型社会？）的建筑史研究学术新理路。

接着，也许是为了使建筑史学更接地气，至少不至于使自己的学问，太脱离当下的社会实践，这位教授也表现出了对"遗产保护"这种当下性"功利性"事务的热心。然而，有趣的是，即使是跳出了建筑史学的范畴，这位教授似乎仍然认为人们观念中那种正统的（非定常型的）"遗产保护"工作。因为过于传统与严肃，似乎也有一点时过境迁了。对这种正统的"遗产保护"，教授表现出了一种不屑的态度。随之，他提出了一种与他所主张的"新建筑史研究"如出一辙、彼此对应的"非常遗产"概念。正如这位教授就这一话题所提出的论题一样："非常遗产与世界遗产：作为建筑史研究的新颖性。"换言之，他提出的"非常遗产"对应的正是"新建筑史"研究。

这里所谓的"非常遗产"，已不再是那些国际公认的具有普遍与突出价值的古代或近代的历史建筑或建造物，亦不是那些人们惯常所认知的具有重大历史价值与艺术价值的珍贵历史文物建筑，而是一些不曾在历史上产生过什么重要影响的，甚至没有引起太多人注意的建筑。或者，甚至是未曾经历多少历史时段打磨的，但却在造型与空间形态上十分特殊的、奇异的、孤立的，或者说是独一无二的建筑物。

在他和他的同仁提出的《非常遗产宣言》中，对"非常遗产"做了这样的定义："非常遗产有着其他任何地方所没有的特异性。由于其外形令人忍俊不禁而难以被认定为国家的重要文物或世界遗产。然而，它联系了地域以及超越了地域范围的地球环境、人类、社会等许多事物，让看到它的人不禁感叹：非常了得。因而自然地想要将其传承给下一代。对于这样的非常遗产我们稍稍留有余地地、洒脱地跟大家一起发现它。跟大家一起用爱培育它，通过将其传承给下一代来对地域及世界作出贡献。"[1]

例如，他举出了一座名为"达古袋"的小学。这是沿着一个山脚，呈横向延伸的长长的单层坡屋顶房屋，其长度少说也有百米之长，面向广场一面形成一个同样是很长的单面走廊，将一间间教室、办公室或其他的功能性房间联系在一起，它的长，构成了它是"非常遗产"的基本特征。他们眼中的"非常遗产"多是那些诸如其形式很独特，其屋顶很怪异，如此等等的类似样态。据说，在这位教授的推动下，已经有4座这类建筑，被授予了"非常遗产"的名号。而这种"非常遗产"的概念，甚至已经被日本的民众与媒体所接受。他认为，发现与研究这种"非常遗产"类建筑，其实就是新建筑史的任务之一。他还十分幽默地建议大家，通过这种新建筑史研究以及对"非常遗产"的发现与保护，一起

冲刺"搞笑诺贝尔奖"。

无论如何，这种"非常遗产"的思路都是非常好的，是建筑史学研究者切入当下事务的一种特别有意义的尝试，也是对既有世界遗产保护思路的一种全新的拓展与尝试。同时，这种介入"非常遗产"之遴选与命名，并与"定常型社会"接轨的保护思路，与他们心目中的"适应定常型社会的新建筑史研究"其实是一致的，其思路多少都有一点反传统、反现代、反主流、反逻辑的后现代思维的痕迹。

接下来的几位日方学者的发言，都是按照这种"新建筑史"的思路展开的。一位学者的关注点，是对一座超大型城市，即近100年来印度尼西亚首都雅加达城内随着近代经济发展与城市扩张而随机并无序地形成的平民或低阶层民众聚集的居住型城市空间之发展与变化的研究。作者对这种自发的无组织或自组织发展的建筑与城市空间（图2）的生成过程与历史演变轨迹表现出了极大的兴趣，详细地按照年代梳理了这些建筑之空间肌理的发展变化过程，并对这些无组织或自组织的城市空间的生成原因做出某种解释。这显然是与在当下相当流行的复杂科学中的"混沌学"式研究方式有着一定的关联。

▌图2 某第三世界国家大城市自组织建造的贫民聚居区

另外一位学者的研究关注点是对包括日本关东大地震在内的一些灾后重建的历史加以讨论的话题，其着眼点是在"灾后复兴的历史"。这显然也是一种力求切入当下历史的建筑史学研究方法，其意义也在于，使得原本比较超然的建筑史学研究，与当下的社会功利性需求之间建立起某种密切联系。

日方学者中也有将基本方法论放在纯粹建筑历史与理论研究范畴之内的论题，但其基本的着眼点却并非历史上发生过的建筑现象。例如，一个题目的关注点是"电影中的建筑史"，即近代电影中所表现的中国古代建筑形象及其演变过程。论文试图超越建筑历史本身，也超越古代建筑的传统本身，去关注那种"被创造的传统"。或者更直白一点儿说，是"在电影艺术中，被创造的传统建筑"。或者说，近代中国人是如何随着社会的发展而观察与想象中国古代建筑的形式与空间的。其论文的目的，是希望探讨一种脱离建筑实体的建筑史研究，说到底，这其实不是传统意义上的建筑史研究，更非习惯上的具有物质史、艺术史或技

图3 苏联时期的建筑

术史意味的建筑史,而是一种从当代史出发的虚拟"建筑思维史"的研究理路。显然,这其实也是一种反主流、反传统、反现代、反逻辑的"新建筑史"研究理路。

日方的发言中,唯一有一点儿建筑史意味的是一位来自俄罗斯的留日博士生,他的论文是对苏联时期"社会主义建筑"的梳理与探究,其关注点并非一般意义上的社会主义建筑,而是受到斯大林时代影响的特殊时期的特殊建筑(图3),当然也包括了受到苏联影响的其他社会主义国家的建筑作品及其理论思考。这一论题,多少可以归在现当代建筑史的学术语境之中。

短短不足一个月的时间,两次具有国际意义的小型建筑史学研讨会。本来各有两个彼此不相关联的会议主题。但在涉及建筑史学研究方法论的时候,讨论与争辩的问题却如此接近,这不能不令人感到有一点儿不可思议。显然,透过这些讨论或争辩,可以使人明晰地感觉到传统意义上的建筑史学研究确实已经面临某种前所未有的危机。面对这场酝酿已久的危机,中国建筑史学人应持一个怎样的态度?是了解与对应,还是规避或对抗?是置之不理、漠然处之、还是深入思考、探究新路?是保持学术的定力,还是随波逐流?这恐怕并非是一个无足轻重的小问题。

一、宏大叙事、兰克史学与建筑史研究

20世纪后半叶史学界经常谈及的一个重要话题,就是史学中的"宏大叙事"问题。所谓"宏大叙事",主要是针对一般历史学科,特别是社会政治史研究中,对于那种具有主题性、统一性、目的性、连贯性的无所不包的历史叙述方式的贬抑性术语。

宏大叙事的基本模式,是将人类历史视作一部完整的历史,希望创建一部能够将过去与未来连贯为一体的历史。这实际上是将某种世界观与历史观加以神化、权威化与合法化,是一种政治学意义上的历史学研究方法。其影响所及,主要还是在社会史,而非本文所讨论的具有艺术史、物质史或技术史意味的建筑。换言之,这位教授所抨击的"宏大叙事其实是将20世纪历史学科在方法论上的争辩主题",套用在了一门与政治学、与社会历史学关联并不那么密切的建筑史学研究方法论的争辩之中。

当这位教授指称建筑史学的"宏大叙事"的时候,其能指,可能是一切与建筑通史相关的研究;而其所指,几乎已经覆盖了

所有对古代建筑建造规律性、历史连续性探索的研究。在一定程度上,按照这位教授的口吻,自20世纪30年代以来由梁思成、刘敦桢等前辈学者对于中国建筑史史学体系的建构性研究,以及20世纪80年代以来由傅熹年、潘谷西等先生完成的五卷本《中国古代建筑史》研究,大约都可以被归在"宏大叙事"的范畴之内。也就是说,按照这位教授的观点,近百年来的中国建筑史研究,走了一条十分荒唐的系统化、完整化、权威化的"宏大叙事"之路?

那么,什么是中国学者应该选择的正确道路呢?这位教授显然十分青睐19世纪德国史学家兰克史学的学术理路。

凡攻历史学科的人都清楚,兰克创立的史学理论在史学界具有十分深远的学术意义。兰克史学,重视原始资料的利用与考辨,关注不同时代的档案资料,将历史著述的关注点,落在了彻底恢复历史的本来面貌之上。因而,兰克史学更重视一事一例的个案研究,更重某一历史细节的细微变化及其原因的探究。兰克史学的经典话语是如实直书、去伪存真,不作理论抽象、不作任何价值判断。显然,这些都应该是每一位优秀的史学工作者所应该具备的优良品质。只是,在具体的史学研究实践中,是否能够一概而论地采用这种单一的方法论呢?

显然,宏大叙事与兰克史学,表现了20世纪史学研究方法论的两个极端。宏大叙事,讲求系统性、连续性与权威性;兰克史学,讲求本真性、具体性、细微性。用一个不是很恰当的譬喻:宏大叙事者,希望完整而系统地描述整个人体,而兰克史学者,主张对每一器官,甚至器官中每一细胞的原本状态及其变化加以探究。这显然表现为史学思维的两个截然不同的方向。

首先,要特别指出的一点是,无论是"宏大叙事",还是"兰克史学",其关注的核心都是社会政治话题。这两种方法,都是社会历史学的研究方法。其研究焦点,都在社会政治史方面。只是,宏大叙事更关注社会的系统史。探究历史发展的理论特征,寻求历史发展的政治动力。注重论证社会既有体系的合法性与权威性论证,并多少体现出一点历史决定论的特征。而兰克史学则关注历史上某个具体人物在历史发展,特别是在政治史发展中所起到的具体而微的作用这种研究理论,将政治史与人物生活史紧密联系在一起。一事一物具体而微的变迁,可能影响一个时代的政治发展态势,而这才是真实的历史。

其实,在中国人的历史思维中,似乎也曾出现过类似的现象。如果说唐宋时期的历史研究,更多采取了"以史为鉴"的思想理路。其主要的历史观,是带有儒家所主张之兴亡更替大历史观的痕迹:则明清时代的历史研究,已经进入一切需要考据训诂的朴学思路。其基本的主张是"凡古必真",凡是未经严密考证的古代史实,其实都是不可信的。民国时期形成的"史源学"研究思路,即是对一事一物的真实历史渊源加以详细考证的研究理路,其影响也直接渗透到当代建筑史学研究之中。这种同样是关注一事一例,严格考据事件真实性及其源头的朴学或史源学的研究主张,与兰克史学的研究理路,多少是有一些相通之处的。

回顾一下中国建筑史学的发展历程就会发现,原本也出现过两种截然不同的学术理路。最早介入中国建筑史研究的学者,并非中国人。早在19世纪。著名建筑史学家弗莱彻(B.Fletcher)

在他所著《比较世界建筑史》中，就有专门章节提到中国建筑与日本建筑。弗莱彻的建筑史，是典型的通史，充分体现了西方建筑史学的系统性与权威性。然而有趣的是，在弗莱彻那里，延宕数千年的中国建筑，也包括受到中国建筑影响的日本建筑等，都被归在"非历史的"建筑类别之下。也就是说，弗莱彻认为中国建筑与日本建筑不过是一些没有什么历史可言的现象碎片，遑论系统性的"建筑史"言说了。

如果说弗莱彻只是从传教士的二手资料中了解中国建筑，因而得出了中国建筑是"非历史"的错误结论。那么，至少从现有的资料观察，最早开始关注并直接接触与研究中国古代建筑的德国建筑史家恩斯特·鲍希曼（Ernst Boerschmann，图4）也有类似的思想历程。1906—1931 年间，鲍希曼先后进行了两次巡游中国大陆的古建筑考察之旅，并用德文撰写了 7 部有关中国建筑的学术专著。其中有对古代建筑的一般性考察，也有较为深入的研究型论著。鲍希曼研究中国建筑的时间，甚至早于日本的关野贞·伊东忠太等学者。而且，在 20 世纪 30 年代初，中国营造学

图4 德国建筑史学者思斯特·鲍希曼

社成立之初，鲍希曼还曾主动请缨，希望为中国营造学社作通信研究，并向学社寄赠了他所著述的《塔之专著》[2]。

遗憾的是，鲍希曼的研究，很可能也多少受到了弗莱彻学术思想的影响。在他两次大规模的中国古建筑考察中，几乎没有作过任何历史线索的探究。他到过五台山，却与五台山最为古老的木构建筑佛光寺东大殿擦肩而过。他曾长时间在北京停留，却几乎没有关注过距离北京并不是很远的蓟县，宝坻，正定的辽、宋建筑遗构。在他那卷帙浩繁的 7 部著作中，大多数都是一些他能够比较容易接触到的清代地方性建筑，如一些祠堂、住宅、地方寺观、小庙（图5）等，甚至是一些地方墓穴建筑。当然，也

图5 鲍希曼拍摄的20世纪广州药神庙外墙

包括诸如北京碧云寺、成都二王庙、普陀山清代佛寺等一些时代非常晚近，且各具地方特色的清代建筑实例。

显然，在鲍希曼这里，既没有通史性探究的"宏大叙事"倾向，也没有建构中国建筑史史学体系的丝毫愿望，有的只是他亲眼所见的一座座具体而微的建筑物。他基本上也是采用了一事一例的建筑测绘记录方式与意义探究式研究理路，进行了稍微深入一点儿的研究。如他对一座清代佛塔的研究，还特别使用了 20 世纪学术研究中惯常使用的有关建筑之文化象征意义的研究思路，即对佛塔各部分的造型意义，加以深入地分析与解剖。同样，他对中国建筑中风水观念的应用及其特殊意义，也表现出极大兴趣。我们不敢说他受到了"兰克史学"的影响，但他不屑于或没有能力建构"中国建筑史"却也是不争的事实。

在鲍希曼之后，先是关野贞（图6）、常盘大定等对中国古代佛教遗迹的考察与研究，这些研究还难以形成一种历史的系统性。也就是说，最早从事中国古代建筑研究的日本学者，基本上也是按照一事一例的方式，进行古代建筑的案例调查与研究。接着，日本学者伊东忠太（图7）开始尝试撰写《中国建筑史》，这或许是世界上希望建构一个体系化的中国建筑史的最早尝试。遗憾的是，伊东忠太受限于资料，他的中国建筑史，大约只写到了南北朝晚期，就戛然而止了。也就是说，伊东忠太距离建构一部真正意义上的中国建筑通史，还有相当的距离。

图6 日本建筑史学者关野 图7 日本建筑史学者伊东 图8 中国早期建筑史学
贞希曼　　　　　　忠太　　　　　者乐嘉藻

接下来由中国学者乐嘉藻（图8）撰写的《中国建筑史》（图9），多少反映了近代中国人在民族文化意识上的觉醒。然而，缺乏现代建筑教育背景，也缺乏考古学式古建筑田野考察经验的乐嘉藻先生，其最早的建筑史研究尝试，多少有一点望空揽月的悲壮感。无论如何，这位中国建筑史的最早探究者，虽然没有完成中国建筑通史的建构，但也并未陷入所谓"宏大叙事"的窠臼。因为，连一部像样的中国建筑史都未曾搭构起来，又哪里来的"宏大叙事"呢？

真正的中国建筑史建构，是由梁思成与刘敦桢两位先生开创的。两位先生用现代考古学与田野调查式科学测绘方法，系统考察了华北等地区古代建筑实例，为中国建筑史建构，奠定了坚实的基础。之后的战争岁月，两位先生不仅继续其在西南地区的古建筑考察，梁思成先生还开始了他的既有充分史料依据，又有大量建筑实例的《中国建筑史》的建构与写作。梁思成这一时期用英文撰写的《图像中国建筑史》（图10），更彰显了先生希望将中国古代建筑史，跻身于世界建筑史学之林的学术愿望。20世纪 50 年代以来，由梁、刘二位先生领导的对全国古代建筑的

图9 乐嘉藻的《中国建筑史》封面

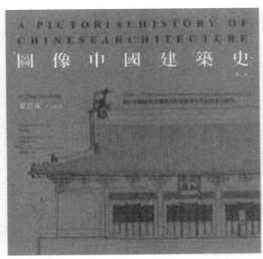
图10 梁思成著《图像中国建筑史》

图11 傅熹年主编《中国古代建筑史》第二卷

系统考察，以及后来出版的由刘敦桢先生主编的八稿本《中国古代建筑史》，更是将老一辈中国建筑史学者希望建构一部中国建筑史的学术愿望，真正付诸实现。

之后的 20 世纪 80 年代，以傅熹年先生等为代表的一批中国建筑史学者，筚路蓝缕，完成并出版了堪称全面与系统化的五卷本《中国古代建筑史》（图11）。从而使在 20 世纪 30 年代就已经开始的，中国建筑学人希冀建构一部体系化、学术化中国建筑通史的愿望，基本得以实现。梁思成、刘敦桢的中国建筑史写作，以及后来的这五卷本《中国建筑史》的出版，填补了中国建筑史在国际学术界的空白，使中国建筑史成为世界建筑史学中的显学，并为中国建筑跻身世界建筑之林，奠定了坚实基础。试想，在这样一种现实与历史语境下，有什么人会认为这些系统化、体系化的建筑通史研究成果，是"学术垃圾"？又有什么人，将这种纯学术性建筑史学研究，与某种具有历史决定论社会政治取向的"宏大叙事"式历史述说联系在一起呢？

事实上，笔者以为，建筑史研究不同于一般社会史与政治史的叙述方式。建筑史研究，一般不会带有先入为主的意识形态框架，也没有预先的体系设定，而是根植于翔实的史料依据与充分的建筑案例研究基础之上的。建筑史首先是物质文明史，也是技术史、艺术史。同时，还和经济史、社会史有着千丝万缕的联系。一部建筑史，就是对一个民族或一种文明既往发展历程之物质载体的记录与述说。任何民族，如果对自己的历史，不采取虚无主义的态度，就不会简单地将由自己民族过往建筑之路所建构的历史，贬之为"垃圾"。这应该是一个不争的事实。

而况，在建筑史的述说中，如同物质史、艺术史、技术史一样，是根植于无数细致而微的建筑案例之上的。一部世界建筑史，若没有数千年来的古代北非、西亚、欧洲、东亚、南亚，以及美洲大量古代建筑案例遗存，是不可能建构出来的。从而，一部建筑史的体系建构，多少反映了人们对于人类文明史的体系建构。这里即使偶然会有一些意识形态的影响，但大多数情况下，还是植根于建筑物质实例及其史料依据本身的。

一事一例的建筑史研究，原本就是建筑史学不可或缺的基

本功。无数个一事一例的深入研究，其实，也是为更为深入而完善的建筑通史研究，奠定基础的。如果一个民族，对于自己所走过的建筑之路，仅仅停留在个别优秀建筑的孤芳自赏与某些特殊建筑细部的细微品味上，又如何能够理解这个民族建筑数千年发展之路所走过的艺术探索与技术探究之路？如何理解自己民族在艺术品位与审美好恶上与其他民族间可能存在的相同与不同之处，从而为今后的建筑创作，提供某种有价值的历史营养？

在这一点上，笔者以为，无论是一事一例的个案性建筑研究，或建筑细部的深入探究，还是基于充分史料与实例的专题性、通史性、探究规律性的系统研究，都属于建筑史研究的有益尝试。个人可以根据自己的实际条件，以及能够触摸到的实例、数据与史料，进行各具特色的独立探究。只要实例是真实的，数据是可信的，史料是有充分依据的，这些研究都是有价值、有意义的。

二、现代与后现代、有组织建造与自组织建造

如果说 20 世纪 70 年代以后的国际建筑创作思潮，经历了"现代"与"后现代"的争论。那么，建筑史学研究上，无疑也会有现代思维与后现代思维的区别。例如，日本学者在会议上提出的建筑史研究"新纪元"，其"新"所在，恰是针对既有建筑史研究方法论上的"旧"而言的。20 世纪建筑史研究，一般也能归在"现代"学术研究的范畴。那么，建筑史研究的"新纪元"很可能已经隐喻了某种"后现代"思维的倾向。其实，前文所讨论的，史学界对于"宏大叙事"史学观念臧否的讨论与针砭这一事实本身，多少也反映了某种后现代思维的痕迹。

为什么这样说呢？以笔者的观察，所谓"现代"，其实代表了 20 世纪上半叶的某种体系化、正统化、权威化的建筑潮流。现代主义建筑师，相信自己的创作合乎历史的发展规律，是工业化社会发展的必然。这其中多少也蕴含了某种历史决定论思维模式。现代建筑，表现为简单、方正、直白、端庄，包括自由平面、底层架空、平屋顶、屋顶花园等设计手法，体现了某种现代主义简洁、逻辑、高尚、正统、经典的创作思维。

后现代则表现为对既有现代主义创作思想的颠覆与突破，其思路多少都有一些反现代、反逻辑的味道，主张某种历史主义、装饰性、隐喻性、多义性与激进折中主义的创作思路。无论是詹克斯的《后现代建筑语言》，还是文丘里的《建筑的复杂性与矛盾性》《向拉斯维加斯学习》，都希望从理论上，为后现代主义建筑的言说，找到某种依据。但时至今日，后现代主义建筑的理论界说，仍然是一个莫衷一是的话题。

与建筑创作的现代主义与后现代主义思维一样，建筑史学领域的新锐思潮中，也蕴涵了对既有研究思路、研究范式的反叛与突破的内容，这本来就是十分合乎事物发展逻辑的事情。对前辈学者所坚持的建筑史通史研究方法论的批判与否定，主张将研究更多深入到一事一例的个案研究，多少体现了这种反叛与突破的意味。

在清华与东大的学术研讨会上，日方提出的适应定常型社会的建筑史研究其主旨就是对既有建筑史研究思路的突破与创新。日方几位发言人的论文，几乎无一例外地脱离了传统建筑史研究思路。他们的兴趣点，既不放在既往东亚建筑史学界所一直关注的传统大木结构建筑的研究上，甚至也不放在任何具有历史价值与艺术价值的古代建筑上。其论文主题，或是当下发生的灾后重建，或是城市贫民自组织建造的聚居区发展演变，或是现代电影中透露出来的对传统建筑认知的变化过程，抑或是对苏联时代斯大林式社会主义建筑这一人们惯常不太关注的领域的分析研究。特别是他们通过创立并遴选"非常遗产"主张以此来申请"搞笑诺贝尔奖"，从而对既有经典式世界文化遗产遴选方式的调侃式做法，都多少少地透露出日本建筑史学领域某种后现代思维特征。

建筑史学领域的后现代思维，主张突破正统的、体系化的、常规的建筑史研究方向与方法，将建筑史研究的选题进一步个性化、当下化、特例化。中、日建筑史学可以不再对东亚传统木结构体系及其案例加以关注与研究，而应该搜寻那些曾经不为人们所注意的、特殊的、个别的、非同寻常的建筑现象与视角，探究某些有如哈哈镜中所显现之事物一般令人匪夷所思或啼笑皆非的建筑现象加以研究，从而凸显某种对传统建筑史学思维的反叛与突破的"新建筑史"特征。

这一思维，在研究对象的选择上，往往会放在特殊的、孤立的、具有独一无二性质的建筑现象上。例如，一般建筑史学人，更多关注的是有组织的建造活动所创造的建筑现象。如中国历代官式建筑，包括宫殿、寺观、陵寝、祠庙等，或有规划的城市、有独特历史与地方风格的古代民居、有地方风土意味的乡土村落等。这些古代建筑，大部分是有规制、有等级、有设计、有传承的。即使是具有较大自由度的乡土村落建筑，也因其贯穿了数百年的地方建造传统，而凸显出某种艺术、技术或文化人类学特征，成为历来建筑史学者们青睐的研究对象。

但是，在以后现代思维为基础的建筑史学研究者看来，那些有着某种传统与规制性的建造物，那些有组织规划与设计的城市、园林与村落，已经变得过于僵化与正统，过于体系化与完整，过于有规律可循。因此，很容易被逻辑地排除在"新建筑史"研究的范畴之外。反之，一座超大城市中未经任何前瞻性规划制

约的、自由自在、自组织发展起来的贫民聚居区，其街道空间与肌理发展，透着某种随机性、偶然性与不可预见性。显然表现为一种反传统、反体系的建筑现象。这些现象中，可能隐含着建筑与城市发展的某种自身特有的规律，是一种复杂的，具有混沌特质，自组织性质的规律。在新建筑史学者看来，研究这样一种城市空间的发展规律，才更具有"后现代性"的超越性、反叛性、非系统性意味。

其实，这种对自组织建造现象的关注，早在20世纪90年代，就已经成为世界性的话题。一些主张混沌学或复杂学的前卫学者，对诸如日本东京城等现代超大都市变化万千、百态纷呈的街道与建筑景观，赞之为"混沌美"。几年前，清华大学一位攻读建筑设计的博士研究生，也专门选择了"自组织建造"为论文题目。其目标所及，包括了20世纪80年代以来，中国地方城市发展中某种无序或驳杂的城市空间肌理与无章可循，极具随意性的建筑外观现象。这位博士生也从中得出某种与自组织或无组织建造相关联的"混沌美"结论。

既然有这样一种类似"后现代"意味的建造现象，那么，由专门的建筑史学研究者，对这种现象加以观察与研究，不仅是一件无可厚非之事，而且是十分有意义的。本文并无臧否这一研究的倾向，唯一想指出的一点是，对自组织建造现象的研究，大可以从容开展。但对于作为东亚文化与历史载体的，延宕了数千年有组织建造的，包括中国古代建筑在内的东亚大木作建筑研究，不应为了"适应"某种"定常型社会"的"新建筑史"，就被轻易地打入另册，将之束之高阁。

笔者以为，作为建筑史研究，应该不设学术边界。只要是人类历史实践中曾经发生过的有居住、生产、文化、宗教、象征意义的建造现象，都可以归入建筑史学的研究范畴之内。既往的主流建筑史，可能更多关注历史上有组织建造的活动与现象，但今后更为深入而新锐的建筑史研究中，若为大致产生的自组织或无组织建造现象，加以梳理、分析与解释，或也能够更好地理解人类建造行为及人类建筑文化现象的本质。换言之，两种研究思路是相辅相成、缺一不可的。因为主张某一学术倾向，而否定另外一种学术倾向的做法，其实是一种画地为牢、故步自封的思维方法。

三、历史与当下、建筑史学与利用厚生

前文提到日本学者的发言题目"开辟建筑史研究的新纪元：适应定常型社会的建筑史研究"，其中的"定常型社会"所指大约正是"当下社会"的意思。时下的建筑史学科，遇到了某种危机，这是不争的事实。那位日本学者提出的，诸如"选择做建筑史研究后，觉得在社会上少有容身之处"，看不到明朗的未来、"赚不了钱"、不清楚建筑史研究的意义、"改行去做建筑设计又做不好"，等等，都不是危言耸听，而是十分严酷的现实。

众所周知，改革开放带来的商品经济大潮，对于学术界最直接的影响，就是人们都变得十分现实与功利。不仅吃官饭的专门建筑研究机构几乎无法生存，就连一般的建筑院校，要养一位专职的建筑史教师，也变得相当困难。一些院校的建筑史，不再是一个专门的学科，仅仅是本科生课表上的一门必修课，许多

情况下，只是任由一位从事建筑设计的教师兼兼课而已。

即使是一些名校，建筑史教师的设计课压力也日甚一日。否则，仅仅靠建筑历史与理论方面的课程，教学工作是很难满足职称要求的。这还在其次，在一个更大的层面上讲，现在的所有科技人才，都被纳入了一个十分现实的科研评价体系中。一位年轻教师，一年若没有几篇发表在 SCI、EI 检索刊物上的论文，头都抬不起来，又如何谈学术成果呢？而况，偌大一个中国，据说有 5000 年历史，古代建筑的遗存，在全世界也是数一数二的。但是，至今却没有一本堪称合法的建筑史学术刊物。笔者为梁思成先生于 20 世纪 60 年代首创的《建筑史论文集》(后更名《建筑史》，并衍生出《中国建筑史论汇刊》)争取刊号。用了 10 余年的气力，直至今日，未见任何结果。原因很简单，在所有刊物的目标中，当下是第一位的，历史渐渐成为人们遗忘的角落。20 世纪 80 年代初，改革开放刚刚开始，催生了一大批建筑刊物。然而，大多数建筑期刊，都忙着为当下的建筑市场服务，为建筑师们的最新设计擂鼓呐喊。建筑史研究，在一开始就被冷落了，错过了刊物申请的最好时机。然而，现实的问题是，一个学科如果连一本被国内或国际学术界认可的学术期刊都没有，这样的学科何以立足？

我们的日本同行，也感受了相同的压力。用那位日本教授的话说，他们所在的东京大学生产技术研究所，是一所世界顶级的科研机构。其中随便哪个研究部门的成果，在世界上都堪称了得。他们身在其中，如果不对当下的事物多一点关注，又如何能够在那里立足？这或也是他们将研究题放在诸如"特大都市平民聚居区的空间演变"或"灾后重建"之类课题上的主要原因。

相信这些日本同行，也都迫切地希望在前辈既有的研究基础上，对日本或东亚的建筑历史研究做出更大贡献。这或许是他们希望和中国、韩国的建筑史学者从事东亚建筑史研究的主要原因。但在实际的课题选择上，他们也很难将日常研究的重心放在古代建筑研究上。因为这样的研究，在申请经费上，无疑是有一些困难的。于是他们将研究的对象，转向了当下。面对当下，服务当下，为当下的功利性目标做出贡献。唯有如此，似乎才是其学科赖以生存的依托所在。

说到底，这些道理大家心里都明白。但是，这难道就是可以忽略或贬抑建筑史这门学科的理由所在吗？换言之，服务于当下的功利性目标，难道就是学术研究的唯一目标吗？如果这一观点成立，那么，诸如哲学、宗教学、美学、文学、艺术史学等的研究，又有多少能够直接服务于当下社会的功利性目标呢？世界上那些林林总总的纯学术研究机构，是不是都应该关门大吉了呢？

需要指出的一点是，建筑史研究，其核心目标在于人类建造历史上种种学问的发现与积累，而非技术的发现或艺术的创造。以笔者的观点，所谓学问，是对人类科学、文化与智慧之果的发育成长，有所贡献，有所积累，有所添加的新知识。或也可以说，在任何科学或学科领域，只要是在前人既有的学术基础上，有所发现，有所发明，有所创造，有所前进者，都可以称之为真实的学问。所谓学术贡献，并不一定非要与当下之利用厚生的功利性目标，有太多直接联系。特别是诸如哲学、历史、艺术等与普罗

大众日常柴米油盐酱醋茶关联不那么密切的学科，更是如此。

以建筑史学科而言，其研究对象，是人类数千年建造活动所经历的材料发现、艺术创造、技术进步，及其与社会经济、社会文化彼此互动的历史过程。对于建筑史的研究，其实是对人类文明过往所走过之道路与脚印的研究，同时，也是对不同时代，不同人群之文化、艺术、民族性格、审美趣味、技术倾向的探究。其中充满了学术谜团，也充满了学术挑战。解开这些谜团，跨越这些挑战，人类文明就会踏上一个新的台阶。

例如，数百年发展起来的欧洲建筑史。使欧洲人对于自己数千年的建筑历史，有了十分清晰而明确的研判，并冠之以"世界建筑史"的名义，从而有了古代建筑、中世纪建筑、文艺复兴建筑、古典主义建筑、现代建筑等历史阶段的划分。如此，也使得欧洲文化，一度占据了世界文化的高端。试想当今社会，一个人如果分不清什么是希腊建筑、罗马建筑、哥特建筑、文艺复兴建筑，或什么是新古典主义、巴洛克，或现代主义建筑，又如何称得上是受过建筑教育的呢？然而，细想一下，欧洲人所谓的"世界建筑史"其实就是区区西欧几个国家，如意大利、法国、英国、德国的建筑史而已。其中既不包括东欧或俄罗斯的建筑史，也不包括世界上大多数国家与地区的建筑史。那么，他们何以将其称之为"世界建筑史"呢？原因很简单，因为数百年前的欧洲人，对于艺术史与建筑史的持续关注与研究，使得他们的文化，占据了世界文化与文明的高地。

也许正是因为这个原因，在一百多年以前，日本人开始关注自己的建筑史，也关注日本建筑的源头——中国建筑史。梁思成、刘敦桢等学术前辈，本都是留洋归来的建筑师，一身的技艺功夫，本可以通过建筑设计这个行业，过上养尊处优、无忧无虑的生活，却为了能够使中国建筑在世界建筑史上占有一席之地，在那样一个动荡与纷乱的年代，放弃了稳定无虞的生活，为探寻中国古代建筑遗存，投身于艰辛的田野考察与测绘，每日颠沛流离于荒郊野外。即使是在抗战时期那艰苦卓绝、贫病交加的岁月，也矢志不渝。

据笔者访问俄罗斯时的亲历，同样也是这个原因。莫斯科至今还有一所国家级的建筑研究院，院内有专门的建筑历史与理论研究所，所内有数十位专职建筑史研究人员。他们除了稳定的工资收入之外，国家会每年拨给他们专门经费，支持他们从事各种建筑历史与理论的专题研究。其中既包括现代建筑，也包括历史建筑；既包括地方民居建筑，也包括重要宗教建筑，甚至包括对建筑未来发展之异想天开式的纯结构、纯空间、纯造型层面的探究。此外，莫斯科建筑学院的建筑历史学科，仍然是这所学校最为重视的一个学科。建筑系学生的必修课之一，就是要亲自动手制作一个欧洲或俄罗斯古代历史建筑模型，亲身体味古代建筑艺术与技术的微妙之处。显然，俄罗斯人是希望在建筑文化与建筑艺术上的学科地位与学术品位，能够居于世界高端。

笔者还有一个有趣的经历。2012 年，笔者受邀到专门从事艺术史与艺术保护事业的美国洛杉矶盖蒂研究中心做特邀访问研究。在这个研究中心，这样的访问研究，每年至少两期，每期 3 个月。受邀学者来自世界各地，学者的专业主要是艺术史、建筑史，或历史保护方向。令人不解的是，每期特邀研究，盖蒂中心

除了提供每位受邀学者往返机票和宽敞的免费住所之外，还按时发放不菲的工资补贴，却并不对这些受邀学者提出任何具体要求。只要你在自己的学术领域中，通过3个月研究而有所收获，离开的时候，仅仅需要对这3个月的研究，提供一份简单的成果报告，或做一个学术报告即可。显然，盖蒂中心关心的，不是他们所邀请的学者对盖蒂中心所承担的利用厚生的事业提供任何帮助，只是希望这些学者在各自领域，对自己学科的学术研究，有所发现，有所成绩。原本以为以资本为中心的美国，更应该是利欲熏心，却不曾想这样一个研究机构，对于纯学术研究，采取了如此海纳百川般的宽松态度。究其原因，这个中心的目标，不也是希望将美国在艺术史、建筑史，或历史保护方面的学术地位，置于世界的高端吗？

那么，我们呢？中国建筑，作为一个在世界建筑之林中刚刚立足，还难以称得上跻身世界高端的建筑体系。其建筑文化与建筑艺术，乃至建筑技术的影响力，原本在世界上就微不足道，在建筑理论上的影响更是微乎其微，在这样一种令人尴尬的历史语境下，难道我们不应该为中国建筑史在世界建筑史上占有更大空间或居于更高位置而殚精竭虑吗？每一位中国建筑史学者，在中国建筑研究上的每一点成果，不都是在为中华民族建筑的历史、文化与艺术发展，为使中国建筑跻身世界建筑之林，贡献微薄之力吗？换言之，中国建筑史研究，在一定程度上，与中国历史、中国哲学、中国艺术史的研究一样，不都是在为增加中国的文化软实力而添砖加瓦吗？

在与日本学者交流的这次会议上，为了应对日方教授有关建筑史学应当关注历史还是关注当下，建筑史研究是有用还是无用的讨论，笔者引用了前辈学者王国维先生（图12）的一段话："昔司马迁推本汉武时学术之盛，以为利禄之途使然。余谓一切学问皆能以利禄劝，独哲学与文学不然。何则？科学之事业，皆直

图12 王国维

接间接以厚生利用为旨，故未有与政治及社会上之兴味相刺谬者也。至一新世界观与新人生观出，则往往与政治及社会之兴味不能相容。若哲学家而以政治及社会之兴味为兴味，而不顾真理之如何，则又决非真正之哲学。以欧洲中世哲学之以辩护宗教为务者，所以蒙极大之污辱，而叔本华所以痛斥德意志大学之哲学者也。文学亦然，餔餟的文学，决非真正之文学也。"[3]

对当下人而言，王国维的话虽然有一些拗口。但其大意也是清楚的。科学，是以利用厚生为宗旨的，但是，哲学与文学，则不应该陷入以利用厚生为目标的窠臼。建筑史学，虽然多少是跨领域的，有其合乎科学与技术之服务于利用厚生的一面，例如，建筑史领域的技术性研究。服务于古代建筑的修复与保护，

艺术性研究，服务于提升民众的艺术审美趣味，或还可以服务于旅游业，为某个地方的GDP增长，直接或间接地做出贡献。但是，从更深层次观察，建筑史研究属于某种纯学问、纯历史、纯艺术的层面。也就是说，在大多数情况下，建筑史只是一门学问，建筑史学研究，只是对古代建筑中的技术、艺术、文化与历史的种种疑问做出解答，其本身并不具有任何利用厚生的直接价值。

换言之，建筑史是一门学问。既然是"学问"，其利用厚生之层面，仅仅是其学问的表面或浅层次的东西，而其真正价值，则在于为民族文化，乃至为世界文化的历史大厦，添砖加瓦。这里还可以再引用王国维的一段话，其义是说，对世上事物的探究，无论其大小、远近，只要是经得起验证与推敲的真实，都是真真切切的学问。"学问之所以为古今中西所崇敬者，实由于此。凡生民之先觉，政治教育之指导，利用厚生之渊源，胥由此出，非徒一国之名誉与光辉而已。世之君子，可谓知有用之用，而不知无用之用者矣。"[4]

由此可知，世之学问者，并不当以能否利用厚生而臧否之，亦不当简单地以有用无用而褒贬之。建筑史学，就其功用而言，大多或与当下的利用厚生没有什么关联，但恰如王国维所言："而欲知宇宙、人生者，虽宇宙中之一现象，历史上之一事实，亦未始无所贡献。"[5]对于中国建筑史上无数现象与事实未解之谜团的发掘与探究，本就是建筑史学者分内的事情，与这些学者日常的生计、职称、课程讲授等，本无什么必然的联系，更无关当下之有用、无用之说。因为"事物无大小，无远近，苟思之得其真，纪之得其实，极其会归，皆有裨于人类之生存福祉，己不竞其绪，他人当能竞之；今不获其用，后世当能用之，此非苟且玩愒之徒，所与知也"。[6]在许多情况下，建筑史的研究成果，其之于当下之利用厚生，或未必大矣！然而，暂不论人们对世界建筑史的关注，会对人们的文化与生活产生怎样深远的影响，仅仅对中国建筑史的研究，就会深究先民的点滴创造，发微文明的历史印迹，关系民族的文化渊源，影响华夏的文明盛衰，其功何伟，其用又何大哉？

在那天会议上，有关建筑史的危机所发的这些议论结束时，为了进一步引证王国维先生所言"有用，无用"之说的出处，笔者即兴又引了中国古代先哲庄子的话："人皆知有用之用，而不知无用之用也。"[7]以说明王国维先生关于有用，无用之语，并非偶发的议论，而是从古代先哲那里来的。其意思，直指当时学术圈中那种只问有用、无用，不在乎是否有真实学问的人与思想。其实，无论是在庄子，还是王国维先生看来，过分关注其所做学问的"有用"与"无用"，则与商人之锱铢计较又有什么差别？却应了王国维先生另外一段话："以文学为职业，不出票、餔餟的文学也。职业的文学家，以文学为生活；专门之文学家，为文学而生活。今餔餟的文学之途，盖已开矣。吾宁闻征夫思妇之声，而不屑使此等文学嚣然污吾耳也。"[8]若是把一门学问，仅仅作为餔餟之艺技，其功用或是有了一点，其价值则大打折扣了。若再将这样的想法，传递给我们的学生们，岂不真是误人子弟了吗？

原载《建筑师》，2017年04期

注释

[1] 国际非常遗产委员会.非常遗产宣言.2012年12月16日.达古袋小学.转引自东京大学生产技术研究所建筑史教授发言.

[2] 事见《中国营造学社汇刊》.第三卷，第二期，第162页，"本社纪事".

[3] 王国维.文学小言.王国维文集.第1卷[M].北京:中国文史出版社.1997：26.

[4] 王国维.国学丛刊序.王国维文集.第4卷[M].北京:中国文史出版社.1997：368.

[5] 王国维.国学丛刊序.王国维文集.第4卷[M].北京:中国文史出版社.1997：368.

[6] 王国维.国学丛刊序.王国维文集.第4卷[M].北京:中国文史出版社.1997：368.

[7] (战国)庄周.庄子.内篇.人间世第四.

[8] 王国维.文学小言.王国维文集.第1卷[M].北京:中国文史出版社.1997：29.

图片来源

图1 http://gb.inmagine.com/photoaisa—006/ptg03261813—photo

图2 https://www.vcg.com/creative/800951551

图3 http://giantarchi.blog.163.com/blog/static/240747034201492832030311/

图4 http://image.nationalgeographic.com.cn/2014/l118/20141118023618844.jpg

图5 http://tupian.sioe.cn/zhuanji/8724_9.html

图6 http://auction.artron.net/20140926/n658099.html

图7 http://blog.sina.com.cn/s/blog_4982d02e0102uy0x.html

图8 http://epapergywb.cn/gyrb/html/2013—08/02/content_351688.htm

图9 https://baike.baidu.com/item/%E7%8E%8B%E5%9B%BD%E7%BB%B4/119039

作者简介:

王贵祥，清华大学建筑学院教授

建筑艺术论文

当代乡土
——云夕戴家山乡土艺术酒店畲族民宅改造

王铠　张雷

桐庐云夕戴家山乡土艺术酒店位于浙江桐庐县莪山乡戴家山村，是以一栋普通畲族土屋改造为主体的"民宿"①，同时也是具有现代化酒店设施和服务的"乡土艺术"精品酒店。项目凭借可持续的乡土建筑设计理念，以及独特的"畲族"山村的地域自然人文景观背景，成为异乡游客和当地村民分享畲乡山村生活的平台，也是地方旅游文化产业的一个聚焦点。

1.新与旧：简单的复杂性

酒店主体原本是游离于村庄之外的一个闲置农舍，由背靠缓坡朝向山谷的一栋南北向黄泥土坯房屋和一个突出于坡地平台的石砌平顶小屋构成。改造设计最大限度地保留、保持并加强了原有房屋的结构实体部分，维持地方传统"畲族土屋"的风貌，并通过紧凑而适度的加建，现代乡土精品酒店的功能植入，呈现了更加密切的"当代乡土"[1]时间关联性。

项目实施体现了地方建造与造价控制、功能引入与结构安全、用户体验与景观优化、保护与发展诸多关联并可能冲突的因素。问题的解决是自然而然的——前提是建筑师抛弃现代建筑、城市建筑的惯性思维，去发现简单的原生"乡土逻辑"。

▌ 主楼北面雪景（摄影：张雷联合建筑事务所）

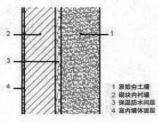

▌ 传统夯土墙砌块内衬墙复合墙体

1 原始夯土墙
2 砌块内衬墙
3 保温防水间层
4 室内墙体面层

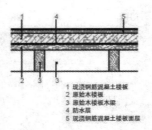

▌ 木楼板现浇钢筋混凝土复合楼板

1 现浇钢筋混凝土楼板
2 原始木楼板
3 原始木楼板木梁
4 防水层
5 现浇钢筋混凝土楼板面层

2.适度技术

改造任务的复杂性和对传统延续与发展的矛盾性，构成了项目的独特品质和感染力，最终的解决方案简单而直接。在工程技术方面，恰当选择的适用原则，并顺其自然地解决问题，是建筑师尊重现实、尊重乡土地域观念的体现。

2.1 结构强化

结构强化主要针对原先土坯老屋。地方畲族土坯房屋在空间和建造类型上可以看到客家与汉族传统民居的影响。厚达40cm的碎石夯土墙是主要的围护和结构稳定要素，较少开洞具有封闭性和防御性，屋顶和楼板则是内部梁柱木屋架体系形成的灵活空间框架。改造设计清除了土屋内部的两道夯土隔墙，并将屋顶抬高一层。内部空间重新划分，在很大程度上会减弱结构的整

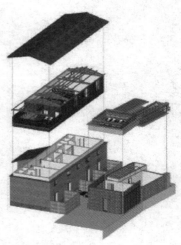

▌ 轴测分解

体性，最终的设计在夯土和木框架之间，通过加建的砖混结构墙体、楼板，形成三层相互协作的连续结构。具体做法包含两种老屋改造技术："传统木楼板建筑现浇钢筋混凝土复合楼板"和"传统夯土墙建筑砌块内衬墙复合墙体"。

传统木楼板建筑现浇钢筋混凝土复合楼板，是通过现浇钢筋混凝土楼板的设计施工技术，利用原有木楼板作为浇筑施工的底模板，施工完成后保留原有木楼板，形成原有木楼板和现浇钢筋混凝土楼板的复合楼板。传统夯土墙建筑砌块内衬墙复合墙体，是采用砖、混凝土砌块等砌块材料，紧贴原有夯土墙内部砌筑承重墙体形成复合墙体，有效保护原有夯土墙，提高建筑整体的结构可靠性和热工性能。

原有夯土、木框架和新建砖混墙体、楼板构成的"三重结构"体系，不仅体现了地方传统建筑的内在类型特征，获得了新建砖混结构的可靠性和舒适性，以及保留原有木楼板、木框架和夯土墙空间美学效果和历史文化价值。同时以原有木楼板作现浇钢筋混凝土楼板施工的模板，节约了支设底模板的造价。

2.2 新旧构造连接

在老屋改造中，新与旧的构造连接同时反映了两种意图：功能性和表现性。典型体现如保留的夯土墙，建了内衬砖墙之后，原先承重的特性转化为围护功能和乡土意象。在内衬砖墙首层圈梁的位置通过预埋件拉结，同时在二层圈梁位置以挑檐封压、拉力和压力的共同作用，解决其自身的稳定性（土坯墙上部的挑檐压顶出挑约 40cm，保护其受雨水侵蚀，替代原先屋顶出檐的作用）。一层折线形楼梯绕开保留木柱的做法，通过"保留"与通行便利的双重考虑，而获得独特的表现力。

2.3 环境舒适

老屋改造需满足当代使用的环境舒适要求，主要难点在屋顶的保温隔热和室内地坪的隔绝潮气。经过抬高的木屋架在屋顶翻新的同时，在望板之上敷设了 5cm 的夹心保温板，而在内衬砖墙地梁施工的同时，重做的素混凝土地坪及其防潮层和内衬墙一起形成连续壳体，隔绝潮气。

2.4 水源利用与保护

戴家山自然水源充沛，酒店供水采用高位生活水箱（10t），收集山泉水（达到一类水质标准）净化处理供日常使用。污废水经生物化粪池（桐庐地方推广的标准生物化粪池）处理后排入自然水系。项目的污水处理采用"太阳能微动力生活污水处理工程"②，处理规模可达 150 人（生活污水），并且达到"集中式生活饮用水地表水源地二级保护区"排放标准③。

3.当代乡土

设计真正的挑战是能否创造，更准确地说是"激活"以酒店为载体的乡土生活场所。

3.1 记忆/体验：熟悉的陌生

从表面上看，活力来自"新与旧"微妙关系的重构，来自建筑师和投资者对于山村旅游度假产业进化的巧妙经营。更进一步，戴家山乡土艺术酒店并非一个孤立的商业消费产品，与村落中同样来自老屋改造的"先锋云夕图书馆"、一小时车程之外的"云夕深澳里书局"，构成一个桐庐地区立体的乡土生活体验网络④。在不同主体记忆和体验的转换中，从建筑师最初来到基地老宅前拍摄的柴垛，到最终完成的柴房餐厅标志性的立面，乡土场景获得"熟悉的陌生"之当代性。

老屋改造的室内设施，新的要素本身被单纯的形式弱化。这些工业化的、产品化的附加部分，对于精品酒店的当代用途至关重要，同时又形成老房子和老物件透明的前景或消隐的背景。在这个时间和空间的双重边界之内，有意搜集的老屋原有织机、桌椅、坛罐、竹编再次激发游客的好奇心和村民的自豪感。

3.2 物质循环

酒店柴房餐厅的柴垛立面正在叙述的即是一个当代城市文明和传统乡土文化之间的物质循环。2015 年"4.23 世界读书日"由《生活》杂志与亚马逊 Kindle 电子阅读器联合主办的"阅读未来，千书世界"空间创意展在全国 6 所城市同期揭幕，由建筑师

张雷设计的作品"柴门听蝉"在南京先锋书店展出。搭建柴房的150 担柴火来自浙江桐庐莪山畲族乡戴家山，柴房内的旧条凳与油灯也同样来自莪山农户家中。展览结束后，这些柴火全部运回戴家山用于"云夕深澳里书局"和"云夕戴家山乡土艺术酒店"，酒店柴房餐厅的柴垛立面正是这些柴火的一部分。

柴火立面、竹篱笆围墙和扫把栏杆这些构造要素，都是经典建筑纪念性、永恒性的反面，却延续了乡土聚落独特活力的物质循环方式：柴火墙面是酒店壁炉取暖的燃料储备，需要不断补充，而竹篱笆、扫把栏杆这些易于老化而廉价的地方材料的不定期更换，类似的物质循环将不断地激活建筑和原住村民生活的关联性而融入乡土文脉。

4.诗意地栖居

"诗意地栖居"是海德格尔有感于现代技术化、产品化、商业化对人性的压制[2]。设计试图用更多的"乡土"生存方式，去诠释"诗意"。诗意与昂贵的物质无关，建筑师甚至刻意地运用柴火、扫把、竹条、碎石，这些来自地方的廉价材料。"栖居"不易，几乎可以忽略成本的原料经过地方工匠的巧手精心组织而凝聚了人文的光晕。

在土屋房改造的入口楼梯一侧，一个以建造过程为主题的展厅，陈列老屋原貌、施工过程图片及设计过程模型、建筑师设计草图等资料，其中凝聚地方工匠的智慧与辛劳，令每位到访客人由衷赞叹。

原载《建筑学报》，2016 年 03 期

注释

① 《关于进一步优化服务促进农村民宿产业规范发展的指导意见》杭州市农办〔2015〕57号，民宿概念。
② 浙江浙大水业有限公司.太阳能微动力生活污水处理工程.施工图设计.2014.
③ 依据GB8978−1996《污水综合排放标准》，"4.1.1排入GB3838Ⅲ类水域（划定的保护区和游泳区除外）和排入GB3097中二类海域的污水，执行一级标准"。另依据GB3838−2002《地表水环境质量标准》规定的"Ⅲ类水域"，具体为"主要适用于集中式生活饮用水地表水源地二级保护区、鱼虾类越冬场、洄游通道、水产养殖区等渔业水域及游泳区"。
④ 2013年开始，建筑师张雷与南京大学建筑与城市规划学院可持续乡土建筑研究中心于浙江省桐庐县莪山畲族乡、深澳古村等地开展"莪山实践"一系列乡土建造和经营实践。除本项目外，"莪山实践"还包括云夕深澳里书局、莪山畲族乡山哈博物馆、雷氏小住宅等项目。

参考文献

[1] 王铠，张雷.现代之后[J].城市.环境.设计(UED).2015(10).
[2] 海德格尔.演讲与论文集[M].孙周兴，译.北京：三联书店，2005:196.

作者单位：南京大学建筑与城市规划学院

技术与艺术的数字整合
——大跨建筑非线性结构形态表现研究

孙明宇　刘德明

摘　要：首先从复杂性科学的整合思想与数字技术的整合技术出发，对大跨建筑结构形态进行特质解析，并建立非线性结构形态基础理论平台；进而提出适应当代技术水平的3种非线性结构语言，阐述数字技术作用下的结构技术、建筑空间与审美倾向之间的融合方式，从而表达大跨建筑非线性结构的表现机制；最后，提出非线性结构形态所具有的时代意义和实践潜力。

关键词：大跨建筑；复杂性科学；非线性结构形态；数字设计

从古罗马时期穹顶技术的巅峰之作——万神庙，到20世纪60年代由钢筋混凝土技术建造而成的天花球顶——罗马小体育宫，再到20世纪末创造性应用张拉膜结构建造而成的轻型屋盖——慕尼黑奥林匹克体育场，大跨建筑①（Long-Span Architecture）无疑是每一个时代技术与艺术极致拼杀的角斗场。

时代更迭、技术进步，20世纪90年代以后，我们所面临的挑战来自于日新月异的数字技术、日趋复杂的空间概念与日渐沦陷的经典建筑设计理念[1]。与此同时，引发了愈加强烈的几何丰富化与结构复杂化的建筑设计走势，激发出如"非线性建筑[2]（Nonlinear Architecture）""新结构主义[3]（New Structuralism）""结构建筑学[4]（Archi-Neering Design）""结构性能化[5]（Structural Performance-Based）"等多种建筑理论研究。这些新兴的概念与理论为当下的建筑设计研究注入了新鲜的血液，对建筑发展具有巨大的推动作用。然而，对于大跨建筑的理论和实践而言，它们都具有一定的片面性与局限性，因此，我们提出了非线性结构形态（Nonlinear Structure Morphology）及其理论。非线性结构形态不但是新时代背景下大跨建筑与数字技术联姻的产物，而且是技术与艺术真正实现科技融合的产物。其中，"非线性"绝不仅仅是对自由浪漫建筑形象的描述，而是深层次地挖掘潜藏在复杂形式背后的大跨建筑设计的新秩序、新逻辑和新机制。

1. 非线性结构形态学

非线性结构形态学（Nonlinear Structure Morphology）是一个整合性概念，是对结构形态学（Structure Morphology）概念的扩展。这里的研究对象是非线性结构形态，并将其视为一个复杂性系统。

1.1 以复杂性科学为基础的整合思想

哈佛大学Daniel Schodek教授认为："结构是一个物理实体，它可以被设想为一个在空间中由构成要素布置而成的组织，在这个空间中整体特质控制着部分与部分的相互关系。"[6]大跨建筑结构形态是系统诸元素之间相互关系、相互作用的总和。

为何称这种以复杂性科学为基础的结构系统为"非线性结构形态"？非线性结构形态与传统结构形态（表1）又有何不同？在科学发展早期，人们首先以线性关系来近似地认识自然事物，牛顿现代科学一直在线性范围内发展求解，并成为经典。但不幸的是，"大自然无情地是非线性的"，线性关系其实只是对少数简单非线性自然现象的一种理论近似，非线性才是自然界的真实特征。尽管科学家们对非线性理论还未达成一致的看法，但是，复杂性科学所揭示出的关于宇宙的事实，让人类认识到宇宙其实要比牛顿、达尔文及其他人设想的更具活力、更自由、更开放、更具自组织性。因此，非线性结构形态是一个有机的、更接近于自然界生命能量的整体，它可以将建筑诸多相关因素乃至环境因素整合在一个系统之中。

表1　传统结构形态学概念的局限

年代 人物	事件	内容	局限
1991年：结构形态学工作组[7]SMG	首次提出"结构形态（Structural Morphology）"	列出以下研究方向：Geometry（几何）、Form-force Relationship（形态关系）、Computation（计算）、Technology Transfer（学科交叉）、Prototyping（模型实现）	未做出严格定义
2008年：Motro R[8]	在《结构形态学文集》中全面介绍SMG工作组的研究进展	提出该领域包含：几何学、力学、数值分析技术、仿生学、建筑美学等多方面的内容	未形成理论体系
2014：沈士钊、武岳[9]	明确界定了结构形态学的概念	明确提出结构形态学是研究"形"与"态"的相互关系，寻求二者的协调统一，目的在于实现一种以合理、自然、高效为目标的结构美学。"形"是指结构形式，应包括结构体系、几何形状和内部拓扑关系等内容；"态"是指结构性能，应包括结构的受力状态、适用性（即是否符合使用功能的要求），以及结构效率等内容	较局限于结构范畴，如若在建筑范畴中来讨论的话，就离不开空间和美学两者

从概念来看，非线性结构形态的内涵也更为丰富。埃德加·莫兰（Edgar Morin）对复杂性做出哲学解释，即复杂性是有序的本质（即有序性的原则、规律、算法、确定性、明确的概念）与混沌的外显（即迷雾、不确定性、模糊性、不可表达性、不可判定性）两者的对立统一[10]。在传统结构形态学基础上，一方面明确了结构系统本质"形（布置逻辑）"与系统外显"态（调控逻辑）"的关系，是内在的约束机制与外在特定的物质形式（力学效率、功能空间、生态技术、美学感受等方面）的有机结合；另

一方面，将结构"形"与"态"的概念进行扩展，"形"为混沌外显——形式（Form），抽象来看是力流传递的路径，表层来看是建筑形态的呈现方式，包括几何（Geometry）、材料（Material）和构型（Configuration）三者的组织方式；"态"为有序本质－性能（Performance），包括技术性能（Technical Performance）、空间性能（Spatial Performance）与美学性能（Aesthetic Performance）。建筑师可通过几何、材料和构型这三者的设计与创新来实现建筑空间性能、技术性能与美学性能最综合、最优化的有机形态。

层次在复杂性科学中是一个重要的概念，是研究和刻画作用机制的一个手段。在科学描述中，低层次的系统行为是主体之间的相互适应、进化产生出一种整体的模式，即一个新的层次，这些新层次又可以作为"积木"，通过相互会聚、受约束生成更高一层的新的系统和性质，由此层层涌现，不仅产生了具有层级的系统，而且表现出进化涌现的新颖性[11]。如同生物体的结构层次是细胞、组织、器官、系统、个体、种群、群落、生态系统及生物圈，我们将非线性结构形态分为3个基本层次："形"为第1个层次，是非线性结构的物质实体；"态"为第2个层次，是物质聚合所产生的具有特定性能的整体；第3个层次是建筑与外界环境同构成的高级有机系统。这里，相同层级的不同要素具有相互作用关系，低层级对高层级具有适应性（图1）。

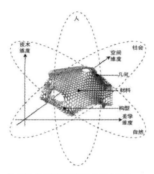
图1 非线性结构形状的适应维度

1.2 以数字设计为支撑的整合技术

非线性结构形态应是兼具自由、复杂、生态、有机、艺术价值等多种特性的三维建筑结构。日本结构大师佐佐木睦郎（Mutsuro Sasaki）认为："必须以基于数学理性的形态设计方法来替代传统的基于经验的结构设计方法，以统一力学性能和美学。"[12]整合技术的核心是数字信息，强大的数字技术可以将现实中的现象转译为计算机共通的数据语言。以信息数据为基础的建筑信息模型具有可视化、协调性、模拟性及优化性的特点，可以将功能、生态、美学有机地融于大跨建筑非线性结构形态系统，实现设计、加工与建造的协同链条，实现大跨建筑设计的高效率、高性能化和高完成度（图2）。

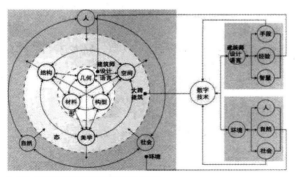
图2 大跨建筑非线性结构形态的平台整合

（1）连接思维与现实

传统建筑师的设计语言是黑箱式操作，在头脑中的思维包括智慧、经验与设计手段，可以通过图解分析将其表达出来，数字技术却可以将思维与现实连接起来，将建筑师的思维运用计算机语言呈现出来。动态、交互、可视化的建筑与结构计算工具将设计要求通过规则或关系编程，最终转化基于结构性能的多目标、多维度的非线性结构形态。从算法中可以明确了解建筑师选取建筑形态的动因，因而建筑设计的过程更合理、更科学。

（2）连接抽象与实体

抽象的物理因素如力、风、光、热都可以用数学或物理描述直接转译成计算信息，甚至连美学感受也可以通过统计评价转译为数字参数。对于非线性结构形态来说，最直接的贡献在于基于结构性能的生形工具的开发，如物理力学模拟工具和拓扑结构优化工具等，从而实现具有高性能、高适应性和动态性的结构系统，在合理的经济预算条件下实现更好的建筑结构性能。其次是环境因素的转译，环境因素如风、光、声、热等常常是设计思维的出发点，将其参数化可以真正实现非线性结构形态的环境适应性，回应生态性能需求。

（3）连接设计与建造

从数控机床、快速原型技术、3D打印到机器人建造，数字化建造工具赋予了建筑师更广阔的创造空间。一方面，数字化建造是将数字信息最终转译物质现实的工具，这是非标准化的非线性结构形态得以实现的最后一环。另一方面，人机交互技术的深入实验促使建筑师主动深入到传统结构材料的创新应用，以及为实现高性能的结构系统而主动开发新结构材料，这些对于推动非线性结构形态具有巨大的推动作用。非线性结构形态还是连接传统与未来的桥梁，未来的建筑将有本质的飞跃，甚至是具有生物智能特性的，那么它的基础就是新材料与新建造方式的应用。

2.非线性结构语言表达

类似于人类语言，结构形态也有自己的语言，基于大量的文献及实例研究，深度结合复杂性系统的生成方法，归纳出单元繁衍、参数逆吊、结构拓扑三种非线性结构语言机制。

2.1 基于涌现生成的单元繁衍

从涌现论出发，由下而上地将主体要素进行逐层整合，进而生成具有复杂性的整体系统，涌现生成的过程可类比非线性结构语言中的"单元繁衍"即生成主体（其蕴含着特定的内部特征与不同的适应能力）在特定规则

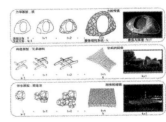
图3 语言1：基于涌现生成的单元繁衍

的限制下，并以其相互作用关系形成特定的涌现逻辑，最终生成具有环境适应性的结构系统（图3）。例如在德国的凯姆尼兹体育馆项目（Chemnitz Stadium）中，巴尔蒙德运用拱结构的繁衍，

实现了融于空气、天空、大地能量之间的漂浮的结构形态，既满足了基地边界的条件限制，又创造了具有高度审美意义的建筑形象。在这里，拱代表了一根梁，它具有很高的挠度和扭矩，为了防止它垮掉，需要另一个拱来支撑它，这样相互支持的拱不断增多，重叠的弧线从最初3个孤立的作用点生长开去，构成了一个互相依托的像云一样的钢架网络。巴尔蒙德在其作品中不断尝试涌现手法，另一个著名作品是与伊东丰雄合作的实验性建筑——Serpentine Gallery Pavilion 2002[13]咖啡厅的屋顶、支承、天窗、入口全部融为一体，不再有界限和等级，空间体验是无界且空灵的，置身其中仿佛融于自然。其中，结构主体为正方形，设计出1/2—1/3的结构涌现逻辑（从正方形一边中点向邻边1/3处连线生成新的正方形，得到新的正方形，再以其为基础旋转），按照此法则运算6次就得到了结构整体的基础图形。最终通过建筑手法处理，实现了不存在等级、没有界限的建筑形象。再如2008年北京奥运会的国家游泳馆"水立方"的结构项目，从复杂高级几何问题来看，肥皂泡总是会找到点或者边之间的最小表面，其建筑概念颇具生态价值。

2.2 基于适应维生的参数逆吊

早期以物理实验手段进行空间结构形态探索时期，安东尼奥·高迪（Antonio Gaudi，1852—1926年）的"物理逆吊法"是最为重要的找形方法之一，实现了众多经典大跨度建筑作品。逆吊找形法是利用了柔性结构在特定荷载作用下只受拉力的特点，确定结构形状，再通过对结构模型固化翻转，获得在重力荷载作用下的纯压结构，且受力均匀合理。弗雷·奥托（Frei Otto）以最低限度的材料传递最大限度外力的新型建筑是其出发点，将水平的网格进行悬挂倒置，在自重荷载下发生变形以形成具有双曲率的曲面，通过调整悬挂模型的边缘支撑以及改变悬链的长度最终得到理想的曲面形状[14]，实现了零弯矩的空间结构体系，实现了材料的高效利用，是找寻结构形与态、材料、环境完美结合的最佳途径。

笔者继承了经典物理逆吊法的思想，运用数字化设计平台，提出基于环境适应性的自由曲面结构参数逆吊找形方法，并运用 Kangaroo 工具建构参数逆吊法模型（BSGLM 模型），可通过建筑设计参数（边界／Border、锚固／Support、网格／Grid、荷载／Load、材料／Material）的调节而得出丰富多样且合理的自由曲面结构形态，最后根据建筑的空间环境、物理环境与美学环境来操作自由曲面生成的适应性调控。环境适应性调控即为根据对建筑所处基地环境及对建筑空间功能的分析来控制所生成的自由曲面形态。其中，边界条件（Border）、锚固方式（Support）和网格布置（Grid）是可依据基地环境、建筑要求和建筑师的主观思维而改变的；而重力荷载和材料属性往往是由结构材料属性决定，反之，在对结构形态有特殊要求时，可逆向思维来推算寻找相适应的结构材料。在空间适应层面，建筑师可从对基地分析、建筑功能、建筑平面、体量组合等设计构思中抽象出曲面的边界条件，可为平面边界，也可根据地面高差变化而设定三维的边界；在物理环境适应层面，每一块网格单元都是建筑与外环境交互界面的细胞，是建筑内部环境中热、风、光、声等方面的相互作用的载体，可

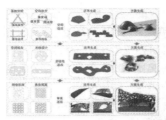

图4 语言2：基于适应维生的参数逆吊

通过调节其性能而控制建筑内部环境舒适度；从审美适应层面，可以通过变换结构网格布置（笛卡尔网格、不规则网格或 Voronoi 网格等）及支撑部位的变化，更多地将建筑师主观感受与客观分析融于结构形态之中（图4）。

2.3 基于遗传进化的结构拓扑

遗传进化方法是解决复杂组织生长和演化的科学新方法，进化算法是基于生物进化的基本思想来设计、控制和优化人工系统的算法。结构工程领域已有对结构优化计算的大量研究，结构拓扑优化是解决非线性大跨建筑结构合理性的重要方法之一，一方面可对建筑师确定的建筑形态进行优化，另一方面可以直接介入到建筑生形的最初阶段。根据理论与大量实例研究，发现结构性能化处理在大型建筑工程的不同阶段介入所带来的效益是完全不同的。如在建筑初始方案确定后对其进行结构优化，可以将建筑师的浪漫构思合理化；而在建筑方案构思与初步方案之间介入结构拓扑设计，可以将建筑空间需求与结构拓扑形体进行综合设计，可对最终的建筑形态产生至关重要的影响；然而，通过结构拓扑优化的大量验证，可以梳理出一系列由拓扑优化生成的非线性结构形态，最优化的结构形态实则是最接近于自然的生物形态，如此从仿生理念出发抽象出适合大型建筑工程的原型，引导建筑方案的创新。

遗传进化的核心在于发现生物体在漫长的进化过程中发展出的结构原则，这些结构原则在个体发育过程中，演变成了适应当地语境的生物形态。由此所生成的形态综合了大量内在和外在的环境准则。良好的拓扑形态不仅能够实现力的合理传递，取得较大的经济效益，也可以带来新颖独特的建筑效果。自由曲面结构体内所产生的应变能是随曲面高度的变化而变化的，根据这种应变能变化关系，结构研究学者提出了"高度调整法"并将其运用在日本"冥想之森"建筑之中，得到一个结构应变能最小的合理结构形态。涌现组设计的瑞士松兹瓦尔艺术表演中心，建筑师基于拓扑几何学将建筑的表皮设计为柔软的体量以对环境作出回应，建筑的结构是壳体和空间网架的杂交，其中壳体性能是基于面的，空间网架是基于矢量的，最终实现具有生物形态的三维空间网架。飞行甲虫后部保护翼可将飞行所需的能量压缩至最小以便更轻盈地飞行，在2013—2014年ICD/ITKE研究展馆项目中，生物学家、古生物学家、建筑师和工程师组成的跨专业团队研发出了一个模块化轻量级纤维复合建筑系统，其仿生形态背后，是仿生原理、材料特性、建造可行性、结构性能和空间特质的整合（图5）。

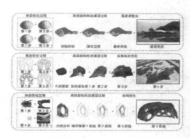

图5 语言3：基于遗传进化的结构拓扑

3.时代意义

3.1 构建新秩序

2010 年，Robert Oxman 首次提出新结构主义，她认为："当下的建筑设计、建筑工程与建筑技术融合滋生的新实践，对结构逻辑和结构建造具有重大的导向作用，势必将建立替代标准化设计和建造的新秩序。"[3]非线性结构形态与新结构主义具有很多相通的点，如注重结构逻辑、建造逻辑以及设计过程与工作模式的转变。新秩序下，建筑师与结构工程师在一个高度融合的工作平台之上，结构理论将在建筑设计初期发挥作用，结构性能优化过程（模拟、分析、计算、优化），使结构与建筑设计之间更具有互动性与适应性。在建筑师和工程师之间建立起一个协同平台，实现创新性的合作方式。一方面，建筑师设计得到了延伸和拓展，建筑师有机会参与到复杂的几何形状的结构设计中，并在结构优化和建造实施中发挥更重要的决策作用；建筑师和结构工程师依靠各自的专业逻辑和可靠的设计直觉，为当代高性能建筑设计创造出必要的前提条件，并相互激发潜在的结构特性和建造可能性，提高项目的完成度和控制程度，建筑本身获得更优化的性能，也终将涌现出更为科学的工作方式及合作流程。数字化结构性能设计开始超越技术工具，逐步成为一种设计方法。

非线性建筑观是以非线性科学的态度和方法处理建筑设计问题。持有这种观点的建筑师把建筑物、建筑周边的自然及人文环境以及使用建筑的人三位一体地作为整体来设计，并以动态及变化的观点看待环境及人的活动，试图把建筑塑造成为符合环境影响及人的行为要求的物质实体。

3.2 实现新融合

"形式"的表达始终是建筑设计的归宿，任何建筑理念的诉求都将落实于表现"形式"的几何元素、材料元素和构型元素。与此同时，建筑受众者的审美诉求也将作用于建筑所表现出的视觉形式与触觉形式等。随着时代的变迁，结构技术与艺术总是相伴而生，结构技术的变化是建筑形态更迭发展的动力之一，形态的选择又促进了技术的变迁。如将结构合理性与视觉合理性综合考量，将二者效率全局把握，不仅需要敏锐准确的建筑师专业直觉，还需要强大的可视计算的数字技术支撑。2008—2009 年，由结构大师斋藤公男（Masao Saitoh）策划，日本建筑学会（AJ）与日本建筑构造技术者协会（JSCA）共同举办了题为"结构建筑学"（Archi-Neering Design）的建筑模型展与学术研讨会。斋藤公男提出"Archi-Neering"有两个维度，技术的维度呈现出安全性和实现能力，感性的维度呈现出创造性和想象力；这两个维度既有区别又极其相似，充满创造性的技术手段一定是浪漫而魅力无限的，然而缺失想象力的技术将会是多么乏味而幼稚；每当我们可以将技术与艺术、建筑与结构交融在一起时，就可以创造出充满魅力的建筑作品。无论技术发展到何其强大，人本身的智慧与情感对建筑与结构创作而言才是最为重要的，具有想象力和判断力的作品才具有美学鉴赏价值。

4.结语

在数字技术强大到无所不能的塑造自由形态时，传统结构体系瞬间瓦解，只要不计成本地运用这些技术便可以实现如雕塑般的建筑，出现了不惜违背最基本的结构原则而盲目追求夸张炫目的建筑形象的现象，这是技术先行、美学滞后的一种发展表象。大跨建筑是技术性要求最高的建筑类别之一，也是美学价值体现度最高的建筑类别之一。因此，大跨建筑是技术与艺术交融的设计对象，并从科学角度处理了数字技术时代技术与艺术的正确关系及作用机制，同时揭示出追求自然、生态、高效、精致、系统的大跨建筑设计理想。

原载《建筑学报》，2016 年 S1 期

注释

① Angus J. Macdonald所著的Structure and Architecture "当建筑跨度成为影响建筑结果的首要因素并足以影响到建筑的美学处理时，即为大跨度建筑"。

参考文献

[1] Bjorn Normann Sandaker. On Span and Space : Exploring Structures in Architecture [M]. New York: Routledge, 2008: 12.

[2] Neil Leach、Xu Weiguo. Fast Forward/ Hot Spot/ Brain Cells[M]. Hong Kong: Map Book Publishers, 2004: 9.

[3] Rivka Oxman、Robert Oxman. The New Structuralism: Design, Engineering and Architectural Technologies[J]. Architectural Design, 2010(4): 14—23.

[4] 束林，周鸣浩.对话·融合·反思——2014中日结构建筑学(Archi-Neering)学术研讨会评述[J].建筑师，2015(2):9—12.

[5] 袁烽，胡永衡.基于结构性能的建筑设计简史[J].时代建筑，2014(5):10—19.

[6] Daniel L. Schodek. Structures[M]. 2nd ed. Upper Saddle River, NJ: Prentice Hall, 1992: 2—3.

[7] The International Association for Shell and Spatial Structure. Working Group 15: Structural Morphology[EB/OL]. Madrid: The International Association for Shell and Spatial Structure. [2013-06-08]. http://www.iass-structures.org/index.cfm/page/ TechAct/WG15.htm

[8] Motro R. An Anthology of Structural Morphology[J]. International Journal of Space Structures, 2010, 25(2): 135—136.

[9] 沈世钊，武岳.结构形态学与现代空间结构[J].建筑结构学报，2014(4):1—10.

[10] 埃德加·莫兰.复杂性思想导论[M].陈一壮，译.上海: 华东师范大学出版社，2008:111—113.

[11] 黄欣荣.复杂性科学方法及其应用[M].重庆: 重庆大学出版社，2012:10.

[12] 佐佐木睦朗.自由曲面钢筋混凝土壳体结构设计[J].余中奇，译.时代建筑，2014(5):52.

[13] 《建筑与都市》中文版编辑部.塞西尔·巴尔蒙德[M].北京: 中国电力出版社，2008:51.

[14] 温菲尔德·奈丁格.轻型建筑与自然设计—弗雷·奥拓作品全集[M].柳美玉，杨璐，译.北京: 中国建筑工业出版社，2010:17—29.

作者单位: 哈尔滨工业大学建筑学院

历史城厢地区总体城市设计的理论与方法研究探索
——潍坊案例

王建国　杨俊宴

摘　要：在中国快速城镇化进程中，很多蕴含丰富历史信息和文化价值的历史城厢地区的保护和发展遇到挑战与冲击。本文结合国际理论与本土实践，从整体性的设计视角谋划历史城厢地区的未来空间模式，并以潍坊龟蛇城厢为例，综合运用数字技术方法和多种城市设计手法：包括建构城市中心体系和城市空间原型模式、运用数字历史地图构建历史城厢历史遗产系统保护网络，及经由物理环境分析、为街区活化和既有建筑改造提供依据等，深度挖掘了潍坊历史城厢地区的传统空间价值，进而探索了历史城厢地区的发展模式和城市设计理论与方法的应对策略。

关键词：总体城市设计；城市形态；历史城厢；潍坊

ABSTRACT: In the rapid process of urbanization in China, the protection and development of many urban historic areas that have long history and rich cultural values has met challenges and shocks. Based on the international theory and local practice, this paper explores the future spatial pattern of the urban historic area from the perspective of holistic design, and by taking Weifang as an example, it uses the method of digital technology and a variety of urban design techniques, such as constructing urban center system and urban space prototype model, using digital historic map to build historic heritage protection system, providing the basis for the mobilization of blocks and transformation of existing buildings through the physical environment analysis, etc., thereby excavating the traditional spatial value of Weifang historic area, and exploring the development mode and strategies of urban design theory and methods of urban historic area.

KEYWORDS: integrated urban design; urban form; historic area; Weifang

1.引言

五千年的历史发展演进和辽阔多变的地理环境共同构成了我国独特的城市文化。三十余年的中国快速城镇化历程成为国际瞩目的独特现象，它既不同于欧洲的渐进式更新，也不是北美的新城市拓展式发展，而在很大程度上，是一种针对历史城市的规模性高速发展。历史城厢一般处于历史城市的中心地区，蕴含着深厚的历史和文化积淀，是城市生活最重要的场所载体。因此，在城镇化进程中，如何处理历史城厢并使其很好地延续地域文化和风土人文，成为城镇化进程问题的重中之重。巴黎、伦敦、佛罗伦萨等众多欧洲历史城市的发展历程与经验表明，城市的现代化发展与传统文化空间的传承相结合，是城市发展的重要资源与依托。同时，对中国历史城厢地区价值的认识也应该不断深化，历史城厢地区是历代中国传统文化不断传承和积累的空间投影，

除了保护历史城厢地区的历史、文化、艺术、科学价值外，还应重视其社会、经济、空间等实用价值，使历史城厢在城市的发展中发挥更重要的作用，而不是成为独立的孤岛。既往相关研究与实践开展甚多，但也存在以下问题：一是尺度局限，大多从历史建筑、历史地段本身出发，较少从整个城市空间形态的角度探索空间结构；二是定性研究为主，技术性量化成果支撑不够，导致共性科学问题难以揭示；三是较多针对历史城厢地区的历史、文化等特征，而对历史城厢空间本体的实际提升与优化的实施操作的研究相对薄弱，致使成果难以落地。

总体城市设计是以城市整体作为研究对象，具有综合性、系统性、全局性、指导性特点的城市设计，一般在城市整体建成区或者形态功能相对独立的片区展开，且具有鲜明的服务于规划管理的技术导向。其工作大致包括：建构城市人文环境与自然环境的空间关系，对城市的特色资源进行挖掘提炼，并有机组织到城市发展中以创造鲜明的城市空间特色；把握城市空间格局和结构形态，对城市天际轮廓、出入口、视线走廊、绿色开敞空间等系统要素提出整体控制对策；组织富有意义的公共行为场所体系，构筑城市文化氛围；制定基于规划管理的总体性城市设计管控路径、导则及数据库。本文基于片区总体城市设计的综合特征，从城市三维形态结构的角度出发，采用多种城市设计手法，如基于城市中心体系和城市空间模型提出城市整体形态优化的途径。运用数字历史地图构建历史城厢历史遗产系统保护网络，通过物理环境分析而为街区的活化和既有建筑改造提供依据等。依托这些方法建构的总体城市设计框架便具有比较全面、准确和客观的优点，有助于把控历史城厢地区在城市中的地位和作用，并准确定位其空间价值，客观地制定城市空间形态控制的整体框架。本文拟在此认识基础上，以潍坊历史城厢地区为案例，探寻历史城厢地区在城市发展中存在的问题及理论认识，进而探讨中国历史城厢地区总体城市设计的理论架构和技术方法。

2.国际视野下的历史城厢发展

《明史·食货志》曾给城厢做这样的解释："在城曰坊，近城曰厢。"也就是我们今天所指的由城墙和护城可环绕，具有完整的街巷、街坊和职能建筑体系的历史城区。历史城厢通常具有频繁的社会经济活动及较高的居住密度，同时保存有丰富的历史文物和传统建筑，能够真实地再现当地的民俗传统和历史风貌，并在社会心理方面有很高的认同感。在城市空间形态的各个层次关系中，历史城厢地区作为城市历史文化遗存的物质空间基础，

是串联整体城市历史文化体系的承上启下的关键环节。

2.1 国内外的理论与实践发展趋势

二战后，以欧美大规模拆改为特征的"城市重建"和"城市更新"运动冲击了很多城市的历史格局和肌理，给许多历史城市的格局、形态、风貌和社会环境带来巨大破坏，加剧了城市中心地区的衰败。20世纪60年代后，理论界的反思对西方城市更新的实践产生了广泛而深刻的影响，城市历史文化的保护不仅仅在于各级文物建筑，更在于其所处的街区和城市历史环境的延续，此后，城市设计的理论和实践也融入了历史保护的概念，进入了一个全新的发展阶段。

（1）尊重历史城厢地区情感象征的价值需求。城市历史城厢地区具有强烈的情感象征价值，不仅是简单的物质遗产保护，更具有深刻的社会文化内涵。对城市历史文化的认同和共同家园价值的集体记忆，使城市历史文化保护成为社会和市民难以忘怀的认知共识。历史城厢地区给予市民心理上的亲近程度，维系着市民精神情感上的眷恋和集体记忆，是现代城市发展中难以营造的。同时，历史文化作为城市精神文化的重要组成部分，能给生活其中的人带来一种稳定感和自豪感。

（2）融入现代城市的整体结构形态和功能体系活化。在历史上，老城厢地区本身就是一个相对完整的城市结构，是众多民俗活动的发生地和传播中心，它集中展现了一个城市在演化进程中积淀的历史特色及在地性文化。正是由于传统民风民俗的丰富多样性、内在继承性、地方性及其顽强的生命力，才使得城市历史文化成为社会经济生活中不可分割的一部分。对于历史城厢地区保护的结果是促进城市文化和经济活力，而不是变成孤立于城市整体结构以外的历史文物博物馆。因此，它应当融入城市经济、社会生活发展过程之中，应当和城市结构、中心体系以及新城建设有机结合起来。

2.2 普适性的问题

认识并思考我国历史城厢地区发展中的普适性问题，应首先了解我国城镇化进程中历史文化保护的复杂性和特殊性。中国城市历史城厢面临的问题既有快速发展城市中的主要特征，又有后工业化过程中遇到的各种现象，交织存在着结构性衰退、功能性衰退和物质性老化等问题，主要表现在以下方面：

（1）历史城厢缺少整体格局保护。在城市的规划和设计中，保护对象往往限于单独划定紫线的历史文化街区和文保建筑，对具有一定历史价值但要素分布碎片化的历史城厢格局缺乏清晰的整体认知，致使无法辨识历史城厢的历史结构和文化价值，导致很多历史城厢的整体形态肌理和历史城郭格局在不经意间就遭到"建设性破坏"。

（2）历史城厢地区缺失现代功能活化。城市是一个不断生长发展的有机体，历史城厢作为城市的重要组成部分，需要的不是博物馆式的凝冻保存，而是互动的活化传承。当前的很多历史城厢地区，空间结构和功能体系往往彼此孤立，无法融入现代城市的整体结构；历史城厢内部以传统功能为主，缺乏现代都市功能的融入；空间结构的断裂与内部功能的孤立大大减弱了历史城厢对现代市民的吸引力。

（3）历史城厢特色缺乏彰显。当前对于历史城厢的保护方式以划分保护级别，划定保护范围，限制建筑高度、体量、风格和形式为主要内容，这种法规条款式的方法在严格保护的同时，也出现了诸如缺乏对不同地区的历史城厢特有风貌和内涵延续性的研究，指标设定千篇一律的问题，从而导致历史城厢的空间特色逐渐消逝，市民对历史城厢地区的历史和文化真实性感知和体验度不高。

（4）历史城厢资源孤立。历史城厢中资源点数量众多，但当前的许多设计仅仅将单个的历史建筑资源作为孤立的个体加以保护，没有结合当地历史文化底蕴对各历史资源之间的相互关系进行脉络梳理，也较少考虑历史资源与现代城市空间的互动关系。

为了更好地解决历史城厢地区以上发展与保护的问题，在总体城市设计方面应当拓展原来相对独立的专项保护工作范畴，融入城市各等级的更新和建设中去。不仅仅保护有历史遗存的地段，而是在整个总体城市设计的各专项城市设计过程中，都应当注意地方传统、文化特色和现代技术、时代精神的继承与结合，保持历史城厢地区的文化特点。

2.3 潍坊历史城厢的典型问题

潍坊历史悠久，自夏商时期即有城市痕迹。至明清时期，基本形成"城中园、园中城"的城市格局。民国以后，潍坊城市发展加快，城市建成区不断扩大。同时，明清时期形成，位于白浪河两岸的"龟城"和"蛇城"历史城厢特色形态则逐渐消逝，保护和发展陷入深刻的矛盾之中。与全国历史城厢保护的普遍问题一样，老城厢地区的空间价值缺失是城市设计中面临的根本性问题（图1）。这一问题在潍坊市城市空间中主要体现在以下四个方面：

▌图1 城市设计范围

（1）历史街区肌理遭到破坏，空间特色湮灭

潍坊市历史城厢地区的传统肌理在大规模城市开发的过程中遭到了较为严重的破坏，城市的街坊尺度趋于均质，中心城区的街区路网层级不明，缺乏支路，支路网密度仅为1.8km/km²，远远低于传统意义上的历史城厢。整个历史城厢地区以现代建筑风貌为主，历史特征和空间肌理特色正在逐渐消失。

（2）历史文化和自然景观资源尚未得到有效利用

城市周边的地理环境能够成为影响和制约城市形成和发展的重要基础条件，不同的地理环境会塑造不同的城市特征；城市的历史文化因素构成了城市的社会空间，与城市物质空间相互影响共同构成了城市的空间形态。通过实地调研发现，潍坊历史城厢周边的自然和历史资源尚未得到有效利用。历史城厢地区的古建筑及其环境、标志性非物质文化遗产虽然得到了保护，但对历史文化资源的认识并不全面，需要进一步拓展保护范围；除此之外，白浪河等重要的滨水环境优质资源尚未在城市层面发挥活力引擎的作用。

（3）历史城厢功能单一，导致活力缺乏

潍坊历史城厢地区是城市主要的就业和居住人口密集区，具有商业集聚的优势；同时该区域也是区域的交通枢纽，交通可达性优越。但是，通过对潍坊市的历史城厢地区现状公共建筑调研发现，日常零售商业和批发市场等中低端功能在公共服务设施占比超过70%，其他公共服务职能则较为缺乏，这使得整个潍坊历史城厢地区功能较为单一且业态等级较低，最终导致活力度严重不足。

（4）步行系统欠缺，街区品质不高，导致活力缺乏

潍坊市的历史城厢地区中步行性道路缺失，导致街巷活力降低。作为历史城厢地区中的主要街道，东风西街和向阳路均缺乏良好的步行环境，整个历史城厢地区仅有一个步行广场，尚未形成完整的步行体系。此外，由于城市街景和重要景观节点营造粗放，使得历史城厢中的街区品质降低，由此导致整个地区的街巷空间活力不足。

3. 历史城厢空间价值的发掘与优化

通过城市设计发掘和提炼历史城厢的空间价值，使历史城厢在城市发展中起到优化提升的作用，是解决历史城厢地区普适性问题的重要途径。通过数字历史地图法、诗词题名的数字景观法、既有街坊的活化和城郭数字化再现等方法的集成，建构历史城厢的设计技术簇群，对历史城厢的空间价值进行挖掘、梳理、优化和再现（图2）。

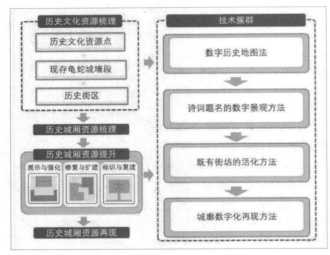

▌ 图2 技术路线

3.1 历史城厢历史文化的挖掘

数字历史地图的建立可以复原历史城厢地区的历史风貌，绘制数字历史地图以寻找历史城厢地区的空间价值，进而建立完整的历史城厢空间结构，并对历史城厢地区的空间形态进行整体控制。使用数字历史地图方法，通过搜集历史地图、历史照片、各朝县志以及各时期规划，初步发掘了潍坊历史城厢"龟

▌ 图3 潍坊龟蛇二城的历史格局

蛇两城相依"的独特城市形态，并结合现状城垣残存，将龟城和蛇城的城郭精确落地于现状矢量数字地图上。解读各种历史文献分析潍坊历史上的城市格局、街巷、古迹、人文特征，分类定位历史城厢中的历史资源。进一步建立历史资源分级评价体系，从不同维度对搜集到的历史资源进行打分，提炼城市历史发展中的各级核心资源（图3）。

3.2 历史城厢历史资源的梳理

在构建数字历史地图的基础上，使用诗词题名的数字景观方法寻求历史资源点的内在联系。利用人文数据库搜集与潍坊有关的文化名人、诗词歌赋以及民间歌谣，从这些文字资料入手，挖掘潍坊老城厢中的各类古迹，如城门、庙宇、牌坊、园林等，对资源点分类整理，断代分析，结合历史渊源并凝练各资源点的特色。最终结合历史地图对这些资源点进行空间定位，并将其串联成数字景观廊道。

3.3 历史城厢空间品质的优化

针对历史城厢历史资源景观廊道空间分布的特征，对城墙现状进行逐段调研分析，通过考察各段保存现状及各重要节点的历史价值，为规划设计中通过合理的对策和方法对城墙展开多维度的再现提供基础。对历史城厢地区城墙两侧用地性质、建筑风貌、建筑质量综合评析，得出建筑拆、改、留的结论，作为下一步再现规划设计的依据。基于保护更新策略，并结合潍坊城市及龟蛇城墙现实状况，安排城市绿地公园、文化设施等点状要素以及步行路径、文化线路等线性要素，提出详细的城墙保护修缮和公共界面整改策略，从而达到历史城郭的数字化再现。

3.4 历史城厢空间情境的再现

通过对历史城厢中主要历史资源点周边的用地性质、建筑风貌、建筑质量的综合研究，为下一步再现规划设计提供依据。构建历史街坊保护策略，采用展示与强化、修复与扩建、标识与复建的策略，对潍坊主要的历史文化资源点综合再现提升。针对现状资源点在城市建设过程中逐渐被周边建筑包围、开敞度相对较低的情况，采用打通其与城市的视线和流线联系，强化其展示性；针对现状资源点在城市历史变迁过程中受到不同程度的破坏，原有建筑风貌、空间格局及文化特色逐渐消失的情况，对其空间形态及建筑形式进行修复，并体现其文化内涵；针对现状资源点在城市发展过程中接近或已经消失，但对于彰显城市文化品质具有重要意义的情形，对其采取标识与复建的方式进行恢复。

4.历史城厢空间形态的传承与创新

4.1 潍坊中心城区的整体空间结构

作为环渤海地区的典型中型城市，潍坊市也经历着城市的快速发展给城市空间结构带来的秩序紊乱。城市设计除了传承潍坊历史城厢地区的空间价值，还需要对潍坊城市空间结构进行深入研究，并提出优化措施。

基于潍坊中心城区历史上独特的空间特征——龟城和蛇城跨白浪河并立，在进行城市设计之初提出大尺度容积率转移的设计策略，塑造"龟伏蛇舞白浪合"的设计理念。"龟伏"：即龟城，作为历史展示核心地区，以复原历史城墙、打造环城绿廊、打通滨河绿道为未来的主要发展目标，严控开发强度、建筑密度与高度，以历史文化风貌、自然绿化景观和公共活动空间为主要特色与亮点。"蛇舞"：即蛇城，作为未来城市的主要核心区，包含商务区与商业区两项主要职能，因此呈现高密度和高层建筑聚集状态，为中心城区的发展引擎与活力源泉。"白浪合"：即白浪河，作为城市中的自然景观与人文纽带，应该更好地沟通两岸景观，实现协同发展（图4）。

在潍坊历史城区的总体城市设计中，以白浪河历史地区的自身定位与发展目标为出发点，根据对历史城厢的空间结构判断以及"龟伏蛇舞白浪合"的未来愿景，将整体空间结构规划为"一心双城四轴六核"。其中"一心"为城市商业－商务主核心；"双城"为龟城和蛇城两城；"四轴"为贯穿中心城区的历史文化轴、现代商业轴、景观活动轴、都市商务轴；"六核"分别为十笏园传统商业文化亚核、火车站商贸批发亚核、潍柴文化游憩亚核、潍州路零售商业亚核、五道庙特色商业亚核和北部娱乐游憩亚核（图5）。

▌图4 潍坊中心城区平面设计　　▌图5 潍坊中心城区空间结构

4.2 潍坊历史城厢的空间设计

在总体城市设计中，对应龟、蛇两城不同的定位，采用差异化的空间设计手法。其中，龟城位于白浪河西岸，包括由明清城墙围合而成的老城区及其周边地区。基于历史城厢设计方法对龟城遗产进行分析、整理和发掘，基于现代城市功能活化的需求，经由标示、再造、织补等城市设计手段，以龟城城市公共空间化的方式，唤醒历史记忆，孕育文化氛围（图6）。

在龟城的空间设计上，首先通过历史资料明晰各类历史资源，并从原真性、完整性、唯一性、认知度四个方面对其进行评价，形成数字历史地图。其次利用《潍县竹枝词》和龟城民俗歌谣，结合历史渊源凝练各资源点特色，最终结合历史地图对这些资源点进行空间定位，并将其串联（图7）。再次以既有街坊的活化方法解决现状资源点开敞度相对较低的问题，打通其与城市的视线和流线联系，强化其公共展示性，通过数字景观廊道串联现代城市的公共交往空间体系。最终使用城郭数字化再现方法对历史城厢的城垣边界逐段解析，基于保护更新策略的分析总结，结合潍坊城市及龟蛇城墙的现实状况，植入城市绿地公园、文化设施等点状要素以及步行路径、文化线路等线性要素，提出城墙保护修缮和公共界面整改策略，再现潍坊城市历史城郭。通过以上四个步骤最终达到整个历史城厢数字化的立体空间设计（图8）。

蛇城位于白浪河东岸，包括由褐寿东路、湖州路和民生东路围合而成的条带状地区。基于活力彰显的现代商务之都、文化掩映的现代文化之都和水绿相融的现代生态之都的设计定位，运用物理环境提升方法，从风环境角度对蛇城的高层建筑空间环境

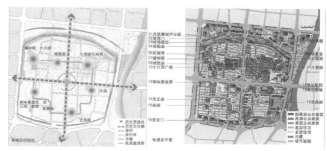

▌图6 龟城空间框架

▌图7 数字历史地图解析龟城北部地区

▌图8 龟城鸟瞰

提出优化策略，并指导城市设计。

在蛇城的空间设计上，利用物理环境分析软件从宏观层面对蛇城的整体热环境进行模拟并定位其中的主要微热岛地区。在此基础上，针对这些微热岛地区提出优化策略，打通中心城区的通风廊道，为蛇城街道空间尺度、建筑群布局和公共空间设计提供依据。结合潍坊城市盛行风向，利用 cfd 风环境分析形成蛇城内部不同高度的风速矢量图，在中观层面指导主副风道的设计，并对微观层面的高层建筑外部形态以及建筑朝向进行控制和引导（图9）。

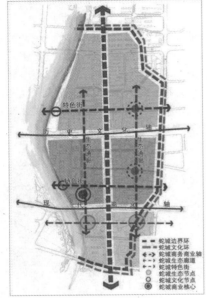

图9 蛇城空间框架

5.历史城厢空间形态的整体设计

5.1 格局设计

对于龟、蛇两城不同的历史城厢基底，在龟城的空间框架设计中基于数字历史地图的叠合成果，提出总体恢复龟城城市历史形态，形成"两环两带、一核七点"空间结构。其中，两环分别为北部复建城墙和护城河形成带状的公园绿地，串联东、西、南侧的道路绿地和街头绿地所形成的绿环以及龟城内部各历史资

图10 潍坊中心城区鸟瞰一

图11 潍坊中心城区鸟瞰二

源点，结合商业功能在龟城内部形成一条步行环；两带为沿龟城外围南北两侧形成高层建筑的商业商务带；一核七点则代表龟城中心的大十字口和城隍庙、十笏园等七处重要历史资源点。在蛇城的空间框架设计中，基于中心区微气候数字地图的成果，提出打造未来商务中心区，形成"一带、一轴、四廊"的空间格局。其中，一带为一条环绕蛇城的景观带；一轴为沿四平路设置的中央商务带；四廊为两条绿色通道和两条文化街（图10、图11）。

5.2 专项设计

专项设计的总体层面：依托空间框架，采用点、网、环、片的设计构架，通过对现状及历史文献的整理，发掘历史文化要素，寻找具有价值的历史文化资源点，通过标识和再造等方式使其显现，并且之于市民可观、可感、可游；梳理历史街巷体系，形成龟城中心区的历史街巷网络，通过街巷系统的整理和再造、历史地名的保留和标示强化营造，打造历史城厢地区的历史氛围；外环结合城墙商业等设计环城公园和景观道路，打造以自然风光为主，盎然绿意的城河绿带，中部以公共服务功能的集聚和商务街区的串通凸显龟、蛇两城的意象，形成以中心区外围绿环和内部步行环为主体的公共活动环带；结合内部历史文化资源和既有建筑改造，依托老街巷系统形成各段具有特色的步行环路，将市民日常文化休闲活动融入其中。

专项设计的操作层面：根据本次设计的"龟伏蛇舞"城市形态特色格局，恢复龟城的传统历史格局，在龟城北部城墙复建形成带状的公园绿地及商业用地，在蛇城形成了大量的商务、商办等混合用地，通过外围用地作为商业用地开发平衡内部拆迁。通过新增文化设施用地、街头绿地、游园等用地和商业用地连通形成步行内环，塑造龟、蛇两城的历史城郭轨迹。在地块更新上，基于现状建筑功能及质量分析、高度分析等的综合评价，结合外环绿带，内部步行环路等设计理念及策划，确定现状建筑的拆改留计划；在公共设施布局上，对历史城厢内的现状公共设施进行了梳理。对现状较好的设施予以保留，现状用地局限的设施进行适当改造。在开放空间的布局上，通过滨河绿地、大型公园绿地和小型街头广场形成三级开放空间系统，并以林荫道作为联系。其中，依托历史文献记载的易园等园林意象，营造古意盎然的文化氛围；在道路交通的组织上，完善现状支路网系统，梳理老城厢街巷系统，形成小型街区模式。同时结合绿地及街巷系统设计

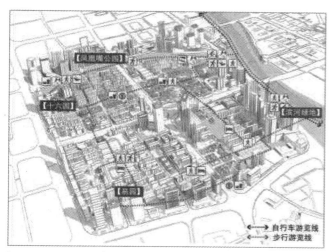

图12 龟城公共活动组织

公共慢行步道，创造休闲氛围。在流线与游憩活动组织上，建立以旅游观光和居民日常休闲活动为主的观景游线，在展示历史城厢形象的同时为城市居民提供健身、游乐等文化休闲场所（图12）。在建筑高度控制上，在龟城中以高层建筑群结合周边低伏的建筑营造出"龟甲"的特色城市形态意象；在蛇城，则以南高北低、东西起伏来表达蛇形的动感金融中心形态意象。

5.3 重点地段设计

在重点地段控制层面，选取了潍坊历史城厢地块内北城墙凤凰嘴城河公园、通济门风情街、奎文门风情街和大十字口四个空间位置及文化价值方面最重要的节点作为重点地段设计（表1）。通过遗址保护、功能提升和环境营造三种方式，分别对重点

表1 重点地段效果

凤凰嘴城河公园	通济门风情街	奎文门风情街	大十字口

资料来源：作者编制

地段中现存城墙遗址进行保护与展示：以城墙再现的方式实现功能及业态与现代城市功能的有机融合，通过对城墙周边环境的塑造、烘托历史文化氛围，以及与游客观光活动和市民日常休闲活动的紧密结合，全面营造城墙及周边的城市环境。

除了对龟城和蛇城中的重要节点进行详细设计，通过控制引导历史城厢中的特色空间，同样能够落实总体城市设计中的设计意图。选取了龟城中的传统街巷空间以及街头园林化开放空间，通过选择商业及景观空间的不同改造模式和交通组织及地面铺装的不同改造模式，分别对南片街巷系统进行梳理与设计，营造出丰富多样的步行体系和宜人的活动环境。除此之外，对中心城区现状建筑在空间肌理、建筑造型、建筑材料和建筑色彩四个方面进行意向控制，保证了龟城整体空间氛围的协调有序。

6.结语

利用集成的城市设计数字化技术挖掘历史城厢地区的空间价值，探索历史城厢地区的活化模式，可以有效地对历史城厢地区的城市空间形态进行整体设计和控制。本文总体城市设计的研究将历史城厢地区的保护与活化同整体城市空间发展结合在一起，通过数字化分析系统，在分析城市历史城厢地区空间价值方面取得成果，特别是其数字化技术可以与历史城厢的管理平台有效结合，更加科学有效地指导中国现阶段城市历史城厢地区的规划与建设。从城市设计学科自身发展看，针对历史城厢的分析理论和技术方法也具有普适性意义，成果可以完善现有的城市设计理论和方法体系。

（项目团队成员：王建国，杨俊宴，郭兆环，徐春宁，沈旸，蔡凯臻，丁志军，唐军，杨磊，朱彦东，戎卿文，李京津，胡昕宇，赵烨，陈海宁，张浩为，唐雯，刘坤，潘琼宇，任焕蕊，史宜，潘奕巍，蛊楠，陆小波，张涛，兰文龙，林岩等）

原载《城市规划》，2017年06期

参考文献（References）：

[1] 王建国.城市设计（第二版）[M].南京：东南大学出版社，2004.

[2] 王建国.现代城市设计理论和方法[M].南京：东南大学出版社，1991.

[3] 陆地.建筑的生与死——历史性建筑再利用研究[M].南京：东南大学出版社，2004.

[4] 杨俊宴.传统商业中心规划[M].沈阳：辽宁科学技术出版社，2008.

[5] 吴明伟，孔令龙，陈联.城市中心区规划[M].南京：东南大学出版社，2000.

[6] 布罗林·布伦特 C.建筑与文脉——新老建筑的配合[M].翁致翔，等，译.北京：中国建筑工业出版社，1988.

[7] 阮仪三，等.历史文化名城保护理论与规划[M].上海：同济大学出版社，1999.

[8] 蒂耶斯德尔史蒂文，等.城市历史街区的复兴[M].张玫英，董卫，译.北京：中国建筑工业出版社，2006.

作者简介

王建国，男，东南大学建筑学院，北京未来城市设计高精尖创新中心，教授，中国城市规划学会副理事长

杨俊宴，男，东南大学建筑学院，城镇建筑遗产保护教育部重点实验室，教授，中国城市规划学会学术工作委员会和城市设计学术委员会委员

基于适应性再利用的工业遗产价值评价技术与方法

蒋楠

摘　要：在分析工业遗产综合价值的基础上，结合适应性再利用的诉求与特点，建立了基于适应性再利用的工业遗产综合价值评价指标体系，将工业遗产的综合价值划分为历史、文化、社会、艺术、技术、经济、环境及使用八个方面。其后运用德尔菲法、层次分析法，以及模糊综合评价等技术策略与方法，探讨了工业遗产综合价值量化评价的技术路线，并结合南京1865创意产业园的三栋工业历史建筑进行了工业遗产价值评价实证研究。

关键词：工业遗产；价值评价；适应性再利用；技术与方法

ABSTRACT：Based on the analysis of the value of industrial heritage and demands and characteristics of adaptive reuse of industrial heritage，this paper establishes a comprehensive value evaluation system for industrial heritage. By means of Delphi，AHP and fuzzy synthetic evaluation，it also discusses the technical routes of value evaluation and quantization for industrial heritage. Finally，it gives an empirical study through the case of three industrial historic buildings in Nanjing 1865 Creative Industry Park.

KEYWORDS：industrial heritage；value evaluation；adaptive reuse；technique and method

中图分类号 TU984.13　　文献标志码 B　　文章编号 1000-3959 (2016) 03-0004-06

在对工业遗产进行保护与利用的过程中，对其价值进行科学评价是必不可少的重要环节。近年来，国内已有一些学者对工业遗产的价值评定做出了积极有益的探讨。然而必须指出的是，工业遗产在所有的历史文化遗产中仍属于比较弱势和边缘的一类，[1]其保护利用的相关技术方法尚未完成系统性和层次性的建构，技术标准也正在探讨完善之中，尤其是目前国内尚没有一个公认的可用于评价其历史、艺术、文化、技术、经济等多重价值的评判标准与技术方法，在实际操作中往往生搬硬套一些文物建筑的评价标准，经验与直觉也仍然是工业遗产评估与保护工作倚重的手段[2]，如此做法，势必造成对工业遗产的价值认定较为含混或片面，进而对后续的保护利用工作带来不利影响。

从国内外诸多案例实践来看，保护工业遗产和一般文物古迹有所不同，它往往要通过对其进行合理的适应性再利用①来实现其多元价值。面对数量众多，历史文化属性和保存物质状态不尽相同的各类工业遗产，如何建立起一套具有科学基础、基于主客观共识的价值评判方法；并以此方法为基础，进而建立起以价值为核心的工业遗产保护与适应性再利用决策支持系统，这就需要对工业遗产价值评价的技术和方法做出更为深入的探讨。

一、工业遗产价值评价的技术要点与流程方法

在工业遗产价值评价的过程中，需要考虑以下几个方面：一是确立以价值为导向的建筑评价方法学，通过建构"价值认定–价值评价–价值实现"的模式[3]，并将其贯穿工业遗产保护利用的全过程，进而将价值评价引入遗产保护利用的决策机制。二是对工业遗产多种价值，尤其是对反映适应性再利用方面价值的关注和重视，这是因为工业遗产一般不会采取凝冻式的保护方式，而是需要通过适应性再利用来进行动态更新保护，因此不仅仅要关注传统保护价值（诸如历史年代、审美表现、文化内涵等），更要体现出社会发展、经济利用、功能使用等方面的实用价值，从而揭示出该工业遗产基于适应性再利用的价值潜力。三是发挥多专他协同工作和团队决策的优势，因为适应性再利用实现了工业遗产保护维度和空间的拓展，其中的价值评价不仅仅局限于建筑、历史等专业，还涉及社会学、经济学、环境学、城市学、文化学等多个学科，这就需要来自不同领域的专家团结协作，并通过广泛深入的讨论来协商确定其综合价值指标。

就技术与方法层面而言，工业遗产价值评价的难点在于：其一，此类遗产具有多方面的价值（包括历史、社会、艺术、经济、环境等），而每种价值类型又有其特定的评价指标和标准；其二，价值具有历时性特征，会随时间发生改变，并受到多个因素（经济发展、文化趋势、城市规划等）的影响与制约；其三，评价的工具与方法众多，涉及多个专业和学科，针对不同的价值指标如何选取合适且易于度量的评价策略与方法是一项具有挑战性的工作。在这样的背景下，要建立系统性的价值评价方法就需要严谨的程序方法设计。总体而言，基于适应性再利用的工业遗产价值评价主要可分为三大步骤：一是认定与描述研究对象的所有价值，二是量化评价与分析该价值，三是对评价结果的反馈（图1）。

在价值认定与描述阶段，首先需要确定评价对象（待保护利用的工业遗

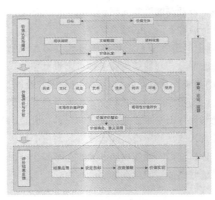

图1 工业遗产价值评价流程与方法

产）和价值主体（使用者、业主、公众、城市管理者等），并基于现状调研和文献资料作归纳整理，从而获得所有相关数据，包括建筑在哪些方面体现出特征性、独特性、稀缺性及可利用性等，并对该遗产涉及的多种价值做出具体阐述。在价值评价与分析阶段，需要对之前认定的各价值指标按照一定的评价标准进行量化，从而确定各项价值的层次等级乃至具体分值。在评价结果的反馈阶段，需要通过现状评价与价值评价的整合分析，进而确定保护利用的具体策略、再利用的价值取向、改造介入力度大小等实际问题。在价值评价的整个流程中，还须建立公众、业主、管理者、不同学科领域专家等多个利益相关者共同参与的审查、论证及监督机制，以保证遗产保护利用工作的顺利进行。

二、工业遗产综合价值评价体系的建构

1.以价值为核心的工业遗产综合评价机制

在工业遗产保护利用的全过程中，建立以价值为核心的综合评价机制，有助于从内在机制层面解决保护理论到保护实践的连接问题。首先，我国的工业遗产保护利用工作中尚未形成完善的价值评价机制和以价值为核心的系统性方法，在现有的建筑遗产保护利用中对价值评价多流于形式，或生搬硬套文物保护法中的历史、艺术、科学三大价值，而缺乏对利用对象的具体价值评价，这就容易使其后的保护、改造、利用、运营、管理等措施失去焦点。其次，工业遗产保护利用工作中的执行主体是"人"，不同认知主体的保护诉求呈现不同的价值偏向[4]，从价值论的角度厘清价值主体与价值客体、人与建筑环境的相互关系，可使建筑更好地满足多数人的需要和诉求。第三，价值评价是价值认知到价值实现的中介，遗产更新改造的最终目标是保护并实现其价值，而价值评价可以使这一过程做到有的放矢，根据"价值预期目标－价值展现策略－价值实施技术"这一以价值为核心的操作流程，通过价值评价来建立保护利用工作中理念与技术的有效选择机制，力图实现该流程的制度化、科学化、合理化（图2）。

不同层级的工业遗产，其所承载的价值信息和价值指标是不同的，我们可以根据其价值的高低来分别确定其保护利用的策略、力度及具体方式。对于文物类工业建筑遗产来说，应以保为主，保护带动利用；对于次一级的工业类历史建筑来说，应鼓励保护与利用并行；再到更次一级的一般性工业遗产乃至次新工业建筑，其改造和再利用的力度自然就更大，灵活性也大大增加。因此，对于工业遗产保护利用工作来说，其保护策略的形成、保

护方案的论证、介入力度的确定、改造技术的运用，以及改造完成后的总结与反思均应以价值评价作为标准和依据，价值观念应贯穿其保护与更新的全过程。

2.工业遗产综合价值评价指标体系

工业遗产与通常意义上的文化遗产相比具有特殊性，不能采取统一的尺度和模式。我国对文物以历史、艺术、科学三大价值[2]为判断标准，但这并不能涵盖工业遗产价值的全部和其具有的价值特殊性[5]。建构全面完整的价值类型是工业遗产评价与认定的必要步骤，回顾目前国际上比较有代表性的建筑遗产以及工业遗产价值评价理论与方法[6]，可以窥见以价值为导向的遗产保护利用发展趋势，建立价值评价与保护利用目标之间的有机联系，并可为建立基于适应性再利用的工业遗产价值评价体系提供借鉴。

根据我国遗产保护与再利用的国情，结合文物建筑与非文物建筑遗产的共性要求，笔者对我国工业遗产的价值属性及特征进行了综合分析，并提出了基于适应性再利用的工业遗产综合价值评价指标体系3分为四级指标（A、B、C、D）：总目标层为评价对象"工业遗产综合价值评价指标体系"准则层（一级指标）8项，指标层（二级指标）24项，基本指标45项（图3）。该体系是针对工业遗产的保护和利用而提出的，它既考虑了保护的要求，也体现了利用的需要。

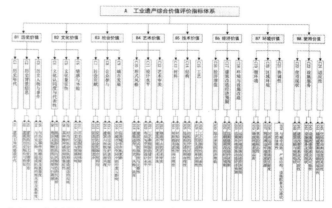

图3 工业遗产综合价值评价指标体系

三、工业遗产综合价值评价的实证研究

1.评价对象概况

本文试以南京1865创意产业园内的三栋典型建筑（A8、A1、D1）为例，运用德尔菲法、层次分析法以及模糊综合评价[3]等技术方法对其综合价值进行量化评价。1865创意产业园位于南京城南，北临秦淮河，与中华门城堡隔河相望，并与金陵大报恩寺遗址公园毗邻（图4）。1865年，时任两广总督的李鸿章在此创建金陵机器制造局，开创了我国近代工业和兵器工业发展的先河，是中国近代手工业向机器制造业过渡的转折点，1865创意产业园也由此得名。在占地20hm²的厂区内，留存下来了不同历史时期、浓缩中国近现代机械制造文明发展轨迹的四十余栋优

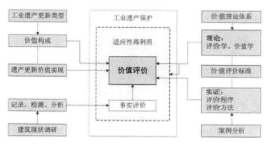

图2 以价值为核心的工业遗产综合评价机制

图4 南京1865创意产业园建筑编号与位置

秀工业建筑，其跨越历史时期之长、规模之大、保存之完好在国内实属罕见，堪称中国近现代工业建筑的"陈列馆"，具有重要的遗产价值[7]。

原机器大厂（A8）建于1886年，为一栋两层的砖混结构建筑，在场地内现存的七栋清代建筑中较为突出，可谓中国近代工业建筑的典范之作（图5）。这七栋清代厂房建筑均由英国建筑工程师主持设计建造，因此建筑在形态样式、格局规制、装饰细节上体现了一定的英伦风情。同时，该建筑也具有显著的地域性元素及特征，如建筑外饰清水砖墙、青瓦坡顶，屋顶结构则以国内惯用的木梁屋架取代了英国厂房常见的钢铁屋架等。该建筑很好地演绎了洋为中用和中西合璧，并呈现出建筑艺术与技术的完美结合，体现了独特的历史文化价值。

原子弹厂（A1）建于1936年，为一栋单层的锯齿形屋顶的连续多跨厂房（图6）。民国时期的设计建造技术有了长足的进步与发展，新的建筑材料与结构形式也被运用于金陵机器制造局厂房中，该建筑正是这些民国厂房的典型代表。其采用了钢筋混凝土结构与钢结构支撑相结合的做法，这使得厂房的平面规模格局、空间跨度、立面开窗等得到较大的拓展，而屋顶采用锯齿形连续多跨形式，在保证厂房充足采光的同时能避免阳光直射，这些新技术带来的功能结构空间的有益变化使得该厂能够更好地

图5 原机器大厂（A8）
图6 原子弹厂（A1）
图7 原制造车间（D1）

适应工业生产的实际需要，并展现出适应性再利用以及与现代功能结合的更多可能性。

原制造车间（D1）建于1979年，这是一栋单层大跨钢筋混凝土结构工业厂房（图7）。该建筑外墙为红砖饰面，具有典型的现代主义工业建筑风格特征，也是我国20世纪60—70年代的常见厂房样式，其内部结构中的牛腿柱、吊车梁、拱形屋架、长向天窗等均是这类厂房的特征性元素。虽然此类厂房在历史文化价值方面与前两者相比有明显不足，但其内部空间开阔高敞，布局灵活，十分有利于通过垂直加层与水平划分对其内部空间进行二次重组，具有较高的经济价值和使用价值（表1）。

表1 南京1865创意产业园典型建筑基本信息

建筑编号	原先功能	始建年代	表面材质	结构类型	建筑面积（m²）	建筑高度（m）	屋顶形式
A1	子弹厂	1936	青砖	一层钢混	3 309	6	锯齿形连续跨屋架
A8	机器大厂	1886	青砖	二层砖混	1 584	9	木梁坡屋架
D1	制造车间	1979	红砖	一层钢混	1 282	14	混凝土拱形屋架

2.指标评分：价值指标的置化赋值

根据案例的特点和情况，采用德尔菲法组织专家对各建筑价值指标进行评分，各指标的量化赋值介于0—10之间（表2）。

表2 南京1865创意产业园建筑A1、A8、D1价值指标评分表

一级指标及权重	二级指标及权重	A1 评分	A8 评分	D1 评分
历史价值 W1	历史年代 W11	8	10	4
	历史背景信息 W12	8	9	7
	历史人物与事件 W13	7	9	5
文物价值 W2	文物认同度与代表性 W21	7	9	5
	文化象征性 W22	5	7	5
	情感与体验 W23	8	9	6
社会价值 W3	社会贡献 W31	7	8	5
	公众参与 W32	5	5	5
	城市发展 W33	6	7	5
艺术价值 W4	形式风格 W41	8	9	7
	设计水平 W42	8	9	7
	艺术审美 W43	9	10	7
技术价值 W5	材料 W51	8	8	6
	结构 W52	8	7	7
	工艺 W53	9	8	6
经济价值 W6	经济增值 W61	7	8	9
	建筑改造经济预期 W62	7	6	9
	环境与设施改造经济预期 W63	6	5	8
环境价值 W7	微环境 W71	7	8	7
	区域环境 W72	7	7	7
	协调性 W73	6	8	7
使用价值 W8	使用现状 W81	6	5	8
	设施服务 W82	5	5	7
	适应性 W83	7	5	9

3.权重设置：价值指标的权重计算

（1）一级指标权重计算。根据德尔菲法和层次分析法得出的一级指标的权重向量为（具体计算从略）：

W= [0.1998, 0.1413, 0.0799, 0.1296, 0.0770, 0.1188, 0.0916, 0.1621]

（2）二级指标权重计算，计算方法同上：

历史价值指标：W1＝ [0.2500, 0.2500, 0.5000]

文化价值指标：W2＝ [0.2500, 0.2500, 0.5000]

社会价值指标：W3＝ [0.4000, 0.2000, 0.4000]

艺术价值指标：W4＝ [0.3333, 0.3333, 0.3333]

技术价值指标：W5＝ [0.3333, 0.3333, 0.3333]

经济价值指标：W6＝ [0.3333, 0.3333, 0.3333]

环境价值指标：W7＝ [0.5000, 0.2500, 0.2500]

使用价值指标：W8＝ [0.2970, 0.1634, 0.5396]

4.模糊评价：价值评价的量化模式

（1）将建筑 A1 的价值指标的分值代入隶属函数中，可计算出二级指标的评判集，将评判集进行组合便形成隶属度矩阵（具体计算从略）[8]。

（2）进行一级模糊运算，将一级评价指标中二级指标的权重向量与评判矩阵进行模糊综合运算，便可得到一级指标的评价结果，具体如下：

B1＝W1×R1＝ [0, 0, 0, 0.750, 0.250]

B2＝W2×R2＝ [0, 0, 0.250, 0.500, 0.250]

B3＝W3×R3＝ [0, 0, 0.400, 0.600, 0]

B4＝W4×R4＝ [0, 0, 0, 0.333, 0.667]

B5＝W5×R5＝ [0, 0, 0, 0.333, 0.667]

B6＝W6×R6＝ [0, 0, 0, 0.333, 0.667, 0]

B7＝W7×R7＝ [0, 0, 0, 0.125, 0.875, 0]

B8＝W8×R8＝ [0, 0, 0, 0.312, 0.688, 0]

进行二级模糊运算，便可得到建筑遗产综合价值的评价结果：
＝ [0, 0, 0.1689, 0.6081, 0.2230]

$$B=W\times R=W\times\begin{bmatrix}B_1\\B_2\\B_3\\B_4\\B_5\\B_6\\B_7\\B_8\end{bmatrix}=\begin{bmatrix}0.1998\\0.1413\\0.0799\\0.1296\\0.0770\\0.1188\\0.0916\\0.1621\end{bmatrix}\times\begin{bmatrix}0&0&0&0.750&0.250\\0&0&0.250&0.500&0.250\\0&0&0.400&0.600&0\\0&0&0&0.333&0.667\\0&0&0&0.333&0.667\\0&0&0.333&0.667\\0&0&0.125&0.875&0\\0&0&0.312&0.688&0\end{bmatrix}$$

根据最大隶属度原则（良好级对应的隶属度值 0.6081 为最大，亦即良好级的可能性为 60.81%），可知建筑 A1 的综合价值等级为良好，同理也可得到各价值子项指标的等级。具体而言，该建筑的历史价值为良好级，虽然不及文保单位建筑 A8 历史悠久，但其丰富的历史背景信息和历史人物事件等对其历史价值贡献颇大；该建筑的文化价值为良好级，虽然其文化象征性等指标一般，但其特征化的工业建筑造型所带来的当时工业生产文化的追溯性情感与体验较为突出；该建筑的社会价值为良好级，主要归因于金陵机器制造局在中国近代工业和兵器工业发展史上的地位及其对城市与社会发展的贡献；该建筑的艺术价值为优秀级，其不仅在立面外观造型及形式风格上具有鲜明的特点，整体具有典型的工业建筑的审美特征与艺术表现力，并体现了设计者较高的设计水平；该建筑的技术价值为优秀级，其在材料选择、结构形式、功能布局以及工艺技术等方面体现了功能、技术、艺术的

融合，反映了民国时期工业建筑建造技术的高超水准；该建筑的经济价值为良好级，因其规模较大，对其改造利用有着较为可观的经济效益预期，当然在其改造为民用用途时，其环境及设施的综合改造提升是不得不面临的问题；该建筑的环境价值为良好级，其位于厂区南部，周边环境景观尚好，其紧邻南侧城市快速干道，在交通可达性得以保证的同时，也将面对交通噪声干扰以及高架桥巨型尺度对其产生的负面环境影响；该建筑的使用价值为良好级，一方面其平面柱网规整、体量规模可观，非常便于对其进行功能置换与适应性再利用，但另一方面因其单层的格局和不高的层高将对二次使用产生限制，这就需要在确定新的使用功能时审慎考量。

同理，亦可得出建筑 A8 及建筑 D1 的综合价值等级与各分项价值指标。

5.价值分析：价值指标的综合比对

将以上三栋建筑的价值指标进行对比综合，会对三者的综合价值有更明晰的认识（图8）。

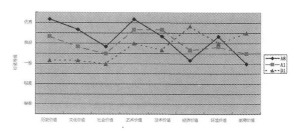

图8 南京1865创意产业园建筑A1、A8、D1价值比较分析

建筑 A8 的历史文化价值最为突出，因其建造时间最早，属于当时金陵机器制造局成立之初建设的典型代表，也是场地中现存的数栋文物建筑之一，然而文物这一光环也会不可避免地对改造再利用的可能性与灵活性产生影响，这也造成该建筑经济增值方面的价值指标并不是很高。另外，因建筑年代久远，外观与内部设施等较为破败且亟待加固，其对于新功能的适应性显著降低，故其使用价值一般。事实上，该建筑自从 2007 年创意园区成立以来，一度长期处于荒废停滞的状态，对其保护性再利用遇到了制度、现实、技术、资金等诸多方面的制约。

建筑 A1 的价值指标则表现得较为均衡并以良好级为主，一方面其历史与文化价值仅次于原机器大厂，艺术与技术价值也较为突出，另一方面因其在规模、结构、空间、保存状态等方面的优势使得其在经济与使用价值上优于原机器大厂。现实亦是如此，在开园不久之后，其利用规模与空间上的优势成了"大型青铜艺术制像展"场地，而于 2012 年又开始了艺术文化街区的内部装修改造工程。

较之于前两座建筑，建于改革开放初期的建筑 D1 的历史文化方面的价值则相形见绌。然而其典型的现代主义工业建筑风格特征，真实简洁、冷峻硬朗的形象，十分契合正被越来越多人认同的工业审美观。另外，其内部空间开阔高敞，布局灵活，有利于功能更新与空间重组，故其在经济与使用价值方面均优于前两座建筑。事实上，该建筑于 2008 年开始作为大型艺术布展的场

地，曾举办"吴为山雕塑作品观摩展"等多项艺术活动，后又于2010年进行增层改造，成为一座多达四层、包含大小各异办公空间的商务大楼，使其在提高空间使用效率的同时，也实现了可观的经济收益。

四、技术方法总结

（1）评价指标　在总结国内外相关建筑遗产价值评价体系的基础上，以"适应性再利用B为核心理念，结合我国建筑遗产保护利用的实际特点，将工业遗产的综合价值划分为历史、文化、社会、艺术、技术、经济、环境及使用八个方面。如此划分，既能顾及传统的价值评价基本内容（如历史、艺术、科技等），又能应对后续改造再利用的可能性与价值潜力，从而使工业遗产综合价值评价指标体系具有全面性、系统性的特点。

（2）量化方法　采用具有技术适应性的量化评价策略，如对价值指标的层次性建构，采用德尔菲法给出价值等级判断，建立多级评分价值量化机制，用层次分析法构建判断矩阵并确定指标权重等。鉴于价值评价指标难以精确量化的实际情况，又引入模糊数学中的隶属度理论与模糊评价方法，将定性评价转化为定量评价，增加评价的可信度和科学性。

（3）权重调整　通过判断矩阵和层次分析法形成的指标权重系对一般情况下的工业遗产保护利用而言，因此在权重设置上仍有不小的推敲余地。比如，按照工业遗产的功能类型不同、改造目标不同、本身是否是文物等各种情况的差异，可以对各项价值的权重配置做出合理的微调，以期得到更具针对性的评价结果。举例来说，若对象是一座历史久远的文物类工业建筑遗产，对其的保护更新又以博物馆式的展示为主，那么此类建筑在价值评价时，其历史、文化、艺术等指标的权重显然应大于其经济、环境、使用等指标的权重；反之，若对象只是一座具有一定使用年限的旧厂房，对其的改造以功能置换及适应性再利用为主，那么此类建筑在价值评价时其经济、环境、使用等指标的权重则应当大于其历史、文化、艺术等指标的权重。当然，在一次价值评价行为过程中，宜相对保持权重设置的一致性，以确保不同评价对象之间的可比性。

（4）综合评价　通过工业遗产综合价值的评价分级确定保护利用的价值取向与实施策略。其一，可以根据工业建筑价值的评估结果，决定该建筑究竟是保留还是拆除，并判断采取何种保护利用策略以利彰显该建筑的核心及重要价值；其二，通过分析遗产价值的构成层次特征，全面掌握该遗产在功能、环境、艺术、人文等各方面的优势、劣势潜力机遇，从而在保护利用实施操作中顺应正确的价值取向，指导保护利用工作的科学化、合理化进行。在对工业建筑的保留与否进行综合评价的过程中，既要看所有指标综合累加的结果，也应兼顾分项指标的表现。在具体的评判中应把握以下几个原则：一是当该建筑的历史价值、文化价值以及艺术价值指标非常突出时，则不论其经济价值、环境价值以及使用价值指标表现如何，其都具有历史遗产的重要特征，都应予以保护、更新或是再利用；二是当该建筑的社会价值或是环境价值指标比较突出时，即拆毁它可能会对周边环境以及公众利益造成损害，乃至对城市与社会发展造成负面影响，那么对这些建筑应尽力保留和再利用；三是当该建筑的历史文化价值相对一般，但其经济价值和使用价值指标比较突出时，即建筑与空间质量上佳，具有较强的再利用适应性和灵活性，且项目改造的经济效益可期，那么也应在可能的情况下少拆除多利用，以符合资源与环境可持续发展的要求。由此可见，各项价值指标的综合评价对老工业建筑的去留甄别乃至后期发展影响甚重。

原载《新建筑》，2016年03期

注释

① 2012年11月，国际工业遗产保护委员会（TICCIH）发布了《亚洲工业遗产台北宣言》，宣言第八条、第九条关注亚洲工业遗产的永续发展问题，指出适应性再利用是一种可行的办法，同时也允许在保存维护的策略与方法上具有一定弹性。
注：除非某些厂址及厂房具有高度的建筑艺术价值而不宜大幅干预外，为确保工业遗产的维护，以适应性再利用为新用途是可被接受的，不过适应性再利用之新用途不能牺牲工业遗产的普世价值与核心价值。

② 在2015版《中国文物古迹保护准则》中指出，除历史、艺术、科学价值外，文化价值与社会价值同样是文化遗产所应具备的重要价值。

③ 模糊综合评价法是一种基于模糊数学的综合评标方法。该综合评价法根据模糊数学的隶属度理论把定性评价转化为定量评价，即用模糊数学对受到多种因素制约的事物或对象做出一个总体的评价。它具有结果清晰、系统性强的特点，能较好地解决模糊的、难以量化的问题，即适合解决各种非确定性问题。

参考文献

[1] 王建国等.后工业时代产业建筑遗产保护更新[M].北京：中国建筑工业出版社，2008.
[2] 蒋楠，王建国.基于科学评估的工业遗产再生途径——以南京市压缩机厂地块更新改造为例[J].新建筑，2014(4)：9—13.
[3] 邱均平，文庭孝等.评价学理论方法实践[M].北京：科学出版社，2010.
[4] 董一平，候斌超.工业遗存的"遗产化过程"思考[J].新建筑，2014(4)：40—44.
[5] 刘伯英，李匡.工业遗产的构成与价值评价方法[J].建筑创作，2006(9)：24—30.
[6] 于蕾，青木信夫，徐苏斌.英美加三国工业遗产价值评定研究[J].建筑学报，2016(2)：1—4.
[7] 卢海鸣，杨新华.南京民国建筑[M].南京：南京大学出版社，2001.
[8] 杜栋，庞庆华，吴炎.现代综合评价方法与案例精选[M].北京：清华大学出版社，2008.

作者单位：东南大学建筑设计与理论研究中心，城市与建筑遗产保护教育部重点实验室

科学、媒介、艺术

20 世纪 20–30 年代中国建筑图学的发展

高曦　彭怒

摘　要：文章分析了 20 世纪 20–30 年代与建筑图学有关的四本书籍《建筑图案》《实用建筑学》《实用建筑绘图学》《建筑图案法》，指出这一时期建筑图学的三个发展方向：科学、媒介、艺术。建筑图学的这种发展体现了建筑观念从"建筑是科学"到"建筑是科学和艺术的结合"的变化。这四本与图学有关的实用建筑书籍面向普通的建筑从业者，也是考察中国近代大量建造的日常性建筑如何被设计和建造的极为有效的史料。

关键词：建筑图学；科学；媒介；艺术；日常性建筑

ABSTRACT：This paper discusses four books on architectural graphics published in the 1920s and 1930s, Architectural Pattern, Practical Architecture, Practical Architectural Drawing and Theory of Architectural Design, and points out three directions of development of architectural graphics at the time: science, medium, and art. This way of development of architectural graphics suggests the conceptual shifts in architecture, from "architecture is science" to "architecture is a combination of science and art". These four graphics—related books provide practical materials for ordinary architectural practitioners, and can be viewed as valuable archives to study the design and construction process of many common buildings of modern China.

KEYWORDS：Architectural Graphics；Science；Medium；Art；Common Building

中国分类号：TU–092.6；TU204　文献标识码：A

文章编号：1005–684X(2017)03–0144–008

DOI：10.13717/j.cnki.ta.2017.03.028

19 世纪末 20 世纪初，处于现代转型中的西方建筑工程技术和建筑学知识逐渐被引进中国。从 20 世纪初土木工程学科中开始出现建筑制图的课程，建筑图学一直朝着"建筑即科学"的方向发展。到 20 世纪 20 年代，建筑师从工程师中分离出来作为独立的角色登上职业舞台，建筑学作为独立学科在高等教育中出现，建筑图学也随之出现了不同的发展方向，指向美的建筑设计开始独立出来，成为一个新的方向。通过对这个时期公开出版的建筑书籍中图的分析，可以看到此时建筑不同的发展方向。建筑图学作为媒介在以下三个方面对中国建筑的现代转型产生了重要作用：如何在新的建造技术条件下，以科学的图示来指导建筑作为物质实体的建造；如何科学准确地表达建筑；如何设计美的建筑形式。

1. 20世纪20–30年代中国建筑图学发展的背景

在中国传统中，对"图"与"画"的区分并不清晰。中国人重文不重画，也导致"图"在中国文化中并不为人所重视。到了近代，"图"作为科学的代言人，成了中国振兴国邦、学习西方的重要媒介和途径，与"画"出现了显著的区分。在洋务运动时期，洋务派深刻认识到自强必先制器，制器必须学习尚像之法——工程图学。当时的总理衙门将西方的"算学""格致之理"和"制器尚象之法"与自强运动相提并论[1]，工程制图的学习几乎成为一项国策。①20 世纪初，北洋大学堂开设土木工学，课程中已经出现图算、建筑制图和建筑制图实习等，建筑图学从工程图学中分离出来。②[2] 民国初年，教育部公布的工业专门学校规程（1912 年）中已经区分了土木科和建筑科，建筑图学在作为工学的建筑的方向上得到发展。③[3] 在与建筑图学有关的公开出版物中，从 1910 年张锳绪的《建筑新法》到 1920 年制图员葛尚宣的《建筑图案》，再到 30 年代建筑执业者陈兆坤所著的《实用建筑学》，建筑图学已经从科学的开端发展到一套完善的科学图学系统。

在中国传统营造体系里，建筑图纸的绘制被称为打样，大多由画师或者匠人完成，并不存在独立的制图师。随着建筑体系的现代转型，制图标准和相关制度也在逐步建立。19 世纪末期，会画地形图的人员就可以申请绘图员执照，到 20 世纪 20 年代，建筑业界的制图已趋于规范。这一时期出现了很多有关建筑制图的书籍，如职业学校建筑制图教育用书《建筑图学》写给建筑制图初级从业者的《实用建筑绘图学》。

蔡元培在 1917 年首次提出"以美育代宗教"④。美术兴邦，视觉媒介、听觉媒介等艺术形式所起到的激励民众的作用受到重视。[4] 建筑的艺术属性首先被艺术家们所讨论。20 世纪 20–30 年代，留学回国的中国第一代建筑师在大学中创办建筑系，建筑学从土木工程中独立出来，建筑的艺术属性得以强调。这个时期，建筑的图不再限于工程技术范畴，也开始表现建筑的艺术属性。《建筑图案法》就是这样一本指导建筑设计、定义建筑之美的建筑出版物。

2. 指向建造的"图"

20 世纪 20–30 年代，政治环境相对稳定，是近代建筑业发展的黄金时期。西方的建筑师成为当时大城市中大型建筑、标志性建筑、高层建筑的设计主力，中国本土的建筑从业者则配合西方建筑师完成标志性建筑设计的落地与建造，能够主持的主要是一些普通建筑的设计和建造。

1920 年 4 月，《建筑图案》在上海出版。它以图为主要载

图1《实用建筑学》封面

体，是一本体现建筑在科学上的发展的重要书籍。在《中国建筑现代转型》一书中，李海清认为此书与《建筑新法》同样反映了"建筑是科学"的思想观念。"其内容、体例及作者葛尚宣本人的学习、工作经历亦同样反映20世纪20年代初中国建筑专业人员的主流思想观念，即建筑是科学。"[5]《实用建筑学》1935—1936年出版，是一本写给中国建筑从业者或者学生的，指导普通建筑从业者实践的实用书籍。（图1）著者陈兆坤毕业于美国I.C.S大学，曾任沪南工巡局与上海市公所工程处覆勘专员。"实用建筑学"顾名思义强调实用。这个"实用"体现在该书的主旨是指导实际建筑项目如何设计。

2.1 面对传统建造体系的科学态度

从对《建筑图案》与《实用建筑学》两书序言的比较中可以看出，两本图书对于中国传统建造体系的态度截然不同。在《建筑图案》的序言中说道："我国梓人只知墨守成规，不知打样为何物，测量为何物，惟古式是尚，而未能革新，既耗费又陈腐，可不慨欤？"《建筑图案》一书对中国建筑传统建造方式的态度是批判和否定的。而在《实用建筑学》著者陈兆坤所写的自序中则写道，"吾国建筑学术之发明，已有数千百年的历史，考诸史册所载，相传有椎氏构木为巢，为宫室之权兴。其后历代演进，至黄帝教民做宫室。周时更为完美。传至巧匠公输班而大备。迄今建筑家奉为鲁班先师者也。考察历史遗迹，如宫室庙塔长城等伟大建筑，为后世人所赞叹。历千秋亘万古而不朽哉，非熟悉材料之性质与强弱诸术不为功。否则早经毁灭，谒克成为世界著名之巨功。惜，其术不传，或谓经秦始皇封书灭铁与项籍火烧秦宫三月未熄。故绝而不传，或传而不永。"从序言中可以看出，陈兆坤并不是通过贬低传统匠作系统来说明自己的科学与先进，而是肯定了传统匠作系统对于材料的了解和重视，从而引出《实用建筑学》一书基于新的建筑材料的科学的建造理论。从《建筑图案》序言中对于传统匠作系统的贬低，到《实用建筑学》序言中对其的褒扬，这是两种截然不同的态度。20世纪20年代，建筑的科学性随着西方新材料和新技术的引进而产生，正是在这种科学的建造作为新事物方兴未艾的时期，新兴的建筑工程师们急于将自己与传统的工匠划清界限，来显示自己的先进性。到了1930年以后，科学的建造已经渐渐发展成熟，工程师们已经不需要通过与过去决裂来彰显自己的先进性。崇尚建筑科学，但并不贬低过去，《实用建筑学》正是这个时代建筑科学性的典型代表。

2.2 从"样""算"二分到图算结合

从《建筑图案》的目录（图2）来看，除最后两个章节"房屋承揽式"和"各种估价单式"之外，其余章节大多或由"附图"和"计算法"两部分组成，或由"附图"和材料做法两部分组成。

"各种估价单式"提供了材料和人工的估价的格式，类似传统意义上的"算"（预算，包括材料和人工）。倒数第三章节及之

图2《建筑图案》目录

前的章节皆有附图，类似传统意义上的"样"（图样）。因此，《建筑图案》留有中国传统匠作体系的"样""算"二分的痕迹，只是《建筑图案》的"样"（图2）或与材料做法结合，或与结构的经验性估算结合。王凯在《现代中国建筑话语的发生》一书中提到，"计算，已经由传统的单纯的计算工料和建造时日，增加了科学性的结构计算"。虽然，这种计算在《建筑图案》中显然还是以经验性估算为主。在《实用建筑学》一书里，结构的经验性估算已转变为科学的结构计算，图与科学的结构计算相结合。

《建筑图案》的附图主要有以下几种类型：一类是样式图，如"平立面图样""楼梯样式图""栏杆样式图"是配合正文说明建筑或建筑部件外形的附图；一类是详图，如"房屋基础详图""楼梯接笋详图"是对建筑部件不同材料之间的组合关系的说明附图；一类是计算图，如"场地计算图""梯级计算图"（图3），是对算

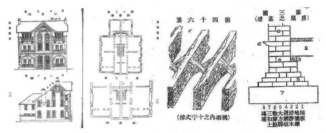

图3《建筑图案》配图

式的说明附图；还有一类是透视图，如"搁栅十字撑透视图""坟墓样式图"是在投影图难以表达清楚时，直观的说明图示。《建筑图案》中的图虽然在图的内容上增加了新的建筑材料和结构方式，在图的类型上也有了基于科学的建造、计算的详图和计算图，相较传统工匠的图样在科学性上有了很大进步，但还留有很多传统匠作体系里图样的痕迹。例如，图上完全没有尺寸标注，图没有和计算结合，主要起到样式或者做法说明的作用。《实用建筑学》中的建筑图示则是与计算和算式紧密配合的，图示是算式的说明。

《建筑图案》中的图可以被认为是传统的工匠图样在向科学性转变过程中的一个过渡阶段。而《实用建筑学》中的图已基本完成了科学性的转变。

2.3 从数理、设计、计算上体现建筑图学的科学性

《实用建筑学》一书分四册，第一辑为"数理辑要"，以数学和力学原理为基础；第二辑为"设计辑要"，以分类设计为初步的入门；第三辑为"计算辑要"，以各类计算为进一步的验证；第四编为"图案辑要"，以经验图案为案例的参考。《实用建筑学》是一套建立在数学和计算基础上的、可直接指导实际建筑项目设计的书籍。通过建筑图示这个重要载体，体现了系统、完整的科学性：从科学的基础——数理基本概念，到从现代材料出发的、科学的建筑结构的设计，再到对子结构的科学合理性和可行性的

验算，最后到不同功能、不同结构方式的实际建筑案例的科学例证，由浅入深、条分缕析地说明了科学化的建筑设计过程，体现了20世纪30年代在"建筑即科学"这个维度上的进一步发展。

如果把《实用建筑学》在数理、设计、计算方面有关楼地板的图、表与《建筑图案》中的相关内容进行比较，可以看到《实用建筑学》在建筑图学的科学性上长足的进步。

《实用建筑学（第一辑：数理辑要）》的内容有四则、约数、比例、对数、代数、几何、三角、算尺用法、力学原理，从易至难地涵盖了设计所需要的数学原理和力学原理。在第十章"力学原理"的第四节"反力"、第五节"剪力"、第六节"滑力"、第七节"弯幂"中都采用图与算式结合的方式，解释了与楼地板设计相关的力学原理。以"反力"为例，首先解释了楼地板的结构中如何产生反力，"凡梁之两墙，架于支柱处，则其本身重量加外加重力分与二支点之处，而生应力，谓之反力，向上为正，向下为负。"[8] 依据梁受力的不同方式，建立不同的反力模型图示来说明反力如何计算（图4）。而《建筑图案》中并没有提及计算所需要用的数学原理及力学原理。

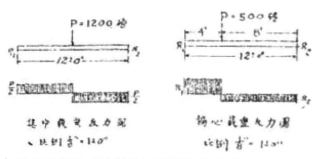

图4 反力计算图示，现称为剪力图（《实用建筑学（第一辑：数理辑要）》P178-180，资料来源：中国国家数字图书馆）

前文已经提到，《实用建筑学》的第二辑"设计辑要"讲的是从现代建筑材料出发的、科学的结构方式的设计；第三辑"计算辑要"讲的是对于结构方式的可行性验算。在"设计辑要"的楼地板章节的总论中就写道："凡木石与工型钢及混凝土之梁柱等，其设计方法，各有异曲同工，要之以求材料，剖面积能胜任力之负载而已，专以各种设计公式，分队排列，以便学者。"[9] 总论一语点明，楼地板虽然有多种材料类型，但是其计算的科学

原理及要领是一样的，即是通过各种设计公式算得尺寸合适的材料，能胜任力的负载。在《建筑图案》中，"关于楼地板之各种计算，必先计搁栅之长短"的说法，还是从经验出发，在科学性上逊于《实用建筑学》。

关于力的负载，在《实用建筑学》中，计算方法与图表结合使用。将负载划分成为活力和死力，建筑材料自身的重量造成的负载称之为死力，建筑的不同使用功能造成的负载称之为活力。该书列举了不同功能建筑的活力一览表（图6）和不同建筑材料的死力一览表（图5），再辅以尺寸，不同材料和不同功能的建筑都可以科学地计算出负载。《建筑图案》中计算力的负载也作了类似的二分："楼地板之重量共分两种，移动重力与不动重力是也，移动重力者，生财人物重力是，不动重力者，楼地板自身之重量，与天花板之重量是"[7]，利用移动重力表（图7）和搁栅重量一览表（图8）来解释力的负载。

在功能分类上，活力一览表中区分了房屋与楼梯，移动重力表中没有作此区分；在建筑类型上，活力一览表也增加了商场、茶坊酒肆、拍卖室、博物院等；在重量标准上，相同的功能，活力一览表中的数据冗余也比移动重力表中大，如同样"市房"对比"住屋"每方尺多了20磅。

《建筑图案》里不动重力计算参照的是搁栅重量一览表，表格内容是不同截面尺寸的硬木和软木每尺的重量（图8），其余的建筑材料在表格中并未提到。从此可以看出，在20世纪20年代，楼板还是以木结构为主，不动重力由搁栅、木板和灰粉组成。到了20世纪30年代，从《实用建筑学》死力一览表中（图5）可以看出建筑材料的现代化，水泥、三合土、生铁、熟铁（钢）等新材料被广泛应用。从《实用建筑学》和《建筑图案》在力的负载的图表内容的比较中，可以看出从20世纪20年代到20世纪30年代建筑建造方面的进步。

在《实用建筑学（第三辑：计算辑要）》中，楼地板计算一章的设计总论中写道，"凡材料求得剖面积，或有失当不妥之处，更由所得材料加以计算，谓之计算学，恰较设计学略感复杂，是编著作，专以各种计算公式，分队排列，以便学者。"[10] 这点明了计算的部分，即是对于所设计的材料和尺寸以及构造设计成立性的验算。此辑以图示的方式说明了在实际应用中钢筋混凝土楼板的几种结构形式：混凝土板的两端置于端墙面之上；

图5 死力一览表（《实用建筑学（第二辑：设计辑要）》P4，资料来源：中国国家数字图书馆）
图6 活力一览表（《实用建筑学（第二辑：设计辑要）》P3，资料来源：中国国家数字图书馆）
图7 移动重力一览表（《建筑图案》P38）
图8 木搁栅重量一览表（《建筑图案》P37）

混凝土板的两端嵌入墙体之中；牛腿式的混凝土板架于端墙之上。从图中(图9)还可以看出,在这三种不同的楼板结构形式中,因为受力的方式不同,钢条所配置的地方也发生变化。反观《建筑图案》,关于楼地板材料尺寸的计算部分并未说明楼地板的材质和不同的结构方式对于其截面和长短的影响,只是讲到要在图样中清晰交代格栅的位置和墙的关系,以便计算,并未配以楼地板结构方式的各种图样,只是用透视图说明了楼板搁栅中加十字撑的新做法。从图3"搁栅十字撑透视图"中可以看出,《建筑图案》中的图表达的是做法,关于用料和尺寸的考虑多从经验出发,没有上升到结构计算层面。《实用建筑学》中的图示则与结构的力学原理、结构的设计和验算是一个整体,图示是计算的载体。

在"建筑是科学"这个方向上,20世纪30年代迈出很大一步,从数理原理到结构设计,再到验算检验,最后到实际例证,图示与计算实现了统一,全面而系统地建立了建筑的科学基础。

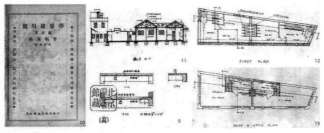

▌图9 楼板结构方式的几种类型(《实用建筑学(第三辑：计算辑要)》,P10,
　　资料来源：中国国家数字图书馆)
▌图10 《实用建筑学(第四编：图案辑要)》扉页
▌图11 华界拟建浴室图案丙一丁穿弓(《实用建筑学(第四编：图案辑要)》PS1)
▌图12 拟建新式市房一层平面图(《实用建筑学(第四编：图案辑要)》P4)
▌图13 拟建新式市房屋顶和阁楼平面图(《实用建筑学(第四编：图案辑要)》P6)

2.4 案例应用：日常性建筑实际建造的建筑图纸

《实用建筑学(第四编：图案辑要)》(图10)主要是将前三辑的内容在实际案例中加以应用。第一章的图案总论中写道,"凡立身社会,接受各界委托设计绘图监工为业务者(俗称打样)在打样范围内,所应用之技术,择其最要而切近实用,且手续完备而选经验过之事迹,集成斯编。"图案辑要通过直接指导建筑建造的完整的建筑图纸,呈现了当时日常性建筑建造的真实图景。选取的案例涵盖范围广泛：地域上,有租界区的建筑和华界的建筑；功能上,有住宅建筑(新式市房)、公共服务类建筑(浴室、学院、医院)、商业建筑(会馆、慈善会)、宗教类建筑(法藏讲寺),还有基础设施(河道的驳岸建筑)；结构类型上,有钢筋水门汀(钢筋混凝土)、钢结构和木结构。从案例选择中可以发现,作者并没有选择地标建筑和大型建筑,当然这也是由于当时上海大部分重要建筑的设计工作被西方建筑师收入囊中。中国建筑师,尤其是大多数本土建筑师能做的多是普通的日常建筑。本书案例可以说涵盖了当时日常建筑的各种类型。

《实用建筑学(第四编：图案辑要)》没有从建筑形式及装饰出发,书中没有任何关于如何生成立面图案以及对建筑美丑的定义和描述,也没有一张透视图来表现建筑外貌,而是完全从如何指导建造实践出发,切近实用。每一个案例都分为三个部分,

这里选取第一个案例"拟建新式市房图案"加以说明。

第一部分是图样,依据案例所处的区域不同,采用不同的制图标准和单位。由于监督及验收部门不同,法租界的建筑案例采用英制单位,图上的标识也都采用英文标注。华界的建筑案例采用公制单位,图上的标识采用中文。在华界的案例中,剖面图(租界区用"section")图名是"穿弓"(图11)。"穿"可理解为穿透之意。为了以最少的图更准确和全面地表达内容,剖断线总是弯折到最复杂的地方,弯折的剖断线确实像"弓"很形象地表明了"剖面"的意思。这部分图纸,平立剖齐全,在图纸的种类上已经与现代无异。

图纸内容包括图名、比例尺、尺寸、功能、符号和材料等部分,可以看出图中的标注对于材料和结构是非常强调的。在"FIRST PLAN"中,对于后墙的标注为"10 BRICKWALL"(图12),在ROOF AND ATTIC PLAN中,将阁楼的角柱标注为"5"×5"0.P.COL."(图13)这种标注方式在说明了尺寸的基础上,更加强调材料和结构类型。在"墙"的标注上,也体现了对于材料和结构的重视。在"FIRST PLAN"中,对于起结构作用的后墙命名是"WALL",而对于房间中不起结构作用的分隔墙则命名是"W.Partition",这种命名方式的出发点,不是建筑构件的空间性,而是在于建筑构件所担任的结构角色。在剖面图上,这种对于材料和结构的重视体现得更加清楚。在"SECTIONC-D"中(图14),从基础到柱子到墙体,建筑的纵向支撑关系表达得非常清晰,柱墩的形式和尺寸与墙体厚度等与后面的计算直接对应。在对地面的标注中,表层为"3 cement",底层为"6 lime concrete",对于材料和厚度都做了准确的说明。在"FRONT ELEVATION"和"SIDE ELEVATION"两个立面中(图15、图16),虽然有非常多的线条,但这些线条没有反映在平面图中,也没有任何的尺寸标注以及关于材质、做法的说明,体现了一种将建筑的外表看作是一种表皮化装饰的态度。如果将平面和剖面所表现的内容比作人体的话,那立面中的内容则可以被认为是衣服,是一种可以选择的表皮附着物。这种结构与表皮的二分方式,也在一定程度上反映了当时的建筑理念。

第二部分是计算书,由三部分构成：算式、图和表。

(1)算式。通过算式计算结构支撑以及承重。算式是《实用建筑学》前三辑所述内容在建造中的具体、系统的应用。在租界的建筑案例中,算式中所应用的缩写公式及标注采用英制。在华界的建筑案例中,开始也是运用英制单位来进行计算,在结果处换算为公制单位。由于本文关注的重点是图,关于算式的内容便

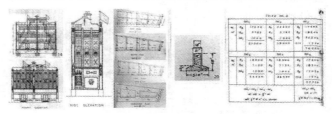

▌图14 拟建新式市房C-D剖面图(《实用建筑学(第四编：图案辑要)》P8)
▌图15 拟建新式市房正立面图(《实用建筑学(第四编：图案辑要)》P7)
▌图16 拟建新式市房侧立面图(《实用建筑学(第四编：图案辑要)》P10)
▌图17 拟建新式市房结构图(《实用建筑学(第四编：图案辑要)》P12-31)
▌图18 拟建新式市房中柱基础剖面大样图(《实用建筑学(第四编：图案辑要)》P37)
▌图19 拟建新式市房柱子尺寸及荷载计算表(《实用建筑学(第四编：图案辑要)》P32)

不赘述。

（2）图。这一部分的图是混编在算式之中的，可以认为算式是图的验证，图是算式的结果。这部分只有平面图（图17），为结构的标注及尺寸图，图的排布顺序也与第一部分相反，顺序是从顶到底的，依次为"ROOF PLAN""SECOND PLAN""FIRST PLAN""COL. PLAN"和"FOUNDATION PLAN"最后还有边柱和中柱基础的剖面大样图（图18）。这种排布方式顺应了荷载从上到下传递的规律。

（3）表。这一部分的表主要是预制结构部件的承重计算及尺寸表格。在"COL.PLAN"之后，附有柱子的尺寸及承重计算表（图19），按照自顶到底的次序来分层计算，下层的柱子荷载即在上层累积荷载的基础上叠加。柱表的说明有这样一段话："推算各部分任柱之载重，自上而下，依次叠并便得总数。倘市房建筑在三层以上，可将活力每次递减百分之十，直对折为标准，至于厂栈等设计，仍按照实际情形来算。"[11]设计辑要中划分的负载的活力、死力，在图案辑要中通过实际案例演示其应用，并且说明了多层乃至高层建筑在负载计算中的原则。

第三部分是设计及建设说明书。从说明书中的内容可以看出它旨在规范和指导几方的行为活动：建筑师（工程师），说明书的写作者，具有指导和监督承包方工作的义务；承包方，建造行为的实际行为者；业主方（东翁）对于预算和建造的进程有知悉的权利；监工方，业主请来监督并验收承包方工作的；工部局，政府性的验收及审查是否符合规范。

说明书主要包括：预算、材料、时间、做法、验收、监督、清理、保修、付款进度等内容，并且具有法律效力。此说明书非常全面地规范了建造相关各方的权利义务。

《实用建筑学（第四编：图案辑要）》中的图，可以说是研究20世纪30年代日常建筑实际建造相当直观的材料，它所涵盖的日常建筑从功能上和结构类型上都很全面，如果说上一节所述的是建筑科学化发展的深度，这部分则在涉及建筑科学化发展的广度和社会性的同时，也可以看出在实际建造图纸中对于体现科学性的工程技术的强调。

3. 指向制图的"图"

《实用建筑绘图学》（图20）是陈兆坤在1936年编著的一本关于建筑制图的书籍。该书分为四编：分别是用具学、制图学、布图学、放图学。内容涵盖了建筑制图的方方面面，有制图的器具、基本几何原理以及建筑图纸的种类和画法，各种不同功能类型的建筑例图和建筑的各细部的画法。这说明在20世纪30年代，建筑制图已逐渐标准化。

3.1 建筑制图的标准化

《实用建筑绘图学》开篇就介绍了中国传统建筑的绘图情况："吾国建筑绘图事业，非出自画师，则秉诸匠人手中，无所谓打样师，亦无所谓工程师与建筑师也。"[12]中国传统的建筑制图没有专业绘图人员。建筑的绘图工作，不是画师就是匠人完成。

"五十年前，凡能绘地形图者，即可向上海特区工部局请领营业执照……如在内地，更无须执照。"[12]19世纪末、20世纪初，虽然成立了专门的机构来管理建设，但是，建筑师的专业性仍然很弱，建筑管理也不规范，建筑绘图上的要求自然也不高。

从20世纪20年代开始，建筑业各种法令法规开始颁布，但具有专业建筑素养的建筑师仍非常缺乏。所以各大学相继开设了建筑专业，这个时期并没有专门的建筑制图教材，"大抵采用西人原著"，"但因国情各异，文化互别，初步读者，不易研究，学者憾之。"[12]《实用建筑绘图学》就是在此背景下出现的一本针对初级读者和建筑从业者、有关建筑制图的基础教材。

3.2 用具、制图、布图、放图：建筑绘图学的基本内容

《实用建筑绘图学》分为四编。第一编为"用具学"，从制图的用具纸、笔、墨到测量和绘图的仪器使用，分别加以说明。文字的写法和绘图所需的基本的算术与几何练习也包含在此编里。除此之外还介绍了晒图的方法和所用器具。

第二编为"制图学"，介绍了一套完整的建筑图纸的组成。分别介绍了地形图、总地盘、地盘、墙基、楼地盘、屋顶、正面图、侧面图、剖视图、鸟瞰图的画法，其中还涉及建筑设计的范畴。地形图的总论"操业建筑绘图者（俗称打样师）"，受人委托设计绘图可以看出，此时日常建筑的设计和绘图的区分是模糊的。

在对总地盘的定义中，"总地盘图，系根据上述地形图加以精密的布置。如前后街之宽度，房屋之深浅阔狭。尤须注意光线之适当，出入之便利。宜东南向，则冬暖夏凉。"[13]体现了从功能角度考虑总平面设计。在讲到地盘设计（也即是平面图）之初，"地盘系根据总地盘计划。何处宜开窗，何处宜开门，以及墙之厚度……"[13]首先规定了不同类型和不同高度的建筑墙体厚度一览表，这被认为是平面图设计的基础。由此可见，当时的做法是以"墙"为出发点来设计建筑（图21），之后是房间的排布（图22）。"根据测得地形图，加以精密的布置若干应用的房间。一则宽广，二则空气流通，三则光线周到，四则出入便利，五则地位整齐，六则结构容易，七则形式美观，八则建筑费节省。"[13]墙体围出的空间则为房间。平面图的设计即为墙体围出的房间的排布。这八条原则，前四条都在讲使用功能上的方便，五、六条则指向建造，第七条才讲到美观问题，第八条讲经济问题。可以看出，在当时的日常建筑设计里，美的问题是比较次要的问题，首先是功能，其次是结构。

在立面图部分，"正面图之设计，宜先画数种草图，择其最

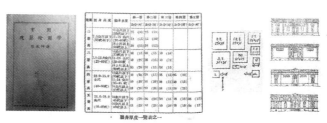

▌ 图20 《实用建筑绘图学》封面
▌ 图21 墙身厚度一览表之一（《实用建筑绘图学（第二编：制图学）》P10）
▌ 图22 房间单元布置推演图（《实用建筑绘图学（第二编：制图学）》P11）
▌ 图23 立面推演草图（《实用建筑绘图学（第二编：制图学）》P31）

优者用之,但需注意 (一) 每层高度与深浅阔狭,(二) 门窗布置,(三) 墩子线脚。"这里体现了立面的设计过程,房间的排布决定了立面的高度和开间,再在开间里布置门窗。由于受到功能、结构和经济性的限制,门窗也是在几个标准做法中进行选择,最后在立面上披上装饰线条。从立面推演草图里可以看出,在立面设计的过程中,平面确定之时建筑的立面形象已经大抵确定了(图23),可以自由变化的是这些腰线和门窗的装饰线条。在"建筑即科学"的时代,这些立面上的线条在以工程师自居的建筑师眼里并不是很重要。

第三编为"布图学",是不同功能和结构类型建筑的图纸介绍。建筑类型有平房、楼房、厅堂、凉亭、木棚、牛舍、围墙、牌坊、马房、厂栈、花房、摄影场、游戏场、钟楼、冷气间、驳岸、桥梁、门面改装等,涵盖了平房、楼房与当时各种功能性建筑。

第四编为"放图学",选择了一个建筑案例,对建筑的各个细部的图纸进行了系统说明,主要针对材料和构造。

《实用建筑绘图学》完整阐述了建筑的制图过程,说明20世纪30年代建筑制图已标准化,但并未将建筑制图与建筑设计作清晰的区分。

4.指向美学的"图"

20世纪20年代,建筑学开始从工程技术中分离出来,形成独立的学科。庚款留学生,主要以留美为主,纷纷回国创立综合大学中的建筑系。[14] 当时美国的建筑教育,以宾夕法尼亚大学为主要阵地,大都采用布扎 (Beaux–Art) 体系教学。重视建筑效果的表现和对欧洲传统建筑历史和建筑风格的教育。这些留学生回到中国创立建筑系,自然承袭的也是这一套布扎体系。《建筑图案法》(图24) 就是这个时期引入我国的西学专著,为珀西·阿什著,黄志劭译。珀西·阿什 (Percy Ash) (1865–1933年),美国人,19世纪末在宾夕法尼亚大学完成建筑学教育后到欧洲长期学习和工作,深受布扎体系影响。1902年他回到美国,在乔治·华盛顿大学(今哥伦比亚大学)任教,1910年成为建筑系主任,后为密歇根大学的建筑系教授。珀西·阿什接受的是宾大的建筑学教育,又在我国留学生庚款留学时期在美从事和主持建筑教育工作。《建筑图案法》1933年在美首次出版,1941年经黄志劭翻译出版。该书是20世纪40年代初在我国公共出版物中出现的、从美学意义上如何进行建筑设计的译著。由于著者Percy Ash的学习和教育经历,可以推断其中的内容与20世纪30年代在综合大学中创立建筑学的中国建筑家们所接受的建筑教育是相似的。

图24 《建筑图案法》封面

4.1 建筑设计指向建筑的美的属性

"图案"一词由日本传入,音译"Design",含义较广。不能简单地用平面化的图案(图形)设计来理解民国时期"图案"的含义,它更多的是指向设计。《建筑图案法》一书的英文书名为 Theory of Architectural Design,即"建筑设计的理论"。这里的建筑设计指向的是建筑的美的属性,此前建筑强调的是工程和技术属性,《实用建筑学》和《实用建筑绘图学》的出发点都是建筑的科学属性。建筑的美学属性的出现与当时建筑学科的独立和整个社会"美育救国"的思想浪潮有关。

《建筑图案法》绪论中写道,"建筑可以说是一种构造房屋的美术。房屋第一要造的坚固安全;第二要造的美。使人见了能起愉悦的感情。所以,建筑实具有物质和审美的两个特点。前者表现于墙壁、地板、屋顶、门窗等结构之中;后者则值房屋之适合于其用途,里面比例的相称,平面布置的完善,以及特殊部分施以艺术的风趣和技巧。"[15] 这里认为建筑有两个要义,物质的和审美的。文中将物质的特点总结为坚固、安全,体现建筑关注材料和技术的属性;同时,也提出建筑新的属性,建筑功能的合适、比例的和谐、平面布局的适用以及构件、装饰节点的巧妙和美观,体现建筑艺术的属性。《建筑图案法》主要关注了建筑的审美特征。

4.2 分析图和实例图片:阐明建筑设计原则的重要手段

该书的第一部分讨论图案的组织。此处的建筑图案,是指建筑的组织。"房屋的必要部分,如房间、走道、扶梯、门窗、墙壁、屋顶等,可使之配合起来,组成一个调和的整体,即所谓建筑图案或建筑组织。建筑师的责任,便是在配合房屋的各部分,而使之成为一种美满的图案。"[15] 这里明确了建筑师的作用和责任,将建筑师与结构工程师清晰地区分开来。《实用建筑学》并未清晰地定位两者的区别,建筑师既要会算结构,又要会制图。

书中的图作为说明建筑设计原则的主要手段分为两类:一类是利用参考线来解释建筑形体组织的原理,一类是利用建筑实例照片来证明所提出的原理。该书通过图说明了图案的十个要点,亦即是建筑设计的要点:统一、体部的组合、体部的横分、相称、反复、对比、尺寸、详部、颜色、表现。

第一是"统一"。"房屋的各部配置……借以构成一个完整的统一单位。"[15] 在全书中,随处可见对于"统一"的强调。可以看出,统一也是建筑设计的核心目标。

第二是"体部的组合",讲的是建筑各部分的组合。建筑的各部分分为主要体、次要体、联系体。体部组合(图25)分为:a) 一个单独的个体;b) 一个主体和两个客体;c) 主要体、次要体和联系体。

第三是"体部的横分"。通常在建筑结构的地板和窗台板的部分形成横向的分割线。体部的几种横向划分为:不横分;横分为两部分;横分为三部分(图26)。分割线不宜多,一般2—3条为宜。该书还解释了当时美国的高层建筑受到路面宽度限制,上部逐段收进而不用装饰性的台口线来划分横部(图27)。

第四是"相称","指的是房屋的各部分之间的关系适宜,房屋如果设计得当,则各体部与各详部之间的关系,都是调和和相称的,"[15] 将建筑分为形体和装饰细节两个部分,相称指的是形体之间、装饰细节之间以及形体和装饰细节之间形成的调和与统一的关系。以法耐斯宫的立面参考线分析图为例,说明相称体现在对角线和垂直关系以及比例关系上(图28)。"上项比例与美满的图案大有关系……若图案完成后,再用上述几何的或数学的关系加以改良,则美的效果大致可增进不少。"[15] 书里还提到视错觉对于比例相称的影响。在视错觉的影响下，看似十分均齐的各部分，在实际的尺度上稍有变化，使人眼看上去的对象是调和相称的。

第五是"反复"，指的是"再三使用同一的建筑部分以构成一连续形图案"，包括窗、法圈、柱子和装饰品等。以古罗马斗兽场（图29）、哥特建筑等古典建筑以及美国当时的建筑为例说明这种形式原则。同时，也指出反复的应用会带来单调的结果的危险，但宁可重复的单调也"切忌似一般拙劣的设计者之好用种种相异的形状以求作品的新奇"。[15]

第六是"对比"，与前面的"反复"是有连续性的。"对比就是将图案中的同样部分（反复的部分）加以变化，但不宜太过于显著……对比分形状，大小，颜色等数种。"[15]

第七是"尺寸"。这里的尺寸指的是，"房屋的各部分（门，窗等）与其目的及用途有关的大小"，与"实用"相关。[15]但这个实用不仅与人的使用尺度相关，而且由于使用功能的不同会有不同的尺寸标准。该书选择了毗连在一起的三个房屋的照片说明这个问题。普通住宅、著名教堂、宫殿建筑虽然层数相近，但由于使用功能不同，尺寸相差巨大（图30）。

第八是"详部"。详部即是构成房屋的各种要素，如墙壁、屋顶、门窗、扶梯等。[15]房屋的平面、立面确实能够使房屋十分完善，但是详部也对于房屋的美丑影响甚巨。以窗户为例，大小要适合使用的功能，门窗样式的选择要与建筑风格相符。台口线、束腰线具有划分体块与横向连续的作用。柱廊和连环法圈是体现建筑风格的要素。对于详部设计的出发点是建筑的使用功能和建筑的风格。

第九是"颜色"。"颜色在建筑上的地位，可说是今不如昔了。"[15]从古埃及、古罗马到哥特式建筑，都有很多使用颜色的例子（图31）。然而到了文艺复兴时期，房屋外部的颜色实际上已经绝迹。"均以外表比例的相称和详部的精巧著称；墙面的颜色纯由天然的石块表现之。"

第十是"表现"。指的是建筑设计结果的表现。"设计者应注意两个要点：一、各部分的外观须能各自表现其用途。二、须互相调和，俾收统一的效果。"[15]这里提到设计的两个要点：与功能相符、各部分和谐统一。

上述建筑设计的十个要点，部分涉及建筑的使用功能，大部分完全从美学出发，主要说明建筑的形体组合、各部件比例尺度以及风格统一的美的原则，忽略了建筑的结构与材料、建筑的空间布局对建筑形态产生的影响。

4.3 平面图样选择：房间单元到围护表皮的设计方式

《建筑图案法》的第三章是建筑设计。上一章"图案的组织"阐述的是建筑设计组织的基本原则。这一章讲的是建筑设计的流程及要素。在引言中解释了"房屋乃由房间所组成，房间则由木、石、砖等材料筑成的墙壁分隔起来。墙壁上开窗，使阳光射入，并开门以供进出。走廊、厅堂等用以连接各房间，俾互相走通。房屋上部，覆以屋顶，各层之间以地板，更用扶梯使上下接通。"[15]从这段话可以看到学院派建筑设计的思考过程：将房屋看作是房间单元的组合和这些单元的联结，而房间单元和房屋本身都分为内部空间和外部表皮。木、石、砖这些建筑材料是表皮的材料，在表皮上功能性地开窗开门、装饰性地添加详部。在表皮上添上盖子就是屋顶，在表皮围合的空间中再进行横向的划分和竖向的联通。

这一章接着选取房屋的各个构成单元进行阐述。第一是房间，定义了房间的性质就是围有墙壁的地方，上面覆以屋顶或平顶。在这个概念中，房屋本身也被看作一个大的房间单元。在这个单元的表皮上依据功能需求和美学要求进行开门开窗。房间单元的大小尺寸和形状以及在平面中所处的位置依据功能来安排。第二是交通，房屋的交通目的是使房间到房间能够相互走通，包括门厅、川堂、走廊、扶梯、电梯等。不同功能的房屋中交通的要求不同。第三是墙壁、墩子、柱子。这里将墙壁、墩子、柱子放在一起来阐述，就是将它们视为同一角色，甚至将墩子和柱子作为墙壁的附属。"墙壁为石、砖、木或其他材料筑成的垂直结构，用以圈成房间，并荷载此等房间上部的楼板和屋顶。"[15]58说明墙壁不仅仅是房间单元的表皮，还起到支撑的作用，而柱更多的是装饰作用。这与现代建筑中柱与墙体的关系完全不同，板柱框架结构解放出了自由的墙体，让流动空间成为可能。现代建筑的这种形式逻辑是科学的时代精神和新的建筑材料的应用所产生的。以此看来，如果按照《建筑图案法》提出的物质与审美属性来定义建筑的话，《实用建筑学》系列丛书指向科学属性代表的物质的特征，《建筑图案法》指向美学属性和设计方法代表的审美的特征。

《建筑图案法》认为平面图的式样选择是设计中最重要的出发点。"平面图样是建筑图案中最重要的部分，房屋各部的配置和外表体部的配置，都是先在平面上经过一番研究，始可有所决定。"[15]平面可分为"Formal"和"Unformal""Symmetrical"和"Non-symmetrical"。"Formal"和"Symmetrical"的平面布局是主流和首要选择，一些次要的建筑，或者受到地形等场地因素影响的情况，才会选择"Unformal"和"Non-symmetrical"的平面。平面式样（图32）绝大部分都是对称和标准的，代表了《建筑图案法》对平面选择的标准。然而，在20世纪初，欧洲的现代建筑已然扩展了关于美的定义和范畴，均齐的和对称的不再是判断美的唯一标准，流动的、非确定性的平面成了代表时代的美的形式。

20世纪初到20世纪30年代，美国大

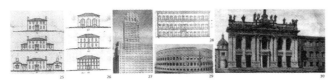

- 图25 建筑体部的组合（《建筑图案法》P13）
- 图26 建筑横部的划分（《建筑图案法》P18）
- 图27 美国的摩天大楼体部的横分（《建筑图案法》PB）
- 图28 法耐斯宫立面体部详部比例关系分析图（《建筑图案法》P25）
- 图29 罗马斗兽场照片（《建筑图案法》P32）
- 图30 说明尺寸问题的照片（《建筑图案法》P42）
- 图31 希腊神殿的颜色，局部（《建筑图案法》P47）

图32 平面图式样
（《建筑图案法》P69）

学中的建筑教育还是采用引入了工程技术知识的布扎体系，《建筑图案法》自然沿用了学院派的美学标准。在中国建筑学建立之初，起到中流砥柱作用的那一批留美归国的建筑师，大都接受这样的建筑教育，他们回国之后带给新生的中国建筑学的也是这样的建筑教育和价值体系，认为这就是时代的、先锋的。但此时，欧洲建筑界已经发生了现代建筑的巨大变革，现代建筑的"新精神"已经确立。

5.结语

图作为表达建筑设计的重要媒介，是研究中国近代建筑历史和学科发展的重要材料。建筑图学，是对建筑图及建筑图如何表达建筑物、建筑设计和建筑观念的研究。本文中的图，不仅包括建筑制图，还包括说明建筑的工程技术、美学特征、设计原理、设计过程、建造等方面的图。图的类型甚多，比如：建筑力学与结构计算图示、建筑结构图、图表、实际项目图纸、设计草图、设计原理分析图、建筑图片等。本文以《建筑图案》《实用建筑学》《实用建筑绘图学》《建筑图案法》中的图作研究对象，从建筑工程设计、绘图、建筑设计和设计原理出发，观察20世纪20—30年代近代中国建筑图学呈现的不同特征。

本文没有涉及大学建筑系里建筑制图等方面的教材和教学课件，主要选取业界使用的与图学有关的实用书籍和公开出版的译著，呈现了实践领域的制图标准和内容，以及从业建筑师的日常工作内容和建筑设计的基本方式。这些实用书籍主要针对从业的建筑师或绘图员，从一个侧面反映了当时大量性建造的普通建筑的工程技术水平和如何被设计建造的情况。

20世纪20—30年代，近代中国建筑图学的发展体现了建筑观念从"建筑是科学"到"建筑是科学和艺术的结合"的变化。《建筑图案》《实用建筑学》体现了"建筑是科学"，《实用建筑绘图学》关注建筑制图作为媒介的基本内容，《建筑图案法》体现"建筑是科学和艺术的结合"，三者分别对应了科学、媒介、艺术。

原载《时代建筑》，2017年03期

注释：

① 清末同治二年（1863年）在沪计划开广方言馆，1870年开始教授绘图课程，后将校址北面图房拓为工艺学堂造就制造人才，分为机器、化学两馆，其中机器班的学生长于绘图。清末同治五年（1865年）在沪开办江南制造局。在1885年设工艺学堂，亦分为化学工艺、机器工艺两大纲。画图房专授绘图，为学堂的重要部分。此时的绘图是指机械绘图，建筑绘图还未出现但脱胎于此。

② 北洋大学堂1903年开设，开始设立土木工班，课程包括：国文国史、英文（兼习法文或德文）西史、生理、天文、弧三角、自在画、用器画、制图几何、解析几何、微分、积分、物理、物理实验、应用力学、化学分质实验、格致测景、测量、测量实习、矿山测量、城镇绘图、建筑材料、地质学、水力学、图算、自来水工、沟渠、工程计划及登记、理财学、兵学、兵操。从课程中可以看出明显的实用和工学倾向，并且内容涵盖较广，其中开始出现建筑绘图的内容。

③ 在1912年教育部公布的工业专门学校规程中，将土木科、建筑科、图案科区分为三个独立学科。土木科包括：建筑材料学、地质学、水力学、铁道学、道路学、石工学、桥梁学、河海工

学卫生工学、电气工学大意等，主要是建筑建造以及水电气、城市设施的构造教育。建筑科包括：建筑材料学、钢筋混合土建造法、石工学、施工法、建筑史、建筑学、中国建筑史等，虽然还是指向工程建造技术，但是增加了建筑的历史理论课程。图案科包括：博物学、配景法、美术学、美术工艺史、图案法、图画法、雕塑法、建筑装饰法等。图案科并不教授制图，偏向工艺属性的实用艺术图案（即设计）。

④ "美育代宗教"思想正式提出是1917年在北京神州学会的演说上，之后刊登在《新青年》第三卷第6号中。后蔡又于1930年、1932年、1938年反复提到此观点。针对当时年轻学子对西方宗教的推崇和中国孔教等陈腐的束缚，蔡从德国现代哲学思想中得到美的启发，提出"美育代宗教"，掀起了开展艺术运动的风潮。（详见：王丽媛.浅谈蔡元培的"美育代宗教"思想[D].中国美术学院，2010.）

⑤ 源自法国，来自美国的布扎体系对于20世纪20年代中国建筑学科的建立和发展产生了重大的影响。

⑥ 民国时期的图案概念，并非当下时人以为的"纹样"，准确地说，图案即设计。"图案"一词最初由日本引入，为"DESIGN"的汉译。装饰纹样属于图案，图案实为"设计"。

参考文献：

[1] 刘克明.中国近代图学的引进及其教育[J]、近代史研究，1992.(5):1—15.

[2] 朱有瓛.中国近代学制史料第二辑上册[M].上海：华东师范大学出版社，1983:979—991.

[3] 朱有瓛.中国近代学制史料第三辑上册[M].上海：华东师范大学出版社，1983:659.

[4] 王丽媛.浅谈蔡元培的"美育代宗教"思想[D].杭州：中国美术学院，2010:9—11.

[5] 李海清.中国建筑现代转型[M].南京：东南大学出版社，2004.

[6] 王凯.现代中国建筑话语的发生[M].北京：中国建筑工业出版社，2015.

[7] 葛尚宣.建筑图案[M].上海：崇文书局，1924:32—38.

[8] 陈兆坤.实用建筑学（第一辑：数理辑要）[M].上海：陈魁建筑事务所出版社，1935.

[9] 陈兆坤.实用建筑学（第二辑：设计辑要）[M].上海：陈魁建筑事务所出版社，1935.

[10] 陈兆坤.实用建筑学（第三辑：计算辑要）[M].上海：陈魁建筑事务所出版社，1936.

[11] 陈兆坤.实用建筑学（第四编：图案辑要）[M].上海：陈魁建筑事务所出版社，1936.

[12] 陈兆坤.实用建筑绘图学[M],上海：陈魁建筑事务所出版社，1936.

[13] 陈兆坤.实用建筑绘图学（第二编：制图学）[M].上海：陈魁建筑事务所出版社，1936.

[14] 钱锋.现代建筑教育在中国1920's—1980's[D].上海：同济大学建筑与城市规划学院，2005:43—44.

[15] 珀西·阿什.建筑图案法[M].黄志劭，译.上海：世界书局，1941.

作者简介：

高曦，女，同济大学建筑与城市规划学院博士生
彭怒，女，同济大学建筑与城市规划学院教授，博导

作者单位：同济大学建筑与城市规划学院高密度人居环境生态与节能教育部重点实验室

艺术之界，设计之源
——论建筑学教学跨界设计研究

林磊　张天翔　田伟利

摘　要："跨界设计"是建筑学教学改革的大胆尝试，分为内向跨界和外向跨界两种教学方法，力求在教学模式、教学手段和成果展现方面有所创新，其目的是培养人文建筑师。以"跨界设计"为导向的建筑学教学突破了只从建筑学科本身的功能、结构和形态出发的教学理念，寻求建筑与其他艺术形式或者学科思想相融合的新的建筑语汇，使建筑不再只具有建筑的属性，还具备了更为丰富的艺术属性。

关键词：建筑学；跨界设计；艺术；教学改革

ABSTRACT：Crossover Design is a vigorous attempt of architecture teaching reform, it's purpose is training humanistic architects. It is able to be divided into two kinds of teaching methods: Introversion Crossover and Extroversion Crossover, in order to achieve the innovation from the teaching styles, the teaching methods, and the achievements. The architectural teaching derived from Crossover Design is breaking through the traditional educational principles, based on function, structure and morphology of Architecture. It is seeking new architectural terminology, which is uniting other artistic expressions, or academic philosophies. Crossover Design is making the constructions not only have the properties of the structure, but also possess a more affluent artistic features.

KEYWORDS：Architecture；Crossover design；Arts；Teaching reform

DOI：10.13942/j.cnki.hzjz.2016.07.038

　　长期以来，国内建筑教学多采用以功能、结构和形态为主的教学模式，在教学过程中存在着"重技术、轻人文"的倾向，不能将艺术人文修养与建筑设计实践紧密结合，使得毕业生缺乏必要的人文修养和人文情怀。这些从业者从事城市建设工作，给我们的城市带来的是"千城一面"的景观，使城市缺乏或丧失应有的特色，这一现象反映出国内建筑教育与社会需求相脱节的问题。如何改变"重技术、轻人文"的建筑学教学倾向，并展开有针对性的教学改革？我们将目光转向了"跨界设计"，希望在教学中实现人文艺术与建筑设计的有机结合，培养具有人文情怀，兼具艺术人文修养和审美情操的建筑师。

　　在近几年的教学中，我们借助上海大学美术学院这一大的艺术教学平台，带领学生开展了以"跨界设计"为主题的多种教学实践。如以"音乐"为主题的景观设计、以"音乐""绘画""电影"和"摄影"等多种艺术为主题的跨界建筑设计、人文艺术视角下的建筑认识实习、注重人文情怀的国际建筑设计竞赛等。通过这些课程，一方面要求学生研究本学科领域以外的人文艺术等学科，增强对学生人文素养的培养，扩大其知识的深度和广度；另一方面通过研究建筑艺术与其他艺术的共通性，让学生将建筑设计的原点回归到艺术本身，研究艺术的本质及其审美意向，借助于艺术的创造力重新审视建筑设计观。我们希望借助于以"跨界设计"为导向的教学改革，把原来"唯一、二元、标准"的课程评价体系转变为"多元、开放、包容"的评价体系。我们所能够给予学生的不光是技法，更多的是赋予他们尽情发挥想象力和创造力的一片天空。

1.跨界理念解读

　　"跨界"一词近几年成了设计界时尚的招牌，大有"无人不跨界、无界不可跨"的趋势。我们认为对跨界本身理念的深刻认识与解读是进行"跨界设计"的前提。

1.1 跨界并非只是一种时尚，而是一种智慧

　　跨界是一种时尚，很多设计师的跨界行为和跨界作品是一种 FASHION SHOW，遵从着在过程中逐步完善、逐步更新和逐步被替换的理念。但这些 FASHION SHOW 不同于时装模特穿几件漂亮衣裳所代表的那种时尚，它追求的是通过具体的艺术形式所表现出的艺术升华和艺术融合，闪烁着智慧的光芒，折射出人文的风采。它不仅呈现感性美，更呈现出对不同艺术相通性有着敏锐洞察力所焕发出的理性之美。

1.2 跨界并非只是一种体验，而是一种素养

　　跨界不易，它来源于对艺术的深刻体验，在体验中审视艺术的独特性，玩味、修正、把握艺术的相关性，踏入艺术综合素质与修养的更高境界。设计本身是由艺术、表达、历史和经验所交织而成的，这就要求设计师在跨界设计中，能够理解各门艺术与各种文化之间的相互影响，厘清各种错综复杂的因素，并做出

积极反应，即具有我们所说的人文素养。

1.3 跨界并非只是一种桥梁，而是一种媒介

通过跨界，设计师可以创造出各种奇思妙想的设计作品。可见，跨界作为一种艺术手段，具有艺术创作的桥梁作用。如果只是把相关艺术概念进行简单的嫁接和置换，则很难创作出优秀作品。因而，应把跨界视为一种艺术探索的媒介，它可以让不同艺术之间发生碰撞、交集、荟萃，进而产生新理念、新方法、新艺术。因而，跨界作为媒介所起的反应，不仅是"化学反应"，甚至可能是"核聚变"。

以上可见，跨界既是设计创新的源泉，同时也要面临几分冒险。跨界设计能否成功，既无定数，也无定论。它对设计者能力和素养的要求往往更高、更广、更具挑战性。我们敢于尝试跨界设计的原因，是它可以唤起学生们对于未知世界与未知领域进行探索的渴望，让课程设计的整个过程充满创作激情，并在老师与学生的互动中，激发学生潜在的创新意识与创作灵感。

2.跨界方法研究

在我们的建筑学教育中，不能固守学科和专业的壁垒，将某一学科或专业视为神圣不可侵犯的东西，隔绝学科或专业之间原本融通的联系，关闭跨界之门，禁锢学生本来活泼的思想，束缚其创造力。以"跨界设计"为导向的建筑设计，是将其他艺术和学科的结构组成、生成机理、思想内核、艺术表现、哲学美学内涵应用于建筑设计，是我们进行创新教学的核心内容。根据培养人文建筑师这一教学目标，"跨界设计"从理念到方法，从认识论到实践论，都可以为建筑学教学改革提供取之不尽的源泉，有助于我们的教育从"重知识"向"重能力"进行转化。

通过教学实践和理论探索，我们依据跨界形式的不同，研究跨界的规律性及其主要特征，把跨界方法分为内向跨界和外向跨界两种。

2.1 内向跨界

内向跨界是在本学科领域内进行的，内向跨界法要求学生在已经确立跨界研究方向和目标的基础上，进一步研究跨界主题，吸取其他艺术的创作手法和艺术特征，创新建筑设计的理论与方法。

在跨界设计课程中，我们引导学生研究音乐、绘画、影视等艺术，运用隐喻、象征等手法把这些艺术的方法和特征借鉴到建筑设计中来。建筑与其他不同艺术门类表象千差万别、各具特色，它们之间有何渊源？如何联系？能否转换？跨界设计课程需要启发学生找到隐藏在这些表象背后的深层问题，从多种角度探讨建筑与其他艺术门类的内在联系，完善跨界设计理念。这种方法要求学生分别从建筑的视觉表达、感官体验和情感心理出发，研究建筑与艺术的跨界主题、跨界元素和跨界内涵。表1展示了建筑设计课学生基于"跨界设计"为导向，对各自的建筑设计概念所进行的分析。图1~4为跨界设计课程教学成果。

2.2 外向跨界

外向跨界是跨界于其他学科领域，以其他艺术的呈现形式来表达建筑设计成果。它要求我们研究其他艺术的创作规律和创

■ 图1 跨界于绘画艺术的建筑设计

■ 图3 跨界于电影艺术的建筑设计之二

■ 图2 跨界于电影艺术的建筑设计之一

■ 图4 跨界于蒸汽朋克风格的建筑设计

■ 图5 海报设计

作手段，借助其他艺术媒介寻求艺术创新的可能性。

学生设计成果的表达与展现阶段，是学生超越自身设计局限大胆创新的阶段。在跨界设计课程中，我们要求学生尝试制作视频（多媒体艺术）、设计宣传册（平面艺术）、宣传海报（平面艺术）（图5）等多种形式及新颖的艺术表达语言展现建筑设计成果。对这些成果进行的跨界设计，并非刻意地冷落或放弃自身所擅长的图纸和模型等成果表达，而是择取一种全新的视角，置换一些固定的思维，在图纸和模型表达的基础上，对成果进行一种拓展性表现。

经过跨界教学实践，学生体验到一个完整的研究型建筑设计教学过程，增强了学生设计思维的逻辑性，提高了他们对新鲜事物的学习能力。大多学生能跳脱出建筑的一隅，用"学科本无界"的理想思维重新看待建筑设计，学会挖掘事物之间的内在联系，寻找新的设计突破口，让自己的设计作品从形式到功能甚至到散发的气质，都产生出更深层次的意义。

3.跨界教学改革

为了进行跨界教学、弥补常规教学的不足，我们在具体教

表1 跨界设计分析

跨界 艺术门类	从建筑的视觉表达出发	从建筑的感官 体验出发	从建筑的情感 心理出发
绘画	绘画－水墨绘画之三远－平 远、高远、深远	山重水复、 水墨色彩	水墨意境
音乐	音乐－摇滚乐之击碎与重构	张力、爆发力	摇滚精神
电影	电影－场景转换与片段交织	蒙太奇、 视觉冲击力	情感交织
多媒体	多媒体－交互艺术之打散与 聚集	交织、沉浸式	游戏乐趣
心理学	心理学－梦境之多层次穿插 与突变	意识的影像化	虚幻缥缈

学形式上也进行了大胆改革。这些改革有利于我们解决"技术"与"艺术"相结合的问题，让学生在设计中展现出新巧创意，进而形成独特的设计风格。

3.1 多样化的教学形式

以"跨界设计"为导向的建筑学教学是一种主题式教学，以问题为先导，以任务为驱动。课程采取的是灵活多样的教学形式，从"以教师为本"转向"以学生为本"，教师从扮演"传道、授业、解惑"的角色转变为课堂的组织者和促进者。

①参观调研：在选择优秀建筑设计案例进行参观调研的同时，鼓励学生观摩一些艺术展览、艺术表演等其他艺术的表现形式，增强学生的艺术感受力和认知力，提高艺术修养。

②举办讲座：在课程中穿插多种类型与艺术相关的讲座，既可以帮助学生了解艺术学科发展的最新动态，拓展其艺术领域的知识面；又可以启发学生用艺术的眼光、艺术的角度重新审视建筑设计领域的发展前景。

③自主学习：更为有效的学习来自学生之间的交流过程中，而不是老师的备课笔记。在这些课程中，鼓励学生以小组的形式开展设计研究工作，用集体的智慧和力量促进每一个方案的生成。

3.2 多学科交叉的授课方式

在课程中，我们聘请了多位具有不同学科背景、不同研究方向、来自不同领域的专家和学者共同参与跨界教学。这些专家和学者有的是艺术家，有的是工程师，他们对建筑设计具有不同的认知度和兴趣点，可以帮助学生建构艺术领域的知识体系，解决设计的技术难题，达到"技术"与"艺术"并重的教学目的。

3.3 国际化的教学交流平台

在课程中我们不定期引入多名外教进行教学交流活动，并在课程结束时参与对学生设计作业进行点评。这些交流活动的目的主要是让学生亲身感受国内外不同的教学方法和风格，开阔眼界，激发学习热情。同时，国际化教学平台的搭建，可以让老师们通过和外教一起探讨教学方法，学习国际先进的教学理念，与外教们共同寻求建筑学教学的未来。

3.4 网络化的共享资源库

信息社会为资源共享提供了极大的方便。跨界设计课程借助网络优势，整合课外教学资源，开发微信等信息发布平台。网络教学平台可以为学生提供大量的学习资料，主导学生课内外的学习动向。在知识大爆炸的年代，我们要让学生学会如何获得、过滤、分析和使用信息，而非盲从。

4.小结

跨界设计课程的实践，是教师把建筑学教学回归人文培养目标下的一种有意尝试，是学生表达自身建筑思想的一次实验机会，对教师和学生艺术修养的检验和提升是一种双重挑战。我们在教学模式、教学手段和成果展示方面进行了如下创新。

4.1 教学模式创新

采用"技术"与"艺术"相结合的"研究型"教学模式，将教学目标定位为培养具有人文情怀、兼备艺术人文修养和审美情操的创新型建筑师，引领学生突破从建筑功能、结构和形态出发的设计思维定式，在学习建筑设计的同时，关注其他艺术门类的发展与变化，借鉴其他艺术的创作手法与艺术特征，丰富自身的人文修养。

4.2 教学手段创新

在教学上通过整合教学团队，与其他艺术类专业人士和实践单位进行多渠道、多媒介合作，展开多元化、跨学科的建筑学教学，以弥补任课教师自身的不足，给学生提供多学科、多领域的给养。同时，在这种授课形式中，也促进了教师之间的互相交流，便于教师更快更好地掌握国内外本专业领域及相关艺术领域的最新学术动态。

4.3 成果展现创新

在教学成果展现上，突破图纸和模型等常规表达方式，综合运用其他艺术的表达方式，对建筑设计进行多样化展现，如视频展现和宣传册展现等。一方面可以促进学生掌握更多的现代化表现手段和技法，激发学生的创作热情，加深学生对各种艺术形式及其内在联系的理解和认识。另一方面，设计成果的多元化，可以有助于把学生学习的关注点从只关注"脚下、眼前"转为关注"未来、明天"。

通过几次课程教学，我们也总结出跨界设计的某些局限性，在以后实践中我们还有很多课题需要进一步去研究、去拓展。例如，我们如何掌握艺术内涵、有效地通过艺术表达展现不同艺术的跨界魅力？艺术表现形式的远近关系是否成为跨界难易和成功与否的尺度？从设计表象到艺术情感再到意境表达，不同形式的跨界设计成果是否都能为大众所接受等。

结语

总之，建筑学专业虽然在长期的教学过程中已经形成固有的教学定式，但我们仍然相信，这些课程如同我们的人生一样，不应该是固有剧本、固有路线和固有程式的表演，而是基于本质与目标的大胆尝试。通过跨界教学实践，可以启发学生尝试去做更喜欢、更擅长的事情，尝试突破固有思维、行动与标准的束缚，并努力创造价值。这样，才能突出和强化建筑学教学的灵动性和开拓性，为其注入新的活力和生机。

原载《华中建筑》，2016 年 07 期

资料来源：

本文图片均为学生作品。

作者简介：

林磊，博士，上海大学美术学院地方重塑工作室副教授
张天翱，上海大学美术学院地方重塑工作室讲师
田伟利，上海大学美术学院地方重塑工作室副教授

文化造城运动新策略：
城市艺术区及博物馆群落的兴起

欧雄全　王蔚

摘　要：随着社会的发展，当前的许多城市尤其是发达地区及新兴地区的城市经济和基础建设的现代化水平已经达到了一定高度，转而越来越重视本城市文化的打造，寄望通过文化造城的手段来塑造自身的灵魂和品牌，以实现城市的可持续发展。欧美发达国家已经在文化造城运动中积累了丰富的经验，也取得了不错的效果，亚洲新兴国家和我国今年来也逐渐兴起文化造城运动，在这里城市艺术区和博物馆群落的建设往往是这一运动中最核心的部分。该文通过当前城市艺术区及博物馆群落兴起这一现象的分析研究，以求获得在文化造城过程中所应遵循的启示及经验。

关键词：文化；文化造城运动；艺术区；博物馆群；兴起

DOI:10.13942/j.cnki.hzjz.2017.01.004

ABSTRACT：With the development of society, many of the current city especially city of developed area and the new area's economy and infrastructure modernization level has reached a certain height, they want to attach more and more importance to build the city culture, hope that through Culture Creates City to shape their own soul and brand, to realize the sustainable development of city. The European and American developed countries have accumulated rich experience in the "Culture Creates City Movement", also achieved good results, the emerging Asian countries and China are gradually emerging Culture Creates City, here the construction of City Art District and museum community is often the most core of the moving parts. In this paper, we analyze the current research city art district and Museum communities rise to this phenomenon, in order to gain enlightenment and experience which should be followed in "Culture Creates City Movement".

KEYWORDS：Culture；Culture Creates City Movement；Art district；Museum community；Emerging

1.文化造城运动

1.1 文化造城现象

2014 年，天安时间当代艺术中心主办的"城南计划——前门东区"针对北京前门东区旧城的改造，邀请了大量先锋的建筑师、建筑学者、艺术家和设计师以展览的形式进行提案，引起了社会各界极大的关注。提案中，众多的设计师都提出了以文化来修补城市衰败的地区的观点，似乎文化已经成为当前城市建设中越来越受到关注和重视的现象。事实上这种文化造城运动早在发达国家已经得到实践，并取得了不错的效应，成为城市更新和发展的一种有效方式。从 20 世纪 60 年代起，欧洲以及美国开始表现出将城市中心围绕文化中心周围发展建设的兴趣，通过新的法律来支持对艺术家和历史的保护。20 世纪 80 年代，政府开始投入地区重建时，就将经济和文化策略关联起来，促进城市向后工业文化中心、投资和旅游中心转化 [1]。我国目前也很相似，在资源和环境的双重约束下，许多大城市面临产业升级，品质提升势在必行，挖掘文化资源、用文化发展知识经济成为产业升级和转型的重要策略。在这一背景下，城市艺术区和博物馆群落成为其中最新兴的形式。

1.2 文化造城新思路——艺术区及博物馆群落的建设

当今博物馆的发展日益成为汇聚文化活动与消费的中心，博物馆与城市的关系，已不仅体现在原有的文化层面，而且在经济层面上发挥的作用也越来越重。城市经济转型和文化品牌的塑造很多都利用了艺术区和博物馆群落的建设进行驱动，像伦敦和芝加哥，城市经济发展到一定程度的时候，开始考虑城市自身的产业转型，通过举办世界博览会以及会后修建大量的艺术和博物馆机构，着力打造城市自身的文化素养，此外像巴黎、纽约等城市也是在经济达到顶峰后，转型文化建城的思路。伦敦南岸地区、巴黎左岸地区等后来都成了有世界口碑的城市艺术区。目前在世界很多城市，特色突出的艺术区和博物馆群落越来越多（表1），它们有力地推动了城市的更新和发展，参与了城市品牌的塑造。

2.国外先进城市新兴艺术区及博物馆群落建设

对于艺术区和博物馆群落的建设，国外一直走在前列，除了欧美发达国家城市之外，亚洲作为世界新兴经济体最多的地区，也有很多城市也在这方面有不俗的建树。

表1 世界著名城市艺术区及博物馆群落

艺术区及博物馆群落	规模	主要内容	艺术区及博物馆群落	规模	主要内容
德国法兰克福博物馆之堤		包含了22个博物馆、80个美术馆、17个戏院和4个音乐厅	巴黎左岸		塞纳河左岸的圣日耳曼大街、蒙巴纳斯大街和圣米歇尔大街，集中了咖啡馆、书店、画廊、美术馆、博物馆等文化设施，包括了罗丹博物馆、克吕尼馆、MK2艺术院线等
东京代官山创意产业区		属于有品位的富裕阶层聚集区，居民生活品位较高，有大量设计公司及设计师入驻	美国匹兹堡文化区	14个街区	包含了6个剧院、1个交响音乐厅、1个表演艺术中心、2个歌剧院及4个美术馆
光州亚洲文化殿堂	18hm²	包括了文化创造院、亚洲艺术剧场、民主和平交流院、亚洲文化院、儿童知识文化院、图书馆、展厅、广场等设施	伦敦费兹罗维亚区		一直以来都以时装重镇而闻名，正在成为一个当代艺术的画廊区，成为艺术品投资者的最新描点
米兰托尔托纳地区		米兰运河边的旧工厂利用意大利当代艺术和设计工业形成的创意园区。每年利用米兰家具展，把当年最雷人的艺术或时尚风貌展示给公众	纽约DUMBO创意街		原来为工业区，后来随着城市转型和艺术家的入驻，逐渐成为新兴文化创意重镇，仓库被改为艺术家工作室，此外还有设计工作室、家具店、书店及展演空间，建筑仍保留原来复古及工业的味道
德国慕尼黑艺术区		包括了3座绘画陈列馆及雕塑作品展览馆、古代文物展览馆、伦巴赫美术馆以及沙克美术馆。此外还将有12座美术馆也陆续在此落户	加拿大格兰湖岛文化创意园	17.3hm²	包括了公共设施及艺术教育机构、艺术家工作室、大众市场、办公室、表演剧院、小区活动区、餐饮中心、商店街、旅馆
伦敦Brick Lane创意街		原来为一个卖水果蔬菜市集，现在打造为一个以独特街头艺术气息闻名的市集，成为伦敦街头时尚的代表	纽约格林威治村苏活区		聚集着各种各样的艺术家、理想主义者，许多艺术工作者进驻于此
香港西九龙文化区	40hm²	包括了M+博物馆、西九龙公园、演艺剧场、戏曲中心等核心设施，其中有3个共计3200座的综合剧院，10000座的室内演艺场馆，5000座的室外剧场，4个主题馆和一个艺术展览馆及休闲广场	阿布扎比萨迪亚特岛文化区	27hm²	包括了弗兰克·盖里设计的古根海姆博物馆、让·努维尔设计卢浮宫阿布扎比分馆、扎哈·哈迪德设计的阿布扎比表演艺术中心和安藤忠雄设计的阿布扎比海事博物馆，还有大量辅助文化及商业设施
北京798	50hm²	文化艺术、文化传媒、设计咨询、知识产权服务等数百家文化机构入驻，此外还有餐厅、酒吧、书店等设施，逐渐形成了集画廊、艺术工作室、文化公司、时尚店铺于一体的多元文化空间	成都建川物馆群落	36hm²	建筑面积近100000m²，拥有藏品800余万件，其中国家一级文物329件。博物馆以"为了和平，收藏战争"为主题，建设抗战、民俗、红色年代、抗震救灾四大系列30余座分馆，已建成开放24座场馆，是目前国内民间资本投入最多、建设规模和展览面积最大、收藏内容最丰富的民间博物馆

▎图1 纽约著名博物馆群落

▎图2 洛杉矶著名博物馆群落

▎图3 阿布扎比萨迪亚特岛文化区

2.1 欧美先驱城市

文化通常代表了城市形象，文化的认同要比政治、经济方面更加重要。纽约便是通过MOMA、大都会、惠特尼等这些博物馆机构（图1），先后推出了诸如抽象表现主义、波普文化运动、行为艺术、装置艺术、新绘画表现运动、概念艺术等众多当代艺术潮流，并建立了当代艺术的学术标准，从而最终取代了欧洲成为世界文化和艺术的中心。除了纽约，华盛顿的史密森学会博物馆群，洛杉矶的盖蒂中心、LACMA、MOCA等博物馆群落（图2），柏林的博物馆岛等，都是各个城市文化水准的体现，也是这些城市成为真正的现代都市的基石。

2.2 亚洲新兴城市—阿布扎比萨迪亚特岛文化区

阿布扎比近年来一直在寻求经济转型，致力于将自身打造为世界级旅游和文化中心。为此，政府投入巨资与卢浮宫、古根海姆博物馆等著名机构合作，在萨迪亚特岛上建设了一个极为现代化的文化区（图3）。其核心是位于海岸线上布置的四座大师设计的文化建筑，包括了弗兰克·盖里设计的古根海姆博物馆、让·努维尔设计的卢浮宫阿布扎比分馆、扎哈·哈迪德设计的阿布扎比表演艺术中心和安藤忠雄设计的阿布扎比海事博物馆（图4）。四座前卫而又充满张力的建筑，既提升了文化区的艺术气质，同时也提供了大量的艺术承载空间。值得注意的是，通过与国外文化艺术机构的合作，每年从国外借展大量珍贵的文化艺术作品，可以有力提升地区的艺术品质和质量，也能带来大量的旅游资源。但是，目前文化区也存在与城市其他区域有一定隔离的问题，周边建设迟缓，将来容易形成文化孤岛。

▌图4 萨迪亚特岛文化区的四座核心文化建筑 　　▌图5 上海当代艺术博物馆 　　▌图6 上海西岸文化走廊

2.3 亚洲新兴城市——新加坡

新加坡经济发展在东南亚地区已处于领先地位，政府从20世纪末开始，也开始思考城市经济转型，提出了以文化带动资本创建"亚洲门户"的城市发展核心策略，以摘掉"文化荒漠"的帽子。政府投入了大量的资金用于文化艺术产业的扶持和发展，促使城市产业向知识经济转型，同时完善文化艺术场馆等基础设施的建设。多个美术馆和博物馆先后在新加坡得到建设和振兴，包括了新加坡美术馆，由于得到国家资金扶持和艺术家的捐赠，极大增加了馆内藏品的质量和数量，尤其是东南亚艺术的收藏，在地区首屈一指；新加坡国家美术馆由前高等法院和政府大厦改建而成，总建筑面积达60000m²；由原英军营房改建而成的吉门营房当代艺术中心，则是新加坡最具现代化水准的文化艺术机构；此外还有好藏之及MOCA两家私立美术馆，等等。这些文化基础设施的建设，大力推动了新加坡文艺复兴城市计划的实施。

3. 我国城市的艺术区及博物馆群落的兴起

我国的城市艺术区及博物馆群的建设也逐渐兴起，除了以往的北京789、成都建川博物馆群落及深圳华侨城之外，包括南京四方当代美术馆及深圳蛇口的海上世界文化艺术中心等明星项目的出现，也带动了城市艺术区的新发展。在当前，最具关注度及指向性的无疑是上海浦江西岸及香港西九龙。

3.1 上海世博板块及浦江西岸文化走廊

上海与很多新兴城市一样，在以往都是以副金融中心的面貌示人，并不是一座以文化艺术见长的城市。与伦敦和芝加哥的发展轨迹一样，上海在举办了2010年世博会之后，开始大力兴建博物馆及文化艺术设施，中华艺术宫和上海当代艺术博物馆（图

5）先后在原世博园区内落成，馆内展示了大量当代艺术及近现代艺术，每年吸引了大量市民尤其是年轻群体的关注和参观。同时，政府有计划地在世博板块的南面发展了"西岸文化走廊"（图6），成立专门的开发机构管理开发建设，除了一些旧工业建筑改造而成的博物馆、展览馆外，包括龙美术馆（图7）、余德耀美术馆等私立美术馆也在这一地区落成，徐汇滨江地带还将引进众多文化创意产业协同发展，滨江景观休闲带也吸引着大量市民前往休憩放松。但是目前地区周边的商业配套及居住基数仍较为薄弱，入住率不高，尤其是世博板块附近，很大程度上影响了文化区的自身的活力与热度，需要今后的建设着力配补完善。此外，私立博物馆昂贵的票价，也影响到了参观的人气，如何平衡运营的收入和支出，还得多一些手段。

3.2 香港西九龙文化区

同上海一样，香港也是一个典型的以金融及经济发展为向导的城市，近年来也着力于城市文化产业的建设，希望能向文化艺术的自由港转型。以往在香港只有香港艺术馆及香港艺术中心等少数几个文化设施，由于向文化艺术产业转型，在拍卖产业等艺术市场经济的推动下，加大文化基础设施建设便成了必然。近年来，在业界引起极大关注的西九龙文化区的设计竞赛，最后由诺曼·福斯特团队设计的方案一举夺魁（图8）。西九龙文化区位于香港西九龙填海区的临海地段，面向维多利亚港，是一个面积达到40hm²的集艺术、教育和公共空间于一身的大型文化区，包括了M+博物馆、西九龙公园、演艺剧场、戏曲中心等核心设施，目的是打造成类似伦敦南岸艺术中心那样的城市新兴文化艺术区，其中M+博物馆将填补香港当代艺术机构的空白。值得注意的是，香港政府着力打造了相关软件配套，包括文化机构的藏品及专业的管理团队，这是非常具有前瞻性的举措。

4. 城市艺术区及博物馆群兴起的启示

4.1 艺术区及博物馆的建设思路及影响——文化造城、艺术育人

国际博物馆协会在《国际博物馆协会章程》中将博物馆定义为："博物馆是一个为社会及其发展服务的、非营利的永久性机构，并向大众开放，它为研究、教育、

▌图7 上海龙美术馆（西岸馆） 　　▌图8 西九龙文化区竞赛获胜方案

欣赏之目的征集、保护、研究、传播并展出人类及人类环境的物证。"博物馆及艺术区的本身内涵与当代城市处于经济转型和文化身份的诉求是不谋而合的，其作用及影响包括了多个层面。

首先，政府可以借用文化艺术去让一些新的或者已经衰败的地区获得新的发展机遇，为地区创造更多的吸引力和活力，在完成城市有机更新的同时推动城市的产业转型。

其次，政府和开发商可以利用文化艺术的建筑和概念去创造更多的机会，吸引更多的投资和旅游资源，创造更多的商机，振兴城市经济。

最后，艺术区及博物馆建设能够起到公共教育、艺术育人的作用，一方面吸引市民的参与互动，另一方面又能在潜移默化中提升市民的文化艺术修养和公民素质，这对于城市文化品牌的打造有着持续性的推动作用。艺术区及博物馆群落不仅当作文化多元性的保护者为公众服务，而且应当作为增强文化理解和交流、融合的工具，同时还应当在新文化构建中起到催化作用，利用其传统的典藏、展示、教育、研究四大功能的角度使其成为城市文化的生产机制，在诠释旧的文化的同时诠释新的文化，在推动文化传承和文化创新中主动进行城市文化构建[1]。

4.2 当前艺术区及博物馆群落建设的经验总结

当然在目前艺术区及博物馆群落的建设过程中，也出现过有利有弊的地方（表2），值得注意的地方主要有几个方面。

表2 新兴艺术区及博物馆群落案例优劣势比较

新兴艺术区及博物馆群落案例	优势借鉴	不足之处
阿布扎比萨迪亚特岛文化区	地标性、高品质的建筑，足够的话题性和号召力，与世界知名文化机构强强联合，通过借展保证藏品水准，与世界级艺术接轨，资金实力雄厚	本身地域文化底蕴不足，周边配套及区域发展滞后
新加坡	政府的强力支持与推动地域艺术特色为主导多对旧建筑进行改造	设施规模较小
上海世博板块及浦江西岸文化走廊	结合城市更新及旧区改造建设产业配套综合考虑提供城市公共资源	周边配套尚不成熟公众关注度和参与度有待促进软件配套私营文化机构的运营问题
香港西九龙文化区	建筑及规划的高水准软件配套的前瞻性结合城市产业转型	地域规模及自身文化塑造

（1）建设资金的来源

在美国，资金来源主要是民间投入，包括了富人和基金会的资助和维持，欧洲国家主要依靠国家的资助。我国的艺术机构及博物馆的发展正处于兴起阶段，一方面硬软件方面还不完善，另一方面参观的规模不大，一直靠国家资金投入并不是一个很有效的手段。采用多元化的资金筹措手段，鼓励更多的私立机构和民间人士参与。类似于龙美术馆、今日美术馆（图9）等这样新载体的出现，有利于塑造更加多元的博物馆机构体系（表3），为观众提供本地与全球文化艺术的体验。

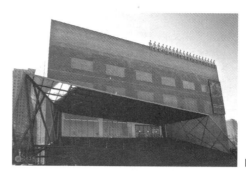

图9 北京今日美术馆

表3 我国可发展的多元化博物馆群落体系方向

创立及建设方	发展方向及定位	参考范本
大城市政府机构	地标性博物馆群落，结合产业转型和城市更新改造，打造特色城市文化品牌	纽约、伦敦
中小城市机构	利用标志性的博物馆及艺术建筑结合城市地域文化，打造自身特色，依托强有力的文化机构，结合推动旅游业，促进城市文化与经济发展	西班牙毕尔巴鄂市与古根海姆博物馆
企业	建设公众文化资源与打造企业自身品牌形象结合	日本森美术馆（日本森大厦株式会社）、北京今日美术馆（今典集团）、华美术馆（华侨城集团）
个人	个人收藏为特色，形成自身独特的个性	上海龙美术馆（王薇、刘益谦）、余德耀美术馆、北京观复博物馆（马未都）

（2）硬件建设不足

其次，我国的博物馆群落还面临着高质量收藏品的匮乏和高水平的专业管理、运营人才的不足。我国由于处于快速发展阶段，硬件建设往往快于软件建设。一方面可以借鉴阿布扎比的经验，与国外艺术机构加强联动，进行借展、换展合作，充实藏品质量和数量，开拓国际视野；另一方面可以积极培养和引进专业的人员参与到艺术机构的管理运营和拓展当中，提升软件水平。

① 功能同质

再次，在当前建设浪潮中，很多项目都出现雷同或近似的局面，导致功能同质，互相竞争，资源浪费，同时也没有认真研究是否契合自身城市的特点。因此博物馆自身作为一个生态系统，将运营内容与运营空间在建馆之前就多加考虑，同时要将整个博物馆放在城市的文化生态系统中，对于博物馆在城市中的角色、功能、定位、发展方向以及期待呈现的效果在建筑之前研究清楚[1]33；博物馆建筑对一个地区文化发展的影响并不在于孤立的"事件性"效应，而是越来越取决于与本地区文化发展的真实关联度，取决于与本地区文化发展战略的和谐度，更取决于能否成为使文化交流进入更有序可持续发展轨道的催化剂与推动力[2]。

② 可持续发展

最后是一个可持续发展的问题，这些新兴的艺术群落如何解决运营？这里包括了展览筹资、维护调研团队、图书、收藏、教育的相关成本、设备的管理和维护成本等。靠国家和个人的输血式维持肯定无法长久，必须引进一定的相关产业进行支撑和联动，才能良性发展。比如拍卖、艺术品制作维护、文化创意等产业都是与这些艺术机构息息相关的，如何让他们的发展支撑起艺术区和博物馆群落的生存？此外，提升文化艺术区自身的口碑和品质，吸引更多的人气和打造品牌效应，也是其可持续发展的重要因素。

4.3 新时代艺术区及博物馆群落的发展趋向

文化资源是社会凝聚力的信念系统[3]。在新时代，城市和社会的发展必将通过文化的打造来实现，而艺术区及博物馆群落的发展必将得到极大的扶持。当前博物馆已不再拘于传统博物馆的范围，其所包含的内容早已螺旋式地不断发展。博物馆文化必须有新的创造，必将丰富和提升原有文化含量，思维方式和行为模式必然不断变化和转换，专业功能和社会职能必然不断完善和提升[4]。从某些层面上来说，艺术区及博物馆群落今后的发展趋向将包含五个方向：一是在文化艺术产业链中发挥越来越重要的作用（表4）；二是与城市旅游业的协同发展，成为城市文化旅游的

表4 艺术区及博物馆群落在文化艺术产业链中的作用

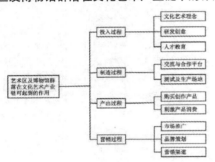

主要载体，增强城市文化品牌的效应；三是博物馆群落所起到的教育作用将更加产业化和公益化，培养观众品位，指导观众欣赏，引导观众消费，保证文化艺术教育的专业性、周到性、持久性和规律性；四是博物馆群落本身的商业运作将更加多元化和成熟化，商店及相关艺术衍生品的运营与销售，尤其是网络及电子商务的普及与发展，其运作方式的广度及深度还有很大潜力可挖；五是自身特色及定位将更加明晰和细致，与城市品牌塑造的核心战略更加契合。

5. 城市艺术区及博物馆群落发展的前景展望

谈到城市的发展，经常会提到城市的竞争力。城市竞争力既包括经济竞争力也包括文化竞争力。当前文化竞争力对城市发展的影响和作用越来越突出，当城市的经济发展到更少地依赖于制造业，而更多地依赖于知识经济的时候，城市文化促进城市发展的价值也日益凸显[5]。尤其对于我国目前各个城市来说，面临经济转型的局面，除了北、上、广、深等沿海城市外，某些内陆城市也已经开始了艺术区及博物馆群落的建设。比如西安曲江新区的博物馆集群建设，欲把西安打造成为与伦敦、巴黎、芝加哥等国际化大都市比肩的"世界博物馆之都"的崭新形象；比如成

都打造的"一中心三群落"的博物馆群发展格局，尤其以近现代文化为主线，增加建川博物馆专题性博物馆数量，完善大邑县安仁中国博物馆小镇的打造。城市今后的发展将利用艺术区及博物馆群落的建设作为文化造城的新策略，其前景将非常广阔！

原载《华中建筑》，2017 年 01 期

资料来源：

图1：www.artsbj.com；
图3：www.e—architect.co.uk；
图4：www.skyscrapercity.com；
图6：www.whj.xh.sh.cn；
图8：www.bustler.netindex；
其余图表均为作者自绘、自摄。

注释

(1) 国际博物馆协会于1946年由美国博物馆协会会长C.J.哈姆林倡议创立，总部设在巴黎联合国教科文组织内，是教科文组织发展博物馆事业规划的合作者。

参考文献

[1] 张子康，罗怡，李海若.文化造城——当代博物馆与文化创意产业及城市发展[M].桂林：广西师范大学出版社，2011.
[2] 章明，张姿.新博览建筑的文化策略——以上海当代艺术博物馆为引[J].建筑学报，2012（12）：65-69+58-64.
[3] 查尔斯·兰德里.创意城市：如何打造都市创意生活圈[M].北京：清华大学出版社，2009.
[4] 单霁翔.从馆舍天地走向大千世界——关于广义博物馆的思考[M].天津：天津大学出版社，2011.
[5] 单霁翔.从功能城市走向文化城市[M].天津：天津大学出版社，2007.

作者简介：

欧雄全，同济大学建筑与城市规划学院博士研究生，国家一级注册建筑师
王蔚，清华大学建筑学院博士后

理性的回归

——当代体育建筑"图像化"设计倾向反思

徐洪涛

摘　要：当代体育建筑设计多彩纷呈，而其中体育建筑"图像化"的设计倾向非常明显。该文分析了体育建筑"图像化"产生的社会、文化、技术等方面的原因，并分析了体育建筑"图像化"背后存在的深层次的相关问题。在此基础上，进一步提出了面对"图像化"设计倾向体育建筑设计应该坚持"真实与诗意建构"的创作态度，以实现技术理性与艺术感性的完美结合，以实现体育建筑创作的理性回归。

关键词：体育建筑；图像化；设计；理性

ABSTRACT：The contemporary sports architecture design is very colorful, and sports architecture "image" design tendency is very obvious. In this paper, we analyze the social, cultural technical and other reasons of the tendency, and we also analyze the deep related problems behind the tendency. Based on this study, we put forward the right attitude: "realistic and poetic combination" in sports architecture design to face the "image" design tendency, so we can realize the perfect combination of technological rationality and artistic sensibility, with the rational regression of sports architecture design.

KEYWORDS：Sports architecture；Image；Design；Rationality

建筑设计的目标之一是创造可感、可视的建筑形式。视觉表现是所有建筑物不可缺少、不可避免的属性。随着视觉文化在社会及艺术的各个层面的影响不断加深，建筑正以一种全新的、更加多元的视觉显现来反映时代特征。正如美国著名建筑评论家肯尼思·弗兰姆普顿所说的那样，"建筑并不比其他行业更具有抵御媒介影响的能力，这就是近年来建筑设计十分注重图像效果的原因，它有意无意地导致了一种建筑形式图片化的趋势"。

1.当代体育建筑呈现出明显的"图像化"设计倾向

今天，不仅一般建筑，体育建筑"图像化"的设计倾向也非常明显，对视觉的极大关注已成为一个不争的事实。例如，著名建筑师扎哈·哈迪德先后设计了2012年伦敦奥运会水上运动中心和2020年东京奥运会主场馆（图1、图2）。这两个案例与扎哈一直的建筑风格一脉相承，都具有时尚、动感和鲜明的"图像化"特征。但是由于2020年东京奥运会主场馆过分追求视觉冲击力和图像化表现，目前方案正在修改完善以回应日本建筑界

的质疑。

同样，国内体育建筑"图像化"的设计倾向也非常明显，包括2008年北京奥运会主体育场——"鸟巢"，杭州奥体博览城体育场——"盛开的白莲花"，深圳湾体育中心——"春茧"，天津奥林匹克水上运动中心——"水滴"，中国网球体育场——"钻石"……（图3）这些有代表性的体育建筑作品都非常注重建筑的整体形象，带有强烈的"图像化"特征。

体育建筑对于"图像化"的重视本也无可厚非，毕竟任何建筑设计都要追求最终的视觉呈现效果，即"图像化"。但这种追求应该有一定的"度"的约束，如果抛开功能、结构、空间、材料、施工以及节能生态等体育建筑的基本问题，盲目地或者一味地追求体育建筑"图像化"，则是舍本逐末的做法。我国当代部分体育建筑对于"图像化"的过分追求是我们非常忧虑和亟待反思的问题。

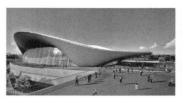

▌ 图1 2012年伦敦奥运会水上运动中心

▌ 图2 2020年东京奥运会主场馆

▌ 图3 具有"图像化"特征的体育建筑

2.体育建筑"图像化"设计倾向动因

体育建筑"图像化"设计倾向产生的原因很多，主要包括社会、文化、艺术、技术等方面的影响。

（1）当代视觉文化和视觉消费的泛滥

进入后现代社会以来，视觉文化和视觉消费日益广泛。视觉文化具有感性、直观和重视快感的特征。随着人们对外观形态的过度关注，大家越来越注重"图像"等视觉化元素带来的感官刺激，越来越少地去深究其背后的技术、经济、文化等内涵。为了迎合"视觉消费"的大众化审美趣味，片面强调视觉化效果和感官刺激，成为某些设计师进行体育建筑创作的出发点之一。而在一定程度上能否提供赏心悦目的效果图或激动人心的三维动画效果，往往成为设计方案能否脱颖而出的关键因素之一。

（2）体育建筑表皮系统的发展

随着材料科学的发展，丰富的材料选择，构成了体育建筑多样化的表皮系统。表皮材料的质感消解了体育建筑巨大的体量感，但同时对表皮系统的极端重视常常遮盖了体育建筑内部的结构真实性，建筑立面不再是功能或构造的必要表达，而只是强化了材料的视觉特性，使体育建筑形态向大众展示出类似媒介效应的视觉信息。如果将体育建筑表皮系统与现代光电技术相结合，更为体育建筑幻化出千变万化的图像化效果。

（3）计算机技术的深入运用

体育建筑"图像化"很大程度上得益于建筑设计中计算机技术的深化和应用，包括参数化设计、Rhino 曲面造型技术和基于 BIM 系统的设计建造技术等。计算机处理了从确定形态、结构优化、动态计算和全球定位系统以及机器人装配等多项工作。计算机控制的电锯可以制作形状各异的杆件而误差不超过 1mm，数控铣床能切割最复杂的三维节点。同样，计算机技术对复杂曲面形体的处理使建筑形态突破了欧氏几何的瓶颈，使得许多体育建筑呈现出"流体雕塑"般的时代特征。因此，可以说计算机技术的运用和发展为体育建筑"图像化"提供了强大的技术支撑。

（4）对于体育建筑标志性的过分强调

我国体育建筑设计"图像化"的重要原因之一则是对于体育建筑标志性的过分强调。目前在我国，体育建筑的投资主体依然是政府，而政府往往将体育中心看成是一个城市展示发展实力和信心的载体，因此在体育建筑设计中通常要格外强调体育建筑的标志性，常常是"语不惊人死不休"。一个所谓的全新概念、一幅诱人的视觉图像，对城市的决策者们往往有着极大的吸引力和诱惑力，而对造价的经济性、投入产出比等问题的考虑却往往不够。

3.体育建筑"图像化"设计倾向存在的问题

体育建筑"图像化"设计一方面丰富了建筑作品的表情，创造了许多新颖、动感、充满寓意的体育建筑新形象，另一方面也存在着过度设计、表里不一，片面追求标志性和视觉冲击力的问题。

（1）过分追求体育建筑"图像化"，割裂和消解了体育建筑本身应该存在的"真实性"

形式与内容相统一是现代主义创作的基本原则，建筑的外在形式应该真实地反映其特定的结构、构造与使用性质，这种美学标准显然带有人类道德理想的影子。因而我们才会把诸如奈尔维设计的罗马小体育宫等体育建筑奉为人类建筑的经典，称赞它是结构和形式的完美统一。

过分追求体育建筑"图像化"往往会割裂和消解体育建筑本身应该存在的"真实性"，包括功能与空间、材料与结构、形式与建构等，从而造成体育建筑"理性内核"与"感性外壳"的对立矛盾。西萨·佩里曾说过"形式不是突发奇想的结果，而是创造一个诚实合理的结构"。真正的形式与结构不是两张皮的剥离关系，形式不是肤浅的，结构也不是封闭的，形式与结构应该是浑然一体、相互支持的。

（2）过分追求体育建筑"图像化"，与可持续发展的内在要求并不一致

如今的建筑评价标准已经不仅仅是造型新颖、有创意、功能合理，还要加入可持续标准。创新是建筑创作的基本追求，但不能为了外部体形的新奇而忽略基地环境和生态节能等内在的"真实"要求。每一座体育建筑都有其特定的基地环境，在采光、通风、节能、环保、可持续发展等方面都有其特定的要求。如何

▌图4 深圳龙岗的大运会场馆

▌图5 深圳宝安"竹林"体育场

将形态处理与这些内在要求相统一是建筑师必须思考的问题。例如深圳龙岗的大运会场馆（图4）采用聚碳酸酯板构筑成"水晶"造型，给人以强烈的视觉冲击力。在取得耀眼形态的同时，也面临了用材不适应当地气候的问题。深圳炎热潮湿的气候需要良好的自然通风条件，聚碳酸酯板虽然晶莹剔透，但将体育场包裹过严，在很大程度上影响了自然通风的效果。而深圳的宝安"竹林"体育场（图5），以通透的"竹林"造型作为支撑结构，体育场获得了良好的自然通风效果，从而适应了当地的气候特征，其从可持续出发进行设计的理念是值得称道的。

（3）过分追求体育建筑"图像化"，容易造成不必要的浪费

当今建筑实践中存在许多这样的体育建筑实例，政府付出巨额资金，不惜材料和劳动力的过度消耗，就是为了实现一幅"美妙"的图像，而很少去考虑技术方面是否合理。为了追求形式上的所谓"完美"或是凸显某些附加的意义，而不惜损害体育建筑结构、空间合理性的事例屡见不鲜。在北京2008年奥运会主体育场设计中，赫佐格和德梅隆将建筑的外围护结构强烈地表皮化，以冗余的、超过传递荷载所必需的结构数量达到了编织"鸟巢"所要求的线条密度。如果将"鸟巢"与同为赫佐格和德梅隆设计的德国慕尼黑2006年世界杯安联球场加以对比，不难发现它们在结构表现上的不同价值取向。安联球场忠实地反映了建筑外围护结构的轻盈感，而北京奥运会主体育场则以更多的结构材料消耗为代价，实现了炫目的"图像化"效果。再比如，有些设计者喜欢把体育中心"一场三馆"中的"三馆"——体育馆、游泳馆、训练馆设计成一体化建筑，因为这样会使设计更加整体，在"图像上"上更容易打动人，当然这很可能带来不必要的浪费。还比如，为了整体形象的表现力而非功能需要将体育场采用全罩棚设计，从而造成很大的浪费。这些在我们的体育建筑设计中都是要努力避免的问题。

4. 真实与诗意的建构

在体育建筑"图像化"泛滥的今天，我们不能只关心体育建筑光鲜亮丽的外在形象，而对体育建筑的建构体系不求甚解。体育建筑设计应该精益求精、求真去伪，应该回归建构学的逻辑思维，特别是结构逻辑的理性回归。

（1）遵循结构逻辑

体育建筑设计应遵循其内在的结构逻辑。所谓结构逻辑就是结构系统受力合理、传力正确的逻辑，也就是我们通常所说的结构的正确性与合理性。体育建筑之美并不仅是"表象"，而是可以溯源于力的自然传递与消解之中。如果违反结构逻辑，甚至为取得新奇的视觉效果和结构逻辑"对着干"的建筑，那就势必要用成倍增加的材料消耗去维持先天性脆弱的结构体系，其结果便是设计和施工的复杂、建设周期的延长，以及所需物力、人力与财力的剧增。

（2）"由内而外"与"由外而内"

"由内而外"或"由外而内"是体育建筑结构设计和形态设计的两种不同关系。"由内而外"是指由结构约束自然而然地生成外在形态，"由外而内"是指先确定外在形态进而推演出内在的结构要求。一般而言，"由内而外"的设计方案具有内在的合理性，但需要重视结构形态的修饰和润色。而"由外而内"的设计方案通常具有独特的建筑形态，但容易出现形态脱离结构和空间的实际要求，产生徒有其表的不良倾向，对于这一点，建筑师要有清醒的认识，要坚持量体裁衣的指导思想，避免削足适履情况的出现。

（3）"有理化"设计

在方案设计阶段，建筑师为了追求建筑造型的美观，往往会格外强调体育建筑的"图像化"。而要保证其内在的合理性和实施的可能性，则需要进行"有理化"设计。一个好的建筑师应当能够做到优化设计规则和逻辑思维。体育建筑创作应坚持适度、真实与合理相结合的态度。体育建筑形象应与功能要求、结构技术、经济条件相统一，力求实现简洁而不夸张，真实而不虚假，特色与内涵兼具。我们应该更多地关注体育建筑大跨结构技术的本体、关注体育建筑的真实建造，关注自然通风、天然采光等可持续思想在体育建筑中的发展和运用、以及体育建筑的日常维护等。

（4）真实与诗意的建构

真实是体育建筑创作的基础，诗意是体育建筑创作的灵魂。"真实与诗意的建构"不仅满足了体育建筑"真实建造"的本质要求，还赋予体育建筑以情感的秩序和艺术的表达。只有坚持"真实与诗意的建构"这一基本态度，才能在"图像化"泛滥的今天实现体育建筑的技术理性与艺术感性的完美结合。

原载《华中建筑》，2016年05期

资料来源：

图1：http://photo.zhulong.com；
图2：http://www.evolife.cn；
图3：笔者收集整理；
图4：http://www.nipic.com；
图5：http://www.lvshedesign.com。

参考文献

[1] 荷兰建筑学会，译.荷兰建筑年鉴 3[M].天津：天津大学出版社，2005.

[2] [美]肯尼思·弗兰姆普敦.建构文化研究——论19世纪和20世纪建筑中的建造诗学[M].王骏阳，译.北京：中国建筑工业出版社，2007.

[3] 刘伟.体育建筑的材料运用研究[M].上海：同济大学，2013.

作者简介：

徐洪涛，博士，同济大学建筑与城市规划学院讲师

中国古代戏场建筑对表演者及观众的心理影响作用初探

吴寄斯

摘　要：戏剧是中国古代文化的有机组成部分，它展示着古代生活的各个方面，对中国古代的社会生活、历史政治、经济发展进行了全面的呈现。唐宋以来，戏剧已经逐渐地成了社会各个阶层的娱乐方式。戏场建筑作为一种专供演出及观演使用的建筑形式，更像是展示文化的一种物质展台。在戏场建筑中，利用锣鼓、丝竹等乐器，演绎知名戏剧，无论是其中的演员，还是观众，都能够以戏场建筑为桥梁，进行艺术、情感等方面的交流活动。中国古代戏场建筑从早期的露台到金代三面观的戏台，一直到元代普遍分为前后场。建筑形式的逐渐完善，标志着戏曲的逐渐成熟。可以说，戏场建筑是中国古代文化的物质载体，也是现代社会可见的主要古代戏剧文物之一。该文将针对我国古代不同形式的戏场建筑对于表演者与观众的心理影响进行分析，希望可以在一定程度上拓展我国戏台、戏剧等问题的研究领域，并促进其多元化发展。

关键词：戏场建筑；表演者；观众；心理影响

ABSTRACT：The drama is an integral part of Chinese ancient culture, it shows various aspects of ancient life, it has comprehensively presented Chinese ancient social life, history of political and economic development. Since the Tang Dynasty and Song Dynasty, drama has gradually become the social classes of entertainment. Stage as a kind of building form, is more like a culture which shows a substance on the booth, on the stage, using percussion, string and wind instruments, such as interpretation of ancient and modern, Chinese and foreign many well-known theater, whether it is the actor and the audience, all through the stage as a bridge for exchange of each others' activities. Theater is the opera performances, the special places, from the early terraces to the Jin Dynasty and the Yuan Dynasty, the stage has begun to generally divided into before and after games. The stage gradually improved, and also marked the maturity of Chinese opera. It can be said that the stage is the material carrier of China ancient culture, modern society is one of the main visible ancient drama cultural relics. According to the different forms of ancient China's stage for the psychological impact of the performer and the audience analysis, we hope it expand China's stage, drama and the research field, so as to diversify and promote its development direction.

KEYWORDS：Ancient theater construction；Stage performer；Audience；Psychological effect

1.背景介绍

1.1 中国古代的戏场建筑的特点和分类

中国古代的戏场建筑是戏剧演出的专门场地，从最早出现的"露台"到金代三面观的戏台，至元代，戏场建筑分前后场已经非常普遍，最后到明清时期，戏场建筑已经达到了顶峰，其发展成熟的过程亦是戏曲发展成熟的过程。

从建筑角度来看，我国古代戏场建筑多为一个封闭的建筑群组，其中以戏台或舞台为演出场所，其余空间为观演场所。戏台或舞台，多采用我国古代传统的木结构主梁建筑方式，由台基、木结构梁架及屋顶三部分构成。木结构立面采用多面开敞的形式，以便观演。其立面形象多以设立雀替大斗的方式为主，并且在大斗上放置几根大额枋，从而打造出一个区域宽广的方框，这种戏台或舞台的建筑方式，有效扩大了舞台的表演与观赏想象空间。

我国古代戏场建筑按照发展过程，可大体分为唐宋时期的"露台"、金元时期的"舞亭"及明清时期的"戏台"三大类型。

1.2 接受心理学在戏场建筑研究中的应用

研究中国古代的戏场建筑在观、演过程中的效果，可以采用接受心理学的理论。

所谓接受心理学，实质就是把受众看作是被动的信息接受者。探索不同形式的戏场建筑对于表演者和观众的心理影响，就要从建筑景观对于受众心理的影响角度进行探索，从信息传播与传达的角度，以宣传的传达为效果进行分析。

著名心理学家施拉姆曾经对受众心理学做出如下解释："受众参与传播就好像在自助餐厅就餐，媒介在这种传播环境中的作用只是为受众服务，提供尽可能让受众满意的饭菜（信息）。至于受众吃什么，吃多少，吃还是不吃，全在于受众自身的意愿和喜好，媒介是无能为力的。"在一定程度上来说，施拉姆的解释也可解读成："施拉姆的假设理论是建立在将受众作为研究的中心，他认为受众行为是取决于受众自身对事物的需求以及受众自身兴趣，通过突进是用以满足受众的需求。"德国研究者伊丽莎白·纽曼提出"沉默的螺旋"受众模式与理论，这种理论在媒体传播中确定了将受众作为媒体传播的主体。

在实践方面，西方国家也曾经在新闻传播过程中从不注重受众而逐渐转变成为将受众作为新闻传播的中心，甚至曾经将受众作为中心的思想发展到极端位置，例如在新闻之中运用大量的黄色内容。后期西方通过对新闻行业进行整顿，并且提出社会责任论来解决此种行为，出台各种限制性政策。从上述可以看出，受众在信息传播过程中的主体地位是不容怀疑的，而西方对我国的影响也是无时无刻的。

1.3 接受心理学中的集体心理接受仪式

从接受心理学的角度，观、演戏曲可以定义为一种集体心理仪式。即观众在观看戏曲时，潜在的心理体验的积淀与遗存，在发展过程之中其促进观众审美接受机制的形成。作为寺庙之中进行佛法推广的宣传娱乐项目，戏曲与世界上各个戏剧一样，从宗教仪式发展而来，其后的发展也具有密切的关系。

法国著名的现代戏剧家让·吉罗杜说："从前逢时过节演戏都是在我们的大教堂前面，这不是偶然的。戏剧在教堂前面的空地上显得最自如。观众在佳节之夜上戏院去就为了这个：那些大大小小的命运之神所做的自白。"集体心理仪式与戏剧"场"有关，戏剧艺术拥有较大的演出空间，有条件引导观众去参加一种仪式、典礼和节日欢会。"场"的交流性质，使台上台下、观众与演员、观众与观众之间不断地形成心理递接，最终达到不同程度的心理交融。观众在这种"心理场"中展开联想，产生一连串的心理－生理活动。这种心理－生理活动制造出观众席上的氛围，进而观众席上的氛围影响演员情绪，而演员的情绪又反过来影响观众。

基于这一理论，下面针对"露台""舞亭""戏台"三类戏场建筑对表演者及观众的心理影响作用进行简要分析。

2. "露台"对表演者和观众的心理影响

2.1 露台的建筑形式

露台是我国古代最早出现的戏场建筑形式。其发展从六朝到唐代末期逐渐形成，最早出现在佛寺之中。佛寺的戏场设置，仅仅作为佛寺演奏梵音功能的进一步延伸，其建筑形式简单，仅在庭院间设有方形的开敞式基台，表演发生在露台之上，观者可位于戏场，即寺院庭院内的任何位置。

2.2 露台对表演者和观众的心理影响

早期的露台表演，仅仅是演员在一个露台的台子上进行表演，供人娱乐，不仅表演效果欠佳，表演环境也会在一定程度上影响露台上表演者的心理，同时也降低了观众的审美体验与审美想象。由于只是露天的台子，所以对演员的准备与候场都具有一定的影响，观众在可以看见这些的情况下，降低了对于接下来发展故事的期待感，也就降低了对于戏曲的喜爱，影响了观众对于戏曲内容的接受。

可以说，观众是利用对于戏曲表演的审美想象，进行自身的心理体验与想象。

所谓审美想象，是接受主体在审美活动中按照美的规律，将头脑中已有的表象重新化合，创造新形象的过程。在这种情况下，很难产生对于戏曲审美的期待。我们常说，艺术接受与艺术创作一样离不开想象。想象最为直接的作用就是能适用于创作和创造。在传播中，受众只有通过对内容进行想象才能融入接受之

中，也只有依靠想象才能真正实现艺术的形象，所以想象在一定程度上意味着接受。戏曲是一门充满着想象力的艺术，优秀的戏曲节目通常都会为受众提供充足的空间，因为只有受众在一定的空间范围内接受戏曲，才能有效促进受众进行想象，参与到戏曲表演之中。所以"露台"只能成为我国戏曲发展之中的初始阶段。观众需要审美接受活动以再造想象为主，同时也包含有一定的创造想象。受众的想象度一定是与艺术的接受度呈较为明显的正比。

3. "舞亭"对表演者和观众的心理影响

3.1 舞亭的建筑形式

由唐宋时期进入金代，神庙改造成舞亭类的模样已经成为当时的主要趋势。此方面在我国的山西省太赵村之中的稷王庙元至元八年可以得到充分验证。该神庙的建筑评价是"既有舞基，自来不曾兴盖"直到某人施舍善心才进行修缮，才"创建修盖舞厅一座"。从现有对我国金元时期的戏台进行的研究来看，这个时期的戏台建筑通常有较为固定的形式：有一个1m左右高的台基，并且呈现方形，所用材质多以石或砖为主。台面呈现四角立柱，所使用材质多以石或木为主。柱子上放置四向额枋，互相之间在交汇处进行搭交，从而形成"井"字形舞台框架。每个额枋通常会设置不同攒数的斗拱，并且在舞亭台的转角处设置相应的舞台角梁以及大角梁等，在角梁上方设置相应的井口枋以及普柏枋用以搭交，从而在舞亭上方形成二层"井"，并且与下方的舞亭框架形成交叉状。在上方有设置相应的斗拱以及三层框架，各层框架之间以逐渐缩小的方式存在，从而形成特色的藻井形制，藻井形式也独具特色，通过在斗拱上设置相应的檐槫、平槫、脊槫，中心设雷公柱等，并在斗拱周围相应的撑以由戗。屋顶为大出檐，运用藻井能够帮助舞台乐音的聚拢和共鸣，是一种比较科学的建筑方案。

到元代，戏台的后三分之一处设置相应的辅柱一根，然后在柱后设置山墙，并且山墙同戏台的后墙相连，两个辅柱子之间可通过设立账额的方式将舞台进行前后区分，前台没有山墙，并且可在戏台的三面进行观看。目前这类戏台有山西稷山县马村金墓和侯马金墓中的戏台模型可为佐证。在元代中后期的东羊、曹公戏台上发生了变化，将两面山墙全部砌起，而观众也就从三面观看变成一面观看了。这种构造方式在明清以后的戏台上基本上得到了沿袭，只是把前台台面加宽，台口分为三开间。

这一时期，因为建筑形式的变化，观演的观众在戏场建筑群中的位置也有了相应变化。清代潘长吉《宋稗类抄》卷七"怪异"条说，宋仁宗朝时有一位举子江河，曾经在开封大相国寺和众书生一起"倚殿柱唱倡优"。这说明大相国寺里举行戏剧演出时，观者有人靠着柱子站在大殿廊下，庭院里当然更是可以随意站立的处所。

3.2 金元舞亭对表演者和观众的心理影响

金元舞亭对表演者和观众的心理影响，可以从审美心理定势、心理因素和联想因素三方面来考察。

（1）审美心理定势

金元舞亭之中前场与候场区分的设置，促进了观众与表演者的审美心理定势。同时，强化了表演者与观众审美经验、审美惯性的内化和泛化。进一步打开了观众的视野，为观众在观看戏剧之余，形成了良好的审美想象空间。由于舞亭有的四面镂空，有的是三面镂空，对于楼台的加盖行为，较大地安抚了表演者的心理。

同时，舞亭的发展，促进了观众形成自身的个人期待视野，并且进一步将其扩展为公共期待视野，甚至成为民族性、地域性的审美心理定势。观众通过演员的表演内容，利用叫好等行为潜移默化地影响戏剧内容的发展与变化。例如我国古代人们喜欢才子佳人的戏码，对于以悲剧收场的作品常常抱有否定态度。所以在我国古代戏剧之中，常会有"落难公子遇小姐，私定终身后花园，有朝一日中状元，夫妻相合大团圆"的结局这种才子佳人戏剧长演不衰，正源于此。而舞亭的设置更加有利于观众对于自身情绪的表现，促进了长期的审美心理定式的形成。

（2）戏曲欣赏的心理因素

在戏曲的审美活动中，比较重要的心理因素大致有感知、注意、想象、理解诸项。表演者通过自身的表演活动，利用唱、念、做、打等表演方式刺激观众的视听感官，舞亭可以进一步扩展观众的感官，从而形成剧场感知。剧场感知是戏剧接受的基础。只有通过剧场感知，观众才能激发情感，触动想象，获得对剧情的了解。在戏台之上，观众观看表演活动，无论是观众的视觉还是听觉，相对于其他时刻都更为敏感，也更加清楚。此时观众心理处于舒展状态。

在戏台上，观众利用演员的表演，其感知到的是戏台上形象特别鲜明的一方面。舞亭的出现，以及表演者的表演、戏台上的设置，给观众提供了心理感知的环境。在戏台上，故事的表演不受空间与时间的限制，利用表演者的表演，数十年可以浓缩成为片刻，而一瞬间的思考，也可以通过演绎逐渐地拉长。戏台的设置极大地满足了观众的审美倾向。刺激了观众的好奇心理相叠加，容易调动观众的听觉和视觉，激发观众情感，触动想象，进而成功地促进戏剧的发展。

（3）戏曲欣赏中的联想因素

虽然金元舞亭在一定程度上，已经促进了戏剧的发展，也使得自身的整体构造更为全面，但是从一定程度上来说，露台所具有的缺陷，舞亭也还是具有，其形成与发展全面地促进了观众对于戏剧的心理感官，但是缺乏系统的候场设置，还是阻碍了观众在观看戏曲表演之中的联想能力。一般来说，观众的联想能力，是在观看故事的基础上，通过自身的审美，利用审美对象所引起的一系列情感反应。

这就要求在戏曲表演之中，表演者要不断地利用与生活相关的类似或相似，来全面分析与促进戏剧表演，以及观众联想能力的形成。这其中联想可以分为接近联想、相似联想、对比联想、因果联想、自由联想和控制联想等。但是舞亭的过于通透，阻碍了观众对于戏曲表演内容的联想，不利于观众对于戏曲内容的接

受，同时也抑制了观众在观看过程之中，审美接受心理机制得以最终形成。

4."戏台"对表演者和观众的心理影响

4.1 戏台的建筑形式

明清时期戏台建筑已经逐渐地走向了成熟，其中具有代表性的是清宫戏台。其大体可分为三个类别：

第一，普通戏台。也就是民众所使用的戏台，其中民众戏台具有广泛的民众基础，例如，现如今的故宫重华宫漱芳斋庭院戏台、颐和园里的听鹂馆戏台以及京城中的南府（升平署）戏台等，都是在每逢重大节日或过年时用于演出。

第二，宫中大戏台。此类戏台在我国的明清时期是级别最高的戏台，因为其结构同普通戏台相比较为特殊，并采取多层建造的方式，其拥有较大的规模，使用也是用于规模较大的演出。同普通戏台相比，宫中大戏台分为多台面，可同时在一个舞台面向不同区域即兴表演，并且可用于那些对演出场景有较高要求的表演。宫中大戏台通常拥有三层结构，每层结构设置相应的阁楼，每个阁楼就是一个台面，其台面分为福台、禄台以及寿台。各表演台之间都拥有独立的长门，同时各表演台之间也是相通的，这样有利于各台表演区的临时更替等作用。

第三，小戏台。所谓的小戏台主要是为皇帝以及皇后等人在日常用膳时间进行消遣等使用的戏台，例如目前故宫重华宫漱芳斋室内戏台、南海春藕斋戏台等，当皇帝对戏曲产生浓厚兴趣时，也会用小戏台进行表演，从而满足自己的戏瘾，例如清朝皇帝曾为了满足戏瘾而在风雅存演过戏。

4.2 明清时期的戏台对表演者和观众的心理影响

（1）观众审美理解的形成

戏剧理解在戏剧接受中，必然是情感体验与欣赏判断的结合，是感性因素与理性因素的结合。余秋雨把戏剧审美形态中的理解分为背景理解、表层理解和内层理解三个层次。背景理解是读者对剧作中表现的社会观念、所运用的历史知识的认知，也包括对作品采取的简化手法，象征技巧的领会，是理解的准备阶段，为表层理解和内部理解提供条件。表层理解，主要用于对故事情节、人物行动、戏剧语言的理解。而内层理解则是摆脱剧情细节，对剧作的普遍性旨趣做出思考。内层理解并非深思而得，而需"顿悟"式的领会。

明清时期的戏台具有了丰富的外在特征，为观众形成了全新的审美体验，通过戏台的设置、布景的组织，以及演员的表演，观众不仅仅形成了自身对于戏曲故事内容的思维，更加进一步形成了自身的审美理解。所谓的审美理解，是一种在感知的基础上，探索审美对象内部联系的理性认识活动。理解不同于通常的逻辑思维，而是基于感性的形式和生动的形象把握作品内在的寓意和深刻的意蕴的心理活动，常常表现为一种似乎是不经思索直接达到对于艺术作品的理解。理解以审美感知为前提，由感知到理解的过程，正是观众视听心理活动由感性阶段上升到理性阶段的过程。

（2）观众的情感体验

情感是戏曲受众之中表现最为明显的一种心理活动，是非常具有亲和力的。不同艺术的本质都是情感的表达，我国的戏曲舞台从无到有，从简单到成熟，实际上也是对戏曲节目的一种全面表达。既存在着人与人之间的会和，也为人们的交流提供场所和机会，同时也为他们在心灵上提供相同的感受。戏曲演员之间，演员与受众之间，受众与受众之间都是通过戏曲中的故事向受众展示，促进受众形成心心相印的心理状态。戏曲演员的情感演出，受众对演出的反应，无不标志着戏曲演出是一种巨大的精神交流。在戏曲演出中，每个观众都会被戏曲所感染，也就是被戏曲这种具有群体性特征的精神所感动。所以良好的戏曲是作为能否与观众产生共鸣的重要保障。斯坦尼斯拉夫斯基曾经说过："如果对演员情感的信念产生于真实，那么真实反过来又巩固了演员和观众的信念。观众也就相信了舞台上所发生的一切。从布景开始，指导演员们的体验。不仅如此，在观看演出的时候，观众自己还会以自己的情感直接参与舞台生活。"（斯坦尼斯拉夫斯基《体验艺术》）良好的情感表达、优秀的情感体验，正是审美与道德活动的特点。受众对戏曲的情感接受度同受众的想象之间是紧密相连的：一方面，想象通常都会受到自身情感的影响；另一方面，想象又会强化受众的情感。所以，接受活动中的想象总是将情感作为中介。

5.结语

我国的古代戏场建筑具有很多的形式，是组成我国古代建筑的一部分，又是我国古代祭祀以及娱乐的场所。学界对于我国古代戏场建筑研究大多停留在戏台的类型、建筑特征、古代建筑的风格、装饰的差异，以及与传统文化的共性等问题上。笔者在前人研究的基础上，全面构建了新的研究体系，在研究我国不同类型戏场建筑的基础上，解读各个时期古代戏场建筑的发展过程、构造内容，由一个地域到多个地域，由一个戏台到多个戏台，把戏台装饰纹样、手法、色彩、风格进行比较，分析其与接收心理学的相关联处，逐一分析古代戏台在构建的过程之中，在不断的发展过程里，对于戏台上的表演者与戏台下观众的心理的影响。笔者希望通过自身的研究，促进古代建筑学与其他学科形成交叉学科，进行综合性的研究与发展。

原载《华中建筑》，2017 年 04 期

参考文献

1　孙惠柱.从"间离效果"到"连接效果"——布莱希特理论与中国戏曲的跨文化实验[J].戏剧艺术，2010 (6)：100—106.

2　孙惠柱.摹仿什么？表现什么？——兼论中西艺术与美学的异同问题[J].艺术学界，2009(1)：90—96.

3　胡亮.戏剧类非物质文化遗产的保护徽州目连戏考察所引发的思考[J].中国戏剧，2009 (7)：59—61.

4　欧阳友徽.目连戏的戏剧环境[J].戏剧（中央戏剧学院学报），2009 (2)：38—47.

5　尹伯康.目连戏研究[J].艺海，2008 (5) 38—43.

6　蒋晗玉.谢克纳环境戏剧及其中国影响[J].艺海，2008 (5)：28—35.

7　何芳、汪承洋、王汉义、等.安徽省黄山市祁门县马山目连戏现状调查[J].黄山学院学报，2008(1)：18—21.

8　孙惠柱.社会表演学：现实与虚拟之间[J].上海大学学报（社会科学版），2008 (1)：58—63.

9　王星明.徽州目连戏的形成及文化释读[J].戏曲研究，2006 (3)：246—255.

10　孙惠柱、高鸽.什么是人类表演学——理查德·谢克纳教授在上海戏剧学院的讲演[J].戏剧艺术，2004 (5)：4—8.

11　胡星亮.当代中外比较戏剧史论[M].北京：人民出版社，2009.

12　彼得·斯丛狄（Peter Szondi）.现代戏剧理论[M].王建，译.北京：北京大学出版社，2006.

13　施旭升.戏剧艺术原理[M].北京：中国传媒大学出版社，2006.

14　黄爱华.20世纪中外戏剧比较论稿[M].杭州：浙江大学出版社，2006.

15　王胜华.中国戏剧的早期形态[M].昆明：云南大学出版社，2006.

16　余秋雨.观众心理学[M].上海：上海教育出版社，2005.

17　尤尔根·哈贝马斯（Jurgen Habermas）.交往行为理论[M].曹卫东，译.上海：上海人民出版社，2004.

18　厄尔·迈纳（E.Miner）.比较诗学[M].王宇根、宋伟杰、等、译.北京：中央编译出版社，2004.

作者简介：

吴寄斯，西安建筑科技大学建筑学院博士研究生，西安音乐学院讲师

经济与社会政治影响下的欧洲城市公共空间变迁

克劳斯·森姆斯罗特 许凯

摘 要：城市公共空间作为城市生活的物质载体，其内容、形态及发展受到经济与社会政治环境的直接影响。本文以"城市性"及其质量的实现为评价标准，分析欧洲城市空间在社会政治条件变迁下的发展历史，指出城市公共空间在受外力影响而变化的同时，也具有很强的自适应性，其内容与形态连续演变，而城市性的质量则在这个过程中得到不断的诠释和发展。工业革命以后的城市公共空间尽管没有催生出新的城市性质量，但公共空间所承载的内容已经发生深刻转变，其形式也在理性和艺术的推动下向更开放、更自由的方向转变。基于此，论文归纳了当代欧洲城市公共空间设计的趋势，并对其未来的发展方向提出预测。

关键词：城市公共空间；社会政治；城市性；城市性质量；公共领域；个体化

ABSTRACT: The form and content of urban space and their development are reflections of economical and socio—political influence. Taking the quality of urbanity as core value, this essay analyses the evolution and self—adaptation of European urban spaces under the influence of changing socio—political condition. It is pointed out that, although urban space after Industrial Revolution didn't give birth to new quality of urbanity, its content and form have been intellectually and artistically reformed, which gives birth to potentiality for a more open, free and democratic reinterpretation of modern social life. In this context, this paper summarizes the tendencies of contemporary European urban space, and brings forward anticipations for future development.

KEYWORDS: Urban Space; Socio—political Influence; Urbanity; Quality of Urbanity; Public Sphere; Individualization

1. "城市性"和城市公共空间

欧洲的城市现象，是和每个时代所赋予城市的特定角色相关的。城市不仅承担着管理和政治的功能，同时也在艺术、宗教和经济的发展上起着重要作用，反映着其时代的社会条件。这种丰富性，让欧洲城市成为其文化特征的独特表达[1]。换句话说，城市永远处于一种在极致间转换的变化之中，无论是快一点的或慢一点的、连续的或跳跃的、潜移默化的或剧烈的。在工业革命之前的多个世纪里，这些变化给城市带来了多样、丰富的形式，迷人的空间序列和建筑之美。但城市发展所取得的成就远远超过这些。它给城市带来集市和城墙之间的开放空间，正是在这样的空间里，欧洲的政治解放、社会融合和文化多样才成为可能。

而18、19世纪的工业发展和20、21世纪的数字革命，将城市推向前所未有的结构演化，城市发展的加速抑或停滞，变得如此依赖于经济发展的状态。作为这种发展的结果，人似乎再也不需要实质性地依赖于城市物质空间了。

与城市空间在过去的世纪里的发展相平行的，是在20世纪和21世纪里人们对公共空间态度的巨大变化，这是值得我们深思的。桑内特（Sennett）在充满争议的著作《公共人的衰落》中，断言公共生活已经退化成纯粹的仪式或礼节。大部分人用默许克制的方式来放弃对国家政治的参与，而公共舞台的弱化不只体现在政治方面，与陌生人的互动和交流被认为即便不是邪恶的也是乏味的和低产的。今天的"理想国"变成偶然的呈现（Incidental Occasion）。而根据桑内特的论断，城市中公共活动的平台则应该消亡了[2]。

然而，仍有很多迹象表明，信息社会中的城市生活，伴随着它丰富多样的需求和文化贡献，在其可预期的发展趋势中仍然重要。迄今为止，城市的重要特点之一是，它的一些特性在漫长的连续发展变化之中被固化沉淀，其蕴含的潜力在今天将得到显现。这种令城市区别于简单的建筑集合的肌理（Fabnc），我们称之为"城市性"。根据西贝儿（Siebel W.）的定义，城市性是一种复杂的、理性的和"分离"的生活方式，这里的"分离"指的是将公共生活和私人生活加以分离，以及将工作和休闲加以分离。城市性可以被描述为物理上的接近和社会的分离之间的一种张力状态[3]。豪斯曼（Hausermann H.）与西贝尔是这样来定义这种城市性的质量的：城市性是城市居民的特定生活方式，这种方式是不以自然约束、政治制度、社会控制为转移的[4]。

活跃的城市性当然不可能通过互联网实现，它需要城市空间来为人们提供面对面的接触。欧洲城市自产生以来，城市空间就是所有城市基本存在方式的组成部分，尽管它们的重要性、状态和作用力因功能和意识的变换而波动。而它们的几何空间结构又具有如此令人惊叹的弹性（Resilience），即使在今天的城市总图上它们仍然有迹可循，这也可以解释城市空间于城市质量的特殊意义。

上述开场白提出了如下问题：当代的城市公共空间如何来适应经济和政治的变化？这个问题不仅仅是一个学术探讨题目，而且应该成为一个全民的讨论话题，因为事实已经如此清楚：如果欧洲城市不能被放弃，公共空间是任何一个民主社会不可被夺取的权利[5]。因为公共空间是：

（1）特定社会条件的结果和表述；

(2) 人们有意或无意的空间及美学想法的表述；

(3) 不同使用功能的结果和表述。

2. 公共空间作为经济、社会、意识形态和政治趋势的表现

"空间"这个词隐含了多样的且往往是模糊的意旨；物理学家认为它是无限的、无目的、无特征的和各向均质的，但对于城市规划师来说，它指的是一个被精确设定的环境，这个环境的特征和效果服务于特定的目的。城市空间是一个被定义的可以自由进入的建成区域，供人们来使用。

在欧洲城市历史中，我们可以追溯到古希腊去寻找那些根据理性原则来精心布局设计的、对市民具有重要意义的公共空间。非常有意思的是，印度、美索达布米亚和埃及的文化并没有孕育出同样的政治、社会或心理条件，来提出对城市公共空间的需求：这样的空间必须是所有社会阶层的人都能够自由进入来消磨时光或者进行交流的。伴随着独特的希腊生活方式、民主制度以及城市和个人之间的全新关系，使城市里让人聚会的公共空间——Agora——成为一种必须。Agora 是一个城市中心广场，包含了带有空间覆盖的集市和容纳各种活动的公共建筑与众多庙宇，而空下来的那些区域（圣坛和雕像们矗立的地方）则成为自由容纳特殊事件的公共空间（图1）。为了服务于这个目的，它的空间组织则呈现出一种自由布局的结构。根据这个原则，在后来希伯达姆斯（Hippodamus）于海伦时期（Hellenistic Period）设计的正交体系的街道系统里，规划 Agora 则需要在原有城市结构上空余出几个街区。

与 Agora 相对应的是罗马城市里的 Forum。Forum 是罗马帝国对城市规划最重要的贡献之一。Forum 是罗马城市中商业与民主生活的中心，在几乎所有罗马城市空间结构中都占据最重要位置。此外，罗马城市的另一大成就是"Castrum"（图2），这个模

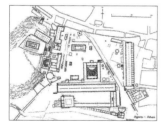

图1 雅典的Agora
资料来源：参考文献[6]

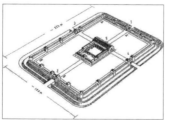

图2 古罗马的兵营形制Castrum
资料来源：参考文献[6]

式里主要的道路 Cardo 和 Decumanus 垂直相交。Castrum 起源于为士兵在陌生环境里建造的堡垒（或兵营），随后对罗马帝国时期的新建城市的规划起到主要作用，它的规模也得到极大扩张，如北非的提姆加德（Timgad，公元前100年）就起源于小型的Castrum，其形态呈现出小型的、规则的棋盘结构，在中心区则为forum、剧院、竞技场和浴场留出空间（图3）。这也显示了城市物质结构如何通过改变适应新的功能条件，像一些中世纪城市也是在原来功能结构（如兵营）上，在中心加入教堂和市政厅，例如意大利的帕尔马。

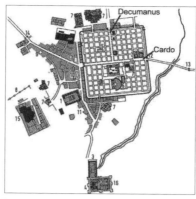

图3 在Castrum基础上形成的城市提姆加德
资料来源：参考文献[6]

中世纪的意大利城市，多样的社会形态和功能发生在不规则的城市布局当中：Signoria 代表了世俗政治力量的中心，主教广场与宗教建筑代表了宗教生活的中心，而市场则代表了城市商业生活的中心。世俗力量与宗教对公共空间组织与设计的影响，在意大利中世纪城市达到了顶峰。

例如，锡耶纳的坎波广场被誉为"广场中的广场"，它就是在中世纪城市的结构下变化发展，几经历史变迁，延续到现代时期的。哥特风格的市政厅占据着广场的统治性位置，体现着城市的自豪感，塔楼102 m 的高度令其在700年内傲视群雄。从中世纪以来，这里每年举行两次赛马会（Corsa del Palio）。在举行活动的时候，市中心就变成了一个露天舞台（图4）。市政厅坐落在广场里最低的位置，这并不完全是出于建筑学意义上的原因，而是因为坐落在任何的其他位置都可能显示对某一部分城区的偏袒。很容易看出，坎波广场完全成了城市的中心。和其他的意大利中世纪城市不一样的是，宗教生活和政治生活在锡耶纳是分离的。哥特风格的主教堂与市政广场远远分开，坐落于锡耶纳三座山之一的峰顶上。在这些条件下，中世纪城市的公共空间被一种被巧妙控制的、富有节奏的组织原则所主导，建筑成为围合空间和创造张力的手段，并通过其物质性和多变的体量制造典型的空间张力。

和意大利的其他城市广场类似，威尼斯圣马可广场的魅力来自其历史与艺术的品质及丰富的城市活动。广场里特殊氛围的形成源于 L 形布局划分了两个独立而相互联系的城市空间，其中一个成为城市的带有欢迎性质的仪式广场，而另一部分是一个优雅的城市沙龙空间（图5）。

图4 锡耶纳Campo广场的市民节日
资料来源：参考文献[7]

图5 威尼斯圣马可广场鸟瞰
资料来源：www.travelblog.com

跨过阿尔卑斯山往北，中世纪的晚期，这里诞生了意义非凡的城市发展方式。诺德灵根（Noerdlingen）是中世纪帝国城市的典型代表（图6）。在内环线（Inner Oval）以内，老城和它的中央市场空间被哥特风的圣乔治主教堂（1505年建造，拥有89 m 高的钟塔）、市政厅和舞厅（Tanzhaus）统治。这三者的组合成为城市广场的基本元素，也同时反映了意识形态和社会政治

是如何影响城市形态的，这一点到今天依然如此。

在向文艺复兴城市过渡的过程中，广场的范式被进一步发展，由严格齐整的建筑界面和标志性建筑限定的空旷的广场形式形成了。帕尔马诺瓦（Palma-Nova）就是一个典型的例子。它曾是威尼斯共和国的一个军事前哨要塞。小镇的布局是八边形的，有一个八边形平面的中心广场（图7）。小镇的主要功能是满足军事上的需要，如设置堡垒、弹药库、阅兵场地和居民的居住场所。八边形的中心广场是一个空旷的空间。广场的尺度较大，与周边的界面被隔离开来以满足防御的需要，而形成广场界面的两层高的建筑则更像是一个布景（并没有参与到广场空间组织当中）。Piazza Grande广场中央唯一的设施是升旗点上的一个小小的纪念碑。在这里，城市性荡然无存。帕尔诺玛的重要历史地位来自它的军事堡垒功能。它是文艺复兴时期完全根据设计功能意图建造的城市。军事功能成为城市形态、功能和设计的基础。

文艺复兴时期，城市广场的设计追求严格的几何秩序。站在中心点视点的透视成为城市空间新的设计追求。文艺复兴对广场严格的几何形状的追求在向巴洛克时期过渡的时期被一种更自由和复杂的设计取代，伴随着等级明确和更严格的中轴对称的空间。另一个重要的特点是重要的建筑成为广场中轴线上的主宰。正如梵蒂冈的圣彼得广场显示的那样，贝尔尼尼（1656—1667年）设计的环形柱廊像双臂拥抱着形态完美的广场（图8），轴线的端点是圣彼得教堂。在广场的中央，也是信徒汇聚的地方，矗立着方尖碑。对宏大的空间感的追求，要求广场至少一个侧边被打开。在这里，这个伟大广场的设计正是为了反映象征着天主教中心的主教堂的伟大和重要。与意大利中世纪空间的不同之处在于，市政厅和环绕它的市场，以及教堂和主教广场的关系被割裂了。公

共空间的这个变化正反映了经济和社会政治的变迁。

巴伐利亚王国的路德维希二世在1271年宣布成立的城市基茨比厄尔（Kitzbuehl），则见证了另一种变化，那就是地方经济和市民文化的兴起给城市公共空间带来的影响。17世纪，铜和银产业的发展给这个城市带来了巨大的经济繁荣。经济财富很快推动了市民城市的发展，这个城市以古老的广场和行业中心大楼为中心，它们至今天仍是该城市的瑰宝。在产业发展时期形成的城市空间特色成为现在发展冬季运动和旅游的重要基础，它被新的城市功能所继续诠释和发扬（图9）。

我们再来看看奥地利另一个城市萨尔茨堡（Salzburg）。在蒙赫斯山脚下，市民广场（Residenzplatz）、首府广场（Kapitelplatz）和主教广场（Domplatz）三个重要城市空间环绕着主教堂，构成了17和18世纪城市的文化和宗教中心，也是整个城市赖以发展的基点。200年以后，这些公共空间物质结构基本保持不变，而功能内容却不断更新。如果没有它们，当今举世闻名的萨尔茨堡音乐节几乎不可想象（图10）。

这些18世纪和巴洛克时期的例子也将欧洲公共空间的发展带向了一个阶段的结束，在这个阶段中，公共空间成为承载城市文化、历史和地方性的重要载体。在讲述19世纪的例子之前，我们再来看看美洲，这里的城市发展受到了欧洲的强烈影响。1573年西班牙的菲利普二世在这里建立了最早的城市规划法之一，规定了新的殖民地城市必须包含的内容和形式。在Santiaga Del Leon（今天的卡拉卡斯）的规划里，规划法就规定了一个二维的棋盘平面布局，并在中心设置广场（图11）。与广场邻接的用地被保留用作宗教和公共设施功能。而棋盘状的布局保证了城市可以以这些基点为中心向各个方向延伸。250年后法国官员L'Enfant则在这个模式的启发下，赢得了华盛顿规划的竞赛。他通过在棋盘结构中引入射线状的街道，消除了棋盘结构中的过度严肃和单调的感觉，并利用这个结构的延伸，强调了这个新建立的国家中权力的分布。城市总平面里有三个显著的中心，分别是代表民选代表的议会中心、代表民选总统的白宫和代表历史基础的华盛顿纪念堂，它们也是美国宪法的三个最重要基础（图12）。

图6 德国南部城市诺德灵根
资料来源：http://fcczpjsylhs.com/

图8 梵蒂冈圣彼得广场
资料来源：en.wikipedia.org

图9 基茨比厄尔的冬季运动会
资料来源：克劳斯·森姆斯罗特摄影

图7 服务军事功能的Palmanova
资料来源：fcczpjsylhs.com

图10 萨尔茨堡的夏季音乐会
资料来源：克劳斯·森姆斯罗特摄影

图11 菲利普二世画的卡拉卡斯平面
资料来源：参考文献[8]

图12 华盛顿平面图
资料来源：Google Earth

3.公共空间的没落

启蒙运动和法国大革命之后，随着生产方式、新的休闲活动方式和货物运输方式（商业）的变化，公共空间对于城市统治

者、宗教和市场贸易者而言不再那么重要了。新时期依始，很多欧洲城市的防御工事首先被拆除。对于阿道夫·路斯或奥托·瓦格纳而言，被当作整体艺术（Total Work of Art）的完美而时髦的公共空间，就像在豪斯曼的巴黎改造或维也纳指环路（Inner Ring）改造的中所实现的那样，无疑成为他们设计那些新颖和摩登的建筑的重要驱动力。随后，勒·柯布西耶规划城市空间时运用的那种极端模式，只能在这个背景上得到理解。

在勒·柯布西耶的光辉城市规划中，界面围合的街道和广场再也不存在了。无所不在的"开放感"（Openness）是被追求的目标，而建筑的各个面都被打开来接受不受阻挡的阳光。阳光带来卫生和健康，建筑被绿化环绕，"公共"和"私有"不再加以区分。另一个趋势是，公共空间和自然空间（Natural Space）被整合到一起，二者建立起一种全新的亲密关系。在勒·柯布西耶给巴黎规划的布满高层建筑的方案中，公共空间和自然空间完全是同位的，其结果是一种对空间的否认（Denial of Space），形成空旷（Vacancy）或者没有空间的城市（Spaceless City）。建筑比邻相望，相互隔离，失去联系。后来出现的巴西利亚或者昌迪加尔规划中，建筑之间那些空间看上去简直不适合人类居住。

这可以被理解成是泰勒和福特的理论在城市规划上的转译，这个理论认为运动与速度是可以分离的。以这样的逻辑推演，如果人的公共生活可以和城市空间分离，那么城市基本上就是这个样子：孤立的建筑用以承载孤立的功能，功能之间的联系也是通过明确无误的交通设施来完成，而公共生活也要依赖于所谓的"公共建筑"。其结果是，传统意义上被明确定义的公共空间，也是作为各种城市活动庇护所的公共空间，它的目的被消解了（图13）。在看似完美运行的城市中，缺失的恰恰是社会融合所带来的"城市性"的质量。

图13 建筑与景观的关系：柯布西耶的草图
资料来源：参考文献[9]

今天我们面临的情况是，对于城市应该如何发展的立场矛盾重重。一方面，全球化背景下的空间活动和空间去中心化（Spatial Decentralization）的理念进一步被广泛传播。城市进一步蔓延，而那些蔓延的城区往往功能单一、城市公共空间匮乏；另一方面，地域文脉丧失，传统城市空间结构正在一点点消失（这往往是由背后的经济力量推动的）。也许，对城市公共空间最大的威胁来自这个时代的社会本身，正如本文开篇引用桑内特的论断：公共生活退化，社会舞台正在消亡。现代社会个体化现象（Individualization）严重，人们纷纷选择退出公共领域（Public Sphere）。在这个条件下，"城市性"的质量和城市空间（作为"城市性"的物质载体）似乎已经失去关联。然而，尽管诸多迹象显示出城市公共空间将面临消亡的趋势，我们仍然坚信，城市空间对人类仍是必不可少的。近年来欧洲城市公共空间出现良好的发展趋势，市民（尤其是年轻人）对城市公共空间重新展示出兴

趣；各地政府也把城市公共空间规划建设作为城市发展和扩大公共利益的重要目标；在一些重要的城市开发或更新项目中，城市公共空间的开发建设起到了极好的先导作用（如鲁尔区的转型、汉堡港口城开发、巴黎塞纳河沿岸城市更新、维也纳 Otakring-Simmering 城市更新等，不一而足）。这些都在说明，城市公共空间的复兴初见端倪。当代经济与社会政治条件的深刻变化，并未将城市公共空间带上末路，而是为城市公共空间注入新的内容，并以此催生新的形式。新的城市性质量，必然诞生。

4.城市设计与新公共空间

那么，城市公共空间的新内容是什么？今日社会的公共生活，有一部分已经脱离物质媒介（如和信息传递相关的功能转移到媒体、互联网上）；在民主化趋势下公共空间的权力展示功能也已渐式微；集中商业、贸易的功能则转移到其他形式的空间中去了，如大型购物中心和办公楼。那么留给城市公共空间的公共生活内容是什么呢？

巴塞罗那的公共空间建设，可以分为三个阶段。第一个阶段的建设（1976-1985年）是以"General Plan Metropolitan"（1976年）为蓝本，在原有空间结构上进行调整和改造，增设很多服务于社区的公共空间与公园，因为预算比较紧张，这个阶段的建设更像"城市修复"（City Repair）或"城市针灸"（City Acupuncture）。第二个阶段的建设（1986-1995年）是以1992年奥林匹克运动的举办为目标，通过一些大型城市更新和发展计划（如大型基础设施的建设），对城市空间结构进行大刀阔斧的改造。第三个阶段的建设（1996年以后），致力于更大规模的空间发展计划。在"两大河流之间的空间转型"（Transformation Between Two Rivers）的目标下，在城市的东西边界之间规划了很多大型项目，如机场的扩建以及对 Rio Besos 公共空间的改造和建设。为了服务这个目标，以前的城市总图"General Plan Metropolitan"也发生了大幅度的改变。

从欧洲的趋势看，城市公共空间正在成为自由的个体为了艺术、娱乐和休闲的目的而聚集的场所。从这一点上看，当代公共空间的作用更类似于古希腊那些在形式和功能上十分自由的广场空间，而非中世纪那些服务于商业和政治集会的广场，或文艺复兴晚期以后的那些服务于政治和宗教功能的广场空间。

这样的城市空间如何被创造？显然，恢复和改造老的城市公共空间，让它们回到原始的状态是远远不够的。代表我们自己的时代的，以追求新的身份特征为目标的城市公共空间新范式，必须被创造。城市设计作为调整城市结构的手段，其核心任务之一就是创造承载新的城市公共空间形式。这些新公共空间，需要达到以下三个主要目标。

(1)促进市民在城市中的身份认同感（城市作为家）

城市公共空间要走入社区中去，成为市民生活的室外大客厅，社区的凝聚力在这里形成和巩固，而居民也以此获得身份认同。在西班牙，1975年弗朗哥统治结束后，发展公共空间成为城市发展的重要内容，这也是西班牙国家民主化改革战略的一部分。巴塞罗那的公共空间建设，可以分为三个阶段。第一个阶段

的建设（1976—1985 年）是以"General Plan Metropolitan"（1976 年）为蓝本，在原有空间结构上进行调整和改造，增设很多服务于社区的公共空间与公园，因为预算比较紧张，这个阶段的建设更像"城市修复"（City Repair）或"城市针灸"（City Acupuncture）。第二个阶段的建设（1986—1995 年）是以 1992 年奥林匹克运动的举办为目标，通过一些大型城市更新和发展计划（如大型基础设施的建设），对城市空间结构进行大刀阔斧的改造。第三个阶段的建设（1996 年以后），致力于更大规模的空间发展计划。在"两大河流之间的空间转型"（Transformation between two rivers）的目标下，在城市的东西边界之间规划了很多大型项目，如机场的扩建以及对 Rio Besos 公共空间的改造和建设。为了服务这个目标，以前的城市总图"General Plan Metropolitan"也发生了大幅度的改变。这期间出现的很多杰出的城市公共空间代表，其共同特点是他们与城市居民区的结合特别紧密，很多广场都位于城市外围区域那些原本比较单一的城区，城市公共空间的植入可以很好地提高这些城区的活力，增强市民的身份认同感，成为居民区中的"社区中心"。这个时期也同时伴随着市民民主意识的觉醒，为社区争取更多的公共空间则成为市民运动的普遍象征。萨尔瓦多·阿连德广场（Placa de Salvador Allende）建于 1985 年。因为市民的抗争，原本用于建设的用地最终被转变成一块服务社区的公共空间。广场的几个部分坐落在不同高差上，以保证和周边的城区（包括一个社区教堂）都具有很好的连接，很好地起到了"社区中心"的作用。这个时期公共空间的另外一个特点是，它们都很好地考虑了市民对广场的使用方式，通过景观、建筑的设计确保广场对多样性活动的适应性。例如帕尔梅拉广场（Placa de la Palmera）就是将广场和公园结合起来的著名案例。理查德·塞拉设计巨型雕塑（两道 3m 高、52m 长的弧形墙，中间环抱着一株巨型棕榈树）区分了两个空间区域迥异的区域，其中一个是安静的休闲区域，分布着松树、核桃树，核心位置是一座景观建筑"音乐厅"；另一个区域被设计成沙地，为游玩和摇滚音乐会提供场所。私密与开敞、安静与活力、"软"与"硬"、遮蔽与阳光在这里形成有趣的对话，既赋予了空间在艺术上的品质与个性，也适应了城市活动的多样需求（图 14）。

（2）成为城市中公共和半公共生活的表达（城市作为舞台）

自由的个体为了艺术、娱乐和休闲目的走到一起，城市公共空间成为他们自由自我的舞台。带着这个目的，新公共空间必须尽可能开放并有吸引力，无论是通过有创意的空间形式、环境特征或是活动策划。在这方面，维也纳博物馆区广场（Museum Squartier）是一个很好的例子，哈布斯堡王朝时期遗存的皇家马术学校和舞厅建筑向公众开放，围合的院子被改造成城市广场。与周边密集的城区的边界联系、混合功能的设置，加上新旧建筑结合形成的特殊氛围（传统建筑围合的合院中植入两个体量巨大造型前卫的现代建筑，分别是当代艺术博物馆和现代艺术博物馆），令这里成为很受年轻人欢迎的公共空间，是聚会、休闲、小型演出、展览的理想场所（图 15、图 16）。另一个例子是瑞士卢加诺的"城市酒廊"（City Lounge）。根植于一个当代艺术概念，建筑之间的场地被铺上红色塑胶（模仿地毯的效果），地面起伏（模仿家具的形态），从而将城市空间变成一个"位于室外的家庭起居室"（图 17）。这种令人惊异的设计，提供很强的吸引力，其目的是要把市民从小家庭的室内环境里带出来，带到城市大家庭的环境中去。

（3）补充城区社会服务功能的不足（城市作为社会机构）

对于一些新建城区而言，全面的社会服务功能尚未形成，建立城市空间往往成为人群引入和融合的必要条件，也令城市发展获得可持续性。这对于那些"半城市化区域"，即希沃特（Sievert）所称的"中间城市"（Zwischenstadt）[10]（这些区域往往面临着人口增长乏力、社会收入结构偏低、社会服务设施不足的问题），显得尤其重要。具有代表性的例子是德国鲁尔区的开发，这里很多工业遗产地段被开发成混合功能城区，城市公共空间的设置成为项目成功的关键。例如杜塞尔多夫多媒体港的滨水空间的开发，就是把公共空间和周边的混合功能城区（很多建筑都是通过转化原有厂房）进行紧密结合，补充项目的公共服务功能，成为充满活力的居民聚集点（图 18）。在艾森关税联盟厂矿区的更新中，被植入的公共空间（例如 150m 长的溜冰道）不仅服务于游客，也可称为附近居民乐意使用的设施（图 19）。当然，对于一些一般性的新建住宅区而言，公共空间更是至关重要的。在Kueppersbusch 的住宅区开发中，住宅完全根据公共空间的布局进行设计，形成富有特色的公共空间序列。该空间成为居民活动的中心，也为社区景观提供了很强的辨识度（图 20）。

综上所述，对于所有创造新的城市空间的尝试而言，有一

图14 巴塞罗那帕尔梅拉广场
资料来源：feniolano.blogspot.com

图15 维也纳博物馆区鸟瞰
资料来源：www.tondach.at

图16 维也纳博物馆广场
资料来源：克劳斯·森姆斯罗斯特摄影

图17 瑞士圣加仑的"城市酒廊"
资料来源：克劳斯·森姆斯罗斯特摄影

图18 杜塞尔多夫的媒体广场
资料来源：克劳斯森姆斯罗斯特摄影

图19 艾森关税联盟厂矿区的溜冰道
资料来源：www.alamy.com

图20 Kueppersbusch住宅区的公共空间
资料来源：参考文献[11]

点是一致的。那就是，其核心问题并不在于如何美化城市空间，而在于如何创造城市形态来满足新城市性的意图。我们认为，城市设计必须进一步专注于创造城市空间，注入多样的城市性质量和潜在使用功能。通过这种方式，也使城市设计能够参与社会发展进程中的调控。将公共空间与市民的公共生活联系到一起，这是新的城市性质量产生的先决条件。

5. 结语

作为变化中的经济与社会政治条件的反映，两千年来公共空间的变迁明确地证明，每个时代最强的力量，无论他们来自于宗教、世俗或军事或者是它们的共同作用，都将公共空间的发展推向一个新的高度。正像我们所分析的一样，一直到巴洛克晚期，这个进程从来没有间断过，而城市性也由此不断得到发展和诠释。19世纪和20世纪上半叶，在工业革命和第二次世界大战所带来的社会政治的大变动中，新的城市性质量并没有出现。然而，今天的知性（Intellectuality）和艺术却催生了城市空间形式的巨大变化。

区别于过去伟大时代的城市空间，今天的公共空间在城市性质量上有两个意义深远的特征。

其一，今天的城市公共空间并不具有行使和展示权力（Exercise of Power）的功能，也失去了集中商业的功能，而是成为自由的个体为了艺术、娱乐和休闲的目的而聚集的场所。正如我们在很多当代欧洲城市公共空间中所看到的，今天的城市公共空间在其开放度和自由布局方面，非常类似于希腊时期的Agora——布置着临时性城市家具和艺术作品的城市空间是为人们的交流而开放的。中世纪、文艺复兴和巴洛克时期的城市空间都无法提供这样的自由度和开放度。因此我们可以自然地推测，就像在希腊的城市空间中那样，现代城市空间的设计将被使用人群自由地定义，这种自由是建立在社会内生的民主意识之上的。

其二，今天的城市公共空间正在孕育着新的发展方向，那就是它们正在融入社区中，成为居民活动的中心。这与当代城市空间的"去中心化"（Decentralization）趋势是一致的，也意味着城市公共空间从一种集中的（Centralized）提供公共服务的场所，变成分散的、形式自由的和充满社会性的（非功能性的）的场所。

其三，创造对普通公众完全开放的公共空间，这一需求没有改变。它推动着我们去寻找、定义和建造新的空间。可以预期的是，对环境敏感而精细的设计将创造新的城市性质量。在此情况下，新的空间与建筑形式将为这个时代带来新的辨识性。

原载《国际城市规划》，2016年05期

参考文献

[1] Stiftung W. Stadtmachen. eu—Urbanitat und Planungskultur in Europa[J]. Barcelona, Amsterdam, Almere, Manchester, Kopenhagen, Leipzig, Sarajevo, Zurich, Kramer, Stuttgart, 2008：5.

[2] Senett R. Verfall und Ende des offentlichen Lebens. Die Tyrannei der Intimitat. Frankfurt：Campus Verlag, 1983：15—16.

[3] Siebel W. Wesen und Zukunft der europaischen Stadt[J]. disP—The Planning Review, 2000, 36(141)：28—34.

[4] Hausermann H, Siebel W. Urbanitat als Lebensweise. Zur Kritik der Ausstattungskultur[M] // Bundesamt fuer. Bauwesen u. Raumordnung. Information zur Raumentwicklung. Berlin：Bundesamt fuer. Bauwesen u. Raumordnung, 1992：33.

[5] Semsroth K. Grundlagen der Stadtraumgestaltung in Wien, Stadtraum, Stand der Dinge[M]. Vienna：Institut fuer Staedtebau der TU Wien, 1992：12.

[6] Hofrichter H. Stadtbaugeschichte von der Antike bis zur Neuzeit[M]. Vienna：Springer—Verlag, 2013：45—56.

[7] Kato Akinori. Plazas of Southern Europe[M]. Tokyo：Process Architecture Publishing Company, 1990：60.

[8] Leonardo Benevole. Die Geschichte der Stadt[M]. Frankfurt：Campus Verlag 1983：675.

[9] Corbusier L. The City of Tommorrow and Its Planning[M]. Dover：Dover Publications, 1923：83.

[10] Sieverts T. Zwischenstadt：Zwischen Ort und Welt, Raum und Zeit, Stadt und Land[M]. Basel：Birkhauser Verlag, 2000.

[11] Schreckenbach C, Teschner C. IBA Emscher Park——a Beacon Approach, Dealing with Shrinking Cities in Germany. Kent：Kent State University, 2006.

作者简介：

克劳斯·森姆斯罗特，ETH苏黎世高工杂志《disP》执行编委，维也纳工大建筑学院院长（1994—2012年），教授

许凯，奥地利维也纳工大博士，同济大学建筑与城市规划学院，讲师

践行文旅产业战略，鼎成城市文化品牌

——台湾文旅项目实践对里运河文化长廊规划建设工作的启示

蒋维林

2015 年 11 月，因淮台直航，笔者随淮安市政府代表团前往台湾调研文旅项目，先后调研了学学文创志业的文创馆、九份民宿及商业街、宜兰传统艺术中心、东山河、福昌慕德生物科技公司、华山文创、台中文化创意产业园、九族文化村、高雄港及爱河水上旅游、高雄科学工艺博物馆等台湾当局打造的文化旅游项目，重点考察研究其规划建设与社会管理的先进模式。虽历时较短，但结合我们淮安打造里运河文化长廊的实施推进工作，也能体会到台湾文化旅游的精髓所在和独到创意，应该说收获颇多，总结有如下几个方面：

一、文化创意产业的发展与不断创新，成为台湾观光文化的重要组成部分

出台北桃园机场第一站即直奔学学文创志业董事长徐莉玲女士（台玻集团林伯实夫人）的文创馆，我们看到这里有画家、摄影师及研究学者等高达 4000 多张照片所组成的"台湾灵感图库"。下载一个手机软件，或者使用专用设备，就可以把一幅幅本来静态的画面，变得灵动起来。这里还可以看到使用各种材料所做的几何图形，色彩纷呈，哪怕是一张座椅、一个茶具，都精心设计，富有创意，是了解台湾文创的一个窗口。

交流中，徐女士认为，她熟知的淮安由 Alvaro Siza 设计的台玻实联水上大楼，之所以被评为 2015 年度全球办公建筑设计第一名，就是把建筑与环境、造型及色彩运用到设计之中，成功进行"品牌打造"的典范；而她认为文化创意产业是协助社会的"品牌打造"和"品味培养"的工程，是培养创意人才的基地。

另一项目台中文化创意产业园区，前身是 1914 年创立的民营"赤司制酒场"，现在各种奇妙的建筑、绘画、雕塑和展览、影视刺激着人们的视听，与老旧的酒厂建筑、高耸的烟囱、钻入墙体的树木形成鲜明的对比与强烈的碰撞，是艺术爱好者们的朝圣之地。

二、地域特色文化的挖掘与开发利用，成为台湾民族特色旅游的重要品牌

九份位于台湾新北市瑞芳区，早年因为盛产金矿而兴盛，矿藏挖掘殆尽后而没落。1990 年后，因电影《悲情城市》在九份取景，九份的独特旧式建筑、坡地以及风情，透过此片而吸引海内外的注意，也为此小镇重新带来生机，与这里的乡土民宿、特色餐饮、小吃等，共同成为一个很受欢迎的观光景点。

九族文化村是结合台湾九大少数民族群的各项文化：泰雅人、赛夏人、邹人、布农人、卑南人、鲁凯人、达悟人、阿美人以及排湾人等，尔后加入邵人。此外，全园规划分成三座主题园区：台湾少数民族文化、九族文化村、欢乐世界和欧洲花园，并在 2001 年启用空中缆车，搭载观山楼至欢乐世界的旅客，可鸟瞰全园风光与远方日月潭。九族文化村村居景观以族群为单位分为九个村。每个村又自成一体，风格独特。有的以茅草覆顶，有的以石板盖梁；有的挖穴为室，垒石为墙，有的架木为柱，编竹为楼，较好地保留和体现了传统特色。

宜兰传统艺术中心，以文昌祠祭祀、戏剧馆、曲艺馆舞台表演为核心，图书馆、工艺传习所、目仔窑、民俗街坊、住宿中心、戏台、黄举人宅等分列街区两侧，各种旅游产品、特色糕点、餐饮服务，以及早期电影院、木屐馆、戏偶馆、陶艺馆、玻璃馆等数十家工艺店林立，也是游客最爱停留的地方。

三、生态资源的保护与现代需求融合，成为台湾备受游客欢迎的旅游胜地

生态是一个地方最大的资源和财富，人们越来越追求生态环境的优美、回归大自然的怀抱。在台湾旅游，处处可见青山绿水，如果走在东海岸，一边是浩瀚的太平洋，一边是崇山峻岭，好不惬意。

这次笔者专程考察了东山河、高雄港及爱河的旅游规划建设。冬山河是本次考察的重点之一，对于里运河文化长廊现阶段的规划建设有非常实际的参照价值。冬山河位于宜兰县，全长 24 千米，1984 年以运动、游憩、休闲多元功能的河滨游憩区为规划方向，共分上、中、下三段水域各自展现不同的游憩风貌：上游以自然生态保养为主，中游则开辟为亲水活动区，下游则建设为亲水公园，将整个冬山河游憩区发展成深具休闲教育功能的"水态博物馆"。其中冬山河滨游憩区以亲水公园最为知名：亲水公园于 1992 年开放，占地大约 20 公顷，规划主题为"亲近水，拥有绿"，充分利用水域的特性，将水与绿结合成开放的空间，让冬山河成为教育、观光、休闲、游憩的公园。

亲水公园内有旅游服务中心，介绍冬山河的地理及生态特色。野外剧场有一半圆形阶梯式座席，围着底下的舞台，形成一露天表演场所。划船区可划小船、龙舟以及西洋舟。冬山河亲水公园亲水、亲土，以深富人文精神与感官之美的公共艺术而知名，经常举办闻名国际的大型活动，例如国际划船赛、龙舟赛、童玩艺术节、水上游乐园等，其中夏天举办的国际童玩节的波光舞影、

就在冬山河亲水公园不断上演，吸引了大批游客前往游玩。

而因一对恋人的故事而得名的爱河，总长 10 千米，下游接高雄港，穿城而过，可通游船约 5 千米，河两岸及河道通过整治，成为旅游和通勤河道，两岸咖啡屋和现代建筑鳞次栉比。票价 120 元新台币，市民半票，每天下午 3 点至晚上 10 点，约有 500 名观光客搭乘，节日时团队较多，但社会公共管理环境井然有序。

四、科学技术的普及与展陈手段创新，成为台湾旅游与时俱进的集中体现

此次考察的台湾文创产业，特别是高雄科学工艺博物馆，除了通过实物展示、图片介绍等传统展陈方式外，更加注重运用现代多媒体技术和体验性项目，让参观者留下深刻印象。科工馆占地面积 19.16 公顷，分南、北二馆，主要供民众参观的北馆，以展示科技相关主题为主，平易近人的展览方式，分龄参观路线的规划，能满足不同年龄段人群需求；"重回莫拉克"，以一部台风纪录兼科普片让人们知道大自然的力量；我们参观的交通馆，让游客体验从牛车、自行车，到公交车、火车、飞机等各种不同交通工具的驾驶经验。而每天数百名来自不同领域的志工无偿为游客和参观者义务服务，减轻了科工馆大量的人力成本。

结合以上考察和自己的工作实际，笔者认为：历史文化、生态资源与旅游业态的融合，是打造里运河文化长廊的重中之重。淮安里运河文化长廊，沿线人文资源底蕴深厚，既有运河文化、历史名人文化、淮扬美食文化，又有生态文化、宗教文化，是世界运河文化遗产重要节点和组成部分。而里运河沿线，无论是作为东线输水廊道的里运河河水，还是沿岸生态植被，保存都较为完好。打造里运河文化长廊，就是要深入挖掘这些文化、生态资源，结合城市复合功能和现代服务业需求，将文化转化为人们喜闻乐见的旅游产品，成为吃、住、行、娱、购、游的旅游度假胜地。从考察台湾文旅项目成功实践看，在这个过程中，我们要重点是处理好以下几个方面：

一要处理好运河文化、地域文化与旅游的关系，包括物化形态表现和非物质文化遗产的展演等，正确处理保护、传承、借鉴和创新的关系，充分彰显鲜明的特色文化。如就规划的漕运城建筑风格而言，传统的标志性建筑，如亭台楼阁等应反映淮安明清运河古镇的建筑风貌特点，以求建新如故。而区域内商业、作坊、住宅、剧场、博物馆等宜采用传统建筑符号，如屋面、窗棂、外墙、色彩等，但应结合现代旅游区体验式消费特性、商业经营功能性与店招门头设计、消防安全、排污排烟等功能需求，在开间、进深、通透性、到达性上等采用现代做法，所谓新中式旅游商业建筑的风格与格局。

二要重视文化创意与开发，突出旅游产品的文化性和体验性，把传统与现代展演技术巧妙地结合起来，增强趣味性和吸引力。浦楼酱醋坊、石油库创意园、淮安区老船厂等，借鉴台湾城市更新的做法，在做好规划的基础上，保留全部或部分建筑，除丰富展示原有工艺外，增加新的文创内容。对即将规划建设的船闸博物馆、酒文化博物馆、漕船博物馆、漕粮博物馆等，除了传统的图片资料、模型等以外，更多地采用声、光、电、4D 影院、

移动互联网等现代技术，增强视听触觉感知效果，尤其是多创新一些游客动手参与的体验性感受项目。

三要融合体育类、康体养生等休闲和度假设施，沿里运河及大运河两岸，因地制宜地建设慢行系统（包括游步道、自行车道、观光电瓶车道）、游船码头、体育看台、专业运动场地和健身项目等配套设施。作为旅游度假区，应该包括运动健身、休闲娱乐、康体疗养、夜游和丰富多彩的展演活动。就康体养生类而言，如盐浴养生、禅意养生、中医养生、现代养生等在区域内要统筹规划。条件允许，应开发温泉或低碳的高、中档度假酒店，对于主题度假客栈、生态宜居社区，除了环境打造外，也要富有淮安地域文化特色，这方面也是台湾民宿和大陆逐渐兴起的乡村度假旅游的卖点。

四要注重生态环境的打造，良好的水环境、绿地景观，开敞的开放空间，精致的建筑和公共艺术，给人美感和愉悦。我们在实施方面首先是重视水资源的保护，里运河沿岸、以及旅游度假区内建设的项目，所有污水都要截污导流、雨污分流，进入污水处理厂；河内船舶，包括游船等，要采取污水集中收集的办法，不能随意排入河道；河面专业队伍及时打捞漂浮物，河床淤泥要视情况有计划地进行清淤。景区内绿地尽量达到规划指标高限，景观设计精心对树木、花草等植物进行配置，引入绿色蔬果栽种品尝；在宁连路两侧两河之间，规划田园风光，找寻城市郊野记忆；在里运河遗址保护沿岸应增加水生植物，以软化混凝土挡土墙的生硬；通过富有特色和历史的小品、广场雕塑、生态湿地在公共空间的运用，营造浓郁的文化与生态环境共融的品位。

"十三五"时期，是淮安与全省同步率先全面建成小康社会的决胜期，也是实现跨越式崛起、基本确立苏北重要中心城市地位的决战阶段。里运河文化长廊是建设"4+3"特色服务业文化、旅游板块的重点项目之一，我们要认真落实七届人大第五次会议刚刚通过的"十三五"规划纲要，紧扣五大发展理念，以"牢记总书记嘱托，建好周总理家乡"和"打造沿运河城镇绿色发展轴"为己任，以"不成经典就是失败失职"的责任感，来规划建设里运河文化长廊文旅项目，以弘扬开放包容的淮安精神，来吸引高端资源参与开发建设和管理运营里运河文化长廊文旅项目，力争到"十三五"末把淮安里运河文化旅游度假区建成运河沿线知名的旅游品牌，创成国家 5A 级景区和国家级旅游度假区，打造成具有震撼力、影响力的现实版"清明上河图"，铸造出靓丽淮安的城市文化品牌，为淮安"十三五"时期实现跨越发展做出应有的贡献！

原载《江苏城市规划》，2016 年 09 期

作者简介：

蒋维林，江苏省淮安市里运河规划建设管理办公室副主任

浅谈文化创意产业与创意城市

钟声

摘　要：通过对创意产业、文化产业、文化创意产业、创意城市等相关概念的梳理，介绍其在中外不同社会背景下的发展，揭示文化创意产业的特征，即市场不确定、使用者数量最大化、劳动力市场灵活和生产组织不固定，并探讨城市规划及城市公共政策对文化创意产业的作用。在理论综述的基础上，梳理并分析了以市场因素为主导的温哥华影视业的发展和以政府力量为主导的新加坡建设全球文化艺术城市的实践，以期为当今中国正面临产业转型城市的发展提供有益的借鉴。

关键词：创意产业；文化产业；创意城市；温哥华；新加坡

ABSTRACT: The paper reviews the concepts of creative industry, cultural industry, cultural creative industry and creative city. It explains the emergence and evolvement of these terms, and summarizes features of cultural creative industry, namely uncertain markets, maximizing user number, flexible labor market, and project—based production. The paper also explores the roles of urban planning and public policy in nurturing the new urban economy. Two distinctive case studies are used to complement extensive literature review. One is Vancouver's attempt to develop film industry with market—oriented approaches and the other is Singapore's endeavour to build 'Global City for the Arts' with government guidance and support. These two cases provide both theoretical and practical references to the Chinese cities undergoing industrial restructuring.

KEYWORDS: Creative industry; Cultural industry; Creative city; Vancouver; Singapore

近年来，"创意产业""文化产业""文化创意产业""创意城市"等概念常常见诸学术文献、政策文件以及大众媒体。在学术圈，关注这些概念的有来自地理学、城市规划、公共政策、社会学、经济学、文化研究等诸多领域的学者，但是研究者在出发点、研究重点和其在政治光谱中的定位有时大相径庭。在实践领域，关注并推行这些概念的政府机构包括地方经济发展部门、城市规划部门、文化发展部门、科技创新部门等。此外，在经济发达产业转型先行的城市，普通公众对上述名词也并不陌生，并且大批市民已经亲身感受过这些概念所反映的转型城市空间，比如创意产业区、创意集市等。然而相对这些名词的流行和媒体曝光度的增加，国内文献却缺乏一个系统的解释和梳理；即使在国外，相关名词也更多只是出现在不同的学术文献和政策文件中，概念之间的关联很少有系统的论述。针对这一点，本文通过对各领域文献的综述，分析各个概念之间的联系和不同，揭示文化创意产业的特征，探讨城市规划及城市公共政策对文化创意产业的影响，以期对中国城市的发展提供有益借鉴。

1. 名词界定

"文化产业"（Culture Industry）这个名词最早是由法兰克福文化研究学派的代表人物 Adorno 和 Horkheimer 提出的，其目的是批判"大众文化"这种文化形式，该学派的观点认为当艺术成为服务于经济目的的"产业"就会使艺术丧失其原本属性[1.2]，换句话说就是艺术跟商业的结合会导致其质量走向低劣。这一观点虽然在今天来看有其偏激的一面，但也不乏道理，同时也反映了在"大众文化"这个现象出现之前，文化和产业基本上分属互不重叠的两个领域的现实。在历史上，艺术创作是出于艺术家本身的情感和象征意义的表达需求，当对盈利的诉求取代了个人表达变成艺术创作的终极目的的时候，作品不再属于艺术品而仅仅是卖品，其迎合的是有支付能力的买家喜好而不是艺术家本人的表达需求[3]。法国的一些社会学者在法兰克福学派之后使用了复数名词"Cultural Industries"来表明这个领域的多元性和复杂性[4.5]，同时也在一定程度上弱化了"文化产业"这个名词所隐含的负面意义。再后来其他领域的学者对"文化产业"的概念又进一步做出了论述，并使其含义变得更加中性化。比如媒体文化学者指出，文化产业是"创造社会意义的机构"，并且认为，艺术跟商业的关系是模糊的，并非明确的负相关[6]。而经济地理学者则认为文化产业是"生产主观含义价值大于客观效用价值的商品或提供这类服务的行业"，虽然他承认资本主义制度会对文化艺术产生某些负面影响，但也强调大众有一定的自我审视和批判能力，并非只有低层次的或被动的文化需求[7.8]。

"创意产业"这个名词晚于"文化产业"概念的出现，后者是作为一个理论概念诞生的，而前者则是来自政策实践[9]，是英国的新工党自 1997 年执政以后为了跟老的工党划清界限而提出的与新自由主义主张相匹配的政治口号的一部分，这也是为什么公众常见的"创意产业"的定义来自政府文件而不是学界，比如英国文化、媒体和体育部提出，"创意产业"特指"源于个人创造力与技能及才华，通过知识产权的生成和取用，具有创造财富并增加就业潜力的产业"，并在此基础上列举了广告、建筑设计、艺术与古董、工艺美术、设计、时尚业、影视、互动式娱乐软件、音乐、表演艺术、出版、软件与电脑服务、广播电视行业作为创意产业的核心领域[10]。虽然有些学者因"创意产业"这个概念缺乏理论的内涵而倾向于使用"文化产业"这个名词[9]，但也有很多学者是将两者视作基本等同的概念而互用，比如 Hall[11] 以及 Drake[12]。此外有些其他学者会具体区分两个概念的不同，比如

Garham 认为创意产业包含信息技术产业但文化产业并不涵盖[13]；而 Hesmondalgh 则认为一些文化产业的环节并不具有创意属性，比如唱片的机械复制过程（虽然制作第一个拷贝的过程是极具创造性的）[6]。由此看来，创意产业和文化产业除了立足点不同以外，在内涵上也有互不重叠的部分，虽然交叉的行业也不胜枚举。此外"文化产业"这个词汇与政治和意识形态有着更多的关联，而"创意产业"则只与比较单纯的经济活动有关。

"文化创意产业"从字面解释可以指文化产业和创意产业的交叉部分，而其背后实际隐含了更多中国本土的色彩，因为在西方文献里，把"文化"和"创意"两个词同时放在"产业"前面（Cultural Creative Industry）并不常见。新加坡文化地理学者 Kong 等人认为，从西方传入的创意产业在亚洲国家呈现出不同的地方特性[14]。在地域辽阔的中国，具体城市选择的政策语汇也与当地的具体发展情况和城市性质有关。比如在政治中心北京，促进现代经济发展和掌控意识形态的双重政策目标决定了其使用"文化创意产业"这个词语；而在更具有革新开放精神的经济中心上海，则最初使用的"创意产业"这个名词，这个差别在早期的政策文件里反映得尤其明显[15]。在下文的讨论里，为了省略起见，笔者用"文化创意产业"作为"文化产业"和"创意产业"的统称。

"创意城市"这个概念具有更广泛的含义，因为产业仅仅是城市的一个组成部分，而城市的创意也不应该仅仅显示在经济领域。Landry 提出创意城市是那些不同于传统的靠低成本取胜的城市，其追求的是创造更大的价值，同时创意创新可以使全球化背景下日渐趋同的城市发展出自己的城市特色[16]。Landry 在他的书中罗列了创意城市的四种资源：第一，物质资源，包括自然环境、地点、历史遗迹、建筑环境等；第二，活动资源，包括保证城市运营的相关活动、贫困消减、经济活动、文化与社区活动等；第三，态度资源，包括对外来文化的开放度、容忍度、承担风险的精神、企业家精神、好奇与探索精神等；第四，组织管理资源，包括提升个人或公司能力的潜力（Empowering of individuals and companies）、各类协作关系、规章与激励措施的健全与合理程度等。已故著名英国规划学者 Hall 在他的长篇历史性著作《文明的城市》（Cities in Civilization）中提出，很少有城市是自始至终保持着创意精神的，历史的沉浮往往会给城市带来各种机遇，使其走上创造性发展的道路。Hall 归纳了世界上四类创意城市。第一类属于技术创新型，比如 20 世纪初的汽车制造中心底特律，今天的高科技研发中心圣何塞（硅谷所在地）；第二类属于文化思想型，比如民主思想起源地雅典，文艺复兴的发源地佛罗伦萨；第三类属于文化技术型，比如电影业中心洛杉矶，时尚业中心巴黎；第四类属于技术组织型，比如 20 世纪初用摩天楼解决城市空间短缺问题的纽约，发展了高效城市轨道交通系统有效缓解巨型城市压力的东京等[17]。另一方面，近年来在世界各地被地方政府部门追捧的城市学者 Florida 也对创意城市的特征进行了论述，他将其总结为三个 T，包括人才（Talent）、科技（Technology）和容忍度（Tolerance），并且对这三个特征做了量化研究[18]，然而学术界对其研究有诸多批评意见，比如他过度强调流动性很大的精英阶层对创意城市的影响，忽视当地民间和本土的创造性行为对城市空间和性格的塑造，等等。

2. 文化创意产业的特征

文化创意产业的门类繁多，因此很难说某个特征适用于所有产业门类。即便如此，大多数文化创意产业具有一些不同于传统制造业的特征，对此做一简单归纳。第一，文化创意产品不能大批量生产，其市场具有极大的不确定性，因为其价值不在于满足人们的效用性需求，而更多是提供一种象征意义或社会标记（Social Marker）；换句话说，文化创意产品的内在价值具有极大的主观性，因此预测其市场需求相对困难[2,4,13]。比如一部影片的流行不能作为下一部同类影片流行的依据；一部放映前被热捧的作品可能放映后成为众人的笑料；而对于同一部作品，即使是获奖作品，也可能只有小众的追捧者，对多数观者来说可能毫无吸引力。这种情况完全不同于具有效用价值的产品，比如矿泉水对任何人都能起到止渴作用，其市场需求也更容易把握。文化创意产品的主观价值特征意味着文化创意产业的投资和生产风险非常大，同时复制的便捷也增加了知识产权保护权的难度，这进一步扩大了市场风险。而以空间集群的形式存在则是这类企业减少风险的一个重要手段，这也是规划师在辅助文化创意产业发展方面可以有所作为的地方。

第二，产品使用者数量的最大化是文化创意产业的另一个重要特征。对于文化创意产品，其生产第一个拷贝的成本极其高昂（比如新药的科研和测试成本，软件的编写和调试成本等），以至于可以阻止很多好的项目进行下去；但是一旦第一个拷贝完成，复制拷贝的成本（边际成本）几乎可以忽略，因此这类产品可以通过使用者数量的无限增加来收回制作第一个拷贝的巨额投入。正是因为这一点，在文化创意产业中，尤其音乐、电影、电视、出版等行业，发行环节对整个产业链的控制作用非常大，而大量的资源也会流向该环节[2,4,13]。因此虽然生产环节的公司组织形式可以非常扁平，但是到了发行环节，寡头控制的情况则非常常见。在空间上来说，Markusen 文章中提出的 4 类产业区中，包括辐射型产业区（Hub-and-Spoke District）、卫星型产业区（Satellite Platform District）、马歇尔型产业区（Marshallian Industrial District）和国家支持型产业区（State-Anchored District），前两者更适合于有寡头控制的情形[19]。除此以外，第一拷贝成本的高昂以及发行阶段寡头的控制，也为政府在一定程度上的干预提供了一定依据，比如提供一些财力或空间上的支持或者协助一些有社会价值但非卖座产品的发行等，当然在支持的力度和方式上能有效把握好度而不过度作为也是具有相当挑战性的，其本身可以作为研究的重要方向。

第三，灵活的劳动力市场是文化创意产业的另一个重要特征，主要靠短期合同生存发展的自由职业者在文化创意行业中非常常见。这个特征所造成的影响很难一概而论，对于在市场上少数获得成功的人士（人们常说的"明星"）来说，自由流动意味着这个群体可以获得更多选择的机会，也就增加了其发挥特殊价值并获得巨额收益的可能性；但是对于那些还未获得成功的大多数文化艺术从业者来说，短期合同也意味着工作与生活的不稳定性，因此有些人不得不从事各种第二职业以补贴对文化艺术的追求，而有些人则因为资金不足不得不中断梦想（当然"追星"的动力也会使一些文化工作者继续前行）[4,13]。从总体来看，文化创意产业资源的分布极度不平衡，"赢者通吃"成为其重要的内部社会特征，加上当今因特网快速的传播效应，这个内部的不均会在短时间内继续扩大，成为该行业未来稳定发展的一个巨大隐患。这一问题一方面可能通过政府的适度干预化解矛盾（比如全民社会福利系统的保障）；另一方面，行业协会和各类非政府组织可以在保障从业者利益方面发挥相当大的作用以协助创意集群获得良性发展，比如后文温哥华的案例即有所反映。

第四，文化创意产业的另一个特征是其生产是以复杂的项目来组织的，也就是来自不同机构或独立的大量参与人员因为某个项目组成一个临时项目组，一旦项目完成则自行解散，之后根据新项目的要求进行重组，这也是文化创意产业生产灵活性的一个表现[20]。这种组织的不固定性一方面会有利于每个独特的项目找到最适合的团队，增加项目的创造性，但是另一方面也意味着额外的组织成本，尤其是对于那些牵扯到成百上千人的复杂项目。空间集群带来的大量相关从业人员的地理接近性可以有效减少这种组织成本。当然地理的接近性不一定意味着社会的接近性，大量频繁的正式或非正式交往的发生所带来的互相信任才能从根本上减少项目的组织成本，并且使这些临时架构的组织能够尽快磨合。对规划师来说，创造地理接近性并不难，而且这可以通过建设项目短期促成，但社会接近性具有更大的挑战性，而成果也无法一蹴而就，因为这是一个社会发展和积累沉淀的过程。鉴于此，规划师必须把眼光放得更长远，虽然规划期限往往是止于物质空间塑造的完成。项目型组织形式带来的另一个问题是其临时性，对于有外来（包括海外）资本或人员参与的项目来说，这种短期性也意味着资源的不稳定性和不可持续性，这一问题在后文的两个案例里都会有所触及。

3. 案例研究

近年来，中国各级城市，尤其是经济发达的城市，对于发展文化创意产业一直保持着非常积极的态度，政策制定者对于这类产业的认知正日渐深入，政策框架也日臻完善。虽然世界上最成功的文化创意产业集群，比如美国硅谷、好莱坞或者第三意大利都是自发形成的，但在具有政府干预传统的东亚国家，比如新加坡、韩国或者中国等，都存在一种通过政策干预再造现代产业集群的冲动。当然这其中有成功的案例，但是失败的例子也不胜枚举。限于篇幅，本文无法对各种做法的得失进行评述，在以下的篇幅里，笔者希望通过温哥华和新加坡的案例，来简单介绍海外城市促进文化创意产业发展的做法，扩展读者的视野。本文的目的不在于判断温哥华和新加坡案例的成败，因为成败的定义必须放在适合每个城市特定的历史地理背景的评价标准中来判断，而这种判断也会根据城市的发展有所修正。本文特别选择西方和东方的两个城市，反映了两种不同的发展逻辑。鉴于每个国家或城市的特殊性，读者在借鉴海外经验的时候，必须持有足够的分析和批判精神，才可以学以致用。

3.1 温哥华影视业的发展

加拿大第三大城市温哥华在最近 30 年迅速发展成为北美继洛杉矶和纽约之后的第三大制片中心，享有"北方好莱坞"的盛誉，对于一个中等规模的都市区来说，这样的发展可谓成绩斐然。温哥华影视业的腾飞既有结构性因素，也不乏地方的特殊因素。

从国际产业背景来讲，战后好莱坞影视业的重组造成了总体组织结构的扁平化，这也意味着影视制作机构对于成本的敏感度增加，这为温哥华吸引好莱坞影视制作项目提供了外部条件。在很长的时间里，加元的低廉和加拿大较低的工资水平对美国的影视机构构成了相当大的吸引力。当然温哥华在诸多加拿大城市中能够脱颖而出，也有其自身因素。战后电影制作技术的一个转变是外景地拍摄日渐流行，温哥华在这一点上有得天独厚的条件，在两小时可达的区域内，温哥华可以提供包括城市、郊区、乡村、沙滩、海湾、雪山、湖泊、森林、沙漠等多样的地貌和建筑环境（图1）。除此之外，与好莱坞地缘的接近、时区的相同、北美西海岸文化的认同、温和的气温适于常年拍摄，以及适合使用人工光线的云层条件等都使温哥华成为影视业的巨大磁石。再加上大量生活在温哥华都市区的创意人群，也为其影视业的崛起创造了必要条件[21]。

▌ **图1** 温哥华宜人的环境成为吸引好莱坞影视制作行业的重要因素　资料来源：作者自摄

除了客观因素的影响，温哥华影视业的发展也离不开各级政府的作用。从 20 世纪 50 年代开始，加拿大联邦政府对本土内容的电影制作提供税务支持，作为加拿大文化政策的一部分。而到了 20 世纪 90 年代后期，联邦注意到了产业转移的经济发展机会，税务支持不再仅限于本土的内容（当然这另一方面也对本土的制作构成了威胁）。同时温哥华所在的 BC 省，20 世纪 90 年代后期的省税调整也开始惠及来自海外的机构，比如只对于雇用加拿大本地人工的制作不分投资来源都可以享受到省政府提供的税务优惠，这些政策红利对好莱坞的影视机构产生了进一步的引力。此外 BC 省政府是通过相对独立的 BC 电影协会和 BC Film 这样的专业机构来发放省级扶助资金的，使支持的渠道变得更加职业化。因为影视拍摄都是短期行为，海外投资者往往不愿意在基础设施上大量投入，这在产业发展的初期尤其明显。针对这一点，省政府投资改建了一些摄影棚并通过政府控制的公司对其进行管理。市一级政府则基本上采取不干预政策，必要时会提供各种协助，比如高效地审核并颁发摄制许可，提供必要的地方治安或交通方面的协调等[21]。

大量的非政府机构也是促进温哥华影视业发展的关键因素。BC 电影协会不仅是政府和产业间的桥梁，也可以说是好莱坞和当地影视摄制系统的纽带，不仅把好莱坞的各种信息和人脉介绍给当地影视圈，也把温哥华在影视制作方面的各种优势有效地推介给好莱坞的机构。另外，温哥华还有诸多影视业相关的行业协会及相关机构，它们的作用是游说省政府争取支持，推动当地创意人才的发展，保证影视创意人才的福利，与好莱坞方面接触获得优惠待遇或争取机会等，这些功能是政府无法取代的[21]。可以说温哥华影视业最初的投资主要来自海外，但在各方本土因素的推动下，渐渐造就了当地影视业生态系统的形成和发展，而作为产业集群重要标杆的"机构厚度"（Institutional Thickness）也日臻成熟，成为当地的影视业可持续发展的重要基石。

温哥华的影视业虽然成长迅速，但各种挑战也无时不在。因为跨国转移到当地的仅仅是影视摄制环节（虽然近年来增加了一些后期制作），但把握全局的前期策划、融资以及决定利润的后期发行环节仍旧掌控在好莱坞巨头手里，所以从整个产业价值链上来看，温哥华获得的收益是相当有限的。而且这种过于依赖外资的生产体系，随时都可能面临外资撤离的窘况，虽然当地多年积累形成的地方生产体系对海外影视巨头有很大的吸引力，其本身也具有一定的稳定性，但是随着其他地方的政府（包括加拿大其他一些省份、美国的个别州，以及英国、澳大利亚、新西兰等英语国家）税务支持的增加，基础设施条件的改善，温哥华的比较优势正在被削弱[21]。同时前面提到，影视制作是以项目为组织的短期行为，这就决定了外资撤离不但容易，而且有时是"天经地义"的，除非一直有持续不断的项目进来，或者增加本土创作的份额，否则像温哥华这类依赖外来投资的影视制作系统有朝一日可能会成为全球化的牺牲品。总体来说，温哥华影视业在外力支持下获得的发展确实为本土制作提供了更多资源和机会，但这并没有从根本上提高本土作品的市场竞争力以至于能跟好莱坞抗衡，同时也没能使加拿大本土文化得到更广泛的传播，不难发

现泛滥于加拿大影视文化市场的仍旧是好莱坞作品。换句话说，这种凭借外力推动的文化创意产业，很难同时帮助当地实现文化政策的目标。

3.2 新加坡建设全球文化艺术城市的实践

新加坡是举世闻名的"花园城市"。虽然国土狭小、资源有限，但在建国以后的半个多世纪里，凭借其开放的经济体系和高效廉洁的政府运作，获得了国力的迅速提升并且多次成功抵御了世界经济的震荡。不同于加拿大等西方发达国家，新加坡的精英政府在其发展的每一个环节都起着至关重要的领航作用，尤其在经济转型的关键时刻。新加坡在 20 世纪 60 年代的建国初期采取了吸引外资快速工业化的政策，政府通过税收、基础设施建设等方面的支持协助新加坡实现了经济目标。到了 20 世纪 80 年代，制造业的瓶颈凸显，政府开始瞄准跨国公司区域总部功能，通过一系列针对新产业的发展政策把新加坡建设成东亚举足轻重的全球城市。20 世纪 90 年代以后，政府又瞄准电子通信技术以及消费导向经济的发展趋势，在不放弃金融贸易这些基本城市功能的情况下，开始着重发展电子商务、高科技、国际化教育、医疗及旅游服务。进入 21 世纪以后，政府再次敏锐地意识到文化产业对后工业后现代城市的重要性，并因此提出了建设全球文化艺术城市的愿景。

实用主义或者说是效用主义是新加坡政府长久以来制定公共政策的指导思想，在文化艺术的领域，实用主义的哲学反映在把文化艺术视作经济发展的工具。但近几年来，政府也更多意识到文化艺术的多面性，并且其人文社会的属性对新加坡来说同样重要，比如文化不仅是公民认同感的纽带，也是塑造地方特色的重要维度。新加坡政府通过不同部门的分工合作来试图平衡文化艺术的多重属性，比如信息与艺术部（Ministry of Information and Arts）主要为实现艺术的人文社会价值而努力，其主要责任是培养当地艺术人才、培植艺术机构、策划公共艺术活动与节日等；工贸部（Ministry of Trade and Industry）则主要关注艺术的经济性，通过培养艺术文化企业、吸引外资、推销新加坡作为文化艺术中心的新形象等为新加坡经济注入新的活力[22]。

但在实践过程中，信息与艺术部和工贸部对艺术的认识是有偏差的，整体政策更多偏向艺术的经济性和国际化，主要的反映是重视大型艺术硬件的建设而相对忽视本土艺术人才的培养。比如 2002 年建成的海滨艺术中心（The Esplanade），投资超过 4 亿新币，包含上千人的音乐厅及剧场，但巨大的尺度只适合海外著名演员或公司的重磅演出，对本地小型演艺机构几乎没有扶持作用（图 2）。与之相对，政府每年通过国家艺术院（National Arts Council）拨给当地艺术家和机构的资金只有区区 300 万新币[22]。当然，作为学习型的新加坡政府也会做出其他一些努力，比如艺术空间计划，最初由社区发展部（Ministry of Community Development）负责，之后转给国家艺术院，内容是将一些政府不再使用的建筑进行维修，通过低于市场价的费用出租给当地艺术机构进驻，也为本土的文化艺术圈注入了一些活力。但另一方面，因为这类建筑的质量问题（比如隔音效果等）和承租期限的限制等因素，该政策并未给新加坡本地的文化生

图2 新加坡的海滨艺术中心适合国际性的重磅演出 资料来源：王彤摄

态带来巨大的变化[22]。

此外，新加坡还将发展文化艺术的举动和旅游业结合在一起，以求进一步提升经济发展潜力。比如新加坡成功地将地中海俱乐部（Club Med）和太阳剧团（Cirque Du Soleil）亚洲总部引入本地，并多次组织重量级演出或展览，包括百老汇音乐剧、古根海姆艺术馆收藏品展等，不仅开阔了本地人的文化艺术视界，也吸引了大量区域性海外游客参与当地文化艺术消费。近年来，虽然本地美术馆和文化机构的数量有所攀升，但新加坡至今无法成为文化艺术创作或制作的热点，其作用更多是为非本土作品的演出或展览提供舞台而已。这一点，新加坡甚至跟温哥华也无法比肩。其背后除了政策过度强调文化艺术的效用性、创作资金匮乏、文化创意人才短缺的原因之外，也跟新加坡大量文化禁区的存在有关。虽然已故开国元首李光耀先生在世时曾经为非主流的生活方式和思想背书，而国家也倾力打造了荷兰村这样的"小波西米亚"空间来吸引具有一定叛逆精神的人群，但是不得不说对于秩序和权威的强调仍旧是这个国家的主流意识，而对另类思想敞开窗口也主要是为了服务经济发展的目标[23]。

4.结论

从以上论述可以看出，文化创意产业有其特殊的性质，因

此相关发展政策也应该有别于传统产业。当今转型城市对于文化创意产业的追捧是一个世界性的现象，各国城市依据具体情况分别制定了不同的政策以实现发展目标，超越国界的相互学习也同样司空见惯。在温哥华的例子中，市场因素更加占据主导地位，联邦政府对于影视业支持的初衷很大程度上是保护加拿大本土文化，只是到了后期国际产业转移的机会显现的时候，并在好莱坞游说团体的强大压力下才将原来的税收政策进行了调整，使之转变成外向型的经济发展政策；而且在这个过程中，各级政府仅仅是顺势而为而已，尤其在最基层的市级政府，其作为可以说是压到了最低限度；而在政府之外，非政府的行业组织和各类中介机构则是起到了构建产业集群的关键作用。因为强大的市场因素的存在，温哥华最终获得了影视业的强劲发展，但同时也要面临外资的流动性所带来的风险，而且在影视制作的管理、资金、创意等方方面面都受到好莱坞掌控的情况下，很难期待其文化政策的目标得以真正实现。在新加坡的例子里，同样可以看到文化的经济效用属性和其人文社会属性间的矛盾，这反映在政府资源的分配中。与温哥华不同的是，新加坡政府在发展文化艺术产业中发挥着更加主导的作用，不仅决定了城市的目标定位，还在市场因素并不成熟的条件下试图通过基础设施建设和招商优惠政策更加主动地争取发展机会。因为缺乏本土的创造资源，新加坡跟温哥华一样要面临外资流动的风险，加上市场因素的不成熟，其面临的风险相对温哥华会更大。此外，政府单方面在硬件上的巨大投资到目前只能吸引到文化艺术的展示功能及其相关的旅游业发展，而在文化艺术创意的环节则收获甚微。纵观世界各国的创意中心，比如洛杉矶、硅谷或者巴黎，都是创意想法和行为或者说知识产权的源头，展示是作为附属而不是主导功能而存在的。这一点，不得不说是新加坡在打造全球文化艺术城市过程中仍然存在的遗憾。

当今的中国各级城市，对于建设创意城市、发展文化创意产业的热情高涨，但是对于文化创意中心的实质的理解还存在一定的误区，对于各种政策的风险以及促成创意的因素也缺乏全面的认识，本文所讨论的温哥华和新加坡的案例也许可以为中国城市的实践产生一定的借鉴意义。

原载《上海城市规划》，2017年01期

参考文献

[1] Adorno T W. The culture industry: selected essays on mass culture [M]. London: Routledge, 1990.

[2] Garmham N. Concepts of culture: public policy and the cultural industries [J]. Cultural Studies, 1987 (1):23—37.

[3] Bourdieu P. The field of cultural production [M]. New York: Columbia University Press, 1993.

[4] Hesmondhalgh D. Flexibility, post—Fordism and the music industries [J]. Media, Culture and Society, 1996, 18 (3):469—488.

[5] Miege B. The logics at work in the new cultural industries [J]. Media, Culture and Society, 1987, 9 (3):273—289.

[6] Hesmondhalgh D. The cultural industries [M]. London: Sage, 2002.

[7] Scott A J. The cultural economy of cities [J]. International Journal of

乡村文化遗产保护开发的历程、方法与实践
——基于中法经验的比较

杨辰　周俭

摘　要：20世纪80年代以来的快速城镇化对中国乡村地区的社会、经济、文化形成了全面冲击，传统村落的文化遗产也遭受了严重的破坏。如何看待文化遗产的价值，如何从被动保护转向可持续利用文化遗产，实现乡村的经济复兴和社会重建——这需要建立国际比较的视角，从"发展历程、制度框架、实施步骤"三个方面，对法国经验进行了梳理，指出：遗产概念的建立是工业化时期法国乡村面对经济衰退、人口减少和文化认同危机的一种积极回应；遗产保护在依托法定规划的同时，也需要行业和地区合约的补充；除了清点和划定保护区，教育培训、宣传推广和旅游开发也成为实施保护的关键步骤。最后，结合实际案例，将中国乡村文化遗产保护的发展历程、现行制度和实施效果与法国经验进行了比较，提出法国经验在中央地方合作、动员社会力量参与、保护与发展并重三方面的借鉴价值。

关键词：乡村；文化遗产；保护开发；中法经验

20世纪80年代以来的快速城镇化对中国乡村地区的社会、经济和文化形成了前所未有的冲击：青年人口大量外流造成的空心化、迁村并点和新农村建设导致的村庄风貌单一化、乡村旅游带来的过度商业化等问题使得中国乡村，特别是传统村落的文化遗产正在遭受毁灭性破坏。2013年12月中央城镇化工作会议提出了"望得见山，看得见水，记得住乡愁"的指导思想，住建部先后四次在全国范围内开展了传统村落调查，及时建立了《中国传统村落名录》。与此同时，乡村文化遗产的研究也逐渐起步，出现对遗产分类（樊友猛，谢彦君，2015）、保护模式（李飞，2001）、旅游开发（孙艺惠，陈田，王云才，2008）的初步梳理，以及近年来由中央和地方政府推动的保护规划与村民实际需求之间的矛盾与对策分析（周俭，钟晓华，2015）等。

中法同是经济大国、农业大国，乡村地区都拥有深厚的文

Urban and Regional Research, 1997, 21 (2):323-339.

[8] Scott A J. The cultural economy of cities: essays on the geography of image-producing industries [M]. London, Thousand Oaks, New Delhi: SAGE Publications, 2000.

[9] Pratt A C. Cultural industries and public policy: an oxymoron? [J]. International Journal of Cultural Policy, 2005, 11 (1):31-44.

[10] Department for Culture, Media and Sports of the UK. Creative industries fact file [EB/OL]. [2016-10-08] http://webarchive.nationalarchives. gov.uk/+/http:// www.culture.gov.uk/PDF/ci_fact_file.pdf.

[11] Hall P G. Creative cities and economic development [J]. Urban Studies, 2000, 37 (4):639-649.

[12] Graham D. "This place gives me space": place and creativity in the creative industries [J]. Geoforum, 2003 (34):511-524.

[13] Garnham N. From cultural to creative industries: an analysis of the implications of "creative industries" approach to arts and media policy making in the United Kingdom [J]. International Journal of Cultural Policy, 2005 (11):15-29.

[14] Kong L, Gibson C, Khoo LM, et al. Knowledge of the creative economy: towards a relational geography of diffusion and adaptation in Asia [J]. Asia Pacific Viewpoint, 2006, 47(2): 173-194.

[15] Hui D. From cultural to creative industries: strategies for Chaoyang District, Beijing [J]. International Journal of Cultural Studies, 2006, 9(3): 317-331.

[16] Landry C. The creative city: a toolkit for urban innovators (2nd Ed) [M].

London: Earthscan, 2008.

[17] Hall P G. Cities in civilization [M]. New York: Pantheon Hall, 1998.

[18] Florida R. Cities and the creative class [M]. New York & London: Routledge, 2005.

[19] Markusen A. Sticky places in slippery space: a typology of industrial districts [J]. Economic Geography, 1996, 72 (3):293-313.

[20] Grabher G. Cool projects, boring institutions: temporary collaboration in social context [J]. Regional Studies, 2002, 36 (3):205-214.

[21] Coe N M. A hybrid agglomeration? The development of a Satellite-Marshallian industrial district in Vancouver's film industry [J]. Urban Studies, 2001, 38(10): 1753-1775.

[22] Chang T C. Renaissance revisited: Singapore as a 'Global City for the Arts' [J]. International Journal or Urban and Regional Research, 2000, 24(4): 818-831.

[23] Wong K W. & Bunnell T. "New economy" discourse and spaces in Singapore: a case study of one-north [J]. Environment and Planning, 2006, A (38): 69-83.

作者简介：

钟声，西交利物浦大学城市规划与设计系讲师，博士生导师

化积淀,中法两国在经济和文化管理体制上也有中央集权的传统。更重要的是,在战后的快速城市化时期,法国乡村出现的种种危机与今日中国乡村的困境有许多相似之处。本文从"发展历程、制度框架、实施步骤"三个方面,对法国乡村文化遗产的保护开发经验进行梳理,并提出对中国的借鉴意义。

1. 乡村文化遗产的发展历程

1.1 二战前的法国乡村与文化遗产

法国农业历史悠久,在第一次工业革命前(1820s),全国有80%的人口居住在农村,农业在国民经济中占统治地位。工业化对乡村的影响始于19世纪30年代,在半个世纪里,大约有250万农村人口涌向城市,1880年的城市化率达到35%[1]。然而小农经济的传统限制了规模农业和机械化水平的提高,加上两次世界大战的冲击,法国农业的现代化进程相对缓慢。至二战前,全国仍有近50%的人口居住在农村地区(Yves,2009)。

法国的"遗产"概念可以追溯到中世纪,来源于家族对房屋、土地、家具等财产的继承,以及国家对祭祀物和宗教建筑的维护。16世纪意大利的文艺复兴和考古发掘让法国王室对古代文物开始发生兴趣,17世纪后半叶,法兰西学院成立并设立文物建筑研究机构。1789年法国大革命对建筑物的破坏引起了知识界的反思,以维克多·雨果为代表的人文主义者首次提出文物建筑的"公共价值"[2],呼吁对破坏文物的行为进行国家干预。1834年法国政府设立了"文物建筑总监",六年后公布了全法第一份保护清单(包括1000多幢文物建筑)。1913年《历史纪念物法》正式颁布——这标志着建筑遗产的法定地位得以确立,其价值也上升到"国家记忆和公共利益"的高度[3]。

然而,多数的文物建筑位于历史悠久的城市地区(巴黎、里昂等),欠发达的乡村长期处于遗产议题之外。直到19世纪末,工业污染的负面效应显现、全国铁路网建设以及远足活动的流行,国家和个人才开始意识到保护自然景观的重要性。1906年《景观地法》(Sites)颁布,1930年的修订又将保护对象从自然景观扩大到人文景观——乡村第一次成为国家遗产保护的对象。

1.2 二战后法国乡村的衰败与机遇

二战后的法国经历了"辉煌三十年",城市化水平从50%(1945年)迅速提高到70%(1975年),但农村人口的大量流失也造成了乡村衰败。经济方面,农村就业人口不断下降:从1954年的513.5万人到1975年的302.4万人,再到1990年的126.4万人,35年间减少了3/4。同时,城市与乡村发展的不平衡程度继续加剧:城市地区的年均生产总值保持着两位数的增长,而乡村地区则维持在1%-2%,个别地区甚至负增长,农民的人均GDP不到市民的一半(Beteille,1994)。社会方面,人口的大量迁出导致了乡村"荒漠化":市镇人口密度从20世纪60年代的

30人/km²下降到20世纪80年代的20人/km²,个别降到5人/km²(Beteille,1994)。人口稀疏导致地方政府的税收严重不足,学校、医院等基本服务设施的配套难以保证。文化方面,20世纪50年代以后,由于标准法语的推广和电视机的普及,乡村方言的使用人数急剧下降。乡村青年为了获得国家文凭和进入大城市工作的机会,也主动放弃学习方言,乡村文化的传承与身份认同出现了危机。

乡村衰败也伴随着新发展机遇。首先是1950年以来,工业污染和城市快节奏让人们更加怀念田园生活。收入的提高让越来越多的城镇居民选择在乡村投资"第二居所"作为度假或养老地。根据INSEE统计,全法20世纪末的第二居所数值达到300万套,占全国住房总量的10%(这一比例远高于世界其他国家)(Insee,2014)。"第二居所"不仅给乡村带来了发展资金,也带来了大批中高收入的城镇居民、新的生活方式,以及对乡村文化的欣赏。其次是乡村旅游的不断升温。作为西欧面积最大的国家,法国地域广阔,气候差异显著,乡村地区的自然景观和风土人情极具特色,加上20世纪80年代带薪假期的延长[5],乡村地区每年吸引了全国近1/3的游客量,由此带来的餐饮、住宿、服务接待成为乡村就业的重要增长点。最后是20世纪80年代的《地方分权法》让地方政府获得了更多的发展自主权。省、市镇以及民间社团都希望通过发掘地方资源来获得经济发展的新空间,这些资源中最重要的就是乡村文化遗产。遗产研究的视角也从国家记忆和历史纪念物逐渐转向地方文化和日常生活,从文物保护转向文化资源的开发与利用——这为乡村遗产的发掘和整理提供了契机。

1.3 乡村文化遗产的发掘整理

面对衰败和机遇,中央和地方政府都意识到,文化遗产将是乡村复兴的重要资源和手段。20世纪90年代以来,在文化部长雅克·朗(Jack Lang)的推动下,左派政府启动了乡村文化遗产的发掘整理工作。通过文献梳理和实地调查,一批历史和地理学家拓展了乡村文化遗产的概念,将其分为四个部分:乡村景观、风土建筑、特色物产和知识技术(Chiva,Bonnain,Chevaillier,1994)。

乡村景观:1930年的《景观地法》强调景观的自然和地理属性,20世纪50年代的历史学家认为景观是"自然空间被多次文明化改造后的结果"(Gtoge,1956),20世纪60年代的人文地理学派则将"地方性的生产和生活方式"纳入景观概念,认为"乡村景观"包括历史和现实中乡村居民活动的所有痕迹,其尺度在十几平方百米到几十平方千米不等。乡村景观有"生产网络"(沟渠、圩田、林木等)、"农田形态"(大小、形状和分布)、"村庄聚落"(分散、集中、混合)等多种表现形式(Comite National Degeographie,1960年)。简言之,乡村景观是一系列人地关系的结果,其物理空间与生产生活方式不可分割,共同形成了乡村社会的文化特征。

风土建筑：19 世纪末有学者对法国乡村的住宅类型进行过谱系式调查（Foville，1894，1899），20 世纪 30 年代国家成立了"民间艺术和传统博物馆"，负责收集整理包括建筑在内的乡村艺术；20 世纪 60 年代的全国建筑清点首次把乡村纳入调查范围，调查内容也从农民住宅拓展到"生产性构筑物"（手工作坊、锅炉、砖窑厂、马厩、磨坊等）和"小纪念物"（小礼拜堂、十字路口、水井、饮水槽、墓碑等）。这些被称为"风土建筑"的物质元素——无论其大小，都是乡村居民集体记忆的载体，也是文化遗产的重要组成部分。

特色物产：特色物产是村民根据当地的气候和水土条件进行长期选择的结果，代表了地方优势资源和饮食文化，比如波尔多（Bordeaux）的红酒、布海斯（Bresse）的家禽、利穆赞（Limousin）的牛肉等。法国农产品一直以品质著称，为保证质量和防止恶性竞争，1919 年国家颁布《原产地保护法令》，给予乡村特产以品牌认证。这种认证既是对原材料的认可，也是对加工、储藏、运输等技术的保证，具有经济、社会和文化三重价值：经济上，认证禁止其他地区仿制品牌产品，保证了乡村居民，特别是欠发达地区村民的基本收入（规定具有原产地认证的农产品价格可比同类产品高出 40%）；社会方面，特色物产的高利润和垄断性经营为乡村提供了稳定的就业，村民的驻留避免了荒漠化。同时，生产方式的家族传承和行业自治也有助于乡村社会网络的维系；文化方面，特色物产是重要的文化名片，提高了乡村知名度和文化识别性，也吸引了大量参观者和体验者。

知识技术：农业种植、房屋建造、工具制作、产品加工、文化习俗的传承都需要地方性知识和技术，这是乡村文化的重要组成部分，也是可持续发展的核心资源。知识技术的保护既需要对知识本身进行记录和保存，更需要对知识传承者进行保护。

2. 保护开发的制度框架

从 1913 年《历史纪念物》颁布至今，法国的乡村遗产[6]保护形成了数量众多的法令、规章和行业合约，这些制度大体可以分为"法定规划"和"行业与地区合约"两类——前者主要由中央政府推动，以法定规划为载体，依靠"国家－大区－省－市镇"的垂直行政体系；后者则在行业内或地区间通过"倡议、合约、认证"等形式，依靠水平联系网络。两种体系互相补充，各自承担不同的功能。

2.1 法定规划

（1）历史纪念物法（Monuments Historiques）

对象是不可移动的单体建筑（1943 年将保护范围扩大到周边半径 500m 区域，保护分为"登录"和"列级"两个等级），每年全国大约有 600 多文物建筑进入历史纪念物的保护名单，2013 年的总数已超过 4.4 万幢（其中有小部分位于乡村地区）（Ministfcre de la culture et de la communication，2013）。进入名

单的纪念物及周边 500m 范围内建筑物的任何改造都必须事先申请，并获得管理部门的批准。作为补偿，建筑物业主将获得国家提供的减税和工程维修补助。

（2）景观地法（SITES）

1906 年颁布的《景观地法》主要用来保护点状的自然景物，由环境部负责，但考虑到纯粹的自然景观非常有限，大部分都经过人类的改造。从 20 世纪 30 年代开始，乡村和城市景观也被纳入保护范围，由环境部和文化部共同负责。景观地保护也分为登录和列级两类，前者主要对市镇规划提出保护性原则，后者则对区域内"所有可能引起景观性状和完整度改变的项目，如立面维修，树木栽剪等"进行严格控制。1979 年，中央政府又推出了《大景观地保护计划》，一方面对景观地"建设性破坏"的现象进行纠正；另一方面也结合地方发展的需求，增加了景观地的文化推广和旅游设施提升等方面的内容。

（3）建筑、城市与景观遗产保护区制度（ZPPAUP）

20 世纪 80 年代随着经济增长的放缓，法国出现了"权力下放"的趋势（把原先由中央政府承担的权力和责任下放到省－市镇）。但历史纪念物和景观地等精品遗产的评定和管理始终掌握在中央政府手中。对此，地方政府指出三点不足：一是国家统一制定的保护措施未能考虑地方文脉和经济发展水平的差异性，也没有与地方土地使用规划相协调，存在保护脱离实际的现象；二是国家视角更多关注精品遗产，对特色小镇和乡村遗产的重视程度不足，而这恰恰是地方发展的重要资源；三是国家推行的强制法规"重保护、轻利用"，对地方复兴的贡献有限。针对这些问题，1983 年的《地方分权法》把《土地使用规划》（POS）的编制权下放至地方政府，后者有权在文物建筑周边划定新的保护区（即 ZPPADP），对精品遗产之外的地方遗产进行保护与开发。与历史纪念物和景观地相比，ZPPAUP 的保护范围更广，要求也更为细致，包括对市镇建筑、自然景观和田园要素进行挖掘和整理；根据建筑、城市、景观的综合评判标准，科学地划定保护区范围；对保护区内的所有建筑和景观要素制定保护导则，从材料、程序、技术、色彩、公共空间等方面对新建、改造和拆除等建设行为做出详细规定。此外，为了调动个人积极性，ZPPAUP 还对区内业主的建筑维修和房屋租赁提供补助和财税优惠。从统计数据看，小城镇和乡村是 ZPPAUP 的主要受惠者——45% 位于 2000 人以下的村庄，68% 位于 5000 人以下的市镇（邵甬，2010）——从 ZPPAUP 开始，遗产保护从精英化逐渐走向地方化和普及化。

（4）土地使用规划POS／地方发展规划PLU

1967 年根据城市规划法设立的《土地使用规划》（FOS）是法国地方层面的法定规划（类似于我国的详细规划），2000 年更名为《地方发展规划》（PLU），至今仍是指导市镇建设与管理最重要的法律依据。PLU 虽然不是遗产保护的专项规划，但条款中有对建成环境划定"三区一要素"的强制性内容，即禁止建设区、

容积率限制区、植被保护区，以及建筑物外轮廓与围墙的限定规范——正是通过法定规划的强制条款，地方遗产的保护与开发在建设层面才得以落实。

2.2 行业与地区合约

除了法定规划，乡村遗产的保护还依靠大量的行业和地区合约，其中最重要的是欧盟合约和品牌认证。

2.2.1 欧盟合约

20世纪90年代以来，法国分别加入了欧盟两个关于乡村文化遗产的合约。第一个是《农业环境合约》(Mesures-Environnementales，1992)，提出要对乡村地区的生物多样性及其赖以生存的农业环境（包括农田、牧场和特种树林等）进行保护，对于跨省—市镇的协同保护机构，欧盟还给予了财政上的资助。2000年法国又加入了《欧盟景观合约》(Atlas de Paysages)，着手对"省和地区范围内、不同类型的景观单元"进行调查，目的是普查景观资源，确定景观单元的主要特征，梳理现状问题并提出对策，这两个合约通过保护生态环境和农业景观，为乡村文化遗产的保护提供了良好的条件。

2.2.2 品牌认证（Label）

品牌认证是法国对乡村文化遗产进行区划、保护和管理的常用手段。从20世纪70年代至今，全国设立了十余个与乡村遗产有关的品牌。根据授予单位的性质，这些品牌可以分为以下四类。

(1) 国际组织——联合国教科文组织的世界文化遗产(Patrimoine Mondial，1972)。

(2) 部委品牌——文化部设立的"历史与艺术之城"(Ville et pays d'artet d'histoire,1985)，"20世纪遗产"(Patrimoine du XXe siecle，1999)，"活态遗产传承人"(Entreprise du Patrimoine vivant，2006)；以及环境与生态部在1992年和2004年设立的"景观复兴地区"(Paysages de reconquete，1992)和"大景观地"(Grands sites de France，2004)。

(3) 民间社团——如"特色小镇"(petites cites de caractere，1976)、"最美乡村"(plus beaux villages de France，1982)、"手工艺小镇"(Villet metier d'art,1992)。

(4) 私人基金会——如"遗产基金会"(Fondation du patrimoine，1996)。

品牌认证并不是简单的挂牌，每一个品牌有明确的目标与行动计划、完整的组织架构和参与群体。在享有扶持政策的同时，品牌组织必须承担遗产保护与推广任务，是法国乡村文化遗产活化的真正推动力量。

3. 乡村文化遗产政策的实施步骤

文化遗产的保护与开发不止技术问题，还包括公众教育、制度创新、市场培育等方面，涉及地方管理者、开发公司、规划师、居民和游客等众多利益群体。

3.1 教育培训

文化遗产的保护首先要建立起公众对传统文化的欣赏与认同，这需要大量的教育普及工作。法国乡村文化遗产的教育分为三个层次：①青少年教育。1988年文化部向全国中小学发布通知，要求学生能够"了解、发现、欣赏所在地区的手工艺、风土建筑和景观环境等杰出的文化遗产"。经过20多年的实践，法国中小学形成了"内—外"两种类型的教育活动："内"是学校在教学计划中加入文化遗产课程，邀请手工艺人、建筑师和民间社团负责人进课堂，传授乡村遗产的基本知识。"外"是让学生掌握全国遗产目录的检索方法，确定本地遗产清单并制定参观路线，联系地方遗产管理部门进行专业讲解，组织学生进行成果展示和交流；②职业教育。文化部和行业协会每年都会为地方政府公务员和议员进行遗产知识的培训，内容包括遗产保护法规、档案建立方法、博物馆管理、手工艺传统、遗产风险和公众安全等内容，培训成绩也作为公务员上岗和晋升的参考条件；③遗产建筑师、规划师的专业培训。1998年文化部下令成立了法国建筑、城市、景观遗产保护领域的专业培训中心（夏约高等研究中心），为"希望在历史建筑修复和历史城市保护方面进行深入研究"的职业建筑师、规划师提供专业培训。获得文凭的毕业生可以以自由职业者身份从事遗产建筑的修复和改造，也可以进入遗产保护的公共部门从事管理工作。

3.2 清点诊断

自1840年梅里美的第一份历史建筑清单开始，清点(Inventaire)成为法国遗产保护的基础性工作。1964年文化部遗产司下设"清点处"负责对全国的遗产建筑进行统计、诊断和评估。20世纪80年代分权法以后，大区政府开始设立地方遗产的清点机构，随着乡村文化遗产的数量和重要性不断增加，2005年以来的遗产清点工作逐步转移至地方政府。与国家遗产相比，乡村遗产的类型更多样，也更为分散。清点工作一方面沿用标准记录法（地形、位置、建筑物属性、文字描述、照片、地图等）；另一方面也针对风土建筑和乡村景观的独特性，构建新的数据库，对遗产现状进行评估、提出修复建议，并对清点人员进行培训。清点诊断的目的不仅是记录和评估遗产，更重要的是为遗产保护的各类参与者提供一份详细的工作手册——艺术史学者、城市规划师、遗产建筑师、市镇议员、手工艺传承人、民间社团都必须以清点报告为工作依据。

3.3 划定管理

"划定保护区并制订管理措施"是遗产保护的核心工作。以ZPPAUP为例[7]，乡村文化遗产的划定管理包含了四方面的内容：①划定保护区。在遗产清点报告的基础上，保护区首先要考虑乡村景观的要素特征：村落形态、农田肌理、标志性构筑物和文化景观等，通过要素与周边环境的关系分析，划定保护范围。范围可以是连续的，也可以散点分布，如果遇到跨行政边界的情况，相邻市镇可以形成一个或几个ZPPAUP；②提出保护原则和建设指导。包括确定保护的原则和目标；对保护区内的风土建筑、景观要素和开敞空间提出保护和提升要求；对于严禁改造和适当改造的空间要素制定设计导则；③明确管理权限。虽然划定保护区的权限下放至地方政府，但ZPPAUP范围内的所有工程项目必须征求"国家建筑师"[8]的意见，地方管理部门在获得后者签字后方可颁发拆除或建设许可证。如果地方部门与国家建筑师意见不一致，则可以请求大区裁决，但国家文化部保留对相关文件的审查和最终决策权；④资金筹措遗产保护区管理属于公共事务，区内私有产权人有权申请公共财政的补助。ZPPAUP规定，区内具有建筑价值的房屋维修和立面整饬等工程，在国家建筑师认可的前提下，可以获得大区议会不设上限的专款补助，而公共空间的整治也可以得到大区文化事务厅的资金补助。

3.4 宣传推广

宣传推广可以唤醒大众对遗产价值的认识，推动旅游市场的发展。四方面的力量推动着法国乡村文化遗产的宣传：一是政府机构，作为国家遗产的管理者，文化部和地方政府每年要组织和资助大量的文化遗产活动（如遗产日、博物馆之夜等），并为从事遗产管理的公务员和专业人士提供再教育课程。二是全法拥有2100多所博物馆（其中公立博物馆有1200多所，乡村博物馆400多所）(Ministfcre de la culture et de la communication,2012)，任务是对各类文化遗产进行收藏、研究和修复；通过举办展览和工作营，向大众（特别是青少年）传播遗产知识；消除不平等，让所有阶层都能享受文化遗产。三是国家教育机构。文化遗产是中小学通识教育的重要内容，学校负责组织学生定期参观地方遗产，学习传统手工艺，举办成果展览。四是民间社团。在法国，以"文化遗产保护"为宗旨的社团数量惊人[5]，发挥着举足轻重的作用：收藏、研究、保护地方遗产；举办讲座、组织参观，向乡村居民宣传地方遗产的价值；动员社团成员集资或提供志愿者服务，补充遗产保护财力和人力的不足；通过向国家建筑师和地方政府提供资料，参与遗产清点和ZPPAUP、PLU的编制；制作乡村文化遗产宣传册，与周边市镇的遗产协会共同组织参观线路，推动地方旅游业的发展。

3.5 开发旅游

旅游业对乡村文化的冲击一直被居民和学者所重视。农业经济的式微、乡村旅游以及"第二居所"现象的持续增温，使得地方政府不得不正视这一挑战。从20世纪80年代地方分权开始，乡村文化遗产的重点逐渐从静态保护转向活态传承和地方复兴，问题不是"要不要旅游业"，而是"如何承接旅游业"。20世纪90年代以来法国市镇纷纷制定各自的旅游发展计划，包括政府下设旅游办公室，负责信息发布、景点组织、讲解推广等工

作；整治乡村河道公路等基础设施，提高餐饮住宿等服务设施的接待水平；向村民宣传文化遗产价值，鼓励他们将多余房间出租；规范特色物产及衍生品的生产和销售；清点本地文化遗产，对有艺术、历史方面独特价值的遗产点进行修缮，组织手工艺生产的体验游；邀请民间社团和旅游公司、协同周边乡镇共同编制跨区域的旅游发展计划；将地方节庆转化为有影响力的文化活动，吸引游客与投资。这些政策产生了积极效果：短短五年间（1999—2003），法国乡村旅馆和酒店式公寓的床位数分别增加了28%和45%，旅游接待收入占到农民总收入的25%(Conseil National du Tourisme,2010)。当然，旅游业的发展是以遗产保护为基础的：所有的建筑修缮、基础设施改造和公共空间的整治都要符合ZPPAUP的控制要求。旅游业为地方带来财富的同时，也让村民更加珍视乡村文化遗产，越来越多的年轻人希望保留村庄老屋和纪念物，学习地方文化和手工艺制作的传统。

4. 保护开发的中法比较

4.1 中国乡村文化遗产的发展历程

与法国经验相比，中国乡村文化遗产保护的时间不长，但发展较快：社会主义建设、快速城市化和乡村旅游热是发展的三个主要背景（图1）。相应的，中华人民共和国成立后的乡村文化遗产保护也大致经历了三个阶段（张伟明，2011）：第一阶段为"文物保护单位"时期（1956—1982）。1956年国务院针对社会主义建设过程中文化遗址和古墓葬遭到破坏的现象，发布了《关

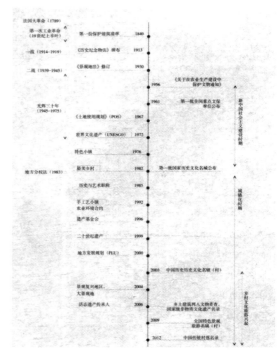

图1 中法乡村文化遗产保护开发的历程比较
Fig.1 Comparative study on evolvement of preservation/reuse of Chinese and French rural cultural heritage
资料来源：作者自绘

于在农业生产建设中保护文物的通知》，要求各地对古迹和革命建筑物进行普查、提出保护名单、落实"四有"的工作程序（即：有保护范围、保护标志、记录档案和保管机构）。"文保单位"制度重点对不可移动文物实施点状保护，中央和地方政府对文保单位给予经费和组织上的支持：从1961年至2014年，全国公布了7批共4296项全国重点文物保护单位（其中有相当一部分位于乡村地区）。

第二阶段是历史文化名城时期（1982–2003）。20世纪80年代以来，随着旧城改造和基础设施建设加快，许多城镇的历史风貌遭到破坏。在国际社会文化遗产整体保护理念的影响下，中国开始从环境角度看待文物保护问题。1982年国务院公布了第一批国家历史文化名城，截至2015年共有129座名城进入保护名单。虽然名城与乡村不属于同一空间范畴，但名城制度在5方面对文保单位进行了补充，对乡村文化遗产也产生了影响：一是名城更为关注文物周边的历史环境和城市风貌；二是鉴于风貌的破坏源于大规模的城市建设，名城保护重点放在预防性的保护措施，主要手段是将历史风貌的保护规划纳入城市法定规划；三是名城保护的执行主体不再是文物部门，而是国家建设和规划部门。

第三阶段是乡村文化遗产的快速发展期（2003年至今）。三股力量推动了中国乡村文化遗产的保护开发工作。一是乡村遗产理论与实践的积累。20世纪90年代开始，中国的建筑规划学者就关注到乡土建筑和村庄聚落的特殊价值并开展田野调查，江南六镇的保护实践也得到了国际社会的认可和中国政府的重视。二是中央政府的全力推动。2005年国务院《关于加强文化遗产保护的通知》明确提出："在城镇化过程中，要切实保护好历史文化环境，把保护优秀的乡土建筑等文化遗产作为城镇化发展战略的重要内容。"一年后的第三次全国文物普查把乡土建筑列为一个普查门类。此后国务院、住建部，文物局、旅游局、文化部、财政部等部委陆续推出了中国历史文化名镇名村（2003–2014年，7批528个）、国家级非物质文化遗产名录（2006–2014年，四批132项）、全国特色景观旅游名镇名村（2009–2011年，两批216个）、中国传统村落名录（2012–2014年，三批2555个）等多个乡村文化遗产的保护制度。三是乡村文化旅游的兴起随着城市居民的收入提高和区域交通条件的改善，乡村成为假日旅游的重要目的地，特别是一些具有独特遗产资源和知名度较高的村镇，这也引起了地方政府和开发公司对地方遗产的关注。

总的来看，2003年以来，受"社会主义新农村""美好乡村"等国家政策以及乡村旅游市场的影响，中国的乡村文化遗产逐渐受到中央和地方政府的重视。但由于缺乏深入的发掘和整理工作，加上民间组织的缺位，乡村文化遗产的保护开发仍然受外界力量（政府与市场）的主导，地方文化的原真性和遗产的社会价值未能充分彰显，部分传统村落的开发也存在着过度商业化和旅游产品雷同的现象。

4.2 中国乡村文化遗产保护开发的制度框架

与法国经验类似，中国乡村文化遗产保护开发的制度框架大体分为法律文件和挂牌认证两套系统。

法律文件包括：①《文物保护法》确定了全国、省、市县三级文物保护单位制度规定，省、市县文保单位由本级政府核定公布，报上级政府备案。全国重点文保单位由国家文化行政管理部门在各级文物保护单位中挑选，报国务院核定公布。文物保护管理经费列入中央和地方财政预算；②《历史文化名城名镇名村保护条例》规定，名镇名村的申报由所在地县级政府提出，经上级政府组织论证和审查后批准公布，一旦批准，由县级政府组织编制历史文化名镇名村保护规划，中央及县级以上的地方政府给予名镇名村保护必要的资金支持；③《历史文化名镇名村保护规划》，包括划定保护范围（核心保护范围和建设控制地带）；根据传统格局和历史风貌保护要求提出开发强度和建设控制要求；制定保护规划分期实施方案。

挂牌认证主要包括"中国历史文化名镇名村"（建设部、国家文物局组织）、"全国特色景观旅游名镇名村"（住建部、国家旅游局）以及"中国传统村落名录"（住建部、文化部、财政部）等，这些认证的工作流程一般是由中央部委发通知，各县级政府及相关部门组织调查并递交申请材料，负责部委统一评选并公布。

中法乡村文化遗产保护开发的制度框架有一定的相似性，但也有显著的不同（图2）。首先，在中国的保护体系中，起决定作用的是中央政府：所有法律文件的制定及品牌认证的发起、评选、公布都是中央政府主导和地方政府配合下完成的。在这一过程中，类似"欧盟合约""国际组织""民间协会"和"私人基金会"等国家行政体系之外的介入形式尚不存在。其次，与法国

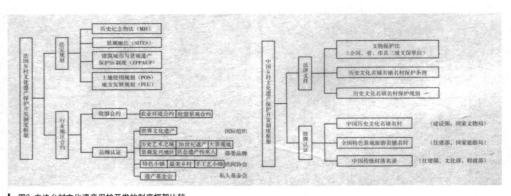

图2 中法乡村文化遗产保护开发的制度框架比较
Fig.2 Comparative study on institutional tool of preservation/reuse of Chinese and French rural cultural heritage
资料来源：作者自绘

经验相比，中国乡村文化遗产的保护规划在"通过财税奖励调动业主积极性""国家遗产建筑师的职业教育"以及"保护区建设控制导则"等方面仍存在较大差距。

4.3 中国乡村文化遗产保护开发的实践

制度建设与实施往往存在较大的趋异，中国乡村的情况千差万别，代表性案例更能说明问题，以江苏黎里为例，黎里镇作为江南古镇已有 2500 年历史，镇内文化遗产资源丰富。20 世纪 80 年代也曾出现严重的空心化现象，进入 20 世纪 90 年代，周边地区的水乡古镇保护开发陆续获得了国内外专家的认可，作为江南六镇之一被列入中国世界文化遗产预备名单，文化旅游成为这一地区发展的新趋势。2010 年成立了"古镇保护开发管委会"；2013 年编制了古镇历史保护规划，对遗产建筑和非物质文化遗产进行清点，划定需要保护的历史街区空间格局和景观风貌要素；2014 年黎里进入第六批国家历史文化名镇（村）名单。

镇政府开始积极推动古镇旅游：对商业价值最大的沿河老宅进行购买和改造；成立旅游开发公司，负责沿河商业街的招商和业态控制；对整个古镇的基础设施和旅游接待设施进行提升更新，古镇游客量翻番。效果明显：一方面是商业和旅游接待为古镇带来了就业；另一方面一些传统老店也由于租金上涨难以为继，在工程改造过程中由于缺乏专业建筑师的指导，地方文化的原真性受到了一定影响。

显然，与法国经验相比，中国乡村文化遗产保护开发的实践在"教育培训"和"宣传推广"方面存在较大欠缺，这使得在实施过程中本地居民（特别是年轻人）对古村镇的历史文化价值缺

乏认识，在更新改造过程中的社区认同感也不强。其次，遗产专业建筑师的缺位造成了历史建筑在维修施工过程中遭受了新的破坏。此外，缺乏民间组织的介入，居民在遗产建筑认定和旅游开发利益分配方面缺少话语权，地方文化的原真性难以保证（表1）。

5. 结语：法国经验借鉴

文化遗产是乡村地区经济发展与社会治理的重要资源。在不同的发展阶段，乡村文化遗产的内容、问题、管理手段和作用也不尽相同。法国一个半世纪的经验具有三方面启示。

其一，"中央－地方"合作模式乡村文化遗产的保护与开发需要国家指导，更需要地方政府和民间社团的介入。法国乡村遗产的概念最初只是国家遗产向市镇的一种延伸，但在光辉 30 年，特别是 1983 年地方分权法之后，面对乡村的衰败和机遇，中央政府减少了自上而下的行政干预，转而依靠地方组织。乡村遗产同时接受"国家法定规划"和"地区／行业合约"两种规范的约束——这种"中央－地方"的合作模式平衡了国家意志（遗产保护）和地方诉求（经济复兴），也提升村民对乡村文化的认同。

其二，充分动员社会力量。法国乡村文化遗产的保护与开发具有一套完整的实施步骤，从民众教育到法规编制，再到宣传推广，每一步有详细的技术手段和制度保障，参与者从中央政府到个体居民，覆盖了尽可能多的社会群体，形成了一张遗产保护与开发的社会行动网络（表1），网络中的三要素（制度框架、实施步骤和参与者）通过良性互动，不断地对乡村文化遗产进行挖掘、保护和可持续利用。

其三，保护与发展并重。法国的乡村文化遗产保护经历了从静态保护到活态利用的过程。保护不是目的，只有把遗产作为地方可持续发展的资源，它的价值才能被真正的释放。法国经验充分体现了文化遗产价值的多元属性：经济方面增加就业，吸引投资，发展地方旅游；社会方面促进乡村社会的家族传承、行业自治和社团组织的发展；文化方面帮助本地居民（特别是青年一代）建立文化自信。通过文化遗产的保护与开发，乡村社会在新的时代找到了属于自己的文化身份和发展空间。

原载《城市规划学刊》，2016 年 06 期

表1 中法乡村文化遗产保护与开发实施步骤的比较
Tab.1 Comparative study on practice of preservation/reuse of Chinese and French rural cultural heritage

	制度框架	实施步骤	参与者
中国	文物保护法、历史文化名城名镇名村保护条例	1. 清点诊断	文物局、地方政府
	历史文化名镇名村保护规划	2. 区划管理	地方政府、规划设计院
	历史文化名镇名村保护规划、业态控制、非物质文化遗产清点	3. 开发旅游	地方政府、旅游公司、店家、游客
	制度框架	实施步骤	参与者
法国	教育部文件、公务员再教育、遗产建筑师制度	1. 教育培训	中央与地方政府、文化机构、社团、专业人士、建筑师、历史学家、遗产传承人等
	文化部遗产司制定规范	2. 清点诊断	文化部主导、社团辅助
	Sites 法、ZPPAUP 法、PLU 法	3. 区划管理	中央与地方政府、国家建筑师、社团、私营业主
	职业培训、财政补贴、教育部文件、社团联盟	4. 宣传推广	地方政府、博物馆、教育机构、社团
	特色物产品牌认证、遗产清点、跨区域合作	5. 开发旅游	地方政府、旅游公司、社团、村民、游客

资料来源：作者自绘

注释

1 这一时期乡村人口向城市转移主要有三个原因：一是现代化技术提高了农村种植业和畜牧业的生产率，释放了部分剩余劳动力；二是城市工厂的就业需求大、收入高，吸引了大批青年农民进城；三是国家铁路网的建设为人口流动提供了便利条件。

2 在反宗教、反封建特权号召下，法国大革命急于消除旧时代的痕迹，对教堂、皇宫和贵族城堡进行了系统性的破坏。仅在巴黎，大革命期间就有3/4的教堂被彻底拆除。在1825年的一篇《对破坏者的斗争》的文章中，维克多·雨果提出，文物建筑有两方面的价值：用途和美观，"用途主要是对其拥有者而言，美观则对所有人而言，因此，所有人都没有破坏它的权利。"

3 内政部长弗朗索瓦·基佐（F.Guizot)认为，保护纪念物建筑能够

增强民众对国家的认同，使法兰西更加团结。1913年的《历史纪念物法》也规定如果符合公共利益，国家可以不经过产权人同意就对建筑进行登录和列级。

4 法国在行政体制上没有"村"，最低一级的地方政体为市镇（Commune），相当于我国的村、乡、镇，由地方居民直接选举产生市镇长和市镇议员。

5 根据法国1936年的劳动法规定，劳动者连续工作满一年可享受15天的带薪假期，1982年带薪假期又延长至30天，休闲时间的增加间接带动了法国乡村旅游的发展。

6 本文仍以乡村景观和风土建筑为主要研究对象。

7 在法国的文化遗产保护体系中，"历史纪念物"和"景观地"主要由中央政府及其他地方派出机构进行管理(即使这些遗产位于乡村地区)，而Zppaup保护区是由中央和地方政府共同划定并进行管理，它对乡村文化遗产的保护开发以及地区复兴影响巨大。

8 法国"国家建筑与城市规划师"制度建立于1993年，属于具有技术、科学、行政和社会性质的公务员，他们受国家委派在中央或省级机构中工作，确保国家的遗产保护城市规划政策的地方实施。国家建筑与城市规划师的选拔非常严格，一旦录取（全国每年仅招收10—20名）还要接受夏约遗产建筑学院为期两年的高强度培训，培训通过方可正式入职。

9 根据2011年统计数据，全法文化遗产保护社团的数量已经超过8000，仅1997—2000四年间，文化遗产社团就新增2241个。(Departement des etudes et de la prospective, 2001)

参考文献

[1] BETEILLE R. La crise rurale Coll. ＜Que saisje?＞. no.2914(M). Paris: PUF.1994: 15—17. (BETEILLE R. The riral crisis. Coll. ＜What do I know?＞,no.2914[M]. Paris: PUF.1994: t5—17.)

[2] CHIVA I, BONNAIN R., CHEVAILLIER D. Unc politique pour le patrimoinc culturel rural [R]. Paris: Ministere de la culture et de la communication, 1994, (CHIVA 1, BONNAIN R., CHEVAILLIER D. A policy for rural cultural heritage[R]. Paris: Ministry of Culture and Communication, 1994.)

[3] Comite national de geographie. Commission ru— rale: Lexique agraire(R). Notes de Jean Peltre, 1960. (National geography committee. Rural commission: agrarian glossary [R]. Notes Jean Peltre. 1960.)

[4] Conseil National du Tourisme. Le poids economique et social du tourisme[R]. Paris: Ministere de l'economic des finances et de l'indrncrie, 2010. (National Tourism Council. The economic and social importance of tourism[R]. Paris:Ministry of Economy, Finance and Industry, 2010.)

[5] Departement Des Etudes Et de La Prospective. Developpement culturel, no.136[R]. Paris: Ministere de La Culture Et de La Communication, 2001. (Department of research and protective. Cultural development, no.l36[R]. Para: Ministry of culture and communication, 2001.)

[6] 樊友猛，谢彦君.记忆、展示与凝视：乡村文化遗产保护与旅游发展协同研究[J].旅游科学，2015(1):11—24. (FAN Youmeng XIB Yanjun. Memory, display and gaze: a research on the synergy of protection and utilization about rural cultural heritage[J], Tourism Science, 2015(1): 11—24.)

[7] Fovillc de A. Eoquete sur les conditions de l'habitation en France, tome I et II[M]. Paris: Ernest Leroux Editeur, 1894 et l899. (Foville de A. Survey of housing conditions in France. Volume I and II[M], Paris: Ernest Leroux Press, 1894 et 1899.)

[8] INSEE. Trente ans de vie econornique et sociale [R]. Paris: Edition INSEE,2014:102. (INSEE. Thirty vears of economic and social life[R]. Paris: INSEE Press, 2014: 102.)

[9] GEORGE P. La compagnc——Le fait rural atraven le monde[M]. Paris: PUF, 1956.(GEORGE P. Countryside ——The rural fact around the world[M]. Paris: PUF, 1956.)

[10] 李飞.基于乡村文化景观二元树新的保护模式研究[J].地域研究与开发，2001（4）：85—88. (Li Fei. Study on protection models based on the binary attribute of rural cultural landscape[I]. Areal Research and Development, 2001(4): 85—88.)

[11] Ministere de La Culture et de La Communication Musee—Chiffres cles 2012[R]. Paris: Ministere de la Culture et dc la communication, 2012. (Ministry of Culture and Communication. Key figure of Museum, 2012[R]. Paris: Ministry of culture and communication, 2012.)

[12] Ministere de La Culture et De La Communication. Patrimoine et architecture——Chiffres cles 2013[R]. Paris: Ministere de La Culture et De La Communication^ 13. (Ministry of Culture and Communication. Key figure of heritage and architecture, 2013[R]. Paris: Ministry of Culture and Communication, 2013.)

[13] 邵甬.法国建筑、城市、景观遗产保护与价值重现[M].上海：同济大学出版社，2010. (Shao Yong. Protection and exploitation of the architectural, urban and landscape heritage in France[M]. Tongji University Press, 2010.)

[14] 孙艺惠，陈田，王云才.传统乡村地域文化景观研究进展[J]. 2008(11): 90—96. (Sun Yihui, Chen Tian, Wang Yuncai. Progress and prospects in research of the traditional rural cultural landscape[J]. Progess in Geography, 2008(11): 90—96.)

[15] YVES PERIGORD M. Geographie rurale: la ruralite en france[M]. Paris: Armand Colin, 2009: 26—36. (YVESJ, PERIGORD M. Rural geography: rurality in France[M].Paris: Armand Colin, 2009:26—36.)

[16] 张伟明.近代以来中国文物保护制度的实践及效果分析[J].中国国家博物馆馆刊，2011(6): 138—149. (ZHANG Weiming. Institutiom of cultural relics preservation in modem China and their Journal of National Museum of China, 2011(6): 138—149.)

[17] 周俭，钟晓华.发展视角下的乡村遗产保护路径探讨——侗族村寨田野工作案例[J].城市规划学刊，2015(1)：54—60.(ZHUO Jian, ZHONG Xiaohua. Rural heritage preservation fiom the perspective devolopment:case study of Dong ethnic villages[J]. Urban Planning Forum, 2015(1):54—60)

作者简介

杨展，同济大学建筑与城市规划学院博士
周俭，同济大学建筑与城市规划学院，教授，博导，上海同济城市规划设计研究院院长

为健康而规划：环境健康的复杂性挑战与规划应对

刘正莹　杨东峰

摘　要：我国的快速城市化进程引发了日益加剧的环境健康问题，对实现城市可持续发展构成了严峻挑战。针对为健康而规划的科学议题，从健康风险、环境影响和居民行为维度入手，剖析环境健康复杂性给空间规划带来的根本挑战，提出包含理论基础模型构建、区域健康风险辨识和规划方案绩效评估等3个基本模块的规划分析框架，并从我国不同地方城镇的健康风险暴露水平、环境友好性以及老龄化水平等实际情况出发，提出基于健康保障、健康促进以及健康公平等目标取向的6种规划行动方案。

关键词：环境健康；复杂性；空间规划

城市化现象对环境健康的影响至关重要，城市地区在为人们提供更多选择和机遇的同时，也高度集中了大量的环境风险和健康威胁。面对城市化世界当中日益严峻的健康挑战，世界卫生组织将2010年世界卫生日主题定为"城市化与健康"。在我国快速城市化进程当中，环境健康的威胁更为严重。在中国500个较大城市中，仅有不到1%达到世界卫生组织推荐的空气质量标准；世界上污染最严重的城市之中，有7个在中国（Asian Development Bank，2012）。城市规划作为一种战略性的、以地方为基础的空间政策工具，应在城市地区的环境健康治理中，发挥无可替代的作用。通过有效的空间规划干预，能够从源头上控制环境健康风险，有助于从根本上提升居民的健康生活质量，并有效降低疾病所造成的社会及经济负担。

如何采取行动为健康而规划，已成为当前国内规划领域当中亟待解决的现实难题，并引起规划学者的关注（丁国盛，蔡娟，2013；谭少华，郭剑锋，江毅，2010）。然而，在理论层面上，尚不完全清楚，城市环境如何影响健康结果以及如何采取行动以产生健康益处；在实践当中，如何通过空间规划来塑造健康的城市环境，始终是一个有待解决的困难议题。其根本原因在于，环境健康的复杂性远超出既有的规划理论解释能力，更难以用传统的空间规划工具来加以妥善解决。为此，需要从环境健康的复杂性理论视角出发，系统审视空间规划所面对的一系列根本挑战。笔者首先针对环境健康的复杂性，探讨规划调控在风险、空间和个体等层面的新挑战；然后，总结国际健康城市运动的经验教训，并尝试提出为健康而规划的分析框架与行动策略。

1.环境健康的复杂性对空间规划的根本挑战

城市地区当中的环境健康复杂性在于，居民健康不仅是指远离疾病，更是指全面的身心健康状态，与个人生活质量密切相关；

城市环境既是指建筑物、基础设施等物质性构造及其空间组织形式，又涵盖各类活动发生在其中的社会、经济和自然等背景性条件，涉及处于不同空间尺度上的各类物质及非物质性因素；在城市环境的复杂系统之中，居民健康取决于诸多环境因素之间的交互作用和反馈机制。鉴于此，对空间规划的健康结果进行预测是非常困难的，意外结果的出现也变得极为常见；这为实施面向居民健康的空间规划带来严峻挑战。尽管全面认识环境健康的复杂性，需要对环境中的所有那些可能对健康构成潜在作用影响的因素进行识别和评估；但是，笔者将聚焦于环境健康与空间规划之间的关系探讨，从健康风险、环境影响和居民行为等特定维度入手，旨在分析环境健康复杂性给空间规划领域带来的根本挑战。

1.1　风险复杂性：公共健康的多重风险及多源性诱因

在非均衡经济发展、大规模工业化和快速城镇化进程中，我国城市地区的居民不同程度地暴露于慢性疾病、心理疾病、意外伤害和传染性疾病等多重健康风险之下。这些健康风险的发生，往往受到多源性诱因的影响；自然环境、建成环境以及社会和经济因素的交互作用，共同决定居民的健康结果。而且，这些健康风险的发生，通常涉及非线性的、反馈式的环境机制；不同健康风险一般基于各自的作用路径，可能发端于不同的环境因素，也可能由同一环境因素引起，而且变量之间的因果关系并非是孤立存在的，某一变量既可能是因，也可能是果。

慢性疾病的形成主要受城市居民非健康生活方式的影响，这和城市环境质量之间是相互关联的。首先，城市环境当中的水质、空气质量、噪声、热岛效应等，直接影响居民生活的基本卫生条件，与各类慢性病之间存在密切关系。其次，城市环境当中快餐食品供应网络的大量存在，以及土壤污染导致健康食物获取的困难等，也是引发居民脂肪摄入过多和体重超标的重要原因之一。除此之外，城市环境对居民生活方式更为深远的影响表现在，城市地区的土地使用形态、公共交通系统和地形地貌特征等因子相互作用，会影响到城市居民日常的身体活动水平，进而影响居民罹患各类慢性病的概率。有研究发现，城市及社区设计可以影响城市居民的交通出行选择或休闲活动行为，而日常规律性步行行为的减少会增加肥胖、糖尿病和心血管疾病的发生率（Sallis，等，2004；Frank，等，2004；Franklin，2003）。

城市环境对心理健康的影响大致存在两种方式。一方面，城市环境的一些特征要素，如住房条件、拥挤状况、室内空气质量和光线等，直接影响居民的心理健康。例如，大量研究证实，当住房存在结构缺陷、维护差、噪音、空气循环不畅等问题时，居住者更容易患心理疾病（Evans，等，2003；Evans，2003）。另一方面，城市环境可以通过影响与心理疾病结果相关的心理过程，间接影响人类心理健康。例如，居住密度越低，越有可能阻碍家庭之间社会支持关系的发展，进而降低的社会支持关系会增加居民的心理疾病风险（Evans，2003）。

意外伤害是指突发性事故给居民造成的身体损伤，其源头包括城市交通事故和城市犯罪等。首先，机动交通导向的城市空间形态增加了城市居民对机动交通的依赖性，加之不当的道路设计，共同导致了不断增长的交通事故与人员伤亡。已有研究发现，交通容量、交通速度、机动车道数、路肩宽度等与交通事故率之间成正相关关系（Abdel-Aty，Radwan，2000）。其次，城市犯罪活动造成的人员伤亡数量也在不断攀升。城市犯罪活动除了受社会治安、安全教育等非物质因素的影响之外，也与城市空间特征密切相关。例如，不合理的城市空间设计会导致城市街道上行人较少，造成人际关系淡薄，减弱对城市犯罪的社会自然监控力（Jacobs，1961）。

传染性疾病是由微生物和寄生虫等病原体引起的，是环境、人口和技术等因素综合作用的结果。在环境方面，污水、固体垃圾、土壤污染等为病原体提供了宜于滋生的环境，而城市建筑使用、基础设施运行、居民生产生活排放等则是这些环境污染的源头；在人口方面，低收入群体往往集中居住在卫生条件较差的城市住区之中，而且无力承担过高的成本去改善污物处理系统等基础设施，承受着相对更大的传染性疾病负担；在技术方面，现代临床医学使用的输液、器官移植和皮下注射等医疗手段，也为微生物的变异提供了更多条件（McMichael，2004）。

总之，城市当中普遍存在多重的健康风险，且受到多源性环境诱因的作用影响。这些多源性环境诱因之间相互关联，可以形成相互交织的作用路径，并产生不同的健康影响。因此，若忽视城市健康问题的多重性风险，仅针对单一的健康问题实施空间干预，将难以获得理想的规划效果；如果缺乏对健康风险与环境诱因之间复杂关系的深入理解，片面地、孤立地就某一特定环境因素或某一孤立影响链条实施规划干预，也将难以达成预期目标。

1.2 空间复杂性：环境系统的层级性及健康干预的跨尺度效应

城市环境当中能够对居民健康产生影响和施加干预的潜在因素，具有空间分布的层级性特征，即广泛分布在城市、社区乃至人际等空间尺度之上。相应地，城市环境对居民健康的干预存在跨尺度效应。处于不同空间尺度上的社会、经济、自然和建成环境等要素之间存在逐级嵌套的内在关联性，上一层级的环境要素既有可能直接作用于居民健康，也有可能通过下一层级的环境要素与居民健康之间发生间接联系。

在城市尺度上，自然环境、制度环境和社会环境，是影响居民健康的根本源头。自然环境包括城市所在地域范围内的地形地貌、气候、水源等要素，直接为城市居民提供了最基本的食物、水和新鲜空气等，是维持居民生存与健康的物质根基；制度环境包括历史条件、政治秩序、经济秩序、社会和文化机构、人权状

况和思想意识等要素，影响到居民获取各种权利、信息和资源的机会，是居民享受非物质产品与服务，保持身心健康的制度基础；社会环境包括物质财富分布、就业机会分布、教育机会分布和政策影响分布等，从根本上影响到不同居民群体之间健康差异。

在社区尺度上，物质层面的建成环境和非物质层面的社区环境，能够产生大量与健康相关的应激源，并影响居民的健康行为和社会行为，从而与居民健康之间发生直接或间接的联系。建成环境体现为土地使用、道路交通、服务设施和建筑等物质要素的规划设计和形态特征，决定了城市居民的生活、居住、办公条件，影响到城市居民的活动参与、交通出行和社会交往等，也是规划师对健康实施空间干预的基本媒介。社区环境是资本、政策、教育等综合作用的结果，会作用于可利用资源的分布与社会网络的形成，进而影响到城市居民的社会参与行为、社会安全等。

在人际尺度上，应激原、健康行为与社会融合和社会支持等，既是宏观、中观环境要素的作用结果，也是影响居民健康生活质量的直接原因。应激原涉及工作和住房条件、暴力犯罪、财产安全和环境毒素等，与居民的身心健康息息相关；健康行为包括饮食习惯、身体活动和健康体检等，不健康行为是造成慢性疾病的重要诱因之一；社会融合和社会支持包括社会参与、社会网络及可用资源等，缺乏社会支持的居民更容易受到心理疾病的困扰。

总之，城市环境系统的层级性以及跨尺度效应，使得城市环境与居民健康之间的作用关系十分复杂。尽管在空间规划领域中，已有一些学者针对居民健康提出活力社区的对策主张，致力于建成环境微观要素的精细化设计（Kerr，等，2012；Koohsari，等，2013；Wine-man，等，2014）。但是，各层级环境因素在彼此嵌套的形态结构之中和交互影响的动态过程之中，对健康所产生的跨尺度效应，至今仍缺乏足够的关注。

1.3 个体复杂性：居民的健康行为差异及健康不公平

城市地区整体层面上的居民健康平均水平，难以准确反映城市内部老年人和成年人等不同个体之间的健康行为存在差异；而且，一些弱势的社会亚群体所面临的健康挑战往往被忽视，进而掩盖了不同群体之间的健康不公平现象。

在居民的健康行为差异方面，相较于上班族／成年人而言，老年人占据、使用和体验建成环境的方式，有很大的不同；作为生理弱势的城市空间使用者，老年人日常的步行、锻炼、户外休闲等身体活动，更容易受住区内外建成环境中土地使用、道路系统、服务网点和活动设施等诸多因素的影响制约，严重依赖于安全、舒适和便捷的环境支持系统。例如，已有研究发现，设施可达性和步行／自行车友好设计特征，对老年人步行出行影响更显著（Cao，等，2010）；成年人步行出行与密度、土地用途混合度等因素之间的关系更密切（Cervero，Duncan，2003）；老年人步行水平则更容易受制于人行道、交通指示灯、邻里安全性、步行路线等因素（Wilcox，等，2003；Booth，等，2000；King，等，2003）。由此推测，老年人的健康活动行为对于邻近性、连通性、安全性、舒适度等环境特征比成年人更加敏感，这使得城市环境对两类群体的活动影响不尽一致；而且，由于年龄所造成的生理与心理条件差异，成年人与老年人为达到同样标准的健康水平，

所需要的身体活动量和运动处方有所不同，因而对城市环境也会产生不同的要求。

除此之外，在同一个城市当中，不同的社会群体通常相对集中地居住在流行病学特征极为不同的环境当中，造成居民群体之间的健康不公平。总体而言，不利条件和疾病往往集聚在某些特定的住区当中，使得居民群体的身体健康在很大程度上取决于其在城市环境之中所处的位置。尤其是，在高度依赖机动化和充满环境风险的城市空间之中，老年人以及穷人等群体普遍面临严重的健康不公平——即相对于上班族等主流群体而言，老年人、穷人的身体活动往往受制于住区内外环境的复杂时空制约，更容易暴露于肥胖、高血压等健康风险之下（WHO，2009）。

总之，居民健康行为的差异性和健康不公平的空间格局，使得基于狭隘的理性人假设的传统空间规划干预往往难以达到预期效果。传统的规划政策干预模式，基本上是遵循理性人的假设，即个人的行为来自理性选择，可以通过政策改变个人行动的成本和收益，来达到特定的政策效果。但是，最新研究表明，不同人的行为具有极大的差异性，其日常行为无法用理性人的思维模式来加以简单理解，需要综合运用自动思维、社会思维和心智模型思维等基本原则（World Bank，2014）。因此，规划干预行动也应针对性地分析人们决策和行为背后的心理和社会因素，这将是一个反复尝试、学习和调整的过程。

综上所述，既有的空间规划模式需要面对环境健康的复杂性所带来的根本挑战：在风险复杂性视角下，公共健康的多重风险及多源性诱因，使得针对单一健康问题和特定影响链条的规划干预难以获得理想效果；在空间复杂性视角下，城市环境系统的层级性与健康干预的跨尺度效应，使得空间规划干预所涉及的各层级环境因素，处于彼此嵌套的形态结构之中和交互影响的动态过程之中；在个体复杂性视角下，居民健康行为的差异性和健康不公平的空间格局，需要空间规划干预超越狭隘的理性人的前提假设，综合考虑不同个体的认知模式特点和行为习惯差异。

2. 为健康而规划的反思与建议

2.1 经验反思：既有健康城市运动的局限性

只有主动采取有效的政策干预行动，才有可能最大限度地发挥城市环境当中的健康益处，并尽可能地避免城市环境当中的健康风险。近30年来，世界卫生组织所倡导的健康城市项目，正是这种干预行动的有益尝试。然而，健康城市运动在取得广泛影响的同时，在最初意愿和实际行动之间仍存在难以弥合的差距（Takano，2003；Berkeley，springett，2006；Ritsatakis，Makara，2009）。

健康城市运动最早是在1984年加拿大多伦多的一次主题为"超越健康照料（Beyond Health Care）"的国际会议上提出的（Hancock，1993）。1986年，世界卫生组织在葡萄牙里斯本举办第一届健康城市论坛，先后启动欧洲和北美地区的健康城市项目；并从1991年起，将健康城市项目进一步扩展至越来越多的国家和地区。1994年，世界卫生组织与我国的国家卫生部开始健康城市项目合作；并在2007年底，确定上海、杭州、大连、克拉玛依等城市进行健康城市建设试点。截至2010年，全球已有3000多个城市加入世界卫生组织的健康城市网络，使之成为一项国际性的地方行动计划。

健康城市运动的基本出发点，强调社会组织建构、利益相关者参与和战略制定等一系列环节，是组织和过程导向，而并非空间和结果导向，这也为评估和识别健康城市实践的实施效果带来了极大困难。根据世界卫生组织的定义，健康城市应是"不断地开发自然和社会环境，持续地扩展社区资源，以促使人们在享受生活和发挥自身潜力的过程中，能够相互支持"（WHO，1998）。在此背景下，世界卫生组织倡导的健康城市项目实践，更多强调社区参与、授权和制度建设，虽然关注于持续性的改进过程，却又尽力避免提出特定的行动方案：根据欧洲健康城市项目第三阶段评估报告，约有一半的地方城市仍然停留于健康城市的理念和修辞，而未采取实际行动；仅有极少数城市开始着手处理与健康相关的社会调节性因素（Rit-Satakis，2009）。在与规划相关的议题中，健康城市实践大多聚焦于贫民改造、食物、饮用水等各种基本物质要素的供给方面，很少将环境健康问题真正融入城市规划领域之中进行通盘考虑。

总之，在健康城市的理论视野之中，空间维度的相对薄弱，使得健康城市项目的大量实践，侧重于将健康的生活习惯和社会关系作为基本的保障环节，并致力于通过一系列促进居民健康生活的公共政策议题与环境支持行动的组合，来实现健康人群的终极目标；而如何塑造健康的建成环境并未成为行动重点（Duhl，2005）。尽管健康城市所应具有的各类基本物质要素正在被逐步认识（充足的供水和卫生设施、清洁的空气、安全的住区等），而且这份清单也可以越来越长（Barton，2009；Capon，Thompson，2010）；但是，在规划领域当中，究竟如何有效挖掘城市环境当中潜在的健康益处，以及如何真正确保这些益处能够惠及所有城市居民，至今缺少能够支持有效行动的整合性理论分析框架和可供选择的规划政策工具。

2.2 对策建议：为健康而规划的分析框架与行动策略

2.2.1 分析框架

基于对风险复杂性、空间复杂性和个体复杂性的系统分析，本文试图构建一个为健康而规划的分析框架，从而为有效地实施规划干预提供合理指导。该分析框架在总体思路上包括理论基础模型构建、区域健康风险辨识和规划方案绩效评估等三个基本模块（图1）。

理论基础模型的构建基于建成环境是规划可干预的直接对象这一客观事实，需要围绕"城市建成环境如何影响人的健康"这一核心问题，建立起一个城市地区建成环境与人的健康有机整合的概念模型，从而系统理解城市范围内建成环境与人的健康之间的复杂性机制。该模型包括四个子系统（参见图1的"方法模块1：理论基础模型构建"）：①驱动因素——城市化进程；②形态模式——城市建成环境的基本特征；③内在机制——城市建成环境与资源环境要素／人的行为活动之间的互动关系；④压力影响——人的健康结果。其中，明确城市建成环境的两种作用机制（即通过作用于资源环境以及人的行为活动进而影响人的健

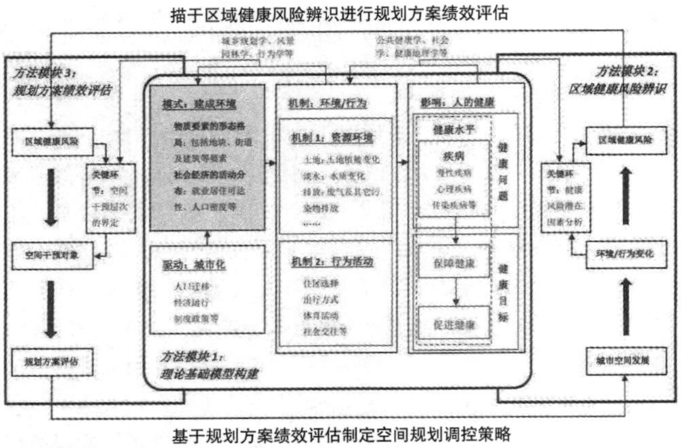

图1 为健康而规划的分析框架
Fig. I Analytic framework for research and theory, in planning for health
资料来源：作者自绘。

康），是理解城市建成环境与人的健康之间复杂关系的关键。总之，通过提炼出一个基于"驱动－模式－机制－影响"的理论基础模型，为城市建成环境影响人的健康提供较为系统的解释框架，有利于为下一步区域健康风险辨识以及实施规划调控奠定扎实的理论基础。

对于区域健康风险的辨识，考虑到风险复杂性问题（如健康风险类型多样等），首先，需要借助健康地理学、社会学等领域的研究工作，确定区域健康风险状态，包括区域内疾病类型比、疾病空间分布等实际状况；然后，需要借助公共健康学、心理学等领域的研究成果，根据区域健康风险状态的反馈信息，综合判定区域健康风险的一系列潜在环境／行为影响因素。同时，考虑到个体复杂性问题（如老年人和年轻人的健康诉求不同等），

研究同样需要在确定区域优先健康目标选取的基础上，进而推断特定区域所需的环境标准和行为活动类型／剂量。总之，鉴于风险复杂性和个体复杂性问题，需要对区域健康风险进行系统辨识，该模块有利于明确下一步研究重点围绕城市建成环境对哪些特定环境要素／特定行为的影响开展实证分析工作。

三是对于规划方案绩效的评估，鉴于空间复杂性问题（如健康干预的跨尺度效应问题等），需要将区域健康风险状态和重点关注的环境要素／行为活动结合起来，围绕"哪些建成环境要素影响所关注的资源环境要素／行为活动"这一核心问题，开展实证分析工作，从而界定物质空间的干预层次，并推导出相应的干预对象（健康风险影响源头），再据此对各种面向健康的备选规划情景方案展开系统性的绩效评估方案，最终对规划方案的制定提供决策支持。具体而言，规划方案绩效评估需要包括以下方面（参见图1的"方法模块3：规划方案绩效评估"）：①数据指标建库——包括城市建成环境和资源环境／行为活动等方面的数据收集及相应的指标体系构建；②空间干预层次及对象的界定——包括城市地区－邻里社区－街区院落等层面的土地－道路－景观等要素的指标推断；③环境健康的备选方案拟定——根据占有主导影响的健康风险源头要素的系统组合，制定出不同的空间规划备选方案；④规划方案的健康影响评估——根据区域健康风险状态、健康目标诉求等情况，基于"风险－规划情景－影响值分析"的评估框架，对各种规划方案的适用效度进行评估；同时，应当结合以往规划实践的反馈结果，经综合权衡，确定最终规划方案。总之，通过以上的数据收集和定量分析工作，以及备选方案拟定和规划方案的健康影响评估，对案例城市最终的最优规划方案制定提供决策支持。

表1 规划行动备选方案及其适合的地方城镇
Tab.I Proposed planning actions for the the corresponding cities and towns

目标定位	规划行动备选方案						适合的地方城镇					
	规划模式			工具手段			健康风险暴露水平		环境友好性		老龄化水平	典型城镇（我国主要区域当中需要重点关注的地方城镇）
	低碳城市／生态城市	慢速城市／活力城市	紧凑城市／老年友好城市	复杂系统重构	行为活动调整	物质空间改良	地域生态环境主导性疾病	个体生活方式主导性疾病	自然环境	建成环境		
保障	●	○	○	●	○	○	高	低	低	高	低	例如，华北地区（慢性呼吸系统疾病高发区、空气污染严重、老龄化水平较低）的中心城市
保障兼顾公平	●	○	◎	●	○	◎	高	低	低	高	高	例如，华东地区（慢性呼吸系统疾病高发区、空气污染相对严重、老龄化水平较高）的中心城市
促进	○	●	○	○	●	◎	低	高	高	低	低	例如，西北地区（心血管疾病或癌症等慢性疾病次高发区、城市步行友好度低、老龄化水平较低）的中小城市
促进兼顾公平	○	●	◎	○	●	●	低	高	高	低	高	例如，中南部地区（心血管疾病或癌症等慢性疾病次高发区、城市步行友好度低、老龄化水平较高）的中小城市
保障与促进并举	◎	◎	○	◎	◎	○	高	高	低	低	低	例如，东北及东南沿海地区（心血管疾病或肝癌等慢性疾病高发区、空气污染相对严重、老龄化水平相对较低）的中心城市
保障与促进兼顾公平	◎	◎	◎	○	○	●	高	高	低	低	高	例如，东北辽宁地区（心血管疾病高发区、空气污染相对严重、老龄化水平很高）的中小城市

资料来源：作者自绘。表注：● 重点 ◎ 关注 ○ 一般

2.2.2 行动策略

针对我国区域之间的差异性和不同地方城镇的实际情况，本文将提出地方规划行动的备选行动方案以及相应的方案选择标准。健康保障、健康促进以及健康公平的目标诉求，尽管从长期来看必须三者兼顾、缺一不可，但是应允许在特定地方的应对行动抉择过程中针对自身实际情况而有所侧重。根据健康保障、健康促进以及健康公平目标取向之间的组合方式，可以归纳出6种基本的备选行动方案：保障，保障兼顾公平，促进，促进兼顾公平，保障与促进，保障与促进兼顾公平。对于特定地方而言，在备选方案之间进行理性抉择，尽管需要考虑众多因素，但至少应涵盖3个衡量标准：健康风险暴露水平，环境友好性，以及老龄化水平。由于不同类型的健康风险与不同环境因子的相关程度影响健康目标的选择，因此，有必要对健康风险与环境因子进一步分类。根据既有研究（Rydin et al, 2012），本文将主要的健康风险归纳为地域生态环境主导性疾病和个体生活方式主导性疾病两类，同时将主要的环境因子归纳为自然环境和建成环境两类。地域生态环境主导性疾病的暴露水平和自然环境友好性共同决定了实施健康保障的紧迫性，而个体生活方式主导性疾病的暴露水平和建成环境友好性共同决定了实施健康促进的必要性，老龄化水平则反映了关注健康公平的迫切需求。

具体而言，特定的地方可以通过备选方案与衡量指标之间的对应关系，来选择符合自身实际情况的规划应对行动策略（表1）。例如，以健康保障为目标的行动方案，可以采取低碳城市或生态城市的规划模式，通过城市复杂系统的重构实现生态稳定、环境无害，进而保障居民基本的健康需求，这主要适合于地域生态环境主导性疾病的暴露水平较高、而自然环境友好性较低的地方城镇[①②]；以健康促进为目标的行动方案，可以采取慢速城市或活力城市的规划模式，通过对个体行为活动的调整来促进居民健康状况的改善及健康水平的提升，这主要适合于个体生活方式主导疾病的暴露水平较高、而建成环境友好性较低的地方城镇以健康公平为目标的行动方案，可以采取紧凑城市或老年友好城市的规划模式，通过物质空间的改良来强化各类服务设施的社会公平性，这主要适用于老龄化水平较高的地方城镇[⑤]；除以上三种简单化行动策略之外，一些地方需要根据健康风险暴露水平、环境友好性以及老龄化水平之间的复杂关系，灵活选择健康保障、健康促进及健康公平之间的组合行动策略。长期来看，许多地方城镇应对健康问题的行动策略最终有可能会逐渐趋同为保障与促进并举兼顾公平的组合行动策略，而且仍需要探索更为高效的规划模式，以弥补既有规划模式的不足。

3.结语

为健康而规划这一复杂的政策议题，远远超出了传统空间规划策略的行动能力。而且，世界卫生组织倡导的健康城市运动也难以从根本上应对城市化世界中日益严峻的健康问题。面对环境健康的复杂性，为有效实施空间规划干预，不仅需要在理论层面上充分认识规划干预的目标定位及可实施途径，有侧重地继续深化相关研究；更需要在行动层面采取适合于当地环境状况、风险水平和目标诉求的多样化应对方案。

就当前我国的健康状况而言，一方面，由于心血管疾病和恶性肿瘤等慢性疾病是我国人口的主要致死因子，而积极的身体活动在预防和改善以上慢性疾病方面发挥的效益显著，因此，以促进身体活动为导向的建成环境设计研究，是充分发挥建成环境在保障和促进人的健康方面的关键，而关于建成环境－身体活动之间关系的探索，则应当成为规划学科未来的重点研究方向。另一方面，由于我国77%的人口处于亚健康状态且健康问题各异（中国保健协会，国务院国有资产监督管理委员会研究中心，2012），以增长管理为主导的增量式规划调控，通过新的城市建设用地开发显然难以满足如此众多群体的个性化需求，因此，应当积极探索精细化的存量式规划调控策略，以克服传统的增量式规划调控方法的局限性，通过既有的建成环境优化，提高城市空间对不同群体个性化需求的适应能力，尤其是保障老年人等弱势群体的身体活动和健康生存权利。但是，从长远来看，我们仍需要清醒地认识到，实现环境健康及人的健康，不仅需要多个学科围绕建成环境－资源环境／行为活动－人的健康之间复杂关系的共同研究；而且需要空间规划、医疗技术、社会活动和经济运行等多手段的综合作用。

原载《城市规划学刊》，2016 年第 02 期

注释

① 《2012中国肿瘤登记年报》显示，肝癌高发区主要集中在东南沿海及东北等地区；肺癌主要集中在东北和云南地区；宫颈癌高发区主要集中在中西部地区，包括内蒙古、山西、陕西、河南、湖北、湖南、江西等地；胃癌在上海、江苏、青海、甘肃等地较为突出(赫捷、陈万青.2012中国肿瘤登记年报[M].军事医学科学出版社，2012.)。

② 《2014中国环境状况公报》显示，2014年全年空气质量相对较差的10个城市分别是保定、邢台、石家庄、唐山、邯郸、衡水、济南、潍坊、郑州和天津。同时，在京津冀区域13个地级及以上城市中，12各城市PM2.5年均浓度超标；在长三角区域25个地级及以上城市中，24个城市PM2.5均浓度超标；在珠三角区域9个地级及以上城市中，6个城市PM2.5年均浓度超标(环境保护部.2014中国环境状况公报[EB/OL]. http://jcs.mep.gov.cn/hjzl/zkgb/2014zkgb/.)。

③ 《中国心血管病报告2013》显示，高血压、心力衰竭等心血管疾病患病率北方地区高于南方地区；同时，《我国南北方中年人群HSCRP水平及其与心血管病危险因素关系的研究》发现，我国HS-CRP（心血管疾病危险因素）水平北方显著高于南方(国家心血管病中心.中国心血管病报告2013[M].北京：中国大百科全书出版社，2014；曹昀华.我国南北方中年人群HSCRP水平及其与心血管病危险因素关系的研究[D].北京：中国协和医科大学，2003.)。

④ 2014年《中国城市步行友好性评价报告》显示，鄂尔多斯、榆林、吐鲁番等西北地区城市不适宜步行；铜陵、武汉、成都、遵义、昆明、南宁等中南部地区城市，以及哈尔滨、长春、沈阳、南京、常州、杭州、宁波等东北及东南沿海地区城市步行友好性较低(自然资源保护协会.中国城市步行友好性评价报告[EB/OL].http://cn.chinagate.cn/data/2014-08/27/content_33357093.htm.)。

⑤ 《中国统计年鉴2014》显示，老年人口比重超过10%的省份有

重庆、四川、江苏、天津、山东、上海、湖南、安徽、辽宁等。甘肃、青海、宁夏、新疆等西北地区，以及北京、河北、山西和内蒙古等华北地区的老龄化水平较低；吉林、黑龙江、福建、浙江、江西等东北及东南沿海地区的老龄化水平相对较低（国家统计局.中国统计年鉴2014 [EB/OL]. http://www.stats.gov.cn/tjsj/ndsj/2014/indexch.htm.）。

参考文献

[1] ABDEL—ATY M A,RADWAN A E. Modeling traffic accident occurrence and invdivement[J].Accident Analysis & Prevention, 2000, 32(5): 633—642.

[2] Asian Development Bank. Toward an environmentally sustainable future: country environmental analysis of the People's Republic of China [M]. Manila: Asian Development Bank, 2012.

[3] BARTON H, Land use planning and health and well—being[J], Land Use Policy, 2009(26): 115—123.

[4] BERKELEY D, SPRINGETT J. From rhetoric to reality: barriers faced by health for all initiatives [J]. Social Science & Medicine, 2006,63(1): 179—188.

[5] BOOTH M L, OWEN N, BAUMAN At et al. Social—cognitive and perceived environment influences associated with physical activity in older Australians[J]. Preventive Medicine: An International Journal Devoted to Practice and Theory, 2000, 31(1): 15—22.

[6] CAO X, MOKHTARIAN P L, HANDY S L. Neighborhood design and the acrcessibility of the elderly: an empirical analysis in northern Califor—nia[J]. International Journal of Sustainable Transportation, 2010, 4(6): 347—371.

[7] CAPON A, THOMPSON S. Planning for the health of people and planet: an Australian per—spective[J]. Planning Theory and Practice, 2010(11):109—113.

[8] CERVERO R, DUNCAN M. Walking, bicycling, and urban landscapes: evidence from the San Francisco bay area[J]. Journal Information, 2003,93(9): 1478—1483.

[9] 丁国胜，蔡娟.公共健康与城乡规划——健康影响评估及城乡规划健康影响评估工具探讨[J].城市规划学刊，2013(5)：48—55. (DING Guosheng, CAI Juan. Public health and urban planning—assessment of urban planning efiects on public health[J]. Urban Planning Forum, 2013(5): 48—55.)

[10] DUHL L. Healthy cities and the built environment[J]. Built Environment, 2005(31): 356—361.

[11] EVANS G W, WELLS N M, MOCH A. Housing and mental health: a review of the evidence and a methodological and conceptual eritique[J]. Journal of Social Issues, 2003, 59(3); 475—500.

[12] EVANS G W. The built environment and mental health[J]. Journal of Urban Health, 2003, 80(4): 536—555.

[13] FRANK L D, ANDRESEN M A, SCHMID TL. Obesity relationships with community design, physical activity, and time spent in cars[J], American Journal of Preventive Medicine, 2004, 27(2): 87—96.

[14] FRANKLIN T. Walkable streets[J]. New Urban Futures, 2003(10): 5—7.

[15] HANCOCK T. The evolution, impact and significance of the healthy cities/healthy communities movement [J]. Journal of Public Health Policy, 1993(14): 5—18.

[16] JACOBS J. The death and life of great American cities [M]. New York: Random House, 1961.

[17] KERR J, ROSENBERG D, FRANK L. The role of the built environment in healthy aging: community design, physical activity, and health among older adults[J], Journal of Planning Literature, 2012(27): 43—60.

[18] KING W C, BRACH J S, BELLE S, et al. The relationship between convenience of destinations and walking levels in older women [J]. American Journal of Health Promotion, 2003, 18(1): 74—82.

[19] KOOHSARI MJ, BADLAND H, GILHS—COR—TI B. Redesign the built environment to support physical activity[J]. Cities, 2013(35): 294—298.

[20] MCMICHAEL A J. Environmental and social influences on emerging infectious diseases: past, present and future [J]. Philosophical Transactions of the Royal Society of London. Series B: Biological Sciences, 2004, 359(1447): 1049—1058.

[21] RITSATAKIS A, MAKARA P. Gaining health: analysis of policy development in European countries for tackling noncommunicable diseases[M]. WHO Regional Office Europe, 2009.

[22] RITSATAKIS A. Equity and social determinants of health at a city level[J]. Health Promot Int,2009(24): 81—90.

[23] RYDIN Y, BLEAHU A, DAVIES M, et al. Shaping cities for health: complexity and the planning of urban environments in the 21st century[J]. Lancet, 2012,379(9831): 2079.

[24] SALLIS J F, F1VANK L D, SAELENS B E, et al. Active transportation and physical activity: opportunities for collaboration on transportation and public health research[J]. Transportation Research Part A: Policy and Practice, 2004, 38(4): 249—268.

[25] TAKANO T. Healthy cities and urban policy re—search[M]. Routledge, 2003.

[26] 谭少华，郭剑锋，江毅.人居环境对健康的主动式干预：城市规划学科新趋势[J].城市规划学刊，2010(4)：66—70. (TAN Shao—huaf GUO Jianfeng, JIANG Yi. Active influence of human settlement on health: a new tend of urban planning[J]. Urban Planning Forum, 2010 (4): 66—70.)

[27] WINEMAN J D, MARANS R W, SCHULZ A J. Designing healthy neighborhoods contributions of the built environment to physical activity in Detroit[J]. Journal of Planning Education and Research. 2014(34): 180—189.

[28] WHO. Hidden Cities: Unmasking and overcoming health inequities in urban settings[M]. Geneva: WHO Press, 2009.

[29] WHO. Types of healthy settings[EB/OL]. http://www.who.int/healthy_settings/types/cities/ en/,1998.

[30] WILCOX S, BOPP M, OBERRECHT L, et al Psychosocial and perceived environmental correlates of physical activity in rural and older African American and white women[J]. The Journals of Gerontology Series B: Psychological Sciences and Social Sciences, 2003, 58(6): P329—P337.

[31] World Bank. World development report 2015: mind, society, and behavior[M]. World Bank., 2014.

[32] 中国保健协会，国务院国有资产监督管理委员会研究中心.中国保健用品产业发展报告[M].北京：社会科学文献出版社，2012. (China Health Care Association, State—owned Assets Supervision and Administration Commission of the State Council. Annual report on health care production industry of China[M], Social Sciences Academic Press, 2012.)

作者简介：

刘正莹，大连理工大学城市规划与设计专业硕士
杨东峰，大连理工大学城市规划系教授

建筑语境塑造与结构表现关联性研究

付本臣　马源鸿

摘　要：随着技术的高速发展、以及新结构、新材料的运用，结构表现已经成为建筑概念构思和形态表现创新的重要依据。建筑创作过程中的结构表现将技术、艺术和时代特征有效结合在一起，成为协同建筑语境塑造过程中文化内涵诠释与物质空间组织的重要要素。本文深入解析建筑语境塑造与结构表现的深层关联，并探索着提出建筑语境塑造视阈下的具体结构表现方法。

关键词：建筑语境塑造；结构表现；关联；建筑创作

ABSTRACT：With highly rapid development of technology, structure performance has become one of the most important basis of innovative architectural design, especially on the field of conception and form creation. During the architecture design process, structure performance combines technology, art and era-characteristics effectively. It has become an important element which helps cultural connotation interpretation and space organization. This paper analyzes the deep relevance of architectural context and structure performance. And then it puts forward the specific structure performance methods on the architectural context view.

KEYWORDS：Architectural Context Creating; Structure Performance; Relevance; Architecture Design

随着科学技术的进步和拓展，自然科学领域呈现出多学科融合渗透的特征，知识领域的发展趋势亦从分析走向综合。在此契机下，建筑学具备了多样和开放的特质，人们开始重视人文、地域、自然、精神和心理需求等因素在建筑创作中的表现。[1] 建筑创作已经成为立足于当下时空的，集工程技术、自然科学和人文思想于一体的综合性学科。语境概念为建筑理论赋予了相应的延伸。尤其在全球化与地域性的冲击下，规划学界、建筑学界甚至人文地理学领域都极其重视塑造出的全新语境与环境既有语境的关联关系，语境思维成为当下建筑创作的一个重要指导思想。

纵观建筑学的发展历程，建筑从匠人建造到自成体系的科学门类，"审美形态为先"是人类本能的行为升华成一门专业科学的动因。对于建筑，每个人首先感觉到的并具有留存价值的，正是建筑的形式、造型和模式。[2] 建筑作为一个系统工程，其形态表现是内部结构的结晶。结构表现则成为建筑创作过程中，在保证建筑坚固、经济、实用的前提下，建筑师发掘结构中的艺术要素，将结构特征反映到建筑形态上并进行有机交融的结合点。其作为建筑创作中的一部分，对建筑语境塑造的影响不容小觑，需要建筑师对其进行前瞻性思考。

深入剖析全球化、地域化等多元背景下建筑创作过程中结构表现与建筑语境塑造的深层关联，揭示结构表现在语境塑造中的作用及其影响因素，可以为当代语境思维指导下的建筑创作和创新提供更广阔的视野。

一、建筑语境塑造与结构表现的内涵诠释

1．建筑语境塑造的内涵

语境（Context）是一个兼具时间和空间的概念，源自语言学、叙事学，指语言片段的上下文、前后段或话语的前后关系，包括上下文语境和场景语境两部分。[3] 美国人类学家爱德华·霍尔说过"无论考察什么领域，都可以探查到语境的微妙影响⋯⋯没有什么低语境交流系统能成为一种艺术形式，优秀的艺术总是高语境的，低劣的艺术总是低语境的"。[4] 建筑虽然不同于音乐、绘画、雕塑等纯粹的艺术形式，但也体现了所处时空的哲学思潮、历史意义、文化价值、技术水平等多方面内容。

语境研究应用于建筑学领域可追溯到18世纪的规划理论，而后又有大批国内外学者对其进行研究和论述。意大利建筑师维托里奥·格里高蒂认为对待语境（Context）只存在两种态度和手段——模仿（Mimesis）和诠释（Assessment）。[5] 美国规划学者麦克哈格认为建筑创作的进行必须源自于既有的环境语境。[6] 美国建筑评论家肯尼斯·弗兰普敦提出的批判性地域主义对于语境建构也具有极强的启迪性。[7]

国内建筑学专业对语境的研究虽然方兴未艾，但也有一些较为成熟的研究。布正伟指出语境分为广义语境和狭义语境两类，广义语境制约着狭义语境，而狭义语境也具有相对独立性。[8] 同时有一批学者如薛求理、刘晓平从跨文化传播的角度，分析了当下的建筑创作中的语境思维。[9, 10] 当代学者如张永和、董豫赣、李晓东等以文人视角关注中国的建构思想。[11-13] 还有部分建筑师关注地域建筑创作，将语境思维作为建筑创作的重要指导方法，其中陆邵明提出了建筑语境塑造的核心、语境双层内涵等。[14]

综合国内外研究成果，建筑语境指建筑周边的物质环境、建筑自身的独特信息以及内外时空的关联关系。[14] 建筑语境塑造是设计者认知环境并重塑环境的一个动态过程，强调建筑在时空内的解读意义和建构内涵，其核心是建构物质空间、社会活动、文化意义在特定时空中的关联耦合。[14] 这意味着在语境塑造中，

设计者需要考虑语境的双重建构性，不仅要解读已有语境的环境意义，受限于特定的语境和文脉，而且要在设计中建构出合适的并有利于实现自身表达的语境内涵。

2．结构表现的内涵

建筑虽然是人类的艺术创作，却不同于诸如文学和音乐等没有实体的艺术形式，需要使用材料并通过结构的协调才能得到相对持久的形态，结构以其起因、存在及后果从根本上决定建筑物，[15]成就建筑完成形态与空间设计，以满足人的物质使用与人文精神需求。[16]关于结构表现的研究，主要集中于建筑创作中如何将建筑结构反映到建筑形态上。

结构表现作为建筑学中的一个研究门类，在长期的发展过程中理论建构不断丰富。从奈尔维等建筑师发起的结构表现主义风格开始，结构表现就不单单注重结构构件的力学原理和构造作用，而且将结构进行艺术化处理，使之更加精美且富于表现力。结构表现主义让建筑师跳出了原有的非此即彼的思维模式，激发建筑创作进入整体性思考。建构理论也关注着结构表现，弗兰姆普敦的研究指出"建构"属于"诗意的建造"，[5]结构和技术手段不只是建筑必备的基础，同时还能够体现艺术价值、文化内涵和地域特征。

对于建筑创作来说，结构表现不仅要解决建筑形态与结构技术的关系，同时也涉及美学问题、实用性能以及建造技术等。纵观历史，从古罗马到近现代的建筑创作，不同时期建筑的结构表现都具有技术性、艺术性和时代性三重内涵。时代性是技术性和艺术性的先决条件，在任何时期，技术和艺术的统一都是建筑创作的核心价值所在。

二、结构表现同语境塑造的耦合作用

语境塑造从根本上受到多方面因素的影响，有些影响是显性的、理性的，有些则是隐晦的、感性的。如建筑的材料物质性可以参与物质空间的建构，材料的地域性则可以协调建筑文化意义的表达；建筑的空间表现，涉及建筑的空间组织关系，影响建筑承载的社会活动，同时空间的内部光环境、色彩、尺度等也会影响建筑的文化意义表达；建筑的环境景观表现，能够影响建筑在特定时空中的情感定位，完成建筑地景式的低调姿态或是对景式的强力凸显。

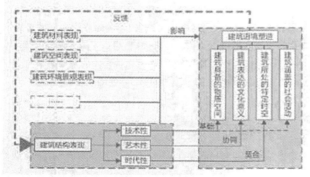

图1 结构表现同语境塑造主体要素的耦合作用

得益于当下科学技术的发展和建筑技术的创新，建筑的结构表现成为语境塑造视阈下的一个重要分支。建筑师通过挖掘场所潜在信息，协调建筑同背景文脉的关系，在表达自身功能需求时常常将结构表现作为重要的一环，因而结构表现对建筑语境塑造有着不可或缺的影响，二者的耦合作用也为建筑设计创新提供了全新的思路（图1）。

1．结构表现的"技术性"是语境物质空间建构的基础

建筑创作是将思想物化的过程，需要满足建筑的功能需求，创造空间感受，并满足经济性和安全性。建筑创作中从平面布局到空间界定、从整体形态到细部构造，为体现实用、经济、美观的需求，每一部分都必然有结构的参与。结构是建筑产生形态与空间的首要工具，体现了设计者使形态、材料与力量一体化的创造性意图，是塑造人类物质环境的基本手段，也是体现与彰显建筑美学及创造力的手段。[15]在建筑创作中，建筑师考虑结构技术问题需要从力学角度出发，结合建筑的空间立意和概念构思，设计出合理的、符合建筑自身功能需求的结构。任何技术形式的结构表现，其目的都是为了满足建筑物质空间的需求，通过自身的力学模式、构造技法，搭建恰当的实体空间。

以框架结构为例，柱子所得到的力的汇聚方式不同、传力模式不同，所支持并塑造的物质空间形态和感受也十分迥异。柱子作为传力构件，通过力的集聚、自身形态的变化可以增强结构的体量感，产生出全新的结构形态，促发物理量向精神量的转化，增强震撼力。[2]

2．结构表现的"艺术性"协同语境文化意义表达

文化意义表达涉及对人文环境的理解，是一种精神意义上的表达，关系到社会制度、历史文脉、地方风俗、民族情感和场所氛围等。结构的发展，从支承到表现经历了漫长的过程，结构表现与建筑美学的碰撞投射出建筑的文化特色，展现了"诗意的建造"。从宏观角度来看，任何时代都有自己主流的艺术文化倾向和技术导向；从中观角度来看，不同的地区、地域都拥有自己特殊的建造技艺和民风民俗；从微观角度来看，建筑师个体由于文化背景不同、底蕴积淀相异，崇尚的艺术形式、技术手段迥异，因而在表达文化意义时，结构表现千差万别。

为了抵抗全球化趋势，体现地域性特征，国内很多本土建筑师通过学习地方的传统做法，加之现代技术的融合和改造，将结构艺术化、人文化，用建筑诠释文化意义，极具人文色彩。如标准营造事务所在西藏设计的多座公共建筑，特意采用"木骨石造"的传统技术同现代钢筋混凝土技术结合，建筑呈现出来的地方化和人情化使建筑结构表现具有了极强的"艺术性"。

3．结构表现的"时代性"契合语境塑造的特定时空制限

建筑风格的演变，始终都是按照建造的规律不断进化，每一种风格的建筑形式，都与其时代特有的技术、建造方式密切相关。建筑的语境塑造真实地反映着时代特征，表现出不同社会价值观下的不同建筑形式，而建造技术决定了建筑形式的差别，不

同时期的建筑形式反映着当时的结构和构造水平。技术水平的提高为建筑师提供了更广阔发展空间，语境的塑造也趋于多元化，无论是延续固有文脉，还是突破传统限制，结构表现对于时代特征的诠释始终如一。

以21世纪为例，由于古典美学和现代主义美学受到了严峻挑战，建筑的潮流已经不局限于经典美学的"均衡、稳定、对称"，以及后现代主义、解构主义的"破碎、冲突、断裂"。当下的建筑师结合数字技术通过可视化设计，创造出了包括涌现、拓扑、折叠、分形等哲学和美学倾向。同时，信息社会带来的消费文化，一些奇观性的、实验性的建筑特征逐步显现，以适应消费主义的需求。

三、语境塑造视阈下的结构表现方法

语境塑造视阈中的结构表现是有意识地利用结构形式的表现力来处理建筑造型，帮助完成语境塑造物质空间建构和文化内涵表达等内容，其受到时代性的制约，并具有技术性和艺术性双重属性。结构表现伴随着建筑创作的过程演进，涵盖了建筑的构思阶段和深化表达阶段，并在表现时分为两个层次：其一是配合完成建筑同周边语境的关联关系建构、注重表现艺术性；其二是协同完成建筑自身语境功能空间的需求，注重表现技术性和物质性。因而在整个建筑设计过程中，不同的结构表现方式可以达到相应的语境塑造需求。

1. 结构的直白化表现

直白化表现的结构逻辑多用在语境塑造受到历史、文化及建筑功能束缚较多的建筑当中，结构质朴无华，与周边环境或建筑功能性统一，用最真实、常规的建筑结构语言诠释语境的文化内涵，建筑结构的组织关系是纯粹的、理性的、质朴的，但又不缺乏艺术性。

gmp事务所的很多建筑都属于此种表现方式，其继承了包豪斯所崇尚的理性主义的设计原则，每件作品都是在表达逻辑性和严整的秩序性。钢筋混凝土结构为办公楼、高层公寓等提供了经济实用、易于建造的便利，也符合理性主义建筑语境塑造中实用空间和功能需求，其适当的强化和墙体的变化，也符合简洁、合理的直白化的结构表现，彰显了一种无装饰又带有秩序性的纯粹美感。

2. 结构的实用化表现

结构的实用化表现让建筑的结构具有除承重需求外的功能性，以契合语境物质空间的建构和承担社会功能。实用化表现多体现在建筑构件形态变化上，赋予其一定的使用功能，创造出更具魅力的物质空间形态。

伊东丰雄设计的仙台媒体中心就是结构表现实用化的典范。管状柱和厚板构成的结构体系解放了空间，为建筑创造了开敞、连续，具有流动性的空间界面，同时管状柱内部空间又可作为交通核或布置管线使用，让特殊的结构形态具有了实用功能。

3. 结构的象征化表现

语境塑造过程中，建筑师总会意图赋予空间意蕴，有些意

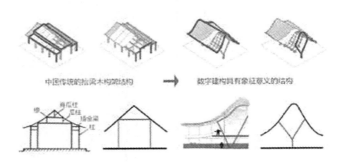

图2 米兰世博会中国馆的结构表现思辨

蕴是隐性的，需要观者联想获得，有些则是显性的，观者能够根据结构形态的象征化处理与设计者产生共鸣。结构的象征化表现可以引导观者的联想，提高其参与度。

结构的象征化处理包括对自然景观和文化精神的象征。对自然景观的象征化表现最常出现在建筑构件的处理上，如树形柱的使用，轻盈的柱子不仅提高了空间的高度和通透性，树状的形态也塑造出一种干净、纯粹的建筑空间语境。而对文化精神的诠释则多体现在整体结构体系和形态的变化上。如米兰世博会中国馆的设计，其结构表现取自中国的抬梁式木构架，但为了表现时代性和国家性质等多重文化内涵，建筑的结构形态在模仿传统木构架体系的基础上，改变了金柱的形态，形成Y字形的悬臂柱结构，屋面的横梁也由直变曲，象征化的结构表现完美地诠释了中国化的建筑语境（图2）。

4. 结构的异形化表现

在建筑创作过程中，为了体现与周围环境决然独立的思想境界或是形态特征，有时建筑语境的塑造常常追求"标志性""唯一性"，注重独特性的文化意义和精神内涵的表达。此时结构表现往往是差异化、异形化，建筑师希望自己的参与可以改善环境的氛围，刺激城市以增添全新的活力，因此结构表现思想没有严格的原则和等级，甚至只追求片段的极致表现。[17]

异形化结构表现的建筑语境塑造多呈现地标性、独特性或对抗性，代表建筑师包括扎哈·哈迪德、库哈斯、里伯斯金、UN Studio等，代表结构师当属塞西尔·巴尔蒙德。异形化的结构表现手法在建筑师手中缤纷多样，带有建筑师自身的感情色彩和强烈的个人标签性。

当然，语境塑造视阈下的结构表现的方式并不局限于以上四种，不同的思考角度、不同的语境塑造模式都会产生结构表现变化。建筑创作受到多重因素的影响，会呈现出多层次交织的状态，因此结构表现的策略和方法也并非"唯一解"而会因为思考角度的不同展出多重属性。

四、结语

结构表现是建筑师将建筑形式和结构关系有机结合的媒介，尤其在当下技术发展迅速的时代，结构表现的技术性、艺术性和

试论村落生态单元景观要素的形态模式

黄华　张晨　肖大威

摘　要：村落是一个由山林、水系、田地、建筑4个主要景观要素构成的生态单元，人们在营造村落生态单元时，根据固化的理想环境模式，因地制宜地将其生态本真的一面保留下来，使之与人们的使用需求相协调，再通过技术与艺术的互相促进，将几个景观要素有机结合，使得自然环境、物质生活与艺术情趣相协同，实现村落生态单元整体"真、善、美"的统一。

关键词：风景园林；村落生态单元；技术；艺术

村落，作为人类主要的聚居形态，在其发展历程中与自然保持着最直接、最紧密的联系，是人类在适应和改造自然环境的基础上建立起来的相对独立、完整、封闭或半封闭的生态单元。村落生态单元的演化就如同细胞的分裂，原始居民在环境宜人之地定居下来形成最初的聚落，随着生产效率的提高，人口不断地增长，当村落发展到了一定规模，物资产出和人口便会达到饱和，为确保二者的平衡，过剩的人口就要析出，另辟新地，新的村落随之产生。有别于纯粹的自然生态单元，人是村落生态单元的核心，其与自然相协调的自我调适能力和反馈机制，在很大程度上制约和推动着村落生态单元的演替与进化。

人们在长期适应与改造自然的过程中，积累了丰富的环境适应经验。在原始社会，由于生产力落后，人们抵御自然的能力低下，一些草木丰盛、水源充沛、有利于防御自然灾害和野兽侵害的地形便成为原始人的理想居住地，从西安半坡人类早期居住遗址便可看出，河流、台地、山丘呈现出了一个潜在的适宜人居的生态单元。在往后漫长的岁月积淀中，随着朝代更迭，村落的人口规模、空间结构、文化传统也随之不断地发生变化，在这个相对封闭的生态单元中，原始的生态聚落环境意识随着选址、改造、美化等经验的丰富，逐渐形成了一套程式，并在乡土社会中沉淀为"藏风聚气"的理想风水模式。

时代性是当代建筑师行之有效的创作根源之一。研究建筑塑造与结构表现的深层关联，并探索语境视阈下的结构表现手法，使建筑创作进入整体性思考，也让技术的表达拥有了丰富的内涵。

建筑语境塑造思想同结构表现在融合中共生，不仅为建筑设计注入新鲜的活力，并且提供给设计者尊重自然、尊重环境、尊重文脉的灵感来源和更为行之有效的物质空间建构思路。

原载《城市建筑》，2016年05期

参考文献

[1] ALLEN B, HOPFL H. Architecture and Organization: Structure, Text and Context [J]. Culture and Organization, 2009(3): 382−384.

[2] 夏普.20世纪世界建筑——精彩的视觉建筑史[M].胡正凡，林玉莲，译.北京：中国建筑工业出版社，2003.

[3] 史秀菊.语境与言语得体性研究[M].北京：语文出版社，2004.

[4] 霍尔.超越文化[M].何道宽，译.北京：北京大学出版社，2010.

[5] 弗兰姆普敦.建构文化研究——论19世纪和20世纪建筑中的建造诗学[M].王骏阳，译.北京：中国建筑工业出版社，2007.

[6] MCHARG IL. Design with Nature[M]. New York: Wiley, 1992.

[7] 弗兰姆普敦.现代建筑：一部批判的历史[M].4版.张钦楠，译.北京：生活.读书.新知三联书店，2012.

[8] 布正伟.建筑语言结构的框架系统[J].新建筑，2000 (5):21−24.

[9] 薛求理.全球化冲击——海外建筑设计在中国[M].上海：同济大学出版社，2006.

[10] 刘晓平.跨文化建筑语境中的建筑思维[M].北京：中国建筑工业出版社，2011.

[11] 张永和.作文本[M].增订版.北京：生活.读书.新知三联书店，2012.

[12] 董豫赣.文学将杀死建筑[M].北京：中国电力出版社，2007.

[13] 李晓东，杨茳善.中国空间[M].北京：中国建筑工业出版社，2007.

[14] 陆邵明.全球地域化视野下的建筑语境塑造[J].建筑学报，2013(8):20−25.

[15] 思格尔.结构体系与建筑造型[M].林昌明，罗时玮，译.天津：天津大学出版社，2002.

[16] 汪恒.关于结构的建筑美学设计策略[J].建筑技艺，2013(5):116−125.

[17] 巴尔蒙德.异规[M].李寒松，译.北京：中国建筑工业出版社，2008.

作者简介：

付本臣，哈尔滨工业大学建筑设计研究院副总建筑师，博士生导师，教授级高级工程师

马源鸿，哈尔滨工业大学建筑学院硕士研究生

及至封建社会后半段，大片的土地被开垦占有，村落生态单元中析出的人口难以随心所欲地选择背山面水的自然环境，那么他们如何在有限的土地上营建新的村落生态单元呢？村落生态单元景观要素主要由山林、水系、田地及建筑构成，这套结构不仅为人类生存提供了基本保障，还在千百年的演化中为人们所接受、美化、沉淀为理想的风水模式。人们在模拟这套成熟环境模式的过程中，根据所处的自然条件及自身的文化背景，将村落自然基底中生态本真的一面保留下来，并通过技术和艺术相互交织的营建促进，进行村落生态单元景观的再创造。从生态学角度看，这是历史发展到一定阶段后村落空间景观在生态、技术、艺术三者相互交融的引导下逐渐建造完善，达到"真、善、美"高度统一后的必然结果。

1. 依山——山林要素的形态模式

自然山林是古人择地而居的首要考量因素，是其生存繁衍的第一自然屏障，对村落生态单元的演进有举足轻重的作用。从借山林之势以造山林之美，人类与自然山林的关系经历了相互影响到协调统一的历史变迁过程。

山林之"真"不仅在于它为村民提供了必要的供给与庇护，还在于其具有"藏风"的生态功效。在村落营建初期的地形选择上，人们即重视对自然地形地貌的利用，丰富的山林资源给人们的生产生活提供了有效补给与保障，其围合的半封闭空间也有利于防御野兽等入侵，例如海南黎族传统村落将选址定于山谷坡地或盆地之中，形成一派"山包村，村近田，田临水"的壶中天地景象。同时，山林作为庞大的空间实体，其迎风面风速大，背风面风速小，为人们迎纳夏季凉风，规避冬季寒风创造了可能；且山林向阳、背阴面的温差促使周围空气的循环流动（图1），在通风畅气方面，相较一马平川之地更适宜人类居住。

对于地处平原、无山可依的村落，为了营造出"藏风聚气"理想的风水格局，人们常采用"植木补基"的做法对村落生态单元景观进行改造。他们在村前挖塘，将挖出的泥土堆覆于村后形成一座人造"小山坡"，并在山坡上植树造林。这种做法一方面弥补了村落基址在风水上的缺漏以满足村民趋利避凶的心理，一方面保养水土，维护小环境的生态，使村落小环境在形态上趋于完整，在景观上显得内容丰富、充满生机。而对于多山地区，山脉崎岖，地势嶙峋，少有开敞平缓之地可供营建村庄，人们为了节约土地且达到理想的风水效果，顺应山势地形，沿等高线建村（图2）。这不仅可以大大减少营建工程量，还可避免滑坡等自然灾害的发生。

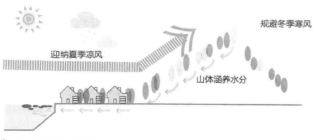

图1 "依山藏风"示意图

（图中文字）规避冬季寒风　迎纳夏季凉风　山体涵养水分

图2 两江苗寨村落

图3 从山林高处俯视之景

山林之"美"在于其作为村落生态单元的背景与依托，使村落在景观上协调完整且富有层次。从"对景"的角度来说，随着视距的拉远，山林本身的起伏变化逐渐转淡，进而化为一道清幽的背景轮廓线，使得村落的整体空间被大大丰富，且与传统画论所追求的山之"深远"的美学效果相契合。除了"衬托"方面具有特别的景观效果外，山林还为观赏周围环境提供了开阔的视野，伫立于山林高地，极目远眺，山下的建筑、田野、蜿蜒的水系尽收眼底（图3）。

"凡立国都，非于大山之下，必于广川之上。"这虽是古人对营国建都选址的论述，但也表达了乡土社会人们的择地观[1]。在村落生态单元景观的演进中，山林不仅给村落提供生存供给和庇护，也在"藏风聚气"风水学背后包含了生态的科学性，还通过以其为背景的村落展现出更为立体和丰满的三维空间效果。

2. 临水——水要素的形态模式

郭璞在解释"风水"时写道"气乘风则散，界水则止，古人聚之使不散"，并强调"风水之法，得水为上，藏风次之"。可以说，水是保证村落生态单元维持正常运行所不可或缺的要素。

水之"真"在于其是村落生态单元之灵魂，大凡炊事饮用、养鸡饲鱼、种藕采菱、洗衣浆菜、灌溉疏浚、交通运输，乃至节庆娱乐等活动都离不开水。从《管子》："高毋近旱而水用足，下毋近水而沟防省"便可看出，"临近水源"是村落营建首要解决的问题，最简单做法便是将村落选址置于水边。有研究者对梅州市域范围内320个传统村落进行调研时发现，近86%的村落临水而建，由此可见在条件允许的情况下，临水建村是村落分布的普遍特征，进一步统计显示，约50%的村落位于宽度小于10m的中小溪流两侧（表1）。

表1 梅州传统村落分布与河道宽度调查表[2]

河道宽度 (b)/m	样本村落数	占受调查村落总数的比例 /%	典型村落
不临水	44	14	逢甲、灯塔、桃源、周兴
b ≥ 100	34	10	安乐、环市、坡角、神岗
50 ≤ b<100	36	11	白马、北塘、矮岭、盐米
10<b<50	47	15	高乾、罗田、松坪、建桥
b ≤ 10	159	50	坪山、侨乡、坎下、栅子

虽然人们在村落选址之初就考虑临近水源，但仍然存在取水距离较远的问题，为此，人们会选用"凿井""引渠""聚塘"的技术手段来获取水源。村落中每口井都服务于一定的住户，为了方便汲水和洗刷衣物，人们多在井的周围用条石砌筑成井台，若井坐落于街头巷尾，周围设有宽敞空间[3]，久而久之，这些水

图4 宏村水系规划示意图

井空间便成为村落交流聚会的公共场所。在引渠入村时，流经村落的水系被分为涓涓细流，与村落紧密结合成一套网络系统，不仅为村民生产、生活用水提供了方便，还具有防洪减灾的功效，并且可以深入村落带走滞留于内部的浊热空气，美化环境。如安徽宏村将河流引入村中，形成了一条九曲十八弯的水圳，营造出"浣汲未妨溪路边，家家门巷有清渠"的良好生态环境。有时村民还会将渠水引入自家的宅院，使民宅内部的生态小环境也得到极大改善，居住起来更加舒适、惬意。在村落中部形成的开阔水塘，除了供村民日常浣洗、蓄水、消防外，还可在村落生态单元内造成温差，促进空气对流，达到通风畅气的目的，这与风水学的"聚气"一说相契合（图4）。

凿井、引渠、聚塘的理水手法，在村落景观上形成点、线、面的空间符号，成为古村之"美"不可或缺的要素。井台"点状"空间打破了街巷"线性"空间的单调感，丰富了村落的景观变化。有些井"点"的布局还被赋予了某种精神意蕴，如俞源村的"七星井"、苍坡村的"八卦井"，反映出村民对自然的崇敬，对福寿康宁的企盼。线性的沟渠交织成一个网络水系，而水塘则由于其本身的向心性，将周围的建筑系作一个整体，每当风平浪静之时，水塘便似一面镜子，建筑倒影其中，虚实相应，情趣倍增[3]。例如皖南歙县的宏村，全村以半月形水塘为中心，宗祠、书院、民居等建筑绕水而筑（图5）。

图5 宏村水塘与建筑的联系（引自http://www.nipic.com/show/l/48/6135359k9914d760.html）

村落生态单元在演化过程中形成了一套由"临水选址"到"凿井、引渠、聚塘"逐渐成熟完善的水系营造技术，不仅保证了村落正常的生产生活，使村落具有了多样化、多层次的生态环境，还符合村落景观的审美需求，达到"聚气"的生态效果。

3.乐业——农田要素的形态模式

中国是个农业大国，土地是财富的根本，只有拥有了充裕的田地，村落生态单元才能为居住者提供足够的粮食及其他生活所需，同时，在多样开垦方式的作用下，田地逐渐形成一种独特

的村落景观，从生存供给到展现大地生态之美，体现出村落生态单元景观的真善美。

田之"真"在于其反映了真实的人地关系，人们为了生产生活而必须适应于自然的过程和格局[4]。我国幅员辽阔，为适应各地的气候、水文、地理等自然条件，古代劳动人民创造了多种多样的灌溉方式，如坡塘堰坝、引水渠道、坡渠串联、圩垸、坎儿井等，营造出与之完全相适应的田地，如适应于丘陵山地的区田、城郊围篱的围田、漂浮于水面的架田、沙洲上营造的沙田等。

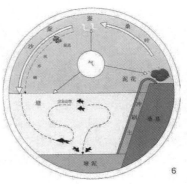

图6 桑基鱼塘生态循环图[6]

田地之"善"就在于它的生产功用，"乡田有百金之亩，厘地有十金之步"，古代先民早就意识到田地的宝贵，村民营村建宅，尽量不占肥沃的田地，并极尽所能地发展农事生产。即使是在田地资源匮乏的地区，或是在不适于种植常规作物的地区，人们都会想办法另辟蹊径地创造出节地种养的好方法。如在岭南地区，由于河网纵横、洪涝严重，人们因地制宜地将一些地势低洼、水源浸泡、生产条件较差的土地挖深为塘，用来养鱼，将挖出的泥土复砌于鱼塘四周成基[5]，塘基上种桑养蚕，桑叶饲蚕，蚕屎养鱼，桑蚕、鱼、泥三者有机结合，在获取经济效益的同时形成了良性循环的生态系统（图6），位于江门鹤山市被誉为"东方威尼斯"的古劳村展现的即是这样一幅图景。

田地在体现生态之真，技术之善的同时，也展露出景观之"美"。这种"美"表现在很多方面——田地的尺度、空间、季相变化甚至是弥漫于泥土、作物间的芬芳。如山区坡地中的居民依照山体的走势和地貌建造梯田。梯田依照山势而上，依次收缩，形成层次分明的阶梯状优美景致，沿等高线蜿蜒曲折，线条形貌间蕴含着节奏律动之美。冬去春来，夏往秋至，梯田的色彩也随之变幻。从早春时农田注水插秧后的"水光成卦，万镜开奁"；到仲夏时分，禾苗吐翠，稻田仿若绿毯铺遍开来；至金秋十月，千山万壑间稻浪翻滚，状如织金锦带；末了于隆冬季节，皑皑白雪随田赋形，与远山青黛相映成趣。

农田作为人化自然景观，是人类智慧与脚下大地确切真实的契约关系，它既合乎自然生态的内在规律，又满足村民自身生存的目的，并在这种"合目的"中遵循着美的规律，集中体现着出村落生态单元景观之真、之善、之美。

4.安居——建筑要素的形态模式

在村落生态单元中的建筑多以民居为主，这是中国传统建筑中最普遍且与人们生活密切相关的建筑类型，历尽岁月的沉淀，汲取时代精华，从某种程度上讲是真善美的统一体。

村落建筑之"真"体现在其对自然的态度上，即尊重自然、适应气候、顺合客观环境、具有生态性。首先，在选址布局上因地制宜，如山区民居多依山而建，高低错落；江南水乡的居民则

多临水而居,与河道关系密切。其次,对当地材料的合理利用与真实表现,例如贵州山区居民多以毛石、杉木建造房屋,福建客家民居筑土为墙,而广东沿海地区则多建蚝壳屋。材料往往决定了建筑的结构方法,而结构方法则直接表现为建筑的形式,使得建筑自然融合于其所处的地域环境之中,展现地域环境所具特质,使人获得地域认知感。

村落建筑之"善"体现在它的实用性,即充分考虑人的需求,追求健康、舒适的体验效果。当置身于乡居民宅中,人们不仅不会感到压抑闭塞、闷热潮湿,反而会觉得凉风习习、清凉舒爽、尺度宜人,备感亲切。我们不禁要问在没有现代化营造科技的情况下,乡土社会的人们是如何做到这些的?从村落的整体格局上看,为争取阳光,村落常为南北向布置,其中的主要街巷受到夏、冬季主导风的影响,并结合当地的地形地貌形成一条利于通风的"冷巷",再以小巷串联民居、院落,最终形成有机的建筑群空间形态[9]。这种布局方式既尊重了传统的风水学理论,给整个村落提供了良好的通风环境,起到自然调节局部气候和节能的作用,也使得整个居住环境享受到充足的日照,回避寒风,减轻潮湿(图7)。就建筑单体来说,村民通过梳理民居的空间组织,设计屋顶排水方式,改善民居内部生态小环境(遮阳、种植、聚水)等多种技术手段,使民居的居住空间达到人体舒适度方面的基本需求[10]。

建筑之"美"主要体现在其形体美和空间美、意境美上,包括建筑的构图、比例、尺寸、色彩、质感等[11]。其中较为典型的要数封火墙的应用,在村落民居中,封火山墙高高伸出建筑屋面,用以隔绝邻家的火情,遏制火势的蔓延。这些形式灵活多变的封火墙不仅有防火的功效,还兼具较高的观赏性,无论是徽

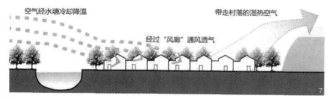

空气经水塘冷却降温　带走村落的湿热空气

经过"风廊"通风透气

图7 村落南北向剖面通风示意图[9]

派建筑中层层跌落的马头墙,还是岭南老屋上锅耳形的山墙,都在丰富建筑外轮廓的同时,增加了村落整体立面的形态。

总之,村落生态单元的建筑表现形式虽然较为简单,无法同恢宏华丽的宫殿庙宇相提并论,但它们出自乡民之手,与当地的气候地理环境有机结合,最贴近生活,竹篱茅舍,生动活泼,自成一番诗意。

5.结语

村落生态单元景观的形成与发展是生态、技术和艺术三者相互促进、交融,达到"真、善、美"高度统一的结果。"真"表示村落生态单元景观构建必须适应当地的自然条件,具有一定的科学性;"善"即村落生态单元景观的营造技术应满足人们的具体使用需求,即它的实用性;"美"则表示村落生态单元既给人以视觉艺术之美,又能与人的精神世界产生共鸣,即它的艺术性。真、善、美三者既各自独立,又相互统一,三者不断循环、

提升、糅合,演变成为有机统一的村落生态单元系统。

现今人类聚居地已经进入到城市化快速发展的阶段,伴随着对生态环境的过度开发以及对历史文化的忽视,人类传统聚居环境逐步陷入困境,村落生态单元景观遭到不同程度的破坏,如何确保其长久而持续发展成为人们思考的难题。探寻村落生态单元景观的生态内涵,抓住其演进过程中科学性、实用性、艺术性三者相互促进的动力机制,将帮助我们对传统村落景观进行更好的保护与利用。同时,村落生态单元中所蕴含的丰富聚居生态学思想和生态构建经验,也将成为人们建设现代住区可借鉴和继承的宝贵文化遗产,具有重要的现实意义。

原载《中国园林》,2016年08期

注:文中图片除注明外,均由作者绘制或拍摄。

致谢:感谢华南农业大学林学与风景园林学院黄家平老师对本文无私的指导与帮助,特此致谢。

参考文献:

[1] 李苈.中国东南传统聚落生态历史经验研究[D].广州:华南理工大学,2004.
[2] 孙莹.梅州客家传统村落空间形态研究[D].广州:华南理工大学,2015.
[3] 彭一刚.传统村镇聚落景观分析[M].北京:中国建筑工业出版社,1994.
[4] 俞孔坚.田的艺术:白话景观与新乡土[J].城市环境设计.2007(6):10-14.
[5] 傅娟,许吉航,肖大成.南方地区传统村落形态及景观对水环境的适应性研究[J].中国园林,2013(8):120-124.
[6] 钟功甫.珠江三角洲的"桑基鱼塘":一个水陆相互作用的人工生态系统[J].地理学报,1980(3):200-209.
[7] 申扶民,李玉玲.稻作文化与梯田景观生态探析:以广西龙脊梯田为例[J].广西民族研究,2012(2):128-133.
[8] 向岚麟.中国传统民居中的真善美探析[J].西南交通大学学报:社会科学版,2006(4):124—128.
[9] 何川.湘南传统聚落生态单元的构建经验探索[J].建筑科学,2008(12):12-16.
[10] 傅娟,冯志丰,蔡奕旸,等.广州地区传统村落历史演变研究[J].南方建筑,2014(4):64-69.
[11] 周春山,张浩龙.传统村落文化景观分析初探:以肇庆为例[J].南方建筑,2015(4):67-71.

作者简介:

黄华,女,华南理工大学建筑学院在读博士研究生
张晨,女,华南理工大学建筑学院在读博士研究生
肖大成,男,亚热带建筑科学国家重点实验室教授、博士生导师

公共艺术与仪式感的创造

林磊　朱英

摘　要：仪式是连接神圣与世俗间的桥梁，是人们精神生活的体现。在仪式渐行渐远的今天，公共艺术参赛作品"游——心归何处"期望通过公共活动的开展，重新创造仪式感，唤醒人们的群体意识，重塑地方精神实质。这件具有仪式感的作品，让我们重新思考公共艺术的社会价值和艺术价值，探讨公共艺术的文化使命和社会使命及其对地方重塑的意义和可能性。

关键词：仪式感；公共艺术；参赛作品

1.引言

仪式对于现代人来讲，有一种渐行渐远的陌生。这座连接神圣与世俗间的桥梁，曾经是人们对生命呈现出的敬畏和尊重，对社会群体表现出的某种认同与依赖。仪式分为宗教仪式和日常仪式。那些建立在日常生活之上的个体与集体仪式，通过某些具体而微的叙事，可以唤起人们对个体或集体的重新认知与记忆，也可以增进人与人彼此之间的亲和力与凝聚力。公共艺术背负着城乡文化复兴的使命，在特定的环境中可以转化为仪式的载体，满足人们对于回归传统、充实内心世界的诉求与渴望。我们在"济南西部新城国际公共艺术邀请赛"的获奖作品"游——心归何处"，期望通过仪式感的创作，重拾一份集体记忆，回归多元文化生活。

2.设计背景

国际公共艺术协会（IPA）在公共艺术界具有广泛的国际影响力，由它主办的第二届国际公共艺术论坛于2015年6月在新西兰举办，这次论坛聚焦中国公共艺术发展实践而特别开设主题为"中国·济南西部新城公共艺术规划设计研讨会暨公共艺术规划设计方案国际征集发布会"分论坛，提出2015年9月邀请赛各项具体要求，期望通过公共艺术规划设计项目征集、解析、评比和专题研讨等环节，关注中国公共艺术现状与发展，推动国内与国际公共艺术活动良性互动、务实发展，提高中国城市建设的空间品质，从而提升城市文化软实力。

这次公共艺术邀请赛设一等奖1名、二等奖2名、三等奖3名、优秀奖10名，共收到来自国内外180余件参赛作品。我们上海大学美术学院的两份参赛作品分别获得本次邀请赛的一等奖（作品"绿意浸润"）和三等奖（作品"游——心归何处"）。

基地"印象济南"片区位于济南西客站片区"三馆"北侧，东至腊山河东路、西至腊山河、南至兴福路、北至青岛路，总用地面积约28.67hm²(313亩)，总规模约27万㎡，主要包括商业、

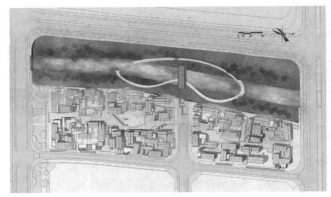

图1　基地总平面

休闲、娱乐、文化、旅游等功能，是济南未来新时尚休闲生活中心。我们参赛的公共艺术作品选址和设计于此基地西侧（如图1所示）。

3.设计理念

如今，公共艺术已然成为一种思想方式和工作方式，注重对大众精神层面的服务，而不仅仅是一种艺术风格。如何让我们的艺术能够呈现社会问题，让公众参与其中，凝聚人心，提升艺术价值，最终成为一件实实在在的艺术作品，这便是我们设计的目的和追求。

如果社会出现问题，城乡出现问题，那么，最大的问题可能在于人类本身。我们的作品把着眼点放在关注人类本身，关注人的内心世界。在当今社会，人们的生活节奏越来越快。重复性的快节奏生活使人的存在感慢慢被剥夺并沉溺于日复一日的平凡生活，缺少了一些期待和生活的幸福感。如何撬动人们对生活的敏感和热情，是我们创作中面临的困惑与挑战。

"印象济南"项目规划设计的主题为"泉"世界，因"泉城"这一盛名而设计有多处泉水、溪流与河瀑，基地西侧还有一条天然的河流——腊山河。有言曰：山，有仙则名，水，有龙则灵。可见，即便是山水，也需要一个触媒将之激活，而能够激发水的活力和灵动感的是遨游水中的鱼。鱼儿在水中游，鸟儿在空中飞，体现的是一种自由放飞的心情与状态。由此产生了设计构思，在"泉"世界的西侧与之对应设计一个以"鱼"为主题的公共艺术，"游鱼活水"正是要回应"印象济南"的精神实质，让人们在这里能够真切体会到鱼儿般的自由。

在作品名称"游——心归何处"中，"游"是人或动物在水

里的动态，也有游玩、游乐、游历之意，寓意人们对自由的向往；"心归何处"，是我们在拷问、在寻觅、在思考，体现了我们对城市精神的渴望。

4. 仪式感再造

在设计中，我们用一条环带串联起两岸风光。这条环带隐喻了一条在水中畅游的鱼儿，自由自在，享受戏水之乐。我们为环带设置了不同的高差，蜿蜒的鱼形步道，穿过丛丛的绿意，形成一种若隐若现的感觉，使人在奔赴前方的过程中有着各种期待。在环带的两个节点上，分别设置了主题景点"鱼骨渡桥"和与基地业态相适应的"鱼尾婚庆平台"，成为环带上两个对景空间。鱼骨渡桥是作品的高潮，一方面，鱼骨渡桥这个水上生命体能够为人提供可游憩的活动场所；另一方面，周期性"展开"的生命体所带来的仪式性暗示，也将为重复生活节奏中的人带来新的期待。"鱼尾平台"位于路径的另一端，也是和东侧婚庆街相配合而设置的景观节点。人们在这里既可赏景，其本身也成为风景的一部分。

沿环形步道，我们设计了三类活动，并在活动中，突出强化了仪式感的创作。第一类活动"每时之活动"，是指人们在绿地中所展开的一系列活动，人们或沿桥漫步，或亲水嬉戏，又或是静坐岸边，赏河中之景，心随景而动；第二类活动"每日之仪式"，是人们观赏位于鱼骨渡桥的表演——月色降临，是每日同赴一场盛会的人们所期待的美好时刻；第三类活动"一生之仪式"，是位于鱼尾平台的婚礼或婚纱摄影，新人们在众人祝福中许下一生的约定。第二类活动是仪式感理念的设计重点。

4.1 诗意的行进

仪式感是人们在仪式活动中产生的感性体验，源于每个人内心的感受，依赖于人们的生活经验和感知周围世界的方式。作为服务于大众的公共艺术，我们期待把仪式设计成一种诗意的体现。这种诗意是通过人们不同的"观想"而取得的。"观"是视觉的，但又是各种知觉的统一体；"想"代表着思考，属于人类心智的产物。观想便是一种普遍的、触动心灵的创造性观察。除了作品的高潮部分，作品希望把小径设计成人们可以诗意行进的路线（如图2所示），让人在观想中获得某种期许，带着这种心情奔向最终的目的地。

▌图2 诗意的行进

鱼骨渡桥便是这仪式最终的目的地，任何一条奔向这个终端的路径都让人们在玩耍之中体会到一种过去与现在交织成的一组不可间断的交进韵律。小径不断地调节、变形、转换，一路的风景呈现出的是一个时空不定的物理空间：旁边的腊山河在飞扬的草丛交错中忽隐忽现；时上时下的曲径转入稍微开启的广场，突然又偏转成桥梁的一部分。人们在小径上奔跑，抑或悠闲地散步、居停，行进的关系转化为观看的诗意、偏转的诗意、无限接近的诗意。前方带给人的某种暗示或召唤，不禁让人感慨这何尝不是一种行进中的仪式呢？

4.2 隐喻的叙事

如同我国的山水画一样，公共艺术可以更多偏向于一种空间的构造游戏，一种叙事结构的设计，不仅求合物理，更求合心意，建造内心的理想世界，让大众能够对作品产生某种共鸣。仪式作为一种"文化"现象，并非抽象玄虚，与公共艺术相结合，让人的内心经历了分离、阈限、融合三个过程，这是仪式本身在时间和空间作用下，形成一定的知觉张力不断浸透人的内心世界的结果。

鱼骨渡桥上的活动每日仅举行一次，一旦错过，只待来日再看。夜幕降临，管理者开始关闭渡桥两端，禁止人流通行。人们向桥的方向聚拢，共同期待一场表演秀的开始。此时，通过扭转将主桥向上拉起，进行翻转表演，犹如龙腾鱼

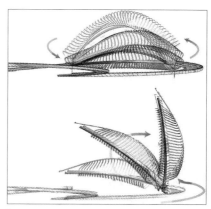

▌图3 翻转的桥（上图为横向翻转，下图为竖向翻转）

跃。翻转至一定角度，开始灯光秀、喷雾等表演。水幕上的画面与自然夜空融为一体，形成强烈的立体感和空间感，产生一种虚无缥缈和梦幻的感觉，让游客领略到流光溢彩、奇妙变幻的4D水幕装置艺术。20~30分钟的表演结束，桥梁被高高竖起，形成一道夜间标志性景观（如图3所示）。

在观演时，人们身处的戏场是一种情景式的"场"模式，将其隐喻为一场仪式或典礼；当大幕拉起，演员出演，仿佛千年的历史被微缩在极为短促的背景及剧情中。桥梁的不断变异延迟了时间韵律、拉长了空间距离；一幕又一幕的景致扩大了这个尺度并不大的河道的"内在"景深。桥，作为一个纽带，不仅联系了河岸两侧，还联系了城乡与自然、人与人之间的心灵。在这种仪式过程中，人们经历了期待、观演、再期待的故事轮回，也经历着起承转合的心理过程，不论是个人还是大众，都会感慨人生有辉煌也有落幕，必然的结局中也会有偶然的不确定。

4.3 纯化的游戏

仪式曾经深植在每一个特殊文化系的基因里，被时代沉淀及翻搅，我们只是在时光的封尘中去唤醒那份记忆。在作品中，

当代艺术、多元文化景观与博物馆

张瀚予

提　要：自 20 世纪 60 年代以来，艺术作品的材料、创作方式和呈现结果变得越来越多元化。艺术创作的这种变化给博物馆的收藏、展览和教育等工作带来了新课题。当代艺术是为公众提供理解当下世界的一种途径，它反映着多元的当代文化景观，也可以成为博物馆品牌打造的一种策略。当然，由于当代艺术自身的特点，博物馆在收藏和展示当代艺术时也应理性地面对挑战，并规避风险。

关键词：博物馆；当代艺术；文化景观

一、当代艺术走进博物馆——以大地艺术为例

（一）当代艺术

对"当代艺术"（Contemporary Art）这一概念究竟应该如何界定，今天仍然存在一定的争议。有些学者认为，可以从"时间"的角度来区分当代艺术和之前的艺术，如将当代艺术称为"战后艺术"（Post-war Art）或"1945 年以来的艺术"。因此在一些西方的艺术博物馆和拍卖行中，我们常常会看到类似"战后艺术"这样的部门或作品类别名称。美国艺术哲学家阿瑟·丹托（Arthur C·Danto）和其他一些学者则认为，当代艺术的"当代"不应该是一个时间概念，而是应指当前时刻正在发生的事情，所以当代艺术应是我们所生活的时代的人所创作的艺术。[1] 根据丹托的概念，当代艺术是那些与"我们"有着紧密关系的作品，它们反映着"我们"的生活、思考、样貌和整体上的文化景观。也可以说，只有那些更反映当下、具备"当代性"的艺术作品，才可以被归为"当代艺术"的范畴。

从艺术创作的角度，在 20 世纪 60 年代，艺术家群体之中产生了多种分化。一些人继续在格林伯格（Clement Greenberg）指引下的、以"平面性"为要旨的形式主义的方向上前进；另外一些艺术家则开始以不同的视角和方式将艺术创作变成了任何可

我们将仪式活动当成文化的阅读、生命的再生，将沉寂的历史带出生命，将遗忘的尘封重新注入设计的活力。

在我们设计的活动中，侧重于表达深具沉思的文化观点，创造一种"群体仪式"的体验。即，在群体仪式中，人们共同体验到一种相似的情感和思维，建立起对方和自己同属一个群体的感觉，从而缓解人类自身孤独。人生而孤独，所以会被群体仪式所感召。在奔赴鱼骨渡桥的过程中，在观演的过程中，在散场之后的回味中，个人已融入群体的洪流之中。这是一种群体狂欢，你参与其中，你的群体身份便得到了确认，你就能够从这个群体中得到认同感和归属感，身心体验到一种被集体力量高度纯化的过程。

当仪式作为集体事件出现的时候，就具有了集体情感交流的意义。仪式将所有参与者视为平等。在仪式中，公共艺术需要确立某种"共同"的东西，并期待被"共享"、被"怀念"。仪式的功能是使所有参与者跨越阶层的维系、种族的维系，在同一个时间与空间共同分享喜悦，我们把参与者是否获得了共同的信仰、成功分享了经验作为仪式活动是否成功的标准，这既是对过去的眷顾，也是对现在与未来的投射。

5.结语

作品"游——心归何处"以"鱼"为灵感构架，创作出鱼骨渡桥大型互动装置，并尝试用它的不同状态激活那被日复一日的平凡所遮蔽的城市活力，解放城市中每一个小小生命的伟大精神，创造城市人共享喜悦的契机。作品体现出一种人文精神：与水游，小游于景，放飞心情，自由、随性；与心游，大游于心，共赴所期，喜悦、幸福。通过对仪式感的设计，作品关注所发生的事件以及人们的行为，创造平等交互的平台，改变艺术与公众交流的姿态。

总之，公共艺术，绝不只是一个单纯方案的设计，也不只是有形艺术的呈现，它让我们深入思考公共性与艺术性之间的关系，通过进行有效的场所再造，唤醒公民意识，诠释精神意义，体现公共价值和社会价值。

原载《中外建筑》，2016 年 08 期

作品设计：上海大学美术学院地方重塑工作室
图片来源：刘心悦、吴逢舟绘制

作者简介：

林磊，女，上海大学美术学院寺方重塑工作室，上海大学美术学院建筑系副教授
朱英，女，上海大学美术学院硕士研究生

以表达自我的舞台，形式和材料变得越来越多元和随意，艺术家的情感和思想越来越成为作品所要反映的核心。正如前面所说，在20世纪60年代以来，艺术家在进行艺术创作时，为了能够充分地将自己的情感、思考和状态投射到艺术作品中，更加自由地选择和使用任何打动他（或她）的形式和材料。例如，在雕塑创作中，传统雕塑作品通常使用的几种材料如石头、木头、金属等，到了20世纪60年代变成了无所不能：土壤、冰块、动物油脂、尘土、皮革、布料、植物……而艺术家处理各种各样材料的方式也是五花八门。最后，艺术作品变成了或无机的或有机的，微小的、庞大的、静态的、动态的、单体的、组合的……充满了无尽的可能性和未知性。

可以说，当代艺术作品似乎变成了任何形式、任何内容都可以的东西。艺术批评家罗莎琳·克劳斯（Rosalind Krauss）也曾经在论文《扩大领域中的雕塑》（Sculpture in the Expanded Field，1978年）中以雕塑为例讨论了这种现象。她指出，原本的传统雕塑可以被界定为是"非风景"和"非建筑"之中的那部分。由于风景和建筑是二元对立的概念，"非风景"即"建筑"，"非建筑"即"风景"，因此，雕塑实际上可以被放入一个四元的空间（即由风景、建筑、非风景和非建筑四种元素之间形成的空间）。在这四个要素之间，形成了不同的领域，原本仅仅存在于风景和建筑之间的传统雕塑概念，如图1显示，实际上还可以扩张至另外三个领域。[2] 当代雕塑创作的各种形态（包括装置、大地艺术等）都可以依据这样的界定被归类（克劳斯称之为：传统雕塑、被标记的场地、场地构建和结构）。

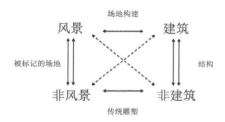

图1 罗莎琳·克劳斯所界定的"扩张了领域的雕塑"

艺术作品的边界扩张了，那么已经被建立起来并适应传统艺术创作概念的博物馆应该如何应对？

对于收藏和展示艺术作品的综合性博物馆和艺术博物馆来说，当代艺术作品往往不再是一件可以很容易地搬进展厅、展览结束之后再挪走的物品。雕塑作品常常不再是一尊有底座的、摆放在地面上或展箱中的单体作品；绘画作品的准备工作也不再仅仅是画框装裱和清洁。它们的收藏和展示方式越来越成为博物馆人需要思考的问题，为当今的博物馆工作提出了新的范围和挑战。有些动态的或有机的作品，需要博物馆工作人员在展览全程给予配合和关照；有些艺术家进行行动表演的作品，需要对其表演安排一定的时段和观众参观导引；有些特定场地的作品，艺术家甚至需要改造甚至破坏博物馆原本的展厅空间……如在罗莎琳·克劳斯对雕塑的定义中，"被标记的场地"这一类别的作品，注定是艺术家在博物馆建筑之外针对特定的大地空间所进行的创作。

这样的作品如何进入博物馆？像曾经的处于庙堂或洞窟中的大型壁画被整块取下运进博物馆的展厅？还是有更好的能够忠实于艺术家本意的方式？

（二）一个案例：大地艺术"进入"博物馆

1969年2月，一场名为"大地艺术"（Earth Art）的展览在美国康奈尔大学（Cornell University）的安德鲁·迪克森·怀特艺术博物馆（Andrew Dickson White Museum of Art）开幕。展览的观念源自威洛比·夏普（Willoughby Sharp），他希望为那些有兴趣把地球广阔大地作为艺术创作媒介的艺术家做一个展览。为了这次展览，他邀请了九位艺术家在康奈尔大学所在地创作了新的、特定地点作品。这些艺术家包括：让·迪拜茨（Jan Dibbets）、汉斯·哈克（Hans Haacke）、昆特·约克（Gunther Uecker）、理查德·朗（Richard Long）、大卫·梅达拉（David Medalla）、奈尔·珍尼（Neil Jenny）、罗伯特·莫里斯（Robert Morris）、丹尼斯·奥本海姆（Dennis Oppenheim）和罗伯特·史密森（Robert Smithson）。其实在展览策划初期，夏普共邀请了12位艺术家，后来非常知名的大地艺术家迈克尔·海泽（Michael Heizer）和沃尔特·德·玛利亚（Walter de Maria）都在展览中简短展示过作品，但并未出现在后来的展览画册中，而卡尔·安德烈（Carl Andre）则婉拒了策展人的邀请。

在这次展览上，策展人告知艺术家可以选择在博物馆展厅内展示作品，也可以在博物馆之外的空间进行创作，只要所选择的地点离康奈尔大学所在地距离不是太遥远（出于观众观看展览的便利性考虑）。于是，让·迪拜茨创作了《树林中一条30度形式的小路》（A Trace in the Wood in the Form of an Angle of 30°），即在一个靠近小溪的树林中，艺术家和康奈尔大学的学生使用石块筑起了一个大"V"字形状的小道。汉斯·哈克在展厅中埄起了土壤并种上了麦子，将作品命名为《草之生长》（Grass Grows）。在展览期间，麦草迅速生长，而到展览结束之时，麦草已经悄然死亡，完成了一个生命周期，如此种种。

参展作品四处分布在博物馆内外（这里的外并不指局限于博物馆的室外院落，而是远离博物馆的任何自然或公共空间），而这种情况在以往的博物馆展览中并不多见。正如展览画册的"前言"中所言："那些希望支持当代艺术家的努力的博物馆，可能不得不越来越多地考虑以支持项目的方式去支持，而不是收藏艺术作品或举办常规展览的方式。"[4] 文章认为，一些机构在展览举办之时已经意识到了某种可能的变化，即作品和展览不一定局限在博物馆的建筑之内，"甚至可以预想，有一种全新的博物馆，一种真正'无墙的博物馆'会面世。而在这种机构的实体中，或许可以只去保留行政办公室和因其支持而发生的项目的档案记录。"

事实上，在后来，一些"收藏"大地艺术作品的机构，也确实采取这样的方式来支持当代艺术家的创作。1970年，罗伯特·史密森（Robert Smithson）创作了大地艺术作品《螺旋形防波堤》（Spiral Jetty）。这件作品位于美国犹他州的大盐湖边，艺术家使用黑色玄武岩石和创作地的泥土筑造出一个逆时针方向螺旋的巨大防波堤。1999年，迪亚·比肯基金会（Dia Beacon Foundation）从艺术家那里以礼物的形式"收藏"了这件作品。不同于传统意义上的，以将作品实物纳入自己的仓库或展厅作为实际"获取"的方式，迪亚·比肯把这件作品"留"在了犹他州。也就是说，当观众给位于纽约的基金会办公室致电，他（她）会得到《螺旋形防波堤》确实在机构的收藏目录中的信息，但是，如果想要参观这件作品，观众不能去纽约，而是要去犹他——这件大地艺术作品的创作地和实地保存、展示地。此外，洛杉矶当代艺术博物馆（The Museum of Contemporary Art, Los Angeles）以同样的方式于 1985 年从 Dwan（曾在 1968 年举办"大地作品"展览的 Dwan 画廊的老版）那里收藏了迈克尔·海泽的《双重否定》（Double Negative）。[6]

另外一个值得注意的方面是，这次"大地艺术"展览中的一些艺术作品是在展览临近开幕时才实施完成的，因此展览画册在展览举办之后才得以编写出版。这也可以作为是给志在策划当代艺术展览的博物馆人的一个提醒。在通常情况下，博物馆展览的画册和其他教育性材料都在展览开幕的一段时间之前就已经完成编写、校对、排版和印刷，这是一直以来我们所期待的那种比较理想的博物馆展览策划工作状态。然而在现实中，很多临时展览或特别展览常常在匆忙中完成策划和布展。理想的状态是，博物馆展览策划工作能够遵循艺术管理中所提出的：规划、组织、执行和评估流程，形成一种有条理的、筹备时间充分的状态。对于当代艺术展览来说，内容的事先筹备有着一定的难度，因为有一些作品是为展览特别创作的，并且因为它们或许有着动态的、转瞬即逝的特点，博物馆人在展览之前并不一定能完全掌握作品的呈现效果。我们时常在充满这种临时创作作品的双年展、三年展中，在展览画册中看到相关作品条目下介绍了艺术家的生平和其他创作，提到本次参展的作品名称，但并没有对应本次参展作品的图像。这是今天很多策展人在面对当代艺术作品的未知性特点时，为了保证展览材料在展览开幕之前完成而采取的一种折中策略。

二、当代艺术、当代文化景观与博物馆

当代艺术作品如此纷繁复杂，那么博物馆到底要不要大费周章地去投身其中？博物馆收藏和展示当代艺术的意义在哪里？从国民教育和国家宏观的角度来说，博物馆收藏和展示当代艺术有助于帮助公众理解当下的世界；对博物馆与公众的关系来说，公众对博物馆的认识不再停留在是一个学习过去历史的场所，而是感到博物馆充满了与当下的连接，因而更容易将博物馆看作是与当下生活和思考有紧密关系的机构。当然，正如上一个部分中提到的，因为当代艺术的复杂和多变，加上博物馆自身的特性，博物馆接纳当代艺术还有着很多挑战。

（一）当代艺术、多元文化景观和博物馆的公共性

过去几十年来，很多博物馆通过策划当代艺术展为观众提供了了解当今世界多元文化的机会。1989 年，蓬皮杜艺术中心举办了展览"大地魔术师"（Les Magiciens de la Terre）。策展人让·于贝尔·马尔丹（Jean Hubert Martin）邀请了来自世界各地的艺术家进行展览，参展艺术家中 50 位来自西方，50 位来自世界其他地区。展览举办之时，引发了很多讨论、赞叹，也有一些争议。

当然，当代艺术呈现多元文化景观的方式和角度也是多

元的。例如，1970 年出生的日本女艺术家铃木凉子（Ryoko Suzuki）在 2001 年创作了《捆绑》（Bind），她将自己的头部用带着血的、撕成条的猪皮一圈一圈地捆了起来。在这一件作品中，艺术家所表达的自我内心，同时包括了成长的、女性的和东方的几个不同的、多元的角度。美国艺术家拜伦·金（Byron Kim）在 1991–1992 年间创作了一件作品《提喻法》（Synecdoche），这件作品后来参加了 1993 年的"惠特尼双年展"（Whitney Biennial，由惠特尼美国艺术博物馆主办）。作品包含了几百块颜色板，以随意的顺序排列成一个长方形的颜色矩阵，事实上，这些色板上的颜色都来自艺术家在美国街头收集的人的皮肤颜色。不同肤色、不同种族，反映了美国文化背景下很有代表性的"多元文化"。

作为一种公共性的机构，博物馆不仅在物质空间上对所有公众开放（正如中国的公立博物馆在几年前全部转变为免费开放，消除了因为门票费用而造成的观众筛选），而且在包括收藏发展、展览策划、教育和阐释材料撰写等工作在内的内容策划上也应更好地提升开放性。这里的开放性可以从两个层面上进行理解，一是内容上的开放性，如可以不局限在过去或拘泥于某一种展览、藏品等的形式，因此也更可以向当代艺术敞开怀抱；二是博物馆应该将自身转型为一个具备"公共领域"特征的机构。尤尔根·哈贝马斯（Jurger Habermas）在《公共领域的结构转型》中将"公共领域"界定为一个作为个体的公民可以聚集在一起、讨论或发表评论，从而形成某种公众舆论以对抗（或平衡）公共权力的空间。[7]这种介于私人和公共权力之间的空间大约缘起于 18 世纪，今天的人们也常常需要跳出自己的私人空间利用这种公共领域来表达各种诉求。从博物馆的角度，也就是说，博物馆作为一个存储着大量藏品和知识的地方、一个开放性的空间，应鼓励在其中发生的讨论和评论。近几年，西方一些博物馆学者和博物馆工作者常常反思的一个问题是，博物馆是否为观众预先设定了过多的内容，比如知识倾倒式的、"权威"的展览标签和作品说明，没有给观众预留足够的自我思考和组合知识的空间。可以说这也属于博物馆"公共领域"特征如何实现的范畴。

（二）当代艺术超级明星展览：博物馆品牌化运营的新策略

从艺术博览会上的拥挤人群，到拍卖会中新高价格的不断涌现，再到各个画廊、独立艺术空间周周上演的新鲜展览和活动，人们很容易会感觉到，是博物馆之外的那些人和机构在推进着、记录着当代艺术的发展。博物馆在这里似乎是一个局外人，被动地等待着被书写完成的艺术史和写进艺术史的作品。从很多年来博物馆的实际收藏状况来看也确实是这样：当代艺术作品大多被个人或企业收藏，进入博物馆收藏的作品在数量和质量上似乎无法与私人收藏相比较。

当然，这里所描述的只是在多年以来形成的一种整体特点。无论是在西方还是当下的中国，确有一些博物馆正在积极地投入、收藏和展示当代艺术作品。从某种程度上说，它们与博物馆外的各方力量一起，正在呈现当下、为将来书写着历史。20 世纪 90 年代以来，一波致力于推动现代和当代艺术发展的博物馆在世界各地建立起来，包括古根海姆的毕尔巴鄂分馆（The Solomon

R.Guggenheim Museum，Bilbao)、泰特现代艺术博物馆(Tate Modern)、洛杉矶当代艺术博物馆(The Museum of Contemporary Art，Los Angeles)、旧金山现代艺术博物馆(San Francisco Museum of Modern Art)、芝加哥当代艺术博物馆(Museum of Contemporary Art，Chicago)，以及中国的一些民营博物馆，等等。它们不仅为当代艺术作品提供了更多的展览机会和空间，也在积极地对当代艺术作品进行收藏和保存。

如果我们看一下 2016 年上半年全球各博物馆所呈现的展览，就会发现其中很多都是围绕着当代艺术的主题，仅在纽约就有：大都会博物馆(The Metropolitan Museum of Art)、惠特尼美国艺术博物馆(Whitney Museum of American Art)、古根海姆博物馆(The Solomon R.Guggenheim Museum)、布鲁克林博物馆(Brooklyn Museum)、新博物馆(New Museum)等。其中，博物馆使命并不局限在现代和当代艺术的综合性博物馆大都会艺术博物馆，也在今年春天为纽约地区获得"学校艺术和写作奖"(Scholastic Art & Writing Awards)的青少年举办了一场展览。法国卢浮宫(Mus6eduLouvre)近年来也一直在自己的常设展(永久收藏展示)之外给当代艺术留出了一些空间。2016 年 5 月 25 日至 6 月 27 日，当代艺术家 JR 把卢浮宫前的公共空间当成了展示舞台，并且选择了卢浮宫的金字塔(The Pyramid)作为自己创作的对象。与此同时，正在卢浮宫方形庭院中的喷泉池中展示的是当代艺术家伊娃·卓思品(Eva Jospin)为这个特定地点创作的作品《全景》(Pa norama，2016 年 4 月 12 日至 8 月 28 日)。在圆形的喷泉池中，艺术家搭起一个多边形的装置空间。这个空间的外部是钢材料的镜面，照出四周古典、传统的卢浮宫建筑；而观众可以走入的空间内部则是像一个洞穴或由干枯树木形成的密室。

在国内，除了部分公立博物馆，大多民营博物馆和私人博物馆都持续地在收藏和展示当代艺术，为感兴趣的专业人士和公众提供了理解当代艺术的平台和资源，也为未来书写当代艺术的发展以及当代文化景观贡献了力量。

三、博物馆收藏当代艺术的争议、挑战与机遇

有一种传统的观点认为，艺术博物馆的藏品应该是那些已经被写进艺术史的杰作或重要作品，而当代艺术作品因为其自身的价值和在艺术史中的地位尚不明确，所以暂时不应成为博物馆收藏发展的对象。在这个问题上，多年以来不同的国家、机构或博物馆管理者拥有各自的角度和立场。而博物馆界对这一问题仍然怀有疑虑并在持续讨论的过程中。随着新艺术的出现，20 世纪六七十年代以来，一些独立于传统博物馆之外的机构和展览形式也不断涌现。旨在呈现和发展当代艺术的艺术空间、艺术中心以及其他替代传统博物馆的空间不断出现，大型的国际性展览和展示，如三年展、双年展、艺术博览会等，也成了当代艺术重要的活动领域。这些新的展览形式和新型机构，在某种程度上取代了博物馆而成为记录和反映当代文化景观的核心平台。

的确，博物馆承载着为人类社会保藏珍贵记忆的职责，所

以管理层在拓展博物馆的收藏时需要保持高度的谨慎。这也恰恰是西方的博物馆专职策展人工作职责的重要内容。纽约现代艺术博物馆(Museum of Modern Art,New York)在 2010 年由理事会审核通过的《收藏管理政策》(Collections Management Policy)中就曾经说明了博物馆发展收藏的原则和步骤。这份博物馆内部管理政策在介绍部分提到，基于自身的使命，博物馆希望在既成的和实验性的、在过去和现在的艺术之间创造一种对话，并对现代和当代艺术所探讨的问题有所回应。[8]

事实上，很多博物馆是乐于发展自己在当代艺术部分的收藏的。只不过在具体的操作上，博物馆的态度和处理方式则十分严谨。

对于有潜力被纳入成为博物馆永久性收藏的作品，无论是通过购买还是接受捐赠的方式，纽约现代艺术博物馆的策展人和管理层需要在如下几个方面把关：(1) 作品与博物馆的使命密切相关(因此一件文艺复兴时期的绘画作品是不合适的)；(2) 这件作品处于或能够被还原成可被修复的状态，除非它的物理状态是其整体含义的一部分；(3) 博物馆有能力对这件作品进行保存、维护和修复；(4) 作品有完整和准确的、合法的所有权背景；(5) 如果作品不能满足这些收藏条件，可考虑将其纳入学习性藏品而不进入博物馆正式收藏，为博物馆的教育项目、研究工作等提供资源，并让作品捐赠人知情。具体的流程是，相关领域的策展人(如绘画和雕塑、设计、影像等不同的门类)撰写报告(包括博物馆应该收藏哪件作品、理由、背景情况等)并由博物馆馆长批准；原作需要在博物馆理事会下相关委员会的会议上展示，成员进行讨论并投票，若超过法定人数投赞成票则属通过。[9]未来，若作品不再满足博物馆的收藏条件，也可以按照相应的原则和程序被清除出现代艺术博物馆的永久收藏。

在展览方式上，博物馆也可以不再让艺术作品拘泥于自己的建筑，给艺术家以更多的空间和场域。更何况，如今观众需要更多元的观展途径和方式。可以说公众在整体上对于当代文化和艺术的体验，更多地是来自音乐、表演和影视，而很少来自视觉艺术范围。当然，这其中包括了几种原因，比如当代视觉艺术作品大多集中在大城市展览和发生，而音乐、表演和影视有更多可复制性的传播渠道等。博物馆如今积极在拓展的数字博物馆等，也可以在一定程度上改善这样的局面。

在博物馆的工作方式上，当收藏和展览的工作对象是当代艺术作品或在世艺术家时，博物馆人要与艺术家保持良好的沟通以让自己的工作顺利推进，并符合相应的道德规范。比如，当当代艺术作品需要进行一些修复工作时，博物馆应与艺术家进行联络并寻求其协助；当一件作品需要清除出现有的永久性收藏类别时，也应与艺术家进行充分交流。此外，由于在举办大多数当代艺术展览时，博物馆都需要在外界寻求一定的资金支持，因此对于赞助人(企业)的选择和在合作过程中都应掌握一定的原则，避免利益冲突和伦理冲突。

原载《中国博物馆》，2016 年 03 期

注释：

1　[美]阿瑟·丹托.艺术的终结之后：当代艺术与历史的界限.王春

启迪之岛：博物馆体验的当下与未来[1]

（美）丽贝卡·麦金尼斯 (Rebecca McGinnis) 著　　王思怡 译　尹凯 校

提　要：文章分为两大部分。第一部分，作者作为纽约大都会博物馆的博物馆教育工作者，通过对盲人和患有视觉障碍的观众进行访谈，讲述置身展览空间欣赏艺术原作的价值，同时强调艺术作品的多感官体验能丰富观众的理解；在第二部分，简要论及当前博物馆（画廊）体验的几种路径，以期这些研究与思考对未来规划和策展有所启发。这些思路超越传统的教育模式，遵循观众的个人兴趣和能力，因而要比传统教育模式更具包容性。

关键词：博物馆体验；多感官；教育

博物馆对我们真的重要吗？当徜徉网络，浏览与欣赏艺术品成为可能时，我们还需要博物馆吗？其空间的重要性意味着什么？作为纽约大都会博物馆 (The Metropolitan Museum of Art in New York) 的博物馆教育工作者，我每天都能看到画廊 (Galleries) 所具有的非比寻常的力量，这是一个不同于报告厅 (Lecture Hall) 或教室 (Classroom) 的多层次、全方位的学习与娱乐之地。在我看来，视觉只是体验博物馆的众多模式之一，这一观点贯穿在这一章节始终。对于常常被艺术博物馆所排除在外或边缘化的盲人和有视力障碍的观众而言，提供视觉之外的其他体验方式对博物馆来说是极为重要的。在本章的前半部分，我将对盲人和有视力障碍的观众进行访谈，在此基础上论述他们是如何提及置身画廊空间和面对艺术品原作时的感受与价值的。

在第二部分，我将简要论及当前画廊体验的几种路径，以期这些研究与思考对未来规划和策展有所启发。在传统的博物馆教育范式中，专家负责向被动接受的观众分享艺术品知识，然而这种教育路径早已失去效力，当前的新路径遵循观众的个人兴趣

和能力，而且比传统教育实践更具包容性 (Inclusive)。前文述及，艺术品的多感官体验 (Multisensory experience) 能丰富观众的理解：触摸、闻嗅、倾听，对于理解一个实物而言同样重要。多重感官体验还能以相互促进的方式加深对事物的理解与感受。得益于认知心理学和神经科学的最新进展，我们对多感官体验的概念性理解得到了很大提升，而这也为博物教育工作者长期以来凭借直觉所获得的观点提供了理论依据。同时，博物馆观众体验背后所蕴含的生理学观点有助于将多感官体验更加有效地融入教学实践中。这些科学的视角超越了传统"五观"[2] (Five Senses) 的概念，有助于我们思考诸如情境认知 (Situated Cognition)——所处的空间和环境位置如何塑造我们的思考方式——等一系列问题。我们之所以会有不同的想法，是因为我们处在一个特定的空间，与特定的人在一起，面对特定的事情，看到特定的对象。现在，博物馆观众告别了一味听从专家观点的时代，他们被鼓励在画廊中积极参与知识的建构。因此，博物馆体验的诸多可能性为了更好地满足观众的需求与兴趣正在生成。也就是说，博物馆体验对我们而言并非仅仅是智慧的或美学的，相反，它是一个人们可以沉思、冷静、反思，并且理解自我情感与动机的地方。需要注意的是，生成中的博物馆新观念超越了传统"五观"的效力，它所孕育的巨大潜力将深刻影响 21 世纪的博物馆图景。

一、大都会之旅：感官体验

我将以 2011 年在大都会博物馆开展的针对盲人或有视觉障碍的观众的两个研究项目为例，从建筑环境内部的博物馆独特品

辰，译，南京：江苏美术出版社，2007：12.

2　[美]Rosalind Krauss: The Originality of the Avant—Garde and Other Modernist Myths, "Sculpture in the Expanded Field", The MIT Press, 1986, p.282.

3　[美]Rosalind Krauss: The Originality of the Avant—Garde and Other Modernist Myths, "Sculpture in the Expanded Field", The MIT Press, 1986, p.282.

4　Andrew Dickson White Museum of Art: Earth Art, Cornell University, 1970, p.13.

5　Andrew Dickson White Museum of Art: Earth Art, Cornell University, 1970, p.13.

6　张瀚予. 当代博物馆伦理问题研究[D]. 中国艺术研究院, 2012: 74.

7　尤尔根·哈贝马斯. 公共领域的结构转型. 曹卫东, 等, 译, 台湾联经出版事业公司, 2002：39页.

8　Museum of Modern Art: Collections Management Policy, http://www.moma.org/momaorg/shared/pdfs/docs/explore/CollectionsMgmtPolicyMoMA_Oct10.pdf.

9　Museum of Modern Art: Collections Management Policy, http://www.moma.org/momaorg/shared/pdfs/docs/explore/CollectionsMgmtPolicyMoMA_Oct10.pdf.

作者简介：

张瀚予，女，中央美术学院艺术管理与教育学院讲师、博士

质谈起。这些研究的初衷在于探索博物馆物理空间的体验对观众来说究竟有何重要意义[3]。为什么盲人或有视觉障碍的观众会排除种种困难、不顾一切地来博物馆呢？为什么他们不借助辅助技术登录博物馆的网站，或通过书本的描述来体验艺术呢？是什么力量驱使人们一次又一次地来到博物馆，他们又从中体验到了什么？他们的反馈信息能否帮助我们理解相同的文化环境体验对其他人来说意味着什么？

人类学家丹尼尔·米勒（Daniel Miller）仅用一个词作为新近完成的一本关于物质文化著作[4]的书名：物质。大都会艺术博物馆保存藏品之多超乎想象：18万平方米的建筑面积跨越4个街区，加上合并的建于1880年的原始建筑，储藏了两百多万藏品，其中包括对外展示的数以万计的藏品。从最早的人工制品到当代艺术，博物馆的藏品是来自世界各地和历史不同时期：这是一座遍及全球收藏的博物馆（A Universal Survey Museum）[5]。藏品的尺寸各不相同，材质包罗万象，大到巨石、木头雕塑、毛利独木舟，甚至是19世纪银行的门面，小到硬币、珠宝，甚至是虚拟的数字艺术。2013年，超过六百万的观众拜访了这座宏伟的建筑。

大都会博物馆之所以会成为纽约最著名的旅游地之一，原因是多方面的，但是从某种意义上来说，最主要的原因可能要归功于这些藏品。洛伊斯·西尔弗曼（Lois Silverman）在《博物馆的社会服务》中描述了满载藏品的博物馆展厅所扮演的多重角色。她指出，"随着人与物、人与人之间的互动发展，博物馆将成为个人发展，关系确立，社会变革和治愈伤痛的载体和催化剂"[6]。

博物馆是一个神奇之地，在这里，人们可以学习、参与、看到陌生的藏品、接触到新鲜的知识。然而，无论健全与否，观众的有价值体验随时都可能受到实际困难或其他情况的影响和干扰，尤其是像大都会博物馆这样受欢迎的大型博物馆。首次参观大都会博物馆的观众占博物馆总观众的50%，因而无论健全与否，他们都将面对不熟悉博物馆所带来的障碍。拥挤、排队、糟糕的音效、疲惫的双脚、缺乏座位、困难的定位和导航等都会影响博物馆体验的理想效果。除此之外，艺术理解的不确定性导致了近距离观看或触摸艺术品现象的出现，工作人员瞪视或呵斥会随之而来。这时候，困惑与不解出现在你的脑海，既然如此，盲人或有视力障碍的群体为什么还想到博物馆这样的公共空间来感受艺术呢？

在参观大都会博物馆的过程中，感官被各种五花八门的图像、声音、气味、质地、温度，甚至是味道所包围。观众们是由繁华的第五大道进入博物馆，设计宏伟的门前台阶旨在给人们留下深刻的、令人敬畏的印象——它们构成了人们生理上、心理上的，以及社会上的壁垒。拾阶而上，你会被博物馆前广场上的食物车里飘出的热狗和脆饼混杂的香味所包裹。进入大厅后，大厅侧边壁龛里和大厅中央圆形服务台上所摆放的鲜花散发出甜美的芳香再度占据了你的嗅觉器官。高大的圆顶天花板、大理石地面与石墙形成的大型开放空间放大了操持不同语言的观众声音，并形成持久不断的回音。

二、超越视觉之旅

现在，撇开这些杂音，让我们来看一下较之于在家、在图

书馆或在网络上，置身于博物馆空间和各种艺术品中究竟对于患有不同程度视觉障碍的观众们有何重要意义，以及他们究竟能够获得何种愉悦感。盲人或有视觉障碍的观众们描述了他们与博物馆空间的深厚联系，以及接触博物馆内艺术品的重要性，他们常常用术语"看"（Looking）来描述一种实际上涉及更多感官的体验。

一名先天基本失明、热衷于去博物馆的观众说道："我发现通过网络或书本感受艺术很有趣，但无法令人兴奋，置身于充满艺术作品的博物馆则令人非常愉悦。我就像是在玩具店里的孩子，这种感觉如此激动和兴奋！在博物馆空间里，你会发现真实存在的艺术品色彩是那么的充满活力。这种体验是不可比拟的！"

她接着说："我喜欢听身边的人谈论艺术品……喜欢听讲解员描述艺术品……这可以让艺术变得更为鲜活。这能够帮助我更好地理解眼睛所无法辨别的艺术品形状和色彩……当我置身博物馆时，我会非常兴奋。身边环绕的著名艺术品让我的内心为之战栗！这种感觉在我离开博物馆后还会持续好几个小时——这难道不是一种神奇和美妙的体验吗？"

她会定期参与以触摸和描述的方法接触艺术品的博物馆活动和进行艺术创造的博物馆活动，她还参与了博物馆为盲人或低视力成年人开设的"通过画来看"（Seeing through Drawing）的绘画课程。她说："这两项活动（画和看）对我而言非常重要，在画廊进行绘画对我而言是一项相对较新的体验，在公共场合大家看着我绘画会让我感到害羞。但是，看着雕塑进行绘画则会让我感到放松。"（接受作者采访的匿名观众，大都会艺术博物馆，2012年1月14日）。

她还回忆起了在另一个缺乏真实性体验的博物馆之旅："很多年前，（另一个博物馆）曾经将盲人观众安排在一间会议室里欣赏艺术作品的复制品。我告诉工作人员这会让我们感到无聊，因为海报上的色彩与真实画作的色彩是无法相比的。值得庆幸的是，博物馆取消了这种方式。"1936年，瓦尔特·本雅明（Walter Benjamin）发表了著名文章《机械复制时代的艺术品》，该文章讨论了个人艺术品的"光环"现象，以及照相工艺的复制对其所带来的威胁[7]。显然，从电影、电视、DVD到谷歌图像，或是大都会博物馆的网站，无论视觉图像的替代方式有多么多样和成熟，艺术品原作并没有失去它的魅力。事实上，博物馆空间似乎增加了附着在艺术品"原作"上的神秘光环。或许是寺庙般的建筑空间和博物馆保安人员的精心保卫在博物馆观众间创造了一种仪式感——一种世俗时代的神圣感。

另一名80岁高龄的观众已有长达十年的严重视力障碍，在过去50年里经常参观大都会博物馆。从孩童时代起，视力正常的她就来过博物馆，并记得欣赏过许多绘画作品。在失去视力后，她依然参与博物馆的电影和讲座活动，以及博物馆为盲人和有视觉障碍的群体所提供的课程，包括热门展览的"口头想象之旅"（a Verbal Imaging Tour）[8]。在由教育工作者辅助下的描述之旅，观众可以对博物馆的任何部分请求讲解。她说自己可以在得到帮助的情况下参观博物馆的任何角落，即使无法看清身边的事物，她也尽自己所能来到博物馆，乘坐地铁出行。"我一直喜欢欧洲绘画……"她解释说，"我最喜欢人物肖像，但我也热爱所有的绘画作品"（接受西蒙·海霍采访的匿名参观者，大都会艺术博物馆，

2011 年 8 月）。

2011 年夏季，轰动一时的时装设计师亚历山大·麦昆（Alexander McQueen）纪念展《野性之美》（Savage Beauty）登陆大都会博物馆，该展览在为期 4 个月的展期内迎来了 66 万参观观众，尽管对人群拥挤、画廊里昏暗的光线以及响亮的声音场景做了提前预警，但是她仍然请求了这次展览的"口头想象之旅"。她想要体验此次展览空间，了解麦昆的职业生涯和作品。她后来谈道："我喜欢将情感联系在一起，尤其是与音乐……我热爱舒缓的音乐……即使需要忍受画廊里演奏的展览配乐——吵闹的朋克或其他摇滚乐。"

虽然宣称自己是艺术爱好者，但是由于视觉障碍的原因，她无法使用网络进行艺术浏览或普通浏览。她更喜欢克服有形障碍来到博物馆欣赏真实存在的作品，不同于精美的复制品，真实存在的作品所具备的价值值得人们克服重重障碍来到博物馆欣赏它们。

有一对夫妇双双患有先天性、几乎全盲的视觉障碍，但是他们是大都会博物馆"口头想象之旅"的常客，而且是忠实的博物馆爱好者。（其中一位说，他年轻的时候"几乎整天都待在博物馆里"；他在大学时学习美术。）虽然他们与艺术和博物馆保持着长久的联系，但是他们基于对特定国家和历史时期的兴趣而非审美偏好而请求描述性游览。事实上，其中一位承认他并没有完全理解自己面前的艺术品，他还说："我年轻时常常来这里。在那些日子里，我会来博物馆看一幅画，但我不能真正地理解我面前的那幅画，因为并没有讲解员向我解释它。"去年夏天，这对夫妇出于对西班牙历史的兴趣而非对画作本身的偏好，请求了 4 次"口头想象之旅"，重点介绍格列柯（El Greco）和戈雅（Goya）的作品，这也让他们得以与博物馆教育工作者围绕画作对西班牙历史进行详细讨论。其中一位在一次游览后回想起《托列多风景》（View of Toledo）："很奇怪，在博物馆教育工作者描述（绘画作品）期间——描述得很棒——我想的更多的是画家本人。"（接受西蒙·海霍采访的匿名参观者，大都会艺术博物馆，2011 年）。

尽管更加关注历史而不是艺术品本身，夫妇俩仍然选择抛开更舒适的方式（在家通过书本或网络学习西班牙历史）而来到博物馆，在画廊里欣赏艺术品并与博物馆教育工作者讨论绘画作品。博物馆环境中的绘画作品所附着的文化价值超越了艺术本身的价值，置身于博物馆空间的历史类作品充当了时空的窗口，智慧之美而非审美鉴赏得以窥探，博物馆空间对这一体验极为重要。进入博物馆，站在格列柯的作品《托列多风景》（View of Toledo）之前，讨论视觉质量与创作时的文化和历史背景，共同建构了一次完整的博物馆体验。

这些例子清楚地表明博物馆环境而是吸引那些盲人或有视力障碍的观众一次次参观博物馆的重要因素之一。这些观众说，参观博物馆所获得的感官、社会、智慧、审美等效益要远远超过来博物馆路上所遭遇的重重困难。

三、多感官的博物馆空间和观众体验：博物馆教育视角

你可能会认为一些特定的人群被剥夺了参观博物馆的权利，

然而不同程度的视力缺陷的观众对大都会博物馆的评价证明他们受到了参观博物馆的影响。现在我们拓宽了探索范围并考虑博物馆是如何看待当下的观众体验的，以及它们如何在新目标的支持下，通过制定新的空间和体验实现自我发明与革新。这些观众体验的重建为现在和将来的空间设计者提供了精神食粮。

在着眼于博物馆将去往何处之前，让我们先看看它们来自何处。最早的博物馆是为少数精英建造的，具有高度排他性和私密性。这些文艺复兴时期的私人珍宝柜 Cabinets of Curiosities) 通过挑选、组织、分类和呈现的方式揭示了收藏家对自然的控制。十九世纪末期，"博物馆"的统一定义得以拓宽，并将教育与公共服务作为主要职能。博物馆被看作是一个不仅具有教育功能，而且还包括社会化和文明开化功能的机构。虽然教育是十九世纪博物馆的主要功能，但是在二十世纪，博物馆赋予了保护、阐释和学术研究以优先权，观众体验甚至有时被贬低为体制下的副产物。

那么，在如今科技驱动的快节奏社会中，博物馆究竟扮演着什么角色呢？既然我们可以通过互联网获得艺术信息，去博物馆空间亲眼见证又有什么特别之处呢？在二十一世纪的博物馆中，体验是最重要的。赫胥鸿博物馆（Hirshhorn Museum）（华盛顿）的资深副总监史蒂芬·威尔（Stephen Weil）认为，博物馆的最终目标在于改善人们的生活。在其 2002 年的论文集《让博物馆发挥作用》中，他描述了博物馆地位从以收藏为主导到以教育为主导的演变历程，并且总结了博物馆变革特点——"从关于某事到为了某人"[9]。记者肯尼斯·哈德森（Henneth Hudson）在联合国教科文组织的杂志《国际博物馆》中总结道："在过去的半个世纪，对博物馆最有影响的根本变化……是其普遍存在的服务大众的信念"[10]。

在二十一世纪，博物馆不再仅仅是提供公众服务的机构，它还是社会互动和艺术参与的平台；同时还是发现自我与发现其他文化和时空的地带。强调共享的，甚至是共同建构的文化体验不仅能够让博物馆在博物馆共同体中发挥作用，而且还将能动性从馆长下放至观众。博物馆敞开怀抱，与博物馆共同体形成了新的对话关系并积极开展多样化活动，我们从中看出包容的第一步绝不是单纯的可接近性（Accessibility），为了适应和改善这种新设想，博物馆设计还有很长的路要走。

四、博物馆的当代理论及其未来发展方向

在这本书中的许多章节中，我们探讨了如何通过所有感官去体验博物馆环境以及理解博物馆藏品。这不仅包括传统"五观"，而且还涉及其他感官，比如动觉、本体感觉（与人体的运动和位置相关的感官），以及掌控平衡、时间和方向的感官。认知心理学和神经科学领域持续为多感官体验的理解提供理论，并挑战了我们的先入之见。比方说，认知科学的最新发现向我们揭示了认知不仅仅是思维过程，而是我们的大脑、人体与环境之间的交互作用的结果。我们正在学习的认知体现，意味着其不仅发生在我们的大脑和思维中，还发生在我们整个人体中[11]。思维理解方式的革命性的转变也表明，环境不再是简单的学习背景或学习过程的潜在因素，而是一个不可缺少的组成部分。也就是说，认知是情境性的[12]。我们的思想和知识建构是"与其相关的活动、环境

以及文化的部分产物"[13]。我们切身体会到一个地方对情感和记忆（Memory and Memories）的影响存在于我们的感官和身体知觉中，在此基础上，我们再加入认知和学习。新的思维理解方式可能有助于解释为什么本节中先前提到的盲人和有视力障碍的观众什么都看不见，但是还是会离开家庭的舒适环境而选择反复去博物馆欣赏艺术：原因在于环境对他们思考和学习过程来说是不可或缺的。这也开拓了博物馆向所有观众提供教育的潜在途径，相较于报告厅或教室，在艺术品围绕的博物馆空间内开展活动是极为重要的。

从某种程度上说，知识是由环境建构的，同时，人也是博物馆环境和知识建构的重要一环。21 世纪的博物馆是分享体验、寻找艺术，与他人探讨艺术、创作艺术以及开展其他社交活动的地方。体验学习和社交学习正在取代单一的博物馆教化，博物馆不再是知识的传授，而是与其观众共享其建构和创造的意义。"教育项目"（Education Program）与去往咖啡厅、商店甚至是网站之间的界限越来越模糊，观众的能动性成为衡量博物馆体验是否成功的重要组成部分。妮娜·西蒙（Nina Simon）在其《参与式博物馆》（The Participatory Museum）中描述了博物馆之所以选择与其观众共同开展创造活动的三个关键原因：

1. 为当地社区成员的需求和利益发声并做出响应；2. 为社区参与和对话提供平台；3. 为帮助参与者培养技能以支持其个人和社区目标[14]，在这里，社区的概念是极其重要的。除了传统意义上参观博物馆的群体外，它还可以包括那些未被提供服务的人群。迄今为止，这些人的种族、社会经济、教育以及地理位置情况依然让他们被博物馆排除在外。

随着时代的进步，博物馆逐渐自称为健康和幸福之地。我们清楚地知道医院环境是如何影响病人的[15]，同理，博物馆环境对观众健康也有所裨益。我们似乎已经达成共识，博物馆是一个提供社会、心理和生理的启迪之地，这些启迪对认知功能很有帮助，同时还可以促进更好的记忆以及更好的大脑健康。大都会博物馆针对痴呆症患者及其照料者开展了名为逃离大都会（Met Escapes）的活动项目，该项目设计旨在促进三种形式的锻炼：参与者与他人欣赏、讨论以及创作艺术，并且在参观画廊时亲自走出一段可观的距离。

一些博物馆通过将佛教传统中的"正念"技艺（Mindfulness Techniques）融合到博物馆项目计划的方式来提升观众的幸福和健康指数。"正念"技艺有助于人们集中精神、全神贯注。1979 年，约翰·卡巴特－津恩博士（Dr. John Kabat-Zinn）在曼彻斯特大学[16]建立以"正念"技艺为基础的减压项目活动以来，自此以后，迅速走红证实了"正念"实践的疗效，比如压力减少、疼痛管理以及意境和幸福指数的整体提升[17]。

随之，针对观众和工作人员的正念和冥想课程开始出现在全国各地的博物馆，从西雅图的弗莱艺术博物馆（the Frye Art Museum）到西海岸洛杉矶的汉莫博物馆（the Hammer Museum）再到纽约的鲁宾博物馆（the Rubin Museum）。博物馆是一个积极参与的空间，同时也可以在其中开展富有内向性、反思性以及有见地的活动。空间与时间的在场是体验艺术、欣赏艺术、减轻压力、保持清醒的关键所在。正念和其他实践活动将有助于博物馆

与老龄化日益严重且节奏日益加快的社会保持纽带关系，并持续满足他们的需求。

针对痴呆症患者及其家庭或照料者而制定的"脱离大都会"项目无疑是成功的，在此，我将引用项目参与者的一段话作为结语来总结博物馆空间对参与者及其家人所造成的永久影响力。该参与者与父亲一起参加这项活动，在父亲去世一年后，他给我们写信讨论了博物馆体验对他们两人意味着什么：

"参与博物馆犹如登上了启迪之岛，各类艺术品丰富了我们的生活，这是你在室内的几个小时所无法比拟的，父亲对它们充满期待。尽管我很想念它们，但是我还有他的艺术作品、我的记忆以及我们在课程结束时徘徊在博物馆空间中拍下的照片。"罗伯特·弗兰克（Robert Frank）的照片或沃克·埃文斯（Walker Evans）的明信片，无论哪一样都是一个意外惊喜。这才是艺术的意义所在。

注释：

1　原文来自2014年出版的《多感官博物馆：基于触摸、声音、嗅味、空间与记忆的跨学科视野》（The Multisensory Museum：Cross-Disciplinary Perspectives on Touch, Sound, Smell, MemoryandSpace）一书的第20章。感谢Rowman&Littlefield出版社许可发表其中文译本。

2　"五观"指的是历史主义话语下的博物馆及其观念史、博物馆的词源学与谱系学、作为文本的博物馆、博物馆中的自然主义与多学科的知识体系和博物馆叙事学。参见潘守永《博物馆研究的"五观"——国际博物馆学百年发展的学术思考》，《中国博物馆》2014年2期，第7页。

3　Hayhoe, Simon. Viewing paintings through the lens of cultural habitus: A study of students' experiences at California School for the Blind and the Metropolitan Museum of Art, New York. Space, Place&Social Justice in Education, Manchester Metropolitan University. Manchester. February 13, 2012. Islands of Stimulation 329.

4　Miller, Daniel. stuff. Cambridge: Polity Press, 2010.

5　Duncan, C., A. Wallach. The universal survey museum. Art History 3 (1980): 448-69

6　Silverman, Lois H. The Social Work of Museums. New York: Routledge, 2010.

7　Benjamin, Walter. The work of art in the age of mechanical reproduction. In Walter Benjamin, Illuminations: Essays and Reflections, edited by Hannah Arendt, translated by Harry Zohn, 217 - 51. New York: Schocken, 1969.

8　译者注：指的是经过特殊培训的监护人员用洪亮的声音准确而生动地为患有视觉障碍的观众描述展品的视觉形态。

9　Weil, Stephen. Making Museums Matter. Washington DC: Smithsonian Institution, 2002: 28.

10　Hudson, Kenneth. The museum refuses to stand still. Museum International 50, no.1 (February 4, 2003): 43.

11　Anderson, Michael L. Embodied cognition: A field guide. Artificial Intelligence 149, no.1 (September 2003) 91 - 130. Lako F, George, and Mark Johnson. Philosophy in the Flesh: The Embodied Mind and Its Challenge to Western Thought. New York: Basic Books, 1999.

12　Robbins, Philip, and Murat Aydede, eds. The Cambridge Handbook of Situated Cognition. Cambridge: Cambridge University Press, 2008.

13　Seely Brown, John, Allan Collins, and Paul Duguid. Situated Cognition and the culture of learning. Educational Researcher 18, no.1 (January—February 1989): 32-42.

景观的语言

安妮·惠斯顿·斯本

摘　要：阅读、讲述和设计景观的能力，是人类最伟大的才能之一。这种能力使人类得以栖居在广阔的环境中——从温暖的热带稀树草原到凉爽、郁闭的森林，再到寒冷、宽广的苔原。景观作为语言的一种形式，既是生存的工具又是艺术的媒介。景观的语言使我们得以学习先祖的智慧，并向后世传达信息。景观的各种元素组合在一起构成景观的意义。景观的书写者们通过运用修辞与隐喻的手法建立起有效而巧妙的交流。人类一直都懂得景观的语言，但如今对它们的使用却趋于碎片化，其中很多甚至已被遗忘。缺失、虚假或断章取义导致了条理不清的景观表达，使其充斥着莫名其妙、功能失调、支离破碎的对话，以及残缺的故事情节。因此，我们有必要重新学习并更新景观的语言，以此来讲述城市与乡村生活中新的智慧。

关键词：景观；语言；意义；隐喻

整理：涂先明　译：张健

ABSTRACT: The power to read, tell, and design landscape is one of the greatest human talents; it enabled humans to spread from warm savannas to cool, shady forests and even to cold, open tundra. Landscape as a form of language is a tool of survival and a medium of art. The language of landscape permits us to learn from distant ancestors and to speak to generations as yet unborn. Landscape elements combine to shape meaning. Landscape authors employ rhetoric and metaphor to communicate effectively and artfully. Humans have always known the language of landscape, but now use it piecemeal, with much forgotten. Absent, false, or partial readings lead to inarticulate expression: landscape gibberish, dysfunctional, fragmented dialogues, and broken storylines. It is time to relearn and renew the language of landscape, to speak new wisdom into life in city and countryside.

KEYWORDS: Landscape; Language; Meaning; Metaphor
EDITED BY Xianming TU; TRANSLATED BY Angus ZHANG

　　景观会说话。它们揭示出自己的起源，彰显出那些建造它们的人的信仰，它们肯定或反驳某种思想，它们也存在于艺术与文学中。景观中包含着许多信息和故事——每块岩石、每条河流、每棵树木都有属于自己的历史，它们在人类文化中常用于装点庭院和城镇。一条河流、一棵树的故事，正是其与周边环境的所有对话的总和；但它不包含情感，也不关乎道德。人类讲述的故事通常是经过深思熟虑的，且往往与生存、身份、权力、成功和失败相关。而景观讲述的故事则类似于神话或律法，是一种组织现实的方式，它解释人类的行为，并指示、劝说，甚至迫使人们以特定的方式行事。

　　景观具有意义。河流可以倒映，云彩可以遮掩；水与火可以净化，也可以摧毁；圆有中心，路有方向。景观元素的意义取决于它本身，拿一棵树来说，其意义取决于它的种子、它的根、它的生长和腐烂、它与周边元素的关系、它所处的环境背景——

14　Simon, Nina. The Participatory Museum. N.p.: Nina Simon CC Attribution—Non—Commercial, 2010: 263.

15　Dijkstra, Karin Marcel Pieterse, and Ad Pruyn. Physical environmental stimuli that turn healthcare facilities into healing environments through psychologically mediated effects: systematic review. Journal of Advanced Nursing 56, no.2 (October 2006): 166—81. Originally published online.

16　Center for Mindfulness in Medicine, Health Care, and Society at UMass Medical School. Last modified June 4, 2013.http: //www.umassmed.edu/cfiii/stress/index.aspx.

17　Holzel, Britta K., Sara W. Lazar, Tim Gard, Zev Schuman—Olivier, David R. Vago, and Ulrich Ott. How does mindfulness meditation work? Proposing mechanisms of action from a conceptual and neural perspective. Perspectives on Psychological Science 6, no.6 (November 2011): 537—59.

18　Marchand, W. R. Mindfulness—based stress reduction, mindfulness—based cognitive therapy, and Zen meditation for depression,anxiety, pain, and psychological distress. Journal of Psychiatric Practice 18, no.4 (July 2012): 233—52.

19　Shapiro, Shauna L., Doug Oman, Carl E. Thoresen, Thomas G. Plante, and Tim Flinders. Cultivating mindfulness: effects on well—being. Journal of Clinical Psychology 64, no.7 (2008): 840～62.

译者简介：

王思怡（1992.1），女，浙江大学文化遗产与博物馆学研究所博士研究生，研究方向为博物馆学研究。电子邮箱：wsy3192@qq.com。

日本桂离宫中的树
Trees in Katsura Imperial Villa, Japan.

北京天坛公园中的"九龙柏"
The Nine-Dragon Cypress in the Temple of Heaven, Beijing.

是孤独伫立在广阔草原之上，还是身处茂密森林的包围之中；也取决于其在人类文化中意味着什么——象征一个人、一个神，或是"知识之树"。在一些文化中，树木可代表人类，人的一生好似树木的生长——生于根系，而后挺立，结出果实，及至死亡。"知识之树"的称谓可能源于树木有着漫长的寿命，而且人们往往将高寿与智慧联系在一起。景观既是世界本身，也可能是其隐喻。

景观的含义是复杂、多层次，且多义的。火意味着毁灭、转化，也意味着重生。江河意味着流动、供给、创造和毁灭。它既是一条路径，也是一条边界，甚至是一个关口。一个圆可以分层级——它只有一个圆心，但也可以不分层级——圆周上所有点至圆心的距离是相等的。诸如材料（草、石头）、形式（形状和结构）、过程（运动、交换）和表现空间（道路、门、庇护与瞭望）等多种景观元素相互结合，构成景观的意义。将两个或更多的元素放在一起，其相应的潜在意义与关联性即得以衍生。在神圣庄严的景观中，动线、道路和人口经常相互交叠，人们在这些交叠处经历精神上的转变。在由建筑师古纳·阿斯普伦和西格德·莱韦伦茨设计的斯德哥尔摩林地公墓中，通往"纪念之丘"的宽阔道路一开始非常陡峻，而后斜坡逐渐缩窄，通过山顶上的一处宽大的入口后，踏上穿越树丛的石阶，会来到一个矮墙环绕的休憩之所。在最初爬坡的过程中，台阶嵌在绿草茵茵的山坡之中，攀登者仿佛被整个山坡所环抱；而行至台阶尽头，又会投入树木和矮墙的包围之中。形式与材料这两种景观要素塑造了通行的路径，给予了人们庇护与瞭望的体验，同时也调整着人们在公墓中行走的过程和悲伤的情绪，这与设计师想要表达的意义相得益彰："将一种不可言说的悲伤通过形式表达出来。"

景观设计师使用各种修辞手法，如布局、对比、重复、框景、夸张和扭曲等，以实现对景观意义的强调。山丘或街道被突显以给人留下深刻的印象，斜坡变陡使攀登困难，街道被拓宽并列植行道树以吸引行人。法国17世纪的花园，如凡尔赛宫和索镇公园，展现了巨大的尺度，从一端走到另一端的耗时之久，宽阔的大道、长长的阶梯、延伸至远方的运河——彰显出其建造者的强大权力。

景观的书写者们也运用另一种修辞手法——致辞，向人们诉说，或向某位不在场的、无法回答的人——如超自然的或已逝之人——呼吁或祷告。1938年，贝尼托·墨索里尼为在第一次世界大战的一次战役中战死在意大利雷迪普利亚附近的人们建造了一座纪念碑。超过10万名士兵被埋葬在这里，而将军的坟墓则坐落于山底，面朝着他的士兵，他的碑文回应了"同在（Presente）"这一主题。人们不需要懂得意大利语也能够明白它的含义，景观已讲述了一切。

这样的景观是隐喻的。隐喻的手法将意义从一个事物或现象转移到另一个上，因此经常涉及不同事物之间的比较。例如提喻的手法是用部分代表整体，通常是用一个地标或线索指代整个景观、城市或国家：如埃菲尔铁塔之于巴黎，华盛顿的国家广场之于美国；现代文明所依赖的电网系统，可以由其中显而易见的风车场和输电线来代表。景观中的修辞表现手法还有很多，如转喻、拟人、讽喻、对照、矛盾、反讽、委婉和引喻等。

景观可以引喻事件、故事、想法或艺术作品。斯文－英格瓦·安德森在其所设计的位于瑞典南部的马尔纳斯花园中就使用了许多引喻的手法。被剪去旁枝的柳树，暗示着迈因德特·霍贝玛于1689年所作的油画《米德尔哈尼斯林荫道》。而"死亡之门"，则是一座由涂成白色的、像骨头一样的树枝组成的雕塑，它伫立在一条长路的尽头，暗示死亡是通往另一个世界的大门。后者的含义很容易理解，但是要理解对霍贝玛画作的引喻，则需要特定的知识。在英国的斯托海德花园，一系列精心设计的景观元素，对英国和古罗马的历史进行了比较，暗指大英帝国与罗马帝国之间的某些相似之处。拉丁语的铭文提供了揭示景观意义的线索，

瑞典斯德哥尔摩林地公墓
Woodland Cemetery, Stockholm, Sweden.

瑞典斯德哥尔摩林地公墓中的"纪念之丘"
The Hill of Remembrance of Woodland Cemetery, Stockholm, Sweden.

法国索镇公园
Parc de Sceaux, France.

但只有那些能够读懂这些文字的人才能了解。

并非所有景观传达的讯息均是经过深思熟虑之后讲述的故事。例如在美国内城街区中废弃的建筑和闲置土地，记录着有关社会、经济、政治的故事，这些故事关乎工业变迁与失业的影响、种族偏见、贫困、漠视等社会问题，以及为补救这些问题所提出的公共政策的失败之处。这样的故事还有很多。那些一度流淌在山谷底部的溪流，逐渐被掩埋在下水道中，它们的集水区也渐渐被填埋。这些位于谷底的闲置土地不仅是社会经济发展的产物，也是场地排水不良、地下水位过高、建筑基底受到侵蚀以及下水道塌方的后果。这般社会经济与自然过程之间相互作用的故事，可以在每个国家、每个城市的景观中看到。然而不幸的是，很少有人能够读懂它们并做出恰当的回应。

人类一直都懂得景观的语言，但如今对它们的使用趋于碎片化，其中很多甚至已被遗忘。人们仍然修建道路并品读它们，仍喜欢将开花的树比作爱人，但大多数人对景观的理解是粗浅且狭隘的，许多景观设计师讲述景观的能力也变得愚蠢或不足。缺失、虚假或断章取义导致了条理不清的景观表达，使其充斥着莫名其妙、功能失调、支离破碎的对话，以及残缺的故事情节。其结果只能是愚蠢的、可怕的、悲惨的。

景观的语言是一种强大的工具。对那些能够读懂树木和山坡、边界与人口所隐含的意义的人来说，他们能注意到过去乃至未来的火灾、洪水、山体滑坡，以及大自然的热切相迎或严正警告。而阅读、讲述和设计景观的能力，是人类最伟大的才能之一。它使人类得以栖居在广阔的环境中——从温暖的热带稀树草原到凉爽、郁闭的森林，再到寒冷、辽阔的苔原。但是，现如今，这种改变景观的能力开始威胁人类的生存。人类对自然的改变已几乎触及地球上的每一个角落，这种改变是不可逆转的，且危机四伏。

人类作为一种物种的生存大计，取决于我们对自己和我们所创造的景观——定居点、建筑物、河流、田野、森林——的适应。我们应当以崭新的、维系生命的方式来塑造能够珍视我们与空气、土地、水、生命之间，以及这些要素彼此之间的联系的环境，这将有助于我们感知和理解这些联系，以及塑造具备功能性和可持续性、富有意义和艺术性的景观。每个人都可以学会品读景观，理解这些景观读本，并在城市、郊区与乡村的生活中讲述新的智慧。让我们共同培养景观表达的能力，就好像生命是依赖于它而存在一样——因为，事实上也的确如此。

注释

本文是在《景观的语言》（耶鲁大学出版社，1998年）一书的基础上改编、延伸完成

译者简介：

张健，麻省理工学院景观设计与规划系教授

Landscapes speak. They disclose their origins. They proclaim the beliefs of those who made them. They affirm and refute ideas. They allude to art and literature. There are many messages and many stories embedded in a landscape. Each rock, each river, each tree has its own history which human cultures embellish in gardens and towns. A river's, a tree's story is the sum of all its dialogues with context, nothing more; it contains no emotion, no moral. The stories humans tell are deliberate: stories of survival, identity, power, success, and failure. Like myths and laws, landscape narratives are a way of organizing reality, justifying actions, instructing, persuading, even forcing people to perform in particular ways.

Landscapes have meaning. Rivers reflect, clouds conceal. Water and fire purify and destroy. Circles have centers, paths have directions. Meanings of a landscape feature — a tree, for example — depends upon what it is in itself, its seed, its root, its growth and decaying, its networks of relationships, its setting, whether standing alone on a prairie or surrounded by forest. They depend also on what it has come to mean in a human culture — a person, a god, or the Tree of Knowledge. Trees, in some cultures, stand for humans, as long-lived individuals that grow from roots, stand upright, bear fruit, and die. A Tree of Knowledge may derive from trees' long lifespan and the association of age with wisdom. Landscapes are the world itself and may also be metaphors of the world.

Landscape meaning is complex, layered, ambiguous. Fire consumes, transforms, and renews. A river flows, provides, creates, destroys, simultaneously a path and a boundary, even a gateway. A circle is hierarchical — it has a center, yet non-hierarchical — all points along the circumference are equidistant

意大利雷迪普利亚第一次世界大战纪念碑
World War I Memorial, Redigpuglia, Italy.

瑞典马尔纳斯花园
Marnas, Sodra Sandby, Sweden.

迈因德特·霍贝玛于1689年所作的油画《米德尔哈尼斯林荫道》
The Avenue at Middelharnis by Meindert Hobbema, 1689.

瑞典马尔纳斯花园中的"死亡之门"
Death's Portal of Marnas, Sodra Sandby, Sweden.

from the center. Landscape elements like material (grass, stone), form (shape and structure), process (movement, exchange), and performance space (path, gate, refuge, prospect) combine to shape meaning.

Put two or more elements together and potential meanings and associations grow. In sacred landscapes, movement, path, and portal often overlap, with spiritual transformation at the threshold where they meet. The wide path up the Hill of Remembrance in Stockholm's Woodland Cemetery, designed by architects Gunnar Asplund and Sigurd Lewerentz, is steep at first, then the slope tapers, stone steps pass between trees through an open gateway atop the hill, coming to rest just inside low walls. At the beginning of the ascent, steps are set into the grassy hillside, so the slopes enfold the climber; at the end, frames of trees and wall enclose. Form and material shape the experience of path, refuge, and prospect; all modify processes of movement and grieving, in agreement with the meaning its designer— teller intended: "giving form to a sorrow that cannot be told."

Landscape designers use rhetorical devices like placement, contrast, repetition, framing, exaggeration, and distortion, to achieve emphasis. Hill and street may be emphasized for effect, slope steepened to make the climb difficult, street broadened and lined with trees to impress the walker. The vast scale of the seventeenth—century gardens of France, like Versailles and Sceaux — the time it takes to walk from one end to another, the broad avenues, the long staircases, the canals that stretch into the distance — underscore the power of their builders.

Landscape authors employ address, another rhetorical device, to speak to someone or to appeal or pray to one not present or unable to answer, like a supernatural being or a dead person. Benito Mussolini built a monument in 1938 to those who died in a World War I battle near Redipuglia, Italy. More than 100,000 soldiers are buried there. At the bottom of the hill is the grave of the general, facing the tombs of his soldiers, whose inscriptions answer "Presente." One does not need the words to understand the meaning. The landscape says it all.

Such landscapes are metaphorical. Metaphor involves a transfer of meaning from one thing or phenomenon to another, often involving a comparison between dissimilar things. A synecdoche, for example, a part that stands for the whole, is often a landmark, a clue that points to an entire landscape, city, or nation; the Eiffel Tower for Paris, The Mall in Washington D.C. for the nation. Windmill fields and powerlines, parts of the networks of power on which modern culture depends, render that network visible. There are many other types of landscape figures of speech, such as metonymy, personification, allegory, antithesis, oxymoron, irony, euphemism, and allusion.

英国威尔特郡斯托海德花园
Stourhead, Wiltshire, England.

在美国宾夕法尼亚州费城，被掩埋的米尔溪滩地上的闲置土地
Vacant Land on buried floodplain of Mill Creek, Philadelphia, Pennsylvania, USA.

Landscape may allude to an event, story, idea, or work of art. At Marnas, the garden of Sven—Ingvar Andersson

in southern Sweden, there are many allusions. Willow trees, their side branches stripped and pruned, allude to The Avenue at Middelharnis, painted by Meindert Hobbema in 1689. "Death's Portal," a sculpture of branches painted white, like bones, stands at the end of a long path, alluding to the idea of death as a gateway to another existence. The meaning of the latter is readily understood; the allusion to Hobbema's painting, however, requires special knowledge. As at Stourhead where the garden features an elaborate series of allusions comparing the history of England and of Ancient Rome, implying a parallel between the British and the Roman Empire. Inscriptions in Latin provide clues to the landscape's meanings, but only for those who can read them.

Not all the messages that landscapes convey are deliberately—told stories. Abandoned buildings and vacant land in inner—city neighborhoods of the United States, for example, record social, economic, and political stories of the fallout from the migration of industry and loss of jobs, of racial prejudice, poverty, neglect, and the failure of public policies to remedy these. There is more to this story. Streams once flowed in the valley bottoms, were then buried in sewers, their floodplains filled in. Vacant land in the valley bottoms of such neighborhoods is not only a product of socio—economic processes, but also of poor site drainage, high ground water, eroded building foundations, and cave— ins over the sewer. Such stories of the interplay between socio—economic and natural processes can be read in the landscape of every city in every nation. Unfortunately, few are capable of reading them and responding appropriately.

Humans have always known the language of landscape, but now use it piecemeal, with much forgotten. People still read paths and create them, delight in a flowering tree comparing it to a lover, but most read landscape shallowly or narrowly, and many landscape designers tell it stupidly or inadequately. Absent,

false, or partial readings lead to inarticulate expression: landscape gibberish, dysfunctional, fragmented dialogues, broken storylines. The consequences are dumb, dire, and tragic.

The language of landscape is a powerful tool. Past and future fires, floods, landslides, welcome or warning are visible to those who can read them in tree and slope, boundary and gate. The power to read, tell, and design landscape is one of the greatest human talents; it enabled humans to spread from warm savannas to cool, shady forests and even to cold, open tundra. But now, the ability to transform landscape threatens human existence. Having altered virtually every spot on the planet, humans have triggered changes that threaten to alter it irrevocably and dangerously.

Human survival as a species depends upon adapting ourselves and our landscapes — settlements, buildings, rivers, fields, forests — in new, life— sustaining ways, shaping contexts that acknowledge connections to air, earth, water, life, and to each other, and that help us feel and understand these connections, landscapes that are functional, sustainable, meaningful, and artful. Everyone can learn to read landscape, to understand those readings, and to speak new wisdom into life in city, suburb, and countryside, to cultivate the power of landscape expression as if life depends upon it. For it does.

NOTE

The text of this article expands on and is adapted from The Language of Landscape (Yale University Press, 1998).

城市蔓延和中国

张永和　尹舜

摘　要：指出城市蔓延的现象在世界上许多地区和国家普遍存在，在环境、经济、社会等各个方面产生着广泛和深远的影响；梳理了城市蔓延的问题，中国城市蔓延的地域特征，在城市设计层面上提出了一些具体的对策。

关键词：城市蔓延；城市性；自行车道；共享街道；城市华盖；密度；微观城市设计

ABSTRACT：Urban sprawl with tremendous impact on environment, economics and society, etc. is widely found in many regions and countries around the world. This paper investigates the problems confronting urban sprawl and its regional characteristics in the Chinese context, offering substantial countermeasures in regard of urban design.

KEYWORDS：urban sprawl; urbanity; bicycle lane; shared street; urban canopy; density; micro urban design

1.城市蔓延的普遍问题

1.1 城市蔓延 (Urban Sprawl)

在过去半个多世纪的时间内，城市蔓延作为一种城市化现象在全球范围内普遍发生。Urban sprawlg 一词在英文中是带有贬义的，包含了无序地向四处扩散开的意思。

典型的城市蔓延可定义为：向城市中心外扩展的人口构成的低密度、单一功能、通常依赖汽车的社区 (Urban Sprawl is typically defined as the expansion of human populations away from central urban areas into low—density, monofunctional and usually car—dependent communities)。这个客观的定义含蓄地表达出城市蔓延带来的问题：当人口从城市中心向外面蔓延出去的时候，往往就业机会仍然留在城市中心；单一功能是指居住功能，即卧室社区；依赖汽车意味着完全不能步行。城市蔓延的实质是城市的"郊区化"。英文对郊区的描述有两个词：一是 suburbs，本意有低层次城市或亚城市的意思；另一个是 suburbia，就是贬义词（目前中文没有准确的译义）。在中文里，"城郊""别墅"等词汇都有自然风光的暗示，无形中赋予了郊区些许浪漫色彩。

城市蔓延最初从美国开始。这与二战后旺盛的军工产能向民用汽车产业的转移不无关系，为了让汽车产品更有市场，在资本力量的推动下美国政府以国防为目的建立了高速公路网（图1）。自此美国私人汽车交通兴起，而之前以火车为代表的公共交通逐渐衰败。

依靠贷款购买独立住宅和汽车、通过高速公路网到达郊区土地价格相对低廉的区域（独立住宅很重要的一个意义是拥有一块土地），形成了最初的"美国梦"。许多个体的美国梦在远离城

区的地方组成大型独立住宅社区（图2）。依赖汽车的出行方式重新定义了城市原来的边界，高速公路网则割裂了原有城市空间，很多街道两侧的人行道干脆也取消了。伴随城市蔓延产生的汽车泛滥也造成土地资源的严重浪费。如果每个家庭平均有2部汽车（满足夫妇两人分别去上班的需要），这就意味着一个家庭至少在其生活环境中需要5个停车位（上班2个车位、回家2个车位、购物1个车位，图3）。城市蔓延使城市失去了密度。

今天，城市蔓延是一个世界性问题，在发展中国家尤为严重。中东城市迪拜是较为著名的案例：城市蔓延造就了一个密度极低、市中心缺失（所谓的市中心是一个大型的购物中心）、交通完全依赖汽车，也就是寸步难行的城市；东南亚也不乏城市蔓延严重的城市，例如马来西亚首都吉隆坡。

1.2 城市性

城市性是由一种生活方式定义的：有一个人群除了基本生活需要以外，希望有机会享受到更多商业生活和社会活动，喜欢在公共空间中和人群中休闲、交际、交流（包括人看人），进而

图1 美国加利福尼亚州的高速公路网
图2 美国内华达州的独立住宅区
图3 美国加利福尼亚州的一个购物中心及停车场

有文化活动的需求（去博物馆，美术馆、剧院、音乐厅等）。支持这种生活方式的城市空间和建筑空间的多寡和质量，是衡量城市性的重要标尺之一。

城市蔓延极大地削弱了城市性。从表面来看，这种城市蔓延带来的郊区化生活方式提供了一种不依赖城市的生活选择，但实际上，白天在城里工作、下班回郊区居住的生活模式形成了人和城市之间空间和时间的隔离，剥夺了许多人享受商业、社会、文化等城市生活的权利。住在郊区又工作在郊区当然更无缘城市生活了。

1.3 汽车对城市空间的影响

私人汽车的繁荣与城市蔓延是一同出现的。人们对拥有汽车的渴望与国家将汽车工业作为支柱产业的意愿相辅相成。我们现在都熟悉过量汽车带来的交通堵塞及空气污染问题。汽车对城市空间又具体意味着什么？除了汽车数量变多，同时汽车的体量在不断增大。我们通过对十几个品牌的研究，发现汽车在几十年来普遍"胖"了一圈。

有出产小体量汽车传统的欧洲从 20 世纪 80 年代始再次关注汽车体量的问题，因为许多欧洲城市街道是中世纪或文艺复兴时期形成的窄巷，并无法承担大型车辆的通过。微型汽车，尤其是 Swatch 手表公司研发的"半部车"——Smart，于是应运而生，既适应了狭窄的街巷，又可以垂直于路牙停车只占用半个常规的停车位，减轻了城市交通及空间的压力（图4）。对于中国城市来说，微型汽车同样适合北京的胡同或者上海的里弄。

然而，欧洲的汽车公司就不同地区的市场采取了区别对待的态度。例如，奥迪公司专门为中国打造的 A8L，为了适应中国的市场将车辆加长了 130mm（图5）。不确定这 130mm 对于使用功能是否有帮助，但对城市交通和空间却是雪上加霜。从某种意义上说，汽车公司是"两面派"：对待欧洲城市一种态度，对待亚洲是完全另外一种态度，只考虑迎合市场需求，不考虑我们的城市问题。

图4 Smart长度仅为常规汽车的一半
图5 中国市场上的奥迪A8L比欧洲版长130mm

2.中国式的城市蔓延

在二战之后，全世界都受到美国汽车文化输出的影响，并且常常将其副产品郊区化生活方式作为效仿对象，忽略了这种生活方式带来的消极影响。亚洲国家在现代化进程中，受到城市蔓延的影响是深远的。中国的城市蔓延具有相对的特色，与亚洲和拉丁美洲的情况相比更多一些相似性，但与美国相比有着明显区别。其实，中国对城市蔓延一直有一个自己的既准确又生动的描述，即"摊大饼"，表现在几个方面：

（1）市中心郊区化。美国式的城市蔓延是从老城中心区向外蔓延的，城市中心区往往在一定程度上仍然保持着原有形态和密度，而在中国，城市蔓延是中心开花式的，即对城市中心区进行了郊区化改造。

（2）过境交通和环路。为了满足快速交通的需要，在城市中心区内出现了封闭的道路；这类城市交通组织方法在 20 世纪六七十年代的美国很普遍。当时的价值观认为高速公路的便利性是首要的，但这种封闭的过境交通割裂了城市空间。在中国，封闭的高速路常以环路的形式出现，当环路一圈圈从城市中心向外扩散出去就形成了所谓的"摊大饼"，同时也意味着即使城市规模再大，也只可能存在一个中心。

（3）城市综合体。所谓城市综合体是将美国式的郊区购物中心搬到城市中心区，这意味着破坏掉城市原有的空间结构、尺度以及街道的连续性。并且，这种城市综合体通常以商业和办公为主，或有酒店，但不包含住宅，造成城市功能布局的失衡。

（4）高密度。美国郊区的形态是低层低密度，而在中国的郊区却是高层高密度。如果住宅空置率很高，这种高密度并不能构成城市生活质量。

（5）封闭社区。封闭社区虽然在美国也存在，但属于极少数的高收入住宅区，有围墙但通常没有保安站岗。由于这些封闭社区（英文称闭门社区：Gated Community）强化了社会的分裂，受到美国学者及设计专业人员的反对；而在中国，封闭社区是普遍存在的。夸张的社区封闭性对于城市生活也是灾难性的，城市空间被一个个孤立的住宅区所瓜分，真正的街道则变成了城市的剩余空间。可以说，中国的郊区化程度已经比美国更加严重。如今的打开社区政策，一方面是势在必行，但同时实施起来也极为困难。因为长期以来的社区封闭化面对的不仅是一个市场价值问题，也是中国社会中的固有观念问题。

2.1 审美的问题

凯旋门和香榭丽舍大道分别是巴黎的标志物和轴线之一（图6），然而这座城市的魅力并不仅在于一些孤零零的纪念物。常有朋友描述在巴黎不知不觉步行几个小时也不觉得累，这正是高质量的街道空间带来的步行体验。连续而整体的城市肌理、清晰的街墙界面、密集的小尺度街道、平展的天际线（图7），这几点形成巴黎城市空间的质量。

也许是由于地形的原因，与巴黎相比，柏林似乎更平展。柏林全城的建筑大多数受到 22m 的檐口限高的规划限制，即 7 层平铺加第 8 层的退台[1]。值得一提的是柏林的城市形态并非是由于审美原因而产生的，而是受到消防条件的制约，因为当时消防梯只能够到 7 层高度，但却因此造就了少量的标志建筑突出于完整的肌理这样整体和清晰的城市形态。另外，柏林城市规划中的功能分区是垂直的，即建筑临街的底层必须是公共的、社区的或商业的，和城市空间连通；中间若干层是工作空间；顶上若干层是住宅。柏林的垂直城市组织和城市蔓延的水平发展趋势形成鲜明的反差。

也许并没有发生的那个巴黎更符合当前中国的城市设计审美，那就是勒·柯布西耶设计的光辉城市（图8）：他把巴黎想象

图6 巴黎凯旋门周边的城市肌理

图7 巴黎老佛爷百货商店顶部俯瞰，除了菲尔铁塔和圣心教堂外，巴黎的城市是平展统一的

图8 光辉城市

图9 北京的城市形态

成一个大公园，楼栋之间距离很远，建筑作为一个个孤零零的物体存在，谈不上街墙也没有街道，只有交通性的道路。公园内有一些购物和休闲设施。在这个以健康为主要考虑的城市中，环境肯定特别好，但除了上班之外，好像只剩下健身了。我们今天庆幸这个设计没有取代城市生活气氛浓郁的老巴黎。

如果从空中看北京（图9），和巴黎正相反，城市形态的变化并无明显规律，因为有许多审美因素在同时作用：独立的物体建筑强调个性化，城市天际线强调高低起伏。当这些因素结合在一起，在视觉上形成复杂而混乱的城市形象。同时，街墙（Street Wall）被打断造成了对城市空间的极大破坏。

2.2 千篇一律

虽然在不断地追求差异性，当代中国城市被质问最多的就是其千篇一律的面貌。千篇一律的问题需要分几个层次来讨论：

首先，要看大的"律"是什么以及如何形成的。如果当今的空间生产方式、经济发展模式（特别是房地产开发的模式）、城市设计机制在全国范围内是统一的；在更具体的层面上，如果规划指标（例如建筑容积率、覆盖率，限高等），宏大、高低起伏等软性审美要求也是各地一致的，那么城市的面貌不可能产生太多变化的。

但不论视觉上是否雷同，如果"律"可以让中国城市变得更宜居、更方便，那么人们可能并不在乎视觉上是否千篇一律。从审美角度评论城市的人多少有些旅游者的心态；但一回到自己家，思维立刻就会转向关心户型是否适用、买菜是否方便之类的民生问题。

一个城市的面貌不是由单体建筑决定的。单体建筑越个性化，城市越无法形成清晰的特色。在建筑层面上，还需要认识到现代的生活方式和建筑技术在全球都趋于相同，地方性的文化传统、风俗习惯、建造工艺受到极大冲击的问题。因此，设计出真

正富有文化内涵的，即有意义的而不是表面上的形式上的地方差异，是一个挑战，也正是笔者的实践——非常建筑——感兴趣并投入大量精力去做的一件事。

回到城市，"变律"不是简单的审美问题，化妆式的美化城市是达不到目的的，需要当今的城市建设参与者首先对自己的城市条件有非常深刻的认识，还需要创造性的思考，想象不同样的城市生活场景。有难度，但也并非是不可实现的。

2.3 尺度

在中国城市化进程中，对尺度的审美，即对量的或对"多大高宽"的偏好存在着愈演愈烈的倾向。成都在郊区建成的全球最大的单体建筑，其面宽超过500米，总建筑面积200多万平方米（图10）。这类城市综合体产生了一种"月球生活方式"，里面功能应有尽有，想在里面住几天也可以。类似的超级综合体建筑如果置于城市中，不仅其巨大的尺度会破坏城市形态，其独立性和内向性会使得城市空间的连续性被割裂，这对原有的城市生

图10 位于成都的世界上最大的单体建筑

活方式和城市性是摧毁性的。

如何改造现存的这类城市综合体？需要做的工作便是增加其与城市空间的联系，即打开城市综合体，把街道引进来，使其成为城市连续公共空间的一部分。

2.4 应对策略

一旦对城市性形成一个明确的认识，即使在现有的城市蔓延的格局下，也可能找到改善基本城市生活质量的具体途径。在上海市规划和国土资源管理局编写的《上海市街道设计导则》一书中，一段对宜居街道的论述恰恰也是对城市性最好的定义：

"街道能够使我们的日常生活更加便利。一小段街道便可以容纳便利店、菜场、餐厅、理发店等基本生活服务设施，同时也可以将街边绿地、广场和社区公园联系起来，使我们从街边的住所或办公室出发，在步行5分钟之内满足日常的生活需要。如果这条街道恰好位于住所或办公室通往地铁站的路径上，那么这些设施的使用将更加便利，在前往这些'必要'的目的地的途中，我们还常常在街上获得意想不到的发现，例如一家特色书店或一间富有情调的餐厅，使生活的内容得到不断拓展。"

如果将以上的文字作为城市生活质量的标准，我们可以从几方面努力。

（1）放慢速度

降低交通的速度和生活的速度。开车是为了"快"，然而当开车可以比走路还慢、"欲速而不达"已成为日常的体验、对效率的追求已形成悖论的时候，质量和速度的关系需要重新评价。比如，出行是否选择时间更有保证的地铁或更能享受到街道生活的步行？当然，这样也就对城市公共交通的组织和街道空间的质量提出了要求。步行是体验城市、享受城市生活的根本形式，城市设计首要考虑为居民提供安全、连续、无障碍的人行道。减速的需要正在覆盖生活的方方面面。今天，人们充分认识到快餐对健康的危害，"慢食"已成为一项国际运动。

（2）缩小尺度

从街区到生活圈的尺度普遍都需要缩小，生活空间范围的适当缩小可以提高步行的可达性，进而缓解城市的交通问题。上海市规划和国土资源管理局的15分钟社区生活圈规划以及上述的对5分钟步行距离应满足的生活需要的描述是非常重要的尺度参考。

（3）设计密度

密度在一些国家和地区的观念中被认为是消极的。尤其是美国，如果美国没有对密度的偏见，也许城市蔓延也不会泛滥到今天这个程度：当今绝大多数的美国人居住在郊区。然而，没有密度就没有城市，但密度的质量有优劣之分。目前中国城市的容积率普遍过于平均，典型的规划方式又是水平铺开加大尺度元素，导致密度与城市空间严重脱节。高层住宅存在着从生活到社会到环境的种种问题，这也是美国人不接受密度的原因之一。就密度与建筑高度的问题，建筑师张开济和团队在20世纪70年代对北京的10个住宅小区进行了量化的分析比较，发现1个高层住宅比重占87%的小区拥有682人/hm²的人口密度；同时另一个高层住宅比重只占16%的小区却拥有730人/hm²。说明高层建筑

不是获得密度的唯一途径。与高层高密度相比，多层高密度不仅同样可以达到较高的密度，而且同时更易于形成有明确围合的、具有"图—底"关系的城市平面，形成积极的、有活力的城市空间，而不是点式高层建筑之间的无限定的剩余空间。不难想象，如果采用多层高密度的城市规划，也相对容易对老城进行保护，或构成一种不同的城市面貌。

（4）向内扩展

虽然存留下来的老城往往有着适当的密度和良好的空间结构，但大部分新城的容积率、覆盖率以及过宽的道路、过大的广场等均存在空间内扩利用的潜力。换句话说，可以将城市蔓延当作一种空间储备来对待，在需要的时候，对它进行空间重组。即使在城市人口密度进一步增加时，也尽量不再向外扩展。

（5）混合使用（Mixed Use）

当代城市的工作场所一般不产生污染，完全可以和居住、商业、休闲文化设施进行空间上的混合。上面提到的柏林式垂直功能组织就是一种混合使用的规划模式。混合使用带来生活上的便利，同时避免上下班通勤的交通问题。与混合相对的是集中。以文化设施为例，北京修建国家大剧院的时候，曾有几位专家学者建议将北京国家大剧院内4个剧场分别建成4个独立的建筑，放在北京不同的区域，这对市民享受文化生活来说，会比都要去市中心一个集中的场所更方便。这个没有被听取的建议，也是一种混合使用。混用在具体组织方式上有多种可能性，可以是在城市层面上，也可以是在建筑层面上。

（6）开放社区

社区开放意味着有更多的资源和设施供整个城市共享。社区外的人可以充分利用社区内的资源，同时城市的资源也可以顺畅地流入到社区内。而对于社区内的居民来说开放意味着更多选择，更丰富的餐饮商业以及更多样的体育设施。除了生活质量的改善，社区的开放性也有助于缓解，尽管不能解决社会划分的问题。

3. 微观城市设计

城市设计是城市规划和建筑设计之间的一个环节，用以保证城市公共空间的质量。即使对于已建成的城市空间，城市设计也不是仅起到装饰的作用，而是可能通过微观的调整和干预对现有城市空间进行有效的改善，或改变其使用方式。

3.1 调整自行车道的位置

骑自行车是健康的出行方式。自行车的速度约为步行的3倍，因此出行的距离也随之扩展，这不仅缓解了城市交通压力，同时也提高了出行的便捷性和可达性。而以往的城市设计往往考虑自行车不够，因此现在世界上很多城市都在增加或改善自行车道（图11）。

在国内，自行车道通常被设计在机动车的路面标高上。原本很宽的自行车道，在实际使用中往往变成了路边停车。非常建

图11 曼哈顿的自行车改造

图12 鼓楼大街道路改造效果

图13 东京的自行车道改造

图14 可以携带两个孩童的母子车

图15 20世纪70年代国产加重自行车

筑在北京做过一个街道改造设计（图12）：我们参考了柏林的城市设计，把自行车道放在人行道的标高上。更简单来说，就是把最常见道路的马路牙子挪了一下，让自行车道在路牙石以上，然后用绿化和家具与人行道分隔。这种改造方法不仅鼓励自行车出行，并且避免其车道被机动车占据。最近听说北京有另外一条街道采用了类似的设计，并已在施工；我们也注意到东京普遍采用了这种街道断面组织（图13）。

另一个自行车动向是新的车型的出现：日本近年来产生了一种"母子车"，它是给拥有两个孩子的妈妈使用的，婴儿在前面的车篮里，稍微大一些的孩子坐在后座，这样一来母亲可以带着两个孩子骑车出行（图14）。这种车在日本街头很常见。或许过去的国产红旗牌加重自行车作为一种多人车或家庭车在设计上稍加调整亦有机会复出（图15）。这些车都代表了自行车交通的发展潜力。

3.2 变栏杆为家具

栏杆是消极的。同样对城市空间进行分离，绿化、座椅、艺术品可以构成积极的边界，对街道空间进行必要划分的同时，又丰富了城市生活（图16）。

3.3 改造宽街

近些年来人们认识到以过境交通为主的穿城高速道路对城市造成了消极影响，将其逐步拆除已成为趋势。波士顿大开挖（The Big Dig）花费极大代价将港口边原有的高架公路改为地下隧道。目前仅作为绿地公园使用，但仍具有城市开发利用的余地（图17）。

除了耗费巨大的将高架路下沉的方式之外，地面宽街应该如何集约利用？上海市徐汇区的陕西南路给予了示范。通过挤压

图16 旧金山采用景观座椅替代栏杆

图17 波士顿将高架公路改为地下隧道

机动车道的宽度，在道路中部结合绿化解决停车问题（图18）。

这种改造具有开拓性的意义，因为不再是拓宽街道，而是通过缩窄的方式更加有效地利用街道空间。在西方形成的一小时的停车公园运动，以行为艺术式的方法短时间内占据街道两侧停车位，形成有生活气息的趣味窄街。顺着这个思路，可以利用空间和时间的交错使用，产生很多有趣的宽街空间改造思路。

图18 上海市在道路中部结合绿化解决停车问题

在今天暂时还难以想象汽车的减少。但私人汽车作为城市交通工具的合理性正在下降，如果城市人口也有所下降，重新考虑宽街空间的利用仅仅是一个早晚的问题。

3.4 扶持沿街小店

上海、北京最近都在进行"居改非"类型的草根小店清理。但仅仅清除并不积极，它同时也带来了街道活力的丧失。波士顿最有人气的一条商业街道，纽伯利街（Newbury Street），就是对传统联立式住宅进行改造形成的，住宅的首层和下沉庭院层，形成了双倍店铺密度及近街体验（图19），同时楼上继续作为居住使用。当然并非所有的城市住宅都适合改造为商业，这也需要从规划层面进行统一的设想。完全让百姓自发改造并不现实，自发改造与经营应当在政府的合理引导和管理下发生。

随着地租的升高，居住功能部分改造为商业功能是市场对于城市资源的合理优化。许多原有住宅资源在转为商业资源的同时所产生的扰民等消极问题可以通过协商、补偿、管理等手段来解决。更重要的是，我们需要意识到沿街小店是保持城市多样性和地域特征的重要元素，其对于街区整体魅力与价值的提升存在着重要作用。

3.5 共享街道（Shared Street）

共享街道是荷兰的发明，但在日本等国家被广泛使用（图20）。具体的概念是利用车道的曲折来控制汽车的行驶速度，从而使行

图19 上海（左）和波士顿（右）充满魅力的沿街小店

图20 荷兰的共享街道

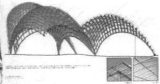

■ 图21 旧金山交通枢纽方案，和常见的架空一层不同
■ 图22 同济大学建筑与城规学院的广场改造

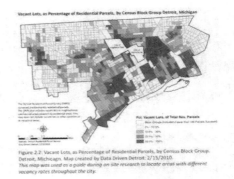

Figure 2.2: Vacant Lots, as Percentage of Residential Parcels, by Census Block Group. Detroit, Michigan. Map created by Data Driven Detroit: 2/15/2010. This map was used as a guide during on-site research to locate areas with different vacancy rates throughout the city.

■ 图24 底特律土地空置率，绿色代表土地空置的严重程度

人变得安全，无车经过时更使街道空间成为邻里中的活动空间、孩子们的游戏场所。其结果也减少了过境汽车的数量，节省了交通用地。因此共享街道是没有路牙的，车道与两侧的空间仅以少量的路桩或树木和路椅划分。取消路牙的做法在老城区中使用可以有效地增加实际可用路面宽度，从而避免拓宽街道对老城肌理的破坏。

3.6 城市华盖（Urban Canopy）

城市的空间是需要被限定的，而且不仅是街道、广场空间需要街墙以及地面5个面的清晰围合，更要进一步考虑顶面的限定。像上海的气候，有顶盖的城市空间可以在梅雨与炎热季节变得更舒适，带来更多社会性、商业性的活动。

有顶的城市广场是完全开敞的半室外空间，形成遮阳避雨的公共场所，产生步行、餐饮、休闲、交流等日常生活行为（图21），也可种植高大的树木形成良好的景观。这是接下来对城市空间更高品质不断追求的设计方向。

非常建筑为同济大学建筑与城规学院的广场改造设计的棚架（图22），采用胶合木互承结构，光伏玻璃形成自足的照明电力。通过增加顶面限定激活楼栋之间的广场，形成可以停留的半室外共享空间。

4.结语：蔓延与收缩——成为现实的未来

从全球来看，经过半个多世纪的城市蔓延，全球城市的发展前景并不乐观，许多城市已经出现严重的发展瓶颈。以美国为例，一些城市在急速扩张后面临收缩。底特律在其高速发展时期也经历了大规模的城市蔓延，而今的土地空置问题已经相当严重

■ 图23 城市收缩后的底特律

（图23、图24），但郊区的土地价值极低，导致土地拥有者无法置换到底特律的城市中心区里或其他城市去。而这些孤零零存在的私人产权地块仍然要求城市管网必须到达，造成城市公共资源的极大浪费。

底特律在收缩过程中，仍通过各种方法试图复兴城市，例如建造城市农场、旧工厂改造为艺术园区、创意乃至时尚产业的迁入以拉动就业和经济，这些是否能因此形成新的田园城市模式？我们对此很好奇。更重要的问题是：这种状态是不是底特律独有的？对全球来说，从蔓延到收缩是不是城市发展的必然过程？尽管这些危机看似离中国很远，但是否可能有一天成为我们的城市所必须面临的现实？

参考文献

[1] 李振宇.柏林-上海住宅建筑发展比较研究(1949-2002)[J].时代建筑，2004(3)：60-67.

[2] Kathleen L. King. Designing vacancy: vacant land and urban systems in Detroit, MI[D]. University of Colorado Denver, 2012.

图片来源

图1、图2：http://www.christophgielen.com/newsite/category/work/

图3：https://www.kcet.org/shows/lost-la/the-la-architect-who-designed-the-shopping-mall-and-came-to-regret-it

图6：http://www.notey.com/0earthporm_unofficial/external/5354148/russian-photographers-reveal-how-birds-see-the-world-through-stunning-images.html

图8：W·博奥席耶，O·斯通诺霍.勒·柯布西耶全集第1卷*1910-1929[M].牛燕芳，程超勒，译.北京：中国建筑工业出版社，2005：105.

图7、图9：张永和.弗兰肯斯坦之人造城的故事.http://www.archiposition.com/videos/lecture/item/860-zhangyonghe-city-05.html

图10：http://image.vcg.com/

图15：http://www.sohu.com/a/129392251_387967 图22：http://velobuc.free.fr/sharedspace.html 图23：http://www.archdaily.com/532231/new-images-released-of-foster-partners-first-and-mission-towers-in-san-francisco

图23：http://skyrisecities.com/news/2016/08/cityscape-journey-through-shrinking-city-detroit

图24：参考文献[2]

其余图片均为作者拍摄及非常建筑绘制

成都历史园林体验式保护模式探析

高洁　贾玲利

摘　要：成都历史园林是四川地方园林的重要组成部分，目前存在负荷超载、保护方法呆板、部分园林没有受到相应保护等问题。通过回顾成都历史园林的发展、调研历史园林资源保护现状，提出适合成都地方文化和历史园林特征的体验式保护模式，论述了体验式保护模式的概念、缘由、保护及延续，增强城市园林体验性、参与性，同时使历史园林与新建绿地公园融为一体，激发园林生态功能，传承地域特色。

关键词：成都历史园林；保护模式；体验式保护

1. 引言

随着现代化城市建设和发展，城市绿地及公园系统逐渐完善，然而城市发展在一定程度上忽略了历史园林的保护。历史园林具有特定的历史价值和地域文化价值，园林的保护和发展模式也应该具有地域性。在对历史园林的地域文化及风格特征、功能特点等深入研究的基础上，提出适合成都地方历史园林的保护模式，通过划定不同保护区以激发历史园林文化活力，建设绿地及公园加强园林体验性及公众参与度，保护历史园林的同时使园林更好地融入当地人的生活中。

2. 历史园林及成都历史园林概述

在国际上各法律，乃至国内各种标准、规范中，均有对历史园林概念的界定。《佛罗伦萨宪章》中对历史园林给予了明确的界定——指从历史或艺术角度而言民众所感兴趣的建筑和园艺构造[1]，因此历史园林应当被看成是一种古迹。2002年，我国《城市绿地系统分类标准》中对历史名园的定义为：历史悠久，知名度高，体现传统造园艺术，并被审定为文物保护单位的园林[2]。世界各国家均对历史园林的保护有相关的法律法规，对历史遗产予以高度的重视和高强度的保护。

本文研究对象为位于成都平原内，主要分布在成都市及周边地区，受成都地域文化影响较大，在城市中具有重要历史文化价值与地位的，当前已逐渐开发为公园之用的历史园林。成都历史园林为四川地方园林中的重要部分，主要诞生及分布在成都平原及周边，园林类型以名人纪念园林成就最高，对追溯历史文化和历史名人沿革具有重要的参考价值，园林也因文人而富有文化气息。现成都历史园林多呈开放式游览，借助空间序列的组织引导游览路线，给人亲近大自然的观感，是自然与人工的高度融合、以自然美见长的园林。面对丰富的园林资源，其潜在的园林经济价值不得不让人思索，而如何在将其转换的同时更加良好地保护也是本文将要讨论的一大重点。

3. 成都历史园林的保护现状

成都历史园林是四川传统文化遗产的重要构成部分，因此对历史园林的保护也就是对地域文化多样性的保护。对比于众多北方园林和江南园林，不论是造园艺术还是园林的保护发展，四川园林都显得相对暗淡无光。

3.1 知名园林负荷过重

成都市部分园林被评为全国重点文物保护单位，并开辟为旅游景区等，这类园林多以公共性开放的形式服务游人，如著名的杜甫草堂、武侯祠、望江楼等。这些园林虽然注重园林的保护与环境的维护，但是由于游人数量过多，节假日超负荷运营，人头攒动，使得其完全失去了应有的宁静与闲散，且超负荷的人流对园林破坏极大，不仅水、气、声污染严重，还会对传统园林的各类构成要素造成潜在破坏。

3.2 部分重要历史园林无保护

目前，成都市周边地区有相当一部分园林缺少相应管理或处于无保护状态，如新繁东湖、广汉房湖等。它们作为当地人主要的休闲场所，为完全开放式游览模式，同时由于缺少资金投入和应有的管理维护，园林中的植物、构筑物、山石水系都得不到应有的保护，导致园林建筑构筑物损毁，生态环境差，水、气、声污染等问题，整个园林环境破、乱、脏，丧失了历史园林的魅力。

3.3 保护方式呆板

成都历史园林过多地学习北方皇家园林和江南园林的保护方法，将能开辟为旅游景点的园林最大程度地开放，而有些历史园林却完全没有被重视，这对以公共性为主的成都历史园林不完全合适。这样一刀切的保护反而是对历史园林资源最不利的保护方式。对园林资源的保护应当根据地域园林的发展及特点实施，不应照搬其他地方的保护模式。

3.4 保护资料匮乏

成都历史园林发展史上曾遭受过多次灾难性破坏，大多为战火所致，明末的战火甚至将四川大部分园林毁于一旦，对四川园林的发展造成了巨大损失，经过漫长时间才逐渐修复。2008年汶川地震使四川园林严重受损，在惋惜的同时，我们也应当认识到这是大自然给我们敲响的警钟。目前成都历史园林普遍缺少测绘资料，成为现在园林保护的重大问题之一，一旦遇上大灾难，修复就会成为一大难题。这也正警示我们，应该尽快展开历史园林的系统勘测，注重传统园林的保护和基础资料的收集，应对可能发生的灾难性破坏。

4.体验式保护模式概念

体验式保护模式将历史园林的保护范围划分为核心区、缓冲区及边缘区，中心以历史文物保护为主，逐步向外扩展，最后通过绿道或河流廊道与城市绿地系统相连。核心区是历史园林的灵魂与重心，包括历史文物、古建筑及核心景观，它将园林中最具保护价值、有深厚文化底蕴的部分保护起来，适当对外开放，同时控制游人容量；缓冲区以园林的精神与历史内涵为基础，最大限度地建设及展现园林历史与文化，其中设置相应的休息娱乐活动区域；边缘区在园林的最外围，是城市系统与园林联系在一起的纽带，城市绿地系统或河流廊道将历史园林融入城市中，共同构成城市蓝绿基础网络，保证历史园林结构与生态的整体性。

核心区是园林中最具有文化内涵和历史意义的园林部分。成都历史园林具有深厚的文化底蕴和历史沉淀，有些已被审定为文物保护单位，如著名的武侯祠、杜甫草堂、望江楼公园等，有些具有浓厚文化内涵，这些园林应更好地被保护起来。因此在园中划定重点文物保护的核心区，适当对游客开放，采取限流制度，适当合理地收取门票，防止超过承载力的人流对园林造成影响。同时对园林构成各要素进行保护和测绘资料的整合，以保证历史园林资源的延续与传承。

缓冲区作为园林过渡区域，是展示历史园林历史文化的主要区域，同时也是市民活动、休闲的重要场所。缓冲区可以是城市公共公园，也可以是围绕历史核心区而建的扩建绿地。该区域将历史园林的精神内涵传达给游客，同时展示园林历史及园林文化，增强园林的体验性与市民参与性，服务于游客及市民的同时传承园林的历史文化价值。在该区域内增添多种体验式项目，结合历史悠久的蜀文化及休闲文化，引入川茶、川剧、棋牌、楹联、糖画等文化，另外还有四川特殊的竹文化、纸文化、蚕桑文化等[3]。设置体育活动、品茶聊天、棋牌娱乐等场所，为常活动于此的市民提供相应的服务设施。

边缘区是园林与城市联系的纽带。成都地区的园林具有沿历史河流分布的特点，边缘区将历史园林通过增强生态整合、蓝绿基础设施融合等，将园林与周围绿地、道路、河流廊道形成整体，从而形成完整的城市绿地系统。

5.体验式保护模式的缘由

5.1 以名人纪念为主的园林类型

成都历史园林类型丰富，主要包括纪念园林、寺观园林和宅院[4]。目前保留最好最多的是纪念园林与寺观园林，私家宅院随着历史的发展与变迁也大都转变为名人纪念园，供后人游览纪念。

巴蜀地区流行神仙信仰及英雄崇拜，自古以来文人墨客、英雄烈士就备受巴蜀人民的崇敬和爱戴，因此成都历史园林大都以名人纪念园林为代表的民俗文化为基础，如眉山三苏祠、望江楼公园分别以纪念苏轼、苏洵、苏辙和薛涛为主。

5.2 自古流传的公共性园林特征

成都历史园林自古就有公共性的特征。望江楼（图1）明代之前位于成都郊外，故人远行，常在此处登船走水路下东吴，出川入蜀的文人墨客常常饯别于此，他们在此饮酒赋诗赠别友人[5]，后来此处又建设为纪念薛涛的园林。杜甫草堂原是杜甫当年为避安史之乱在成都建造的草堂居所，古时蜀人常约上三五好友至浣花溪边吟诗作赋，后一直是骚人墨客凭吊杜甫、吟诗唱和之所。新都桂湖原为初唐驿站，名曰南亭，宋代改为新都驿[6]，其原初的功能是宴饮居留之所，是一个具有游赏性质的驿站宾馆。明代新都著名文学家杨升庵在桂湖遍植桂花，成为当地盛景，后世为纪念杨升庵建升庵祠及相关景点，才有了现在的桂湖。

另外成都地区园林是中国名人祠庙最为集中的地区之一，这与四川民俗密不可分：清代大量移民入川，川西地区集会、游宴盛行，而游宴集会的地点多在祠庙、会馆等地方，这也促进了各类型园林独有的亲和性与公共性。

综上所述，成都历史园林的公共性是区别于北方皇家园林与江南私家园林的一个重要特点，无论是祠宇、寺观、驿站还是

图1 成都望江楼与锦江 刘洪志摄

▍图2 成都人民公园鹤鸣茶馆 作者自摄

官署主持营造的园林，百姓都是可以参与的，因此园林的公众参与性也保留至今。因此体验式保护模式最大化地发挥了历史园林的体验性及参与性，将市民及游客的活动加入其中。

5.3 源远流长的休闲文化

成都作为中国自古的休闲之都，早在宋代，因都市的繁荣、经济的发展，休闲娱乐不断丰富多彩并迅速发展[7]，人们游于园和享于园的思想更是流传至今。休闲文化体现在当地人生活的方方面面，例如所谓"一市居民半客茶"的茶文化和遍布成都大街小巷的棋牌茶座等，无一不体现着四川地区丰富的茶文化和棋牌文化（图2）。近现代，四川盛行的休闲之风更是在园林中得到了淋漓尽致的体现，成都被评为全国"农家乐"发源地，人们在园林中赏花、饮茶、郊游及亲近大自然。正是这种休闲文化推动了四川的园林发展，也形成了休闲文化与园林文化相结合的园林特色。

随着经济的快速发展和生活舒适度的提高，人们对城市生活的节奏、休闲和舒适度要求越来越高，更喜欢体验性和参与性强的娱乐活动，也越来越注重文化内涵与历史古韵的熏陶。尤其是成都人，他们秉承自古以来的休闲娱乐精神以及城市深厚的文化内涵，因此成都地区的历史园林有着重要的文化使命，加强园林的公共性、体验性，同时又要迎合现代市民及游客的需求，是当前历史园林保护与发展的方向。

6.体验式保护模式的发展及传承

6.1 历史园林建设与保护并重

《佛罗伦萨宪章》中提出：对历史园林或其中任何一部分进行的维护、保护、修复和重建工作中，必须同时处理其所有的构成特征[8]。《威尼斯宪章》中明确指出：保护文化遗产的真实性，并把真实性的全部丰富含义传承下去，这是我们的职责。因此在城市历史园林的保护和修复中要着重保护其原真性、真实性。在核心保护区内，从整体出发，注重保护历史园林的山水格局、古建筑、植物、古树名木等，适当地对文物古迹进行修复、更换，以确保历史园林的原真性，传达历史园林的造园精神和园林内涵。

在当今城市化进程加快的背景下，城市绿地系统和公园的建设尤为重要。在保护历史园林的前提下，合理地进行建设和利用是体验式保护模式的一大特点，延续历史园林活力的同时建设公园绿地，使其在城市绿地系统中发挥作用。

核心区以历史园林为主，缓冲区、边缘区可为新建绿地公园或周边辅助绿地，并提供相应的服务及设施。当前成都的各大公园有许多依托历史园林或以历史园林为中心而建，为体验式保护模式提供了有利的建设条件，以历史园林为核心的公园绿地既有力保护了历史园林资源，又能够充分发挥园林的参与性与文化性。如望江楼公园已形成园林保护的核心区，园外缓冲区延续薛涛文化和四川竹文化，有茶座、活动游憩广场等场所，但核心区与缓冲区两部分相对孤立，同时应建设边缘区，加大园林与城市绿地系统的联系；杜甫草堂内部有历史文物核心区，包括茅屋、东西向的工部祠及南北向的草堂寺等，周围的缓冲区包括草堂内部分区域及周边依托草堂而建的浣花溪公园，浣花溪公园开放性较好，环境优美，市民参与性强，利用城市水系与城市交通干道为园林提供联系及沟通廊道，有利于草堂融于城市绿地中。

对于周边县市相对缺少保护的重要历史园林，例如新都桂湖、广汉房湖、崇州罨画池、眉山三苏祠等更要加强保护与建设，积极开发建设周边绿地公园，为市民及游客提供更好的休闲娱乐环境的同时保护园林资源，更好传承发扬扩展历史园林的体验性、休闲性及参与性，后续建设也应加强各部分之间的联系，利用周边河流、绿地等加强边缘区建设，促进历史园林融入城市蓝绿基础设施网络中。

6.2 融入城市河流绿地系统

单独对园林进行保护将会造成园林的孤立性。成都市内历史园林大多临水而建，融合自然景观与人文景观，体现道家所推崇的天人合一的观念。从成都市中心城区保留的历史园林来看，它们都依山傍水，沿府河和南河而建[9]。利用这种选址布局特点，结合成都的绿地系统及绿道的规划，可以将历史园林通过河流廊道和城市绿道融入城市绿地系统中，使其发挥应有的生态功能和游憩功能，同时严格控制历史园林周边区域新建建筑的高度，确保形成连续的景观轴线和视觉廊道，最大程度地保护园林及周边环境的整体性[10]。在景观结构上，城市中的历史园林作为点状的绿地融入城市绿地系统中，通过城市中的绿道、河道等线性结构将其联系起来，形成完整的城市绿地系统。这样更有利于历史园林的保护，且能发挥一定的生态功能。

6.3 传承历史文化

完整的历史园林遗存是逝去的时代所创造的文化与艺术，因此历史园林应从整体上被看作是文物的一种类型，都具有特殊的艺术价值和文化价值[11]。在历史园林的保护与发展上，着重加强历史文化的保护及传承，将地域历史文化融入历史园林中，在周边新建公园绿地中注意延续与传承历史园林文化内涵和精神，丰富充实园林的同时，传承历史文化及非物质文化等精神。体验式保护模式在注重人的参与性与体验性的同时，将川茶、川菜、川派盆景、四川楹联、川剧等融入园林中，园林正因为这些浸润着市井气息的项目而更富有生机。体验式保护正是对现存园林所承载的地域文化等加以保留继承，烘托园林气氛、弘扬园林的艺术价值、吸引游客参与体验。

7.结语

依托成都地域文化的体验式保护模式，不仅利于四川古典文化的传承，更有利于现代化城市绿地系统的建设。独具特色的体验式游览依托园林文化，彰显园林艺术，在满足游客不同的体验需求的同时，也为四川历史园林资源与地域文化的融合创造了可能，这将有利于四川文化的传承和发展。在当今信息快速蔓延的时代，给传统文化一个存在和展示的平台，给传统习俗一个寄存点，建设城市绿地，将历史园林与城市公园、城市绿地系统等融为一体，更好地促进历史园林的保护和发展。

参考文献

[1] ICOMOS：The Florence Charter，1981.

[2] 建设部.城市绿地分类标准（CJJ/T 85— 2002)[S].北京：中国建筑工业出版社，2002.

[3] 任文举.蜀文化与四川休闲旅游发展战略[J].乐山师范学院学，2005,12(20):95—96.

[4] Qiu Jian,Jia Ling li:A Study on Types and Characters of Sichuan Style Garden.C.The 14th Landscape Architectural Symposium of China, Japan and Korea, Chengdu.China architecture&Building Press, p,p.4—12, 2015.

[5] 贾玲利.四川园林发展研究[Ph.D.].西南交通大学，2009：145—150.

[6] 张渝新.新都桂湖的起源、沿革及园林特征[J].四川文物.1999(5)：58—61.

[7] 蒋侃迅.中国眉山三苏祠造园艺术研究[D].北京林业大学，2008：11.

[8] 陈世松.宋代成都游乐之风的历史考察[J].四川文物，1998,03:37—43.

[9] 许蓉生著.水与成都——成都城市水文化[M].成都：巴蜀书社.2006：247—256.

[10] 刘晓惠，张雪飞.引入控制性规划的历史园林保护[J].现代城市研究，2011，03:69—73.

[11] 雍振华.古典园林保护研究[J].苏州城建环保学院学报，2002.

图片来源

图1 作者自绘　　　图2 刘洪志摄　　　图3 作者自摄
图4—图8 作者自绘

作者简介：

高洁，西南交通大学建筑与设计学院，研究生
贾玲利，西南交通大学建筑与设计学院副教授，硕士生导师

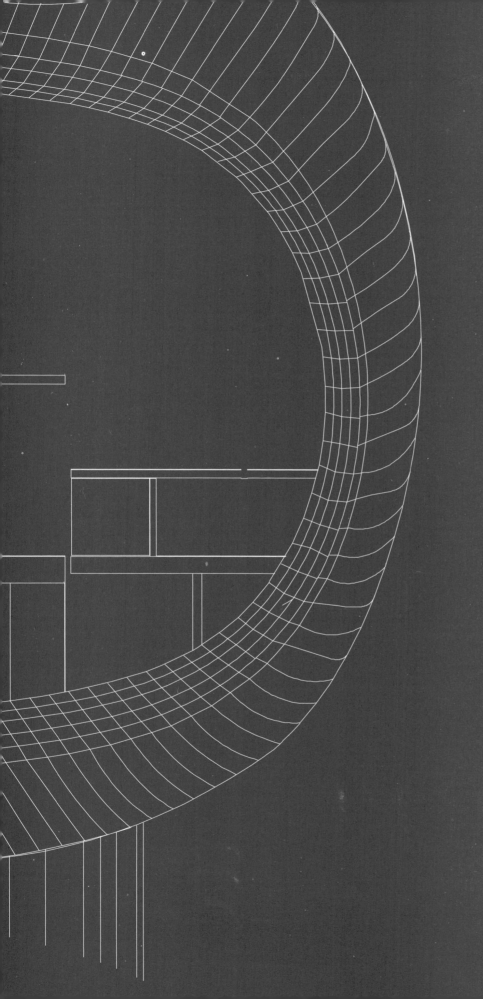

海外掠影

立体主义建筑在捷克波西米亚地区的实践

陈翚　许昊皓　凌心澄　杜吕远方

摘　要：将立体主义艺术的思想直接运用到建筑创作实践，只在20世纪初的很小的范围和很短的时间内出现过。捷克共和国的波西米亚是其中最具代表性的地区，也仅仅在这一地区发现了保存完整和成熟的立体主义建筑作品。波西米亚先锋建筑师的这些实践活动时间虽短，在捷克乃至欧洲的现代主义建筑史上却占有重要的地位，在完整性与连续性、建筑材料与形式的创新，以及多面性的造型语汇上呈现出鲜明的特点。从历史的视角对这一批立体主义建筑作品进行系统的梳理，阐述其产生、发展以至消亡的历史过程，并批判性地评价其在建筑史上的贡献与局限性。

关键词：立体主义；现代主义建筑；捷克波西米亚地区；建筑运动

ABSTRACT：The architectural practice directly motivated by Cubism was small in scale and short in time in the 20th century. In this respect Bohemia of the Czech Republic was the most representative area, and only in this area some completely preserved mature cubism architectural works remained. Although Bohemia pioneer architects practiced for a short time, they really played an important role in the modern architectural history in Czech Republic and even Europe. This article lists the existing Czech cubism architecture from the perspective of history, and expounds, the historical process of its emergence, development and decline. It also provides a critical evaluation of its contributions to and limitations in the architectural history.

KEYWORDS：cubism；modernist architecture；the Czech Republic—Bohemia；architectural movement

中图分类号 TU—86　文献标志码 B 文章编号 1000—3959（2016）05—0090—05

一、立体主义与建筑创作

1906年，以毕加索、布拉克为首的西方现代派艺术家创立了立体主义艺术流派（Cubism），他们的创新影响了一大批活跃在巴黎地区的艺术家，如画家和版画家吉恩·麦琴根（Jean Metzinger）、胡安·格里斯（Juan Gris）、阿尔伯特·格莱兹（Albert Gleizes）、罗贝·德劳内（Robert Delaunay）、费尔南德·莱热（Fernand Leger），以及雕刻家弗朗索瓦·杜尚·维庸（Francois Duchamp—Villon）和雅克斯·里普希茨（Jacques Lipschitz）等，并很快传播到其他国家[1,2]。

立体主义艺术对现代主义建筑的初期探索产生了非常重要的影响。立体主义绘画和雕塑揭示了抽象几何形体的审美价值，激发了人们对此的审美兴趣，从而促使人们开始接受和欣赏以简单几何形体的组合为造型特征的新建筑风格[3]。因此，立体主义艺术对于建筑发展的影响，主要表现在建筑形式的更新上，以及

"时—空"观念的引入。这些影响对于现代主义建筑的诞生和发展起到了关键作用。现代主义大师勒·柯布西耶（Le Corbusier）深受立体主义思想的影响，对于在立体主义的基础上发展出来的纯粹主义（Purism）有着浓厚的兴趣3。与阿梅代·奥赞方（Amedee Ozenfant）共同发表的《纯粹主义宣言》中，明确反对把立体主义当作琐碎的装饰，提倡纯净的、机器式的"纯粹主义"，即理性立体主义。他们基于立体主义的结构，摒弃所有过于繁复的立体主义构造细节，回归到最简单、最单纯的几何结构，将立体主义推向了一个崭新的高度。他随后创作的一系列建筑作品也表现出建筑形态立体主义化的倾向[4]。

正因为如此，威廉·柯蒂斯在《现代建筑》一书中写道"没有立体主义与抽象艺术的影响，20世纪的建筑完全有可能是另外一番景象"[5]。

二、立体主义建筑运动的起源

立体主义为前卫的工业设计师、建筑师和室内设计师打开了思维的枷锁，开启了设计界新的篇章。其最直接的影响首先表现在工业产品和家具设计上。这一时期欧洲上层社会所喜爱的时尚家具均带有各式各样的斜面和尖角，呈现出明显的立体主义风格（图1）[6]。向来不甘寂寞的建筑师也开始尝试把立体主义绘画和雕塑中的若干形式直接应用于建筑物的装饰之中，比如采用菱形和棱锥形的装饰构件。第一次世界大战前法国、捷克等地的部分建筑师作品就出现了这种倾向，如1912年法国立体主义雕塑家杜桑·维庸为当年的巴黎秋季沙龙设计了一个建筑立面，在立面上加上了由方锥体、菱形、直线、斜线和斜

图1 立体主义风格的各类作品　a瓷器（帕韦尔·亚纳克）
b时钟（约瑟夫·戈恰尔）c家具（奥塔卡勒）

▌图2 布拉格三联排住宅入口　　▌图3 布拉格公寓大楼（约瑟夫·霍霍尔）

面组成的装饰物（图2）[7、8]。

波西米亚地区的中心城市布拉格，由于地理区位和地缘政治的原因，与欧洲的其他中心城市保持着密切的联系和相互影响。1910 年前后，许多捷克艺术家在布拉格和巴黎两大都市间轮流工作，使得布拉格和巴黎之间的艺术交流与联系非常紧密。因此，1906 年立体主义在巴黎被创立之后，很快就被这些艺术家们带到了艺术氛围浓厚的波西米亚和摩拉维亚地区。

将立体主义思想和手法直接运用于建筑创作之中具有一定的偶然性。当时捷克的先锋建筑师帕韦尔·亚纳克（Pavel Janak）、约瑟夫·戈恰尔（Josef Gocar）等人与立体主义艺术家交往密切。由于在日常交往中受到影响，他们尝试着在建筑设计中采用由方锥体、菱形、直线、斜线和斜面等组成的形式，于 1910–1928 年的近 20 年间创作了一批独一无二的立体主义建筑，其造型特征明显区别于通常的装饰艺术风格。波西米亚地区的这批立体主义建筑也成了世界建筑史上唯一的真正意义上的立体主义建筑，其中大多数被完整地保留至今（图3）[9]。

然而当时大多数立体主义建筑作品只是添加了一个"立体状"的外表皮，结构体系和室内部分仍然是传统做法，手法上更接近于将自然装饰物改为抽象菱形体的巴洛克风格。因此，立体主义建筑并没有立即对捷克或是世界建筑发展产生重大的影响。同时，由于受到来自前卫的现代主义先锋派和保守派两方面的批评，立体主义并未得到推崇。直到 20 世纪 60 年代之后，才又重新受到世人的关注。

三、立体主义建筑运动的主要历程

目前的研究记录显示，捷克立体主义建筑运动持续的时间为 1910–1928 年之间的 18 年时间。依据其代表人物和建筑活动的特征，可以明确地划分为两个阶段：第一阶段为 1910–1917 年，这是捷克立体主义建筑活动最重要的时期，即使一战期间也有很多作品问世；第二阶段为第一次世界大战后即 1918–1928 年之间的 10 年，受到现代主义运动和倡导捷克民族风格倾向的影响，这个时期立体主义建筑风格与形态出现了明显的变化以及与其他风格相结合的趋势[10]。

1. 第一阶段（1910–1917）

1910 年前后，旅法捷克艺术家将立体主义思想带到布拉格，很快得到了当地艺术家的关注，他们开始用自己的方式去理解和诠释立体主义。其中最具影响力的艺术家之一是著名雕刻家奥托·古特弗罗因德（Otto Gutfreund），他将代表空间立体关系的

动态形式融入自己的作品当中，对捷克立体主义建筑的产生起到了决定性的作用（图4）。1911 年，一个由优秀艺术家、建筑师、作家以及音乐家组成的立体主义联盟在布拉格成立，加入联盟的著名建筑师包括约瑟夫·霍霍尔（Josef Chochol）、弗拉斯提斯拉夫·霍夫曼（Vlastislav Hofman）、帕韦尔·亚纳克及约瑟夫·戈恰尔。这些将建筑视为艺术作品的建筑师受到立体主义理念的激励和启发，在这个时期的建筑创作中经常在建筑外立面的转角、窗框和入口雨篷及建筑室内的门廊、楼梯等部位娴熟地运用立体主义手法。这些成功的建筑实践大大丰富了布拉格和捷克其他地方的城市景观。随后，联盟内的建筑师共同创建了布拉格艺术工作室，并采用立体主义风格设计了工作室所在办公室的室内结构。工作室吸引了来自波西米亚和摩拉维亚地区的立足于不同领域的建筑师，帕韦尔·亚纳克、弗拉斯提斯拉夫·霍夫曼等人供职于政府管理和公共部门，主要从事城市公共建筑和基础设施的设计；戈恰尔及霍霍尔等建筑师的作品则多为住宅类建筑[11]。

▌图4 立体主义雕塑（奥托·古特弗罗因德）

帕韦尔·亚纳克于 1911 年在艺术月刊上发表了一篇关于立体主义建筑的重要论文《棱柱体与棱锥》，从毕加索的立体主义艺术以及自然水晶的形状中寻找灵感，也从哥特式、后期哥特式以及巴洛克式建筑中得到启发，为立体主义建筑风格奠定了理论基础。他在论文中写道："根据一定的逻辑演变，它们（新的建筑）重新发现存在于裸露的棱形体系及所有建筑构件中的自然建筑元素：柱子和梁板重新使用那些被忽略的材料，如石头、横梁等棱柱体。通过这一净化负面因素的艺术活动，可以说，柱状骨架体现的一切形式已经失去了感觉和意义；同时，建筑依赖自然的形式回归到建筑学的主要体系中，即依托简单的技术与自然规律的支持。"他将建筑学看作是一门注重想象的艺术学科，主张建筑不应该有过于理性的倾向[12]。

捷克建筑历史学家通常认为，雅各布家族别墅是波西米亚第一个建成的真正意义上的立体主义建筑。该别墅位于波希米亚东部伊钦市（Jicin）的索伯特茨卡（Sobotecka）大街，与建筑师帕韦尔·亚纳克 1911 年最初的设计草图相比，建成的建筑造型更为简洁，立体主义风格主要体现在建筑的斜壁架、墙角、窗柱、大门以及烟囱的造型上，而主体结构则仍以当地的传统做法为主。原草图中建筑外立面上有很多由斜面构成的更具有动态和整体感的沟棱并没有得到实现，这是因为在实施过程中施工人员无法用标准砖块砌筑出这样的细部，而当时也还没有采用模板和混凝土来浇筑这种小型建筑物的成熟技术，因此建筑师最终不得不做出一定的妥协（图5）。

第一阶段的立体主义代表建筑师还有戈恰尔及霍霍尔等人，他们完成了许多纯粹的立体主义建筑作品。如戈恰尔设计的布拉格黑色马多拉大厦、利波德利策镇的保维别墅等经典名作；霍霍尔在布拉格设计的以科瓦罗维策别墅为代表的三个作品也是典型的立体主义建筑风格（图6–图8）。这个时期现代主义建筑运动

图5 雅各布家族别墅（帕韦尔·亚纳克）a 外观　b 细部

（约瑟夫·戈恰尔）

图6 保维别墅室内

已经在西欧各国兴起，并且迅速波及波西米亚地区。因此，当时建成的立体主义建筑作品中，有许多作品在设计之初其实采用的是简洁理性的现代主义风格。当立体主义思潮进入之后，建筑师们又将立体主义的造型元素融入现代主义的方案中，与老建筑产生对话，以迎合当时人们的审美品位。前文提到的黑色马多拉大厦就是一个典型案例。

布拉格另一位建筑师埃米尔·克拉利切克（Emil Kralicek）的作品则代表了立体主义建筑的一种独特的倾向，除了位于布拉格小城区的德查斯特罗大厦之外，他设计的立体主义建筑作品通常都结合了新艺术运动或现代主义建筑的元素（图9、图10）。

在第一次世界大战期间，建筑市场受到战争影响而趋于低迷，但仍有少数立体主义建筑精品诞生，如奥尔德日赫·丽丝卡（Oldrich Liska）在贝茨卡镇胡斯广场设计的教堂建筑，该建筑外观采用了当时流行的典型现代主义风格，但在室内设计中，她应用了很多立体主义风格的元素，包括多边形结晶体状的灯具、礼拜长椅及铺地拼花等，使之成为捷克保存最完好的立体主义室内设计作品（图11）。

亚纳克在1913—1914年间完成的法拉大厦改造设计中，尝试采用了立体主义手法。法拉大厦位于佩尔赫日莫夫市马萨里克广场，原建筑面向广场的正立面是典型的巴洛克式风格。亚纳克在改造方案中增加了立体主义风格的挑梁，点缀了具有动感的三角饰物，并设计了凸窗、阳台、一扇通向阳台的门，以及其他的立体主义风格细部设计，这些处理巧妙地将原来的巴洛克古典风格转变成了立体主义的现代风格，并产生了独特的效果（图

12）。这个旧建筑的改造实践也充分证明了立体主义元素可以很好地与其他历史建筑风格取得协调。这也是亚纳克在1913年投入到现代主义运动之后唯一的一个立体主义建筑作品。

从当时的时尚审美品位来看，第一阶段的立体主义建筑外形往往有些古怪、不切实际，并且死气沉沉，尤其是采用抽象的立体主义饰物来代替旧的象形装饰，与建筑的实用功能和构造并没有有机地联系，与大多数建筑师倡导的实用功能主义理念背道而驰，因此在兴起之后很快就不再受到建筑师和客户的推崇。甚至作为波西米亚立体主义建筑创始人之一的帕韦尔自1913年起也完全放弃了立体主义，全身心投入到实用功能主义的先锋运动之中。

2．第二阶段（1918—1928）

1918年，捷克斯洛伐克共和国于第一次世界大战结束后成立，此时立体主义建筑的创始人和早期的追随者都已经放弃了立体主义风格。但一些新锐的建筑师受之影响，创作了一批他们自己所理解的另有特色的立体主义建筑。除前文所提到的丽丝卡之外，在这个阶段最引人注目的建筑师还有鲁道夫·施托卡尔（Rudolf Stockar）。他从捷克技术大学毕业之后，担任了布拉格合作社艺术工作室的主管。其代表作品包括位于奥鲁姆茨（Olomouc）的利普茨科娃女士私人别墅（1919—1921年）以及位于布拉格德尔尼茨卡（Delnicka）大街的马特乐纳工厂及其行政管理楼。另一个重要的代表人物奥塔卡尔·诺沃提尼（Otaka Novotny），因主持设计位于布拉格犹太人区的"教师公寓大楼"而声名鹊起。

教师公寓大楼外立面由不同颜色的人造石组合而成，窗户之间竖向的实墙、底层顶部以及建筑的转角被切割成角度微妙的几何面建筑的主入口、大门、窗楣以及一层的壁柱都做了非常精致的立体主义风格的细部设计。整个建筑外观看上去光影变化丰富，极具动感，成为立体主义建筑第二阶段的重要代表作品之一（图13）。

建成于1928年的克雷诺夫市（Krnov）电影院可能是捷克斯

图7 黑色马多拉大厦（约瑟夫·戈恰尔）　图8 以科瓦罗维策别墅（约瑟夫·霍霍尔）

图9 德查斯特罗大厦设计图（埃米尔·克拉利切克）
图10 钻石大厦雕塑（埃米尔·克拉利切克）
图11 胡斯广场教堂建筑室内（奥尔德日赫·丽丝卡）

图12 法拉大厦（帕韦尔·亚纳克）　图13 教师公寓大楼及入口（奥塔卡尔·诺沃提尼）

图14 克雷诺夫市电影院（莱奥·卡梅尔）
图15 布拉格美术和建筑学院大楼入口（扬·科特拉）

洛伐克共和国最后一个得以实现并保留至今的立体主义建筑（图14）。设计师莱奥·卡梅尔（Leo Kammel）曾师从捷克现代主义建筑的奠基人扬·科特拉（Kotera），后来在维也纳成了重要的现代主义代表建筑师。

这一阶段大多数立体主义建筑作品的特征是采用立体主义元素作局部处理或细节装饰，而整体风格则是新艺术风格或者现代主义建筑，如扬·科特拉设计的布拉格美术和建筑学院大楼，就仅在大门的设计中运用了立体主义手法（图15）。

20世纪20年代之后，捷克建筑界逐渐被新的风格所主宰，由于民族独立思想的影响，装饰艺术运动中的"波西米亚民族艺术风格"逐渐占据了上风。尽管立体主义思潮对现代主义建筑运动产生了重大的影响，但因为受到新一代主张纯粹主义、结构主义和功能主义的前卫建筑师的批判，立体主义建筑逐渐淡出了人们的视野，直到数十年之后，重新开始成为人们的研究对象。

四、波西米亚地区立体主义建筑的特点

立体主义建筑发展主要受立体主义中"时—空"观念的影响，在形式上有所创新。立体主义绘画和雕塑把抽象的几何形体及其组合的审美价值揭露出来，激发了人们对它的审美兴趣，从而也促使人们接受和欣赏以简单几何形体的组合为造型特征的新建筑风格。相较于其他地域所进行的立体主义建筑实践探索，波西米亚地区立体主义建筑具有鲜明的特点。

第一，完整性和连续性。波西米亚地区的立体主义建筑运动虽然持续时间短暂，但其实践活动经历了发生、发展直至消亡的全过程，建筑作品均具有完整和清晰的立体主义风格特征，这一点明显区别于其他地区仅仅在建筑局部加上立体主义风格装饰构件的不成体系的偶然尝试。

第二，材料与形式的创新。相对于巴洛克等古典建筑而言，波西米亚立体主义建筑的形式更为简洁，虽然大多数建筑的整体比例仍然保持着古典的模数，但附加的装饰更少或者改为抽象的立体图形，同时在建筑实践中大量使用混凝土浇筑外墙面。

第三，采用具有棱角的和多面体组合的几何造型语汇。在建筑外立面上一般都有很多由斜面或三角面构成的更具动感和整体感的沟棱，使得建筑在不同的时间和角度，呈现出不同的光影效果。

五、立体主义建筑的学术意义与后续影响

立体主义建筑在建筑史上具有引领思想转折的重要性地位。捷克立体派建筑的主要贡献在于形式方面，以及反对装饰的态度1911年，帕韦尔·亚纳克等建筑师公开宣扬捷克立体派的造型思想。他们提倡采用创造性思维和动态视角的整体概念，以取代维也纳分离派所关注的"诗意的细部装饰"，希望建筑朝着"可塑的形式"发展下去。

欧洲现代艺术概念的革命性变化对波西米亚地区的建筑文化产生了重要影响。1907年法国立体主义绘画的诞生，影响了一大批欧洲的青年建筑师，也许正是这种艺术观念上的变革精神结合当时波西米亚地区知识分子的强烈民族自我意识，才使得他

们在波西米亚地区的实践中，发展出独特的捷克立体主义文化。

立体主义思潮直接影响了两代捷克现代主义运动的建筑师。最早接受立体主义思想之一的帕韦尔·亚纳克在放弃立体主义之后，完成了包括布拉格芭芭住宅区在内的一系列实用功能主义的规划和建筑作品，成为捷克现代主义先锋建筑师的重要代表人物之一。早期捷克现代主义运动的领军人物扬·科特拉并没有创作出纯粹的立体主义建筑，但其作品仍然或多或少受到了立体主义的影响。第一次世界大战之后，立体主义建筑开始产生了一些变化，比如集中式的几何图案的外观、更加活泼的建筑元素，或是节奏感更强的平面布局等。年轻一代的建筑师们更乐于将不同于以往的立体主义形式的装饰品、装饰构件及彩色的乡村元素运用到立体主义风格的建筑当中。

昙花一现的波西米亚立体主义建筑运动虽没有在建筑史上产生轰动的效应，但在这些实践中所体现的根深蒂固的创新理念，所采用的别具一格的几何形体和空间、绚丽的色彩构成，以及对于形式和空间的反现实主义的处理手法，甚至是建筑师与艺术家组成联合工作组的模式，在之后很长的一段时间里都深深地影响着波西米亚地区的建筑创作和城市建设。虽持续时间短、波及范围小，但它却是世界建筑史上意义重大且独一无二的一个章节，其重要性也越来越受到建筑界专家学者的认同。

参考文献

[1] 高世明.关于立体主义与建筑的思考[J].华中建筑，2003（1）：51—53.

[2] 孙瑶.立体主义建筑的启示[J].家具与室内装饰，2009（11）：62—63.

[3] 王磊.西方美术史——浅谈立体派的产生发展及影响[J].才智，2014（29）：267.

[4] 梁扬，苏继会.从立体主义绘画透析的解构主义建筑[J].中外建筑，2013（6）：44—46.

[5] 王先军.从大师作品看立体主义绘画对现代建筑之影响[J].中外建筑，2011（9）：57—58.

[6] 汪江华.机器美学与现代建筑[J].新建筑，2015（2）：99—101.

[7] 张嵩.图底关系在建筑空间研究中的应用[J].新建筑，2013（3）：150—153.

[8] 王雁.立体主义与风格派对现代建筑的影响[J].美术教育研究，2011（6）：65.

[9] Zdenek L, Ester H.Czech Architectural Cubism[M]. Prague：Gaierie Jaroslava Fragnera，2006.

[10] Golding J. Cubism：A History and an Analysis，1907—1944[M]. London：Faber & Faber Limited，1959.

[11] Vladislav V M. The Architecture of Czech Cubism[M]. Ann Arbor：University Microfilms International，1990.

[12] Von Vegesack A，Lamarova M. Czech Cubism[M]. Princeton：Princeton Architectural Press，1992.

曼彻斯特的休姆：一个受社会排斥街区的复兴

德尔顿·杰克逊　迈克尔·克里利 著　易鑫　邱芳 译

摘　要：曼彻斯特的休姆是欧洲工业革命、城市化和现代主义试验
的发源地，文章对早期工业化时代存在的缺陷、现代主义
时期为弱势群体修建大型居住区所暴露的严重城市问题进
行了总结。休姆在当代创意文化和艺术领域具有重要地位，
近年来的城市更新强调与当地居民的沟通，采取各种措施
发展新的社区开发技巧，鼓励社区实现差异化发展，重视
培育居民对当地的认同感。借助新城市主义的理念，通过
专业人士与公众合作，提升环境的质量和可持续性。

关键词：新城市主义；社会排斥街区；创意产业；曼彻斯特；城市化

ABSTRACT: Hulme Manchester is one of the cradle of industrial revolution,
urbanization and modern urbanism experiment in Europe. This article
summaries the deficiencies in early period of industrialization, and
serious problems during modern urbanism, especially the large estate
development for underprivileged classes. Hulme also holds important
status in contemporary creative culture and art filed. Urban
regeneration focuses on communication works with local citizens in
recent years. A series of measurements to communication skills
have been developed for local identity cultivation and promotion of
diversified community development. With the aids of New Urbanism
concepts, experts work together with local public to improve
environmental quality for sustainable development.

KEYWORDS: New Urbanism; Socially Excluded Quarter; Creative Industry;
Manchester; Urbanization

国家自然科学基金青年基金项目 (51508086)，江苏省自然科学基金
青年基金项目 (BK20150608)

曼彻斯特及其休姆区一直在城市发展方面发挥着先锋性的
作用。这里是工业时代城市化和现代主义试验的发源地，也是近
年来提出的"城市村庄"设想最新的示范基地。在休姆的历史中，
人们可以总结出很多在英国城市发展过程中的典型问题，这个地
方从一个古老的乡村地区经历了工业革命之初的快速发展，一次
次地经历衰退和复苏的循环过程，成为每一个发展阶段的历史缩
影。在城市发展和不断再开发的过程中，休姆遇到的问题在那些
英格兰早期的工业化城市中很有代表性。唯一不同的地方就是，
无论是在哪个阶段，人们总是会在休姆、曼彻斯特和兰开夏郡这
些城市地区遇到当时出现的最新问题。

通过休姆的经验可以明确地看到，城市在转型过程中会遭
遇多方面的考验，必须依靠人们追求彻底变革的干劲和决心。人
们在休姆的经验中也可以看到，必须客观地去了解场所和那里的
居民，总结历史和各种经验教训，此外一定要避免在城市中推行
那种基于意识形态而发起的实验。

对于休姆的历史，本文计划用四个场景进行简要地描述：

曾经的小乡村、在工业化过程中出现的大量贫民窟、二战后在家
长式管理下开发的现代主义社会住宅，以及当前正在经历的"向
传统复兴"或"新城市主义"。

休姆的一次次转变，充分反映了社会和经济因素对于实体
空间的影响，城市主义思想的发展本身就是一种过程，或者应该
把它看作是一种集体性的价值体系。城市主义的成功实施要依靠
兼具包容性和参与性的社区规划，在明确未来愿景和原则的同时，
坚持强有力的政治领导。人们还要认识到，城市或邻里永远不会
就此一成不变，相反它们会不断地发展，而且这个过程是永无止
境的。

未知的城市化进程：急速发展的恶劣条件

作为曼彻斯特市的一个区，休姆这个名字源于 1200 年甚至
更早以前在当地定居的丹麦移民。在中世纪，这里发展成为一个
小市镇，在 1838 年成了曼彻斯特郡的一部分。在很长的一段时
间里，休姆都是一个以农业为主的乡村地区。直到 1761 年以后，
情况才有所改变。布里奇沃特运河 (Bridgewater Canal) 建成并
投入使用为休姆带来了迅速的变化，推动了工业革命的发展。当
时工业革命的中心最早是在凯瑟菲尔德 (Castlefield) 发展起来的，
那里刚好紧挨着休姆的东北部地区。很快工业化就扩展到了休姆，
当地兴建了棉纺织厂和一条铁路。数以千计的人们来到这里或者
是去城市其他地方的新工厂上班。

第一波城市化进程是资本主义生产发展的成果，当时英国
开拓了众多新的海外殖民市场，除了改善通讯和商品分销网络以
外，人们还着手对法律和财政制度进行改革。

欧洲在 1815 年刚刚结束了拿破仑战争，英国在随后的几年
一直处于政治动乱之中。当时的失业和粮食短缺问题非常严峻，
臭名昭著的《谷物法》把粮食价格固定在一个很高的水平，人们
根本买不起面包，这进一步加剧了粮食短缺的程度。当时社会普
遍出现平均寿命下降的现象。由于只有不到 2% 的人口拥有投票
权，无法充分保障人民的权益。这种人口与议席比重不匹配的问
题在英格兰北部尤其严重，居民与政府之间的关系相当紧张。而
当市民在曼彻斯特的圣彼得广场进行"呼唤民主、反对贫困"抗
议的时候，有人却指使军队镇压这些抗议者，结果把冲突推向了
高潮。此次事件共造成 16 名平民死亡，数百人重伤，史称"彼
得卢大屠杀" (Peterloo Massacre)。事件同时还引发了强烈的舆
论反应，推动了选举权的扩展，最终形成了普选制度，工会、合
作社得以建立，另外曼彻斯特的新闻媒体在政治上也赢得了更加

自由的氛围。

在第一波城市化进程中，休姆出现了大量鳞次栉比的联排楼房，但是其中很多建筑都非常简陋，缺乏卫生设施和自来水，街道也没有配备必要的排水系统。在19世纪上半叶，当地人口膨胀了50倍，人们的住房需求也急剧增加。但是住房的急迫需求，也进一步缩短了建设周期。由于土地供应有限，造成房屋的排列相当密集，结果曼彻斯特成为最早受到工业革命负面影响的地区之一。

该地区混杂了多种土地用途，比如在库克街就建立了世界上第一个劳斯莱斯工厂。不过当地的问题主要还是出在住房方面。过高的居住密度使环境条件相当糟糕，再加上缺乏各种社区服务设施，使当地完全变成了贫民窟。面对这一问题，曼彻斯特郡议会在1845年通过了一项法律，禁止人们继续建房。然而到这个时候为止，当地已经建造了无数的劣质房屋，基础设施的水平也非常低劣。直到20世纪上半叶，还有不少人住在这里（图1）。

自运河建成后的100年里，这个地方从一片开阔的绿地变成了一个噩梦般的地方，这也促使弗雷德里希·恩格斯（还包括其他人）发展出自己的思想。当时他的家族企业就位于索尔福德（Salford），距离这里只有4.8千米远。他在1845年详尽地描述了附近被称为"小爱尔兰"贫民窟的堕落，对于休姆的描述相当直接："建筑过于密集的地区问题重重，并且接近崩溃，很少有什么现代化的结构，整体都处于污秽之中。"[1]由于卫生条件缺

▌图1 面向斯考特大街的住宅背面
资料来源：恩特威斯尔（Entwistle H.）拍摄，版权所有者：Manchester Libraries

乏，这个地区会时不时地爆发霍乱和其他致命的疾病。在之后的40年间，这个地区的情况也没什么好转。《星期日纪事报》（The Sunday Chronicle）报道了休姆的状况（1889年5月26日）："当地的街道黯淡无光，烟雾缭绕，通道的路面和河流在烈日下都散发出阵阵恶臭。石头缝之间充满了积水，腐烂的蔬菜叶子还有其他液体，烟灰盒早就装得满满的，空气污浊，臭气扑面而来。"

不过也正是高密度的住房和居民给休姆这个居民区带来了各种各样的活动，这又使当地具备了欧洲城市的典型特征：通过功能混合利用，邻里之间可以发展出强大的社会关系，并且人们可以依靠步行到达工作场所，比如斯特雷特福德路（Stretford

Road）的东西向轴线地区（图2）。到1965年关闭这条道路的时候，当地集中了曼彻斯特城市中心区以外最多的商铺。此外当地还有不少创新性的小型工业企业，今天这些家喻户晓的企业名称仍然在该地区的众多街道和建筑名称中有所体现，使人们回忆起当年。

▌图2 1900年左右的休姆。当时主要的建筑是维多利亚式的多层建筑
资料来源：丹尼尔·金霍恩（Daniel Kinghorn）绘制

到了20世纪30年代，休姆被认为不适宜人类居住，1934年被划为拆除地区。该地区的问题相当严重且过于复杂，当时有13万人住在这里，人口密度是全市平均水平的4~5.5倍，当时全市平均人口密度是34人／英亩（84人／公顷）。不过因为正好处于经济大萧条时期，紧接着爆发了第二次世界大战，过了很多年以后才采取了决定性的拆迁措施。战后英国颁布了第一部城市规划法，面对人民对像样住房的要求，政府希望通过土地开发权的国有化来实现这一目标。虽然拖延相当严重，人们终于在20世纪60年代开始对休姆进行真正的改造，当时采取了大规模拆除的办法，同时制定了相当彻底的现代主义工业住房开发计划。

工业城市化：通过全面再开发进行现代主义改造

战后负责制定曼彻斯特第一个土地利用规划的规划和调查人员都知道，"在很多方面，即使是那些1650年生活在曼彻斯特的市民，都要比现在休姆的居民过得更健康"[2]。对于再开发来说，人们所面临的挑战主要就是要解决那些不适合居住的老旧住房，它们都位于内城中心人口密度很高的地方。根据这一设想，休姆的角色也发生了转变，从之前城市中最不适宜居住的地区，一下子变成了一系列"概念性"的邻里单位（图3）。按照这个构想，就要根据10000人的规模，在当地安排一个新的邻里中心，并安排各种住房和服务设施（图4）。这个再开发计划算得上是在邻里层面实施土地利用区划的早期尝试之一，同时人们还进行了新的批量住房生产的实验，完成了各种批量住房原型的研究。结合

▌图3 1961年的规划总图，基于原有的开发建议
资料来源：休姆第5期开发规划制作的宣传册

▌图4 1960年左右的休姆
资料来源：丹尼尔·金霍恩（Daniel Kinghom）绘制

当时各种关于住房开发的讨论，规划方案在实体形态方面进行了具体设计，最终方案体现了人们关于社区生活的很多想法（图5）。

在战后重建和清理贫民窟过程中，工作人员遵循了那些决定论者和现代主义者提出的设计原则。不过这种做法注定会失败，人们使用预制混凝土技术兴建了一系列环形居民楼，但是当地的实体空间结构很快就出现损坏。同时这些居住区的名声也不断堕落，当地的房产管理不善，租住的居民面临社会阶层隔离的挑战。

后来人们在形体上对休姆的这些环形居民楼和实验性设计方案进行了一系列的改造，希望他们能够适应公寓的内部布局，这其中很大一部分就是社会住宅。但是实际工作中不得不放弃现代主义的那些设计抱负，无论在社会层面还是实体空间层面，他们这些努力无疑都是失败的。在另外一些情况里，有一些公寓变成了聚众酗酒的场所或者成为非正式的俱乐部，有时甚至会被完全遗弃（图6）。

到了1981年，曼彻斯特再次成为城市暴乱的中心，同时在布里斯托尔、伦敦和利物浦也发生了暴乱。当时是玛格丽特·撒切尔任首相，住在莫斯赛德（Moss Side）和休姆的受排斥群体发动了暴乱，这里面包括失业人群和很多无助的民众，他们投掷汽油炸弹，洗劫城市中心，后来有数百人甚至还包围了附近的莫斯赛德警察局。导致这次暴乱的原因有很多，除了在警察队伍里面存在的制度性种族歧视以外，另一个重要的原因是人们的无助感。在这次暴乱的影响下，人们再次决定对这个地区进行一次全面的更新改造。

当时有人把暴乱描述为标志着"社区的灭亡"，引起了严重的财产损失，社会服务设施也因此而崩溃。以前复杂的历史也给这个地区带来了不良影响。即使是随便就把这里作为再开发地区这一决定本身，就给休姆贴上了典型城市贫民窟的标签。大众媒体、地方政府再加上明显加速的衰退周期，使得原本就负面的名声变得更加不堪。除了当地出现负罪感以外，整个城市的居民对休姆的穷人也产生了一种怨恨的态度，认为这些穷人是曼彻斯特公众耻辱和焦虑的来源。不过当地居民也开始采取措施来克服这种负面的形象，希望能够改变那些外部机构、组织和个人对于休姆所持的错误臆断。

▌图5 从规模和形式两方面，计划建造的环楼参考了位于巴斯的"王室环楼"街块
资料来源：休姆第5期开发规划制作的宣传册

▌图6 规划方案与现实的差距。实际的建成效果根本比不上"王室环楼"的品质。
资料来源：艾伦·丹尼（Alan Denney）拍摄，1979

然而由于问题长期得不到解决，又造成了新一轮的冷漠、愤怒和反议会情绪，结果很多核心家庭发现在这里居住的困难不断增加，而试图提高社区参与度的努力也被认为是在浪费时间和精力。之前人们在建筑实体方面的努力仅仅满足于解决当地的环境问题。面对这种情况，工作的重点必须转移到改善当地的负面形象，加强当地居民的自信心，同时改进市政部门的居住区管理水平。而这些问题算得上是反城市的英国文化中的通病。

▌图7 唱片艺术和当地的旅游信息体现了休姆在当代音乐文化中的重要地位和多方面影响
资料来源：作者拍摄

然而讽刺的是，本来被作为失败教训的休姆环楼后来反而变成了推动富有创意和艺术特征的亚文化发展的重要条件。早在20世纪80年代这里就产生了"曼彻斯特疯潮"（Madchester），人们从当地极端的社会排斥环境里发展出了一种富有创意且很不寻常的反主流文化。史密斯乐队的主唱就提到过"曼彻斯特疯潮"的影响。在自己的传记中，他描写了这种巨大的创造力，"沉醉在不见天日的休姆——摆脱了那些冷酷而麻木的家庭——艺术专业的学生们占领了公寓所有的房间，虽然这些房间狭窄又拥挤，而且没有热水"[3]。面对制度性冷漠和忽视，这些人选择了实施城市暴乱、占屋行动、随意露营、吸食消遣性毒品和创造另类音乐等一系列活动。在这种亚文化的影响下，有人获得灵感创立了"工厂唱片公司"（Factory Records）这一品牌，把居住的房子变成了音乐表演场地和夜总会（图7）。

这个地区一般会被描述成一个社会性的剧场，在这里人们可以把他们的文化表演出来。与官僚作风相比，这里的人们发展出了一份相当强烈的共同文化和认同感。社区的行动都致力于把地方议会、中央政府、建筑师和行政官员这些局外人清除出去，以便他们自己发展和管理当地的场所。事实上，大多数行动都帮助强化了当地人与那些陌生的局外人之间的区别。

当初为了实施重建计划而准备拆除休姆环楼，但是这里的问题在于，如果只是在实体空间上对这个地方进行改造，那只不过是把问题转移到了另外一个地方，换句话说就是会在英国其他地方创造出另一个新的贫民窟来。这个战后的规划方案"本来号称能够帮助发展一个规划良好的环境……但是最后的结果却是让这个地区残败不堪，同时还会造成各种经济和社会方面的困难"[4]。

相比之下，新的观点则主张应该改变地方政府在控制居住区发展过程中所采取的同质化和家长制做法，应该采取各种措施发展新的社区开发技巧，鼓励社区实现差异化发展，使人们在这个过程中产生对当地的自豪感（图8）。

地方当局把这里当作是问题区域，可恰恰是这一点使它变成了一个充满活力的社区……不管你看到或听到那些待在市中心的学者、顾问和其他专家发表了什么见解，休姆当地的人其实具

图8 "欢迎来到地狱"入口处的涂鸦
资料来源：阿瓦·阿布拉瓦（ArwaAburawa）拍摄

备了与那些人一样多、甚至更多的各种知识，也因此就有资格为他们自己所在地区的发展做出各种决定。

为了改善该地区的负面形象，就有必要收集一系列反映本地居民个人资料的文字和图像，让这些居民用自己的声音来表达他们对休姆未来的期望。这些资料也表达了大家的愿望，希望新的社区发展能够尊重社区的意见，把社区的关切作为优先解决的问题。现在的社区网络已经发展出多样化的居民和文化，这些都成为该地区的核心资产。不过，其中也包含了各种仇视和厌恶规划专家的观点，认为现在的情况在很大程度上都是他们造成的。

新的城市化：重新发现当地的传统

在 20 世纪 60 年代实施拆除贫民窟项目的过程中，任何 1919 年以前的建筑都被当作危房处理。那些从善意出发的专业人士其实完全没有考虑过使用者本身到底需要什么的问题，这种做法本身令人感到惭愧。

令人耳目一新的是，人们终于认识到正是因为采取了独断专行的方式，才导致现代主义在城市规划中提出的那些实验性解决方案遭到失败，在这种模式之下，当地的居民根本无法参与自己社区的设计和管理过程。为此政府提出了新的倡议，希望能够改变这种情况，改进各种导致这个地区出现暴乱的原因和不足之处。从布里斯托尔、利物浦、伦敦、曼彻斯特和伯明翰等各地在城市暴乱中提出的政治请求中，人们也意识到，正是英国中央政府在城市政策方面的变化对暴乱起到了推波助澜的作用。1981 年的暴乱似乎是另一波动荡的催化剂，而休姆再次发挥了带头的作用。不过除了解决实体空间设计存在的问题以外，还必须从整体的高度处理比如缺乏维护、长期失业和贫困等各种社会和经济问题。而且这一次人们所面临的挑战并不是因为对策略研究不够或者规划目标不明确，面对公共权力相当有限的情况，有必要争取市场力量的支持，努力促进城市生活。结果，当地居民在塑造和把握自己家园的未来方向上获得了更多的发言权。依靠合作和社区规划这些工具，休姆为即将来到的第三次工业革命奠定了基础。

在整个过程中，人们所做的工作也超越了单纯反映社区居民心声的范畴。在新的方法中，租户协会获得了否决权，可以否决以前由当地社区政府和住房开发政策的决策者独自做出的决定。因此在城市管理过程中的参与度和合作关系就直接关系到整个再开发工作的成败。官方也终于开始承认，通过实证研究发现以前规划决策中所忽略的很多社区所关心的问题非常重要，尤其是当代的酒吧和俱乐部文化，毕竟它们在居民的日常生活发挥着支配性的影响。

按照新的政策框架所制定的"行动方案"也承认，之前政府的多次干预工作并没有取得成功。人们也认识到规划设想必须

从战略层面出发，使这个地区与整个曼彻斯特相互整合起来，因此除了要在实体空间上引入道路和交通基础设施以外，还要在心理感受上使在这里生活或工作的人也建立和曼彻斯特的联系[5]。在更新改造的过程中，有必要形成新的平衡，在坚持实体空间设计引导的基础上，通过一揽子的整合性设计方法恢复传统的城市主义模式，这就需要坚持向教育、交通、基础设施和当地的经济发展等方面进行投资。不过，这次的再开发将以一种更加鼓励参与和包容的方法进行，整个过程的管理也要更关注当地的文脉，理解那里的人和场所（图9）。

图9 20世纪90年代再开发之后休姆的情况
资料来源：丹尼尔·金霍恩（Daniel Kinghorn）绘制

休姆是最早运用"情景规划"技术的示范项目之一，通过紧锣密鼓的筹备，所有的利益相关者都会参与进来，在独立协调人的帮助下，帮助各方对于更新改造战略的方案达成共识。各个方案包括了一系列的战略性内容，比如在现有社区大楼外面设立用于集会的主要公共空间，引入新的路线使该地区与周边社区和市中心相互联系起来。除了确定了一系列的地标以外，整个战略愿景还发展出了多种战略性讨论，把各种社会经济问题与空间发展或者实体空间设计问题相互结合起来（图10）。各个阶段的关注点也充分考虑了广泛的环境背景，尤其是努力为休姆创造一个正面的形象，在保留现有企业的同时吸引新的投资。整个项目考察了各种有助于保留社区联系的办法，希望即使当地吸引新的居民迁入以后，原来的居民仍然愿意留下来，这个策略被认为是确保成功的一个非常重要的因素。事实上，休姆与曼彻斯特其他希望更新改造的地区一样，都希望通过文化活动来维持自己的正面形象，加强当地居民的信心，因此采取了包括申办奥运会和举办艺术活动等

图10 家庭住宅的街道，沿街道转折的建筑物和灵活变化的立面
资料来源：戴维·拉德林（David Rudlin）拍摄

措施，为此休姆还修建了地标性的"休姆拱桥"（Hulme Arch）（图11）并引入了一条新的通勤列车，此外还规划为一所大学分校区的所在地。

城市设计的引导主要是依靠总体规

图11 休姆拱桥将当地同曼彻斯特的繁荣地区联系起来，该设计成为当地复兴的标志
资料来源：德尔顿·杰克逊（Delton Jackson）、迈克尔·克里利（Michael Crilly）拍摄

图12 "我们在混乱的基础上重建新的秩序"休姆当地的壁画
资料来源：阿瓦·阿布拉瓦（Arwa Aburawa）拍摄

划和设计规范的形式，这样就可以把各种功能整合进来，把传统的住宅开发成多用途的混合形式。设计规范需要通过专业人士和公众合作完成，这样就可以很具体地把各方认可的价值观明确下来，根据传统城市主义的再开发模式，提升环境的质量和可持续性。

当地多种多样的开发在建筑方面留下了厚重的遗产，比如"变革性居所"住宅合作社算得上是英国最早的可持续住宅的典范之一。再开发工作完成 10 年以后，人们通过评估，认为这次城市再开发取得了积极的效果，原来更新改造计划里已经有 80% 的工作得以实施。不过再开发工作也面临着越来越大的压力，许多人都表达了反对意见，不希望这里从原来那个稳定并且适合家庭居住的地区发展成为那种倾向于短期居住、不关心地方生活人群居住的地方，而后者引发的问题对于内城更新项目来说是相当普遍的。即便如此，休姆固有的激进文化在某种程度上仍然不愿意接受这种强加而来的"文化"。

休姆这个项目还带来了另一个主要的遗产，那就是让英国及其他地方了解到城市政策本身具有更加广泛的潜力。休姆经历的第三波新城市主义历程展现了发展可持续社区的重要过程，此外还帮助确立了一系列实体空间设计的重要原则。与英国其他城市一样，推动休姆追求改变的原因都是因为当地居民被忽视、权力被剥夺而形成的社会耻辱感。曼彻斯特借鉴之前的经验，帮助当地居民举办了"城市村庄论坛"，成立了"王子建筑基金会"等机构，甚至还起草了一份关于英国未来城市发展的报告，并成为"城市任务与力量"专项报告（Urban Task Force）中的关键部分。其中的许多经验已经被北美地区的同行所借鉴，比如已经成为"希望六号项目"（Hope VI programme）社会住宅更新计划的一部分。

在英国，人们经常会听到这么一句有关再开发和更新改造的谚语——"不把蛋打碎，哪有煎蛋饼"（One can't make an omelette without breaking eggs）。但是这种鼓励破坏的态度过分简化了可能遇到的问题和解决方法，也是对那些因为偏见、无知或者信息缺乏而做出的糟糕决定所进行的辩解。但是人不是鸡蛋，社区更不是煎蛋饼。绝不能用这种比喻去代替通过诚实分析和适当参与所得出的决定，人们的决策必须考虑到当地的场所和人们的生活（图12）。

通过总结城市的本质，人们积累了广泛的经验，除了涉及布局、可持续性和品质等实体空间的设计原则，还包括提高城市管理的效率。这个积累经验的过程，也为休姆、曼彻斯特和英格兰北部很多城市的发展提供了相当乐观的未来。

参考文献

[1] Engels, Friedrich. The Condition of the Working Class in England in 1844[M]. Oxford: Oxford University Press, 1845.

[2] Nicholas, Rowland. City of Manchester Plan[C]. London: Jarrow &Sons for the Manchester Corporation, 1945.

[3] Morrissey, Steven Patrick. Autobiography[M]. London: Penguin Classics, 2013.

[4] Department of the Environment. Hulme Study Stage One: Initial Action Plan[C]. London: HMSO, 1990.

[5] Hulme Regeneration. Hulme City Challenge — Year 5 Action Plan 1996/97[C]. Manchester: Hulme Regeneration Limited, 1992.

作　者：德尔顿·杰克逊，城市环境设计硕士，英国利兹市议会设计部门高级主管。delton@urbanarea.co.uk
迈克尔·克里利，博士，"城市地区工作室"主任（Director of Studio UrbanArea LLP），michael@urbanarea.co.uk
译　者：易鑫，德国慕尼黑工业大学工学博士，东南大学建筑学院讲师
邱芳，北京外国语大学英语系硕士研究生

本文编辑：秦潇雨

国外城市地下空间开发与利用经验借鉴：法国地下空间开发与利用

胡文娜

一、概述

欧洲城市地下空间利用的主要目的：解决城市用地矛盾；利用国家民防设施；保护城市环境和自然景观。这种模式的优点是：开发费用（新系统开发、与地面建筑协调等）大大降低；最大限度地保护地面环境；地下空间开发形成网络后，便于地上地下建筑（包括城市扩展）之间的协调。但其局限性和受环境的影响也是明显的：首先是前期准备工作量大，分析论证复杂，必须全面测算对城市建设的未来规划、国民经济资金投入、水文地质、地上建筑保护等问题，大多数国家特别是发展中国家更难以短时间内胜任完成；政府一次性投入巨大，地下建筑的开发费用一般为地上建筑的1—2倍。

法国地下空间利用发展的主要趋势是综合化和分层化。首先，体现在地下综合体的建设上。在巴黎新城新区的建设和中心城区的更新开发过程中，都建设了不同规模的地下综合体，如列阿莱和德方斯，都成为具有大城市现代化象征的地标类型之一。其次，综合化表现在地下步行道系统和地下快速轨道系统、地下高速道路系统的结合，以及地下综合体和地下交通换乘枢纽的结合，如巴黎北站，在地上、地下空间功能既有区分，更有协调发展的相互结合模式（图1－图5）。最后，共同沟市政管线、污水和垃圾的处理分置于不同的层次，既综合利用又减少相互干扰，如巴黎下水道和共同沟设置。

▎图1 巴黎圣拉扎尔枢纽地下商业空间1
▎图2 巴黎圣拉扎尔枢纽地下商业空间2
▎图3 巴黎北站和东站的地下空间剖面图
▎图4 巴黎北站和东站的地下空间1
▎图5 巴黎北站和东站的地下空间2

二、政策立法

法国属大陆法系国家，受罗马法土地所有权绝对主义思想的影响。法国于1804年颁布的《法国民法典》第552条第1款规定，土地所有权包含该地上和地下的所有权，使土地所有权人享有地上及地下无限空间的所有权。这种体现私权神圣的、绝对所有权的观念限制了工业和城市的发展，继而引发各种社会问题。土地所有权延伸至无限空间的观念和做法损及社会公共利益，法国开始研究对土地所有者享有土地上、下空间绝对的、排他性的支配权加以限制。法国分别于1910年和1924年通过《航空法》《矿山法》及治安法等对之进行限制，赋予他人（对空间的）无害利用权，限制土地所有权人的空间所有权，以特别法的形式确立了空间权的存在。

三、发展历程

3.1 早期：以改善城市环境为目的，形成庞大的下水道网络

早在1370年，巴黎就有了第一个用石头砌筑的弧形封闭式下水道。1850年代奥斯曼主持了巴黎改造，建设了宽敞的下水道，长度也从26km增长到约600km，而且与地面道路的命名相同，还建了2.6万个下水道井便于检修和维护。同时，铁路和采矿的需求带动了隧道的发展，地下隧道技术也日益成熟（图6）。

3.2 发展：以改善城市拥堵现状为目的，地下交通展现优势

第一次工业革命之后，城市地下空间开发利用以市政管道建设和地下蒸汽机车铁道为主要代表。巴黎于1900年开通第一列地铁，是法国近现代城市地下空间开发利用的开端。20世纪60年代区域快速铁路网络（RER）推动了地下空间的建设。该时期的地下空间在利用形式上也变得丰富多样，包括地铁、地下步道、地下停车场、地下道路等，大大改善了拥堵的城市交通，提高了城市运行效率（图7）。

▎图6 1855年规划的巴黎给排水规划

▎图7 巴黎庞大的地铁网络

3.3 优化：体现人情味和人性关怀的地下城市综合体发展阶段

早期地铁与铁路的换乘多采用地下步道相互联系，当巴黎区域快铁（RER）建设日益密集后，地铁、轻轨和巴士换乘层次也趋于复杂，政府开始重视地下换乘枢纽的综合利用，进入自觉开发利用地下空间的阶段，并逐步开始关注地下城市综合体与周边地上、地下功能和环境的融合，营造出地上地下一体化发展态势，进而提高整个城市区域的环境品质。此阶段的地下城市综合体因为重视人的心理、行为需求和环境品质的提升，突出地下空间环境的人性化和人情味，改变了人们以往对地下空间不良印象的固有观念，吸引了更多顾客到地下购物、消费、休憩和交往。

3.4 融合：创造城市社会活动场所的地下城市综合体群

地下城市综合体的建筑形态产生较大变化，它从单一的地下建筑拓展为若干个地下空间联网构成的地下城市综合体群，休憩、娱乐、展览等功能大量引入地下，地下空间环境更加宜人，并出现了很多艺术展览、音乐会、庆典等社会文化活动，地上、地面和地下成为一体化的城市空间。由于地下空间的发展带来了更多人流、物流、资金流、信息流等的积聚，地下城市综合体成为城市新的活动中心（图8、图9）。

▎图8 巴黎北站和东站地下空间　　▎图9 巴黎夏特耳广场地下空间

四、规划建设

4.1 下水道和共同沟

巴黎市区及郊区的下水道总长已达约2340km。巴黎下水道局隶属于城市环保局，负责巴黎市内管道的日常管理，包括维修清扫和搜救抢救。巴黎的地下水道由于建成时间久远，管道的老旧腐蚀及土壤塌陷等风险隐患也不断影响管道的运行发展。2003年巴黎市制定为期20年的下水道修复计划，分长期、中期和短期组织施工，从而为管道消隐和防范事故创造了条件。

由于巴黎下水道均处在地面以下约50m，人员可以通过其中69%的下水道盖进入进行检修，所以建设初期就创造性地布置了一些供水管、煤气管和通讯电缆等管线，形成了早期的共同沟。直至今日，巴黎地下管线综合管廊发展至今也已初具规模，共计约100km。

4.2 地下道路

巴黎是世界上最早规划地下道路系统的城市之一，以环状干线连接多条区域性地下公路，大约可分流20%的地面车辆，

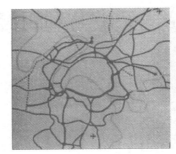

▎图10 巴黎地下道路计划1　　　　▎图11 巴黎地下道路计划2

对改善交通状况具有重要作用。早在1987年政府就提出过地下机动车交通系统（LASER计划），此后又提出了环绕大巴黎的地下快速路系统（MUSE方案）。这样将市区地下道路与郊区地下公路统筹起来综合考虑，不仅可以解决塞纳河坡度不利于东西向交通的问题，还可以通过改善交通环境增强郊区的活力。到目前为止，LASER与MUSE这两项计划尚未进入实施阶段（图10、图11）。

4.3 地下停车场

地下停车网络是巴黎地下空间立体开发中的重要一环，实现人车分流、交通设施分层设置，同时与商业服务设施互相衔接，与市政管线互不干扰，在地下15m的空间规划布局地下停车网络。巴黎拥有83座地下车库，可停放4.3万多辆车，结合地铁车站建设地下停车库，构筑P&R运输系统。弗约大街下建有欧洲最大的地下车库，共4层，可停车3000辆（图12）。

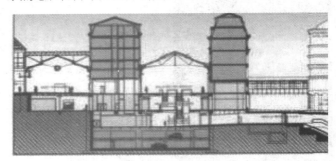

▎图12 巴黎圣拉扎尔枢纽的地下停车场

4.4 地下铁

巴黎的地下交通体系发达，包括密集的地铁和系统的地下道路。继1863年伦敦地铁的开通后，巴黎于1900年开通第一列地铁，是法国近现代城市地下空间开发利用的开端。经历百余年建设的巴黎地铁，总长为221.6km，四通八达。市区内任何地点距最近的地铁站点不会超过450m。这一系统运送的旅客量达到每年12亿人次。至1949年，巴黎共建成总长约160km的14条地铁，其中位于市区内线路高达89%，而通往郊区的地铁线路仅有17.5km。20世纪60年代，区域快速铁路网络（RER）开始建设运营，才扭转了这一局面。

法国的地下城市综合体始于地下交通枢纽的建设。早期地铁与铁路的换乘多采用地下步道相互联系，随着火车站规模大、换乘人流数量和种类日益增加时，需要综合考虑在同一站点区域内实现两者之间的换乘，继而在竖向不同层次上实现共同开发，

图13 早期的巴黎圣拉扎尔枢纽

图14 枢纽剖面

图15 圣拉扎尔枢纽的内部空间

图16 地上地下人流的便提换乘

图17 地下空间的商业设施

通过立体交通产生联系，实现地上地下人流的便捷换乘，这种布局方式有利于枢纽人流的快速集散，减少枢纽站点交通密集现象（图13-图17）。

4.5 地下综合体

20世纪60年代后RER在巴黎城区尽端式布局的数量和位置增加了地下交通枢纽换乘的复杂度，提出以人为本的高层次要求，将人文主义设计理念应用于地下空间开发建设。虽然在地上建筑空间形态上没有大的变化，但通过在地下空间环境中增加地下中庭、广场、雕塑、水体、绿化、座椅等，突出人性化设计和体现人情味，有效地改善了以前地下城市综合体环境品质不佳的状况。逐步关注地下城市综合体与周边地上、地下功能和环境的融合，营造出地上地下一体化发展态势，进而提高整个城市区域的环境品质。此阶段的地下城市综合体因为重视人的心理、行为需求和环境品质的提升，突出地下空间环境的人性化和人情味，改变了人们以往对地下空间不良印象的固有观念，吸引了更多顾客到地下购物、消费、休憩和交往，获得人们的认可和喜爱。位于巴黎核心地段的列阿莱地区，其立体化综合开发工程将城市的商业、交通等多种城市功能安置于地下，将原本杂乱的农贸集市改建为一个城市绿地生活广场，是一个大型的城市地下商业综合体。

五、管理机制

法国城市地下空间管理机制的重点是协调城市古老建筑与城市新兴功能之间的主要关系，在保留原建筑外在风格的基准之上，在地下建设多重城市基础设施网络体系，以容纳各项城市现代功能，形成比较合理、全面的城市三维空间结构，做到城市的地上和地下协同发展、和谐运行。如卢浮宫地下展馆规划建设与城市地下空间的协调和组织。同时，法国的城市地下空间建设需要尽快着手编制地下空间的中长期规划，并要统一开发和管理城

市地下空间。但是由于法国的城市地下空间大部分是由私人投资并进行开发经营，所以法国城市地下空间的开发和管理更加需要社会各方的共同支持以及通力协作。

六、经验借鉴

6.1 地下空间成网络化、层次化趋势明显

法国地下空间的开发不再集中于若干个点，而是逐步展开形成网络，通过网络的集聚效益增强地下空间的利用效率。按照不同的功能形态，现有的地下空间网络有地铁网络、地下步道网络、综合管沟网络、地下停车网络

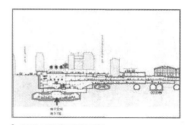

图18 巴黎地下网络系统

等，并且不同的网络间还互有衔接，形成一个庞大的地下网络系统。由于浅层地下空间基本利用完毕，为了寻求解决城市问题的方法，只能更充分地利用地下空间资源，逐步向深层发展。在地下空间分层化、深层化趋势越来越明显时，保证各层面空间利用的完整性和充分性，也是法国城市利用地下空间考虑的经验之一（图18）。

6.2 地上空间与地下拓展的统一

地下空间规模过大或过小都不利于城市的健康发展，地上地下空间之间功能呼应、有效衔接、空间的网络化是上下协调发展的关键，因此地上地下需要统一规划，例如巴黎的列阿莱地区在旧城再开发中，把地上的交易和批发中心改造成的公共活动广场，既缓解地面交通拥堵，又增加绿化空间，同时将商业、文娱、交通、体育等多种功能安排在广场的地下空间中，形成一个大型地下综合体，成为地上地下互联贯通完美结合的典范。目前该地区正在进行第二次地下空间的改造和建设，力图使绿化空间、商业文娱、交通市政等多种功能更加完美的组织和衔接（图19-图22）。

图19 列阿莱地区进行第二次地下空间的改造1

图20 列阿莱地区进行第二次地下空间的改造2

图21 列阿莱地区进行第二次地下空间的改造3

图22 列阿莱地区进行第二次地下空间的改造4

图23 早期巴黎北站和东站

图24 巴黎北站和东站现状

6.3 实现地下利用效率最大化

法国城市地下空间开发利用发展至今，在选址、规划、建设等方面的综合效益评价日益成熟和完善，人口规模、产业需求、城市定位等成为合理确定地下空间的用途与规模的重要因素，进而避免地下工程使用效益低下，或建成后长期闲置不用而造成城市空间的浪费。因此，需要结合周边的人口与产业需求合理确定地下空间的合理用途与规模（图23、图24）。

6.4 运用地下城市综合体保护城市历史地区

由于欧洲城市人口密度一般较小，用地紧缺情况并不十分突出，因此地下空间的开发强度有限，开发深度主要集中在地下30m以内，开发设施也以地下市政设施和交通设施为主。法国巴黎卢浮宫扩建工程，除了满足卢浮宫博物馆本身和城市发展的功能需求外，最重要的是采用怎样的方法才使新的建筑在保持场所历史精神的前提下能与历史环境充分协调。通过增建一个建筑面

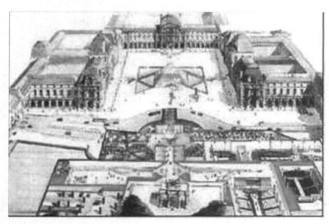

图25 巴黎卢浮宫剖面示意图

图26 巴黎卢浮宫夜景

图27 巴黎圣拉扎尔枢纽地下加固工程现场

积约为 4.5 万 m^2 的地下城市综合体的方法，将扩建的商业、餐厅、影剧院、图书馆以及储藏室和车库等功能转入地下，仅露出一个高 20m 的玻璃金字塔作为广场的视觉焦点和博物馆的总入口。该扩建工程不但扩大了建筑容量，满足了博物馆现代使用功能需求，金字塔的无色玻璃也使得在建筑内、外部都能很好地展现卢浮宫典雅的立面，而且通过与地铁 1、7 号线连接，改善步行网络和车行系统，将地面、地下和城市连成一体（图25、图26）。

6.5 完善地下开发技术，保障城市安全

数百千米的地下采石场对巴黎地下空间的开发造成了极大的危害。由这些矿坑引起的地面裂缝、下陷、坍塌事件屡屡发生，如 1937 年巴黎 19 区一次塌陷面积相当于一个足球场大，下陷深度达 30m。仅 2000 年巴黎大大小小的塌陷事故就有 30 多起。至今巴黎大区仍有 1000 多处的安全受到威胁，因此巴黎非常重视地下工程建设和加固工作（图27）。地下空间的开发应该循序渐进，由浅入深，切不可盲目进行而造成不可逆转的后果。

参考文献：

[1] 童林旭，祝文君.城市地下空间资源评估与开发利用规划[M].北京：中国建筑工业出版社，2009.

[2] 吉迪恩·S·格兰尼，尾岛俊雄.城市地下空间设计[M].许方，于海漪译.北京：中国建筑工业出版社，2005.

德国名镇哥廷根的建设对中国特色小镇创建的启示

闵学勤

摘　要：德国名镇哥廷根创立的"哥廷根学派"和"哥廷根思想"，是世界科学文化奇迹。对于正在创建特色小镇的当代中国而言，它是难以复制的。但它在环境运营、文化运营和商业运营方面所建构的现代城市发展路径，对中国有诸多启迪。伴随着新型城市化浪潮，中国特色的小镇创建刚刚起步，这需要在历史审视的框架下，汲取哥廷根在建城史上留下的精华，探索从特色小镇到中国名镇的新路。

关键词：哥廷根；特色小镇；新型城市化

ABSTRACT: Gottingen in Germany created a world miracle on scientific culture that would be known for the Gottingen school and the Gottingen think, it seems rather difficult for Chinese characteristic towns to replicate. The development paths on the environment, culture and businesses operation are also inspirational. With the waves of new urbanization, the beginning construction of Chinese characteristic towns also requires the scan with a historical perspective, and learns the essence of Gottingen to explore the new road from characteristic towns to famous towns in China.

KEYWORDS: Gottingen; Characteristic Towns; New Urbanization

中图分类号：C912 文献标识码：A
文章编号：1674-4144 (2017)-01-36 (5)

曾经的世界数学中心、坐拥 47 位诺贝尔奖得主、并直接或间接地引发了科学启蒙运动的德国名镇——哥廷根，2012 年和 2016 年笔者有幸两次因公造访，前次受邀参加哥廷根大学 275 周年校庆，被哥廷根旧市政厅礼堂的百年文化传承所震撼。2016 年受邀参加"中德社会计算论坛"，时间相对充裕，并因国内正在兴起"特色小镇运动"，因此对哥廷根进行了多方位的考察和研究，以望对中国特色小镇创建有所启迪。

1. 文化视角下不可复制的哥廷根

人口不到 13 万、建城超过千年的哥廷根缔造了太多的奇迹，以至于和英国的牛津、剑桥，德国的海德堡一起侥幸躲过了二战期间盟军的大面积轰炸，完好地保存了 1500 多座 15 世纪到 19 世纪修建的红漆木衍架建筑（图1）。徜徉哥廷根街头，几乎就像穿越历史，浸润于前现代文化之中，有幸能与几百年前的数学家、物理学家、化学家、哲人、诗人和政治家们共处在同一个世界科学文化高地。留德十年的季羡林先生对这座大学城曾作了这样的描绘："哥廷根大学已有几百年的历史，德国学术史和文学史上许多显赫的名字，都与这所大学有关。以他们名字命名的街道到处都是。让你一进城，就感到洋溢全城的文化气和学术气，仿佛是一个学术乐园，文化净土。"

从哥廷根学派到哥廷根思想，以一个城市命名其学术称谓，并绵延上百年仍有影响力，非哥廷根莫属。与阿基米德、牛顿并称为世界三大"最重要数学家"的高斯于 18 世纪任教于哥廷根（图2），并开创了"哥廷根学派"。此后，黎曼、狄利克雷和雅可比在代数、几何、数论和分析领域的贡献续写着这一学派的辉煌。到 19 世纪，著名数学家克莱因和希尔伯特更是吸引了大批数学家前往哥廷根，仅追随他们的博士就有七八十人，从而使哥廷根数学学派进入了全盛时期。直至 20 世纪初，哥廷根已成为无可争辩的世界数学中心和麦加圣地，当时全世界学数学的学生中，最响亮的口号就是，"打起你的背包，到哥廷根去！"

哥廷根作为科学启蒙运动的重镇，一方面在相当程度上得益于创建于 18 世纪的哥廷根大学，它的首任校长冯·明希豪森于 1734 年受英国国王委派，在哥廷根创办大学，旨在弘扬欧洲

▍ 图1 哥廷根红漆木衍架建筑　作者拍摄

▍ 图2 高斯墓　作者拍摄

启蒙时代学术自由的理念，哥廷根大学也因此一开欧洲大学学术自由之风气，在大学创办之初，即设有神学、法学、哲学、医学四大经典学科，尤以自然科学和法学为重；另一方面也得益于在哥廷根大学学习、任教或研究的47位诺贝尔奖得主中有20位获得物理奖、14位获得化学奖，这也使得哥廷根成为德国乃至欧洲科学精神的发源地和象征。哥廷根思想区别于其他人文思想，它从科学出发，并通过科学来探求世界精髓，也因此为启迪人类的科学文明做出了重要贡献。

除了科学精英外，来自人文社科领域的许多重量级学者也在哥廷根求学或任教，社会学大师马克思·韦伯、尤尔根·哈贝马斯，哲学家亚瑟·叔本华、德国大诗人海涅、"铁血宰相"奥托·冯·俾斯麦，以及中国的朱德元帅和国学大师季羡林等，都曾求学于哥廷根大学，现象学大师埃德蒙德·胡塞尔、世界童话大师格林兄弟等，都曾任教于哥廷根大学，他们共同为哥廷根创造的文化遗产使得哥廷根成为不可复制的世界级文化名镇。

2.运营视角下或可借鉴的哥廷根

哥廷根虽躲过了二战期间最猛烈的炮火，但大批知名的犹太籍科学家和学者在二战期间被迫离开哥廷根，使哥廷根的文脉遭受重创，从哥廷根学者获诺贝尔奖时大都处在20世纪上半叶，最新获得诺奖的哥廷根学者仅有2013年生理学奖和2014年的化学奖得主可见一斑。

褪去光环的哥廷根与世界其他城市一样被卷入现代化进程，不过作为一直保持四分之一人口为大学生的大学城，它以无可比拟的文化遗产滋养着一代又一代哥廷根人和来自世界各地的学子。在哥廷根，覆盖主要街区的大面积木衍架建筑仍保存完好，其中大部分还在使用中，不经意的一抬头就能发现名人故居的石刻，且标有名人在此居住的时间段；刻在旧市政厅地窖餐厅入口处的拉丁文"哥廷根之外没有生活"，仍吸引着每一个驻足停留的游客或学子；漫步切尔滕纳姆公园（Cheltenham Park），随时可与沉睡的伟人进行心灵对话，市民或在名人墓旁踢球嬉戏，或喝酒弹琴，伟人们也似乎从未远离这座城市；而市中心的"鹅女雕像"见证了无数哥廷根大学的博士生喜获答辩通过（图3），并接受

图3 鹅女雕像 作者拍摄

他们乘坐花车前来献吻；每当夜幕降临，除了餐馆和超市，绝大部分商店已打烊，人们聚集在街边酒吧，对酒当歌，畅谈人生……

进入21世纪的哥廷根宁静安详，除了所有的传承仍流淌着骄傲的血液外，表面上看，它更像一个长者、一个智者参与全球化和信息化冲击下的现代生活，事实上小镇所有的秩序都来自城市的精准运营。

2.1 环境运营

关于哥廷根的城市环境，季羡林在《留德十年》中的描述再恰当不过："哥廷根素以风景秀丽闻名全德。东面山林密布，一年四季，绿草如茵。即使冬天下了雪，绿草埋在白雪下，依然翠绿如春。此地，冬天不冷，夏天不热，从来没遇到过大风。既无扇子，也无蚊帐，苍蝇、蚊子成了稀有动物。跳蚤、臭虫更是闻所未闻。街道洁净得邪性，你躺在马路上打滚，决不会沾上任何一点尘土。家家的老太婆用肥皂刷洗人行道，已成为家常便饭。在城区中心，房子都是中世纪的建筑，至少四五层。人们置身其中，仿佛回到了中世纪去。古代的城墙仍然保留着，上面长满了参天的橡树。"大半个世纪过去了，季老当年的感受记忆犹新，不过其环境背后的运营更值得借鉴。

初到哥廷根，如果还未倒过时差的话，每天凌晨4点左右就会听到街道上各类清扫车工作的声音，除了清扫车司机外，从不见环卫工人在街头工作，基本实现了机械化，所有环卫车辆均能爬上路牙与地面形成一定角度，在保持倾斜的状态下工作。等早上7、8点人们上班时，所有的城市户外空间已被清扫完毕，确保了人们出行环境的有序和洁净。在哥廷根，无论是市民还是游客，都能保持较高的文明素养，使得白天没有随地乱扔垃圾杂物的现象出现。

为了做好城市垃圾处理工作，在哥廷根相对偏僻的街头都能看到大型卡通式垃圾存储箱，外表干净，设计有趣，毫无异味，不了解的过客还以为到了游乐场。在哥廷根垃圾分类非常细，包括有机垃圾、轻型的包装、旧玻璃、问题物质收集和不属于前述4种的垃圾等。垃圾都需分类投放，市民、学子、游客无一例外。

不仅如此，为满足未来大环境发展的要求，哥廷根市于2009年协同市政集团和哥廷根大学共同发起"哥廷根气候保护"项目，制定了居住、经济、服务、宣传和能源供应领域的一揽子计划，除了近60家当地组织机构和企业参加外，许多市民、协会和民间组织均直接或间接地参与了这一气候保护规划的制定。

2.2 文化运营

在哥廷根几乎不需要探寻，随时都能感受到文化硬实力的存在，城市中心如雷贯耳的路名有:高斯路、韦伯路、普朗克路、黎曼路、格林兄弟路……在城市边缘的席勒草坪、俾斯麦塔、集思湖和莱纳河，几乎都能寻觅到大师们昔日的脚印。如此多的伟人在近三百年内频繁地在哥廷根驻足停留，除了追寻科学精神，以及德国高校较自由的注册制外，哥廷根在多方面形成的文化软实力也是其中重要原因（图4）。

哥廷根的文化软实力体现在多方面。比如，大学图书馆向社会上任何人开放，即便是外国人也无须任何证件，可以在阅览室里随意借阅任何书籍和杂志；哥廷根所属的下萨克森州早在

图4 俾斯麦小屋 作者拍摄

20 世纪 90 年代中期与其他六个联邦州共同发起了"视觉图书馆"联合会（GBV），它是全德国图书馆联合会中第一家进行网上远距离借书的图书馆，拥有全面的网络数据库，在哥廷根凭有效学生证，即可在歌剧院、交响乐团和博物馆等单位组织的多种文化活动上享有优惠或免费政策。

当然，相比其他大学城，最吸引学子们背起行囊到哥廷根求学的，还是这座城市保护名人故居的方法：哥廷根几乎没有所谓的名人故居参观点，很可能不经意的租房就是名人当年的下榻之处，也许还能在他们曾经使用过的书桌上伏案，与他们在梦中相遇，并聆听他们的教诲……

2.3 商业运营

哥廷根并不是一个商业城市，它没有浓厚的商业氛围，对亚洲人而言，它因为没有大的亚洲超市而显得不方便。不过它有其独特的商业法则维系着这座城市的商业运营。

首先，与其他德国城市一样，哥廷根的火车站就是一条标准的商业街。火车站没有候车大厅，也因德国火车的准点率极高，如果提前到火车站那么就意味着去享受美食或逛街。这条商业街并不因为在站台的下层，就有轰鸣声或异味，漫步其中，你会怡然畅快，忘了是来赶火车。其次，由于来往哥廷根的全世界各种族的学子或游客非常多，使得哥廷根的商业布局更像一个旅游城市，你想要从哥廷根带回德国特产，那么在这里就可解决，不一定非要去下萨克森州首府汉诺威或者交通枢纽法兰克福，而且价格还要相对便宜些。再者，对哥廷根市民而言，赶每周二、四、六早上位于老城南边的集市（Wochen Markt）不失为一种乐趣。这个集市历史悠久，类似中国的室外菜市场，除了能买到各种新鲜的蔬菜、水果、肉类等食物外，常常还有音乐、美酒、鲜花相伴，能感受到浓厚的本土情调。鹅女雕像所在的广场也叫集市广场，每到周末，全城的男女老少和哥大的老师学生仿佛都聚到这里休闲、购物，哥廷根的文化中心也一下子变成了商业中心。

3. 历史审视下的中国特色小镇创建

兴起于浙江的特色小镇建设，正值中国新型城市化建设的

高潮。2016 年 7 月住建部、发改委和财政部联合发文："到 2020 年，培育 1000 个左右各具特色、富有活力的休闲旅游、商贸物流、现代制造、教育科技、传统文化、美丽宜居等特色小镇，引领带动全国小城镇建设，不断提高建设水平和发展质量"，这一中央顶层设计直接将特色小镇建设推向全国，堪称中国"十三五"期间的"新城市运动"或"特色小镇运动"。

一边是有千年建城史的德国名镇，一边是新世纪城市化浪潮中刚刚起步的中国特色小镇，无论从哪个角度看似乎都很难比拟。但是面对经历了千年兴衰、特别是饱受两次世界大战战火的哥廷根仍生机盎然，吸引着全世界的膜拜者和青年学子，中国的建设者们，需要将这场特色小镇运动置于世界历史发展的大视野之下进行探索思考，才能寻找到一条科学发展之路。

如何用历史审视的眼光和理念来创建中国特色小镇？回溯哥廷根绵延千年的城市发展史，笔者认为，中国特色小镇建设有四大"忌"：忌急功近利、忌有"特"无"市"、忌重"产"轻"文"、忌官热民冷。

3.1 忌急功近利

中国城市化发展进程中有太多急功近利之弊，许多大拆大建不仅割断了城市文脉，还造成了千城一面的局面。这轮特色小镇运动，如果被误导成某一届政府的政绩工程、被开发商裹挟成一场圈地运动、被百姓看作是一次换汤不换药的城郊接合部改造，那就完全远离了"特色小镇"的初衷。破除这样的急功近利，唯有将前人和来者都放置在特色小镇建设之中：前人在这片土地上的耕耘和硕果，要尽最大努力保留；同时要将百年后，甚至千年后的来者纳入关怀，他们未来生活在这片土地上能否得到滋养？当然，现居于其中的原住民和新移民在小镇创建中的话语权、小镇创建后的宜居权，更应受到呵护。

3.2 忌有"特"无"市"

这轮特色小镇创建运动，产业导向居多。例如浙江目前进入前两批创建名单的 79 个特色小镇，多半是产业经济导向，有皮革、毛纺、茶业、竹业、陶瓷等，这些产业如不进行现代意义，甚至是后现代意义上的改造，并进行"互联网＋"的转型，这些"特"并不一定能带来"市"。"市"包括消费市场，也包括资本市场和人口迁居市场。特色小镇由政府发动，受制于城市 GDP 的牵引，在一轮又一轮的创建评比中很容易陷入政绩冲动，如果不将小镇特色进行全方位的包装扩容和升级换代，很可能落入产业园、开发区的套路，使得特色产业在全球化、信息化下缺乏竞争力，小镇新城难以吸引更大范围的就业，也就不可能形成更多新移民的迁居潮。

3.3 忌重"产"轻"文"

哥廷根得益于高斯开始建构的数学帝国，目前拥有 39 家测量技术制造商，但它作为名镇流芳百世，世人都被它的科学文化及背后的大师们所吸引，几乎无人知晓它的产业布局。中国即便是在产业导向下创建特色小镇，也必须从一开始就培植特色文化基因，基于本土又要超越本土。例如黄酒小镇仅有传统酒文化只能深藏于小巷深处，只有与互联网、体验文化、旅游文化嫁接的

现代酒文化，才能香飘万里。在特色小镇打造特色文化，既需要漫长的培育周期，也需要历史的审视，仅有快销文化不足以持续久远，所以小镇建设周期中的每个环节、每个细节，都应保持人文关怀，都需注入文化因子。只有这样，才能将小镇的硬件和软件进行产业与文化的融合。

3.4 忌官热民冷

哥廷根即使在帝国时代都是官僚气息较少的城市，在这座城市大学教授和科学家的声望远超达官贵族。用历史的眼光来看中国特色小镇，和小镇一起美名远扬的一定是拥有共同特质的小镇人，这些人可能是手艺人、可能是企业家、可能是设计师、可能是祖祖辈辈生活在这里的普通居民，而不是官员。因此在特色小镇的创建之初，即便由政府主导，依然要最大范围地激发小镇新老居民参与创建的热情和智慧，主动倾听他们的想法和建议。未来小镇运营过程中，他们要有嵌入其中的权利，要有机会推动特色小镇的建设与发展。

4. 从特色小镇到中国名镇

在中国经历近 40 年的城市化浪潮后，特别在 2011 年中国城市化率首次过半之下，中国真正开启城市社会之时，无论是政府还是公众都已具备相当的城市发展常识，此时创建非行政镇、非行政区形态的特色小镇，应具备一定的历史观和大局观，也即在时间长河里、在全球版图中，将目前创建的特色小镇放置其中，看看未来是否能成为省级名镇、中国名镇，甚至是历史名镇、世界名镇？虽然不能确认哥廷根在建城史上是否有这样的战略构想，但至少它一路走来，所有的选择、所有的聚合共同造就了这座德国名镇和世界名镇，简单来说，中国创建这 1000 个特色小镇，在一开始就必须考虑到"诗和远方"。

许多正在申报的特色小镇目前还只有一个概念，只是一张 3 平方千米左右的图纸，或一个 3A 景区的框架，做得稍微深入些的，有一个多规合一的小镇规划或有一个与特色产业相关联的商业模式，如何有诗意？诗意并不只是那点对酒邀月的情怀，其实小镇的诗意来自被小镇内外群体所共同欣赏的气质，这一气质可以吸引资金、可以吸引返乡、可以吸引人居，但它的培育必须从特色小镇全方位的策划开始。就像哥廷根拥有无数世界级的大师，它的气质宁静深远。而中国一些正在创建的文旅小镇，如果不注入人文、不考虑社区，很可能就是商业街加人工景点的复制，吸引不了正在成长、属于特色小镇主力消费军的中产阶层，同时也吸引不了曾经离开又想返乡的小镇青年。特色小镇独有的诗意气质需要政界、商界、学界、专业社会组织及公众一起长时间共同打造，赋予小镇鲜活的可持续的科技基因、文创基因及商业基因，并将自己不断修正更新，融入周边、融入城市群。

小镇的"远方"，既包括前瞻性的小镇定位、先进的产业布局，也包括绵延不断的人才梯队、跨越时空的小镇运营模式。几百年来哥廷根文脉随处可见，不断传承，但这并不意味着它就此可以沉睡或与世界脱轨，哥廷根大学有相当活跃的各种族青年学者通过互联网频繁地与欧盟、与世界对话，他们继承了大师引领世界的衣钵，从不敢轻易让时间稍纵即逝，这也是哥廷根一直都有"远

方"的根本基因。中国特色小镇这一富有创意的新型城市建构理念，要使它真正落地，必须从高处、从远处做战略设计、从小处、从近处进行铺陈，坚持步步为营的创建路径，大胆、开放、精准地汲取全球名镇的运营方略，才能使正在创建的 1000 个特色小镇真正地具有诗意、具有远方，使整个中国城镇化建设迎来新的春天。

参考文献：

[1] 季羡林.留德十年[M].北京：中国工人出版社,2009:40.
[2] 王涛.克莱因与哥廷根数学的发展[J].数学文化，2013(4):96—99.
[3] 康斯坦丝·瑞德.希尔伯特——数学王国的亚历山大[M].上海：上海科学技术出版社,2001:148.
[4] 叶隽.哥廷根思想与德国启蒙大学观[J].书屋，2006(9):55—58.
[5] 黄汉平.哥廷根学派的兴衰[J].百科知识，1995(9):51.
[6] 国家能源可再生中心.哥廷根：联合起来制定气候保护规划[R/OL]. (2016—03—29)http://www.cnrec.org.cn/.
[7] 吴国文.住房城乡建设部国家发展改革委财政部联合发文：培育千个特色小镇实现首个百年目标[N].中国建设报,2016-7-21.

作者简介
闵学勤，南京大学社会学院教授

责任编辑：蒋亚林

雨水管理与社区服务
——记 Oktibbeha 历史遗产博物馆景观更新项目

陈泓　[美] 科里·加洛 Cory Gallo　[美] 汉斯·赫尔曼 Hans Herrmann

内容摘要："绿色屋顶""雨水花园"作为低影响开发 (LID) 的重要举措，"海绵城市"建设的末端细胞，同时也是景观设计实现社区服务的重要载体，必将产生重要的生态价值与社会价值。本文以 Oktibbeha 历史遗产博物馆景观更新项目为例，介绍美国密西西比州立大学的设计团队通过"绿色屋顶""雨水花园"设计与建造，实现雨水管理、社区服务并践行教育理念的经验，以期对我国正在推广的"海绵城市"建设提供参考。
关键词：雨水花园；社区服务；低影响开发；海绵城市

　　"绿色屋顶""雨水花园"可以有效从源头实现雨水的消减、滞留、蓄存和净化，减弱地表径流总量和径流污染，实现雨水的优化管理，并成为"海绵城市"建设的重要环节；同时"绿色屋顶""雨水花园"可以见缝插针分布于城市，创造赏心悦目的景观，提供多样化的活动空间，实现其社会服务功能。Oktibbeha 历史遗产博物馆景观更新项目，正是以"绿色屋顶""雨水花园"为核心，将雨水管理和社区服务融合在一起，实现生态、社会价值与教育功能的共赢。

一、项目简介

　　Oktibbeha 历史遗产博物馆（以下简称"博物馆"）成立于 1976 年，坐落于美国密西西比州北部城市斯塔克维尔 (Starkville)，紧邻密西西比州立大学和历史悠久的市政中心。博物馆改建于一座废弃的火车站，其历史可以追溯到 1874 年。目前博物馆由志愿者组织负责运行，致力于该地区悠久的历史文化的保护、宣传与教育。2009 年，博物馆的管理者与密西西比州立大学景观设计系的设计团队坐在一起，商讨一个简单的排水问题，讨论的最终结果促成了以"庆祝过去，拥抱未来"为主题的景观更新项目。历经近四年的时间，在密西西比州立大学的团队、市政部门、博物馆和社区的共同努

力下，建成了集雨水管理与社区服务于一体的示范案例，并将一座崭新的口袋公园融入城市绿色基础设施。

　　改造前博物馆的外部环境毫无吸引力，大面积深入场地的停车场，由不透水的混凝土地面覆盖，雨水排放不畅，周围绿地植被单调，仅有稀疏的树木和草坪，管理粗放，照明及无障碍设施缺失，缺少活动空间，社区服务功能丧失。因此，经各方协商，将实现雨水管理和促进社区复兴设定为博物馆景观更新的主要目标，包括修复被损坏的博物馆排水设施；完善活动空间和服务设施，将博物馆的空间、内容、影响力延伸到博物馆甚至社区以外；建立一个以"雨水花园"和"绿色屋顶"为特色的绿色基础设施示范案例；同时为相关领域的学生和公众提供教育与学习机会。

　　博物馆景观更新项目由密西西比州立大学景观设计系主持，通过与博物馆委员会、市政部门、社区代表的深入沟通与协作，历时四年，于 2013 年春季建成。针对雨水管理和社区服务两大功能，景观更新项目采取低影响开发 (LID) 策略，并通过空间组

▌博物馆标识

▌雨水花园

▌废弃加油站改建的屋顶花园

▌圆剧场及砂过滤池

▌Oktibbeha历史遗产博物馆景观更新方案及更新后景观 ▌停车场改造前后景观

▌入口门廊改造前后景观 ▌圆剧场及砂过滤池改造前后景观

织和设施改造，为社区服务提供了可能，具体措施包括：铲除停车场大面积的不透水地面，以植被覆盖，减少地表雨水径流；在南侧坡地建造雨水花园，并安置雨水收集装置；在博物馆入口处增加半圆形剧场，沿剧场两侧分别设置砂过滤池和干式植草沟，并将雨水引入；改造博物馆入口门廊，设置无障碍通道及临时性的休息空间；东南角新建绿色屋顶，与开放式草坪组成多功能活动空间，并安置了新的博物馆标志，为花园创造新的视觉焦点；更新博物馆导视系统、信息板及照明设施，以满足博物馆科普、教育及社区活动的需要。

改造后的花园融入了丰富的景观元素，极大地提升了景观效果。博物馆及其附属景观于2013年春季重新开放，深受公众喜爱，社会反响强烈。2015年，密西西比州立大学景观设计系的研究生团队对博物馆景观更新项目的景观绩效进行了深入研究。研究结果显示，该项目在环境改善、经济效益和社会价值的提升等方面均起到积极作用。

二、雨水管理实现生态效益

雨水管理是博物馆景观更新的核心目标，整个项目的设计与建造都是围绕这一主题展开的。景观更新采取了一系列低影响开发手段，如绿色屋顶、雨水花园等，并利用绿地积存、渗透和净化作用[1]，减少地表径流总量及径流污染负荷，实现雨水地表径流的有效管理，在提升场地生态效益的同时，也营造了良好的景观效果。

主要措施包括：第一，对停车场进行改造，整合停车场空间，提高空间利用率，破除混凝土地面约809平方米，以植被替代，并建造约55.8平方米的绿色屋顶。绿色屋顶由废弃加油站改建而成，经过严格的加固处理以确保结构安全可靠，主体部分依次设置金属屋顶、防水膜、保护层、阻根屏障、过滤层，并在表层填充约15厘米厚的轻质土壤作为种植媒介，种植多种耐旱、浅根系的乡土植物，如北葱、针叶福禄考、大花马齿苋、匍地仙人掌及多种景天类植物，可有效积存、过滤雨水，减少径流总量和

污染负荷，并能够满足较低的用水和维护需求。

第二，沿停车场边缘建造约18.6平方米带状砂过滤池，并利用渡槽将博物馆屋面与砂过滤池连接。停车场和屋面的雨水可通过地表径流和渡槽分别引入砂过滤池。

砂过滤池深约30厘米，以下依次填充约46厘米砂质壤土、地膜，约30厘米洗净砾石，以增加透水性和过滤效果，并埋设直径约15厘米的穿孔暗渠连接干型植草沟，如此可对停车场和屋顶的雨水进行储留、渗透，实现雨水蓄积和净化，减少径流污染。多余的雨水溢出，一部分通过圆形剧场草坪渗透至地下，另一部分通过地表径流进入干型植草沟进一步积存、过滤。

第三，在南侧坡地建造了约65平方米下沉式的雨水花园，设置了生物滞留池，增加了约93平方米的植被，并安装了容量约7570升的雨水收集装置。雨水经收集装置储存，可用于缺水期的花园灌溉，雨水收集满后可从顶部出水口溢出，形成跌水景观，并流入生物滞留池。生物滞留池蓄存深度达到约30—46厘米，可最大限度地消滞地表径流。土壤层也经过改良，采用砂、表层土和堆肥按比例混合，深度超过约46厘米，可改善污染物吸收和地表径流下渗。底层则铺设约30厘米的砾石，进一步增加透水性，并埋设穿孔暗渠连接市政排水系统。雨水花园的种植注重生物多样性的保持，选择了多样化的本地植物，如橡树、落羽杉、绣球、松果菊、黄花萱草、绢毛葵、阔叶麦冬等，植被可有效过滤污染物，净化雨水，并保持土壤多孔疏松，有利于雨水渗透地表。

雨水经过绿色屋顶、砂过滤池、植草沟及开放草坪的滞留和过滤，汇集到雨水花园，经过雨水花园的消滞后，超负荷的雨水则流入市政排水系统。景观更新后，不透水的铺装面积由约1019.6平方米降至约208.3平方米，减少近80%；植被覆盖面积增加一倍；新增绿色屋顶、砂过滤池、植草沟等雨水过滤设施约111.6平方米；屋面可收集雨水面积约372平方米，占屋顶总面积的70%。

经过一系列行之有效的低影响开发，博物馆景观更新项目取得了良好的生态效益。2015年针对该项目景观绩效的研究报

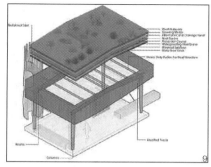

| 屋顶花园结构示意图

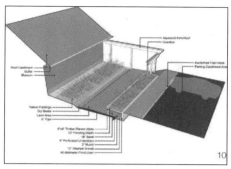

| 屋面雨水收集系统及砂过滤池示意图

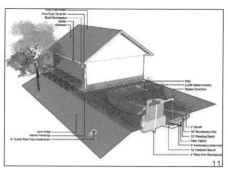

| 雨水花园结构示意图

| 绿色屋顶及植被

| 雨水花园及植被

| 砂过滤池雨景

告显示，景观更新后的雨水径流总量减少 78%；碳储存量明显增加，并且随着植物的生长，在可预计的未来，碳储存量可提升200%；生物多样性水平显著提高，仅维管束植物一项便从改造前的 6 种增加到 82 种，在显著提升了雨水的积存、净化效果的同时，还吸引了大量以此为食的鸟类与昆虫，如蜂鸟、帝王蝶等，微型的花园生态系统基本形成。此外，绿色屋顶和植被覆盖使场地的阴影面积增加了 18%，这将为户外活动提供更多机会。[2]

三、社区服务增进社会福祉

提供社区服务是博物馆景观更新的另一重要主题。该项目将雨水花园的生态理念与社区服务紧密结合，通过吸引公众参与、宣传生态设计理念、丰富活动空间和内容，提升了花园的服务功能，效果显著。建成的雨水花园俨然成为博物馆展出的重要组成部分，并持续发挥宣传、教育和服务功能，实现了社区振兴。

具体包括：其一，强调社区公众深度参与，鼓励公众为花园建设提供物质上与技术上的帮助，拉近社区公众与博物馆之间的距离。博物馆景观更新项目是在密西西比州立大学景观设计系、市政部门、博物馆、社区多方积极互动的过程中逐步完成的，利用有效的宣传、政府机构的支持，该项目自建设之初便受到广泛关注，其间收到大量社会捐赠，并应用到花园的设计与建设之中，如绿色屋顶是在接受了紧邻社区的一座废弃加油站的基础上改建而成的；经改造后连接绿色屋顶的旋转楼梯是由社区教会捐赠的；设计成停车场定位桩的钢轨是旧火车站仓库中的闲置品；而铺设

入口门廊的地板，则是从社区五金店回收的。社区和公众的积极参与，进一步扩大了该项目的社会影响，对宣传雨水花园的生态建造理念也起到积极作用；同时花园建设对材料的循环使用，更体现了可持续发展理念在景观实践中的运用，其社会教育价值也得以体现。

其二，新的花园使用了大量的低影响开发策略，并成为南部地区第一座雨水花园，因此，该项目持续关注低影响开发策略的社会教育和技术推广，实现了社会宣传与教育功能。花园中设置了 4 个信息亭，并附展板，图文并茂地介绍 9 个不同的雨水管理主题，向公众宣传低影响开发策略实施的方法、技术和效果。花园建成后，接待了大量的社区居民、政府官员、来自周边地区的设计师、工程师及相关专业学生，博物馆志愿者提供讲解，以便使其更好地了解和学习低影响开发策略在城市绿色基础设施中的应用。密西西比州立大学的教师也不定期举办讲座，宣传花园的生态设计理念；同时，花园也成为基础教育的第二课堂，当地中小学可以在此学习动植物，了解花园可持续的雨水管理策略，接受生态意识教育。

其三，景观更新方案也非常重视花园本身功能性的创造，并将低影响开发策略和景观元素、功能空间巧妙融合，合理利用空间，最大限度发挥其社区服务功能。新的花园拥有一块开放式草坪，一个圆形剧场，并设置座椅和视听设备，绿色屋顶形似凉亭，也提供了充足的活动空间。博物馆得以将服务内容和空间延伸至室外，举办讲座及其他户外项目，并有能力为周围居民提供

▌信息亭介绍雨水管理策略

▌更新后的景观深受社区居民喜爱

▌举办社区活动

▌博物馆电影之夜

更丰富的社区活动。此外，花园增加了照明设施，使夜间活动成为可能。

以低影响开发策略为核心的博物馆景观更新项目吸引了大量的社会关注，大大增强了博物馆的社区服务功能，并逐渐成为社区的焦点和地标，博物馆也因此复兴。2013年项目完成后，博物馆的访问量成倍增加，博物馆之友的会员人数也大幅提升，志愿者团体得到拓展，博物馆接受的货币及文化遗产捐赠也大幅提升。自2012年起，博物馆的募捐活动移至户外花园举行。研究报告显示，至2015年，博物馆获得来自Starkville市和Oktibbeha县的资助分别增加了43%和25%，会员会费增加20%，社会捐款增加近20倍，总收入是景观更新前的7倍。[2]其他社区服务活动也得到推广，博物馆定期在剧场举办春秋两季的电影之夜活动，关注历史主题，并向公众免费开放；不定期地举办音乐会及艺术家展演活动。此外，花园也向机构和私人活动开放，并由博物馆提供预定。随景观更新项目的完成，博物馆的媒体报道量显著增加，并被旅游局指定为"密西西比蓝调之路"的官方景点，社会影响力进一步提升。

四、创新教学践行教育理念

密西西比州立大学景观设计系以"促进学生规划、设计、建造和管理的意愿与能力，并致力于社区服务与再生"为教育理念，建立了"设计与建造"（Design/Build）课程体系，通过景观设计与建造，完成教育与社区服务的目标任务。Oktibbeha历史遗产博物馆景观更新项目，正式被纳入这一课程体系，实现了教学与实践的完美融合。

自2009年春季起，先后有6位教师和120名学生投身该项目，教学将设计与建造融合，每个学生都被要求在不同的环节发挥主导作用。毫无疑问，学生们除了可以学习景观设计的相关理论、方法、程序及项目管理，更重要的是，可以在实际建造过程中深入研究大量有关景观设计与实施的细节以及两者之间的关键联系，教师则控制工作量、工作进度、安全性并解决关键问题。在花园建设中，教师和学生们还提供了许多志愿服务，平均每人每周投入该项目的工作时间超过20小时。建成后的花园，自然成为学生学习景观设计与建造的生动材料，学生在此可以直观地学习植物、低影响开发策略、雨水花园和绿色屋顶的设计方法与技术。景观设计系的志愿者团队也接管了花园的日常管理工作，包括修剪除草、植被更新、设施维护等。针对景观更新项目的景观绩效（Landscape Performance）和使用后评价（POE）等研究性工作也已经开展，并将不断持续下去，使该项目的研究价值得以体现。借助博物馆景观更新项目，密西西比州立大学景观设计系通过实际行动践行自己的教育理念，并履行了致力于社区服务的承诺。

项目还促进了学科交叉，参与该项目的教师和学生分别来

▌学生工作现场

自景观设计、建筑学、视觉传达、建筑工程、美术、社区工作等6个不同的学科，并利用其提供的教育机会，增加学科间的交流与合作，也促进了学生对各自学科及相关领域的深入理解。市政部门与景观设计承包商也参与协作，并完成建造中复杂且有一定危险的部分，如钢结构吊装及布置电缆等。

博物馆景观更新项目获得了巨大的成功，并赢得了一系列重要奖项。如2013年获得美国景观设计师协会（ASLA）社区服务（学生合作）杰出奖（Award of Excellence：Student Collaboration in Community Service）；2015年获得美国建筑院校协会（ACSA）协作实践奖（ACSA Collaborative Practice Award）；同年获得美国环境署（EPA）"雨水捕手"荣誉奖（Rain Catcher Award：Neighborhood/Community Category）；并于2016年入选库珀休伊特国家设计博物馆（Cooper Hewitt Smithsonian Design Museum）的展览。

五、结语

随着城市化进程不断推进，我国城市水问题日渐突出，公园社区服务功能不足，绿色基础设施的建设面临挑战。2014年，住建部出台《海绵城市建设技术指南》，并在随后两年设立了30个海绵城市建设试点城市，大力推行低影响开发（LID）策略在城市绿色基础设施建设中的运用；同时，各地政府不断推广口袋公园建设，提升绿色基础设施的社会服务功能。深入社区的"雨水花园""绿色屋顶"作为低影响开发的重要手段，既可以成为"海绵城市"最终落实的末端"海绵体"[3]，为"海绵城市"建设发挥重要作用，又可以服务社区，增进社会福祉，并成为城市绿色基础设施的关键环节。Oktibbeha历史遗产博物馆通过景观更新项目实现了雨水管理、社区服务功能的有机融合，创造了良好的生态效益，并践行教育理念，为我国绿色基础设施的建设提供了有益的借鉴。

＊基金项目：本文由2016年安徽省高等学校省级教学研究项目"创新创业驱动下环境设计专业的景观设计课程设置优化与质量评价体系研究"（编号：2016jyxm0055），2016年安徽大学本科教育质量提升计划应用性教学示范课程"景观设计"（编号：ZLTS2016012）资助。

注释：

[1] 住房和城乡建设部.海绵城市建设技术指南——低影响开发雨水系统构建[S].北京：中国建筑工业出版社，2014：32—35.

[2] Michael Keating，Ying Qin，Landscape Performance at Missippippi Heritage Museum，The Field ASLA Professional Practice Networks' BLOG，2016.4．https：//thefield.asla.org/2016/04/21/landscape—performance—at—mississippi—heritage—museum

[3] 俞孔坚、李迪华等.海绵城市"理论与实践[J].城市规划，2015（6）：26—36.

作者简介：

陈泓，安徽大学艺术学院
科里·加洛，美国密西西比州立大学景观设计系
汉斯·赫尔曼，美国密西西比州立大学建筑系

片断的情境建构
——解码布莱恩墓园的空间美学

伍端

摘　要：通过对卡洛·斯卡帕最后一件作品——布莱恩墓园的解析，尝试勾勒出斯卡帕设计的空间美学及其产生的作用。布莱恩墓园稍瞬即逝的空间经验和永恒的诗意处于片段的情境里，它是一个以局部展示出整体的精神装置。空间的审美从超验空间和物质空间被情景空间美学所整合，动觉的、感知的和心理的空间维度将重新参与到建筑意义的建构过程中。

关键词：体悟；情境；片段；空间

ABSTRACT: Aiming at decoding the spatial tectonics of Brion Cemetery, the last work of Carlo Scarpa, this paper tries to unveil the richness and potential of situated aesthetics of space in this case. The ephemeral spatial experience and eternal poetic phrases are situated in the discrete organization of this garden as a mental device embodying the whole in the part. Through conciliating transcendental, physical and experiential tectonics, the meaning of architecture is reconstructed on kinesthetic, sensual and mental dimensions.

KEYWORDS: Embodiment; Situation; Fragment; Space

我想解释布莱恩墓园……我认为这个项目，如果你们允许的话，是很不错的，随着时间的推移它会变得更好。我尝试着给它增加一些诗意的想象，不是通过创造诗意的建筑，而是建造某类建筑，它能散发出礼仪般诗意的感觉……死者的场所是花园……我想向你们呈现一些能接近死者的途径，一些社会的、公民的方法；甚至更远一些，无论在短暂的人生中死亡意味着什么……而不是那些鞋柜。[1]

——卡洛·斯卡帕（Carlo Scarpa）

斯卡帕把对生与死的深刻理解融入布莱恩墓园的仪式转化过程中。对他而言，"生与死本质上仅是一个转变状态的两个方面"[2]。生与死的界面在布莱恩墓园中被刻画在一系列神秘的空间组合中。

边界、台地、路径和关槛这些元素都被整合到人的运动知觉或者精神建构中，空间以这样的方式呼应着体悟的节奏，即：分离（Separation）、转化（Transition）、共存（Incorporation）。情境的营造让人们可以依照斯卡帕说的以"社会的、公民的"的方式接近死者：沉浸、运动和置身移情，通过身体互动和精神想象，生者和死者产生交流。

1. 分离

这个作品微妙地，却又果断地和周围的环境"疏远"，从空间和时间的不确定性分离出来，停留在它自身的时间里。[3]

——曼弗雷多·塔夫里（Manfredo Tafuri）

从世俗的世界到神圣的墓园有两条路径，它们不仅是功能性入口，同时也是"前临界状态"的分离区域，这为悼念者在进入墓园之前建立起准备状态（图1）。在乡村公墓主轴线的尽端，矗立着布莱恩墓园的主入口。乡村公墓的这条主要通道长45m，它把墓园和街道隔离开，提供了缓冲的空间。当人们沿着这条路走向墓园的时候会感到把世俗的世界留在了身后。同样的设计策略在私人入口（次入口）也有所体现。从街道通往礼拜堂前厅是L型地块内侧的曲折小径，第一个阈限是沉重的推拉式混凝土大门，路径一侧被水池和礼拜堂限定，另一侧是区分墓园和公墓的混凝土墙。从混凝土门开始，宽大的混凝土面材使小径和街道区分开来。路径长约30m，面层为薄混凝土块石面，精心设计的铺装图案暗示着人运动的节奏和方向。小径尽端是封闭的庭院，作为圣堂建筑群建筑入口的前庭。人们会注意到铺装在这里发生了改变，这个正方形的前庭被分为四等分，每一部分的混凝土板条铺装都和与之相邻的板条垂直。如此呈风车型的图案使路径的方向性变得模糊，和之前单一方向引导性非常强的铺装不同，这个铺装暗示人在该区域止住向前移动的趋势，鼓励停留和聚集。在庭院中央，宽大的混凝土板条直指建筑入口，暗示了人们下一步移动的方向（图2）。长长的路径、曲折的线路和触感的铺装使"分离"的意义建构在空间中，并在纪念者经历空间的过程中体会到"分离"的状态。

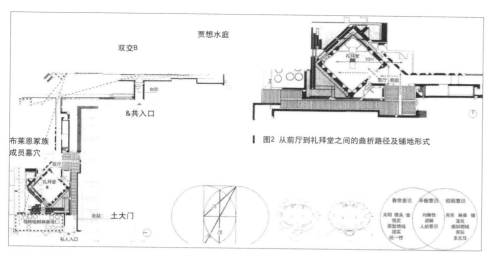

图1 布莱恩墓园平面。
蓝色虚线标出了死者的场所；橙色的虚线表示这些场所间的视线关系

图2 从前厅到礼拜堂之间的曲折路径及铺地形式

图3 双鱼符号：自我分割的艺术所产生的神圣的比例关系，如及、和亦（左）；吉安·洛伦索·贝尔尼尼（Gianlorenzo Bernini）奎琳岗圣安德肋教堂平面（Sant'Andrea al Quirinale, Rome, 1658—1670，中）；普世意识和经验意识的二元转化（右）

2.转化

间隙悄悄地进入片段：注意和观察集中在那里。首先，片段引起并使得观察更清晰，它要求近距离地观看，这种聚焦范围的缩小可以在斯卡帕作品中散落在路径中的节点和符号找到注解[2]。

转化的区域在墓园的公共入口一侧，由墓园门楼和旁边的建筑物界定。在门楼内左侧有3级台阶引导人上到与入口轴线垂直的走廊上。门楼建筑在平面上呈不对称的"T"字型布局，左翼走廊通往布莱恩夫妇的墓穴，右翼走廊连接冥想水庭。在"T"字相交处的背景墙上是两个相互咬合的镂空圆环，圆环正面装饰着马赛克，它提供了供观者从门楼内外相互观看的景框。这两个相互咬合的圆环景框的半径相等，它们的圆心又同时在对方的圆周上。从符号学的角度，其在不同文化中蕴含着不同的意义[1][4]318（图3）。

对斯卡帕而言，这个图案不仅是一个神圣的符号，也是一个有触觉的观看装置，它引导人们的视线及身体在空间中移动的方位。相互咬合的圆环更像窗而非门，它节制的尺度以及和室外水渠的关系暗示了这不是供穿越的关槛。在这个位置，人们会停止往前的移动趋势，身体的运动知觉图像转化为情感图像，用德勒兹（Gilles Louis Rene Deleuze）的理论来解释，人的情感图像由3种元素构成：阴影、诗意的抽象以及色彩。这3种元素都能在此被发现：光从彩色马赛克的景框射入到昏暗的门楼空间，将人的视线延伸到另一个世界——一个安静的、神秘的、充满了光亮的广阔草坪。这个被神圣符号所框定的场景让人产生近距离的情感图像，它把运动知觉图像滞后，并把它转化为观看、情感和想象。

墓园私人入口的转化区域由礼拜堂和一些辅助空间组成，包括前厅、回廊和圣器收藏室。礼拜堂主要为家族纪念活动和村民举办葬礼，它是一个被水池环绕的混凝土立方体，与前厅呈45°角。前往礼拜堂必须先进入平面为三角形的前厅，它位于回廊的尽端。从前庭通过非对称的门就可到达。站在门厅，右侧是通往墓地的回廊，左侧是一扇被钢框限定的、带有光泽的白色

抹灰格子门。这扇门的后面是通向礼拜堂的中式月亮门。仪式性的路径象征着人生命的路径——短暂而曲折。斯卡帕在前庭到礼拜堂这段短短的距离设置了一系列的转折关槛。从空间句法学的分析可以看到，角度步数深度值在这段几何距离只有10m的空间内高达2.06（对比公共入口的角度步数深度值在45m距离是0.09）。短距离、高强度的曲折节奏延长了人们心理上的距离。

在转化阶段的空间设计上，布莱恩墓园展示了纪念性和机动性的动态平衡。从句法学视域（isovist）分析方法来看，沿路径的视域空间复杂且微妙（图4）。观者从私人入口到礼拜堂的行进过程中可以同时观看到其他不同方向和距离的空间（视域空间紧性 isovist compactness 的测量反值显示视域的复杂性）。从动向级数（drift magnitude）和角度级数（drift angle）分析显示，在前庭入口和礼拜堂里的视域空间比在路径过程中的空间更对称，以此凸显这两个空间的神圣和庄重；而在路径上呈现的充满变化的动态空间驱动着人们从一个地点走向下一个地点。纪念性和机动性的平衡还反映在立面空间的处理上：前庭正对的前厅入口被设计为一个对称的开口，强调出建筑仪式性的姿态。进入门厅后，空间以渗透和非对称的格式展现，随着人的移动相互延展、进入对方、四处流动、展开和闭合。建筑外景透过不同开口和间隙渗入礼拜堂及回廊，以片段的方式向移动中的人们展现了外部神秘和不可知的世界。生与死的概念在墓园里嵌入进人们的运动、观看和感知中，通过观者的认知、情感和行动被清晰地表达出来。"布莱恩墓园的视觉安排包含了特别的场景：有用墙限定的室内空间以及周围景观，墓园的体觉安排介入了人在墓园中切分音式的运动中"[5]。

情景的瞬息变化推动观者不断行进到礼拜堂的中心为止。礼拜堂由一系列布置在中心对称轴线的建构元素组成，包括圣坛、白色大理石块、窗户和复杂难懂的天花雕刻等，

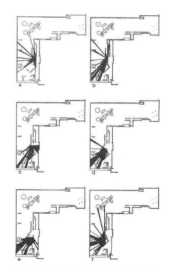

	视域动向级数	视域角度级《	视域空间紧性
a	6.26	163.8	0.01
b	9.04	222.7	0.02
c	8.96	253.2	0.054
d	9.37	223.7	0.D6
e	8.19	236.4	0.08
f	6.44	149.9	0.02

图4 入口门楼到礼拜堂的空间句法学的视域分析：6张视域分析图，与其对应的数据表

所有这些设置营造出纪念性的场景（图5）。

斯卡帕设计了一系列空间机制让观者体悟到了从生者到死者场所的转换。墓园里的死者场所包括：冥想水亭、布莱恩夫妇墓穴、布莱恩家族成员墓穴和牧师柏树林墓地。视域分析（图6）显示，从冥想水亭投射出的视域范围覆盖了L型墓园的东翼；布莱恩夫妇墓穴的视域范围最广，几乎拥有墓园的全景视域，占据着绝对至上的地位；布莱恩家族成员墓穴的视域被限定在L型墓园的西翼，而且视线高度也被压缩在较低的范围；柏树林墓地的视域被礼拜堂和林木遮挡，基本被局限在很小的范围内，与视觉空间和布莱恩家族的空间相隔离，似是随机布放的场地再现了死者空间的神秘性。在死者的场所里，空间并非由世俗的功能需求来界定，而是通过微妙的视觉空间结构确定死者的身份、地位和他们之间的关系。

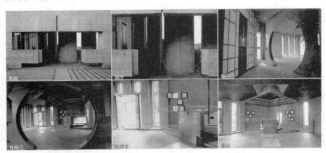

图5 从入口门厅到礼拜堂连续影像中所截取出来的照片，显示了在布莱恩墓园"转化阶段"的空间设计上纪念性和机动性的动态平衡

图6 视域范围图：冥想水亭、布莱恩夫妇墓穴、布莱恩家族成员墓穴、牧师墓地（由左及右）及不同视点观看的实景照片（a从冥想水亭往北看；b从布莱恩夫妇墓穴内往南看；c从布莱恩夫妇墓穴内往西看；d从布莱恩家族成员墓穴往东看；e从布莱恩家族成员墓穴往南看；f从牧师柏树林墓地往东看）

上述几个逝者场所之间并没有直接的路径联系，观者需要寻找到他们各自的路径才能从一个点到达另一个点。从句法学的分析图可以看到，布莱恩夫妇及其家族成员的墓穴、水亭和柏树林墓地分属于不同的空间分支，它们之间没有直接相连的通道。如从一个地点到另一个，观者需要重新回到空间分叉的地方或者穿越其他的路径（图7）。因此，这些地点之间的联系更多是视觉上的而非物质上的。其反映了死者虚幻的世界，也暗示了死者的世界由超越物质的视觉、思维和情感建构，死者的空间没有被物质固化，也没有被世俗的功能限定，它应该被自由精神和灵魂所拥有。

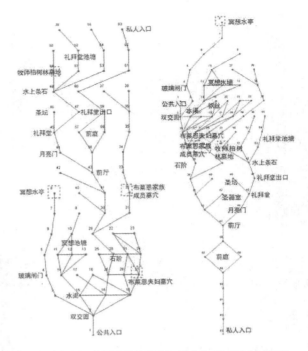

图7 布莱恩墓园的调整拓扑关系图（Justified-Graph）：从公共入口出发（左），从私人入口出发（右）。分析图显示死者的场所之间并没有直接的路径相通，但它们之间的视觉连接相通（橙色虚线）。

3.共存

斯卡帕自我评述，"这是我唯一看到就能感受到愉悦的空间，因为我觉得我已经捕捉到了乡村的感觉，这也是布莱恩夫妇希望的方式。到那里的每个人都很快乐……孩子们玩耍，狗儿到处跑动……所有的仪式都应该像这样。"[6]

从入口处的建筑出来进入墓园，呈现在观者面前的是一片水平和空旷的场地。这突如其来的空间变化让观者的知觉动能图示被暂停，取而代之的是精神图示。空间功能的缺席让人们体悟到空间从引导运动模式转化为激发记忆和想象的模式。方向感的缺失从两方面被强化：一是突然消失的混凝土铺面的通道（图8），二是视觉景观的扁平化。当人们从狭长的走廊走到外面的广阔草坪，视觉深度被压扁，视觉体验从纵深的透视变为水平的全景画（图9）。

开阔的场地是一个高起的台地，站在上面能看到墓园外维纳托美丽的风景，作为前景的墓园和作为背景的山丘相互映衬，记忆和想象在此涌现。通过借景的手法，人们对布莱恩家族的生活环境和文化背景有了更深的了解。斯卡帕把这片空地作为生者和死者场所的间隙，一个虚无缥缈的空间，为各种活动提供了可能性。

为了达到这样的预期，斯卡帕在空间设计上欲扬先抑，陡然消失的步道让观者从精心限定的空间到达突如其来的虚空，视觉深度的变化，从阴暗的过道到了充满光的花园。句法学的分析也验证了斯卡帕想要把这片开放空间作为整个墓园的高潮，其无论在几何关系还是拓扑关系上都是整个墓园的中心（图10）。对斯卡帕而言，和死者的交流在于从生者世界到死者世界的空间体

■ 图8 从主入口通往布莱恩墓穴的通道中突然中断的混凝土铺面

■ 图9 从狭长的走廊到外面广阔草坪的视觉体验，从纵深的透视变为水平的全景

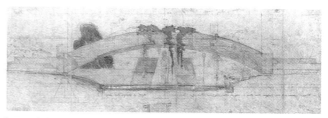

■ 图11 布莱恩夫妇墓穴的剖面（斯卡帕草图）

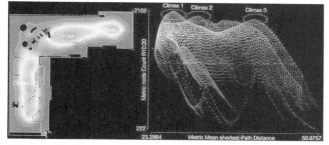

■ 图10 句法学的分析图验证了墓园空间的最高潮部分集中在布莱恩夫妇墓穴前方的草坪（峰值1）；关键的空间节点还有礼拜堂（峰值2）和冥想水亭（峰值3）

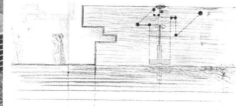

■ 图12 透明的水和水下迷宫般的石头
■ 图13 水闸装置的剖面（斯卡帕草图）构成不可知的神秘世界，引发人们对死者场所的想象

悟，通过蜿蜒曲折、高低不平的路径去体会人生的过程，最后生者和死者一起共享同样自由、光明和开放的空间。

在向布莱恩墓穴的前进过程中，死亡的感觉由地坪的高差变化也可以体现出来。从公共入口的门楼出发，观者沿狭长并略微下斜的走廊行进时，半下沉的拱券小室逐渐出现在人们右侧视野里，路径的突然停顿造成了短暂的混淆，但镶嵌在草坪中的水渠很快指明了前进的方向，触觉的指令让位于视网膜的暗示。如果人们从礼拜堂方向进入，拱券小室看上去像一座悬浮在草坪上的桥。在升起的草坪和桥下下沉的圆形空间之间是一组混凝土台阶限定的草坡，连同台地西侧边缘的4级小台阶，地坪高差造成的变化强调了死亡的空间特质：下沉、大地、阴暗和隐晦。水从冥想池塘通过开放狭长的混凝土渠道通往布莱恩夫妇的墓穴，生命的概念由不断循环的水流在开放和光明的空间中的流动来体现。紧贴入口门楼的东侧，水沿着渠道流向布莱恩夫妇的墓穴，以此象征生与死的重聚。

拱券小室的天花镶嵌着闪烁的珐琅玻璃马赛克，给空间增加了天堂般的光彩。混凝土拱券华盖和下沉地面使墓穴像眼睛形状的取景器。由于它坐落在L型地块的转角处并与地块的两翼成45°角，因而获得了墓园的全景视角。人在拱顶下面，视线可以看到升起的地台上人的活动、远处的门楼、冥想水亭、布莱恩家族成员的墓穴及礼拜堂等。死者所希望看到的景象被精心固化在建筑师设计的视觉装置中，通过生者的眼睛、体悟，实现了对死者的纪念（图11）。

从礼拜堂往里走，下沉的小径把观者引向布莱恩家族成员的墓穴，墓穴紧靠布莱恩墓园的围墙，其屋顶直接从倾斜的混凝土墙往上延伸，从远处看像旋转的混凝土长方体悬挑在草坪的上方。墓穴的开口高度只有1.6m，因此人必须弯腰才能进入这个类似洞穴的空间。到墓穴内与死者的相聚是通过人们的知觉动能

和情感图像实现的，如行走、弯腰、进入、色彩、阴影和光。天光从墓穴倾斜的坡屋顶上狭长的空隙透入，在黑色大理石墙面的烘托下，渲染出石窟般的氛围。旋转的混凝土长方体前方悬挑的坡屋顶庇护着布莱恩家族成员的墓地。屋顶和地坪没有接触，因此形成了一条狭长而扁平的间隙。透过间隙，布莱恩夫妇的墓穴在不远处相互呼应，前面青葱的草坪和礼拜堂池塘的睡莲也被纳入到框内。类似于日本传统建筑的障子纸糊面板，限制人从室内观看外部园林的视域，这个取景器般的间隙过滤了外部多余的繁杂，让内部空间安静而平和。

生者和死者场所之间除了广阔的草坪外，还有大片的水面断断续续地出现在墓园的不同区域，象征着生与死之间不可知的间隙。由于水面不能被身体占有或者穿越，其便止住了身体的运动趋势，观者连续运动的空间知觉动能图示被放缓，空间体验被精神图示取而代之。换句话说，观者的空间认知被迫从肌肉动觉向精神图示转化。透明的水和水下复杂的石头构造渲染了不可知的、难以捉摸的气质（图12）。正如达尔可（Francesco Dal Co）所说"石头和与之重叠的水在东方艺术中是一种象征，代表神秘生命的涌现。这个神秘的现象在布莱恩墓园中不断勾起人们的想象"[2]。柏树林墓地被水池分隔于墓园的最西端，作为当地牧师的墓地。进入林地的唯一途径是以对角线方向穿过礼拜堂，再越过横在水面上的一座隐喻的桥。这座桥由一系列的混凝土板条构成，参差不齐地插在水中，与水面相平。死亡的概念被建筑师天才般地注入沉在水下石条的形式中。石条深深扎根于水底，在水中铸造锯齿状的形式，呈现死者所在的迷宫般的世界，这个世界晶莹可见，并被透明的清水所保护着。生与死的界面被建立在观者对水与石的象征意义的冥想之中。这个超出观者认知范畴的情境画面终止了人的知觉动能的图示，向精神图示转化去阅读这个不可知的世界。从这个角度说，水的运用把我们的空间经验从身体的运动转化为精神阅读，并提供了观察神秘地下空间（死者的场所）的考古学视角。

冥想水亭是死者灵魂冥想的场所，生者和死者世界之间不可见的转换被通过空间的设计变为可见。从入口门楼顺着走廊向

南走，尽头处是由玻璃门做成的水闸，冥想水亭在门的另一侧。开启闸门需把其向下压入地面下的井筒；反之，在一组由滑轮和秤锤的机械装置的协助下升起以此关闭。透明的隔断以及一系列复杂的操作让生死之间的界面被物化，这个界面通过视觉的和知觉的运动得以建构。通过仪式性的装置，向死者空间的进入过程，水从地下的管道被抽向冥想池塘，混凝土外立面上运动着的滑轮装置也把这个转换过程从外部视觉化（图13）。在冥想池塘前离地坪30cm高的地方横着一条细细钢丝，钢丝把池塘前的草坪限定为神圣的场所，轻得几乎不可见的障碍设置体现这个空间是精神和灵魂的场所（图14）。

▌图14 限定场所的钢丝
▌图15 斯卡帕设计时的构想：人在不同姿势和方向的观景图（斯卡帕草图）
▌图16 在水亭顶部朝北方向的双拱取景器

在斯卡帕设计冥想水亭的草图中，一系列他勾画的人体所投射出的远景暗示了这些视角的重要性。在亭子草图中有3个相互重叠的人体：一个站着向北眺望；一个望着同样的方向却坐在混凝土石凳上；一个站着但向西望（图15）。水亭由4根不对称的细柱支撑，木屋顶的裙边由一圈深色的钢板界定，钢板底边距离地面约1.6m高，正是人的平视高度。在面向北方的裙边中央开了一个槽，槽的下方是一个双拱取景器（图16）。当观者站在水亭中央透过取景器向外观看时，视线正对布莱恩夫妇的墓穴，前景是广阔的草坪，背景是维纳托的山丘和教堂。如他所言，"……这亭子是为我自己做的。我经常去那里冥想……这是我唯一一个自己经常回来看看的作品"[7]。

墓园的空间让人们体悟到生与死的共存状态。斯卡帕为死者设计了很多观看景色和人们活动的视点和装置；他鼓励人们在纪念死者的过程中能探索并发现这些视点并以此作为和死者相逢的仪式。当人们占据了这些视点开始观察周边的景观和人的活动时，自身的体悟就已经暗含了想象中死者的所观和所想，生者和死者共享着此时此地的情感、记忆和想象。由此，对死者的纪念和哀思在思想的交流及共享中得以实现。

4.结语

空间的精神体验是斯卡帕建筑理念的核心。他不依靠线性透视，创造出类似于蒙太奇式的空间构成，即把异质的片断整合到离散的组织中。对斯卡帕而言，建筑是情境的空间，是局部体现出整体的精神装置。局部的片断为近距离凝视提供了基础，为此，人们的情感、想象、记忆在空间经验中被激发出来。斯卡帕把连续的知觉运动空间经验切分成离散的片断，并通过非理性的空间间隙重新组合以求获得情境和体悟的更多诉求。片段的意义

一直深存于斯卡帕的追寻中。观看的方式决定了人们如何感知空间，而空间经验中稍瞬即逝和永恒的诗意就处于那些幽思的片段中。他尝试营造空间体验的微妙、复杂和易变，这些丰富性在人们不断转换视角、移动、和光的视觉互动，以及在空间中的凝视中获得。从这个意义上讲，斯卡帕的建筑把他的观看方式、想象和思考融入空间的片段、路径和细节中，其呈现的开放性和包容性将具有一种变化的能力，具有发展其他空间形式和意义的动机，甚至穿越各种可能的多样性。

注释

1) 在拉丁语系中，这个符号的字面意思是"鱼鳔"，即鱼身体内控制游泳和沉浮的气泡；在基督教的文化传统中，这个符号也经常被用到，在约翰福音中被称为"鱼的尺寸"；另外，毕达哥拉斯学派认为这是一个神圣的符号，因为它的宽高比是265:153，是3的平方根；在中国文化中，它也有"双喜"的意思，会结合中国文字被用在婚礼上141318；而在印度，这个符号被称为"曼多拉"（Mandorla，圣像画中人体周围放射出来的柔和的光），同时也出现在美索不达米亚、非洲和亚洲的文明中。

参考文献

[1] Scarpa Carlo. The Other City: The Architect's Working Method as Shown by the Brion Cemetery in San Vito d'Altivole[M]. Peter Nover, eds. Berlin: Ernst&Sohn. 1989(1976): 17—18.

[2] Dal Co Francesco. The Architecture of Carlo Scarpa[M]// Francesco Dal Co, Giuseppe Mazzariol. Carlo Scarpa: The Complete Works. Hong Kong: Electa/The Architectural Press, 1986: 24—69.

[3] Tafuri Manfredo. Carlo Scarpa and Italian Architecture[M]//Francesco Dal Co, Giuseppe. Mazzariol. Carlo Scarpa: The Complete Works. Hong Kong: Electa/The Architectural Press. 1986: 72—95.

[4] Frampton Kenneth. Studies in Tectonic Culture: the Poetics of Construction in Nineteenth and Twentieth Century Architecture [M]. London: MIT Press, 1996.

[5] Dodds George. Desiring Landscapes/ Landscapes of Desire: Scopic and Somatic in the Brion Sanctuary[M]//George Dodds, Robert Tavernor. Body and Building. Cambridge MA&London: MIT Press, 2002: 238—257.

[6] ScarpaCarlo. AThousandCypresses[M]// FrancescoDalCo, GiuseppeMazzariol. Carlo Scarpa: TheCompleteWorks. HongKong: Electa/TheArchitecturalPress. 1986(1978): 286—287.

[7] Scarpa Carlo. Carlo Scarpa: UneFa° on d'Enseigner, and La tombe de Monsieur Brion:Kann Architecktur Poesie[J]. trans. and anno. F. Semi. Architecture Mouvement Continuity 50, 1979(12): 21—27, 49—54.

图片来源

图1、图3：底图来自参考文献[4]，分析图由作者绘制。
图11、图13、图15：SaitoYutaka. CarloScarpa [M]. Armsterdan: TOTOLtd, 1997.
其余图片均由作者提供。

作者简介：

伍端，广州美术学院建筑艺术设计学院

建筑艺术论文摘要

圣彼得堡的建筑艺术及影响

【作者】刘波　张磊

【摘要】2015年俄罗斯·中国艺术节在圣彼得堡成功举行，这座素以建筑精美而闻名的俄罗斯城市再次聚焦了国人们的目光。经过实地考察该城之后，深入分析圣彼得堡的建筑风格、艺术表现形式、宗教建筑、桥梁建筑，进而总结得出：地标性建筑艺术的影响力、老建筑艺术的新生力、建筑艺术的文化传承力、建筑艺术对城市环境的保护力。

原载《安徽建筑大学学报》，2016年01期

哈尔滨"中华巴洛克"建筑艺术赏析

【作者】雷帅　冯娜

【摘要】哈尔滨道外区"中华巴洛克"建筑群落，是近代以来中西方文化交融的典型代表，是中国人民智慧的结晶。其独特的创造性及历史渊源，决定了其美学价值、历史价值、建筑艺术价值，在人类历史上独树一帜。本文立足于社会实践调查，结合该建筑群落形成的历史渊源，对其独特的建筑艺术进行赏析。

原载《中外建筑》，2016年08期

两种如画美学观念与园林

【作者】管少平　朱钟炎

【摘要】论述中国"如画"与英国"如画"(Picturesque)两种美学观念，由于产生的历史文化背景及类比的"画"不同，二者在审美价值追求上有着根本差异；表现在园林上，"如画"重在自然精神下的契道畅神，"Picturesque"强调视觉艺术形式引发的想象之愉悦；揭示两种"如画"观念对当今园林景观规划设计仍具有方法论上的启示意义。

原载《建筑学报》，2016年04期

中国城市设计发展和建筑师的专业地位

【作者】王建国

【摘要】通过辨析城市设计的基本内涵，揭示了中国快速城市化进程中存在的问题及其症结之所在，阐述了城市设计对于塑造良好城市人居环境不可替代的专业作用；总结凝练了城市设计历史发展的4种范型，剖析了中国城市设计工程实践的常见类型；并就建筑师在城市设计中的地位进行了总结性阐述。指出相比城市规划师，建筑师更加具有城市空间组织和场所营造的艺术想象和设计创新能力，在概念性城市设计和项目实施性城市设计中可以发挥重要作用，最后就中国建筑师参与城市设计提出了5点建议。

原载《建筑学报》，2016年07期

立体主义建筑在捷克波西米亚地区的实践

【作者】陈擎　许昊皓　凌心澄　杜吕远方

【摘要】将立体主义艺术的思想直接运用到建筑创作实践，只在20世纪初的很小的范围和很短的时间内出现过。捷克共和国的波西米亚是其中最具代表性的地区，也仅仅在这一地区发现了保存完整和成熟的立体主义建筑作品。波西米亚先锋建筑师的这些实践活动时间虽短，在捷克乃至欧洲的现代主义建筑史上却占有重要的地位，在完整性与连续性、建筑材料与形式的创新，以及多面性的造型语汇上呈现出鲜明的特点。从历史的视角对这一批立体主义建筑作品进行系统的梳理，阐述其产生、发展以至消亡的历史过程，并批判性地评价其在建筑史上的贡献与局限性。

原载《新建筑》，2016年05期

建筑技术的边界与危机

【作者】李憬君

【摘要】两年前，在加州大学洛杉矶分校建筑系的开放日(UCLA AUD Open House)，尼尔·德纳里(Neil Denari)说道："终期汇报开始前，我会走进评图区去问年轻教师，你们做的是什么？如果回答是'我也不太确定'，这往往是个好兆头。"这段不经意的调侃描绘了建筑艺术学院对教育与实践的开放观念：探索建筑设计的边界(Cutting Boundary)。

原载《时代建筑》，2017年01期

重读德里达影响下的解构建筑

【作者】于泽　王又佳

【摘要】法国哲学家雅克·德里达开创的解构主义思想影响了文学、艺术等多个领域，而尤以在文学和建筑等领域的影响最为广泛和深远。该文探讨德里达的解构哲学思想与建筑的结合及其诸多表现，追溯巴黎拉维莱特公园的设计构思及对解构建筑的深远影响，将德里达与埃森曼和屈米等建筑师的合作具体化。德里达引领了建筑走向解构的时代，打开了建筑师创作的崭新空间，重新解读德里达的解构思想，对建筑空间、建筑审美走向多元化和通俗化具有重要的指导意义，同时能帮助人们更好地理解当今建筑。

原载《华中建筑》，2016年05期

2014世界建筑节获奖建筑中的绿色建筑及其技术

【作者】陈林冰　张三明

【摘要】2014年世界建筑节在新加坡举行，在19个建成获奖建筑中，有2个较突出的绿色建筑项目。这两个项目所使用的绿色技术各具特点，澳大利亚教会大楼使用生物质能达到零碳排放，新加坡体育中心采用节能空调系统和太阳能光伏系统，通过使用太阳能也达到了零碳排放。这些建筑是绿色建筑中的杰出者，可以反映出世界

上绿色建筑的发展现状和趋势，作为我国绿色建筑设计的借鉴。

原载《华中建筑》，2016年03期

基于平民体育思想的大型冰上运动中心的适从与嬗变——第13届全国冬运会新疆冰上运动中心建筑创作研究

【作者】陆诗亮　梁斌

【摘要】新疆冰上运动中心位于新疆维吾尔自治区乌鲁木齐市水西沟镇，第13届全国冬运会冰上项目比赛于2016年在这里成功举行。项目用地面积36.68hm²，总建筑面积76200m²，由速滑馆、冰球馆、冰壶馆、媒体中心及组委会、餐厅、宿舍、动力中心、制冷站、换热站、变电所等建筑组成。运动中心基于地域独有的气候地理条件，力图打造世界级的亚高原冰上竞赛场地及训练基地。

原载《建筑学报》，2017年06期

面向实施的超大城市体育专项规划方法研究——以上海为例

【作者】邹玉

【摘要】随着我国体育发展重点由竞技体育转向群众体育，侧重于独立占地的大中型体育场馆规划布局的既有体育专项规划的编制已经不能适应体育设施多系统建设管理的特点和设施综合设置的趋势。这种特点和趋势在土地资源稀缺的超大城市中尤为明显。我国长期以来存在着公共体育设施管理建设打架、规划实施性差等问题。探索超大城市体育专项规划在规划编制体系、规划内容、指标体系、平台建设等方面的规划方法，提高超大城市体育专项规划的科学性和实施性。

原载《上海城市规划》，2016年04期

客观与主观建成环境对老年人不同体力活动影响机制研究——以南京为例

【作者】冯建喜　黄旭　汤爽爽

【摘要】缺少体力活动是世界范围内健康面临的主要挑战，如何鼓励居民参加体育活动吸引了研究者、实践者以及政策制定者共同的关注。已有的研究存在主观建成环境VS客观建成环境、交通体力活动VS休闲体力活动、社区尺度VS街道尺度三大二元对立。基于"南京市老年人生活质量调查"，尝试部分回应以上三大二元对立问题。研究发现，休闲体力活动受到更多因素的影响，比交通体力活动更难拟合和预测，但建成环境对休闲体力活动的影响更大。客观建成环境中，与公共交通的连接性对两类体力活动均有显著影响。可达性则显示了不同的影响效果：休闲娱乐设施对休闲体力活动的影响较大，而一般设施的可达性对交通体力活动影响更为显著。路径环境相关的因素以及主观建成环境对休闲性体力活动的影响更甚。研究以期为对老年人体力活动和健康的主动干预提供政策依据。

原载《上海城市规划》，2017年03期

曼彻斯特的休姆：一个受社会排斥街区的复兴

【作者】德尔顿·杰克逊　迈克尔·克里利　易鑫　邱芳

【摘要】曼彻斯特的休姆是欧洲工业革命、城市化和现代主义试验的发源地。文章对早期工业化时代存在的缺陷、现代主义时期为弱势群体修建大型居住区所暴露的严重城市问题进行了总结。休姆在当代创意文化和艺术领域具有重要地位，近年来的城市更新强调与当地居民的沟通，采取各种措施发展新的社区开发技巧，鼓励社区实现差异化发展，重视培育居民对当地的认同感。借助新城市主义的理念，通过专业人士与公众合作，提升环境的质量和可持续性。

原载《国际城市规划》，2016年02期

厦门城市景观风貌塑造的规划管控方法研究

【作者】林振福

【摘要】从厦门市的城市景观风貌现状着手，分析了厦门市的城市景观风貌特征：山水交融、城景相依；自然文化、相辅相成；传承发展、新旧得宜，并采用案例分析提炼的方法，从厦门城市景观风貌建设的山水格局研究、生态控制线划定、景观控制规划、法规建设、土地出让等实例研究中，总结出厦门市在城市景观风貌塑造过程中的规划管控方法具体包括，从山水大格局着眼、从荣观各要素着力、从地块招拍挂着手和从管理制度上保障几个方面，归纳总结出城市景观风貌塑造过程中"规划目标思路的连续性、项目全程管控的科学性、效果检讨修正的制度化"三个主要规划管控经验，并就厦门市在景观风貌塑造中还存在的忽视观景系统建构、公共空间与公共设施的结合度不足难以突出海湾特征等问题提醒。

原载《城市规划学刊》，2016年06期

特色活力区建设——城市更新的一个重要策略

【作者】卢济威　王一

【摘要】城市更新是城市化达到较高水平后城市发展的主要方式，而特色活力区的建构是城市更新的一个重要的策略。在梳理20世纪50年代以来欧美城市更新理念和实践演进的基础上，提出了特色活力区的思想基础是基于社会学意义的城市微单元。以此为出发点，从功能交混、步行友好、公共空间、公交可达、特色环境这五个方面对特色活力区的概念进行了深入阐述。进而结合对世界范围内大量实践案例的分析，总结了特色活力区的类型、规模和空间结构特征。结合上海北外滩城市设计这一设计实践，对特色活力区建构的设计策略进行了进一步探讨。

原载《城市规划学刊》，2016年06期

城市公共自行车使用活动的时空间特征研究——以杭州为例

【作者】刘冰　曹娟娟　周于杰　张涵双

【摘要】为考察公共自行车使用活动的时空间特征，首先提出了基于租赁点的若干使用特征指标，界定了时长势力商、租还潮汐比、桩位周转率等指标的概念及其计算方法。进一步利用杭州某一典型工作日的刷卡数据，通过数据挖掘技术，细粒度、全景式地测度了所有租赁点的使用特征，并对城市各类地域的使用状况进行了比较。研究发现，受空间布局和建成环境的影响，租赁点特征指标值存在明显的个体差异，总体上形成了"圈层式"的空间分异结构，即使用量大、潮汐性弱且周转率高的租赁点集中于中心区，而使用量小、潮汐性强和周转率低的租赁点多分布于主城区边缘和外围组团；非景区租赁点的使用时长普遍小于景区，但短时长使用比例并不高，表明公共自行车接驳作用有限。最后，针对租赁点使用冷热不均、绩效水平差异大、接驳功能弱等问题提出了相关建议。

原载《城市规划学刊》，2016年03期

美丽中国呼唤景观风貌管理立法

【作者】吕斌

【摘要】城乡的景观风貌即城乡的风采和面貌，是涉及国土自然环境、城乡历史传统、现代风情、精神文化、经济发展等的综合表征。景观风貌不仅包含了看得见的空间景观，如建筑形式、建筑色彩、山水格局、绿化，还蕴含着城乡的神韵气质、地方的市民精神、风俗习惯与科教文化。因此，我们应该认识到城乡的景观风貌是城乡特色的最主要体现之一，是城乡的软实力、竞争力。

原载《城市规划》，2016年01期

1994—2014年西方乡村研究：从乡村景观到乡村社会

【作者】赵永琪　田银生　陶伟

【摘要】城乡统筹与城乡协调发展已经成为当前我国新型城镇化的战略任务，乡村地区因此成为国内学术界普遍关注的焦点，城乡规划学科也迫切需要拓展对乡村的研究。乡村研究作为西方人文地理学研究的核心内容之一，经过近几十年的发展已增添了许多新的内容，研究也呈现出多样化的特点。为了更全面地把握乡村研究的脉络，本文从地理学与规划学科综合的视角出发，利用相关统计软件系统分析1994—2014年西方乡村研究的进展情况，并从乡村景观与生态、乡村发展与演变、乡村治理与乡村规划、乡村特殊人群研究、乡村社会问题等五个主要研究主题对相关内容进行梳理，最后通过比较指出中西方研究的差异，以期为国内乡村相关研究提供参考和借鉴。

原载《国际城市规划》，2017年01期

美国植物园的公众活动研究

【作者】赵晓龙　赵文茹　张波

【摘要】随着社会的发展，公众对植物园的需求不断变化，植物园从最初的药用植物园发展成为集科教、文化、娱乐、经济等功能于一体的城市公共服务设施。选取14个美国知名植物园作为研究对象，对植物园内公众活动进行归纳整理，将其分为教育类、体验类、艺术类和租赁类四大类，并对每一类活动的内容、与植物园环境的关系、对植物园概念的扩展、和公众的互动、活动收费情况等方面进行了分析。全方位的科普教育、近自然的活动体验、多领域的艺术交流、多渠道的资金来源是美国植物园公众活动的主要特点，这对中国的植物园建设有重要的启示作用。

原载《中国园林》，2016年01期

中国古典私家园林光影分析——以江南园林为例

【作者】陈宇　涂钧

【摘要】光作为现代景观中的重要元素，在景观设计中具有举足轻重的作用。除了日常照明之外，合理的光影变化可以获得变幻多姿的艺术美，从而实现许多令人惊叹的效果。早在中国古典私家园林中，造园师就对光影要素进行深度的挖掘和再利用，实现了许多令人意想不到的高雅艺术效果和唯美意境。现从空间关系、修饰手法、人文意境三个方面对中国古典私家园林中的光影艺术进行全面而深入的研究，希望能够概括中国古典私家园林光影的相关特点和艺术手法，从而得到对当今园林相关光影设计的启示。

原载《中国园林》，2016年06期

汉画像中道教神仙世界

【作者】刘振永

【摘要】道教的宗旨是神仙信仰，汉画中有大量与神仙世界相关的因素，其中包括仙人、仙药、升仙的工具和仙境的营造等。汉画中的神仙题材和道教升仙长生不老的根本主旨在汉画艺术中得到了完美交融，其终极追求是一致的。

原载《博物馆研究》，2016年03期

和田维吾尔族民居象征意义探析——非物质文化遗产保护的视角

【作者】亚力坤·吐松尼牙孜

【摘要】和田阿以旺民居是南疆维吾尔族物质文化的代表，而其建筑艺术所展现的精神内容和文化价值则使其具有了非物质文化遗产的重要地位。但长期以来，社会各界及政府部门没有认识到这类民居的价值，以至于对它的挖掘、保护和利用工作滞后。本文对阿以旺民居的非物质文化遗产的形态及性质作了初步的整理分析，认为阿以旺民居是可以媲美喀什高台民居的历史文化遗产，只要研究保护工作到位，就能在当地社会的可持续性发展中发挥良好作用。

原载《西北民族研究》，2017年04期

吉林满族建筑艺术与文化元素在城市景观中的设计表达

【作者】刘希

【摘要】随着我国城市化快速发展与大众生活水平品质提高，城市景观不再仅是景观设计师所重视的空间设计内容，更是与城市主体大众紧密相关，亦是城市地域文化与城市特色发展的集中表现。本文主要对吉林地区满族建筑艺术与文化元素在城市景观设计中的文化特色、表达方法及设计创新进行研究。作者通过对吉林满族"三雕"与"三府"艺术进行有效的合理性分析，研究吉林满族文化融入城市景观设计的可持续发展方法与途径。

原载《南方农机》，2017年23期

建筑艺术设计中的灰空间应用探讨

【作者】胡少杰

【摘要】"灰空间"的概念自被提出以来逐渐得到了广大建筑设计师们的重视，在建筑艺术设计中的应用越来越多，已然成为当前建筑设计发展中的一个重要方向。文章就灰空间的基本内涵和协调性、暧昧性等特性，从灰空间的视觉、功能、环境处理艺术出发探讨了灰空间如何更好地在建筑艺术设计中进行应用以及应用的意义。

原载《艺术与设计(理论)》，2017年01期

建筑艺术的自然采光与环境节能设计研究

【作者】张汉平

【摘要】自然光是唯一能使建筑艺术称之为艺术的光，白天的自然光具有极强的照明价值。人类在长期的探索中逐渐发现了自然光的特殊属性，并对其善加利用，将建筑艺术推向更高的高峰。文章从建筑艺术形式与自然采光之间的关系入手，分析了自然采光与建筑物体量、建筑平面、建筑剖面规划之间的内在联系，并就建筑艺术的自然采光与环境节能设计提出了一些看法。

原载《艺术教育》，2017年Z3期

芝加哥：散发着"万国神韵"的"世界建筑艺术博物馆"

【作者】沈黎明

【摘要】美国第三大城市芝加哥，以建筑优美闻名于世，在世界城市高层楼宇建设中有着不可或缺的地位，有"世界建筑艺术博物馆"之称，之所以有此盛誉，是因为1871年整座城市毁于一场意外大火后，芝加哥人在浴火重生的重建中，十分重视城市规划布局和楼宇房屋建造，先后聘请国内外许多著名规划师、建筑师，设计建造了一大批非常漂亮的高楼大厦，其中不乏当时世界顶级建筑设计师的经典之作。如今芝加哥经过100多年的精心打造，已经成为一座洋溢着建筑艺术之美的美丽之城、魅力之都。

原载《中外建筑》，2017年02期

道教宫观建筑装饰艺术

【作者】王春晖　刘璐

【摘要】道教作为中国传统文化中重要的组成部分，在建筑和文化中都有着不可磨灭的重要意义和价值。国内大地上处处开花的道教建筑、绚烂多姿的建筑装饰也是传统装饰艺术研究的肥沃土壤。文化在日常生活中的影响，反映在一些图案、纹样的产生上，这也折射出文化对人们生活的深刻影响。对这些图案纹样进行研究，就能探寻道教文化对道教建筑装饰的影响。

原载《四川建材》，2017年11期

以金溪县为例探析赣东地区门楼艺术

【作者】段亚鹏　张小妹　邱红霞

【摘要】介绍了门楼的含义，以金溪县赣东地区门楼为例，从屋顶形式、墙体轮廓、梁架结构三方面，探讨了该地区门楼的建筑艺术特征，并探讨了匾额与雕刻两种装饰艺术风格，对赣东地区传统民居的保护与建筑文化的延续有一定的意义。

原载《山西建筑》，2016年34期

一场轰轰烈烈的国际建筑运动的冲锋号与熄灯号——评《空间·时间·建筑》和《建筑学的理论和历史》两书

【作者】吴家琦

【摘要】现代建筑运动到了20世纪60年代似乎开始失去动力，因此必然出现对它的不同看法：一派是为它辩护的；另一派则是有着不同思想的人对它提出质疑。对现代建筑运动保持坚定信念的人会辩解说，人们质疑这场运动是因为对它的误解，运动本身在本质上是健康正确的。所有的这类思考以及最初的理论证明基本上都汇集在最后的第五版《空间·时间·建筑》这本书里面。而年轻一代的建筑师和历史学家强烈地感受到有必要对这场现代建筑运动进行重新思考，对于它的理论进行重新分析，塔夫里正是在这样的大环境下发表了自己的《建筑学理论和历史》这部著作，指出20世纪20年代先锋派大师们的理论中的几个根本上的缺陷。

原载《建筑师》，2017年04期

康奈尔大学米尔斯坦楼

【作者】黄华青

【摘要】米尔斯坦楼是康奈尔大学拥有逾100年历史的建筑艺术与规划学院的第一栋新校舍，位于纽约州伊萨卡。新建筑处在康奈尔大学艺术四方庭和落水溪峡谷之间，重新定义了校园的北入口。此前，建筑艺术与规划学院处于4座相互独立的建筑中，它们的建筑风格和功能迥异，却属于相似的建筑类型。米尔斯坦楼并不是一座独立的新楼，而是对现存教学楼的加建，以创造一座拥有室内外连通的延续空间的综合体。米尔斯坦楼为建筑艺术与规划学院增添了

4366m²(47000ft²)使用面积，包括急需的专教、展览、评图空间，以及一个253座的礼堂。

原载《世界建筑》，2017年08期

福州古田会馆的建筑艺术理念及其表征

【作者】杨琼　孙群　柯美红

【摘要】近代福州作为我国重要的商业贸易中心城市，集中出现了许多风格独特的会馆建筑。文章以福州古田会馆为例，试从建筑形态观念、空间与结构设计以及装饰艺术文化等三个方面进行深入分析，探寻古田会馆多元化建筑风貌背后蕴含的独到的建筑艺术理念，从而揭示会馆建筑开放性、灵活性和包容性的本质。

原载《艺术与设计（理论）》，2017年08期

浅谈剪纸艺术与我国现代建筑艺术在象征语言上的共通性

【作者】陆垠

【摘要】随着建筑美学与民俗美学之间的联系日益紧密，对"剪纸艺术"与"我国现代建筑艺术"的象征语言上的共通性进行比较研究，能丰富美学内容，并对象征设计有所启示。

原载《江苏建筑》，2017年02期

广州十三行历史街区巴洛克艺术保护探微

【作者】易振宗　杨宏烈

【摘要】十三行历史街区是广州"千年商都"重要的组成部分和宝贵的"海丝文化"旅游资源。从建筑细部到街道整体加以保护和复兴，展示集南粤巴洛克建筑艺术的街道界面之美、街道入口之美、街巷空间之美、节点之美、广场之美，为开展"一带一路"国际旅游交流活动，唤醒国人对广州世界名城文化景观的认同，具有卓绝的实践意义。

原载《城市建筑》，2017年26期

清代涿州行宫建筑艺术特色研究

【作者】马胜楠　朱蕾

【摘要】清朝以推崇传统儒家文化及怀柔边陲少数民族的治国方略绵延了近三百年历史。在此背景下，清帝巡幸成为重要的治国手段。行宫是帝王巡幸途中日常起居与理政的重要保障。涿州是清高宗乾隆帝多条巡幸路线上的必经之地，因此清廷在此兴建行宫。涿州行宫自建成以来数次作为皇帝南巡、西巡及谒泰陵的驻跸之所。其"前宫后苑""宫苑结合"的建筑布局，多角度扩大空间感的构思以及对区域文化内涵的利用，以小见大，反映了紧凑型宫殿扩展空间的经营特色。

原载《中国文化遗产》，2017年06期

20世纪早期喜龙仁在中国建筑考察的回顾

【作者】刘临安　杜彬

【摘要】瑞典著名艺术史学家奥斯瓦尔德·喜龙仁（Osvald Siren）先生在20世纪早期来到中国，出于对东方艺术的追求和中国艺术的挚爱，在中国的北京和其他城市旅行数千公里，用照相机记录了大量的城市和建筑，成为早年探索中国建筑艺术的外国先驱者之一。回国后出版了一系列关于中国建筑、园林、雕刻艺术的著作，成为国际上公认的研究中国艺术的权威。本文主要回顾性论述了喜龙仁先生当年在北京及其他城市进行的建筑考察活动以及他对中国建筑研究的重要贡献。

原载《建筑师》，2017年03期

白族民居园林建筑艺术的大观园——张家花园

【作者】刘清

【摘要】大理张家花园是2000年后新建的园林景点，为白族民居姓氏文化建筑的代表作，与江南园林坐北朝南不同，其方向为坐东朝西。园前有茶马古道，北穿叶榆古城即大理古城，呈六院一园之势，三横三纵走马转阁，庭院深深。园区占地5333.33m²，其中建筑面积4700m²，总投资8800万元，内设36间最具大理文化特色的民居客房。园中六院分别由彩云南现、海棠春雨、鹿鹤同春、西洋红院、瑞接三坊、四合惠风组成。

原载《园林》，2017年03期

中西建筑文化背景下的石库门建筑装饰探析

【作者】黄博文

【摘要】建筑文化是一个区域建筑的特有价值属性。北京的四合院、昆明的一颗印、湘西的吊脚楼等，无不体现该区域深层的文化特性及建筑特点。石库门建筑作为上海典型的地域性民居形式，是一种中西合璧的建筑文化形式，其建筑装饰艺术独具一格。本文通过对石库门建筑的装饰探究，以便更加立体地认识石库门建筑的装饰艺术的价值所在。

原载《城市建筑》，2017年20期

当代中国建筑艺术的危机与其他

【作者】顾孟潮

【摘要】大概是基于信息社会背景的特点，近年来出现了世界性研究语言的热潮，建筑艺术方面也不例外。据了解，相继出版的专论建筑语言的中外文书便有约翰·萨姆森的《古典建筑语言》，查尔斯·詹克斯的《后现代建筑语言》，布鲁诺·赛维的《现代建筑语言》，亚历山大·克里斯托芬的《模式语言》等，无论其篇幅大

小，都成为风靡世界、至今为人们瞩目的建筑理论著作。这一现象本身就值得我们重视和思考。

原载《建筑》，2016年12期

燕坊古村空间形态及其建筑艺术研究

【作者】汤移平 王彦

【摘要】古村落是传统文化、民俗风情、建筑艺术的真实写照，它反映了不同历史时期的文化和社会发展的脉络，是一项珍贵的历史文化遗产。本文综合分析了燕坊古村源远流长的历史，通过对其依山就势的村落形态和纵横错落的街巷格局进行阐述，展现了古村独特的空间形态。文章最后详细探讨了古村宗族祠堂、传统民居，以及入口门坊的建筑艺术特征。

原载《建筑与文化》，2016年09期

建筑艺术与建筑结构的互动关系研究

【作者】刘宏川

【摘要】自从我们国家加入世界贸易组织以来，我国人民在精神生活以及物质生活方面的要求愈来愈高，人们对于房屋建筑结构以及建筑美学感受方面的要求也愈来愈高。本篇文章从以上方面出发，讨论和分析了古往今来国内国外的房屋建筑结构以及建筑造型方面的突出之处，并分析研究了房屋建筑结构和建筑美学艺术之间千丝万缕的联系。

原载《建筑知识》，2016年11期

桐庐深澳村古宗祠概述及其楹联解读

【作者】樊泽怡 丁继军

【摘要】宗祠作为古代民间公共建筑的重要类型，是中国封建制度下宗族发展的缩影和代表性建筑，反映了整个村落的发展史，具有极高的历史价值和研究价值。但宗祠也面临着被破坏的困境。本文通过对桐庐深澳村申屠宗祠的考察、分析和研究，解读宗祠的建筑艺术与楹联文化，为今后的研究提供基础素材，提升大众对宗祠建筑文化的认识及保护意识。

原载《现代装饰（理论）》，2016年08期

论湘西侗族传统建筑风格及其保护

【作者】蒋卫平

【摘要】文章从湘西侗族建筑文化遗产的形成和发展出发，论述了该建筑形态的营造特色及相关特征，结合当下侗族建筑保护中出现的问题和困境，对其在未来的保护和发展提出了几点建议：加强传统建筑人才的保护和培养，为侗族建筑艺术的传承提供后备力量，

将传统建筑文化与现代化建筑手段相结合，为人们提供便利舒服的生活环境，将旅游业发展与整体规划相结合，促进对该建筑形态的保护和利用。

原载《艺术百家》，2016年03期

东岳庙建筑规制与东岳信仰——以蒲县东岳庙为例

【作者】王春波

【摘要】山西蒲县东岳庙是目前我国现存早期东岳庙中，建筑布局保存最完整、彩塑壁画等附属文物最丰富的东岳庙；庙内保存完整的元、明、清三代彩塑数量之多，堪称古代东岳文化雕塑博物馆，也是现存体现东岳信仰与东岳文化最为形象生动、最具地方建筑艺术特色的东岳庙之一，是研究东岳信仰与文化的典型实例。

原载《文物世界》，2016年02期

民国建筑师的建筑艺术与实践研究——以著名建筑师庄俊为例

【作者】胡迪帆

【摘要】1840年的鸦片战争使得西方的科技、文化、教育等来到中国，西方建筑体系对中国产生了前所未有的巨大影响。著名建筑师庄俊是我国第一位接受西方建筑教育的建筑师，他主要秉承西方古典风格与装饰艺术风格，还受中国思想影响，设计讲究因地制宜，注重周围环境对基地的影响，中西交融。

原载《建筑与文化》，2016年09期

循化撒拉族明清时期伊斯兰建筑装饰艺术

【作者】宋卫哲

【摘要】伊斯兰建筑是世界三大建筑体系之一，青海地区的伊斯兰建筑主要是以清真寺为主的宗教建筑。撒拉族是我国人口数量较少的民族，主要聚居在青海省海东市循化县。循化境内有大小清真寺一百余座，除街子大寺外，其他皆为廊檐式风格，还有三十余座"拱北"，风格各异。在此地的撒拉族伊斯兰建筑带有与其他民族居住文化融合的特征。

原载《美术观察》，2016年06期

汉唐建筑风格在福州地区运用可能性分析——以林森纪念馆等建筑为例

【作者】魏景城

【摘要】从林森纪念馆建筑方案设计师的创作意图出发，通过探寻隐藏在方案里的秘密，回想我国汉唐建筑风格以及福州建筑风格的由来，梳理出二者的内在逻辑关系，从而推导出汉唐建筑风格在福州地区运用的可能性。

原载《福建建筑》，2017年06期

解构主义视角下"新艺术运动"建筑形态语言的重构研究——以哈尔滨建筑为例

【作者】倪鑫 陆津

【摘要】新艺术运动建筑的装饰元素中尚有很多经典的造型案例至今仍然令人着迷，这正是新艺术运动建筑风格永恒魅力的所在，是人们今天仍然对其欣赏有加的原因，也是本项研究渴望继承和发展的内容。本文将以解构主义的全新视角去重新审视"新艺术"运动建筑风格，对其进行解构和重构。

原载《美术大观》，2017年06期

广州近代医院建筑发展研究初探

【作者】张春阳 孙冰

【摘要】广州近代西式医院肇始于国外教会的医务传道，在西方医学思想影响下，于广州本土发展壮大。文章梳理了广州近代医院建筑的发展历程，通过多个案例分析，探讨近代广州医院建筑的总体布局、建筑形态、医疗用房和建筑风格变化等特征。

原载《南方建筑》，2017年01期

中国近代火车站之天津西站研究

【作者】贾梦涵 欧阳玉歆 薛林平

【摘要】铁路的建设与发展在中国近代史中占据着极其重要的地位，火车站房建筑也随之成为近代中国的重要公共建筑类型之一。本文的研究对象——天津西站，不仅因其独特的建设背景在当时呈现出别具一格的建筑风采，其中西融合、复杂多样的建筑设计语言更使其在百年之后仍以饱含文化韵味的建筑姿态吸引众多学者去探索、研究。文章从西站的建设背景——津浦铁路入手，通过整理分析史实资料，梳理其历史发展脉络，同时结合19世纪末20世纪初的欧洲建筑变革情况，对天津西站主楼的平立面、建筑细部设计、建筑风格、社会影响进行解析。

原载《建筑师》，2017年05期

"满洲弘报协会"大楼旧址建筑风格研究

【作者】李之吉 姜金剑

【摘要】"满洲弘报协会"大楼是长春历史建筑发展的见证者，是长春在20世纪30年代后期的标志性建筑之一。分析研究"满洲弘报协会"大楼旧址的建筑风格，可以初步认识到"满铁长春附属地"历史建筑发展的概况，对总结伪满风格建筑思想在中国东北的近代发展历程具有一定的意义。

原载《四川建材》，2017年10期

鼓浪屿百年建筑风格流变及其背后的文化意义

【作者】钱毅

【摘要】19世纪中叶到20世纪中叶的百年间，鼓浪屿建筑的发展历程及建筑风格流变，反映了当地本土传统和西方建筑风格、建筑技术、建筑文化及价值观之间广泛而深入的交流，并且从多元文化交流的土壤中生发出具有强烈本土建筑文化特征的近代华侨洋楼建筑，以"厦门装饰风格"为其典型代表。而鼓浪屿本土化近代建筑发育形成并表现出强烈活力的历史进程，也是在19世纪末到20世纪中期世界建筑近代化进程的国际化大潮中，本土建筑文化如何存留，并且有机地融入本地近代建筑的发展，进而焕发新生命力的生动实例。

原载《中国文化遗产》，2017年04期

南通现代建筑屋顶形式的地域性表达与分析

【作者】陈婷婷 倪鑫霞

【摘要】南通作为具有独特地域性特色的近代建筑集聚地，现代建筑屋顶形式的设计多吸收了近代建筑的风格和元素，呈现出较为独特的现代建筑群体风貌。文章在对南通核心区周边建筑调研的基础上，分析了其屋顶形式的地域性表达手法，并指出其存在的主要问题。

原载《四川建筑》，2017年03期

茂旦洋行与美国康州卢弥斯学校规划及建筑设计

【作者】刘亦师

【摘要】根据一手资料考察茂旦洋行完成的第一个重要项目，即位于康涅狄克州的卢弥斯学校校园建设，分析其校园规划及建筑特征，从空间格局、规划内容和建筑形制等方面研究其对墨菲之后在中国的校园设计的影响，并补充关于墨菲的合伙人丹纳的若干史实。以之为例，将中国近代建筑史的研究对象扩展到中国疆域以外的地区，从梳理思想和观念的传播和演变入手，在更大范围上勾勒我国近代建筑发展的轨迹。

原载《建筑师》，2017年03期

滇西合院式民居建造风格与艺术初探——以云南省临沧市斗阁村传统民居为例

【作者】吕子璇

【摘要】滇西合院式民居是中国西南地区的典型性建筑群，汉族文化在云南的传播过程在很大程度上影响了合院式民居在云南的发展，也是滇西传统建造技术逐渐进步，在吸取汉族优秀文化乃至建筑技术的同时，日益走向成熟。但是，目前对该类型的建筑风格与艺术特点研究不多。该文以斗阁村传统乡土民居为例，在建筑实地测绘基础上，从古村概况、村落格局、建造技术、斗阁村传统合院式民居的类型与测绘实例等方面对滇西合院式民居进行描述与分析，进而从合院式民居在斗阁村的展现形式中剖析出滇西合院式民居建筑发展的规律以及建造特点与艺术风格。

原载《华中建筑》，2017年07期

美国图森市历史街区的保护

【作者】黄川壑　董璁

【摘要】图森市位于美国亚利桑那州南部，具有百余年的悠久历史，城市中建筑风格体现了当时西班牙、墨西哥及维多利亚等多种风格。图森市市中心在20世纪城市更新中几乎被推倒后重建，但其历史性居民区得以幸免因而成为历史保护的重点。自国民信托成立以来，历史保护法案逐步建立起完善的开发标准和建筑审查制度来平衡历史保护和更新。立足于这一案例，从历史街区风貌的整体保护，到历史建筑的节能改造，再到区域环境的三个层次系统地分析了图森市历史保护的发展脉络；对保护体系、保护对象选择的标准、保护视野三个方面的特点进行剖析。最后总结出图森市历史保护对我国相关实践提供的借鉴意义。

原载《工业建筑》，2017年03期

地域文化理念下葡萄酒酒庄的设计风格研究

【作者】李梅　周亚鹏　李恒

【摘要】我国葡萄酒消费需求不断增加的同时也带动了葡萄酒酒庄的飞速发展。现代酒庄是集种植、酿酒、储藏、展示、销售、旅游等多功能为一体的综合型建筑群。快速催生下的中国葡萄酒酒庄的设计风格过度迎合市场，突显了地域文化风格丧失、酒庄建设品质偏低、缺少控制规划引导等问题。从地域文化理念角度提出酒庄设计过程中通过利用当地的地形、地貌和气候自然条件，运用地方性材料、能源及建造技术，借用传统文化和地域建筑形式中的成就，采用当地人文因素与景观因素结合的方法设计出具有地域特色葡萄酒酒庄的设计对策。

原载《长春工程学院学报(自然科学版)》，2017年04期

从类型学到拓扑学：社会、空间及结构

【作者】帕特里克·舒马赫　郑蕾

【摘要】指出关于结构工程学的本体论和方法论正经历着从类型学向拓扑学的转变，据此点明转变意味着相应的工程实践发展方向将被重新定义。在算法革命未出现的前现代时期，工程科学无法通过计算来验证，但随着结构工程学的创新，新设计范式带来了更加差异化和综合性的解决方案。为适应当代建筑设计要求，需更高程度的可变性来应对更为复杂的社会挑战，着重强调这种新的多功能性的表现潜力。最后说明了新的拓扑结构范式如何应用于建构表现的这种新风格中。

原载《建筑学报》，2017年11期

老汉口跑马场调查纪实——以西商跑马场为例

【作者】李翔　李钫

【摘要】该文通过对老汉口各跑马场的调查，理清其脉络与发展，并以西商跑马场为例，探究它在建筑、规划方面的一些特点。西商跑马场是特殊时代的产物，设计几乎采用全西式风格，同时考虑到武汉的气候特征，局部融入中式建筑构造，对当地砖、木材料加以运用，在建筑风格、布局设计、建筑材料与工艺等方面对同时期的建筑水平有较大的推进作用。跑马场建筑随时间的迁移，其功能不复存在，而其独特的风貌是历史不可或缺的片段，因此应加大保护力度，以保留城市的完整记忆。

原载《华中建筑》，2017年01期

鼓浪屿建筑窗饰和地缘文化分析

【作者】吴世丹

【摘要】以鼓浪屿历史文化为背景，基于岛上现有建筑的实地考察及相关资料的查阅、考证，以微观角度入手，从窗户的造型、结构、装饰符号以及文化内涵等几个方面剖析鼓浪屿窗式多样化的特征，挖掘其形式渊源及历史成因。由此，反映鼓浪屿殖民化时期的建筑风格、表现形式及设计理念。对人们认识和理解鼓浪屿建筑及其构件、研究和比较与之类似区域的外来建筑文化、学习其设计思想和建造理念有所帮助，对建筑设计师在相关风格的建筑设计中起到一定的参考和借鉴作用。

原载《福州大学学报(自然科学版)》，2016年05期

南宁江南公园景观建筑设计方法与实现

【作者】邢洪涛

【摘要】在全球一体化发展趋势下，地域建筑文化、建筑元素和地域特色的传统建筑风格在我国很多城市园林中渐渐消失。建筑创作要基于自然环境、地域民族文化进行创新，寻找和描绘出某一场所的形式特征，从而达到既具有地域风格特点又能体现与时代环境协调统一。因此，把地域性建筑通过创新组合与中国传统造园手法相融合创新，达到景观艺术所追求的最高境界。

原载《湖南城市学院学报(自然科学版)》，2016年06期

广州大学城"大学小筑"园林景观规划设计

【作者】宁艳　邝充

【摘要】一、项目概况：1.项目位置：项目位于广州市番禺区广州大学城的南部，岭南印象园对面，占地2.07hm²，地理位置优越，环境优雅。2.设计主题：大学小筑高雅低调。3.设计原则：（1）地域性原则。由于地处岭南地区，设计上注重岭南的地域性，包括建筑风格、建筑材料及植物选择等方面；（2）文化性原则。岭南地区有着自身丰富的文化内涵，加上项目位于大学城里，文化氛围的融入尤为

重要；(3)生态性原则。设计考虑生态优先，植物运用，特别是乡土植物的运用使绿化效果得到更好的保证。

原载《广东园林》，2017年03期

鲁中地区天主教堂建筑及其营造理念研究

【作者】田林　邢晨燕

【摘要】天主教堂建筑是传入中国的重要西方建筑类型之一，19世纪后伴随着西方列强的入侵开始大量建造。建造地区不仅包括交通便捷、开放程度高的沿海城市，也逐渐深入到中国的内陆城市。而中国的大部分内陆城市的城市结构都较为封闭、传统文化底蕴深厚，西方外来建筑的建造困难重重。本文以鲁中地区为例，通过具体案例探讨天主教堂建筑是如何在中国内陆城市建造的，地方建造技术、传统文化又是如何影响其建造的，总结不同历史时期的本土化特征。以期为中国天主教堂建筑提供一些基础性资料，并以小见大，展现外来宗教建筑在中国内陆城市的建造历程及建造中的各种影响因素。

原载《古建园林技术》，2017年01期

浪漫主义建筑与哥特建筑的异同关系分析——以曼彻斯特市政厅为例

【作者】郭开慧　杨国霞

【摘要】文章通过文献分析法、案例考察等方式，从这两种思潮的背景、建筑平立面形制以及建筑装饰分析浪漫主义风格与哥特风格建筑的异同点，并探究两者的本质，为建筑历史以及建筑形制的研究提供依据。

原载《建筑与文化》，2017年09期

亨利·拉布鲁斯特与维奥莱·勒·迪克理论思想比较——19世纪法国两种理性主义理论体系对比研究

【作者】宫聪　胡长涓

【摘要】亨利·拉布鲁斯特与维奥莱·勒·迪克都是19世纪法国具有批判精神的理性主义建筑师和理论家。亨利·拉布鲁斯特在法国的两个图书馆与维奥·莱·勒迪克的《访谈录》是理解他们思想以及19世纪理性主义的重要文化遗产。亨利·拉布鲁斯特坚持建筑风格的统一，后来演变为巴黎美院的"构图"原则；维奥莱·勒·迪克与他的支持者则强调建构的理性原则，两者的理性主义既有共同点又有侧重点，从理性角度出发探析两者的差异对今天的建筑学仍具有教育意义。

原载《建筑师》，2017年02期

曲阜孔庙建筑石雕艺术的视觉审美解读及其美学思想探析

【作者】唐玮

【摘要】山东曲阜孔庙始建于公元前478年，经过历代修葺，其建筑规模形成于明，完成于清，建筑装饰特征总体符合明清精工繁复的特点，尤以石雕与建筑的契合，突出了建筑本体的视觉审美价值石雕艺术在建筑中的应用，在中国具有悠久的历史传统。曲阜孔庙是祭祀孔子的庙宇，具有中华民族传统的建筑风格，建筑风格体现了民族文化与建筑艺术的有机结合。在曲阜孔庙石雕艺术的风格特点上，做到了艺术与建筑的完美结合，这应归功于深受孔子儒家思想的影响，这同样也体现在装饰石雕艺术上。

原载《美术观察》，2017年11期

浅析新中式建筑产生的时代背景及呈现方式

【作者】袁小楼

【摘要】建筑是地方文化及社会生活的传承与载体，它存在的意义不仅仅是其本身具有的使用功能，还承载了一个地方的时代变迁，同时也体现着人们生活方式的转变。随着时代的发展与社会思想的进步，建筑风格也随之发生着变化，但仍然会受到中国传统建筑的影响。新中式建筑是现代与传统两者相互融合的产物，它不仅仅是对传统建筑元素的现代应用，更是对中国传统建筑的一种延续和发展。

原载《建材与装饰》，2017年03期

艾略特·哈沙德：一位美国建筑师在民国上海

【作者】梁庄艾伦　周慧琳

【摘要】美国建筑师艾略特·哈沙德是20世纪二三十年代活跃在上海的著名建筑师之一，他的作品风格迥异，变化多样，受到广泛尊敬。他所设计的不同风格的建筑成为上海这个万国建筑博览会的重要组成部分。虽然哈沙德被公认为是上海的重要外国建筑师之一，并广受业内及公众赞誉，但他在上海及中国其他城市设计的建筑却从未受到足够的重视。举例来说，他为上海设计了许多以美国本土建筑风格为原型的楼房，使得这座都市原本已具国际色彩的街景更加丰富多彩，但是这些楼房却没有被系统地介绍过。本文介绍了哈沙德在上海的职业生涯，并着重探讨他的建筑设计对上海城市景观所做的贡献。

原载《建筑师》，2017年03期

辽西清代寺庙建筑艺术特点及优势性研究——以喀左、凌源、建平为例

【作者】吕美　郝燕　孙东宇

【摘要】辽西地区自古就地理位置而言属于多民族融合的重要部分，其间清代寺庙建筑物遗迹众多，具有相当可观的文化及艺术研究价值，但境内这些寺庙遗存受保护程度参差不齐。本文以喀左、凌源、建平为例，实地调研这些区域的清代寺庙建筑遗存，整理相关信息，同时，对当地历史遗存的开发优势进行客观分析，希望以此推动辽西地区经济和旅游业的发展。

原载《美术大观》，2017年10期

规划思维指导下的建筑方案设计——以佘山大海鲨商业服务中心为例

【作者】张悦

【摘要】文章以规划思维指导建筑单体设计，在佘山大海鲨商业服务中心的设计过程中，以总体规划的决策指导建筑的业态定位，以区域内城市空间要素的关系指导建筑的空间形态布局，以风貌环境指导建筑的功能和风格设计，使建筑设计受到规划严密逻辑的引导、控制，协调了项目各利益主体间的矛盾。

原载《规划师》，2017年S1期

东南亚建筑室内设计风格特点探析

【作者】周耀 张卓

【摘要】基于对泰国、马来西亚、新加坡、印度尼西亚、越南5个具有代表性的东南亚国家的地理位置、历史背景、宗教影响与经济状况的视角，对其建筑室内设计风格特点进行分析探讨。阐述5国建筑室内设计理念，对5国的室内设计风格进行对比并借鉴别国的室内设计风格特点，以丰富我国室内设计理念。

原载《沈阳建筑大学学报(社会科学版)》，2017年03期

哈尔滨新艺术运动建筑研究

【作者】刘松茯 袁帅

【摘要】新艺术运动在19世纪末兴起于欧洲，并随着中东铁路的修筑由俄罗斯建筑师从欧洲传至中东铁路沿线城镇与哈尔滨，留下了大量新艺术运动建筑。本文详尽地介绍和分析了新艺术运动建筑在哈尔滨产生的历史根源及其独特的表现形态和旺盛的生命力，并认为这一思潮的出现，使哈尔滨成为近代中国最早接受西方现代建筑而具有厚重历史文化积淀的城市。

原载《建筑师》，2017年05期

中国近代早期开埠城市的文化交融——鼓浪屿与烟台山近代建筑的初步比较

【作者】陈筱

【摘要】围绕发展背景、选址特征、形态风貌和保留至今的典型近代建筑。文章将2017年成功入选《世界遗产名录》的福建省鼓浪屿与中国北方第一批开埠城市烟台的典型近代历史地段烟台山进行了比较，以期对认识鼓浪屿所反映的近代中国多元文化特征和价值有所裨益。

原载《遗产与保护研究》，2017年04期

丽江纳西族民居装饰元素与当代民居装饰设计

【作者】王菲

【摘要】丽江纳西族民居装饰元素多元，凭借其丰富多变的艺术表现形式，在我国众多民居建筑中，呈现出明显的纳西族风貌。装饰元素重点集中在门窗隔扇、照壁、山墙梁坊、照壁以及石件瓦等建筑构件上，演绎了精美、丰富、雅致与朴实的密切结合。同时，纳西族民居建筑业善于吸纳中原、白族、藏族等不同建筑风格的优势，在装饰设计上加以创新，彰显了深层次的文化底蕴。因此，在新时代纳西族民居建筑装饰设计中，也要融入纳西族装饰元素，提高设计水平。

原载《贵州民族研究》，2017年01期

徽州传统民居改造成民俗客栈的生存现状及发展探析

【作者】牛亚庆

【摘要】随着人们生活水平的提高和精神文明的进步，人们在旅游的时候更向往住在旅游区内极具地方特色的民俗客栈，在这种情形下，徽州地区作为全国旅游胜地，各种以传统民居改造为主线的民俗客栈应运而生。文章着眼于徽州传统民居与民俗客栈的融合改造，从民居改造的专业性、建筑风格的地域性、理性改造的重要性、现代技术的适宜性和设计风格的独创性五个方面进行简要论述，探讨如何在妥善保留徽州传统民居特色的前提下，将其理性地改造成为民俗客栈，使其不仅能够满足客栈的使用功能，更重要的是使老房子焕发新生，从而对徽州传统民居起到一定的保护作用。

原载《建筑与文化》，2017年02期

河北近代天主教堂建筑研究

【作者】李晓丹 杨明 王皓宇

【摘要】天主教堂作为近代以来西方建筑形式传入中国大陆的重要载体，对中国近代建筑的发展产生了很大影响。河北地区天主教自明末传入至中华人民共和国成立前，教堂建筑多以西方形制为蓝本，并发展出了多样化的风格。该文尝试从建筑学的角度，对河北地区现存近代天主教堂建筑的保存现状、艺术风格及建筑特征进行归纳梳理，总结近代以来天主教堂在河北地区的发展演变，以及呈现出的地域化和中西合璧的特征，进一步了解西方宗教建筑和中国传统建筑文化在河北地区的融合。

原载《华中建筑》，2017年03期

近代辽宁居住建筑的类型与特征探析

【作者】汝军红 李学锋 张九红

【摘要】结合近代辽宁居住建筑发展的自然、社会和人文因素，对近代辽宁地区的居住建筑进行了梳理和归类，总结了近代辽宁居住建筑的3种基本类型：地域传统式、中西结合式、西方移植式，厘清了近代辽宁居住建筑的形式特征，呈现了近代辽宁居住建筑的地域特点。

原载《沈阳建筑大学学报(社会科学版)》2017年01期

ArtDeco风格在住宅设计中的应用

【作者】孙睿珩

【摘要】近年来，Art Deco建筑风格广泛应用于城市住宅的设计中，由于这种建筑风格大气挺拔、细节精致，因此得到推崇和认可。本文以Art Deco风格住宅为研究对象，阐释Art Deco建筑风格的起源、发展及特征，探讨Art Deco风格在住宅设计中的应用。

原载《吉林建筑大学学报》，2016年06期

寒地既有公共建筑形态改造与城市设计对策

【作者】董旭　张姗姗　张欣宇

【摘要】我国既有公共建筑存量巨大，在经过较长时间的发展后，大多面临着改造再利用的迫切需求，而寒地既有公共建筑由于受到气候、技术的影响，出现了大量不恰当的改造现象。基于此，文章从历史文化与建筑、气候与建筑层面解析了寒地既有公共建筑的特质，并结合哈尔滨的建筑改造情况，从区域划分控制建筑风格、街区形态限定建筑体量、地域特色制约建筑表达三个层面提出了具有针对性的公共建筑形态改造设计策略，希望通过这些手段，推进寒地既有公共建筑的改造。

原载《规划师》，2016年10期

融入建筑实例评论的"设计导则"——浅析《喀什民族建筑设计导则》

【作者】顾孟潮

【摘要】有人说过，"我们的建筑丑陋，源于我们不知道自己丑陋。"这话提示我们：追求美要从审丑开始，从敢于正视自己的不足开始，才能逐渐地美起来。不能只顾选美和说好话，往往"有争议"比"一致同意"更为重要，其原因在于：这样更容易发现评析对象的不足而加以改进。

原载《建筑》，2016年24期

我国风土建筑的谱系构成及传承前景概观——基于体系化的标本保存与整体再生目标

【作者】常青

【摘要】面临众多风土建筑生存危机和去留抉择的现状，笔者认为直面挑战的第一步，是找到风土建筑认知和分类的有效途径。因而提出了以民族、民系的语族－语支（方言）为背景的风土建筑谱系划分方法，并尝试从"聚落形态""宅院类型""构架特征""装饰技艺"和"营造禁忌"等5个方面，探究各谱系分类的基质特征和分布规律等。文中对江南建筑的赣、徽、吴等3个谱系作了基质对比，追溯了"样式雷"家族的赣系匠作渊源。并在结语部分讨论了风土建筑谱系在传承中的标本保存和整体再生原则和策略问题。

原载《建筑学报》，2016年10期

向互联网学习城市——"成都远洋太古里"设计底层逻辑探析

【作者】周榕

【摘要】将成都远洋太古里设计，放置在崛起的网络虚拟空间与城市实体空间进行资源和社会组织竞争的大背景下进行考察与评论，从价值、情感、共享、体验、身体这5个维度，深入解析了太古里设计坚持"人场逻辑"、羁縻"情感场域"、破除"门户思维"、消解"认知深度"、增加"身体黏度"等独特的成功策略，提出在移动互联时代，城市应该向互联网学习城市规律的主张。

原载《建筑学报》，2016年05期

流变与新建——南京愚园重建记

【作者】陈薇

【摘要】愚园曾是南京城南历史上一座规模最大、别有风致的私家园林，但在岁月和战争的消弭下几乎荡然无存。作者主持和参与了自规划到设计和施工的完整过程。本文以记录的方式，表达了对这项工作的诸多思考，也展现了一座私家园林在流变和新建过程中的必然规律和应对。而这并不存在古代和现代的认知分野，却是私家园林生长和传承的基本要则，这样的揭示或许有借鉴意义。

原载《建筑学报》，2016年09期

用"建筑"改变日本

【作者】伊东丰雄　青山周平

【摘要】对于伊东丰雄来说，设计建筑即等同于思考现代社会。在本书中，伊东丰雄运用了非常朴素坦率的语言去讲述了他近年的建筑作品和建筑思想。伊东丰雄于1970年后执业，至今一直都是代表日本的建筑家。多数建筑家都是保持自己建筑思想和风格不变，用一以贯之的态度进行设计。与之相对，伊东的特点应该就是经常与当时的社会状况对应改变自己的建筑思想和风格。

原载《世界建筑》，2017年03期

艺术驱动废弃工业用地复兴——阿姆斯特丹NDSM艺术区启示

【作者】孟璠磊

【摘要】IJ河两岸曾是阿姆斯特丹大型工厂的集中地带，20世纪70年代后期，随着海运贸易迁移至庸特丹，北岸造船厂（NDSM）被迫倒闭并荒废。此后，NDSM通过吸纳年轻艺术家聚集，实现了现有旧工业建筑的物质更新。本文回顾了NDSM艺术区的发展历程，对其中的经验进行了分析和研究，以期对我国工业用地转型和城市复兴有所启示。

原载《世界建筑》，2017年04期

音乐楼梯，艺术与人文系馆，德克萨斯州，美国

【作者】杰夫·莫里斯 奥特姆·凯西 尚晋

【摘要】音乐楼梯是为庆祝5层高的艺术与人文系的落成而设计的交互艺术装置。这件独特的艺术品位于德州大学城德克萨斯州A&M大学主校区赫赫有名的建筑学四方院中。德克萨斯州A&M大学是一级博士研究大学，也是美国精英大学协会成员。系馆由布朗·雷诺兹·沃特福德建筑事务所设计，并荣获《绿色建筑评估体系》(LEED) 银奖。开幕盛会于2013年4月19日举行，装置一直展出到2013年7月16日。这个艺术装置的设计意图是让人在这座充满研究与创作的建筑中，在大楼梯上享受一场音乐旅行。

原载《世界建筑》，2016年02期

拥抱艺术与建筑的营帐

【作者】韩国 ArchiWorkshop建筑事务所

【摘要】为响应大众对奢华露营的需求，建筑师建造了一系列设有厨房及卫浴配套的营帐。两组营帐外观，长形像蛇，圆如甜甜圈，入口的玻璃幕墙引入大量阳光，自然景观一览无遗。钢架支撑结构，两层包围内外的帐幕，经过特别处理，能够抵挡紫外光。新晋韩国艺术家的作品装饰营幕内的厕所，分外有文化气息。

原载《世界建筑导报》，2017年05期

树美术馆

【作者】戴璞 冯静 刘毅 舒赫 夏至

【摘要】项目位于中国北京宋庄，位于一条主公路的路边。原有的村落景观逐渐消失，被大尺度的适合车行的地块划分取代。虽然这里有艺术村的名声在外，但没有当地朋友的引荐，很难在这一区域停留，对艺术氛围有深入的探访。因此，最早的想法是在基地上创造一个不同于周遭环境的，适合人们在这里停留、约会以及交流的公共艺术空间。

原载《世界建筑导报》2，016年06期

《威尼斯宪章》之后：当代意大利建筑遗产保护的思潮

【作者】陈曦

【摘要】文章通过对意大利1964年《威尼斯宪章》之后保护理论思潮的研究，总结了当代意大利的四种典型的保护思想：包括基于史学维度的整体性修复，偏重对于历史遗址不断演变层积的延续；基于美学维度的"批判性修复"，偏重对于艺术品批判性的阐释过程；"保护性修复"，其特点是避免剥离历史纪念物的本体，新的加建要用当代的语言；以及"维护性复原"，强调建筑物与艺术品本质的不同，需要持续地维修以流传后世。这些思想一方面体现了当代意大利乃至欧洲保护思想的动态，一方面也为当代的保护哲学提供了更多的维度。

原载《建筑师》，2017年06期

山泽通气：一种汇通城市与山水环境的规划理念

【作者】崔陇鹏 王树声 崔凯 来嘉隆

【摘要】何谓"山泽通气"？"山泽通气"是中国哲学中的一个重要概念。《易传·说卦》曰："天地定位，山泽通气"，又云"山泽通气，然后能变化，既成万物也"。"山泽通气"具有鲜明的中国思维特点，对中国文化影响深远，涉及医学、艺术、建筑、城市等多个方面。就其概念而言，"山泽"即山林与川泽，"山泽通气"即汇通山林、川泽之气。在医学、艺术等领域的内涵暂且不论。对于城市规划来讲，"山泽通气"是一种追求城市与山水环境互通的空间价值观念，也是人们运用实体空间的手段实现城市与山林川泽关联互通的一种人居自觉实践。

原载《城市规划》，2017年09期

治理结构视角的艺术介入型乡村复兴机制——基于日本濑户内海艺术祭的实证观察

【作者】陈锐 钱慧 王红扬

【摘要】文章以日本濑户内海艺术祭为研究对象，从治理结构的理论视角出发，结合多次实地考察和相关资料搜集，研究艺术介入型乡村复兴的机制。文章在研究过程中，重点关注艺术介入背景下的艺术家、开发商、游客及村民四类建设主体，并从时间线索和主体聚焦两个维度，分析了各类主体的行为方式，以及由此建构起来的治理结构，提出了作为一种乡村复兴的局部干预手段，艺术介入型乡村复兴机制的核心内容在于艺术文化的柔性介入和治理主体的多元参与。

原载《规划师》，2016年08期

城市新区整体风貌管控策略

【作者】蒙春运

【摘要】新区成长导向下的风貌控制规划，是当前城市规划的前瞻引导工作，需要充分结合地域空间特征和文化渊源，挖掘自身的特色资源，强化优势特色资源和展现基本特色资源，策划独特的新区地域风貌主题和风貌形象；在宏观层面上对功能空间、风貌分区进行总体掌控，中观层面上对界面、线路形成风貌认知与展示，微观层面上对节点等进行亮化；结合法规导则、技术保障等措施，形成面向实施的风貌控制保障。

原载《规划师》，2017年S1期

柏林市艺术空间演变与政府引导机制——以米特区施潘道郊区为例

【作者】梁志超 黄旭 薛德升

【摘要】全球化与后工业化背景下，"创意城市"建设成为研究热

点之一。以柏林市艺术中心区施潘道郊区为例，关注不同层级政府的作用，探究艺术空间的成功引导机制。施潘道郊区经历了多元文化氛围培育、集群初步形成、空间自我强化与成熟艺术空间形成等四个发展阶段；政府采取有效引导策略，区别于强势管制或放任不顾，通过正确的角色定位、长期稳定的土地和财政政策，创造了灵活的、适宜的、有利的空间发展条件；多级政府合作引导，实现了历史文化街区保护、地方社会网络构建以及全球创意城市建设等多维目标。

原载《国际城市规划》，2017年06期

建一座艺术的城市——专访法国"城市魔法师"让·布莱斯

【作者】让·布莱斯　Xavier Theret　王文阳

【摘要】您曾发起过很多成功的城市艺术事件，您发起这些事件的初衷是什么?又是如何推进的? 布莱斯：这些事件发起的初衷其实是由于政治需求，例如，我们在20世纪90年代发起的第一个事件，就是如此。时任市长想要传达城市创新性和创造性的文化氛围，希望能够改善城市形象。因此，其实应该说是这些城市选择了我，而不是我选择了这些城市。

原载《城市环境设计》，2017年01期

西安地铁与香港地铁公共艺术建构的对比研究

【作者】赵静竹

【摘要】地铁作为便捷的城市公共交通工具，在人们的工作生活中占有十分重要的地位。随着城市地铁的发展，地铁艺术成为城市历史文化的重要宣传平台。西安作为世界历史名城，文化底蕴深厚，地处关中平原，具有特色鲜明的关中地域文化，在地铁建设方面，西安是中国大陆第十个开通地铁的城市，目前仍有多条线路处于建设之中。而香港作为全球金融中心，地处中国南海沿岸，曾被英国殖民式统治100余年，长期的殖民历史形成了香港独特的中西文化特色，在地铁建设方面，香港早于西安30余年，在地铁线路的建设上更加全面和成熟。通过对比分析，西安地铁与香港地铁的公共艺术建构有诸多不同，依据两地地铁艺术作品的主题、内容以及设计理念，将其分别分为历史发展、文化传统以及地域特色三个方面，并选出个别案例进行赏析，进而从整体上对作品形式、材料及设置位置进行总结对比，以对西安地铁艺术作品的设计提供更多思路。

原载《西安建筑科技大学学报(社会科学版)》，2017年02期

基于LID理念的校园水系景观规划探讨——以华北理工大学新校区为例

【作者】霍艳虹　杨冬冬　曹磊

【摘要】随着时代的发展和高校规模的迅猛扩张，各地掀起了大学新校区建设的高潮，水景观系统的规划与建设是绿色生态校园的重要组成部分。以华北理工大学新校区水系景观规划方案为例，从规划理念、目标原则、开发策略及方案利用等方面对低影响开发设计在新校区规划中的具体应用进行了详细的阐述，以期对当前高校建设中面临的绿色校园建设和生态可持续发展提供借鉴指导。

原载《建筑节能》，2017年01期

对日本妻笼宿保存与再生计划的思考

【作者】潘玥

【摘要】在建筑遗产的保护语境中，除却已被登录保护的对象，大量处于保护清单之外的城乡风土建筑遗产该如何恰当处置，在"存"与"废"之间又该如何作利弊权衡，这已成为我国城市更新及乡村复兴中的一大难点。本文作者近距离考察了日本著名乡村遗产整体保存的著名案例——"妻笼宿"，将研究聚焦于其从20世纪60年代起所经历的三个演进阶段，对"宿场"历史、保护理念、政策制定、公众参与，以及复原技术等重点内容作了扼要回顾与梳理。在此基础上，探究了妻笼宿保护在原始文档不足的情况下，如何利用幕府末年留下的《宿绘图》，释读"宿场"建筑的传承谱系，并将之用于复原工作，从而稳步推进保存与再生计划的全过程。在文末，作者并对如何汲取妻笼宿的保护经验提出了初步思考。

原载《建筑遗产》，2017年02期

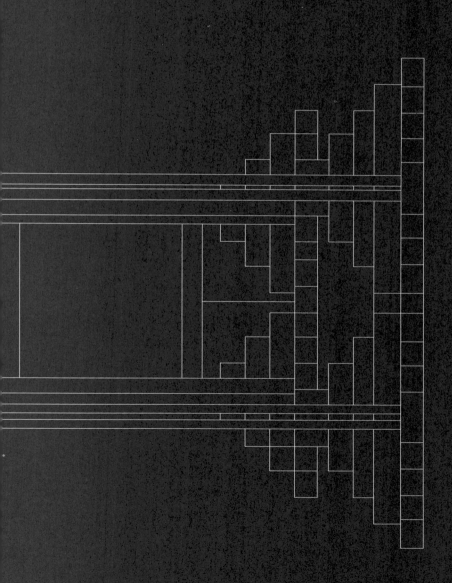

建筑艺术书目

动态城市设计——可持续社区的设计指南

作者：[加]迈克尔·A.冯·豪森 著 李洪斌 韦梦鸥 译 韦梦鸥 校

出版社：中国建筑工业出版社

出版时间：2017

内容简介

书为居住在世界各地的人们勾勒了一个灵活性和持续性的社区发展的范式。其读者对象是希望把社会、经济和环境相融合并提升到一个更高发展阶段的专家学者、学生、社区工作者和政治家们。本书提出了综合性和以社区为基础的规划设计过程和战略考虑，并强调在城市中心区、郊区和农村地区的城市设计实践以及可持续的应用。书中的真实案例，包括超过200多幅的图表，有助于读者把相关的经验教训和成果运用到自己的社区中去。

城乡接合部经济空间特征、演化机理与调控——以北京为例

作者：冯健 主编 刘玉 著

出版社：中国建筑工业出版社

出版时间：2017

内容简介

城乡接合部经济空间在快速城镇化背景下表现出独特的特征，并经历着剧烈的变化与重构，影响着城市与区域经济空间一体化进程。本书重点通过对城乡结合部产业布局与空间演替，就业空间分布与分异，以及土地利用结构空间特征及居住、就业和土地利用的空间耦合关系等方面的探讨，从宏观角度揭示城乡接合部经济空间的特征；同时，采用问卷调查和深度访谈方法，反映居民微观个体经济行为特征及空间响应机制。在此基础上构建城乡接合部经济空间形成机理，提出未来优化调控战略与对策。

建筑美学十五讲

作者：唐孝祥 编著

出版社：中国建筑工业出版社

出版时间：2017

内容简介

建筑美学是建筑学与美学相交而生的新兴交叉学科，学术生命力旺盛，学术前景广阔。《建筑美学十五讲》借鉴生存论哲学和价值论美学的最新研究成果，认为建筑审美活动是建筑美学的研究对象和逻辑起点，阐述了建筑美的生成机制，即建筑美的生成来源于建筑的审美属性，取决于主体的审美需要，产生于建筑审美活动之中。建筑美是建筑的审美属性和主题的审美需要在建筑审美活动中契合而生的一种价值。《建筑美学十五讲》分析评述了国内外关于建筑美学的研究现状，结合中国传统的宫殿、陵墓、寺庙、园林、民居等建筑典例的审美文化分析和国外的朗香教堂、悉尼歌剧院、流水别墅等建筑精品的审美文化解读，力图系统深入地解祈建筑审美活动的本质和特征，建

筑审美活动心理过程的四个阶段、建筑审美的三个基本维度，创新论述了建筑美的生成机制、建筑审美的文化机制和建筑审美活动的感情作用，探析了建筑审美与艺术审美的共通性，建构建筑美学的文化地域性格理论，阐明建筑发展的适应性规律。

城镇转型——解析城市设计与形态演替

作者：[美]彼得·博赛尔曼 著 闫晋波 李鸿 李凤禹 译

出版社：中国建筑工业出版社

出版时间：2017

内容简介

通过从新的角度审视城市中的区域以及他们随时间的演变过程，能够在区域和城市的语境中、思考中提供最佳策略应对形态、环境和社会领域矛盾的问题。本书作者彼得·博塞尔曼为从事城市设计、规划和建筑设计的专业者，为学生提供了一本富有启发性的指导著作。本书围绕七个步骤展开：比较，观察，演变，测量，定义，建模和解释。通过比较世界上20个大城市的卫星地图，向读者介绍其看待城市的方式，使读者了解到城市设计中关键的要素。

都市生活的选择——回归市中心生活

作者：[美]克里斯托弗·莱茵贝格尔 著 陈明辉 范源萌等 译

出版社：中国建筑工业出版社

出版时间：2017

内容简介

书中指出了将城市建设得适宜步行将是实现城市财富增长、居民健康和环境可持续发展的一剂良药，并且讨论了如何建设适宜步行的城市，从步行的效用、安全、舒适、乐趣四个大方面回答了如何建设适宜步行的城市，并将这四大方面扩展为十个步骤。

流体的城市——空间句法北京实证研究案例

作者：盛强 著

出版社：中国建筑工业出版社

出版时间：2017

内容简介

本书从流体的视角出发，以空间句法理论及模型为研究手段，关注城市中的运动尺度、层级结构对自组织空间使用的影响。在理论上，为重新认识网络城市、中心流与中心地等城市模型的关系，思考空间和尺度等传统概念提供了实际案例和研究方法上的支持。在实践上，以北京的交通系统和道路层级结构的发展为例，详细研究了大都市和社区层级活力中心分布的空间逻辑，试图为进一步完善层级网络模型，结合自组织与规划行为，把握道路系统与城市功能活力间的互动关系提供实证案例。

优质城市主义——创建繁荣场所的六个步骤

作者：[美]南·艾琳 著 赵瑾 译 王林林 校

出版社：中国建筑工业出版社

出版时间：2017

内容简介

《优质城市主义》警示我们：任何地方都有实现繁荣与昌盛的可能。本书通过对引用案例生动的描述，开辟了一条创新的、可为某个地方赋予最好憧憬并能集结资源去实现他们的道路。以改善我们的生活空间为出发点，本书为城市规划者、城市设计者、城市开发者以及相关专业的学生们提供了兼具启发性与可操作性的方法。

中国传统建筑解析与传承（云南卷、内蒙古卷、四川卷、浙江卷、广东卷、湖北卷、江苏卷、安徽卷、贵州卷、福建卷、辽宁卷、天津卷、广西卷、湖南卷、江西卷、山西卷、上海卷、陕西卷、甘肃卷）

作者：中华人民共和国住房和城乡建设部 编

出版社：中国建筑工业出版社

出版时间：2016、2017

内容简介

住房和城乡建设部村镇建设司在启动"传统建筑解析与传承"调查研究和这个出版计划时定位为：系统总结传统建筑精粹，传承中国传统建筑文化，着眼于新建筑创作与实践。《中国传统建筑解析与传承丛书》（第二批）构成分为两个部分：上篇为传统（解析）篇，分析、总结了传统建筑的特征与风格；下篇是近现代（传承）篇，总结近现代建筑传承实践的基本手法，力求把共性的、取得共识的、经过时间检验的传承成果加以总结，以求引导更为深层的传承实践。

此景·此情·此境——建筑创作思考与实践

作者：张祺 著

出版社：中国建筑工业出版社

出版时间：2017

内容简介

《此景·此情·此境》是中国建筑设计院有限公司总建筑师张祺首部设计实践结合理论研究型的学术著作。全书围绕建筑设计思考及实践，系统地论述了建筑景、情、境的关系，同时对建筑设计中多层面的意义做了理论性的探索。作者结合设计作品，对不同时期、不同地域、不同类型的建筑实践进行了阐释，对建筑的价值、文化、创作做出积极且有意义的回应。在"熟悉的校园""多样的文化""地方的建筑""乡土的记忆""设计的环境"五章中，收录了作者多年来在科教建筑、文化建筑等领域的建筑创作作品，展示了作者致力于建筑地域性与文化性的设计研究理论和创作实践的成果。

建筑策划

作者：曹亮功 著

出版社：中国建筑工业出版社

出版时间：2017

内容简介

建筑策划涉及人类共同生活的社会、环境和生活秩序，它具有政策法规性、现实可行性、技术性与创新性、适调性与弹性等。本书内容包括建筑策划概述、建筑策划原理、建筑策划的程序和工作内容、建设投资角度的建筑分类、商品住宅的建筑策划、经营性酒店的建筑策划、租赁性商贸中心建筑策划、公益性建筑的建筑策划、自持自用建筑的建筑策划、建筑策划思维方法的延展运用等。全书可供广大建筑师、规划师、景观设计师、政府管理人员、房地产开发商、建筑院校师生等学习参考。

西安城市空间结构演进研究（1978—2002年）

作者：刘淑虎 著

出版社：中国建筑工业出版社

出版时间：2017

内容简介

本书以1978—2002年西安城市空间结构演进为对象，运用地图还原、系统分析、实地调研等方法，以"过程分析""特征识别""机制解释"为路径，研究西安城市空间结构演化的阶段特征和动力机制，判识西安城市空间结构演进的典型性与特殊性，总结西安城市空间结构演化规律，为西安城市空间的可持续发展提供科学依据，并为同类型城市研究提供实证基础。

中国现代建筑"空间"话语历史研究（20世纪20—80年代）

作者：闵晶 著

出版社：中国建筑工业出版社

出版时间：2017

内容简介

"话语·观念·建筑研究论丛"以明确的方法意识为主题，旨在现代中国建筑学的历史与理论研究中引入新的研究方法，将关键词研究、话语分析等方法与基于文献和实物的建筑观念研究相结合，并以此为基础，倡导多维视角和方法的中国现代建筑研究范式。

文化景观营建与保护

作者：吴庆洲 著

出版社：中国建筑工业出版社

出版时间：2017

内容简介

本书内容包括中国景观集称文化研究、城市文化景观、园林文化景观、宗教文化景观、乡土文化景观、建筑装饰文化景观等。全书可供广大建筑师、城市规划师、风景园林师、建筑文化爱好者等学习参考。

说清小城镇——全国121个小城镇详细调查

作者：赵晖 主编

出版社：中国建筑工业出版社

出版时间：2017

内容简介

随着中央和地方各级政府积极出台支持小城镇发展的政策，企业和媒体等社会各界开始高度关注特色小镇、小城镇建设，呈现出全社会支持小城镇发展的良好氛围。本书由中华人民共和国住房和城乡建设部牵头，采取了抓住基本要素、实行彻底调查、实施严谨分析等重要方法，以小城镇的人口、生活、经济和空间等社会发展中最基本的四大要素为研究核心并设计直观明确的调查问卷，组织中国建筑设计院城镇规划院、北京大学、同济大学等13家科研单位，1000余人对全国121个小城镇进行了彻底调查研究，从水平、形态、结构、功能、作用、优劣势、内在机制、发展趋势等方面进行了科学严谨的分析，掌握了小城镇的第一手资料并形成了结论客观、表述通俗、形式生动的研究成果。本书适用于小城镇规划建设从业人员、相关专业院校师生、小城镇各级规划建设管理人员，及所有关心小城镇的各界人士阅读。

海绵城市景观工程图集

作者：俞孔坚 张锦 等著

出版社：中国建筑工业出版社

出版时间：2017

内容简介

本图集主要分为两个章节和一个附录，共三部分。第一章"海绵城市景观工程设计图"主要归纳土人设计多年来具有代表性的海绵城市设计案例的节点详图，包括正在建筑中的和研究中的节点详图；第二章"海绵城市对应建成实景"主要针对第一章的内容，呈现出海绵城市设计案例建成后的实景效果；"附录"部分主要摘自海绵城市设计中常用的国家规范标准的数据，为设计师提供方便快捷的查阅方式。

融合之间——转型中的当代中国建筑

作者：中国建筑学会 中国建筑学会建筑师分会 华东建筑集团股份有限公司 编著

出版社：中国建筑工业出版社

出版时间：2017

内容简介

本次展览共分为城市更新、乡村建设和中国建筑师三个主题板块，前两个板块分别展示了追求相融与和谐的中国城市更新发展之路，以及从城镇化到美丽乡村的中国乡村本土建筑之路，从多角度呈现了不同地域、不同类型、不同设计主体的建筑活动，在每个主题选择了近十年建成的有代表性的中国建筑师的原创作品做深入介绍；第三个板块将展示的对象从建筑本身转向建筑的设计者——中国建筑师们，通过他们的工作、生活、社会责任等方面映射中国建筑师多元融合的发展状态。

美化之城市——从城市形态看城市美化运动的当代启示

作者：李亮 著

出版社：中国建筑工业出版社

出版时间：2017

内容简介

城市形态在历史演进和文化多元的交织影响下，表现出前所未有的复杂性。今天的城市研究者往往更加关注城市形态背后的政治、经济和社会等领域的城市问题，这使得关于城市"美"的研究在当代城市形态的讨论中逐渐成为至关重要但又容易被忽略的问题。本书以城市美化运动为切入点：从尽可能全面、客观的角度围绕城市美化运动所主张的城市形态及相关美学等问题展开讨论。本书使用"分形梳理"作为城市形态的认知工具和组织工具，试图在不同时代城市美学的异质性中寻找内在的规律。在普遍意义的城市形态演进中，本书分析了从古代传统城市到现代主义城市，再到后现代城市形态发展过程中的"分形"与"美化"。以此将不同时期城市形态在结构上清晰形象化，并在相互之间建立起对比和关联，从而映射出城市美化运动的城市形态美学的当代意义。在今天的无序和碎片化的城市景观中，以城市美化运动为基点的城市形态讨论将使传统和秩序的理性美学价值回归，再次成为城市形态研究中的重要内容。

河谷中的聚落——适应分形地貌的陕北城镇空间形态模式研究

作者：周庆华 著

出版社：中国建筑工业出版社

出版时间：2017

内容简介

本书共7章，内容包括：绪论、陕北自然地貌分形特征、陕北城镇空间形态分形特征、陕北自然地貌与城镇空间形态的分形耦合关系、耦合于分形地貌的陕北城镇空间形态发展适宜模式、实证研究、基于分形理论的陕北城镇空间规划方法初探等内容。

历史建筑保护及修复概论

作者：范娜 编

出版社：中国建筑工业出版社

出版时间：2017

内容简介

本书全面、系统地阐述了历史建筑保护与修复的相关概念、国内外理论发展、主要的保护文件及组织机构以及历史建筑保护与再利用的理论基础、实践过程及典型案例。全书共六章，内容包括：绪论，历史建筑保护和修复的发展历程，历史建筑保护的文件及组织机构，历史建筑保护与再利用，历史建筑保护和修复的全过程，历史建筑保护修复的实例分析。

欧洲城市设计——面向未来的策略与实践

作者：[中]易鑫 [德]哈罗德·博登沙茨 [德]迪特·福里克 [德]阿廖沙·霍夫曼 等著

出版社：中国建筑工业出版社

出版时间：2017

内容简介

最近几十年来，中国的城市发展波澜壮阔，新的城区在各地如雨后春笋一样涌现出来，在探讨适宜中国自身特色城市发展道路的过程中，大量政府工作人员、专家学者和学生纷纷探讨欧洲的城市，希望借鉴21世纪城市发展的经验。本书所选择的城市设计案例希望能够帮助读者深入了解欧洲城市设计的主要特征，提供整体把握当代欧洲城市设计发展的趋势和可能，并为中国的城市发展提供多方面的经验。基于这个目的，本书共挑选了17个经典项目，分属于5个欧洲城市设计的关键行动领域：（1）通过城市更新为城市中心设计鲜明的形象；（2）使内城原有的工人聚居区重获生机；（3）对城市内部的大片废弃地进行再利用；（4）提升城郊边缘地带的品质；（5）改善大城市区域的造型与结构。这些项目共分布于14个欧洲城市（柏林、巴黎、伦敦、巴塞罗那、汉堡、维也纳、费拉拉、布拉格、曼彻斯特、蒂宾根、弗赖堡、波茨坦、勒普莱西－罗宾森、华沙），对当前欧洲城市设计发展面临的主要挑战、发展趋势以及创新性的策略进行了系统总结。

本书的作者由长期关注欧洲城市设计的学者和专家组成，结合17个具体的城市设计案例，对于欧洲8个国家（德国、法国、英国、意大利、捷克、西班牙、奥地利、波兰）城市设计的实践、策略与政策进行了讨论。必须指出的是，尽管欧洲城市都面临全球化的挑战，但是每个城市的自身问题与采取行动的框架条件是各不相同的，因此各自采取的城市设计策略与手段也千差万别，读者应特别注意从这方面来理解欧洲城市设计同行的工作。

中国汉阙全集

作者：张孜江 高文 主编

出版社：中国建筑工业出版社

出版时间：2017

内容简介

本书的编撰者们。在此次成书的过程中，与摄影师一起，对中国现存37个汉阙，逐一到实地进行调查、拍照、核实材料。本书的出版，不仅仅是提供了确实可信的汉石阙的材料和数据，更是编撰者们对中国汉阙文化的一次守望与探索。

低碳导向下城市边缘区规划理论与方法

作者：覃盟琳 赵静 牙婧 黎航 著

出版社：中国建筑工业出版社

出版时间：2017

内容简介

本书关注城市边缘区的低碳发展问题，总结了城市边缘区空间扩张的模式与动力机制，分析了城市边缘区空间扩张的几个阶段特征。并通过探讨城市边缘区的碳循环过程、特征与驱动机制，认为低碳、生态、安全、高效是边缘区碳排碳汇用地优化的四个价值导向，而城市边缘区空间格局低碳优化的途径可通过增汇、减排、平衡三个途径来实现。利用空间分析技术，对上海、南宁、来宾三种不同规模等级城市边缘区碳排碳汇用地的空间演变进行了实证分析，分别从生态用地、建设用地和生产用地三种用地较为系统地介绍了边缘区碳排碳汇用地优化布局方法，希望能为低碳城市规划提供新的研究思路和视角。

纪念性建筑的感性形态研究

作者：胡炜 著

出版社：中国建筑工业出版社

出版时间：2017

内容简介

本书从感性和情感的角度研究纪念性建筑及场所的感性氛围或感性品质的营造问题，纪念性建筑的设计相对于其他建筑类型而言，更强调以情感认同与共鸣作为设计的根本目标导向，并且强调在理性设计思维的基础上，要有更敏锐的感性思维方面的设计能力，从而营造出比较恰当的纪念性场景以及恰当的情感意蕴和感性范围，从而使得原本无情之物可能更具有深层次的感染力，更好地体现出纪念主题和纪念对象所承载的情感内涵和精神价值。本书中每一类纪念范畴的叙述都主要包括相关感性和情感的内涵、相关纪念主题、相关纪念性建筑感性形态设计思路这三方面内容。"形态"和"主题"之间的内在关联性需要根据具体情况具体分析，本书主要关注的是他们之间比较易于认同的关联性，这是本书叙述的主要脉络，也是纪念性建筑设计研究及其运用的核心问题之一，复杂多样的表现主要结合相关案例进行具体叙述。

科技城规划——创新驱动新发展

作者：袁晓辉 编著

出版社：中国建筑工业出版社

出版时间：2017

内容简介

在中国开始实施创新驱动发展战略的背景下，科技城作为创新活动集中产生的载体，是引领中国自主创新能力提升的重要平台，也将为中国城市转型发展提供示范。本书旨在融合地域创新理论与城市增长理论，探索从空间规划角度支撑科技城实现创新驱动发展的基本原理和技术方法。本书系统梳理了国内外科技城的发展过程、地域创新理论和城市增长理论的研究进展，以及国内外科技城发展的实践经验，提出了创新驱动的科技城的发展演化框架。通过对北京未来科技城和武汉未来科技城的深入调查与对国内外其他科技城的综合分析，本书研究了创新驱动的科技城在产业布局、社会组织、空间结构和土地利用四个方面的发展特征、机制和理想模式。在此基础上，提出创新驱动的科技城总体规划编制思路和内容框架，并在规划实例中进行了应用。

古城复兴：西安城市文化基因梳理及其空间规划模式研究

作者：田涛 著

出版社：中国建筑工业出版社

出版时间：2017

内容简介

本书以历史古城复兴空间规划为研究对象，以西安古城复兴规划为例，阐释了古城"生态、历史、民俗"及"文化、空间、功能"的双三维动态耦合关系，提出了古城复兴的文化三维空间投影共时性（耦合）理论及螺旋星形网络历时性（耦合）理论，探讨了古城文化基因梳理的方法、流程及古城空间规划模式，总结了古城复兴规划的定义、目标、流程、基本方法、空间规划体系及支撑系统，初步系统地阐述了西安的古城复兴和文化建设思路。

本书可为全国其他古城复兴规划工作提供借鉴，适合广大城市设计、旧城更新、乡村复兴、历史文化名城保护工作者参考。

苏州艺圃

作者：林源 张文波 编著

出版社：中国建筑工业出版社

出版时间：2017

内容简介

苏州艺圃是一处创建于明代中期（嘉靖年间）的私家宅园，迄今有450多年历史。其历任园主在当时都享有一定的社会知名度和影响力，尤其是第二任园主文震孟，是晚明时期的士人领袖，第三任园主经营时期是艺圃的全盛期，使之成为苏州的名园，当时很多文人名士都有吟咏、记叙艺圃景物风致的诗词文记及绘画作品，这些作品大都保留到了今天，描述、记录了那时艺圃的面貌。也反映了晚明清初时期的社会与文化状况。本书是在现状测绘的基础上，对艺圃的相关历史文献进行了全面的收集、整理和研究，分析了艺圃的历史发展、变迁的脉络，对不同历史时期的艺圃做了复原推想，并对现状艺圃景观构成与特点进行了全面的记录和分析。

设计：语意学转向

作者：[美]克劳斯·克里彭多夫 著　胡飞 高飞 黄小南 译

出版社：中国建筑工业出版社

出版时间：2017

内容简介

这是一部包含了设计理论和应用的鸿篇巨著。克劳斯·克里彭多夫通过大胆的跨学科路径展现出其在设计符号学领域的权威。本书揭示了一个有体系的设计话语，罕见地为读者提供了对建成理念的批判和对设计案例的回顾和解说……风格鲜活、语意深入，为我们分享相关学科的知识增加了价值。本书对设计科学做出了非常宝贵的贡献，设计师和非设计师都应该读读。本书永恒的杰作充满了热情洋溢的概念。

地铁空间设计

作者：章莉莉 著

出版社：中国建筑工业出版社

出版时间：2017

内容简介

本书为中国地铁车站空间设计提供系统性指导和借鉴，从全球各城市地铁设计的经典案例出发，结合中国地铁车站建设经验与得失，从地铁网络的设计战略、设计模型、价值取向、组织运作的设计管理角度展开了论述，围绕地铁车站的建筑设计、装修设计、导向设计、公共艺术、设施设计、广告及商业设计提供详细介绍，为中国地铁建设助力。本书适用于建筑设计、城市设计、环境设计、公共艺术设计等相关专业的从业人员及在校师生阅读。

主题乐园景观解析——揭秘上海迪士尼

作者：赵慧敏 著

出版社：中国建筑工业出版社

出版时间：2017

内容简介

近些年，主题乐园作为一个新兴的娱乐产业在中国迅速发展，与之配套的乐园景观设计也从一片空白到快速地成长起来，特别是上海迪士尼乐园在2016年6月16日盛大开园，对国内其他主题乐园产生了很大的影响。本书的前半部分集中介绍了主题乐园的景观特征和迪士尼公司的概况；后半部分则对上海迪士尼主题乐园景观设计的理念、方法、创意、施工经验、中国特色及著名景点等进行揭秘。作者在迪士尼工作期间收获颇多，既有生活的感悟，也有专业的进步，希望和每个对迪士尼感兴趣的朋友分享充满欢乐和神秘的迪士尼是如何建成的，为大家揭开迪士尼景观设计的神秘面纱。

佛山祠庙建筑

作者：周彝馨 吕唐军 著

出版社：中国建筑工业出版社

出版时间：2017

内容简介

祠堂与庙宇在岭南建筑中极具代表性，佛山有众多重要的岭南祠堂与庙宇建筑，地位举足轻重。本书展示了佛山祠庙建筑中具有重要历史价值或建筑、艺术价值的精华案例。全书以图片为主，文字为辅，便于读者形象地解读佛山祠庙建筑，进一步解读佛山建筑所体现的岭南文化性格：宗教集权，严整统一；讲究选址，崇尚风水；传承古制，融汇大成；彰显富贵，繁缛丰盛。本书可供建筑师、古建筑研究人员及有关专业师生参考。

旋转建筑　一部旋转建筑史

作者：[美]查德·兰德尔 著　孟繁星 张颖 译

出版社：中国建筑工业出版社

出版时间：2017

内容简介

旋转建筑不是被称赞为建筑的未来，就是作为纯粹华而不实的建筑而被忽视，它们是建筑史上迷人的失落篇章，与当代设计中的种种问题有着出人意料的关联。旋转建筑创造出非动态建筑无法实现的效果，解决了非动态建筑无法解决的问题，并提供持续变化的景色，使室内空间更灵活，适应力也更强。旋转建筑常常给访客留下深刻印象，被用来治疗病患，以及通过追逐或避开阳光来提升建筑的环保品质。

作为查德·兰德尔广受好评的《A型建筑》（A-frame）一书的后续篇章，《旋转建筑》探索这种独一无二建筑类型的历史，调查研究促使人们设计并居住其中的文化力量。本书涵盖了大量与众不同的建筑：将囚犯们置于狱警持续监视下的监狱、迷人的旋转餐厅、结核病疗养病房、住宅、剧院，甚至还有一座每层都可以独立旋转

的现代公寓建筑。本书囊括了从19世纪晚期至今的、遍布全球的案例，丰富展现了这些动态建筑的多样性和创造性。

中国建筑的魅力21世纪中国新建筑记录（英文版）

作者：王明贤 编著

出版社：中国建筑工业出版社

出版时间：2017

内容简介

该书系我社《筑海择贝》丛书（原《中国建筑艺术丛书》）中的一卷，内容主要介绍自2000年至2012年以来，在中国大陆地区竣工的众多优秀建筑，并将这些作品作为细节化的个案研究，体现了当代建筑设计最新变化和潮流，并以此透视当代中国建筑设计的前沿状态和灵感源泉。

泊车建筑

作者：[英]西蒙·亨利 著　吴晨 喻蓉霞 译

出版社：中国建筑工业出版社

出版时间：2017

内容简介

本书是第一本纵览国际停车场的主要出版物，采用类似停车场的多层次结构，从光、材料、立面和设计布局四个方面进行了全面阐述。各章节均收录了建筑摄影师苏·巴尔（Sue Barr）的作品，并对照片和图纸中的创造性历史构筑物和近代构筑物进行了项目发展阐述和案例分析。从芝加哥的标志性建筑马利纳城（Marina City）到应用最新机器人技术的德国大众沃尔夫斯堡圆柱形立体车库Volkswagen Autoturme，作者利用一系列项目展示了停车场的形态和功能对各个年代的建筑师，以及流行文化产生都具有重要影响，激发了小说家、摄影师和电影制作人的想象力。对于学生、专业建筑师、城市规划师、工程师、开发商以及想要探寻泊车建设是如何影响建筑世界的兴趣爱好者来说，《泊车建筑》是一本激发灵感不可或缺的书籍。

17世纪初至现当代法国建筑观念与形式演变

作者：禹航 著

出版社：中国建筑工业出版社

出版时间：2017

内容简介

17世纪至20世纪法国建筑发展变迁的历程，是文艺复兴建筑和现代主义建筑之间流变的重要组成部分。我们曾以巴洛克、洛可可、新古典主义、新哥特建筑风格分阶段地认识这段历史，但这种较为单纯的阶段划分很难从根本上了解这段历史的起承转合。本书凭借对这段时期出现的305位法国建筑从业者之生平进行连贯观测研究方

法，将这四百余年的法国建筑发展变迁与欧洲宗教改革、法国大革命、现代运动等影响世界走向的重要历史事件联系起来，以客观的态度重新了解这段历史，为现代主义建筑的创生和发展提出了全新的解释。

论现代建筑

作者：[日]铃木博之 著　杨一帆 张航 译

出版社：中国建筑工业出版社

出版时间：2017

内容简介

作者是建筑史学家和评论家。他用12个关键词为线索，捕捉现代建筑的发展规律，这些关键词和概念是建筑得以生成的要素，如空间、功能、构造、场所。从概念的起源到变迁，直至认识和表达方式的转变，作者以平缓隽永的笔触描绘了一幅现代建筑发展的图景。

关中传统民居及其地域性建筑创作模式

作者：徐健生 李照

出版社：中国建筑工业出版社

出版时间：2016

内容简介

结合对地域性建筑创作影响因素的分析，从自然、人文、技术三个层面深入调研关中传统民居的地域特质，调查关中传统民居特质影响下的地域性建筑创作的实践过程与手法，总结出"目标—模仿""解析—重构""抽象—隐喻"三种地域性建筑创作设计模式；结合对实际工程案例的追踪，着重对三种模式进行深入研究，提出了三种模式的改进要点和建构理想的动态建筑创作模式的设想。

从传统走向未来——一个建筑师的探索

作者：张锦秋

出版社：中国建筑工业出版社

出版时间：2016

内容简介

分为学习篇、创作篇、思考篇，记录了张锦秋建筑师前进过程中的脚印，更展示了她对理论问题的思考，是一本令人读之颇受启迪之作。

当代中国建筑读本

作者：李翔宁 主编

出版社：中国建筑工业出版社

出版时间：2017

内容简介

是一本讨论当代中国，尤其是近30年来，在城市发展、建筑实践、理论探索、建筑批评等方面内容的学术文集。编者将该书分为三个部分：历史与综述、理论与话语、实践与批评，精心挑选收集了目前在国内建筑实践和建筑理论研究颇有建树的学者、建筑师的近50篇文章，并将这些文章按照内容不同分别安排在上述三个部分中。所挑选的文章，是对30年来中国城市发展、建筑实践和理论研究的反思，涉及历史回顾、现状综述、理论问题讨论、建筑师及其作品的案例分析等。在内容上，既有宏观论述也有微观而深入的分析，具有广泛性，也具有代表性。在三个主要部分之外，编者还增设了"拓展阅读"部分，列出部分重要的参考文献，有助于读者了解必要的背景。

福州马鞍墙的生成与变异

作者：王晓东 著

出版社：中国建筑工业出版社

出版时间：2017

内容简介

本书以福州马鞍墙为例，来说明一种文化现象在生成与发展过程中，随着社会的变迁所产生的变异，并分析其产生变异的成因。在我国传统建筑中，每一个建筑构件的生成都具有特殊的功用。马鞍墙的主要功能是防火，缩小火灾的延烧范围，降低火患的危害程度。另外，在海盗、土匪猖獗的年代，马鞍墙还兼具防御功能。在满足物质功能需求的同时，还要满足人们的精神功能。在马鞍墙墙体的装饰图像上，集中体现了人们对生殖崇拜、宗教信仰、移民文化以及生活习性等内容的传达。通过这些图式来解读这些纹饰生成的原因，并对马鞍墙上出现的装饰内容与形式进行追问，发现许多图像在不同的年代、不同的文化背景下，所象征的意义不尽相同。当社会发生变迁后，马鞍墙主要的防火功能日渐式微，逐渐转变成纯粹的形式符号。装饰图像也因装饰材料的更新、施工技术的变异以及人们对装饰纹样的误解产生了新的象征含义，进而又丰富了马鞍墙的精神功能。我们透过现象看本质，从马鞍墙的生成与变异，可以洞察一个时代、一个区域人们的思想、信仰、趣味和观念的形成与发展过程。

海口骑楼建筑地域适应性模式研究

作者：陈敬 著

出版社：中国建筑工业出版社

出版时间：2017

内容简介

本书运用理论研究与案例分析、实地调研与技术测试、数据整理与体系评估等研究方法对海口传统骑楼建筑和当代出现的一些新型类骑楼建筑进行了较为系统的研究。

中国建筑艺术史（上、中、下卷）

作者：中国艺术研究院《中国建筑艺术史》编写组 编著

出版社：中国建筑工业出版社

出版时间：2017

内容简介

本书论述内容包括城市、宫殿、坛庙、陵墓、寺观、佛塔、石窟、衙署、民间公共建筑（宗祠、先贤祠、神祠、会馆、书院和景观楼阁）、王府、民居、园林、长城、桥梁和牌坊等诸多建筑类型。全书由引论和五编——萌芽与成长、成熟与高峰、充实与总结、群星灿烂（少数民族专编）、理性光辉（理论专编）一共十八章组成。上起史前，下迄清末。本书注重对象的文化与艺术层面，除注目于创立建筑艺术史体制外，在中国建筑艺术的起源、发展及历史分期，建筑艺术的中国特色、时代风格、地域风格、各民族风格的不同特征、产生的原因和发展过程，传统文化如儒法诸子、释、道、风水理论及民间风俗等对建筑艺术的作用及其合理内核，建筑空间与形体构图及环境艺术手法，建筑装饰及建筑色彩史，家具艺术史，中外建筑文化交流史，比较研究，传统文化的决定性作用及传统的继承等方面，都做了重要探讨。重视理论阐释，史论结合，论从史出，系统深入总结了中国建筑艺术的发展历程，是学术研究的重大成果。本书可供艺术史家、文化史家、建筑师、建筑历史与文物工作者、建筑院校师生、美学家、美术工作者和广大青年读者阅读。

建筑理论导读——从1968年到现在

作者：[美]哈里·弗朗西斯·马尔格雷夫 戴维·戈德曼 著
　　　赵前 周卓艳 高颖 译

出版社：中国建筑工业出版社

出版时间：2017

内容简介

本书是第一部针对过去40年的建筑观而展开的批判史。本书从1968年激烈的社会和政治事件写起，作者研究了有关极端现代主义的一些评论文章及其持久的发展演进历程，还调查了后现代和后结构理论的兴起、传统主义、新城市主义、批判的地域主义、解构主义、参数化设计、极少主义、现象学、可持续发展以及新技术给设计带来的影响。马尔格雷夫和戈德曼以敏锐而生动的文字探讨了诸多深刻而绝非初学者难以企及的问题。

什刹海水文化遗产

作者：周坤朋 王崇臣 陆翔

出版社：中国建筑工业出版社

出版时间：2016

内容简介

本书主要介绍了什刹海区域水文化遗产形成的相关背景（第一章）、什刹海水文化遗产的类型及特征（第二章）、什刹海水文化遗产价值评估（第三章）、什刹海水文化遗产保护开发的对策及建议（第四章）、什刹海水文化遗产保护实践案例（第五章）等。全书是从历史、文化遗产、生态、环境等角度对什刹海水文化遗产进行的综合探究，对于北京水文化遗产的理论研究和实践保护都具有一定的意义。

新疆和田河流域传统村镇聚落形态演化研究

作者：姜丹 著

出版社：中国建筑工业出版社

出版时间：2016

内容简介

本书主要针对新疆和田河流域传统村镇聚落形态进行了深入研究，此书共分为四个章节，其中第一章阐述了和田河流域传统村镇聚落形态的研究基础，包括研究概念的界定、国内外学术史的梳理等；第二章分析了和田河流域传统村镇聚落形态的基本概貌、绿洲人类聚居格局生成的影响因素、聚落空间的构成特征等；第三章探讨了和田河流域传统村镇聚落形态的历史演进历程，分别定位两汉至元、明、清至民国，中华人民共和国成立后至今三个重要的历史节点，梳理聚落空间形态的演进轨迹，总结演进规律；第四章基于聚落历史演进、空间组织、文化内涵的研究基础展开系统讨论，总结相关制度、措施的实施现状，在繁荣新疆少数民族地域文化的基础上，保护、传承干旱内陆河流域传统人居生存模式，进而提出和田河流域传统村镇聚落的有机更新途径。本书图文并茂，信息丰富，兼具学术性与可读性，适合于建筑学专业师生阅读，也可为建筑文化、历史文化研究领域的工作者提供参考，也适用于广大传统聚落文化爱好者。

今日的装饰艺术

作者：[法]勒·柯布西耶 著 孙凌波 张悦 译

出版社：中国建筑工业出版社

出版时间：2016

内容简介

本书为"勒·柯布西耶新精神丛书"中的一本。柯布西耶提出的观点是：现代装饰艺术就是不装饰。但我们被告知，装饰对于我们的生活是必需的。让我们纠正这一点：艺术对于我们是必需的，也就是说，一种鼓舞我们的客观无私的激情。所以要把事情看清楚，就需要区分开客观情绪的满足感与实用需求的满足感。实用需求，要求工具在每一个细节都达到我们在工业中所见的那种完美程度。这于是也就成了装饰艺术的伟大工程。日复一日，工业正在生产出具备完美的功用与便利的工具，它们概念的精炼、制作的纯粹、运行的高效，使我们的精神享受着真正奢华的抚慰。所有这种理性的完美与精确的表达，形成了它们之间足够的共同之处，让人意识到一种风格的存在。

城市易致病空间理论

作者：李煜

出版社：中国建筑工业出版社

出版时间：2016

内容简介

"城市空间"与"人类健康"的关系是建筑学永恒的话题。二十世纪八十年代开始，人类疾病谱的转变和预防医学的发展使得公共卫生领域再次关注城市空间与人类疾病的关系。与此同时，现代主义建筑的失败和城市化导致的种种流行疾病也引起了建筑学领域的反思。在这样的背景下，本书紧扣"什么样的城市空间容易导致疾病"这一主线，提出"城市易致病空间"的概念，初步划定"空间相关疾病"的范畴，详细分析了城市空间的不良规划设计导致人群患病的作用规律。在此基础上，总结了西方整治改良城市易致病空间的经验策略，并挖掘了中国大城市面临的类似问题，提出初步的整治建议。本书适合城乡规划、建筑设计、风景园林规划设计及公共卫生领域的研究人士和从业人员阅读。

中国古代建筑技术史（共两卷）

作者：中国科学院自然科学史研究所

出版社：中国建筑工业出版社

出版时间：2016

内容简介

在数千年的历史进程中，我国各族劳动人民和建筑匠师建造了无数的建筑物，许多古代建筑遗存至今，具有优秀的技术传统和独特的艺术风格，是我国古代科学技术成就的一个重要组成部分。《中国古代建筑技术史（精）》是一部关于古代建筑工程技术历史发展的专门著作。书中对我国古代建筑工程技术的发展进程作了阐述，还对建筑工程做法、技术经验和成就进行了整理和总结。全书共分十五章，按历史发展顺序，分为原始社会、奴隶社会、封建社会三个时期，主要内容包括土工建筑技术、木构建筑技术、砖石建筑技术、建筑材料生产技术、建筑装饰技术、建筑防护技术、少数民族建筑技术、城市建设工程、园林工程技术、建筑设计与施工、建筑技术著作和著名匠师的评价等方面。最后附有中国古代建筑技术大事年表。《中国古代建筑技术史（精）》可供建筑设计、建筑施工、文物考古、建筑专业教学及科技史、文化史研究工作者参考。

人文主义时代的建筑原理（原著第六版）

作者：[德]鲁道夫·维特科尔

出版社：中国建筑工业出版社

出版时间：2016

内容简介

本书是20世纪德国著名艺术史学家鲁道夫·维特科沃（Rudolf Wittkower）论述文艺复兴建筑的权威著作，公认为它是该领域最具影响力和重要学术价值的文献之一。本书探讨了文艺复兴时期西方古典文化思潮对人文主义建筑师的影响，重点分析和阐释了当时最伟大的建筑家阿尔伯蒂和帕拉第奥的主要思想、理论和实践原理，并深入论述了文艺复兴时期建筑比例问题。本书有助于全面客观了解文艺复兴建筑的创作动因和基本原理，以及建筑师创造和谐视觉形式的途径，对我国建筑师、建筑文化和哲学研究者，建筑院校、艺术院校和人文学科等相关专业师生和研究人员是一本可供学习、了解西方古典建筑创作原理和方法的基础参考书。

宁夏西海固回族聚落营建及发展策略研究

作者：燕宁娜

出版社：中国建筑工业出版社

出版时间：2016

内容简介

本书以特定区域自然生态环境、人文宗教与聚落营建的内在关联作为研究切入点，综合运用人居环境学等理论、方法作为指导，通过广泛的调查与资料的收集，将西海固地区的乡村聚落、乡土建筑作为主要研究对象，揭示其中影响回族聚落分布格局、聚落选址、聚落空间结构、聚落形态中心、乡土建筑营建技术、宗教建筑的审美艺术及装饰技术等发展、变化的主要因素、具体特征与特定规律。在此基础上，结合当代西海固地区地域资源特征、生产、生活特点，提出当前西海固回族聚落的发展策略。

空间自组织：建筑设计的崭新之路

作者：[英]尼尚·阿旺 塔吉雅娜·施奈德 杰里米·蒂尔

出版社：中国建筑工业出版社

出版时间：2016

内容简介

本书是一部带有普及性质、逻辑演绎严谨但同时实践性很强、面向建筑学界的有关复杂性设计的理论研究著作。本书以浅显直白的方式向建筑从业者介绍了一种近年来在建筑界逐渐为人们所认识和重视的建筑乃至城市的发生方式——空间代理以及自组织行为。

本书采用了四篇论文、一部词典以及130多个建筑案例来说明作者的观点、扩展建筑理论的内涵，并强调空间行动者所关注的四个方面：各种知识、机构的组织结构、物质关系以及社会关系。它提出了三个问题：为什么设计与建造？在哪儿设计与建造？如何操作？这些是非传统建筑活动激发我们思考的基本问题。

都市重建之道　宜居创意城市村庄

作者：[美]卢伟民　著

出版社：中国建筑工业出版社

出版时间：2017

内容简介

建造宜居、创意、公平、可持续发展的都市，似乎是简单且明确的都市重建目标，但是想要结合若干专业推动重建，却有莫大的挑战。当前政府与社会资本合作以助重建十分流行，但是要在复杂的建城过程中完成愿景，诚非易事。国际知名都市规划及开发顾问卢伟民先生，首度整合他数十年来在都市重建的筹划与执行经验，写作此书。在书中可以看到，他身为结合东西方哲学的城市规划师，如何为衰落地区创造新愿景，如何有效地营销，如何融资与承担失败的风险，以及协商复杂的贷款与担保。

塑造邻里——为了地方健康与全球可持续性（原著第二版）

作者：[英]休·巴顿　马库斯·格兰特　理查德·吉斯　著
　　　唐燕　梁思思　郭磊贤　译

出版社：中国建筑工业出版社

出版时间：2017

内容简介

本书是有关邻里可持续规划建设的一本重要手册或者参考工具书。本书经过充分更新后，涵盖了很多全新的案例分析和研究。全书共分六章，既从理论上总结了邻里规划的基本思想与原则，又从规划程序、满足地方需求、保护自然生态等多个方面条分缕析地说明了社区建设应该遵循的方法。它可以帮助读者更好地理解、规划健康可持续邻里和城镇的潜在原则；设计有助于社区、开发商和地方政权一起工作的包容性程序；形成将地方需求和可持续的城市形态匹配起来的诀窍和技能；设计有特点的场所以及认知好的城市形态。本书实用性强，可为我国邻里和社区的可持续规划提供重要的方法指导，对于新开发项目中的规划师、城市设计者或者开发商，相关专业在校师生，或者希望提升邻里的社区团体都是非常具有参考借鉴价值的。

中东铁路工业文化景观资源系统整合与景观重塑

作者：邵龙　张伶伶　冯珊　著

出版社：中国建筑工业出版社

出版时间：2016

内容简介

本书首先从中东铁路工业文化景观的宏观发展语境、形成与分布以及类型和文化品性进行了调研分析；其次，本书结合中东铁路工业文化景观的现状，分析了工业文化景观资源在保护利用过程中存在的文化资源多样性匮乏、文化生态失衡等主要问题；最后，本书借鉴欧美工业文化景观资源的保护利用理论与实践经验，引入文化生态学理论，确定了文化生态学视野下的中东铁路工业文化景观资源的理论观念，以指导工业文化景观资源的整合和转换实践。

匠人营国：吴良镛　清华大学人居科学研究展

作者：清华大学建筑与城市研究所　吴良镛　吴唯佳　武廷海等　著

出版社：中国建筑工业出版社

出版时间：2016

内容简介

三十年来，清华大学借助城市研究所经过了草创时期、开创新局面、走向国际、攀登科学高峰等四个阶段。2011年吴良镛先生获得国家最高科学奖，这是清华大学人居科学研究和研究所科研工作经历的最重要的时刻，也是国家对进一步发展中国人居科学研究和研究所科研工作经历的最重要的时刻，也是国家对进一步发展中国人居科学研究的新的召唤。

四维城市——城市历史环境研究的理论、方法与实践

作者：何依　著

出版社：中国建筑工业出版社

出版时间：2016

内容简介

在中国高速城镇化进程中，城市文化遗产保护面临着前所未有的困境，历史城区在经历了大规模的旧城改造后，是否还有整体保护价值？我们又该如何整体保护？这在以物质本体为保护对象的文物语境中是无法解决的。有鉴于此，本书在城市空间中引入时间维度，以历史原型规定为基础，以历史要素更替为线索，提出了四维城市的概念，建立了四维城市的理论与方法，在历史与现实之间探索整体性和关联性，使城市遗产保护超越空间形体与静止形态，为我国历史城区和历史街区的保护提供理论依据与技术方法。全书内容包括四维城市的理论建构、城市空间的演化分析、基于历史城区的格局转译、基于历史街区的肌理类推四个部分，以及太原历史城区、宁波历史城区、南华门历史街区等三个研究案例。本书可供广大从事城乡文化遗产保护的规划师、建筑师、景观设计师及高等院校城乡规划、建筑学、风景园林学专业师生参考学习。

文化生态保护区理论与实践

作者：周建明 刘畅

出版社：中国建筑工业出版社

出版时间：2016

内容简介

《文化生态保护区理论与实践》是周建明博士五六年来对文化生态保护区建设研究和实践的总结。凝结了他多年来对相关问题的思考和体验、心血和情怀。作者视野开阔，简约地梳理了文化生态及其保护领域国内外学界在理论研究和实践活动的历史脉络和现实状况。有作者的学术性思考，也有亲身积累的实践经验和心得。这是一本论述全面、有见地、有深度、对保护实践具有重要参考价值的专著。

海绵城市——理论与实践

作者：俞孔坚 等著

出版社：中国建筑工业出版社

出版时间：2016

内容简介

本书系统介绍了"海绵城市"的概念、内涵、推广海绵城市的关键技术和优秀案例，对当今的城市规划和城市建设具有很强的参考意义和实用价值。

英国生态城镇规划研究

作者：董晓峰 [英]尼克·斯威特（Nick Sweet）杨保军 王冰冰
刘星光 赵文杰 高琪阳 编译

出版社：中国建筑工业出版社

出版时间：2017

内容简介

英国生态城镇规划是国际该领域前沿开拓者，本书较系统反映英国生态城镇规划的理论方法发展与实践进展。全书共分三部分，第一章为入围英国第一批15个生态城镇规划优秀提案中3个典型规划案例的对比研究；第二章是英国科提肖生态城镇总体规划提案的翻译引介；第三章对英国第一座生态城镇——西北比斯特规划实践范例进行追踪引介。本著作为中英两国生态城镇规划前沿研究专家领衔联合攻关的前沿成果。

城市空间设计概念史

作者：[英]杰佛里·勃罗德彭特 著 王凯 刘刊 译

出版社：中国建筑工业出版社

出版时间：2017

内容简介

随着城市的扩张，既有建筑及公共空间密度日益紧张，城市设计变得愈发重要。本书发人深省地对今日许多设计问题的特征作了清晰的分析。作者从历史中寻找它们的成因，提出一种协作解决方式。本书既有学术性，又通俗易懂，它批判了现代建筑向"理性主义"及"经验主义"的倾向，并将它们与古往今来的哲学思想、设计理论相类比。本书全面地涵盖了全世界各地的实例，且插图丰富，无论是专业人士、学术界人士，抑或是对学科饶有兴趣的人，本书都将是理想的参考。

适宜步行的城市——营造充满活力的市中心拯救美国

作者：[美]杰夫·斯佩克

出版社：中国建筑工业出版社

出版时间：2016

内容简介

本书试图简单描绘美国大多数城市存在的问题以及如何去解决。这本书的用意不是介绍为什么城市会发生作用，或者城市是如何发挥作用的，而是介绍什么会在城市的运转中发挥作用，以及怎样做才能使城市更好地成为适合步行的城市。杰夫·斯佩克在其职业生涯中主要从事于研究如何更好地使城市发挥其本身的作用，具有多年实践经验的他，把如此大的目标的实现归结于一个要素——城市步行性。他认为如果想让城市复苏，以汽车优先的城市建设思路必须转换成以步行优先。简单的做法如何产生叠加的效果，我们如何做出对城市有益的决定。这本书中就介绍了十种具体可行的方法。在这本书中作者以敏锐的观察触角和现实生活中的案例为基础，为城市如何规划以及城市如何才能发生改变提出了宝贵的见解和建议，并为规划师、城市决策者们列出了实用和确实迫切需要的措施。从长远来看，这本书为美国城市更好地发挥其应有的作用做出了有益的探索，也为中国城市的发展提供了很好的借鉴作用。

未来城市

作者：[荷兰]斯蒂芬·里德 [德国]约尔根·罗斯曼 [荷兰]约伯·范埃尔迪约克

出版社：中国建筑工业出版社

出版时间：2016

内容简介

《未来城市》是一本关于城市——未来主流人类定居形态——的书，内容是关于城市正在进行的转型，以及城市的塑造——利用规划和设计来影响、甚至决定城市未来的能力。本书由3部分构成：10篇城市案例研究，从高度规划的（荷兰兰斯塔德三角都市群）到高度自发的（贝尔格莱德）都有；几篇理论性文章，讨论当代城市社会和城市化的基本概念；一篇由"下一代建筑师"（NEXT Architects）所做的图像性文章。

英国现代园林

作者：尹豪 贾茹 著

出版社：中国建筑工业出版社

出版时间：2017

内容简介

现代园林的发展在英国有着代表性的事件——工艺美术运动，有着代表性的人物——格特鲁·杰基尔、克里斯托弗·唐纳德和杰弗里·杰里科。但是，英国现代园林究竟是如何脱壳于经典的英国自然风景园？工艺美术运动对于英国现代园林的影响究竟有多深？为何更多的观点认为英国现代园林的发展受到了迟滞？本书梳理了20世纪英国园林的发展，粗略地勾勒出英国现代园林的发展脉络，将标志性的事件、重要的人物呈现于连续的英国园林发展历程之中，以飨读者。

景观概说

作者：[英]彼得·J·霍华德 著　庄东帆 译

出版社：中国建筑工业出版社

出版时间：2017

内容简介

景观承载着许多内涵，激发人们深刻的情感。本书沿着景观概念发展的几条主线，将其视为融合多专业和跨国界的产物，阐述了景观概念的由来和演化进程、"欧洲景观公约"的形成，以及人文景观是如何被指定为"世界遗产遗址"的。本书介绍了景观概念中的关键要素，例如，景观是具有含义的，景观是图画，景观是有规模的场所，景观是风景或是一个地方；思考和分析了从古至今一直影响人们感知景观的各种因素，包括各种感官的感知作用。此外，本书考虑到未来气候变化的影响，对如何保护、管理和提升景观，提出了多种方法。

书中有很多生动有趣的图示，并且每个部分包括特别的"拓展阅读"，使读者对一些话题的观点产生思辨的兴趣，这些话题包括看图读义，还包括绘制地图以及"地理信息系统"，通过对一系列多种类型的景观的讨论，引出一些主题讨论，例如生态博物馆。本书为所有对景观感兴趣的读者呈现了一个精彩的景观总览。本书视角独特，从人文、绘画、艺术、历史、地理等多个方面，全面深刻地讲述和分析了景观概念及其引发的思考，深入浅出，生动有趣，集专业性、知识性、趣味性于一体，既是景观研究者的学术和教科书，也是广大读者难得的知识读物，或是旅游爱好者的宝典。

西方造园变迁史——从伊甸园到天然公园

作者：[日]针之谷钟吉 著　邹洪灿 译

出版社：中国建筑工业出版社

出版时间：2016

内容简介

本书以不同时代及不同民族、地域为经纬，系统论述了旧约时代、古代、中世纪、伊斯兰、意大利文艺复兴、法国勒·诺特尔式、英国规则式和风景式、美国、近代和现代等不同时期、不同风格的造园演变历程。书中作者提供了丰富的历史图片资料。

从风景园到田园城市——18世纪初期到19世纪中叶西方景观规划的发展及影响

作者：北京林业大学园林学院

出版社：中国建筑工业出版社

出版时间：2016

内容简介

本书在文献查阅和实例考察的基础上，结合最具有代表性的事件、思想与人物，梳理18世纪初期到19世纪中叶西方景观规划的发展脉络，并把景观规划同哲学思想、文学艺术、社会政治、产业经济等几个方面的背景相关联，剖析景观规划发展的内在驱动力。此外，通过对景观规划不同的发展时期特征的横向比较，归纳景观规划的传承延续以及发展演变趋势。同时将18世纪初期到19世纪中叶的西方景观规划与近现代理论与实践进行类比，论述景观规划的延续及影响。

人居环境研究方法论与应用

作者：刘滨谊

出版社：中国建筑工业出版社

出版时间：2016

内容简介

本书以人居背景、人居活动、人居建设作为人居环境三元论的理论框架，面对人类生存环境演化的大趋势，将人居环境进行横向及纵向分类。其横向分为5类，包括河谷地区、水网地区、丘陵地区、平原地区、干旱地区，并按高密度、中等密度及低密度分别研究；纵向分类即将人居背景分为自然与人工环境、资源特征、视觉景观特征等；人居活动分为生存方式、习俗、文化等；人居建设分为空间布局形态等。基于以上分类，对各大类人类生存空间的环境、景观、建筑进行介绍和理解，对历史文脉和人居生活的感受和分析，对当代城市发展和景观规划的未来进行研读和思考。本书可供广大风景园林学（景观学）、建筑学、城市规划学等人居环境相关学科专业的师生，风景园林师、建筑师、城市规划师以及城市管理人员等学习参考。

乡村景观在风景园林中的意义

作者：张晋石 著

出版社：中国建筑工业出版社

出版时间：2017

内容简介

中国是国土景观多样性极为丰富的国家，乡村景观是国土景观的重要组成部分，乡村景观的研究对于人居环境建设具有重要的意义。本书反映了作者对于乡村景观在塑造中国本土化风景园林、维护国土景观多样性、实现乡村景观可持续发展等方面的深刻思考。

体验式景观——人、场所与空间的关系

作者：[英]凯文·思韦茨 伊恩·西姆金斯 著 陈玉洁 译

出版社：中国建筑工业出版社

出版时间：2016

内容简介

《体验式景观》为考量人类及其在日常生活中利用的户外开放空间之间的关系提供了新的视角。本书全面分析了人类及其环境之间的关系，综合考虑了户外款空间的体验维度和空间维度，探讨了环境设计学科尤其是风景园林学和城市设计的理论及其应用。通过这种方法，作者提出户外场所可以呈现出新的动态意义，即使是那些明显是例行公事的装置。如能更深一层地了解人类体验开放场所的方式，将最终会和这些场所的设计过程相得益彰并改变这个过程，本书探讨了实现这一目标的理论、方法和实践。基于这些原则，书中论述了体验式景观的各种词汇和应用方法，重点强调了能够培养人们对某一场所的归属感并强化其临近感的空间体验。本书对于运用了体验方法的具体背景进行了研究，并对场所分析和设计的体验性质做了新的阐释。这个新的创新性实用方法学，为读者介绍了一系列简明易懂的绘图工具以及参与式方法的具体实际意义。对于学生、学者、业内人士，有意寻求户外场所建设或日常户外场所分析设计方面同时兼具启发意义和实用性的指南材料的读者而言，本书是一笔不可多得的宝贵资源。

展览性园林设计

作者：曹福存 张朝阳

出版社：中国建筑工业出版社

出版时间：2016

内容简介

通过对世界园艺博览会和我国举办的不同级别、不同形式的园林（园艺）博览会等产生、发展现状、分类等的梳理，以及在对展览性园林元素、空间形态构成等分析基础上，本书通过高精度的图片、详细的文字介绍，生动阐述了展览性园林的产生及其发展，大量的图片及手绘图纸有利于读者更好地理解这一类型的园林景观设计所注重的理念和方法。

造房子

作者：王澍

出版社：湖南美术出版社

出版时间：2016

内容简介

著名建筑大师、普利兹克奖获得者王澍，以深厚传统文化学养、手作营造经验为基础，在一篇篇文字里，探寻中国传统的当代路径和东方美学的当代延伸。这不只是一本营造之书，更带领读者进入中国哲学的秘密小径，这本书关乎建筑本身，也连接东方美学的深邃空间。

中国汉传佛教建筑史——佛寺的建造、分布与寺院格局、建筑类型及其变迁

作者：王贵祥

出版社：清华大学出版社

出版时间：2016

内容简介

本书是"十二五国家重点图书"，荣获2015年国家出版基金资助。傅熹年先生为该书作序，行业内的专家学者为该书写推荐语，都高度肯定了该书的学术价值和出版价值。本书所关注的中国古代佛教建筑，是中华优秀传统文化的重要组成部分，对古代佛教建筑的系统研究、对理解中国汉传佛教建筑的发展脉络、对中外文化交流具有重大的开拓意义。

晋中传统聚落与建筑形态

作者：王鑫

出版社：清华大学出版社

出版时间：2016

内容简介

晋中地区是中国历史文化的发源地之一，传统聚落与建筑遗存丰富。传统聚落与建筑是人类应对环境的空间产物，其形成、发展、演化与自然地理、历史文化、社会生活等要素息息相关。本书从适应性视角展开研究，以田野调查为基础，对晋中传统聚落与建筑形态的外显表征、历时演化、类型辨析等问题进行分析，归纳其形态模式。研究将建筑学、聚落地理学、社会学等领域的方法与适应性理论相结合，从聚落的整体形态、建筑形态、社会形态三方面进行阐释，旨在对聚落与建筑的更新发展、历史文化的传承延续提供理论支撑和方法借鉴。本书可供建筑学、城乡规划学、风景园林学等研究人员参考，也适合对山西传统聚落有兴趣的读者。

滇西北民族聚落建筑的地区性与民族性

作者：吴艳

出版社：清华大学出版社

出版时间：2016

内容简介

地区性和民族性是民族聚落建筑的两个重要属性。本书立足于滇西北迪庆藏族自治州、怒江傈僳族怒族自治州等地区，以当地藏、傈僳、怒、独龙等少数民族的村落、民居、宗教建筑为例进行研究。内容关注在同一地区不同民族聚居和同一民族不同地区聚居两种不同条件下，民族聚落建筑的地区性和民族性的建筑学表达及二者关联互动，影响聚落建筑空间布局、形态、结构材料、装饰艺术等方面的具体表现及原因。通过两条线索中的案例对比分析，本书探讨了民族聚落建筑的地区性与民族性及二者的关联互动影响问题。

中西文化交融下的中国近代大学校园

作者：冯刚 吕博 著

出版社：清华大学出版社

出版时间：2016

内容简介

本书主要介绍中国近代大学校园规划及建筑设计的基本成果，并通过代表性案例分析，探讨特定历史条件下，中国大学规划与设计表现出的中西风格折衷并存与相互融合的特点，展现近代大学校园规划建设的丰硕成果。

城市弹性与地域重建——从传统知识和大数据两个方面探索国土设计

作者：[日]林良嗣 铃木康弘 陆化普 陆洋

出版社：清华大学出版社

出版时间：2016

内容简介

近年来，世界范围内各种异常气候频繁出现，对城市生产和生活带来了巨大影响。针对这种情况，城市和城市交通的防灾减灾和灾后恢复能力即城市弹性问题已经成为城市和交通研究领域的热点课题。为此，世界交通学会(WCTRS)专门成立了交通灾害对策研究分委员会。作为世界交通学会主席林良嗣教授在这方面进行了大量研究，本书就是林良嗣教授于2015年4月份刚刚出版的最新研究成果。

本书首先阐述了城市弹性的定义与内涵，在此基础上对世界上在灾害作用下城市弹性的案例进行了较为广泛的比较研究，并分析了日本城市弹性下降的原因，以及恢复城市弹性的途径与措施、地域重建的思路与方法等。如何从交通角度提高城市弹性，探索建立城市弹性与地域重建的理论和方法，是世界各国面临的紧迫课题，也是大有作为的研究领域。译者希望此书的出版能为城市弹性的理论研究工作者和相关的城市管理决策者提供理论与经验借鉴。

博物空间北京城（当代北京城市空间研究丛书6）

作者：秦臻

出版社：清华大学版社

出版时间：2016

内容简介

本书对分散于北京全城的博物空间进行探索与观察，从建筑学的角度，提出了一种在当代社会文化环境中研究城市博物空间的新视角，梳理出博物空间类型，为认知北京城市空间提供了一个窗口，对提升城市公共空间品质有参考价值。本书适合于建筑学、城乡规划学、风景园林学等学科领域的专业人士和学生，以及相关专业的爱好者。

开放营造：为弹性城市而设计

作者：朱明洁

出版社：同济大学出版社

出版时间：2017

内容简介

本书是有关上海"四平社区"城市微更新的项目的介绍，该项目是一个研究与实践结合的长期项目，旨在结合中国城市发展现状，探讨实体空间及社会学和文化意义上的城市社区情境，激活设计因子在都市生活和建成环境中的干预和催化作用。书中记录了该计划所包含的优SHOU*选都市公共空间创生实践案例展、10个公共空间在地项目和50余个社区微创意介入以及系列社区创意活动。

明日之城：1880年以来城市规划与设计的思想史

作者：[英]彼得·霍尔 (Peter Hall) 著　童明 译

出版社：同济大学出版社

出版时间：2017

内容简介

彼得·霍尔影响广泛的《明日之城》仍然是针对规划理论与实践的历史，针对其所缘起的社会经济问题和机遇的绝世阐述。这部经典文献由城市规划设计领域很受尊敬的人物所撰写，为读者呈现了发生于20世纪优SHOU*选范围内的重要城市规划与城市设计史。此次经过全面修订的第四版涵盖了过去十年间所发表的众多新成果，借鉴了来自优SHOU*选范围的案例。霍尔在讨论中涉及的城市内容广泛，并将他自己多彩的经验融入这部权威性的城市发展史之中。

非标准院落——当代毯式建筑"非常规院落组织"

作者：张玥 编 赵劲松 主编

出版社：水利水电出版社

出版时间：2017

内容简介

在20世纪中期，建筑组织"十次小组"（Team 10）提出并发展了一种建筑原型，由于其具有大尺度的水平延展性以及肌理化的空间组织形态等特征，因此被称为"毯式建筑"（Mat-building）。当代的毯式建筑延续了早期毯式建筑的思想，重新探寻建筑与城市和环境景观的新关系。本书通过对毯式建筑的分析梳理、对多个设计案例的解析，试图重新发掘毯式建筑的意义，总结当代毯式建筑的新特征，给读者以启迪。

福州近代建筑史

作者：朱永春

出版社：科学出版社

出版时间：2017

内容简介

本书首先对福州近代开埠前的格局以及开埠后领事馆、海关和教堂等新的建筑类型进行了分析，接着对各种类型的建筑进行了研究。

中国紧凑城市的形态理论与空间测度

作者：金俊 著

出版社：东南大学出版社

出版时间：2017

内容简介

针对中国城市化后期发展人地和谐、宜居追求的趋势；基于国内外城市紧凑度理论与实践的进展与比较；从全球的视野判断我国城市空间形态适宜的紧凑发展模式。通过定量研究的方法，在中微观尺度建立紧凑度的经济、高效、舒适三个维度的评价指标体系，进而深入到其驱动机制研究，并提出相应紧凑空间模式。主要内容包括：绪论、国外紧凑城市理论、欧美实践、东亚经验、城市空间紧凑度评价、紧凑模式与驱动机制、国内实践案例评析等。

城市笔记

作者：张松 著

出版社：东方出版中心

出版时间：2017

内容简介

本书为同济大学城市规划系教授张松阅读城市的文化随笔，也是他对中国城市保护、城市规划进行持续研究后的感悟。作者在参与大量保护规划设计实践的基础上，以城市历史文化遗产为核心，来阐述城市规划设计和遗产保护利用的意义，这对于了解历史城市的发展，认识城市规划和城市保护的重要性很有帮助。书中有不少敏锐的思考，对于城市规划设计、文化遗产保护等专业领域会产生积极的影响，可作为城市管理、城市规划决策者的案头参考。

潮州传统建筑大木构架体系研究

作者：李哲扬 总主编：程建军

出版社：华南理工大学出版社

出版时间：2017

内容简介

本图书以潮州区地理环境及开发历史特点的角度，对潮州传统建筑体系形成其特点的必然性进行了论述。主要分为六章：潮州传统建筑发展概况、潮州传统建筑大木构架名词、潮州传统建筑大木构架时代特征、潮州传统建筑大木构架分析、潮州传统建筑大木构架设计探析、潮州传统建筑中的古制与源流等。

更正声明

　　本部2017年1月编辑出版的《2015年中国建筑艺术年鉴》第245页中"项目设计师：张轲 张明明 黄探宇 池上碧 Domko Nathalie Frankowski 戴海飞 赵晟 石倩岚 王凤"应该更改为"项目设计师：张轲 张明明 黄探宇 池上碧"，特此更正。并对由此给作者及观众带来的不便表示抱歉。

中国建筑艺术年鉴编辑部

2016—2017年中国建筑艺术大事记

2016年中国建筑艺术大事记

1月4日　经中科院国际天文台提议和国际文学联合会批准，近年国家最高科技奖获得者、建筑大师吴良镛获得永久性小行星命名的荣誉。

1月9日　"第二届中国设计大赛及公共艺术专题展"在深圳开幕，本展览作为中国迄今规格最高、最为权威的设计展，旨在通过构建专业、权威的国家级平台，引领和促进中国设计和公共艺术的创新。本届大展主题为"设计·责任"，主要通过"公共艺术文献展""公共艺术案例展"两大展览板块，并结合系列学术论坛与艺术活动进行整体呈现。

2月4日　住建部标准定额司公布2016年工作要点，加快推进建筑工业化（装配式建筑）、地下管廊、海绵城市建设。

3月13日－6月19日　上海当代艺术博物馆举办世界著名建筑设计师和理论家伯纳德·屈米（Bernard Tschumi）在中国的首次回顾展。此次展览围绕屈米作为建筑理论家、建筑师及文化领导者的多重身份，共展出近350件图纸、手稿、拼贴画、模型等珍贵资料，其中许多作品为首次公开。

3月30日　"第十二届国际绿色建筑与建筑节能大会暨新技术与产品博览会"在北京召开，大会围绕主题"绿色化发展背景下的绿色建筑再创新"进行广泛而深入的研讨。

4月5日　《梁思成与佛光寺》暨"建筑遗产与乡村研究国际学术讨论会"在清华大学举行。

5月19日　第15届威尼斯国际建筑双年展在意大利开幕，本届建筑双年展的总策展人是2015年普里兹克建筑奖获得者亚力杭德罗·阿拉维纳，主题是："来自前线的报道"，关注建筑与普通人民生活的联系。中国国家馆的主题为"平民设计，日用即道"。建筑师刘家琨的"西村大院"入选双年展主题馆。

5月22日　"中国城市规划传统的继承与创新"暨《中国城市人居环境历史图典》座谈会在清华大学召开。与会专家认为，王树声教授主持的该成果为中国城市规划中现实问题的解决奠定了坚实基础，对未来建立中国城市规划理论体系，争取中国城市规划的国际话语权具有重要意义。

7月18日　中国建筑学会在北京召开了梁思成建筑奖评选会议。马来西亚建筑师Kenneth King Mun YEANG（杨经文）、中国建筑师周恺荣获2016梁思成建筑奖。梁思成建筑奖是中国建筑学会主办、面向世界并引领国际建筑设计和学科发展方向的奖项，是授予建筑师和建筑学者的最高荣誉，这也是梁思成奖首次有国外建筑师入选。

9月22日　2016年中国建筑学会建筑创作奖在584个报奖项目中确定金奖19项、银奖51项，入围项目79项。其中公共建筑类金奖15项，居住建筑类金奖1项，建筑保护与再利用类金奖3项。

9月24日　"一带一路"建筑发展论坛在西安建筑科技大学开幕。该论坛由中国工程院土木、水利与建筑工程学部主办，与会院士、专家围绕"古丝路建筑文化传承与遗产保护""新丝路城市与建筑发展"两大主题，共同探讨丝绸之路城市发展战略、建筑设计及理论的未来，分享和交流建筑领域的经验，为实施"一带一路"战略、制定新时期城市与建筑的发展对策提供咨询和建议。

9月25日－10月25日　"张锦秋建筑作品展"在陕西历史博物馆展出。本次建筑作品展出的有建筑作品实景图、手稿图、建筑实体模型、航拍专题视频及珍贵老照片等。

9月26日　2016北京国际设计周在北京举办，秉承"智慧城市、设计之都"的理念，以"设计

2020"为主题，全新开启"十三五"运行周期。

10月3日	张轲的"微杂院"项目获得了2016年阿卡汗建筑奖。阿卡汗建筑奖是世界最具影响力的建筑奖项之一，由阿卡汗四世于1977年创立，每三年评选一次。
10月14日－17日	中国建筑学会与福州大学共同主办的"2016年宋代《营造法式》研究学术研讨会"在福建福州举行。本次研讨会的主题为"营造法式"研究。主要议题包括："营造法式与古代木构体系""中国古代建筑尺度、材料与工具""中西建筑比较""建筑遗产保护"。
10月16日	中国非物质文化遗产传承人群研培计划2016年首期传统建筑营造技艺（瓦石作砖雕）普及培训班开班暨"全国砖雕艺术创作与设计大赛"在北京启动。同时由北京建筑大学和文化部恭王府管理中心联合组建，并报经文化部非遗司批准的"中国非物质文化遗产研究院"正式挂牌成立，研究院将主要围绕传统建筑营造技艺、传统家具制作技艺开展相关研究工作。
10月22日	由中央美术学院主办的"首届公共艺术与城市设计国际高峰论坛"在北京正式开启。论坛聚焦"艺术引领城市创新"，主动回应中国城市化进程所呼唤的普遍主题。
10月26日	由《建筑学报》杂志社、东南大学建筑学院、东南大学建筑设计研究院有限公司共同主办的"大报恩寺遗址公园博物馆设计研讨会"在大报恩寺遗址公园博物馆现场召开，专家围绕建筑遗产保护工程的创作理念与设计方法展开了研讨。
11月17日－18日	2016WA中国建筑奖评审会于北京举行。各评委会分别在独立判断的基础上，从总计326项有效申报作品中分别评选出2016WA中国建筑奖建筑成就奖、WA设计实验奖、WA社会公平奖、WA技术进步奖、WA城市贡献奖、WA居住贡献奖的优胜奖、佳作奖及入围作品共计60项，评委会特别奖1项。
11月19日	由中国艺术研究院建筑艺术研究所、上海市非物质文化遗产保护中心等发起主办的"传统文化保护高峰论坛"在上海宝山罗店镇举行。与会专家学者在上海实地踏勘剖析罗店镇宝山寺仿唐木结构建筑群案例，总结复兴传统营造工艺的新经验。
11月19日－21日	"2016中国第七届工业建筑遗产学术研讨会"在上海同济大学召开。会议围绕"工业遗产的科学保护与创新利用"的主题进行学术研讨。
12月10日	第二届城镇空间文化与科学论坛在上海召开，与会专家主要就"跨学科视野下城镇记忆场所"的主题展开学术交流。
12月28日	文化部发布《文化部"一带一路"文化发展行动计划（2016—2020年）》，该计划为"一带一路"文化交流与合作的深入开展绘就了路线图。

2017年中国建筑艺术大事记

2月24日	国务院办公厅印发《关于促进建筑业持续健康发展的意见》，从深化建筑业简政放权改革、完善工程建设组织模式、加强工程质量安全管理、优化建筑市场环境、提高从业人员素质、推进建筑产业现代化和加快建筑业企业"走出去"等方面提出了20条措施，对促进建筑业持续健康发展具有重大意义。
3月21日	"第十三届国际绿色建筑与建筑节能大会暨新技术与产品博览会"在北京国家会议中心召开，本届大会的主题为"提升绿色建筑质量，促进节能减排低碳发展"。
4月1日	中央决定设立河北雄安新区，在编制雄安新区规划的过程中，坚持生态优先、绿色发展。
4月7日	国家文物局召开第一次全国可移动文物普查成果新闻发布会。会上公布的数据显示，第一次全国可移动文物普查共计普查全国可移动文物10815万件/套。其中完成登录备案的国有可移动文物2661万件/套（实际数量6407万件），纳入普查统计的各级档案机构的纸质历史档案8154万卷/件。此外，此次普查还建立文物资源数据库和文物身份证制度，全国文物大数据体系基本建成，文物资源标准化、动态化管理得以实现。
4月8日－9日	由中国建筑学会和同济大学共同主办，主题为"建成遗产：一种城乡演进的文化驱动力"的国际学术研讨会在同济大学举行。其间，中国建成遗产领域第一本英文学术期刊Built Heritage创刊，中国建筑学会城乡建成遗产学术委员会也正式揭牌成立。
4月26日	住建部印发《建筑业发展"十三五"规划》。确定了建筑节能及绿色建筑发展的目标，提出城镇新建民用建筑全部达到节能标准要求，能效水平比2015年提升20%。《规划》还制定了推动建筑产业现代化的发展任务，其中关键就是要推广智能和装配式建筑，应用BIM技术，采用PPP模式，实现投资、建设、营运一体化。
5月6日	由中国建筑学会和北京建筑大学联合主办的"一带一路"历史建筑摄影·手绘艺术展在京开幕，200多幅摄影和手绘作品展现了"一带一路"沿线国家独具特色的建筑文化。
5月17日	2016梁思成建筑奖颁奖典礼在北京的清华大学举行，马来西亚建筑师Kenneth King Mun YEANG（杨经文）和中国建筑师周恺获奖。
5月18日	建筑师朱锫在Aedes建筑师事务所主办的论坛上进行首次建筑个展。
5月14日－15日	第一届"一带一路"国际合作高峰论坛在北京举行，是2017年中国重要的主场外交活动，对推动国际和地区合作具有重要意义。
6月3日	第六届金经昌中国青年规划师创新论坛在上海举行。该论坛以"提升城乡发展品质"为题，共同探讨、交流如何实现城乡发展品质的提升的创新思考和实践。
6月10日	我国首个"文化和自然遗产日"，其前身是"文化遗产日"，由住建部、文化部、国家文物局三个部门分别牵头，在三个城市，以不同的主题，各有侧重地开展形式多样的宣传展示活动。
6月14日	佛罗伦萨设计周在意大利佛罗伦萨开幕，本届设计主题为"文化变化"，中国馆主题为"建东方"中国建筑艺术展，通过设计来共同探讨建筑文化之变。中国建筑工程院院士何镜堂，及胡越、梅洪元等多位知名建筑大师参加此次展览。
6月17日	由香港建筑师学会主办，两年一度的香港建筑师学会两岸四地建筑设计论坛及大奖成功举行。本届论坛主题：高速、高密、多元建筑。
6月30日	北京新机场航站楼钢结构顺利实现封顶。北京新机场航站楼是世界上规模最大、技术难度最高的单体航站楼。

7月4日	经住房和城乡建设部评定，"卧龙自然保护区中国保护大熊猫研究中心灾后重建项目"等49个项目获得2017年度全国绿色建筑创新奖。
7月5日-7日	第七届建筑绿化发展暨海绵城市建设(上海)高峰论坛在上海新国际博览中心举行。
7月7日	中华人民共和国住房和城乡建设部下发《关于保持和彰显特色小镇特色若干问题通知》，提出以下多项要求：尊重小镇现有格局、不盲目拆老街区；严禁挖山填湖、破坏水系、破坏生态环境；保持小镇宜居尺度、不盲目盖高楼；严禁建设"大、洋、怪"的建筑。传承小镇传统文化、不盲目搬袭外来文化；保护历史文化遗产、活化非物质文化遗产；保护与传承本地优秀传统文化，培育独特文化标识和小镇精神，增加文化自信，避免盲目崇洋媚外，严禁乱起洋名。
7月15日	京新高速公路全线贯通。作为当前世界上穿越沙漠、戈壁最长的公路，京新高速的建成将北京到新疆的路程缩短了1300千米。对西部大开发战略和"一带一路"建设的推进具有重要意义。
7月28日-31日	第22届中国民居建筑学术年会于哈尔滨工业大学召开。与会专家就"传统民居研究的传承与实践"进行了学术交流，展示了当下民居研究的最新学术成果与研究动向。
9月13日	中国建筑师张轲获得了2017年阿尔瓦·阿尔托奖，成为获颁这一国际建筑界重要奖项的首位中国人。
9月21日-10月7日	2017北京国际设计周在京举办。该设计周秉持"设计之都·智慧城市"的理念，以"设计+"为主题，紧密围绕国家文化创意和设计服务与其他产业融合发展的战略部署，汇集全球创新设计资源，推动设计服务产业链的集聚，为城市发展和经济转型升级提供智力支持，在经济新常态下发现和创造新的市场需求来推动供给侧改革。
9月27日-29日	第十六届建筑与文化国际学术讨论会在苏州召开。论坛主题：水乡、园林、城市。
10月	首届"传统村落保护发展国际大会"在厦门举办。大会以"传承文明，共创未来"为主题，就全球视野下的农耕文明保护、农耕文明传承与可持续发展、传统村落保护中国行动、传统村落与遗产保护、传统村落保护发展新技术、新思路等议题展开讨论。
10月10日	北京建筑大学在京发起成立"一带一路"建筑类大学国际联盟，来自俄罗斯、美国、英国、希腊、尼泊尔、以色列等19个国家的44所大学成为首批盟校，将联手打造跨国跨校协同创新平台，推进创新"一带一路"建筑的发展和交流。
10月15日	"2017上海城市空间艺术季（SUSAS）"正式开幕。本次艺术季以"连接this CONNECTION——共享未来的公共空间"为主题，展览由四大主题展和12个特展共约200个展项组成。
10月19日—21日	"穿越·地缘"第三届中国——东盟建筑艺术高峰论坛在广西南宁举行。来自泰国、菲律宾、柬埔寨、印尼、老挝以及国内高校的相关专家、学者等，围绕中国-东盟地缘性设计与跨文化研究、空间设计文化开展在高校教育共同体联盟等主题开展学术交流。
10月27日	"在'一带一路'背景下的国际合作与建筑师的使命"论坛隆重召开，张维、宋春华、庄惟敏等多位建筑著名学者研讨了在"一带一路"倡议下的建筑师行动和职业准则。
11月18日-20日	主题为"持续发展、理性规划"的2017中国城市规划年会在广东举行。
12月1日-3日	第三届城镇空间文化与科学论坛在杭州举行，聚焦"小城镇特色营造方法与创新实践"，以列斐伏尔的"日常生活批判视野"来探寻中国小城镇特色塑造的新理论、新实践、新境界。
12月12日	由财讯传媒集团、《地产》杂志和未来城市主办的2017未来城市峰会在北京举行。
12月16日	中国建筑学会建筑评论学术委员会在同济大学成立，标志我国建筑评论领域的第一个学术组织诞生。
12月19日	第七届深港城市\建筑双城双年展在深圳开幕。本届双城双年展的主题为"城市共生"，是一次特别的以"城中村"为出发点的展览，探讨和反思中国在全球化背景下的城市发展模式，并尝试描绘未来城市的愿景和更多可能性。

中国艺术研究院建筑艺术研究所

　　中国艺术研究院是全国唯一一所集艺术科研、艺术教育和艺术创作为一体的国家级综合性学术机构。中国艺术研究院建筑艺术研究所是从事建筑艺术与建筑文化理论研究的专门科研机构，建筑艺术研究所原称建筑艺术研究室，组建于1988年7月，2001年8月机构调整改革改为现名。

　　建筑艺术研究所近年来侧重于以史论为主的基础理论建设工作，并关注创作现状，尤其侧重于从文化与艺术角度，研究中外建筑艺术创作的成就与规律；实行开门办所，从学术层面和设计实践两方面积极参与社会上建筑艺术、建筑规划等工作。多年来，建筑艺术研究所已完成多个建筑规划、设计项目，出版了多部重要著作。

　　目前，建筑艺术研究所除正在进行多项个人研究课题外，进行的集体项目有：承担国家科研项目"西部人文资源调查及数据库""中国传统建筑营造技艺三维数据库"；编辑出版《中国建筑艺术年鉴》《中国世界文化遗产丛书》《中国传统营造技艺丛书》；由建筑艺术研究所申报的"中国传统木结构建筑营造技艺"被成功列入联合国教科文组织人类非物质文化遗产代表作名录，由建筑艺术研究所申报的"北京传统四合院营造技艺"被成功列入国家级非物质文化遗产代表作名录。

编　后

　　《中国建筑艺术年鉴》由中国艺术研究院建筑艺术研究所主编，并组织建筑界、城市规划界、艺术界、文化界等多方面专家共同编辑完成，是一本全面记载中国建筑艺术发展状况的综合性年刊。

　　《2016-2017中国建筑艺术年鉴》客观记录了2016-2017年度中国建筑艺术创作与研究的主要成果，系统反映了我国城市和建筑发展中的新成就、新问题、新趋势。主要栏目有：特载、优秀建筑作品、设计档案、建筑焦点、建筑艺术论文、海外掠影、建筑艺术论文摘要、建筑艺术书目和建筑艺术大事记等，为全面了解建筑界年度情况提供全方位的信息。

　　《2016-2017中国建筑艺术年鉴》是我们编辑的第十一部《中国建筑艺术年鉴》。有了前几部的经验，这本年鉴在组稿、确定入选作品或稿件等工作上，都在之前经验积累的基础上有了较大改进与提高。在编辑过程中，我们得到各位顾问和建筑学界的众多朋友给予的帮助和支持，这些都会推动我们努力将这本年鉴编成记录我国当代建筑艺术发展面貌的权威性年鉴。

　　《2016-2017中国建筑艺术年鉴》各有关栏目的编辑工作，由中国艺术研究院建筑艺术研究所全体同仁与北京及国内外建筑界专家、学者共同完成。其中优秀建筑作品、设计档案栏目由孙江宁和辛塞波负责编辑；特载、建筑焦点、建筑艺术论文、海外掠影、建筑艺术论文摘要、建筑艺术书目、中国建筑艺术大事记栏目由程霏、黄续、赵迪和张欣负责编辑。

　　我们希望《2016-2017中国建筑艺术年鉴》能反映出中国当代建筑艺术的发展历程，集学术性、史料性于一体，成为我国建筑艺术及建筑文化领域的权威性年度总结。由于时间、水平有限，又由于技术方面的原因，可能会出现一些有价值的图片未能全部刊登的情况，敬请作者谅解。

　　本书的出版得到多方单位的帮助与支持，不一一列举，在此一并致谢。

《中国建筑艺术年鉴》编辑部

2018年6月